HISTOIRE PHILOSOPHIQUE
DE LA PHYSIQUE

Sébastien RICHARD

HISTOIRE PHILOSOPHIQUE
DE LA PHYSIQUE

*Ouvrage publié avec le concours
du Centre national du livre*

PARIS
LIBRAIRIE PHILOSOPHIQUE J. VRIN
6 place de la Sorbonne, V e
2022

© *Librairie Philosophique J. VRIN*, 2022

Imprimé en France

ISBN 978-2-7116-3064-6

www.vrin.fr

*Pour Chloé et pour ceux, heureux, que l'expérience
de la pensée et de l'infini effraie encore.*

INTRODUCTION

L'astronomie, dit-on, commence avec l'observation. L'astronome se tourne vers le ciel, constate certaines régularités dans le mouvement des astres, en décrit mathématiquement la trajectoire et en tire finalement des prédictions. L'histoire de l'astronomie est étroitement liée à celle de la physique. La révolution astronomique, celle de Copernic, a précédé la révolution physique, celle de Galilée et Newton, et l'a en grande partie suscitée. C'est peut-être en raison de cette étroite affinité que certains philosophes des sciences ont voulu voir dans l'observation également le fondement de la science des phénomènes naturels. On pourrait, par exemple, considérer que c'est sur la base de l'observation qu'Aristote a formulé l'explication du mouvement des corps pesants à la surface de la Terre. Observant qu'une pierre lâchée d'une certaine hauteur rejoint, semble-t-il d'elle-même, le sol, il en aurait conclu que les corps pesants ont naturellement tendance à rejoindre le centre de la Terre, vu comme leur « lieu naturel ». Une observation unique ne saurait cependant suffire à produire une telle explication. Il faut en plus effectuer une synthèse de plusieurs observations concordantes sur des corps pesants différents. Alors, par induction, on peut passer de l'observation des cas singuliers à l'affirmation de la loi générale. Pourtant, qui ne voit que dans l'explication aristotélicienne se trouve d'emblée plus qu'on ne peut trouver dans l'observation ? À savoir, une hypothèse qui ne peut être donnée empiriquement : les corps possèdent une nature et c'est en vertu de cette nature qu'ils rejoignent le lieu qui leur est naturel. Dans le même ordre d'idées, les atomistes pensaient que pour qu'il y ait du mouvement, il fallait qu'il y ait du vide. Or celui-ci n'est en aucun cas donné dans l'expérience sensible. Il est donc clair que la pensée scientifique doit, dès ses débuts, se détacher par la pensée de la réalité qui lui est simplement donnée dans l'observation pour être à même de saisir son objet, ici le mouvement.

L'idéal d'une science de la nature fondée sur l'expérience observationnelle a été perpétué à l'époque contemporaine par les néo-positivistes. Les philosophes des sciences qui leur ont succédé n'ont eu de cesse de montrer

4

INTRODUCTION

l'erreur de leur conception de la physique, insistant notamment sur le fait que toute observation est « chargée de théorie ». Pour ce faire, ils se sont tournés vers une étude plus attentive de l'histoire des sciences, et en particulier de la physique. C'est que la physique classique, qui s'est élaborée à partir du XVIIᵉ siècle, a tranché de manière plus radicale avec la conception observationnelle des sciences de la nature que la conception de la science des phénomènes naturels qui l'a précédée.

Évidemment, une théorie physique ne prend pas naissance totalement indépendamment de l'observation. Une théorie du mouvement des corps pesants est une théorie qui est au moins suscitée et guidée par l'observation du mouvement de ces corps. Simplement, une théorie physique ne peut être dérivée de manière nécessaire et unique de l'expérience. Il faut, comme le dit Einstein, l'introduction d'un « acte créateur »[1]. Il faut produire ce que j'appellerai une « fiction », une hypothèse produite par le physicien qui ne peut être dérivée de la seule expérience. Une fois cette fiction théorique créée, le physicien s'y attache au sens où il tente de l'organiser avec d'autres hypothèses et de dériver de l'ensemble théorique ainsi obtenu, par des moyens logiques, un maximum de conséquences. La fiction théorique élaborée par le physicien n'est pas une fiction ordinaire, car outre la cohérence dont elle doit faire preuve et l'accord avec ce que nous savons déjà, elle est également de nature mathématique et est contrainte par l'expérience. D'une part donc, une théorie physique est composée d'énoncés qui établissent des relations constantes entre certaines grandeurs et, d'autre part, les conséquences que le physicien tire de l'ensemble d'hypothèses qui constitue sa théorie doit passer l'épreuve de l'expérience. À cette fin, il élabore des dispositifs expérimentaux qui lui permettront soit d'infirmer soit de confirmer sa théorie. Selon les résultats obtenus, sa théorie s'en trouvera renforcée ou affaiblie, et dans ce dernier cas il devra la modifier, voire l'abandonner, lorsque les difficultés sembleront insurmontables.

La situation est, dans les faits, évidemment souvent plus complexe. Par exemple, les meilleures théories physiques, celles qui ont fait l'objet de nombreuses confirmations, résistent souvent bien mieux qu'on ne pourrait le penser à leur rencontre avec des anomalies expérimentales. Elles leur survivent et ce n'est que lorsque les anomalies s'accumulent que les théories

---

1. A. EINSTEIN, « Sur la théorie de la gravitation généralisée », trad. M. Solovine, revue par D. Fargue et P. Fleury dans *Conceptions scientifiques*, Flammarion, Paris, 2016, p. 122.

commencent réellement à être ébranlées, mais là encore l'inertie théorique
dont peuvent faire preuve les physiciens est souvent surprenante.

QUATRE THÈMES

Cette rapide caractérisation suffit-elle pour saisir la nature conceptuelle et
méthodologique de ce que nous appelons la « physique » ? Celle-ci possède-
t-elle une essence immuable ? Au regard des travaux en histoire et en
philosophie des sciences parus depuis une cinquantaine d'années, on peut
fortement en douter. La physique antique n'est pas la physique classique et
la physique classique n'est pas la physique moderne. Mais cette tripartition,
qui nous servira de fil conducteur historique – faute de mieux –, est elle-
même constestable. Il serait, par exemple, bien difficile de reconnaître dans le
naturalisme renaissant, le cartésianisme, le leibnizianisme, le newtonianisme
ou encore l'aristotélisme, scolastique ou renouvelé, une pratique unique que
l'on pourrait appeler la « physique classique ». La science des phénomènes
naturels n'est pas une discipline figée, parce que notre conception de la nature
et de la manière dont nous pouvons la comprendre a elle-même évolué. Il
reste que les pratiques de la physique à une époque donnée sont en partie
héritées de celles des époques précédentes. La science n'est pas une *tabula
rasa* permanente ; elle se nourrit en permanence des théories et des méthodes
du passé.

On peut raisonnablement affirmer que la méthodologie physique n'a
connu que peu de changements notables depuis un peu plus d'un siècle[1].
Elle est principalement héritée de celle qui s'est progressivement élaborée
à l'époque moderne, en partie en réaction contre la méthodologie antique
et médiévale. C'est cette manière de pratiquer la physique, sur laquelle les
physiciens contemporains vivent encore, qui est l'objet de ce livre. Pour
l'étudier, je m'intéresserai principalement à la constitution de la physique
classique en la rapportant à ces deux pôles que sont la physique antique et la
physique moderne.

J'ai tenté de faire droit autant aux éléments de continuité qu'aux éléments
de discontinuité des théories, autant à la fragilité qu'à la permanence des idées
et des objets de la physique. Cela m'a conduit à mettre en évidence quatre

---

1. On pourrait toutefois se demander si l'émergence des nouvelles technologies et de la
mégascience ne l'ont pas modifiée, ce que je ne ferai pas ici.

thèmes qui traversent cet ouvrage : l'unification, la mathématisation, la fiction et l'expérimentation. Ceux-ci sont autant de caractéristiques épistémologiques de la physique qui se fixent et se précisent au cours de la constitution de la physique classique et que la physique moderne a reçues en héritage. Elles ne sont ni nécessaires ni suffisantes pour qu'une pratique puisse être qualifiée de physique, que ce soit au sens général ou même au sens classique. Certains physiciens ne se sont jamais adonnés aux expériences de pensée, d'autres sont plus mathématiciens qu'expérimentateurs, certaines aiment à travailler à la résolution de tel problème propre à une région particulière de la physique et d'autres sont mus par les grandes perspectives unificatrices qui embrassent plusieurs domaines. Certaines caractéristiques ont par ailleurs évolué. Par exemple, la notion d'expérimentation a été progressivement raffinée. Elle ne se limite pas à l'invention du dispositif expérimental moderne, mais s'est enrichie de rapports et de protocoles, d'experts qui en attestent les résultats et de procédures qui doivent en permettre la reproductibilité et la communication. Similairement, la mathématisation de la physique a pris des formes différentes : si celle-ci était essentiellement d'ordre géométrique au début du XVIIᵉ siècle, elle est devenue analytique avec l'avènement du calcul différentiel et intégral, et aujourd'hui elle intègre des techniques aussi diverses que la théorie des groupes ou le calcul tensoriel. Malgré ces évolutions et leur présence plus ou moins variable, les quatre thèmes identifiés ici me semblent avoir joué un rôle fondamental dans l'évolution de ce que nous appelons la physique. Résumons-les succinctement à titre de préalable.

L'unification. Si la science a pour ambition d'expliquer les phénomènes toujours nouveaux que lui révèle l'observation de la nature, elle cherche aussi, comme le souligne Poincaré, à découvrir

> [...] des liens nouveaux entre des objets qui semblaient devoir rester à jamais séparés ; les faits épars cessent d'être étrangers les uns aux autres ; ils tendent à s'ordonner en une importante synthèse. La science marche vers l'unité et la simplicité [1].

Cette tendance vers l'unification est peut-être le legs le plus durable de la physique antique à la physique classique et moderne. Dès Aristote, la science véritable fut conçue comme une totalité unifiée. Elle n'est pas composée d'un amas de lois éparses. La science cherche ainsi à réduire ses concepts

---

1. H. POINCARÉ, *La science et l'hypothèse*, Flammarion, Paris, 1968 (1902), p. 183.

fondamentaux à un nombre aussi petit que possible et à établir leurs relations dans un ensemble d'axiomes indépendants aussi limité que faire se peut. À partir de cette base restreinte, tous les autres concepts devraient pouvoir être définis et toutes les autres lois déduites. Il y a peu de sciences, si ce n'est les mathématiques, où cette exigence d'unification ait été poussée aussi loin qu'en physique. La mécanique newtonienne est certainement l'un des exemples les plus connus et les plus impressionnants de tentative d'unification de la physique. Dans celle-ci, les concepts fondamentaux sont au nombre de quatre (temps, espace, masse et force) et les principes au nombre de trois (les trois lois du mouvement). Elle a unifié la mécanique terrestre et la mécanique céleste, et elle a permis d'expliquer au moyen des mêmes causes la chute des corps, le mouvement de la Lune autour de la Terre et des planètes autour du Soleil. L'accroissement des explications des phénomènes naturels a certes multiplié les domaines dont s'occupe avec succès la physique (thermodynamique, électromagnétisme, mécanique des fluides, etc.), mais la recherche de leur unification au sein d'une théorie unique ne s'est jamais arrêtée. Celle-ci constitue, aujourd'hui encore, l'une des tâches auxquelles s'adonnent avec fièvre les physiciens.

La *mathématisation*. L'astronomie fut d'emblée mathématique. Il fallait pouvoir décrire mathématiquement les mouvements célestes pour en déterminer les périodes et ainsi être capable d'effectuer des prédictions. La physique antique, celle qui s'occupe des changements et des causes des phénomènes au sein du monde sublunaire, c'est-à-dire essentiellement à la surface de la Terre, n'était pas conçue comme mathématisable. L'étude du mouvement des corps pesants, en particulier, était pensée de manière avant tout qualitative, et non quantitative. Il y a bien des domaines que nous rattachons aujourd'hui à la physique, comme, par exemple, la statique, où les mathématiques furent appliquées avec succès, mais à l'époque ceux-ci ne ressortaient pas encore à la physique. L'avènement de la physique classique a profondément changé cet état de choses. Ce changement fondamental est en grande partie une conséquence de la révolution astronomique : le passage de l'univers géocentrique à l'univers héliocentrique exigeait une nouvelle science du mouvement des corps pesants, et il s'est avéré que cette science pouvait prendre une forme mathématique. Les mathématiques ne furent plus alors conçues comme un simple outil à même de produire des prédictions utiles quant au mouvement des astres, mais devinrent susceptibles de fournir une description de la manière dont les phénomènes naturels se comportent réellement. Ceux-ci étaient devenus mathématisables, parce qu'ils étaient désormais considérés comme étant eux-mêmes de nature mathématique. La *fiction*. Les principes mathématiques que le physicien pose à la base de sa théorie sont souvent d'ordre fictionnel, au sens où ils ne se trouvent jamais réalisés tels quels dans l'expérience. Autrement dit, ces principes se présentent généralement sous la forme de situations contrefactuelles, c'est-à-dire de situations qui ne peuvent être réalisées effectivement. Cet aspect fictionnel (certains diraient idéal) des principes physiques provient en partie de leur caractère mathématique. Après tout, personne n'a jamais rencontré de véritable point matériel ou de sphère parfaite dans la réalité. Mais même en négligeant le fossé qui semble séparer l'idéalité mathématique de sa réalisation concrète, il y a des principes physiques qui énoncent des situations qui ne peuvent tout simplement pas se rencontrer. Par exemple, le *principe d'inertie*, qui occupe une place si importante dans l'histoire de la physique classique, décrit le comportement d'un corps sur lequel ne s'exercerait aucune force. Or un tel corps n'existe tout simplement pas. Pour établir des principes de ce type, le physicien doit à un certain moment se détourner résolument de l'expérience sensible. Ne pouvant prendre appui uniquement sur le sol sensible, il a alors généralement recours à des expériences de pensée, c'est-à-dire des raisonnements qui sont eux-mêmes contrefactuels, parce qu'ils reviennent à se demander ce qui arriverait à un objet, en accord avec ce que l'on en sait déjà, dans des circonstances qui ne peuvent pas ou pas encore être réalisées. L'histoire de la physique regorge d'expériences de pensée, dont de nombreuses ont joué un rôle fondamental dans son développement (bateau de Galilée, seau de Newton, démon de Maxwell, ascenseur d'Einstein, argument EPR, etc.).

L'*expérimentation*. La physique, si elle doit se détourner du réel sensible, doit aussi pouvoir y retourner. Les théories physiques doivent à un moment ou l'autre donner lieu à une vérification expérimentale, soit que l'on puisse les vérifier directement, soit, le plus souvent, que l'on puisse en vérifier indirectement une conséquence. L'expérimentation telle qu'elle se met en place dans la physique classique possède deux caractéristiques importantes. Premièrement, si la réalité peut être le point de départ de l'élaboration d'une théorie physique – ce dont l'observation a suscité une recherche d'explication –, elle en est surtout le point d'arrivée : c'est dans le rapport à la réalité que la théorie peut être infirmée ou confirmée. Cette mise à l'épreuve se fait au moyen d'instruments scientifiques. De ce point de vue, et c'est là sa deuxième caractéristique, l'expérimentation n'est pas une expérience passive. Elle ne consiste pas simplement à collecter des données. L'observation scientifique moderne découle d'une « subversion de la nature », en ce sens qu'elle doit recourir à des instruments qui lui permettent d'observer des phénomènes que le physicien ne pourrait pas observer dans des conditions normales [1]. La physique classique a ainsi mis au point nombre d'instruments scientifiques qui ont permis de décupler les capacités d'observation et de mesure du physicien, comme le télescope, le microscope ou encore le baromètre. À cette forme active d'observation, on pourrait être tenté d'opposer l'expérimentation scientifique proprement dite, celle qui a recours à un véritable dispositif expérimental. Au moyen de celui-ci, le physicien sélectionne, dispose et coordonne différents éléments de la nature, puis fait varier les divers paramètres pertinents du dispositif ainsi obtenu afin de départager des théories concurrentes. L'opposition entre instruments scientifiques de pure observation et dispositifs expérimentaux proprement dits est probablement superficielle. Il s'agit avant tout d'une question d'usage. Par exemple, le baromètre inventé par Torricelli permet de mesurer la pression atmosphérique, mais dans les mains de Pascal il devient un véritable dispositif expérimental, car il en fait varier les paramètres pour mettre en évidence la justesse de sa théorie (la hauteur du mercure dans le tube dépend de la hauteur de la colonne d'air, et donc de la pression exercée par l'air) et réfuter les théories concurrentes (si un liquide remonte dans un tube, c'est par « horreur du vide »).

UNE HISTOIRE PHILOSOPHIQUE DE LA PHYSIQUE

L'œuvre de Galilée est exemplaire, dans la mesure où elle inaugure, cristallise ou réactive chacun des thèmes que je viens d'identifier. Elle constitue, à bien des égards, le centre de gravité de cet ouvrage, celui auquel je reviendrai incessamment. Aussi brillante cette œuvre soit-elle, me limiter à son étude (ou à celle de Newton) aurait eu plusieurs désavantages. Tout d'abord, elle aurait pu donner l'impression que la physique est avant tout l'œuvre d'un seul homme, qui ne devrait rien à ces prédécesseurs et dont les continuateurs ne seraient que des nains juchés sur ses épaules. Ensuite, la

1. A. BARBEROUSSE (éd.), *L'expérience*, Flammarion, Paris, 1997, p. 27.

compréhension de l'épistémologie de la physique me semble impossible sans l'exposé de certaines notions, comme celle de champ et d'énergie, ou d'outils mathématiques, comme le calcul différentiel et intégral, qui sont postérieurs à Galilée. Une compréhension adéquate de la méthodologie de la physique imposait donc de s'intéresser au temps long et de multiplier les figures de physiciens. Un décentrement vers les lieux et les communautés où sont produits les savoirs physiques eut également été souhaitable. L'historiographie des sciences connait un tel « déplacement des questionnements » depuis une trentaine d'années [1]. Elle s'intéresse désormais beaucoup à des questions souvent marginalisées dans l'histoire de la physique, comme celle du genre, de la communication des savoirs, des échanges économiques, des développements techniques, des relations entre la science et le pouvoir (étatique, religieux ou institutionnel) ou entre les différentes disciplines scientifiques, des changements conceptuels introduits par les découvertes venues d'autres contrées géographiques, de l'importance des procédés rhétoriques dans l'acceptation d'une théorie, ou encore de la place de la guerre et de l'industrie comme moteurs de l'invention scientifique. La prise en compte de ces nouvelles perspectives en histoire des sciences eut, certes, été profitable, mais aurait nécessité le travail de plusieurs chercheurs d'horizons disciplinaires multiples et m'aurait conduit à un ouvrage très différent [2]. Ma perspective est ici avant tout conceptuelle et historique. Elle relève d'une histoire *philosophique* de la physique, et non sociologique, politique, géographique ou économique.

Les philosophes des sciences ont longtemps adopté deux attitudes distinctes face à leur objet d'étude : l'une que l'on pourrait qualifier d'*historique* et l'autre de *systématique* [3]. Le philosophe des sciences élabore un modèle d'une science particulière et, s'il ne veut pas être taxé de naïveté, il se doit de confronter son modèle à cette science elle-même. Mais comment arriver à

1. On pourra s'en faire une idée, en consultant les trois volumes édités sous la direction de Dominique PESTRE : *Histoire des sciences et des savoirs*, Seuil, Paris, 2015.
2. J'ai toutefois tenté, lorsque cela me semblait pertinent, d'y faire allusion.
3. *Cf.* par exemple A. COMTE, *Cours de philosophie positive*, Bachelier, Paris, 1830, tome 1, p. 77, qui parle de « marche *dogmatique* », plutôt que systématique. On pourrait être tenté de croire que ces deux attitudes en philosophie des sciences sont, respectivement, celles adoptées par la tradition française et la tradition analytique. Pourtant, un tel découpage n'est pas tout à fait correct, dans la mesure où une partie de la philosophie analytique des sciences (Kuhn, Feyerabend, Lakatos et leurs héritiers) a depuis plusieurs décennies placé l'histoire des sciences au centre de sa pratique philosophique.

une compréhension pertinente de ce qu'est une science telle qu'elle se fait, et non telle que nous pensons qu'elle se fait, lorsque l'on n'est pas soi-même scientifique et qu'on n'aspire pas à le devenir ? L'attitude historique répond que la meilleure manière d'acquérir une telle compréhension est d'en passer par une explication des transformations qui ont permis l'émergence des théories scientifiques, c'est-à-dire de « la marche lente, hésitante, tâtonnante, par laquelle l'esprit humain est parvenu à la vue claire » des principes physiques [1]. Sans doute n'est-il pas possible de reparcourir toutes les étapes de cette évolution. Un livre entier n'y suffirait pas. Il faut donc « condenser » et « racourcir » l'histoire de cette évolution pour parvenir à une « mise en ordre cohérente et éclairante du passé » [2]. L'historien des sciences aura alors réussi à constituer le matériau dont le philosophe pourra s'emparer pour comprendre ce qu'est la science effective et mettra ainsi son idée de la nature de cette science, de sa méthodologie, de ses concepts et de son évolution au banc d'essai. De manière symétrique, l'historien des sciences ne peut procéder à une mise en ordre du matériau historique à sa disposition sans un guide. De ce point de vue, je pense, avec Imre Lakatos, qui s'inspire lui-même d'une célèbre formule de Kant, que si « la philosophie des sciences sans l'histoire des sciences est vide », « l'histoire des sciences sans la philosophie des sciences est aveugle » [3].

Comme l'a écrit Eduard Jan Dijksterhuis, l'histoire des sciences n'est pas qu'une « mémoire de la science » [4]. Elle ne fait pas que rappeler le passé d'une science, mais clarifie le chemin qu'il a fallu parcourir pour rendre cette science possible. L'historien des sciences construit ainsi une narration au moyen des textes laissés par les scientifiques. En opérant cette reconstruction du passé, il doit veiller à se prémunir de toute forme de « whiggisme », c'est-à-dire d'une vision téléologique qui reconstruirait le

1. P. DUHEM, *La théorie physique, son objet, sa structure*, Vrin, Paris, 2007, p. 366-367. *Cf.* aussi J.T. CUSHING, *Philosophical Concepts in Physics*, Cambridge University Press, Cambridge, 2003 (1998), p. xv.
2. I. HACKING, « Styles pour historiens et philosophes », trad. V. Guillin dans J.-Fr. BRAUNSTEIN (éd.), *L'histoire des sciences. Méthodes, styles et controverses*, Vrin, Paris, 2008, p. 288.
3. I. LAKATOS, « L'histoire des sciences et ses reconstructions rationnelles », trad. L. Giard (dir.) dans *Histoire et méthodologie des sciences. Programmes de recherche et reconstruction rationnelle*, PUF, Paris, 1994, p. 185.
4. E.J. DIJKSTERHUIS, « The Origins of Classical Mechanics from Aristotle to Newton », dans M. CLAGET (éd.), *Critical Problems in the History of Sciences*, The University of Wisconsin Press, Madison, 1959, p. 182.

passé « du point de vue des vainqueurs ». Il importe de ne pas céder à cette sorte d'histoire « hagiographique »[1], car la science ne progresse pas de manière graduelle et linéaire. Son histoire est pleine d'allers-retours, d'erreurs et d'hésitations. Par exemple, la théorie corpusculaire a dominé l'histoire de la conception scientifique de la lumière, pour ensuite être abandonnée au XIXe siècle et, finalement, revenir sur le devant de la scène au début du XXe siècle. De même, si la chaleur était conçue de manière corpusculaire à la Renaissance, cette théorie a ensuite été abandonnée au profit de celle, substantialiste, du calorique, laquelle s'est à son tour vue remplacée par une conception corpusculaire renouvelée au XIXe siècle. Parfois, des conceptions qui nous semblent aujourd'hui farfelues ont joué un rôle fondamental dans l'élaboration des théories qui les ont supplantées et que nous considérons désormais comme des acquis définitifs de la science. Il convient autant que possible de les prendre en compte pour ne pas déformer la conception objective de la science que l'on souhaite dégager du fatras de l'histoire.

S'il n'existe pas de ligne droite qui mènerait directement de la physique antique à la physique moderne, j'ai tout de même adopté un fil rouge pour me repérer dans le dédale de l'histoire de la physique : la naissance et la mort du concept classique de nature, tel qu'il est apparu au XVIIe siècle avec l'émergence de la physique classique, pour ensuite être supplanté au début du XXe siècle par un nouveau concept avec l'apparition de la physique moderne. L'Antiquité concevait la nature essentiellement comme un principe de changement, le changement étant alors compris au sens large. C'est en partie cette conception large du changement qui a empêché le traitement mathématique de la physique antique. La physique classique a substitué au concept large de nature une conception plus étroite selon laquelle ce qui relève de la nature, c'est essentiellement le mouvement local, le déplacement de la matière d'un lieu vers un autre[2]. C'est en procédant à ce rétrécissement

---

1. A. KOYRÉ, *Études galiléennes*, Hermann, Paris, 1966, p. 85.
2. Le concept de nature développé au sein de la physique classique s'oppose aussi à la nature *spiritualisée* des penseurs de la Renaissance. Le naturalisme de la Renaissance, représenté par des penseurs tels que Paracelse, Campanella, Bruno, Pomponace ou Cardan, a eu un impact pour l'essentiel négatif sur la physique classique. Il a davantage fait l'objet d'un rejet pur et simple que d'une réelle confrontation, raison pour laquelle je ne l'aborderai que peu. Tandis que dans cette conception de la nature les connaissances sont intimement mêlées et croisent fréquemment la route de l'alchimie, de l'hermétisme et de l'astrologie, la science classique n'aura de cesse de séparer les sciences, d'une part, entre elles et, d'autre part, de ce qu'elle jugera comme étant des pseudo-sciences, aboutissant au système des sciences dont nous avons

du type de mouvement relevant de la nature que la nouvelle physique a pu devenir mathématique. Ont alors émergé deux traditions au sein de la physique classique. La première est celle de la *physique théorique*. Elle a parfois été qualifiée de « pythagoro-platonicienne », mais serait probablement mieux désignée par le terme « archimédienne ». Cette tradition fait de la mathématisation des phénomènes naturels le but de toute l'entreprise physique, permettant ainsi la formulation de ses concepts, la présentation hypothético-déductive de ses résultats, la prédiction et sa vérification au moyen d'un dispositif expérimental. Du point de vue de cette tradition, l'unification de la physique est avant tout mathématique : elle cherche à découvrir les structures sous-jacentes aux phénomènes physiques, les relations mathématiques entre les grandeurs qui existent au sein d'un même domaine physique ou entre plusieurs domaines physiques différents. La seconde tradition qui traverse l'histoire de la physique classique est la tradition *réductionniste*, dont la *philosophie mécanique* est l'exemple le plus connu. Cette dernière considère que tout phénomène physique doit pouvoir être expliqué en termes de figure, de configuration et de mouvement de la matière. La philosophie mécanique conçoit le changement physique comme un changement causal soumis à des lois nécessaires et universelles se déroulant dans un espace-temps absolu. La conception de la nature qui en résulte est donc essentiellement celle d'une nature matérielle dont les parties ultimes sont des corpuscules en mouvement. L'ambition unificatrice de cette tradition est alors la recherche des entités fondamentales dont les lois permettraient d'expliquer celles de tous les phénomènes physiques. La tradition mécaniste connaîtra deux reconfigurations importantes. Son programme s'enrichira premièrement, sous la pression du succès de la mécanique newtonienne, du modèle de l'action à distance entre corps pour expliquer les différents phénomènes physiques. Deuxièmement, devant l'insatisfaction philosophique face à cette mystérieuse action agissant instantanément entre des corps séparés d'une distance parfois

hérité. Là où les penseurs de la Renaissance procèdent, comme l'a souligné PANOFSKY, à une « décompartimentalisation » généralisée des savoirs (*La Renaissance et ses avant-courriers dans l'art d'Occident*, trad. L. Meyer, Flammarion, Paris, 1976, p. 139), les principaux acteurs de la science classique (Galilée, Descartes, Newton), eux, réorganisent le système des savoirs par rapport à sa mise en ordre médiévale. Mais certains, comme Bruno ou Kepler, ont aussi su tirer parti de l'effondrement des « frontières tracées et fortifiées par l'esprit médiéval » pour apporter une contribution déterminante à la physique classique. Sur le naturalisme de la Renaissance, *cf.* E. CASSIRER, *Individu et cosmos dans la philosophie de la renaissance*, trad. P. Quillet, Les éditions de Minuit, Paris, 1983, en particulier chap. IV, section III.

immense, sera introduite la notion de champ, conçue comme une entité distincte et irréductible aux corpuscules.

Les deux traditions, archimédienne et mécaniste, se sont rencontrées plus d'une fois au cours de l'histoire de la physique classique, mais elles ont mené pour l'essentiel une existence relativement distincte jusqu'au début du xxᵉ siècle. À ce moment-là, deux théories physiques nouvelles – la théorie de la relativité et la mécanique quantique – ont donné naissance à ce que l'on appelle la physique moderne. Celle-ci a consacré la victoire de la tradition archimédienne sur la tradition mécaniste et le remplacement de la conception classique de la nature issue de la seconde au profit d'une nouvelle compréhension de celle-ci. L'évolution de la nature n'y est plus totalement déterministe, les lois auxquelles celle-ci est soumise étant désormais probabilistes. L'espace-temps a, de plus, cessé d'y être absolu et on n'y distingue plus d'un côté des corpuscules localisables et de l'autre des champs étendus dans l'espace, puisque seuls existent des quantons manifestant un comportement à la fois ondulatoire et corpusculaire.

Physique et mathématiques

Bien que ce livre soit avant tout destiné à un public intéressé par les questions conceptuelles soulevées par la physique, je n'ai pas eu l'ambition d'écrire un ouvrage de vulgarisation. Tout chercheur qui écrit un ouvrage portant sur la physique à l'intention des non-spécialistes se trouve confronté à la question de la place à accorder aux mathématiques. Leur belle subtilité est parfois jugée rebutante par les lecteurs, si bien qu'elle risque d'empêcher l'accès aux aspects proprement conceptuels du propos. Mais est-il possible d'aborder un tant soit peu en profondeur la physique classique et la physique moderne sans parler des mathématiques ? Cela me semble difficile, car celles-ci, à la différence de la physique antique, sont de part en part mathématiques. Les mathématiques n'y jouent pas un rôle simplement accidentel, mais, pour reprendre une heureuse formule de Jean-Marc Lévy-Leblond sur laquelle j'aurai à revenir, véritablement « constitutif ». Négliger de parler de l'aspect mathématique de la physique classique et de la physique moderne reviendrait à négliger une de leurs caractéristiques essentielles, si ce n'est la plus essentielle.

*

* *

La rédaction de ce livre n'aurait pas été possible sans l'aide précieuse de Sylvain Delcomminette, Arnaud Pelletier, Bruno Leclercq, Laura Favoccia, Alexis Melchior, Jérôme Loreau, Stefan Goltzberg, Pierre Jossart et Thomas Connor. Qu'ils en soient vivement remerciés. Mes remerciements vont également à mes étudiants de l'Université libre de Bruxelles et de l'Université de Liège. Leurs questions et leur intérêt pour les différentes versions préliminaires de cet ouvrage ont été un incitant à toujours clarifier et préciser davantage ma pensée.

CHAPITRE PREMIER

DE LA SCIENCE GRECQUE À
LA RÉVOLUTION COPERNICIENNE

Cet ouvrage se concentre avant tout sur la conception de la physique née au milieu du XVIe siècle et arrivée à maturité à la fin du XVIIe. Cela ne signifie pas que l'Antiquité et le Moyen Âge n'aient pas compté de travaux importants dans le domaine de ce que nous appelons aujourd'hui la physique. Il n'en demeure pas moins que leurs résultats étaient épars et souvent hésitants. À partir du XVIe siècle s'amorce une accélération subite et sans précédent de la recherche en physique. Celle-ci devient alors une entreprise systématique dans laquelle les efforts des savants se coordonnent pour dégager les principes généraux qui régissent les phénomènes naturels.

Si la quantité et la vitesse des succès engrangés par la physique durant le XVIIe siècle est sans commune mesure avec les époques précédentes, de sorte qu'on a pu parler de *révolution scientifique* [1], celle-ci n'est pas sortie de nulle part. L'origine des idées qui ont rendu possible ce saut qualitatif soudain doit en grande partie être recherchée en Grèce antique [2]. Deux noms doivent en particulier être mis en avant : Archimède et Aristote. Ils ont tous deux posé plusieurs des caractéristiques centrales dont la conception classique de la physique a hérité, au premier rang desquelles l'exigence de la présentation hypothético-déductive et le traitement mathématique des phénomènes naturels. Il faut néanmoins souligner que l'apport d'Aristote

---

1. Lorsque nous utiliserons cette expression dans cet ouvrage, nous sous-entendrons que nous parlons de la révolution scientifique en physique. S'il est déjà problématique de parler d'une révolution dans ce domaine restreint, cela l'est certainement encore plus de rassembler sous une seule étiquette l'ensemble des découvertes, innovations et ruptures qu'a connu la science, dans ses divers domaines, à partir de la Modernité. Pour une approche critique de l'expression « la révolution scientifique », *cf.* St. SHAPIN, *La révolution scientifique*, trad. Cl. Larsonneur, Flammarion, Paris, 1998.

2. Pour une première approche de la science grecque, on pourra se reporter à G.E.R. LLOYD, *Une histoire de la science grecque*, trad. J. Brunschwig, Seuil, Paris, 1990.

à la compréhension classique de la physique est plus ambigu que celui d'Archimède, dans la mesure où son œuvre a autant servi de modèle que de repoussoir aux principaux acteurs de la révolution scientifique. Tant son finalisme et sa théorie du mouvement des objets terrestres et des astres célestes, que sa conception qualitative de la physique ont été âprement critiqués par les savants modernes.

L'œuvre physique d'Aristote a dominé l'Occident pendant une grande partie de l'Antiquité et du Moyen Âge. C'est en particulier le cas de sa conception géocentrique du monde, héritée du modèle élaboré par Eudoxe de Cnide et perfectionnée par Claude Ptolémée [1], conception radicalement remise en cause lors de la publication, en 1543, du *De revolutionibus orbium cœlestium* de Nicolas Copernic. Si la physique aristotélicienne avait déjà fait l'objet de critiques auparavant, celles-ci restaient relativement isolées. Avec l'ouvrage de Copernic, elles vont se multiplier et nécessiter l'élaboration d'une nouvelle conception de la physique, qui allait devenir la *physique classique*. Le coup d'envoi de la révolution scientifique était donné.

PHYSIQUE ET MATHÉMATIQUES DANS L'ANTIQUITÉ GRECQUE

Ce sont les productions physiques de trois savants antiques qui retiendront avant tout notre attention : la statique d'Archimède, la cosmologie et la théorie du mouvement d'Aristote, et l'astronomie de Ptolémée. Tandis que l'œuvre archimédienne constituera une source importante de la physique classique, les travaux physiques d'Aristote et de Ptolémée seront, en revanche, fortement remis en cause à partir du XVIe siècle. C'est un autre pan de la philosophie aristotélicienne qui exercera une grande influence à cette même époque, à savoir sa théorie générale de la science. D'après celle-ci, chaque science se compose d'un ensemble de théorèmes (portant sur un genre déterminé) dérivés démonstrativement à partir d'un nombre restreint de principes propres et indémontrables.

---

1. Évidemment, cela ne signifie pas qu'il n'y ait pas eu de conception géocentrique du monde avant Eudoxe.

Quelques éléments de théorie aristotélicienne de la science

Selon Aristote, la « science » (ἐπιστήμη en grec) part de la constatation de certains faits, par exemple le fait que la lumière se déplace en ligne droite ou qu'il y a une éclipse lunaire, qu'elle tente ensuite de connaître. Elle se demande pourquoi tel fait s'est produit et pourquoi il s'est produit de cette manière. Fournir une réponse à cette question, c'est *expliquer* le fait en question. Pour Aristote, connaître un fait, c'est pouvoir en rendre raison, pouvoir expliquer pourquoi il en est ainsi et pas autrement. La science est, à ses yeux, fondamentalement de nature explicative.

Aristote a une conception *déductive* de l'explication scientifique. Ce que l'on cherche à expliquer doit pouvoir être exprimé comme une conclusion dérivée de prémisses considérées comme vraies [1]. Prenons un exemple de « démonstration » scientifique de ce type [2]. C'est un fait que les planètes du système solaire ne scintillent pas, contrairement aux étoiles. À la question *pourquoi* les planètes ne scintillent pas, nous pouvons répondre : les planètes du système solaire ne scintillent pas, parce que ce sont des astres proches de nous et que seuls les astres éloignés de nous scintillent. Autrement dit, le fait que les astres proches de nous ne scintillent pas et que les planètes sont des astres proches de nous explique pourquoi les planètes ne scintillent pas. De la sorte, nous pouvons formuler le raisonnement suivant :

(1)   les astres proches de nous ne scintillent pas ;
(2)   les planètes sont des astres proches de nous ;
(3)   donc, les planètes ne scintillent pas.

Dans cette démonstration, ce qui explique principalement pourquoi les planètes ne scintillent pas, à savoir le fait que ce sont des astres proches de nous, disparaît de la conclusion (3), alors qu'il était présent en tant que prédicat et en tant que sujet dans les deux prémisses (1) et (2).

Ce modèle aristotélicien de l'explication scientifique forme le noyau ce que l'on appelle aujourd'hui le « modèle déductif-nomologique » [3]. Une

1. La démonstration scientifique se distingue de la simple déduction logique, c'est-à-dire de ce qu'Aristote appelle un « syllogisme », notamment par le fait que ses prémisses doivent être vraies. Cette condition n'est néanmoins pas suffisante.
2. ARISTOTE, *Organon IV : Seconds analytiques*, trad. J. Tricot, Vrin, Paris, 1995, I, 13, 76 a 26-b 11, p. 73-75. Nous reformulons légèrement l'exemple en question.
3. *Cf.* C.G. HEMPEL et P. OPPENHEIM, « Studies in the Logic of Explanation », *Philosophy of*

exigence particulière y est imposée aux prémisses de la démonstration scientifique : l'une des prémisses doit exprimer une « loi de la nature » (c'est la raison pour laquelle ce modèle est dit « nomologique »). La notion de loi de la nature est cependant étrangère à la pensée d'Aristote, qui parle plutôt de la nécessité pour les prémisses d'être des énoncés universels portant sur des espèces, et non sur des cas individuels. Ci-dessus, les prémisses portent, par exemple, sur les astres et les planètes en général, et non sur tel corps céleste particulier.

Tel qu'exposé jusqu'à présent, le modèle aristotélicien de l'explication scientifique demeure insatisfaisant. En effet, d'après ce que nous venons de dire, la déduction suivante :

(1)   les astres qui ne scintillent pas sont proches de nous ;
(2)   les planètes sont des astres qui ne scintillent pas ;
(3)   donc, les planètes sont proches de nous,

étant correcte, ce serait parce que les planètes ne scintillent pas que ce sont des astres proches de nous. Mais il ne s'agit à l'évidence pas là d'une explication scientifique en bonne et due forme. On a envie de dire que ce n'est pas *à cause du* fait qu'elles ne scintillent pas que les planètes sont proches, mais plutôt que c'est à cause du fait qu'elles sont proches qu'elles ne scintillent pas [1]. Pour prendre un autre exemple, c'est parce qu'un bâtiment a une hauteur de 40 m et que les rayons du Soleil se déplacent en ligne droite en faisant un angle de 60° avec l'horizontale que l'ombre portée du bâtiment est de 23 m, et non parce que l'ombre portée d'un bâtiment est de 23 m et que les rayons du Soleil se déplacent en ligne droite en faisant un angle de 60° avec l'horizontale que le bâtiment a une hauteur de 40 m. Si les deux explications (au sens large) peuvent être exprimées sous la forme d'un raisonnement valide, seule la première est une explication réellement scientifique, car si la hauteur du bâtiment est la cause de la longueur de son ombre portée, l'inverse n'est pas vrai.

On l'aura compris, pour qu'une explication soit réellement scientifique, elle doit être *causale* :

> Nous estimons posséder la science d'une chose d'une manière absolue, et non pas, à la façon des Sophistes, d'une manière accidentelle, quand nous croyons

Science, 48 (2), 1948, p. 135-175.
    1. ARISTOTE, *Organon IV : Seconds analytiques*, *op. cit.*, I, 13, 78 a 37-a 38, p. 74.

que nous connaissons la cause par laquelle la chose est, que nous savons que cette cause est celle de la chose, et qu'en outre il n'est pas possible que la chose soit autre qu'elle est [1].

De manière générale, Aristote appelle « cause » (αἰτία) ce qui est « responsable » (αἴτιος) du changement d'une chose – par exemple des phénomènes que nous observons –, et donc ce qui explique son comportement. Selon Aristote, il y aurait plusieurs sortes d'explications causales possibles. Elles seraient même au nombre de quatre :

En effet, les lettres pour les syllabes, la matière pour les objets fabriqués, le feu et les choses de ce type pour les corps, les parties pour le tout, les prémisses pour la conclusion, sont causes comme ce à partir de quoi ; et, parmi ces choses, les unes sont comme le sujet, par exemple les parties, les autres comme l'être essentiel, par exemple le tout, la composition et la forme. Ensuite, la semence, le médecin, l'homme qui a délibéré et d'une manière générale ce qui produit, tous cela est cause en tant que ce d'où vient le principe du changement et du repos. Enfin, il y a les causes en tant que la fin et le bien des autres choses, car ce en vue de quoi doit être le meilleur et la fin des autres choses [2].

Ce texte est difficile, mais on peut y déceler les quatre causes reprises par la tradition sous les noms de « matérielle », « formelle », « efficiente » et « finale ». Pour les expliquer, cette même tradition met en avant l'exemple de la statue : alors que d'un point de vue (matériel), on peut dire que c'est le marbre qui est responsable de l'existence de la statue, d'un autre (formel), c'est le modèle qu'avait à l'esprit le sculpteur, d'un autre encore (efficient), c'est le sculpteur lui-même et ses outils, et d'un dernier (final), c'est « l'intention qui a présidé à la réalisation de la statue » – la piété pour la statue d'un dieu ou la vanité pour la statue d'un homme [3]. Pour parlant qu'il soit, soulignons néanmoins que cet exemple est quelque peu trompeur, car il assimile la forme à la figure visible de la matière, alors qu'il s'agit plutôt chez Aristote d'un principe d'organisation et d'unité. Si, d'après lui, seule la cause formelle importe en mathématique, en physique il convient en revanche de recourir aux quatre types de causes.

1. ARISTOTE, *Organon IV : Seconds analytiques*, *op. cit.*, I, 2, 71 b 9-12, p. 7.
2. ARISTOTE, *Physique*, trad. A. Stevens, Vrin, Paris, 2012, 195 a 15-25, p. 114-115.
3. M. CRUBELLIER et P. PELLEGRIN, *Aristote. Le philosophe et les savoirs*, Seuil, Paris, 2002, p. 262.

La notion aristotélicienne de cause est sensiblement différente de la nôtre. Parmi les quatre causes distinguées ici, nous ne retiendrions aujourd'hui, au mieux, que la cause efficiente et la cause finale. En fait, c'est avant tout la première, aussi appelée « cause agissante », car elle permet de passer de la puissance à l'acte, de la potentialité à sa réalisation, que retiendront les philosophes et savants mécanistes modernes, allant parfois jusqu'à l'identifier à la force. Quant à la cause finale, qui ne doit pas nécessairement être comprise comme une intention consciente, elle se retrouvera sous une forme quelque peu modifiée chez des savants modernes qui, comme Maupertuis ou Leibniz, auront pour ambition d'expliquer tous les phénomènes de la nature en recourant à ce vers quoi tendent les choses.

Pour Aristote, une science n'est pas un simple amas d'explications éparses portant sur un sujet donné et exprimant chacune de manière isolée l'explication causale d'un phénomène naturel. Les démonstrations scientifiques doivent pouvoir être organisées en un système ordonné logiquement. Exprimer chaque explication scientifique au moyen d'une démonstration ne suffit donc pas pour obtenir une science, au sens idéal du terme. Encore faut-il lier ces démonstrations entre elles. À cette fin, les prémisses d'une démonstration donnée doivent pouvoir être elles-mêmes dérivées logiquement de prémisses plus fondamentales. Une fois cette procédure achevée, toute explication scientifique relative à une certaine science peut être déduite d'un nombre limité de « principes » (ἀρχαί) indémontrables [1] appelés « hypothèses », propres à cette science. Les hypothèses se distinguent des « axiomes », qui sont des principes communs à plusieurs sciences [2], mais qui ne peuvent servir de prémisses dans une déduction [3]. Aux axiomes et aux hypothèses, il faut encore ajouter des « définitions » qui permettent de réduire au maximum le nombre de notions dont le sens est considéré comme implicitement donné.

Chez les héritiers scolastiques d'Aristote du Moyen Âge et du début de l'époque moderne, cette insistance sur l'explication déductive des phé-

---

1. À l'époque moderne, les principes sur lesquels repose une science seront souvent compris comme évidents et vrais. Au xixe siècle, la découverte des géométries non euclidiennes va contribuer à l'abandon du réquisit d'évidence des principes sur lesquels repose la géométrie.

2. On pourrait par exemple citer les principes du tiers exclu et de non-contradiction.

3. Sur ces différentes notions, aristotéliciennes, nous renvoyons à S. DELCOMMINETTE, *Aristote et la nécessité*, Vrin, Paris, 2018, p. 203 *sq.* La tradition aura tendance à confondre les axiomes et les hypothèses, les appelant aussi parfois « postulats ». Nous adopterons sur ce point une terminologie relativement libérale.

nomènes naturels se fera largement au détriment de la *découverte* : ce qui importe pour eux, ce n'est pas tant la découverte de nouvelles choses que l'explication de celles déjà connues. S'il convient de partir de l'observation des faits empiriques, cette observation est avant tout contemplative, en aucun cas elle ne cherche à interférer avec le cours ordinaire de la nature pour nous en révéler des aspects encore inconnus. Sous cette guise déformée, l'aristotélisme subira les foudres de Francis Bacon. Il reprochera en particulier à l'explication déductive aristotélicienne d'être un « outil » [1] purement théorique, un outil qui ne fait que remettre en ordre ce que nous connaissons déjà et qui, dès lors, est dépourvu de toute utilité pratique.

De nombreux physiciens classiques s'approprieront cette critique baconienne de la vision aristotélicienne de la science. Cependant, cette dernière ne sera pas totalement rejetée. En effet, l'idée qu'une science achevée doit pouvoir être exposée intégralement de manière *hypothético-déductive* se retrouvera chez de nombreux physiciens-mathématiciens de l'Époque moderne, comme Galilée, Descartes, Huygens, ou encore Newton. La raison en est que cet idéal permet de garantir la solidité de l'édifice scientifique, les énoncés de la science y reposant sur un fondement restreint et s'enchaînant les uns les autres selon un ordre déterminé. Le modèle d'une telle présentation hypothético-déductive de la science a longtemps été la géométrie exposée par Euclide au IIIe siècle av. J.-C. dans ses *Éléments* [2] ; on parle d'ailleurs souvent d'une présentation scientifique *more geometrico*, c'est-à-dire « à la manière des géomètres ». Toutefois, c'est surtout via la statique d'Archimède que l'idéal axiomatico-déductif exercera une influence déterminante sur les physiciens classiques.

Avant d'aborder la statique d'Archimède, il nous reste encore à nous interroger sur l'origine des hypothèses dans la conception aristotélicienne de la science. Dans le cas de la science de la nature, celle-ci doit être recherchée dans l'expérience, dans l'*observation* familière et communément acceptée de certains phénomènes naturels. Par exemple, on considère que la lumière se déplace toujours en ligne droite, parce que quiconque a fait l'expérience de

---

1. Les traités d'Aristote sur la logique et la méthodologie scientifique sont groupés sous le titre d'*Organon*, qui signifie, en grec, « outil » ou « instrument ».

2. Bien que la structure des *Éléments* corresponde bien à la description aristotélicienne de la science, on ne sait pas si Euclide a explicitement cherché à se conformer aux normes d'exposition scientifique du Stagirite, ni même s'il en a eu connaissance (M. CRUBELLIER et P. PELLEGRIN, *Aristote. Le philosophe et les savoirs, op. cit.*, p. 73).

la lumière a pu observer qu'il est impossible de voir derrière un coin. On soulignera que la plupart des observations empiriques que nous effectuons sont singulières et qu'il ne va pas de soi que nous puissions en tirer des énoncés universels pouvant jouer le rôle de prémisses dans des déductions scientifiques. La science porte uniquement sur ce qui arrive « toujours, ou le plus souvent » [1]. Comment, dès lors, une science des phénomènes empiriques pourrait-elle être possible ? La réponse d'Aristote à cette difficulté est restée célèbre et affirme que pour établir les prémisses empiriques utilisées dans les sciences de la nature nous devons recourir à l'« induction », dans laquelle s'effectue « le passage des cas particuliers à l'universel » [2]. Formulé de manière moderne, on dira qu'un raisonnement inductif consiste à tirer un énoncé universel d'un certain nombre d'observations singulières. En d'autres mots, j'effectue une induction lorsqu'ayant observé dans des situations variées plusieurs cygnes blancs, et n'ayant jamais observé que des cygnes de cette couleur, j'affirme que tous les cygnes sont blancs [3].

Si l'induction offre une solution naturelle à toute théorie de la connaissance qui, comme celle des empiristes, prétend fonder la science sur l'expérience, elle pose également des problèmes redoutables. Le plus connu consiste à se demander ce qui légitime le passage du singulier à l'universel sur lequel repose l'induction. Dans une critique célèbre, David Hume affirma que celle-ci ne pouvait ni être justifiée empiriquement, ni logiquement, mais relevait de la seule « accoutumance » (*custom*) ou « habitude » (*habit*) [4]. Les difficultés que rencontre la justification de l'induction ont même poussé certains philosophes, dont Karl Popper, à rejeter toute tentative de fondation de la science sur ce type d'opération hasardeuse.

Disons pour finir que, selon Aristote, une démonstration scientifique au sens strict doit porter sur un seul et même sujet. Plus précisément, le contenu de ses prémisses et de sa conclusion doit relever d'un seul et même « genre ». Or un genre a par définition une extension maximale, de sorte que les éléments qu'il subsume ne peuvent varier [5]. Le genre est ce qui confère

1. ARISTOTE, *Métaphysique*, vol. 1, trad. Tricot, Vrin, Paris, 1991, E, 2, 1027 a 21, p. 232.

2. ARISTOTE, *Organon V : Topiques*, trad. J. Tricot, Vrin, Paris, 2004, I, 12, 105 a 13, p. 41.

3. Nous négligeons volontairement ici les différences entre la conception aristotélicienne et la conception contemporaine de l'induction. Sur la première, nous renvoyons à M. CRUBELLIER et P. PELLEGRIN, *Aristote. Le philosophe et les savoirs, op. cit.*, p. 97-101.

4. *Cf.* D. HUME, *Traité de la nature humaine. Livre I : l'entendement*, trad. M. Malherbe, Vrin, Paris, 2022, Livre I, partie 3, section VI.

5. *Cf.* M. CRUBELLIER et P. PELLEGRIN, *Aristote. Le philosophe et les savoirs, op. cit.*, p. 104.

à une science son unité. Cela revient, d'une part, à séparer les unes des autres les diverses sciences selon le genre auquel appartient leur objet et, d'autre part, à éviter qu'une science n'utilise des principes issus d'une autre science, ceux-ci ne relevant pas du même genre. C'est ce que l'on appelle la thèse de l'« incommunicabilité des genres » [1]. Celle-ci interdit en particulier toute application des mathématiques à une science comme la physique, parce qu'elles relèvent de genres différents : le changement pour la physique, la quantité pour les mathématiques. Cet interdit aura de grandes répercussions sur le développement mathématique de la physique.

Il n'est toutefois pas totalement impossible d'appliquer les principes d'une science à une autre : il faut pour cela que celle-ci soit « subordonnée » à celle-là. C'est, par exemple, le cas de l'astronomie et de la statique par rapport aux mathématiques [2]. Plus tard, ces sciences mathématiques subordonnées seront qualifiées de « mathématiques mixtes » [3], par opposition aux « mathématiques pures » que sont la géométrie et l'arithmétique [4]. Mixtes, elles le sont, parce qu'elles combinent des quantités avec certains sujets de nature sensible, là où les mathématiques pures ne s'intéressent aux grandeurs numériques et géométriques que de manière purement abstraite. L'astronomie, par exemple, n'avait pas pour rôle de déterminer les causes et la nature des corps célestes, mais seulement de calculer leurs positions. Les formes géométriques utilisées pour les calculer, si elles s'avéraient utiles d'un point de vue pratique, n'étaient pas considérées comme représentatives d'une quelconque réalité. L'astronomie ne faisait que décrire le mouvement des astres et ne cherchait pas à l'expliquer, une telle tâche relevant de cette partie de la philosophie de la nature (« philosophie naturelle ») que l'on appelle la cosmologie.

1. *Cf.* Aristote, *Organon IV : Seconds analytiques, op. cit.*, I, 7.
2. Chez Aristote, ces sciences étaient considérées comme mathématiques, alors que nous les considérerions plutôt aujourd'hui comme physiques.
3. P. Dear, *Discipline and Experience : The Mathematical Way in the Scientific Revolution*, University of Chicago Press, Chicago, 1995, p. 39.
4. Dans l'université médiévale, les mathématiques pures et ces mathématiques mixtes que sont l'astronomie et la musique étaient regroupées au sein du *quadrivium*. Ces quatre disciplines formaient, avec les trois disciplines du *trivium* (grammaire, rhétorique et musique), les sept « arts libéraux » enseignés au sein des facultés des arts. Les arts libéraux avaient un rôle propédeutique et un statut épistémologique inférieur par rapport aux différentes *scientiae* supérieures enseignées au sein des facultés de droit, de médecine et de théologie. Cette hiérarchie médiévale des disciplines universitaires, censée reproduire la classification des savoirs élaborée dans l'Antiquité, s'est fixée au xiiiᵉ siècle.

La mathématisation des phénomènes naturels : la statique d'Archimède

C'est dans le traité *De l'équilibre* d'Archimède que nous trouvons l'une des toutes premières applications des mathématiques à un problème relevant des mathématiques mixtes. Plus précisément, le savant de Syracuse y utilise la géométrie pour résoudre des problèmes d'équilibre. Ceux-ci relèvent de la *statique*. Un problème de statique typique consiste à déterminer le point d'appui sur lequel doit reposer un levier (disons une barre métallique) aux extrémités duquel figurent deux corps de masses différentes. Dans son traité, Archimède cherche ainsi à déterminer les lois qui régissent l'équilibre de corps solides suspendus à des bras de levier [1].

L'aspect géométrique de la statique archimédienne se révèle d'abord dans sa présentation. Les propositions s'y enchaînent en effet au fil de déductions d'une « impeccable rigueur » [2], en accord donc avec l'idéal aristotélicien. Archimède pose sept propositions fondamentales à titre d'hypothèses. La première d'entre elles demande, par exemple, « que [d]es poids égaux s'équilibrent à des distances égales, et que [d]es poids égaux suspendus à des distances inégales ne s'équilibrent pas mais qu'il y ait inclinaison du côté du poids suspendu à la plus grande » [3]. De ces hypothèses sont ensuite déduites, généralement au moyen d'un raisonnement par l'absurde, une série d'autres propositions, qui constituent autant de théorèmes de la statique.

Le deuxième aspect mathématique de la statique archimédienne doit être recherché dans son traitement même des problèmes d'équilibre : pour les résoudre, Archimède les *géométrise*. Afin de comprendre cet aspect, examinons le sixième théorème (proposition) de son traité [4], que l'on appelle généralement la « loi du levier ». Celle-ci revient à affirmer que deux corps suspendus à un levier sont à l'équilibre s'ils sont placés à des distances inversement proportionnelles à leurs masses. En langage moderne et avec quelques adaptations, voici l'essentiel du raisonnement d'Archimède permettant d'établir cette proposition [5]. Prenons deux corps, dont l'un a une

1. C'est là l'objet du début du traité *De l'équilibre*. Le reste en est dédié à la détermination du centre de gravité de plusieurs figures planes.

2. P. Duhem, *Les origines de la statique*, Hermann, Paris, 1905, tome 2, p. 280.

3. Archimède, *De l'équilibre des figures planes*, trad. Ch. Mugler dans *Tome II : Des spirales. De l'équilibre des figures planes. L'arénaire. Le quadrature de la parabole*, Les belles lettres, Paris, 1971, p. 80.

4. *Cf. ibid.*, p. 85-86.

5. Je reprends ici la formulation et la présentation de Fr. Lurçat : *Niels Bohr et la physique*

masse de 3 kg et l'autre une masse de 5 kg. Plaçons-les aux extrémités A et B d'une barre mesurant 80 cm. En vertu de la proposition 6 de la statique d'Archimède, le point d'appui O doit être placé à 50 cm du point A s'il se trouve à 30 cm du point B, puisqu'il faut que :

$$\frac{|AO|}{|OB|} = \frac{5\,\text{kg}}{3\,\text{kg}}$$

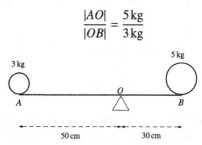

Archimède nous propose alors d'allonger la barre de A en C de 30 cm et de B en D de 50 cm. Autrement dit, nous avons : $|CA| = |OB|$, $|BD| = |AO|$ et $|CO| = |OD|$.

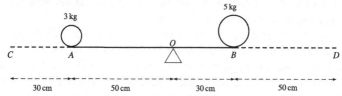

Que se passe-t-il à présent si nous remplaçons le corps de 3 kg situé en A par trois corps de 1 kg chacun, l'un d'eux étant placé en A et les deux autres à une distance de 20 cm à gauche et à droite de A ? Les trois corps de 1 kg étant placés symétriquement par rapport à A, ils auront le même effet sur le levier que le corps de 3 kg placé en A.

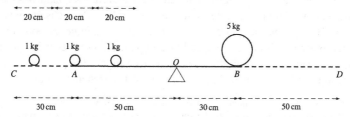

quantique, Seuil, Paris, 2001, p. 11-14. *Cf.* également E. MACH, *La Mécanique. Exposé critique et historique de son développement*, trad. É. Bertrand, Hermann, Paris, 1904, p. 19.

Procédons ensuite de manière similaire en remplaçant le corps de 5 kg par cinq corps de 1 kg placés symétriquement par rapport à *B*. Ici encore la situation d'équilibre doit rester inchangée.

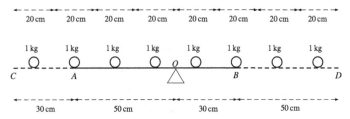

Dans cette configuration finale, les huit corps de 1 kg sont placés symétriquement par rapport au point d'appui *O*. Or, la première hypothèse [1] de la statique d'Archimède posant que des masses égales s'équilibrent à des distances égales, l'ensemble décrit ici doit être en équilibre – il ne penchera ni à gauche ni à droite. La configuration obtenue étant en équilibre et équivalente à celle d'origine, elle-même établie en accord avec le sixième théorème d'Archimède, ce dernier est bien confirmé [2].

En procédant ainsi, Archimède a géométrisé un problème de physique. Cette géométrisation n'est possible qu'à condition de se détourner du réel tel qu'il nous est empiriquement donné, dans la mesure où il s'agit de le saisir dans son idéalité géométrique. Archimède a d'abord fait abstraction des différents aspects accessoires du problème (comme la forme, la matière, la couleur des objets qui composent le problème) pour se concentrer sur la longueur des bras de levier et les masses qu'ils doivent supporter. Les facteurs physiques sont soit mis entre parenthèses soit assimilés à des grandeurs géométriques, afin d'obtenir une épure géométrique du problème. Une fois le problème reformulé de manière à satisfaire les conditions idéales qui permettent l'application de la géométrie, Archimède a ensuite raisonné en géomètre sur des longueurs et des rapports de longueurs pour obtenir une configuration équivalente à celle de départ. Le premier principe de la statique lui a alors permis d'affirmer que cette configuration était en équilibre, établissant par là la vérité de la proposition qu'il cherchait à démontrer.

1. *Cf.* ARCHIMÈDE, *De l'équilibre des figures planes*, *op. cit.*, p. 80.
2. Dans son texte, Archimède réfléchit sur des longueurs et des masses arbitraires, de sorte que son raisonnement a une portée plus générale que celui que nous reproduisons ici.

Comme le souligne Sandori, par sa simplicité, la statique était « idéalement apte à la mathématisation »[1], et plus précisément à la géométrisation. La statique constitue la première partie de ce que l'on appelle aujourd'hui la mécanique, la seconde étant constituée par l'étude du mouvement[2]. Cependant, l'étude du mouvement est beaucoup plus complexe que celle de l'équilibre, et sa mathématisation dès lors plus délicate. La science grecque en est d'ailleurs restée à un traitement du mouvement concret, c'est-à-dire tel qu'il peut être observé dans des situations habituelles. Mais si la science antique ne nous a pas offert d'analyse mathématique du mouvement, c'est aussi pour une raison plus fondamentale, à savoir parce que l'étude du mouvement appartient à la philosophie naturelle (physique), si bien que son traitement mathématique n'est tout simplement pas envisageable. C'est du moins ainsi qu'Aristote voyait les choses et sa conception a prédominé jusqu'à la Modernité.

Physique et cosmologie aristotéliciennes

Eu égard à ce que nous avons dit précédemment, la première chose qui devrait frapper le lecteur lorsqu'il prend connaissance de la physique aristotélicienne est qu'elle ne se présente pas sous la forme hypothético-déductive prônée par le Stagirite lui-même. À vrai dire, il n'y a là rien d'étonnant, car la présentation en termes d'hypothèses et de théorèmes est un idéal que seul une science achevée peut atteindre. La physique aristotélicienne n'est donc qu'une ébauche. Pourtant, elle n'en présente pas moins une très grande cohérence, de sorte qu'il est difficile d'en comprendre les éléments de manière isolée. N'ayant pas l'ambition d'écrire un livre sur la physique d'Aristote, c'est néanmoins ce que nous devrons essayer de faire. Nous présenterons ainsi quelques éléments épars de cette physique, à savoir ceux qui nous seront les plus utiles pour la compréhension de l'émergence de la physique classique, nous laissant la possibilité de développer d'autres points de la physique aristotélicienne plus tard, lorsque le besoin s'en fera sentir.

---

1. P. SANDORI, *Petite logique des forces. Constructions et machines*, trad. A. Laverne, Seuil, Paris, 1983, p. 27.
2. En ce sens, elle comprend la théorie des machines, dont elle tire sont nom. Par ailleurs, c'est le fait que le repos est aujourd'hui considéré comme un cas particulier du mouvement qui justifie le fait d'inclure la statique dans la mécanique.

La *Physique* est d'abord le titre d'un des ouvrages d'Aristote. Ce titre renvoie au terme grec de « φύσις », c'est-à-dire à la « nature » d'une chose. Par conséquent, la physique est une *science de la nature*. Aristote désigne par « nature » un « principe », une « tendance innée au changement »[1], qui est immanente à la chose. La physique au sens aristotélicien du terme peut donc être comprise comme la science du changement. Comme on le voit, elle déborde largement ce que nous entendons aujourd'hui par physique. Il s'agit avant tout d'une discipline philosophique, une philosophie naturelle qui étudie les principes et les causes du changement.

Parmi les « changements » ou « mouvements » (κίνησις) dont doit traiter la physique selon Aristote, nous trouvons la génération et la corruption (le changement substantiel, comme lorsqu'une chose est réduite en cendres après combustion), l'altération (le changement qualitatif, comme lorsqu'une chose change de couleur), la croissance et la décroissance (le changement quantitatif), ainsi que le mouvement local (le changement de lieu)[2]. De ce point de vue, le mouvement au sens restreint où nous l'entendons aujourd'hui, c'est-à-dire comme le transport d'un corps d'un endroit vers un autre, appartient d'emblée à la physique. La physique aristotélicienne est cependant très différente de ce qui deviendra plus tard la physique classique. En effet, si nous nous restreignons à la partie de cette dernière qui concerne le mouvement, la physique d'Aristote est évidemment d'extension beaucoup plus grande, puisqu'elle s'occupe du mouvement au sens le plus général du terme, le mouvement compris comme passage de la puissance à l'acte. Ces conceptions différentes de la physique recouvrent des conceptions différentes de la nature. En première approximation, alors que dans la physique aristotélicienne la nature désigne l'ensemble des objets qui possèdent en eux-mêmes un « principe de mouvement et de repos »[3], il s'agit plutôt dans la physique classique de l'ensemble des phénomènes matériels qui sont soumis à des lois de la nature, des lois mathématiques générales et universelles[4].

Le changement nous révèle, pour Aristote, la nature des choses. Par exemple, si nous lâchons une pierre d'une certaine hauteur, celle-ci chute.

1. Aristote, *Physique*, *op. cit.*, 192 b 18-19, p. 103.
2. Aristote, *Organon I : Catégories*, trad. J. Tricot, Vrin, Paris, 1997, 14, 15 a 13-14, p. 72.
3. Aristote, *Physique*, *op. cit.*, 192 b 14, p. 103.
4. *Cf.* par exemple R. Descartes, *Le monde ou Le traité de la lumière*, dans *Œuvres*, éd. Ch. Adam et P. Tannery, Vrin, Paris, 1996, vol. XI, p. 36-37 ; ainsi que I. Kant, *Principes métaphysiques de la science de la nature*, trad. A. Pelletier, Vrin, Paris, 2017, p. 59.

Elle se déplace ainsi vers le bas, semble-t-il, d'elle-même ; c'est donc un corps *pesant*. Une flamme s'élève en revanche naturellement (la flamme d'une allumette pointe vers *le haut* et nous devons poser une casserole *sur* le feu pour qu'elle chauffe) ; c'est donc un corps *léger*. À ce stade, nous avons deux natures différentes, dont l'établissement est essentiellement fondé sur l'observation : les corps pesants et les corps légers. Parmi les corps pesants, nous trouvons non seulement la terre, catégorie à laquelle appartient la pierre, mais aussi l'eau et, parmi les substances légères, il y a le feu, catégorie à laquelle appartient la flamme, mais également l'air. La terre, l'eau, le feu et l'air sont les quatre types d'«éléments» présents sur la Terre. Deux oppositions supplémentaires – entre ce qui est sec et ce qui est mouillé, d'une part, et entre ce qui est froid et ce qui est chaud, d'autre part – permettent de préciser les différences entre ces quatre éléments : la terre est sèche et froide, l'eau est froide et mouillée, l'air est mouillé et chaud, et le feu est chaud et sec. Les quatre éléments sont donc *composés* de deux des quatre « qualités élémentaires » (chaud, froid, sec et humide) et composent eux-mêmes les différents substances que nous rencontrons sur la Terre. Les éléments ne sont de plus pas immuables, mais peuvent être transformés les uns dans les autres en substituant à l'une des deux qualités qui les composent la qualité opposée :

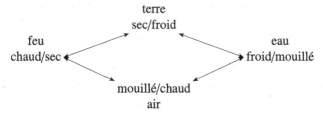

L'idée aristotélicienne selon laquelle les substances sont composées d'éléments n'est pas sans évoquer notre moderne théorie de la composition chimique. Pourtant, cette ressemblance est superficielle. Non seulement, pour le Stagirite, les éléments ne sont pas immuables, mais les substances qu'ils composent peuvent être infiniment divisées en parties plus petites qui conservent leurs propriétés. À la doctrine de la divisibilité infinie et de la mutabilité des éléments de la nature, les atomistes (Démocrite, Leucippe, Lucrèce) opposent l'idée qu'il existe des éléments naturels ultimes immuables – les « atomes » –, le changement qualitatif observé au niveau macroscopique se réduisant à un changement quantitatif au niveau microscopique.

Continuons notre investigation de la physique aristotélicienne. Lorsque nous disons que la pierre se déplace naturellement vers le bas, nous voulons en fait dire qu'elle se déplace vers un lieu particulier, en l'occurrence le centre de l'univers. La Terre étant composée d'éléments pesants, ses parties tendent à rejoindre le centre de l'univers, de sorte que celui-ci se confond avec le centre de la Terre et que celle-ci est de forme sphérique[1]. Les objets pesants se déplaçant d'eux-mêmes vers le centre de la Terre, celui-ci constitue leur « lieu naturel ». De manière générale, le lieu naturel d'un objet est le lieu vers lequel il se porte naturellement, c'est-à-dire de lui-même. Lorsqu'il atteint ce lieu, l'objet demeure au repos. Les différentes parties de la Terre étant agglomérées autour de leur lieu naturel, la Terre elle-même reste fixe.

Mais, demandera-t-on, si la pierre se déplace naturellement vers le centre de l'univers pour y reposer, comment expliquer alors que nous puissions la lancer en l'air ? Simplement, lorsqu'une pierre est lancée, le lanceur lui imprime un mouvement « forcé » ou « violent », un mouvement qui va à l'encontre de sa nature. Il y a ainsi deux types de mouvements : l'un naturel et l'autre non naturel. Dans le premier, la chose se conforme à sa tendance au repos en son lieu naturel, tandis que dans le second elle subit un mouvement violent qui s'oppose à sa tendance naturelle. Que le mouvement soit naturel ou non naturel, il est causé par un « moteur », celui-ci étant interne à la chose dans le premier cas et externe dans le second. Par ailleurs, dans les deux cas, le moteur n'est jamais séparé du mobile : il est présent en lui ou en contact avec lui, de sorte qu'il n'y a jamais d'*action à distance*. Quant au repos, il n'a pas besoin d'un moteur. Il s'oppose par là fondamentalement au mouvement.

La physique aristotélicienne est, on le comprend, une physique du *retour à l'ordre* : chaque chose a sa place et doit y retourner. Le mouvement est, dans ces conditions, une rupture de l'ordre – un désordre donc. Le repos est un état stable qui tend à se prolonger indéfiniment, alors que le mouvement est un processus passager destiné à disparaître[2].

En dehors du mouvement rectiligne vers le bas et du mouvement rectiligne vers le haut, qui caractérisent respectivement la terre et le feu, Aristote identifie un troisième type de mouvement naturel : ce que nous appelons le *mouvement circulaire uniforme* (à vitesse constante). Lors d'un mouvement de ce type, le rayon du cercle qui constitue la trajectoire du mobile *balaye*

1. *Cf.* ARISTOTE, *Traité du ciel*, trad. P. Pellegrin, Flammarion, Paris, 2004, livre II, chap. 14.
2. A. KOYRÉ, *Études galiléennes*, *op. cit.*, p. 19.

en des temps égaux des angles égaux, et donc des surfaces égales. Ce mouvement caractérise un cinquième élément que la tradition appelle l'« éther », substance pure et inaltérable, impondérable et transparente. Aristote introduit avec ce dernier une partition au sein de la nature entre deux mondes que les commentateurs ultérieurs appelleront le « monde sublunaire », situé à l'intérieur de l'orbite de la Lune, et le « monde supralunaire », situé entre l'orbite de la Lune et la « sphère des étoiles fixes »[1]. Au-delà de cette dernière, il n'y a rien. S'étendant des régions sublunaires à la sphère des étoiles fixes, l'univers aristotélicien est donc un univers fini et « clos »[2]. Le monde supralunaire comprend, outre la sphère des étoiles fixes, sept astres « errants » ou « vagabonds »[3] – la Lune, le Soleil et les cinq planètes, autres que la Terre, connues à l'époque : Mercure, Vénus, Mars, Jupiter et Saturne. En résumé, pour Aristote, on peut donc dire que c'est le mouvement qui est le « principe de division »[4] de la nature : au monde sublunaire revient le mouvement rectiligne et au monde supralunaire le mouvement circulaire.

Pour l'essentiel, Aristote reprend à Eudoxe de Cnide et à son disciple Callippe l'organisation mathématique des astres situés entre la Terre et la sphère des étoiles fixes. Il les dispose sur des sphères solides concentriques dont la Terre constitue le centre fixe. Chaque sphère tourne à une vitesse différente, mais néanmoins uniforme. L'entraînement d'une planète par la sphère à laquelle elle est attachée explique alors sa trajectoire apparente observée depuis la Terre[5].

1. On parle de la sphère des étoiles fixes, parce que la position des étoiles les unes par rapport aux autres est constante. Les motifs que dessinent ces étoiles se déplacent en revanche de 15° par heure (et donc de 360° en un jour) sur un arc de cercle. Les étoiles autres que le Soleil apparaissent ainsi comme fixées sur la paroi intérieure d'une sphère qui effectue une rotation sur elle-même de 15° par heure.
2. Selon l'expression d'A. KOYRÉ : *Du monde clos à l'univers infini*, trad. R. Tarr, Gallimard, Paris, 1973.
3. Comme l'indique leur nom, les corps célestes vagabonds apparaissent comme étant mobiles par rapport aux étoiles fixes.
4. E. CASSIRER, *Individu et cosmos dans la philosophie de la renaissance, op. cit.*, p. 222.
5. La nécessité d'expliquer la trajectoire apparente des planètes uniquement au moyen de mouvements circulaires uniformes serait une injonction remontant à Platon.

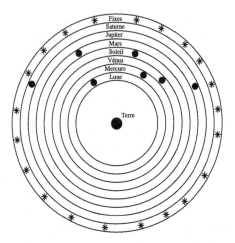

L'intérêt de la limitation des mouvements du monde supralunaire à des mouvements circulaires uniformes est qu'elle permet d'expliquer facilement le fait que les phénomènes célestes se représentent à intervalles réguliers. Remarquons que, bien que les mouvements rectilignes vers le bas et vers le haut du monde sublunaire s'opposent au mouvement circulaire du monde supralunaire, ils sont tous définis relativement à un même point : le centre de l'univers. Ainsi, le mouvement vers le bas est dirigé vers ce centre, tandis que celui dirigé vers le haut s'en éloigne et que le centre du mouvement circulaire de la sphère des étoiles fixes et des différents orbes célestes lui est identique.

Si, comme nous l'avons dit, la complexité du mouvement concret a contribué à retarder son traitement mathématique, ce constat est avant tout vrai du mouvement au sein du monde sublunaire où nous vivons. Celui-ci était considéré comme soumis à la génération et à la corruption, parce que les objets y sont composés des quatre premiers éléments et que ceux-ci ne sont pas éternels. Le monde supralunaire était, en revanche, vu comme incorruptible, parce qu'il était composé du cinquième élément (l'éther), lequel était pur et immuable. Les objets du monde supralunaire n'étant pas soumis à la génération et à la corruption, leur mouvement ne devait pas être abstrait, mais avait d'emblée un caractère idéal. La description de ce mouvement pouvait donc faire l'objet d'un traitement mathématique. La science dont relevait cette description – l'*astronomie* – était d'ailleurs considérée comme une mathématique mixte, dont le but était avant tout pratique, puisqu'elle devait permettre de faire des *prédictions* sur la position future des astres. La physique était, quant à elle, une discipline théorique, ce qui en excluait toute dimension pratique.

Indépendamment de la philosophie d'Aristote, il nous semble que, si le mouvement des astres a pu faire, très tôt, l'objet d'un traitement mathématique, c'est aussi parce que ce mouvement, étant suffisamment lent et simple [1], sa description pouvait être élaborée et testée sur la base de la seule observation (d'abord à l'œil nu, puis au moyen de la lunette astronomique à partir du xviie siècle). En revanche, le mouvement des objets à la surface de la Terre étant rapide et complexe, sa description mathématique ne pouvait partir de la simple observation et a donc nécessité une bonne dose d'abstraction et l'invention d'un véritable dispositif expérimental pour pouvoir être mise à l'épreuve.

Aussi simple que puisse apparaître le mouvement des astres, il était tout de même plus complexe que ce que suggérait le modèle, encore fruste, des sphères homocentriques. Dès lors, pour espérer pouvoir faire des prédictions un tant soit peu correctes, il fallait l'améliorer. La solution retenue par Eudoxe et ses successeurs consista à ajouter des sphères supplémentaires à celles distinguées précédemment. Aristote, par exemple, élabora un système composé de cinquante-cinq sphères. Ces recherches astronomiques visant à complexifier le modèle des sphères homocentriques culminèrent dans le *système du monde* élaboré par Claude Ptolémée.

Le système de Ptolémée

La conception *géocentrique* du système solaire, dans laquelle les planètes se déplacent à vitesse constante sur des sphères homocentriques au centre desquelles figure la Terre, contient plusieurs anomalies. Un observateur attentif aura remarqué que les sept astres vagabonds qui se déplacent autour de la Terre sont loin de le faire selon des mouvements circulaires uniformes. Par exemple, nous pouvons parfois constater des régressions (mouvements rétrogrades) dans ce mouvement. Une planète telle que Mars semble, durant son mouvement autour de la Terre, ralentir, s'arrêter, repartir un certain temps en arrière, pour finalement reprendre son mouvement circulaire initial. C'est

---

1. Contrairement au mouvement des objets sublunaires, le mouvement des planètes n'est pas entravé par la résistance de l'air.

pour expliquer cette déviation par rapport au mouvement idéal (le mouvement circulaire uniforme) qu'Apollonius (IIIe siècle av. J.-C.), puis Hipparque (IIe siècle av. J.-C.), ont introduit des sphères supplémentaires, appelées « épicycles », par rapport à celles que nous avons déjà indiquées. Comme les précédentes, ces nouvelles sphères tournent à vitesse constante, mais leurs centres sont situés sur d'autres sphères. La composition des mouvements circulaires ainsi engendrée permet d'expliquer les écarts observés par rapport à la norme que constitue le mouvement circulaire.

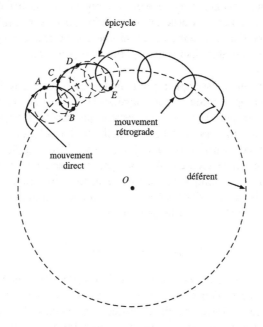

La variation d'intensité lumineuse des planètes pose un autre problème. Les corps célestes étant supposés immuables, cette variation ne peut provenir des planètes elles-mêmes. On admet, en revanche, que plus une planète est éloignée, plus faible doit être son intensité. Sont alors introduites des orbites dont le centre, appelé « excentrique », ne coïncide pas exactement avec le centre de la Terre, mais est déplacé par rapport à ce dernier.

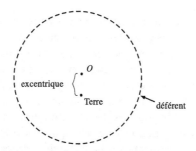

Le système cosmologique géocentrique très ingénieux, mais aussi très complexe (il comporte plus d'une trentaine de cercles), auquel aboutissent ces modifications du modèle des sphères homocentriques a été porté à son point d'achèvement au IIᵉ siècle par Ptolémée dans son *Almageste*. Celui-ci introduit un outil supplémentaire par rapport à ses prédécesseurs : l'«équant». La nécessité de son introduction provient du fait que la vitesse des planètes n'est pas constante sur le déférent. Plus précisément, les planètes semblent ralentir quand elles se rapprochent de la Terre, qui est excentrée par rapport au centre O du déférent, et accélérer lorsqu'elles s'en éloignent. Pour remédier à ce problème, Ptolémée eut l'idée d'introduire un point intérieur au déférent, distinct du centre, mais placé à l'opposé de la Terre. Le centre d'un épicycle tourne alors à *vitesse angulaire* [1] constante autour de l'équant, et non plus du déférent.

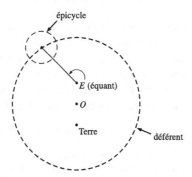

1. La vitesse angulaire est le nombre de tours qu'un mobile effectue par seconde autour d'un centre O. Celle-ci ne doit pas être confondue avec la vitesse tangentielle qu'a le mobile sur un cercle de centre O. Si ω est la vitesse angulaire du mobile, alors sa vitesse tangentielle v sur le cercle de rayon R vaut ωR.

La description ptoléméenne du système solaire en termes d'épicycles, d'excentriques et d'équants permet de rendre compte de manière satisfaisante du mouvement apparent des astres, mais s'oppose de plein fouet aux principes des sphères homocentriques. Elle contrevient de la sorte à ce qui fut considéré, de l'Antiquité à la fin du Moyen Âge, comme l'essence même des planètes et de leur mouvement. La question qui se posait alors était celle de savoir quel ensemble d'hypothèses devait l'emporter sur l'autre : celui qui permet de « sauver les apparences » ou celui qui s'accorde avec l'essence des choses et, plus particulièrement dans la théologie chrétienne, avec la volonté de Dieu ? La réponse de Ptolémée, passablement étonnante pour le lecteur contemporain, mais fréquente dans l'histoire de la physique, est la suivante : les hypothèses que formule l'astronome n'ont pour but que de rendre compte du mouvement *apparent* des planètes et n'ont pas de prétention à rendre compte de leur mouvement *réel* [1]. Selon cette position « anti-réaliste » ou « instrumentaliste », l'astronomie n'est qu'un *instrument* de calcul dont les prédictions doivent être conformes aux positions observées des astres, mais en aucun cas elle ne nous donne une explication de leur mouvement réel, de pourquoi elles se déplacent de telle et telle manière. Moyennant cette précaution rhétorique, le système de Ptolémée a pu dominer l'astronomie jusqu'à l'avènement du système héliocentrique de Copernic au XVIe siècle [2].

LA RÉVOLUTION ASTRONOMIQUE

La cosmologie antique et médiévale était fondée sur les cinq éléments d'Aristote. Une première réaction contre cette vénérable tradition apparut à la Renaissance chez Paracelse et ses disciples. Cette remise en cause s'appuyait notamment sur les textes néoplatoniciens et hermétiques, récemment traduits à l'époque. Les paracelsiens défendaient une vision vitaliste de l'univers fondée sur l'analogie entre le macrocosme et le microcosme. Cependant, leur

1. *Cf.* P. DUHEM, *Sauver les apparences. Essai sur la notion de théorie physique de Platon à Galilée*, Vrin, Paris, 2003, p. 28-29.
2. Il faut toutefois souligner que le texte de l'*Almageste* fut longtemps perdu en Occident. Il a d'abord transité par le Moyen-Orient, où il fut traduit en arabe, pour revenir ensuite en Europe via l'Espagne au XIIe siècle. La première traduction latine du livre de Ptolémée, à partir d'une traduction arabe, a été réalisée à cette époque et est l'œuvre de Gérard de Crémone. Regiomontanus en proposa une nouvelle traduction latine à partir d'une version du texte grec, venue de Byzance, au XVe siècle. C'est cette dernière version qui prédomina par la suite.

critique laissait relativement intact le modèle astronomique ptoléméen, qui avait été conçu sur un plan essentiellement mathématique, indépendamment donc de la cosmologie. De plus, le système de Ptolémée avait fait ses preuves, fournissant des prédictions jugées comme tout à fait satisfaisantes pendant longtemps. Pourtant, bien qu'ingénieux, ce système rencontrait des difficultés. Les mouvements de certains astres célestes résistaient toujours à leur assimilation. Cette résistance, sans cesse confirmée par des observations plus fines, nécessitait de complexifier un peu plus le système géocentrique, d'introduire de nouveaux épicycles, de nouveaux équants, de nouveaux déférents, etc. La belle simplicité des sphères concentriques d'Eudoxe semblait irrémédiablement perdue. À la Renaissance, un astronome polonais était de moins en moins convaincu par la pertinence du géocentrisme. Il ne pouvait en particulier souffrir la présence des équants qui, selon lui, remettait en cause le principe du mouvement circulaire uniforme censé régir les mouvements célestes. Il eut alors l'idée de déplacer le centre du système solaire de la Terre vers le Soleil, initiant ainsi une véritable révolution astronomique. Les répercussions en furent incroyables, bouleversant non seulement notre vision de l'univers et de la place que nous y occupons, mais également, par contrecoup, la physique elle-même.

La révolution copernicienne

C'est en 1543 que paraît le *De revolutionibus orbium cœlestium* (Des révolutions des orbes célestes) de Copernic. L'originalité de cet ouvrage et la place singulière qu'il occupe dans l'histoire des sciences seraient dues au fait qu'il a permis la substitution d'une « conception héliocentrique du système solaire » à la conception géocentrique qui dominait jusque-là l'Occident. Dans le système de Copernic, le Soleil et la sphère des étoiles fixes sont immobiles, tandis que les autres planètes, dont la Terre, tournent autour du Soleil, la Lune tournant quant à elle autour de la Terre. Le centre de rotation s'est donc dédoublé : un centre principal – le Soleil – et un centre secondaire – la Terre.

En projetant la Terre dans les cieux, Copernic l'a arrachée à ses fondements [1]. L'homme cessait dès lors d'occuper le centre du monde et

1. A. KOYRÉ, *La révolution astronomique. Copernic-Kepler-Borelli*, Hermann, Paris, 1974 (1961), p. 16.

l'univers d'être ordonné autour de lui. C'était une libération par rapport à la pensée aristotélico-scolastique, mais une libération encore bien timide. Il était possible d'aller bien plus loin. L'univers géocentrique était un monde fini, enfermé dans les limites imposées par la sphère des étoiles fixes. Cette dernière avait été introduite afin d'expliquer le mouvement diurne apparent des étoiles. Dans le système copernicien, ce mouvement était expliqué par la *rotation* de la Terre sur elle-même, laquelle s'ajoutait à la *révolution* qu'elle effectuait autour du Soleil. N'ayant plus besoin d'expliquer le mouvement des étoiles par celui de la sphère dans laquelle elles étaient fixées, celle-ci devenait inutile. S'ouvrait ainsi la possibilité dans un univers sans limites. Aussi naturelle que fût cette possibilité, Copernic ne franchit cependant pas le pas de l'affirmation de l'infinité de l'univers. Il le fut par Thomas Digges en 1576 et par Giordano Bruno en 1584 [1]. Ce dernier ajouta également l'affirmation qu'il existe une pluralité d'autres mondes semblables au nôtre. Il paya cette audace de sa vie en étant brûlé vif sur le Campo de' Fiori de Rome en 1600. Au début du XVIIe siècle, on ne pouvait impudemment affirmer l'infinité de l'univers. Disons d'ailleurs que si l'opinion de Bruno n'était pas celle de Copernic, elle n'était pas davantage partagée par les premiers disciples de ce dernier. Johannes Kepler, par exemple, était loin d'admettre l'infinitisation de l'univers. Quant à Galilée (Galileo Galilei), il semble avoir préféré ne pas prendre parti [2]. Ce n'est qu'après l'invention de la lunette astronomique que l'idée de Bruno allait progressivement réussir à s'imposer [3].

Le nouveau « système du monde » de Copernic semblait avoir sur le système géocentrique de Ptolémée les avantages de la simplicité et de l'économie. Il convient toutefois de souligner que la conception héliocentrique de l'univers n'avait rien de nouveau au XVIe siècle. Copernic n'a d'ailleurs jamais prétendu être le premier à avoir eu cette idée [4]. Elle avait déjà été émise par Aristarque de Samos dès le IIIe siècle av. J.-C. [5]. On peut dès

---

1. *Cf.* G. BRUNO, *Le banquet des cendres*, trad. Y. Hersan, L'éclat, Paris, 2006. Les atomistes antiques, comme Démocrite et Lucrèce, avaient déjà émis l'hypothèse de l'infinité de l'univers et de la pluralité des mondes.

2. A. KOYRÉ, *Du monde clos à l'univers infini, op. cit.*, p. 123.

3. *Ibid.*, p. 78.

4. *Cf.* N. COPERNIC, *Des révolutions des orbes célestes (Livre I)*, trad. A. Koyré et J.-J. Szczeciniarz dans St. HAWKING (éd.), *Sur les épaules des géants*, Dunod, Paris, 2014, p. 41.

5. La thèse d'Aristarque est rapportée par Archimède dans son *Arénaire* (dans *Tome II : Des spirales. De l'équilibre des figures planes, op. cit.*, p. 135-136).

lors se demander pourquoi Copernic a réussi à imposer sa conception, là où Aristarque a échoué. Certes, plusieurs arguments d'ordre religieux et physique avaient été émis à l'encontre du système d'Aristarque, mais il existait déjà dans l'Antiquité des réponses au second type d'arguments [1]. Par exemple, l'argument astronomique majeur selon lequel si la Terre se déplaçait autour du Soleil, on devrait observer un phénomène de *parallaxe stellaire*, avait été facilement réfuté par Aristarque. Le phénomène de parallaxe est un problème de perspective. Pour comprendre de quoi il s'agit, il suffit de regarder deux objets devant soi, l'un étant plus proche que l'autre, et de se déplacer par rapport à l'axe de vision : la distance séparant les deux objets semblera varier. Si nous considérons les deux positions *A* et *B* de la Terre sur son orbite atour du Soleil et les deux étoiles situées en *C* et en *D* sur le schéma ci-dessous, nous voyons que l'angle $\widehat{CAD}$ est plus petit que l'angle $\widehat{CBD}$ [2] :

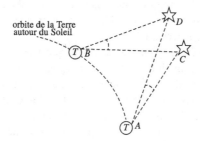

orbite de la Terre
autour du Soleil

La raison pour laquelle nous n'observons pas ce phénomène de parallaxe stellaire est simplement dû au fait que la distance séparant la Terre des étoiles fixes est tellement grande que les angles $\widehat{CAD}$ et $\widehat{CBD}$ nous apparaissent comme identiques. Pour l'anecdote, ce n'est qu'au XIXe siècle que l'on fut à même de construire des instruments d'observation suffisamment précis pour pouvoir détecter le phénomène de parallaxe stellaire.

Par ailleurs, la simplicité et l'économie du système copernicien par rapport au système ptoléméen sont toutes relatives. En effet, pour obtenir des prédictions dont l'écart n'est pas trop important en comparaison des données observationnelles, Copernic dut réintroduire des épicycles et des excentriques. Au final, son système contenait une trentaine de cercles, c'est-

---

1. *Cf.* G.E.R. LLOYD, *Une histoire de la science grecque, op. cit.*, p. 242-246.
2. Nous adaptons ici un schéma de J.T. CUSHING : *Philosophical Concepts in Physics, op. cit.*, p. 49.

à-dire à peu près autant que celui de Ptolémée. Quant à la précision de ses prédictions, elle ne dépassait pas vraiment celle du système ptoléméen.

Si le système copernicien n'est ni fondamentalement neuf, ni plus précis, ni réellement plus simple que le système ptoléméen, qu'est-ce qui explique que certains savants l'aient en fin de compte adopté ? Cette question est complexe. Donnons-lui ici deux réponses internes au système de Copernic ; nous examinerons une réponse externe dans la prochaine section. La première réponse interne est d'ordre technique : le système copernicien fournit une explication *plus naturelle* de certains mouvements célestes. Par exemple, Copernic, en étant le premier à tirer les conséquences mathématiques de l'hypothèse du mouvement de la Terre [1], se rendit compte qu'elle pouvait fournir une explication plus satisfaisante, et pour le coup aussi beaucoup plus simple, du mouvement rétrograde de Mars, en utilisant uniquement deux cercles. Il suffisait de supposer que ceux-ci ont le même centre (le Soleil), deux rayons différents (l'orbite de Mars est plus grande que celle de la Terre) et deux vitesses angulaires différents.

La deuxième réponse interne à notre question est plutôt de nature philosophique : Copernic introduit une conception, nouvelle pour son temps, des rapports entre la description mathématique de la réalité, telle qu'elle s'offre à notre perception, et cette réalité elle-même. En développant son système, il ne prétend plus seulement sauver les apparences comme on le faisait avant lui, mais aussi rendre compte du mouvement réel des planètes. C'est bien ainsi que Galilée interprète son intention dans une lettre à Piero Dini de 1615. Il y affirme que si, dans un premier temps, Copernic a étudié le système de Ptolémée en tant qu'astronome, c'est-à-dire sans croire que les arrangements qu'il décrit « existent véritablement dans la nature », dans un second temps, il l'a examiné en revêtant les habits du « philosophe » et s'est demandé « si l'univers ainsi constitué pouvait vraiment subsister *in rerum natura* ». Après cet examen, ayant conclu qu'il ne pouvait l'être et considérant que

[...] le problème de la vraie constitution de l'univers était digne d'étude, [...] il se mit à la recherche de cette constitution, sachant que si un arrangement fictif et non vrai des parties pouvait satisfaire aux apparences, on y parviendrait encore mieux au moyen du vrai et réel arrangement, avec du même coup pour

1. Th. Kuhn, *La révolution copernicienne*, trad. A. Hayli, Le livre de poche, Paris, 1973, p. 195.

la philosophie le gain d'une connaissance aussi élevée que celle de la véritable organisation des parties du monde [1].

Copernic conçoit donc de manière *réaliste* le rapport entre les formes géométriques utilisées pour décrire le mouvement apparent des astres du système solaire : ces formes décrivent le mouvement réel de ces astres, à l'encontre de ce qu'affirmait Osiander dans sa célèbre préface au *De Revolutionibus*[2]. Mais il faut dire aussi que l'ouvrage de Copernic est paru après la mort de son auteur et la préface y avait été ajoutée sans son consentement. L'Église ne s'y est d'ailleurs pas trompée et a poursuivi de ses foudres tous ceux qui soutenaient le système copernicien – outre le cas de Bruno, déjà mentionné, on se souviendra que Galilée fut condamné par le Saint-Office à abjurer sa foi copernicienne en 1633. Plutôt que dans sa nouveauté, sa plus grande précision, ou sa plus grande simplicité, c'est donc dans la position réaliste l'accompagnant qu'il faut chercher la véritable importance du système astronomique copernicien, c'est-à-dire en définitive dans l'adoption du point de vue du philosophe de la nature qui recherche « la vraie constitution de l'Univers ».

La publication de l'ouvrage de Copernic a ainsi contribué de manière décisive à abolir l'antique séparation entre philosophie naturelle et mathématiques mixtes, entre explication physique et description mathématique des phénomènes naturels, ouvrant notamment la voie à un traitement mathématique du monde sublunaire, et par là à une conception renouvelée de la physique. La science nouvelle qui émerge à la Modernité ne va faire qu'approfondir l'usage des modèles géométriques issu de la percée copernicienne : le rôle des mathématiques n'y consistera plus simplement à *décrire* les rapports entre des phénomènes naturels, de manière à seulement sauver les apparences, mais bien à *expliquer* leur fonctionnement réel, leur rôle causal, en les ramenant à des lois qui expriment des rapports proprement physiques entre phénomènes [3].

1. GALILÉE, « Lettre à Monseigneur Piero Dini (23 mars 1615) », trad. M. Clavelin dans M. CLAVELIN, *Galilée copernicien. Le premier combat (1610-1616)*, Albin Michel, Paris, 2004, p. 369-370.
2. N. COPERNIC, *Des révolutions des orbes célestes (Livre I), op. cit.*, p. 11-12.
3. *Cf.* E. CASSIRER, *Le problème de la connaissance dans la philosophie et la science des temps modernes. I. De Nicolas de Cues à Bayle*, trad. R. Fréreux, Cerf, Paris, 2004, p. 258-259.

Du paradigme ptoléméen au paradigme copernicien

Le réalisme copernicien, s'il permet en partie de comprendre en quoi le système héliocentrique a pu être le début d'une nouvelle conception de la physique, laisse cependant inexpliquée la raison pour laquelle Copernic a abandonné le système géocentrique. Le système du monde de Ptolémée a constitué, pendant plusieurs siècles, ce que le philosophe et historien des sciences Thomas Kuhn a appelé un « paradigme »[1]. La conception corpusculaire de la lumière, la mécanique newtonienne, la théorie électromagnétique de Maxwell en sont d'autres exemples historiques. De quoi s'agit-il exactement ? Un paradigme est avant tout *ce qui fait l'objet d'un consensus* au sein d'une communauté scientifique, et donc ce que les membres de cette communauté « possèdent en commun »[2]. Il s'agit d'une structure qui guide et limite la pratique « normale », entendons « non révolutionnaire », d'une science. Cette pratique normale d'une science revient essentiellement à résoudre des « énigmes » *(puzzles)*[3].

Les trajectoires des planètes constituent autant d'énigmes que doit résoudre l'astronome qui travaille au sein de la science normale, telle qu'elle est régie par le paradigme ptoléméen. Lorsque la trajectoire d'une planète n'est pas correctement prédite par le système géocentrique des sphères homocentriques, celui-ci est modifié : on y ajoute un épicycle, un équant ou un déférent, de manière à prédire la bonne trajectoire. Ceux-ci sont les outils à la disposition de l'astronome travaillant au sein du paradigme ptoléméen, outils qui lui permettent de résoudre l'énigme du mouvement de telle ou telle planète qu'il n'arrive pas encore à expliquer. Comme on le voit, une mauvaise prédiction n'est donc pas considérée comme rédhibitoire au sein du paradigme, elle ne saurait suffire à provoquer l'abandon du système dans sa totalité. Elle implique bien plutôt la présence d'un problème à résoudre, d'une solution à élaborer. C'est du moins ainsi qu'ont travaillé la majorité des astronomes durant les siècles qui ont suivi la publication de l'*Almageste*.

---

1. *Cf.* Th.S. KUHN, *La structure des révolutions scientifiques*, trad. L. Meyer d'après l'éd. de 1970, Flammarion, Paris, 2008.
2. *Ibid.*, p. 243.
3. Nous laissons ici de côté la célèbre thèse d'incommensurabilité des paradigmes, à laquelle nous n'adhérons pas pour des raisons que nous ne pouvons exposer ici par manque de place.

Copernic refusait de voir les équants ajoutés par Ptolémée et ses successeurs comme des « adaptations » et des « extensions » naturelles [1]. Ce que les partisans de l'astronomie ptoléméenne considéraient comme des énigmes à résoudre, lui les voyait comme des « anomalies », des indices répétés de la fausseté du paradigme ptoléméen et de la nécessité de son remplacement par un autre paradigme. Dans ce but, pensait-il, il fallait rejeter l'hypothèse centrale du paradigme ptoléméen, à savoir la position centrale et fixe de la Terre, et la remplacer par une autre hypothèse – l'affirmation que le centre de l'univers est constitué par le Soleil et que la Terre effectue, non seulement une révolution en un an autour de ce centre, mais également une rotation complète sur elle-même toutes les vingt-quatre heures.

Ce changement radical n'empêcha pourtant pas Copernic de réintroduire, par la suite, des épicycles dans son système. Le *De revolutionibus* reste un texte paradoxal à bien des égards ; un ouvrage censé être révolutionnaire et qui, pourtant, conserve les épicycles, les excentriques, les sphères éthérées et l'univers limité par la sphère des fixes de l'astronomie traditionnelle. Et de fait, cet ouvrage est moins révolutionnaire par son contenu propre que par ce que sa publication a rendu possible, à savoir un changement de paradigme : le passage du paradigme ptoléméen au paradigme copernicien. Comprise en ce sens, la « révolution copernicienne » a été lente. Le nouveau paradigme a en effet mis du temps à s'imposer. Il faut dire que l'ancien semblait non seulement tout à fait à même de résoudre les énigmes qui se posaient à lui, mais aussi plus conforme à la raison, ancré qu'il était dans une certaine philosophie de la nature – la physique aristotélicienne – et une religion particulière – le christianisme. Renverser ce paradigme ne pouvait donc se faire sans ébranler cette philosophie de la nature et cette religion. Nous avons déjà mentionné les démêlés qu'eut Galilée avec le Saint-Office lorsqu'il essaya de défendre le système copernicien. Nous verrons dans le prochain chapitre comment il dut élaborer une nouvelle physique pour le faire triompher.

L'ancienne physique était parfaitement en accord avec ce que nous indiquent les sens naturels. Dès lors, on ne pouvait percevoir d'emblée la nécessité de son abandon et la possibilité d'adopter un nouveau paradigme astronomique. De nouveaux instruments d'observation devaient être inventés et certains outils mathématiques, négligés jusque-là par l'astronomie, mis

---

1. Th.S. KUHN, *La révolution copernicienne, op. cit.*, p. 104.

à son service, à savoir la lunette astronomique d'un côté et les ellipses d'un autre. Dans les mains de deux coperniciens convaincus – Kepler et Galilée – celles-ci permirent d'imposer le nouveau paradigme astronomique et de rallier sous sa bannière un nombre croissant de nouveaux savants.

Les lois de Kepler

Kepler publie en 1596, à 25 ans à peine, le *Mysterium cosmographicum* (le Mystère cosmographique)[1]. Il y établit une correspondance entre une structure mathématique et la structure de l'univers, dans laquelle se manifeste clairement une influence pythagoro-platonicienne. La tradition avait hérité du *Timée* de Platon cinq solides réguliers[2], c'est-à-dire cinq polyèdres composés de faces équilatérales identiques : le tétraèdre, le cube, l'octaèdre, le dodéca-èdre et l'icosaèdre. Kepler pensait que ces cinq solides pouvaient être inscrits dans six sphères concentriques correspondant à l'orbite des six planètes connues à l'époque (Mercure, Vénus, la Terre, Mars, Jupiter et Saturne), chaque sphère, à l'exception de la première, venant elle-même s'inscrire dans un solide platonicien. L'inscription des sphères successives dans les solides platoniciens permit alors d'expliquer non seulement le nombre de planètes, mais aussi les rapports des distances des sphères homocentriques par rapport au Soleil, que Kepler, en bon copernicien, situait au centre de son système. Voici l'ordre d'inscription des sphères et des solides platoniciens :

sphère de Saturne
cube
sphère de Jupiter
tétraèdre
sphère de Mars
dodécaèdre
sphère de la Terre
icosaèdre
sphère de Vénus
octaèdre
sphère de Mercure

---

1. J. KEPLER, *Le secret du monde*, trad. A. Segonds, Les belles lettres, Paris, 1984.
2. *Cf.* PLATON, *Timée*, trad. E. Chambry dans *Sophiste – Politique – Philèbe – Timée – Critias*, Flammarion, Paris, 1969, 53c *sq.*, p. 431 *sq.*

En voici un modèle à trois dimensions :

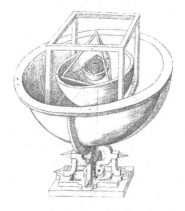

FIGURE 1 – Modèle képlérien du système solaire [1]

En tentant de déterminer l'*harmonie mathématique* de l'univers, Kepler semble simplement répéter un geste platonicien : accéder à un ordre qui ne peut être donné directement par les sens, mais qui doit être conçu par l'intellect [2]. Il ouvre cependant la voie à une conception de la tâche de la physique qui n'est pas tout à fait platonicienne. Chez Platon, les mathématiques étaient avant tout un « intermédiaire » nous permettant d'accéder à un domaine situé hors du sensible, à savoir celui de l'idéalité. Les successeurs de Kepler se contenteront, plus modestement, si l'on peut dire, de chercher à découvrir l'ordre mathématique idéal *immanent* à l'univers, celui qui détermine son évolution. Ils ne tenteront pas de dévoiler une réalité plus fondamentale derrière cet ordre. Cette immanence de l'idéalité mathématique au domaine de l'expérience sera explicitement thématisée par Galilée qui en assignera la recherche systématique à la physique.

Pour élégante qu'elle soit, la manière dont Kepler ordonne les sphères des planètes ne fonctionne pas, notamment parce que le rapport qu'elle établit entre les différentes sphères ne correspond pas à celui observé (et parce que, comme nous le savons aujourd'hui, il y a plus de six planètes

1. D'après J. KEPLER, *Le secret du monde, op. cit.*, p. 50.
2. E. CASSIRER, *Substance et fonction. Éléments pour une théorie du concept*, trad. P. Caussat, Les éditions de Minuit, Paris, 1977, p. 164.

dans notre système solaire [1]). Elle suffit néanmoins à attirer la curiosité de Tycho Brahe. Astronome et mathématicien de l'Empereur Rodolphe II, Brahe était célèbre pour la qualité et la quantité d'observations astronomiques qu'il avait réussi à collecter à l'œil nu [2] depuis son observatoire d'Uraniborg.

En 1572, il avait observé l'apparition d'une étoile (sa position ne variait pas par rapport aux autres étoiles) et sa disparition du ciel après un an, contredisant la thèse aristotélicienne de l'incorruptibilité des corps situés au-delà de la sphère de la Lune. De manière similaire, en 1577, il observa une comète qui était clairement située au-delà de la limite des objets corruptibles, alors que, jusque-là, on situait les comètes dans le monde sublunaire [3]. Celle observée par Brahe étant située dans le monde supralunaire, mais son mouvement ne pouvant être expliqué au moyen des orbes célestes de l'astronomie traditionnelle, et agissant même en contradiction avec elles [4], Brahe en conclut que ces sphères n'existaient pas réellement. Les planètes pouvaient désormais circuler librement dans le ciel.

Si les sphères célestes n'existaient pas, comme le soutenait Brahe, quelle pouvait bien être alors la cause de leur mouvement? Une première réponse à cette question vint de Kepler. Celui-ci vouait une sorte de culte mystique à l'égard du Soleil, le seul astre assez digne et puissant à ses yeux pour pouvoir déplacer les autres planètes. Selon lui, si les planètes décrivent une orbite circulaire autour du Soleil, c'est en vertu d'une « âme motrice » (*anima motrix*) qui émane du Soleil lui-même et qui s'affaiblit en raison de l'éloignement par rapport à sa source [5].

Le « seigneur » d'Uraniborg engagea le jeune astronome comme assistant en 1600 et lui demanda de travailler sur l'orbite, particulièrement retorse, de

1. Uranus fut découverte par Herschel en 1781, tandis que Neptune fut d'abord postulée par Adams et par Le Verrier dans les années 1840, puis observée par Galle peu de temps après.
2. Brahe a utilisé des instruments pour réaliser ses observations, notamment d'immenses sextants qu'il avait fait construire. Ces instruments n'augmentaient pas sa capacité d'observation, mais la « rectifiait ou la dirigeait ». *Cf.* Fr. Bacon, *Novum organum*, trad. M. Malherbe et J.-M. Pousseur, 2ᵉ éd., PUF, Paris, 2001 (1986), p. 271.
3. Brahe mesura la parallaxe de cette comète et constata que celle-ci était trop petite pour que la comète puisse se trouver dans le monde sublunaire.
4. Si une comète est située dans le monde supralunaire, son mouvement devrait être celui de la sphère dans laquelle elle est encastrée. Or la trajectoire de la comète observée par Brahe n'était pas circulaire et traverserait même la sphère d'une des planètes du système solaire, ce qui était problématique étant donnée la nature matérielle des sphères célestes (elles étaient souvent dites cristallines).
5. J. Kepler, *Le secret du monde, op. cit.*, p. 169.

Mars. Il mit à sa disposition ce qui avait précisément manqué à Copernic et sans quoi la cause héliocentrique ne pouvait pas réellement progresser : des données d'observation fiables et précises. Il semble en effet que Copernic ait réalisé peu d'observations par lui-même et que celles-ci n'aient pas toujours été de très bonne qualité. Les données qu'il utilisait étaient en fait souvent anciennes, certaines remontant à l'Antiquité grecque, d'autres ayant été faites plus récemment par les arabes.

La volonté képlérienne de trouver une confirmation du mouvement circulaire des planètes autour du Soleil rencontra rapidement une difficulté, dans la mesure où les données de Brahe concernant Mars ne coïncidaient avec aucune trajectoire circulaire autour du Soleil. L'établissement de la trajectoire adéquate n'était pas pour autant chose aisée. Il faut souligner, d'une part, que l'allongement de l'orbite de Mars par rapport à une trajectoire parfaitement circulaire était faible au regard des moyens d'observation dont disposait Kepler[1] et, d'autre part, que les données en sa possession ne concernaient que les distances et les positions de Mars par rapport à la Terre – il lui était donc difficile d'établir exactement la trajectoire de Mars autour du Soleil, d'autant qu'il ne connaissait pas la distance qui sépare la Terre du Soleil. Pourtant, après de nombreux et patients essais[2], il finit par reconstituer cette trajectoire et force lui fut de reconnaître, d'une part, qu'elle n'était pas circulaire et, d'autre part, que le mouvement de Mars sur cette trajectoire n'était pas uniforme. Ces constatations formèrent le ferment à l'origine des célèbres lois de Kepler relatives au mouvement des planètes de notre système solaire. Les deux premières furent formulées en 1609 dans l'*Astronomia nova* (L'astronomie nouvelle) et la troisième en 1619 dans l'*Harmonices Mundi* (L'harmonie du monde).

La loi des orbites elliptiques

La *première loi de Kepler* affirme que les planètes ne parcourent pas une trajectoire circulaire autour du Soleil, mais se déplacent le long d'une ellipse dont le Soleil est l'un des foyers :

1. Le grand-axe de son orbite n'est supérieur à son petit axe que de 0,5 % (G. Lochak, *La géométrisation de la physique*, Flammarion, Paris, 2013 [1994], p. 38).
2. Kepler aurait mis vingt-cinq ans à élaborer sa théorie. *Cf.* I.B. Cohen, *Les Origines de la physique moderne. De Copernic à Newton*, trad. J. Métadier, Payot, Paris, 1960, p. 136.

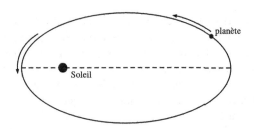

Pourquoi, alors qu'il possédait les mêmes données observationnelles que Kepler, Brahe n'a-t-il pas été capable de déterminer que les planètes parcourent une trajectoire elliptique ? Dans les années 1950, Russell Hanson a avancé la thèse selon laquelle Kepler et Brahe, parce qu'ils n'adhéraient pas à la même théorie du système solaire, ne *voyaient pas la même chose* [1]. Selon lui, toute observation est « chargée de théorie » (*theory-loaded*), toute théorie influence le contenu observationnel de celui qui adopte cette théorie. Pour nous convaincre de la justesse de cette thèse, Hanson s'appuie notamment sur le dessin suivant [2] :

Nous pouvons y voir deux figures : celle d'un oiseau ou celle d'une antilope, alors que ces deux figurent sont composées exactement des mêmes traits d'encre. Le fait que ces deux possibilités existent montre qu'il n'y a pas de *données observationnelles neutres*. L'observation, et en particulier ici la vision, nécessite une certaine formation. Elle cherche avant tout à reconnaître des formes familières qu'elle projette anticipativement. Imaginons, à présent, que Kepler et Brahe observent chacun le lever du Soleil. Si l'observation était neutre, ils verraient tous les deux la même chose. Cependant, Hanson

---

1. *Cf.* R. HANSON, *Patterns of Discoveries. An Inquiry into the Conceptual Foundations of Science*, Cambridge University Press, Cambridge, 1958, p. 5 *sq.*
2. *Ibid.*, p. 13.

soutient que ce n'est pas le cas. Brahe, parce qu'il est géocentriste, ne voit pas la même chose que Kepler, qui est héliocentriste. Ils adoptent des théories différentes qui sont comme des « trames » (*patterns*) qui déterminent de manière différente leurs observations, et au final leurs découvertes. Dans le même ordre d'idées, un expert en physique expérimentale ne verra pas la même chose dans un laboratoire de microphysique qu'un profane qui n'a pas de connaissance dans ce domaine[1]. L'observation est une compétence qui s'apprend.

Il convient de ne pas se méprendre sur la thèse de Hanson, car il y a certainement un sens dans lequel nous pouvons dire que Kepler et Brahe voyaient bien la même chose. Les données visuelles auxquelles ils avaient accès étaient bien les mêmes. C'est la même image qui s'est imprimée sur leurs rétines respectives. Le sens dans lequel nous pouvons dire qu'ils ne voyaient pas la même chose est différent : les mêmes impressions sur leurs rétines n'ont pas produit le même état interne de leur esprit ; ils se sont formés des représentations différentes à partir des mêmes données visuelles. C'est la vision en ce dernier sens qui a été influencée par les théories que Kepler et Brahe adoptaient respectivement. C'est uniquement en ce sens que l'adoption du géocentrisme a rendu Kepler capable de *voir* ce que Brahe n'était pas parvenu à voir avant lui.

La loi des aires

Considérons d'abord un mobile décrivant une trajectoire circulaire à vitesse constante. Lorsque ce mobile parcourt cette trajectoire circulaire, le rayon r, qui relie le centre du cercle au mobile, balaye une certaine surface entre le début et la fin de la trajectoire du mobile. Par exemple, si le rayon r se déplace d'un angle θ en un temps Δt, le mobile parcourt durant cet intervalle de temps une distance θr le long de la circonférence du cercle, sa vitesse moyenne est égale à $\theta r / \Delta t$ et la surface balayée par le rayon r est égale à $\theta r^2 / 2$ (si l'intervalle de temps a été suffisant pour que le mobile fasse un tour complet, c'est-à-dire $\theta = 2\pi$, il balaie l'aire complète du cercle, à savoir πr^2).

Évidemment, si le mobile se déplace à vitesse constante sur sa trajectoire circulaire, les aires balayées en des temps égaux seront égales. Qu'en est-il alors de l'aire balayée par les droites allant du Soleil à une planète lors de leur trajectoire elliptique ? Kepler établit dans sa deuxième loi que ces aires

---

1. R. HANSON, *Patterns of Discoveries, op. cit.*, p. 15-17.

sont aussi égales lorsque des temps identiques se sont écoulés. Cependant, la trajectoire étant ici elliptique, et non circulaire, l'intensité de la vitesse de la planète lors de son mouvement autour du Soleil ne peut plus être constante. Elle est plus importante lorsque la planète est proche du Soleil et moins importante lorsqu'elle en est éloignée.

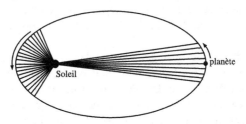

Les droites qui relient le Soleil à la planète sont plus longues lorsque cette dernière en est plus éloignée. Dès lors, si ces droites doivent balayer des aires identiques en des temps identiques, il faut que la vitesse de la planète soit moins importante lorsqu'elle est éloignée du Soleil que lorsqu'elle en est proche.

La loi harmonique

La *troisième loi de Kepler* met en évidence l'existence d'un rapport constant entre le temps que met une planète pour faire un tour complet de son orbite et la longueur de cette orbite. En voici la formulation précise :

$$\frac{D^3}{T^2} = K,$$

où D est la longueur du demi-grand axe de l'orbite elliptique de la planète considérée, T le temps de révolution de cette planète autour du Soleil et K une constante. Ce qui est remarquable dans cette loi, c'est que K a (à peu près) la même valeur pour toutes les planètes de notre système solaire [1]. Voici les données que l'on peut établir pour les planètes connues à l'époque de Kepler :

1. Sa valeur dépend de l'astre attracteur. Elle sera donc différente pour les planètes qui tournent autour du Soleil et, par exemple, pour les satellites de Jupiter.

Planète	D (en km)	T (en jours)	$(D^3/T^2)/10^{19}$
Mercure	$5,79 \times 10^7$	88	2,51
Vénus	$1,08 \times 10^8$	225	2,51
la Terre	$1,50 \times 10^8$	365	2,51
Mars	$2,27 \times 10^8$	687	2,51
Jupiter	$7,78 \times 10^8$	4335	2,51
Saturne	$1,43 \times 10^9$	10757	2,52

Si la première loi de Kepler caractérise la forme des orbites des planètes et la deuxième leur vitesse le long de ces orbites, la troisième fait le lien entre les dimensions des orbites et les vitesses, puisqu'elle nous dit que plus les planètes parcourent une orbite de taille importante, plus elles tournent lentement autour du Soleil.

Les lois de Kepler établissent des régularités qui ne sont pas limitées à une seule planète, mais qui valent pour l'ensemble des planètes du système solaire. Les régularités mathématiques constatées pour un objet particulier sont ainsi généralisées à un ensemble d'objets. Mais cet ensemble est encore limité : il s'agit uniquement des planètes du système solaire.

Avec ses trois lois, Kepler a résolu la plupart des difficultés du système de Copernic. La complexité des épicycles, des excentriques et des déférents a été absorbée par la simplicité de l'ellipse [1]. Pour la première fois, une forme géométrique simple suffit pour prédire la position de *toutes* les planètes du système solaire et ces prédictions sont remarquablement en accord avec l'observation [2]. Néanmoins, bien qu'impressionnantes, les trois lois de Kepler ont aussi leurs limites. Tout d'abord, il s'agit de lois seulement « empiriques », parce qu'elles ne disent rien de plus que ce que nous fournissent les données empiriques collectées par Brahe. Elles ne font qu'en fournir une description mathématique aussi élégante que possible. Les lois dégagées par Kepler sont par ailleurs indépendantes les unes des autres : elles ne s'inscrivent pas dans une présentation hypothético-déductive. De fait, toutes les planètes du système solaire se comportent en accord avec ces lois, mais Kepler n'explique par pourquoi il en est ainsi. Pour ce faire, il faudrait déduire les régularités constatées d'un principe plus général, ce que parviendra à faire Newton quelques septante ans plus tard. Enfin, les lois de Kepler n'ont pas trait à toutes les planètes, mais uniquement à celles de notre système solaire, c'est-à-dire aux planètes en orbite autour de notre Soleil.

Les lois de Kepler ont été établies grâce à des observations nouvelles. Celles-ci avaient pourtant été obtenues essentiellement à l'œil nu, de sorte que leur qualité laissait encore largement à désirer. L'invention de la lunette astronomique allait complètement changer cet état de choses et, dans les mains de cet autre copernicien convaincu qu'était Galilée, apporter de nouvelles preuves en faveur du système héliocentrique.

Les observations de Galilée

Selon toute vraisemblance, la *lunette*, que nous qualifions aujourd'hui d'« astronomique », a été inventée à la fin du XVIᵉ siècle par un artisan italien, puis reproduite peu après par des lunetiers hollandais. Il s'agit essentiellement d'un tube dans lequel deux lentilles sont combinées. Galilée, prenant connaissance de l'invention de ce nouvel instrument, décida de le reproduire et de le perfectionner. En 1609, il a l'idée de le tourner vers les cieux [1]. Et il publie les résultats de ses observations en 1610 dans le *Siderius nuncius* (Le messager des étoiles) [2], ouvrage dédicacé à Cosme II de Médicis [3].

L'observation au travers de la lunette astronomique n'est plus l'*observation naturelle*. Premièrement, la lunette astronomique permet de dépasser les bornes de ce sens naturel qu'est la vue. Elle révèle ainsi des aspects de la réalité empirique qui étaient jusque-là inaccessibles. Deuxièmement, elle est conçue selon certaines procédures qui permettent d'en attester la fiabilité. Par exemple, Galilée compare ses propres observations avec celles faites par d'autres savants. Troisièmement, les observations faites au moyen de la lunette astronomique répondent à un certain protocole : les données observationnelles ne sont pas simplement

1. Quelques mois avant Galilée, Thomas Harriot avait eu la même idée et avait fait des dessins de ses observations de la Lune. Mais, à la différence du savant florentin, il ne les publia pas.

2. GALILÉE, *Le messager des étoiles*, trad. F. Hallyn, Seuil, Paris, 1992.

3. Galilée nommera « étoiles médicéennes » les quatre satellites de Jupiter qu'il a découvert, ce qui souligne que le savant florentin ne fut pas qu'un savant, mais aussi un courtisan recherchant le soutien de la cour des grands-ducs de Toscane. Sur cet aspect de la carrière de Galilée, *cf.* M. BIAGIOLI, « Galilée bricoleur », trad. A. Filliat, *Actes de la recherche en sciences sociales*, 94, 1992, p. 85-105.

recueillies, mais bien mises en forme [1]. Lorsque Galilée observe, par exemple, des taches à la surface du Soleil, il ne se contente pas de relever ce fait, mais réitère l'observation tous les jours en notant la position de ces taches, montrant ainsi qu'elles apparaissent et disparaissent à divers endroits. En ce triple sens, la lunette astronomique peut être considérée comme un des premiers, si pas le premier, instrument scientifique au sens moderne du terme : un instrument qui permet de départager les théories concurrentes. D'autres, tels le microscope, le thermomètre, le baromètre et la pompe à air, suivront au cours du xviie siècle.

Copernic avait prédit que, si son système était correct, Mercure et Vénus étant des planètes inférieures situées entre la Terre et le Soleil, elles devraient posséder des *phases* analogues à celles de la Lune, c'est-à-dire des variations de la partie éclairée de leur surface visible depuis la Terre. Néanmoins, il n'avait pu observer ces phases à l'oeil nu. Muni de sa lunette, Galilée n'eut, lui, aucun mal à observer celles de Vénus. Cette confirmation eut un impact décisif, car elle était incompatible avec le système de Ptolémée. En effet, dans celui-ci, Vénus ne peut jamais être totalement illuminée, car pour ce faire il faudrait que le Soleil se place à peu près entre cette planète et la Terre, alors que Vénus est censée se déplacer sur un épicycle attaché à un déférent dont le centre se trouve toujours, lorsque l'illumination de Vénus par le Soleil est visible depuis la Terre, sur la ligne qui joint la Terre au Soleil.

Il existe néanmoins un système géocentrique qui donne des phases de Vénus une explication tout aussi satisfaisante que le système copernicien : celui inventé par Brahe. Le système tychonien est un système intermédiaire entre celui de Ptolémée et celui de Copernic, mais destiné à sauver la position privilégiée qu'occupe la Terre dans l'Univers. Le Soleil et la Lune y effectuent bien leur révolution autour de la Terre, mais les cinq autres planètes alors connues tournent autour du Soleil, qui constitue en quelque sorte le centre secondaire du cosmos. Brahe, observateur hors pair, était toutefois un moins bon philosophe et son système fut facilement critiqué par Galilée [2].

D'autres observations sont différentes de celles portant sur les phases de Vénus, dans la mesure où elles ont pour conséquence de fragiliser l'idée d'une hétérogénéité entre le monde sublunaire et le monde supralunaire. Tout

---

1. M. Clavelin, *Galilée, cosmologie et science du mouvement. Suivi de Regards sur l'empirisme au* xxe *siècle*, CNRS éditions, Paris, 2016, p. 34.
2. *Cf. Ibid.*, p. 40-43.

d'abord, en remettant en cause la thèse de la perfection et de l'immutabilité du monde supralunaire, opposées à l'imperfection et au caractère variable du monde sublunaire. Galilée observe ainsi des cratères et des montagnes sur la surface de la Lune, surface qui est donc accidentée. D'autres observations encore sapent la singularité supposée de la Terre par rapport aux autres astres du système solaire. Galilée observe, par exemple, que Jupiter possède quatre satellites et forme donc un système semblable à celui formé par la Terre et la Lune. Par ces observations, il rétablit l'*unité de la nature* qui avait été brisée par Aristote.

À la suite des observations tychoniennes de 1572 et 1577, celles de Galilée constituent de nouveaux coups portés à la cosmologie aristotélicienne et au système géocentrique, dont elle est solidaire. Ce sont autant de justifications en faveur du système héliocentrique, qui appellent une nouvelle cosmologie débarrassée de l'opposition entre monde sublunaire et monde supralunaire, et dans laquelle la Terre n'occupe plus de position privilégiée.

Étant donnée la qualité des observations dont disposait Galilée, on peut se demander pourquoi celui-ci ne reconnut jamais les lois de Kepler, dont il ne fait aucun doute qu'il ait eu connaissance, et professa tout sa vie la circularité de l'orbite des planètes autour du Soleil. L'historien de l'art Erwin Panofsky a proposé une hypothèse pour le moins iconoclaste pour expliquer cette curiosité : ce serait avant tout pour des raisons « esthétiques », et donc non scientifiques, que Galilée aurait préféré l'orbite circulaire au détriment de l'orbite elliptique [1]. Plus précisément, ce serait parce qu'il se sentait plus proche des valeurs esthétiques de la Haute Renaissance (prédilection pour les formes régulières telles que le cercle) que de celles du Maniérisme (préférence pour la forme elliptique), que Galilée n'aurait pas pu adopter la première loi de Kepler. Alors que nous voyons aujourd'hui le cercle comme un cas particulier de l'ellipse (une ellipse dont les deux foyers se confondent), Galilée n'y voyait qu'un cercle déformé et son aversion pour cette forme dégénérée l'aurait conduit a rejeter l'ensemble de l'« astronomie maniériste » de Kepler. En somme, la position pré-képlérienne de Galilée en astronomie aurait été avant tout dictée par une préférence esthétique.

---

1. *Cf.* E. PANOFSKY, *Galilée critique d'art*, trad. N. Heinich, Les impressions nouvelles, Paris, 2016.

*

* *

Les travaux de Kepler et de Galilée ne provoquèrent pas immédiatement la chute du système géocentrique. Le triomphe du copernicianisme fut progressif. Certes le conservatisme a joué son rôle ici, mais il faut dire également que les obstacles à l'acceptation du système héliocentrique ne se situaient pas uniquement dans le ciel, mais également sur Terre : son adoption était rendue difficile par la conception même du mouvement qui dominait à l'époque, à savoir celle d'Aristote. Si la Terre est en mouvement, nous devrions pouvoir observer les conséquences de ce mouvement. Mais quelles conséquences ? Supposons que la Terre se déplace d'ouest en est. Alors, soutenaient les aristotéliciens [1], tout objet qui n'est pas en contact avec elle, n'étant pas entraîné par son mouvement, devrait progressivement se déplacer vers l'ouest. Pour prendre un exemple de Bruno :

> [...] si la terre tournait du côté que nous appelons l'orient, les nuages donneraient nécessairement l'impression de courir dans l'air vers l'occident, à cause de la grande vitesse et de l'extrême rapidité de notre globe, qui dans l'espace de vingt-quatre heures devrait avoir accompli un si grand tour [2].

Cette question n'est pas ici d'ordre observationnel, mais conceptuel. Le problème du vrai système du monde s'est au final moins résolu sur le terrain de l'astronomie que sur celui de la physique, comprise au sens étroit du terme. Le géocentrisme étant pour ainsi dire impliqué par la théorie aristotélicienne du mouvement [3] et celle-ci étant largement acceptée, il fallait, pour pouvoir imposer l'héliocentrisme, d'abord réussir à élaborer une nouvelle théorie du mouvement, une *mécanique*, dans laquelle la Terre pourrait être mobile, mais aussi dans laquelle, malgré le mouvement de la Terre, une pierre chutant du haut d'une tour tomberait au pied de celle-ci. Cette théorie du mouvement à la mesure de l'univers copernicien fut initiée par Galilée et parachevée par Newton.

1. *Cf.* Aristote, *Traité du ciel, op. cit.*, livre II, chap. 14, 296 b 22-25, p. 287. L'argument formulé par Aristote, sur lequel nous reviendrons dans le prochain chapitre, affirme que si la Terre était en mouvement, une pierre lancée à la verticale ne retomberait pas au même point, parce que lors de son trajet dans les airs elle serait désolidarisée de la Terre, et ne pourrait donc être entraînée par elle.

2. G. Bruno, *Le banquet des cendres, op. cit.*, p. 81.

3. Comme nous l'avons vu, pour Aristote, la conception même du mouvement des corps pesants implique que la Terre est immobile au centre de l'univers.

Chapitre II

GALILÉE ET L'AVÈNEMENT DE
LA MÉTHODOLOGIE SCIENTIFIQUE DE
LA PHYSIQUE CLASSIQUE

Entre 1500 et 1700, la physique a connu une profonde mutation en Occident. Il y a essentiellement deux manières de comprendre cette transformation par rapport à ce que fut l'état de la physique durant la période précédente, c'est-à-dire le Moyen Âge : soit en termes de rupture soit en termes de continuité. Dans le premier cas, on parle généralement de « révolution scientifique ». Cette expression sert alors à souligner qu'à la Modernité s'est produite une rupture radicale par rapport à la manière dont la philosophie naturelle était envisagée auparavant, rupture qui aurait conduit au rejet pur et simple de la conception de la physique qui avait dominé jusque-là l'Occident – celle issue des écrits d'Aristote – pour fonder cette discipline sur des bases doctrinales et méthodologiques entièrement neuves. Dans le deuxième cas, on soutient plutôt que la physique classique est le résultat de plusieurs évolutions amorcées dès la Scolastique. Elle serait ainsi moins le fruit de la seule Modernité, que l'héritière du Moyen Âge tardif. Cette deuxième manière d'envisager l'évolution de l'histoire de la physique a été en particulier soutenue par Pierre Duhem. Sa thèse revient à affirmer que la constitution de la physique classique a commencé dès le xIVe siècle, et donc déjà au Moyen Âge, et s'est graduellement développée jusqu'à l'avènement de la physique mathématisée, d'abord chez Galilée, puis chez René Descartes, Christiaan Huygens et Isaac Newton. Cette constitution aurait été rendue possible par la condamnation, à Paris en 1277, de deux cent dix-neuf thèses philosophiques par Étienne Tempier, évêque de Paris [1]. Déjà en 1270, le même Tempier avait condamné treize thèses aristotéliciennes, mises en évidence par Averroès, pour leur incompatibilité supposée avec la foi chrétienne. Parmi ces thèses, on retrouvait l'affirmation de l'éternité du

---

1. *Cf.* D. Piché, *La condamnation parisienne de 1277*, Vrin, Paris, 1999.

monde et le rejet de l'existence d'accidents séparés de toute substance. Les deux cent dix-neuf thèses de 1277 reprenaient celles de 1270, auxquelles s'en ajoutaient d'autres d'origines diverses (pas nécessairement aristotéliciennes). Le résultat de cette condamnation fut, selon Duhem, la libération de la philosophie naturelle du joug de la physique aristotélicienne, et donc la possibilité pour une nouvelle physique de se constituer :

> Étienne Tempier et son conseil, en frappant ces propositions d'anathème, déclaraient que pour être soumis à l'enseignement de l'Église, pour ne pas imposer d'entraves à la toute-puissance de Dieu, il fallait rejeter la Physique péripatéticienne. Par là, ils réclamaient implicitement la création d'une Physique nouvelle que la raison des chrétiens pût accepter. Cette Physique nouvelle, [...] l'Université de Paris, au xive siècle, s'est efforcée de la construire et qu'en cette tentative, elle a posé les fondements de la Science moderne ; celle-ci naquit, peut-on dire, le 7 mars 1277, du décret porté par Monseigneur Étienne, Évêque de Paris [1].

La thèse de Duhem a été contestée, mais le débat n'est pas entièrement clos aujourd'hui. Prendre position dans celui-ci nécessiterait d'examiner de nombreux détails historiques, ce que nous ne comptons pas entreprendre ici [2]. Nous évoquons ce débat entre continuisme et discontinuisme avant tout parce qu'il a été très important en histoire et en philosophie des sciences, mais aussi parce qu'il nous permet de souligner que ce par rapport à quoi se joue, dans tous les cas, l'avènement de la physique classique, c'est bien la physique issue des écrits d'Aristote. Si la physique médiévale n'est pas un simple décalque de la physique aristotélicienne – on y trouve des critiques et plusieurs théories alternatives tout à fait intéressantes [3] –, elle n'a pas pour autant réussi à produire une vision physique du monde fondamentalement différente de celle héritée du Stagirite [4].

Nous commencerons notre parcours au xviie siècle, avec la figure de Galilée. D'abord, parce que celui-ci est souvent loué comme étant le « fondateur de la physique classique », celui qui a réussi à la fois à développer une

1. P. DUHEM, *L'aube du savoir. Épitomé du* Système du monde, éd. A. Brenner, Hermann, Paris, 1997, p. 345.

2. Nous y reviendrons toutefois succinctement lorsque nous aborderons le débat entre Koyré et Drake sur la place des mathématiques et de l'expérimentation chez Galilée.

3. *Cf.* par exemple la théorie de l'*impetus* que nous exposerons plus loin.

4. E. GRANT, *Physical Science in the Middle Ages*, Cambridge University Press, Cambridge, 1981 (1971), p. 83.

conception mathématique de la physique et à faire de l'expérimentation le centre de la méthode scientifique [1]. Ces deux aspects sont particulièrement prégnants dans son analyse de la *chute des graves*, dont la loi qu'il découvre est parfois considérée comme la première loi de la physique classique. Ensuite, parce que la plupart des découvertes de Galilée ont eu une grande importance chez ces autres héros de la physique que sont Newton et Einstein. C'est en particulier le cas de la notion de *relativité*.

LA RELATIVITÉ GALILÉENNE

En 1632, Galilée fait paraître à Florence un ouvrage intitulé *Dialogue sur les deux grands systèmes du monde*. Celui-ci est parfois considéré comme l'acte de naissance de la physique classique [2]. Ce texte, écrit en italien [3], se présente sous la forme d'un dialogue censé se dérouler à Venise entre trois protagonistes : Salviati, Sagredo et Simplicio. Le premier est le porte-parole de Galilée, le second quelqu'un qui n'a pas de préjugés, l'honnête homme que Galilée cherche à convaincre, et le troisième est le représentant de la tradition aristotélico-scolastique. Les deux « grands systèmes du monde » dont discutent ces trois protagonistes sont le système ptoléméen, défendu par Simplicio et hérité en partie d'Aristote et d'Eudoxe, et le système copernicien, défendu par Salviati. Le recours au dialogue a pour but de protéger Galilée contre toute accusation d'hérésie. Aucune des positions exposées ne serait la sienne, de sorte qu'on ne pourrait l'accuser d'en défendre une en particulier, à savoir le copernicianisme. Salviati dit à cet effet :

---

1. Lorsque l'on affirme que Galilée est le fondateur de la physique classique, on ne veut pas dire qu'il l'a fondée à lui tout seul, mais plutôt qu'il est « le représentant et le porte-parole d'un mouvement qui le dépasse en tant qu'individu » (Fr. BALIBAR et R. TONCELLI, *Einstein, Newton, Poincaré. Une histoire de principes*, Belin, Paris, 2008, note 2, p. 31).

2. Fr. BALIBAR, *Galilée, Newton lus par Einstein. Espace et relativité*, PUF, Paris, 2007 (1984), p. 9.

3. Le fait que l'ouvrage de Galilée soit écrit en italien, et non en latin, joue un rôle central dans la stratégie rhétorique du savant florentin. Pour un auteur comme Paul Feyerabend, si Galilée l'emporte dans sa défense du système héliocentrique contre les aristotéliciens, c'est avant tout par son style et la « subtilité de son art de persuasion », c'est-à-dire par la rhétorique qu'il déploie. *Cf.* P. FEYERABEND, *Contre la méthode. Esquisse d'une théorie anarchiste de la connaissance*, trad. B. Jurdant et A. Schlumberger, Seuil, Paris, 1975, p. 152.

[...] je n'ai pas l'intention de conclure en faveur de l'une ou l'autre des positions en débat ; je me contenterai de présenter pour chacune d'elles les arguments et les réponses, les objections et les solutions ; j'expose ce que d'autres ont pensé jusqu'à présent, en y ajoutant certaines idées personnelles, fruits d'une longue réflexion, mais j'abandonne la décision au jugement des autres [1].

Malheureusement, cet artifice rhétorique ne suffit pas à tromper le Saint-Office qui condamna Galilée à abjurer le système copernicien et le maintint en résidence surveillée.

Nous ne nous intéresserons ici qu'à un aspect restreint de la défense galiléenne du système géocentrique : le « principe de relativité ». Galilée l'énonce pour contrer un argument lui-même souvent avancé par les aristotéliciens à l'encontre de l'hypothèse du mouvement de la Terre, et donc aussi de la possibilité pour celle-ci de se mouvoir autour du Soleil [2]. D'après les aristotéliciens, si la Terre se déplaçait, nous devrions ressentir l'effet de ce mouvement. Par exemple, lorsque nous lâchons une pierre du haut d'une tour, la pierre ne devrait pas tomber au pied de la tour, mais un peu plus loin, la tour étant emportée par le mouvement de la Terre durant la chute de la pierre, tout comme une pierre lâchée du haut du mât d'un bateau en mouvement tombe en arrière par rapport au sens de ce mouvement, alors qu'elle tombe au pied du mât lorsque le bateau est à l'arrêt. Mais les aristotéliciens ont-ils réellement fait cette expérience ? Ont-ils réellement lâché une pierre du haut du mât d'un bateau en mouvement et constaté qu'elle tombait en arrière ? Galilée, par l'intermédiaire de Salviati, en doute [3]. Selon lui, si l'on réalise cette expérience, ce que l'on constatera, c'est que la pierre tombe au même endroit du navire, que celui-ci soit à l'arrêt ou en mouvement [4]. Qu'est-ce qui explique cette constatation ? C'est ici que Galilée introduit ce qu'Henri

1. GALILÉE, *Dialogue sur les deux grands systèmes du monde*, trad. R. Fréreux et Fr. de Gandt, Seuil, Paris, 1992, p. 218.
2. La Terre effectue sa révolution autour du Soleil à une vitesse d'environ 30 km/s et la rotation de la Terre sur son axe implique qu'un objet situé à l'équateur a une vitesse de 500 m/s. Ces vitesses étant très importantes, leurs effets, s'ils existaient, devraient se manifester de manière non négligeable. Bien que les valeurs de révolution et de rotation de la Terre envisagées à l'époque de Galilée fussent inférieures à celles mesurées aujourd'hui, elles restaient néanmoins très importantes.
3. *Cf.* GALILÉE, *Dialogue sur les deux grands systèmes du monde, op. cit.*, p. 264.
4. Galilée, pas plus que les aristotéliciens, n'a réalisé cette expérience. Elle le sera par Gassendi en 1641 (R. SIGNORE, *Histoire de l'inertie. D'Aristote à Einstein*, Vuibert, Paris, 2012, p. 29).

Poincaré dénommera plus tard le « principe de relativité »[1]. Dans un passage célèbre du *Dialogue*, il commence par faire remarquer, par l'intermédiaire de Salviati, que :

> [...] le mouvement est mouvement et agit comme mouvement pour autant qu'il est en rapport avec des choses qui en sont dépourvues ; mais, pour toutes les choses qui y participent également, il n'agit pas, il est comme s'il n'était pas[2].

Ainsi, on peut affirmer que les marchandises dont la cale d'un navire est chargée effectuent avec celui-ci un voyage qui les emmènent de Venise à Alep, en passant par Corfou, Candie, Chypre etc. Cependant,

> [...] par rapport au bateau lui-même, leur mouvement de Venise vers la Syrie est comme nul, rien ne modifie leur relation avec le navire : le mouvement en effet leur est commun à tous, tous y participent également.
> [...] Il est donc manifeste que le mouvement commun à plusieurs mobiles est sans effet et comme nul quant à la relation de ces mobiles entre eux, puisque entre eux rien ne change ; le mouvement n'opère que sur la relation de ces mobiles à d'autres choses qui n'ont pas ce mouvement et au milieu desquelles ils changent de situation respective[3].

Tentons de décortiquer les différents aspects de ce passage pour comprendre le principe de relativité de Galilée.

Nous avons vu que chez Aristote le mouvement s'opposait au repos, l'un et l'autre étant conçus comme deux états incompatibles d'un corps. Ainsi, un corps est soit au repos, soit en mouvement, de sorte que, qu'il soit dans un état ou dans l'autre, il l'est *absolument*. Galilée, par la voix de Salviati, défend une conception toute différente : le mouvement n'est mouvement qu'en tant « qu'il est en rapport avec des choses qui en sont dépourvues ». Le mouvement n'est donc pas absolu, mais *relatif* à un corps considéré comme étant au repos ; c'est une modification (extérieure) des relations entre des corps. Dès lors, le mouvement n'a rien à voir avec la nature intrinsèque des corps, comme c'était encore le cas chez Aristote.

Plus encore, le mouvement et le repos ne caractérisent plus des corps isolés. Être au repos, c'est partager un certain mouvement *avec un autre* corps

---

1. H. POINCARÉ, « La crise actuelle de la physique mathématique », dans *La Valeur de la science*, Flammarion, Paris, 1970 (1905), p. 132.
2. GALILÉE, *Dialogue sur les deux grands systèmes du monde, op. cit.*, p. 228.
3. *Ibid.*, p. 229.

et, inversement, être en mouvement, c'est ne pas partager un mouvement avec un autre corps. Au final, nous pouvons dire que le mouvement et le repos sont relatifs en un double sens : d'une part, parce qu'ils sont définis l'un par rapport à l'autre et, d'autre part, parce qu'ils sont toujours relatifs au mouvement et au repos d'autres corps.

Salviati dit dans la citation ci-dessus qu'un mouvement commun à plusieurs corps est « comme nul » par rapport à ces corps, au sens où il n'a aucun effet. Lorsque nous sommes sur un bateau allant de Venise à Alep, les caisses et autres ballots sur le bateau partagent le mouvement de celui-ci, si bien que le mouvement du bateau n'a pas d'effet apparent sur les caisses et autres ballots. Pour illustrer ce point, Galilée imagine un homme qui, étant sur ce bateau, tenterait au moyen d'une plume d'en tracer le mouvement. Étant sur le bateau et ne bougeant pas sa main, sa plume ne laisserait sur le papier aucune trace du mouvement qu'effectue le bateau entre Venise et Alep : le mouvement de ce bateau est comme nul pour celui qui s'y trouve. Plus précisément, ce mouvement est comme nul s'il est « uniforme » [1], c'est-à-dire s'il a lieu à vitesse constante (des espaces égaux doivent être parcourus en des temps égaux). Dès lors, si nous nous enfermons dans une cabine sans vue sur l'extérieur d'un bateau se déplaçant à vitesse constante, il devient impossible de distinguer la situation dans laquelle le bateau est au repos, disons par rapport à Venise, et celle dans laquelle il est animé d'un mouvement rectiligne uniforme par rapport à cette même ville. Dans un cas comme dans l'autre, les objets à l'intérieur de la cabine se comporteront de la même manière : les poissons se déplaceront à l'identique dans leur bocal, les papillons voleront de même, les gouttes tomberont de la même façon et il ne faudra pas plus ou moins de force pour y déplacer un objet [2]. En d'autres termes, les lois qui régissent le mouvement des corps dans la cabine ne seront pas affectées par le mouvement uniforme du bateau par rapport à Venise ; elles se feront sentir de la même manière que si le bateau était fermement accosté au port de Venise.

Il reste encore à préciser la nature de cet imperceptible mouvement uniforme. Pour Galilée, au vu de l'exemple du bateau, il est clair qu'il s'agit du mouvement *circulaire* uniforme, puisque la surface de la Terre est une sphère. Le principe de relativité revient dès lors à dire que les mouvements relatifs des corps enfermés dans un espace quelconque sont les mêmes, que

---

1. GALILÉE, *Dialogue sur les deux grands systèmes du monde, op. cit.*, p. 316.
2. *Cf. ibid.*, p. 316-317.

cet espace soit au repos ou qu'il se meuve le long d'un cercle à vitesse constante. La tradition a plutôt retenu la formulation qu'a donnée Newton de ce principe, formulation dans laquelle le mouvement uniforme doit être *rectiligne* :

> Les mouvements des corps enfermés dans un espace quelconque sont les mêmes entre eux, soit que cet espace soit en repos, soit qu'il se meuve uniformément en ligne droite sans mouvement circulaire [1].

Il y a donc une différence entre le principe de relativité tel qu'on le trouve plus ou moins explicitement formulé dans le *Dialogue*, et ce que la tradition a retenu sous le nom de « principe de relativité galiléenne » [2]. Ce dernier principe repose sur l'affirmation, d'une part, que le mouvement d'un corps ne doit pas être envisagé dans l'absolu, mais toujours relativement à un autre corps considéré comme au repos, et, d'autre part, que ce mouvement relatif est indifférent au fait que le corps par rapport auquel est rapporté le mouvement soit lui-même au repos ou en mouvement rectiligne uniforme.

Précisons encore quelque peu le principe de relativité galiléenne d'un point de vue contemporain. Étudier le mouvement d'un objet (assimilé à un point que nous appellerons *P*) revient à connaître sa position à chaque instant. Mais qu'est-ce exactement que la position d'un point ? Le principe de relativité nous dit que le mouvement d'un objet n'a de sens que rapporté à un autre corps considéré comme au repos. Assimilons également ce corps à un point que nous appellerons 0. L'étude du mouvement de notre premier objet consiste alors à déterminer la variation de la position de *P* par rapport à 0. Pour simplifier notre exposé, considérons d'abord l'exemple du mouvement à une dimension de *P* le long d'une droite. Plaçons 0 sur cette droite que nous considérons comme fixe. Cela est insuffisant pour repérer la position de *P* ; en effet encore faut-il pouvoir dire de quel côté de 0 se situe *P* sur la droite. Nous orientons donc la droite dans un sens, pour obtenir un axe que l'on appellera 0*x*. Il reste à déterminer à quelle distance de 0 se situe le point *P* sur l'axe 0*x*. Il nous faut pour cela une unité de mesure : celle-ci peut être obtenue au moyen de la distance entre 0 et un autre point

---

1. NEWTON I., *Principes mathématiques de la philosophie naturelle*, trad. Marquise du Châtelet dans St. HAWKING (éd.), *Sur les épaules des géants*, *op. cit.*, p. 416.
2. Si l'on admet que la courbure de la surface de la Terre est négligeable, le mouvement d'un bateau à sa surface peut être considéré, en première approximation, comme rectiligne. Les formulations galiléenne et newtonienne du principe de relativité coïncident alors.

arbitrairement choisi sur l'axe $0x$. La position de P sur cet axe, c'est-à-dire ce que l'on appelle sa « coordonnée » selon l'axe $0x$ et que l'on note habituellement x, est alors simplement donnée par le nombre par lequel il faut multiplier l'unité de mesure à partir de 0 pour atteindre P. Dans une situation tridimensionnelle, il faut trois coordonnées pour décrire le mouvement de P. On note habituellement celles-ci : x, y et z. Les trois axes $0x$, $0y$ et $0z$ forment un « repère » tridimensionnel. Lorsque ces axes sont orthogonaux deux à deux, le repère est dit « cartésien » et le point P de coordonnées (x, y, z) est alors à une distance $\sqrt{x^2 + y^2 + z^2}$ de l'origine 0 des axes.

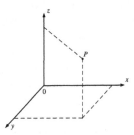

Les coordonnées permettent de donner un sens précis à la notion intuitive de position d'un corps et définissent, si nous y ajoutons une horloge, ce que l'on appelle aujourd'hui en physique un « référentiel ». C'est par rapport à un tel référentiel que le mouvement d'un corps est *rapporté*, son mouvement n'étant rien d'autre que les positions (x, y, z) qu'occupe successivement le corps au cours du temps. En pratique, un référentiel est généralement attaché à un corps qui n'est pas animé du mouvement que l'on cherche à étudier [1]. Par exemple, si nous voulons étudier le mouvement du navire par rapport à la surface de la Terre, nous pouvons attacher un repère et une horloge à Venise, car si Venise est bien en mouvement par rapport, disons, au Soleil, son mouvement par rapport au Soleil n'est pas le même que celui du bateau.

Une fois en possession de la notion de référentiel, le principe de relativité galiléenne revient à affirmer que les lois du mouvement conservent la même forme (elles sont *covariantes*) lorsqu'elles sont rapportées à des référentiels en *translation rectiligne uniforme* les uns par rapport aux autres, c'est-à-dire dont la trajectoire du mouvement est une ligne. Des référentiels de ce type sont dits « galiléens ».

1. Fr. BALIBAR, *Galilée, Newton lus par Einstein. Espace et relativité, op. cit.*, p. 67.

Qu'on ne se méprenne pas : le fait que les lois du mouvement aient la même forme dans tous les référentiels en translation rectiligne uniforme les uns par rapport aux autres ne signifie pas qu'un même mouvement sera vu de la même manière dans tous ces référentiels. Considérons le cas d'une goutte d'eau qui tombe d'une hauteur *h* à un certain instant dans la cabine d'un bateau, alors que celui-ci est en mouvement rectiligne uniforme par rapport à Venise. Par rapport à quel référentiel devrons-nous décrire ce mouvement ? C'est en fait une question de choix. Du point de vue du principe de relativité galiléenne, le référentiel attaché à la cabine du bateau et celui attaché à Venise sont équivalents. Si nous prenons pour référentiel la cabine, la goutte d'eau dessinera une trajectoire rectiligne entre le début et la fin de sa chute, parce qu'une fois désolidarisée du bateau, elle conservera, sans cause extérieure, le même mouvement que le bateau, accompagnant celui-ci en même temps qu'elle se rapprochera du plancher. Si, au contraire, nous prenons pour référentiel la ville de Venise, la même goutte accompagnera toujours le mouvement de translation du bateau, mais dessinera cette fois une courbe parabolique, puisqu'à mesure qu'elle se rapprochera verticalement du plancher du bateau, elle s'éloignera horizontalement de Venise. Voici schématiquement ce que donne la situation selon que nous la représentions dans le référentiel du bateau ou dans celui de Venise :

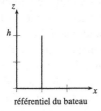

référentiel du bateau

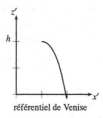

référentiel de Venise

Est-ce à dire qu'il y a tout de même une différence entre les référentiels d'un point de vue physique ? Les lois du mouvement diffèrent-elles selon que l'on se trouve à l'intérieur de la cabine du bateau ou à Venise ? Non. Si une goutte tombe à Venise et que le référentiel auquel est rapporté ce mouvement est Venise elle-même, la goutte effectuera une trajectoire similaire à celle qu'une autre goutte effectuera dans la cabine du bateau, lorsque cette dernière est choisie comme référentiel du mouvement. Dans les deux cas, il s'agira d'une trajectoire rectiligne verticale. Cela est dû au fait que, d'après le principe de relativité galiléenne, les mouvements des deux gouttes doivent être les mêmes, étant donné que les deux référentiels auxquels ces mouvement sont rapportés sont en translation rectiligne uniforme l'un par rapport à l'autre.

Le principe de relativité ayant été expliqué, nous pouvons désormais comprendre la réponse de Galilée à l'argument des aristotéliciens contre l'hypothèse du mouvement de la Terre. Considérons à nouveau l'exemple de la chute de la pierre du haut d'un mât. Le mouvement qui nous intéresse dans cette chute est celui qui est rapporté au mât, lequel est considéré comme au repos. Or, en vertu du principe de relativité, ce mouvement doit être le même, que le bateau soit au repos au port ou qu'il s'en éloigne à vitesse constante : dans les deux cas, la pierre chutera de la même façon, à savoir au pied du mât. Mais dès lors que le mouvement uniforme du bateau n'a aucune incidence sur le mouvement relatif de la pierre par rapport au mât, on ne voit pas pourquoi le mouvement de la Terre devrait en avoir une sur la chute de la pierre lâchée du haut d'une tour. Autrement dit, que la Terre soit immobile ou qu'elle soit en mouvement uniforme [1], la pierre doit tomber au pied de la tour. La réponse de Galilée ne permet pas de déterminer si la Terre est au repos ou en mouvement, mais elle réduit à néant l'argument opposé par la tradition à la possibilité même du mouvement de la Terre.

Remarquons, pour finir, qu'une autre réponse galiléenne à l'argument censé pouvoir réfuter l'hypothèse du mouvement de la Terre est possible. Celle-ci s'appuie sur l'idée qu'une fois qu'un corps est animé d'un mouvement (circulaire) uniforme, ce mouvement est imprimé en lui « de façon indélébile » [2]. Par conséquent, un corps abandonné à lui-même conserve le mouvement uniforme qui était le sien au moment où il a été libéré [3]. Il s'agit là d'une première ébauche, encore imparfaite, de ce que l'on appellera plus tard le « principe d'inertie » et qui constitue l'une des rares idées physiques véritablement neuves introduites par la science classique [4]. En admettant ce principe, la pierre lâchée du haut de la tour doit tomber à son pied, même si la Terre se déplace de manière uniforme, car, une fois abandonnée à elle-même, elle conserve le mouvement uniforme que la Terre a imprimé en elle. La pierre est donc animée lors de sa chute du même mouvement uniforme que

---

1. Galilée suppose qu'elle effectue un mouvement circulaire uniforme autour du Soleil et qu'elle tourne sur elle-même avec une vitesse angulaire constante.
2. GALILÉE, *Dialogue sur les deux grands systèmes du monde*, *op. cit.*, p. 316.
3. Fr. BALIBAR, *Galilée, Newton lus par Einstein. Espace et relativité*, *op. cit.*, p. 34.
4. On en trouve certes une préfiguration chez Aristote (*Physique*, *op. cit.*, 215 a 19-21, p. 192-193), mais celle-ci est aussitôt récusée au nom de l'impossibilité du vide.

la Terre, et c'est pourquoi elle peut, en quelque sorte, rattraper la tour pour tomber à son pied.

LA CHUTE DES GRAVES

Après sa condamnation en 1633, Galilée commença à rédiger son deuxième chef-d'œuvre : les *Discours concernant deux sciences nouvelles* [1]. Nous retrouvons dans cet ouvrage, publié en 1638, les trois interlocuteurs du *Dialogue* – Salviati, Simplicio et Sagredo –, devisant de physique durant quatre journées. Les deux sciences dont il est question dans le titre sont la résistance des matériaux et la science du mouvement. Nous ne nous intéresserons qu'à la deuxième, car c'est à elle que Galilée apporte les développements les plus importants et à laquelle il doit, en grand partie, son titre de fondateur de la physique classique. Plus précisément encore, nous nous pencherons ici sur l'analyse galiléenne de deux types de mouvement des *graves*, c'est-à-dire des corps pesants : la chute libre (la chute sans contrainte, et en particulier sans résistance de l'air) et le mouvement des projectiles (celui des corps lancés ou projetés).

La théorie de l'impetus

Chez Aristote, tous les corps pesants tendaient à rejoindre leur lieu naturel, à savoir le centre de la Terre. Le statut privilégié de ce centre était lié à celui de la Terre elle-même : centre du cosmos, son centre était aussi celui du mouvement naturel de tous les corps. L'adoption du système copernicien allait tout changer : le Soleil étant désormais au centre du système solaire, le centre de la Terre cessait d'être un centre absolu et la raison pour laquelle les corps pesants tendaient à le rejoindre devenait beaucoup moins évidente. Une nouvelle conception du mouvement des graves était enfin possible.

Mais, avant même l'avènement du copernicianisme, la physique aristotélicienne rencontrait déjà des difficultés lorsqu'elle cherchait à expliquer le mouvement des projectiles et, en particulier, de ceux dont le mouvement commence par une phase ascendante avant de retomber. Étant donné qu'un mouvement violent, comme l'est celui d'un projectile, n'a lieu que par contact

---

1. GALILÉE, *Discours concernant deux sciences nouvelles*, trad. M. Clavelin, PUF, Paris, 1995.

– il n'y a pas d'action à distance pour Aristote –, comment expliquer qu'une fois le projectile séparé de son moteur, il puisse s'élever, alors que sa tendance naturelle le pousse à rejoindre le sol ? Aristote envisageait deux réponses à cette question [1]. Selon la première (théorie de l'*antiperistasis*), le projectile, lorsqu'il est lancé, déplace l'air devant lui, tandis que l'air à l'arrière, du fait de l'*impossibilité du vide*, le suit. C'est ainsi – par « appel d'air » – que l'air à l'arrière du projectile continue à le pousser une fois que le contact avec son moteur a été interrompu. Ce processus se répète jusqu'à épuisement, moment où le mouvement naturel de chute du projectile reprend le dessus. Plusieurs arguments ont été opposés à cette théorie. L'un des plus remarquables consiste à souligner qu'une toupie continue son mouvement de rotation sans forcément se déplacer par rapport au lieu qu'elle occupe, et donc sans déplacer d'air. La deuxième solution proposée consiste à dire que le moteur qui initie le mouvement du projectile confère également à l'air environnant une poussée vers le haut et vers l'avant, poussée qui se propage à d'autres portions d'air et qui permet à celles-ci de pousser le projectile une fois qu'il n'est plus en contact avec son moteur extérieur initial. L'objection la plus courante à l'encontre de cette solution consiste à souligner qu'elle ne fait que déplacer le problème. Comment en effet expliquer que l'air ait la propriété que l'on refuse au projectile, à savoir de pouvoir perpétuer par soi-même son mouvement ?

On le voit, que ce soit dans un cas ou dans l'autre, la solution aristotélicienne consiste, pour l'essentiel, à soutenir que le mouvement du projectile est un mouvement violent entretenu par l'air ambiant, c'est-à-dire par un moteur extérieur au projectile.

Ces deux solutions sont tout aussi peu convaincantes l'une que l'autre. C'est la raison pour laquelle une théorie alternative, dite de l'« *impetus* », a été initiée dès l'Antiquité tardive, notamment par Jean Philopon (vi[e] siècle), puis développée au Moyen Âge dans l'Université de Paris, en particulier par Jean Buridan (xive siècle) et Nicole Oresme (xive siècle). D'après cette théorie [2], le mouvement violent d'un mobile continue après que celui-ci a été désolidarisé de son moteur, parce que l'impulsion initiale lui a communiqué un *impetus* qui s'épuise progressivement. Voici la description que donne Buridan de cet « élan » :

---

1. *Cf.* ARISTOTE, *Physique*, *op. cit.*, 266 b 27-267 a 20, p. 379-380.
2. Pour un exposé de celle-ci, *cf.* E. GRANT, *Physical Science in the Middle Ages*, *op. cit.*, p. 48 *sq.*

[...] tandis que le moteur meut le mobile, il lui imprime un certain *impetus*, une certaine puissance capable de mouvoir ce mobile dans la direction même où le moteur meut le mobile, que ce soit vers le haut, ou vers le bas, ou de côté, ou circulairement. Plus grande est la vitesse avec laquelle le moteur meut le mobile, plus puissant est l'*impetus* qu'il imprime en lui... mais par la résistance de l'air, et aussi par la pesanteur qui incline la pierre à se mouvoir en un sens contraire... cet *impetus* s'affaiblit continuellement [1].

L'*impetus* s'affaiblit donc du fait de la résistance de l'air et de la pesanteur, de sorte que le projectile mis en mouvement finit par chuter et par revenir à son état naturel de repos. Dans cette théorie, la continuation du mouvement devient l'effet d'une *cause interne* au mobile [2], cause qui lui est imprimée par l'action d'un moteur extérieur. Mais comment cette théorie s'applique-t-elle à la chute libre, c'est-à-dire à cette partie du mouvement du projectile qui succède à son ascension ? Il y a là une difficulté, puisque, lors de cette chute, il semble y avoir une augmentation du « degré de vitesse » du mobile, une *accélération* donc. Pour pouvoir expliquer ce fait, il faudrait qu'un nouvel *impetus* soit imprimé au corps tant que celui-ci se meut, c'est-à-dire pendant qu'un *impetus* antérieur agit encore. L'accumulation des *impetus* permettrait alors de comprendre l'accroissement de la vitesse acquise par un corps lors d'une chute libre. Mais d'où proviennent ces *impetus* une fois que le corps est lâché ? L'une des réponses données à cette question consiste à dire que c'est la pesanteur naturelle qui produit à chaque fois ce nouvel *impetus*.

Que tous les corps chutent avec la même accélération

La théorie de l'*impetus* a introduit l'idée d'un mouvement violent qui persiste après la cessation du contact avec la cause extérieure qui lui a donné naissance. Le problème est que la notion d'*impetus* est incompatible avec une conception qui, comme celle de Galilée, soutient que le fait qu'un corps soit en mouvement ou non dépend des choses auxquelles il est rapporté. La notion même d'*impetus* n'est pas relative. On ne peut donc considérer qu'un

---

1. J. BURIDAN, 1509, *Acutissimi philosophi reverendi magistri Johannis Buridani subtilissime questiones super octo Phisicorum libros Aristotelis*, cité et traduit dans Chr. VILAIN, « Impetus », dans D. LECOURT (éd.), *Dictionnaire d'histoire et philosophie des sciences*, 4ᵉ éd., PUF, Paris, 2006 (1999), p. 592.
2. En admettant une persistance du mouvement, la théorie de l'*impetus* anticipe l'inertie, mais il ne s'agit pas encore d'une persistance sans cause.

corps en est imprégné ou non selon le point de vue adopté. Galilée propose alors de substituer à l'*impetus* comme cause interne du mouvement, l'idée d'un mouvement et d'une vitesse qui se conservent, du moins en l'absence de force contraire. Plutôt qu'un mouvement qui n'existe que tant que dure sa *cause*, il faut concevoir le mouvement comme quelque chose qui existe indépendamment et qui, dès lors, se conserve, tout comme se conserve l'état de repos d'un corps qui ne se meut pas. Une fois ce postulat admis, il n'est évidemment plus nécessaire d'expliquer pourquoi le mouvement de chute libre ne ralentit pas. Son accélération n'en est pas pour autant plus claire. Quelle en est la cause ? La *gravité* (ou pesanteur), certes, puisque par définition, elle est la propension qu'ont les corps pesants à se diriger vers le centre de la Terre [1], mais ce qu'il faut entendre plus précisément sous ce terme, c'est ce que Galilée ne précise pas. Il fait abstraction de la cause du mouvement, et donc l'économie de son explication, pour s'en tenir à sa seule description mathématique. À la question aristotélicienne de savoir *pourquoi* la pierre chute, il substitue celle de savoir *comment* elle tombe. C'est à Newton qu'il reviendra d'expliquer plus avant ce qu'est la gravité, en décrivant en particulier son *mode d'action*.

La deuxième innovation de Galilée eu égard à l'étude de la chute libre consiste à dire que cette chute est soumise à une *loi*, au sens où c'est la même règle qui s'applique à tous les corps en chute libre ; ils sont tous animés d'un *même* mouvement, et plus précisément de la même accélération. Autrement dit, sa thèse est que tout corps lâché d'une certaine hauteur chute avec la même accélération, que ce corps soit une bille de plomb de plusieurs kilos ou une plume de quelques grammes. Galilée unifie ainsi sous une même loi des mouvements qui semblaient, à première vue, irréconciliable.

Mais comment un traitement unifié du mouvement de chute libre de tous les corps est-il possible ? N'observons-nous pas que des corps de *masses* [2] différentes tombent avec des accélérations distinctes, que ceux dont la masse est plus légère voient leur vitesse augmenter moins rapidement que ceux dont la masse est plus importante, de sorte que lâchés d'une même hauteur, les corps les plus massifs rejoignent le sol en premier ? Cette observation est soutenue par la théorie aristotélicienne du mouvement :

1. GALILÉE, *Discours concernant deux sciences nouvelles, op. cit.*, p. 62.
2. Galilée utilise plutôt le terme de « poids », celui de « masse » n'étant défini qu'à partir de Newton. Nous négligerons cette subtilité terminologique dans le reste de ce chapitre.

[...] nous voyons que les corps ayant une plus grande impulsion de pesanteur ou de légèreté en raison de leurs figures (si tout le reste est semblable), sont portés plus rapidement sur une distance égale, suivant la proportion qu'ont les grandeurs entre elles [1] [?]

Galilée va développer un argument pour réfuter l'idée que si la chute d'un corps lourd est plus rapide que celle d'un corps léger, c'est uniquement à cause de sa masse. Il nous propose de considérer deux pierres, dont l'une est plus légère que l'autre [2]. Que se passe-t-il lorsque ces pierres sont liées ensemble et qu'on lâche le tout d'une certaine hauteur ? D'une part, les deux pierres attachées ensemble forment une totalité dont la masse est plus importante que celle de la pierre la plus lourde, si bien que l'accélération du tout devrait être plus importante que celle de la pierre la plus lourde. D'autre part, il semble donc que la pierre plus légère ralentisse la plus lourde et que la plus lourde accélère la plus légère, de sorte que l'accélération de l'ensemble doive se situer quelque part entre celle de chacune des deux pierres prises individuellement [3] :

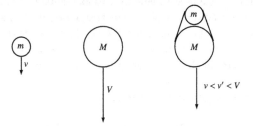

La conclusion que tire Galilée de cette contradiction est que la théorie qui veut que l'accélération d'un corps dépend *uniquement* de sa masse est fausse.

Dès lors, à quoi devons-nous attribuer les différences d'accélération que nous observons entre des corps de masses différentes ? D'après ce que nous

1. ARISTOTE, *Physique*, *op. cit.*, 216 a 14-16, p. 195.
2. *Cf.* GALILÉE, *Discours concernant deux sciences nouvelles*, *op. cit.*, p. 54.
3. Galilée emprunte en fait cet argument à Giambattista Benedetti, un important physicien italien du XVIe siècle, qui a exercé une profonde influence sur le jeune Galilée (VILAIN Chr., *Naissance de la physique moderne. Méthode et philosophie mécanique au XVIIIe siècle*, Ellipses, Paris, 2009, note 4, p. 99). Sur Benedetti, *cf.* A. KOYRÉ, « Jean-Baptiste Benedetti critique d'Aristote », dans *Études d'histoire de la pensée scientifique*, Paris, Gallimard, 1973 (1966), p. 140-165.

venons de dire, pas uniquement à leurs masses. Galilée avance l'hypothèse
suivante :

> [...] les variations de vitesse qu'on observe entre les mobiles de poids spéci-
> fiques différents n'ont pas pour cause ces poids spécifiques, mais dépendent
> de facteurs extérieurs, et notamment de la résistance du milieu, en sorte que
> celle-ci supprimée tous tomberaient avec les mêmes degrés de vitesse [1].

Il considère donc que la différence de vitesse acquise durant une chute est due
à des « facteurs extérieurs », et en particulier à la résistance de l'air ; celle-ci
offrant plus de résistance à un objet moins massif, l'augmentation de la vitesse
de ce corps doit être moindre. Par conséquent, si nous supprimons ces facteurs
extérieurs, la dépendance de l'accélération eu égard à la masse d'un corps
ne joue plus aucun rôle. Dans le vide, tous les corps chutent avec la même
accélération : la gravité, ce « principe intrinsèque » à tous les corps pesants
et qui, agissant identiquement sur eux dans le vide en leur communiquant en
des temps égaux des quantités égales de vitesse, les fait se déplacer vers le
centre de la Terre [2]. Cette affirmation est fondamentale, car si la chute libre
des corps – celle précisément où on fait abstraction de ce facteur extérieur
qu'est la résistance de l'air – ne dépend pas de la *nature* des corps, alors leur
chute libre obéit partout et toujours à la même loi et peut faire l'objet d'un
traitement géométrique, lequel est par principe universel.

De l'usage des expériences de pensée

Il faut souligner que Galilée n'a jamais vérifié expérimentalement l'argument visant à réfuter la thèse aristotélicienne selon laquelle l'accélération
d'un corps en chute libre dépend uniquement de sa masse. Il s'agit d'une
fiction, et plus précisément de ce qu'Ernst Mach appelait une *expérience
de pensée* (*Gedankenexperiment*), une fiction qui permet de soutenir l'argumentation. L'hypothèse selon laquelle tous les corps chutent avec la même
accélération dans le vide constitue une autre fiction, mais ici la possibilité
même de la vérifier n'était pas à la disposition de Galilée, car il n'était pas
en mesure de créer un vide dans lequel faire tomber deux objets de masses
différentes.

1. GALILÉE, *Discours concernant deux sciences nouvelles, op. cit.*, p. 62.
2. *Ibid.*

Nous verrons plus loin que cet usage de la fiction en physique n'est pas propre à Galilée. Einstein a, par exemple, élaboré la relativité en recourant plusieurs fois à des expériences de pensée qui ne pouvaient être réalisées concrètement. Le principe d'inertie, que nous examinerons dans le prochain chapitre, constitue, sans être lui-même une expérience de pensée, un autre type de recours à la fiction, dans la mesure où il s'agit d'une hypothèse dont les conditions ne peuvent jamais être satisfaites concrètement. Le principe d'inertie est une conséquence d'une expérience de pensée et ne peut que l'être.

Soulignons que si certains physiciens recourent à des fictions, il ne s'agit pas de fictions dépourvues de toute contrainte, à l'image de celles que nous pouvons trouver en littérature, mais de fictions sous contrôle mathématique et expérimental. Comme le dit Galilée, leur « absolue vérité » se manifeste lorsque nous constatons que les conséquences qu'on en peut tirer, et en particulier les prédictions, s'accordent parfaitement avec l'expérience [1]. Leur utilité réside dans la nouvelle saisie conceptuelle des phénomènes naturels qu'elles rendent possible. Par exemple, ce n'est qu'une fois que nous considérons que tous les corps chutent avec la même accélération que nous pouvons nous mettre en quête de la loi qui régit cette chute, que sa recherche devient tout simplement possible. Ainsi, bien que les fictions auxquelles la nouvelle physique a recours soient des constructions *a priori*, des constructions indépendantes de l'expérience sensible, ces fictions constituent une condition d'intelligibilité des phénomènes que nous observons dans l'expérience [2].

Le temps comme variable indépendante

Il nous faut encore répondre à plusieurs questions avant d'être en mesure de spécifier de quelle manière croît la vitesse d'un corps en chute libre. Il faut notamment déterminer à quelle *variable* [3] l'accroissement de la vitesse doit être rapporté. S'agit-il de la distance parcourue ou du temps écoulé ? Il faut également déterminer si la vitesse croît de manière constante ou de manière variable.

1. *Cf.* GALILÉE, *Discours concernant deux sciences nouvelles, op. cit.*, p. 139.
2. E. YAKIRA, *La causalité de Galilée à Kant*, PUF, Paris, 1994, p. 20.
3. Une grandeur variable est une grandeur dont la valeur peut changer lors d'une transformation du système physique que cette grandeur caractérise.

En ce qui concerne la première question, considérons l'expérience suivante. Lorsque nous laissons tomber une boule d'une certaine hauteur dans de la cire, la marque que la première imprime dans la seconde est d'autant plus profonde que la boule est lâchée d'une hauteur importante. Par ailleurs, l'effet de l'impact dû à un choc est d'autant plus important que la vitesse avec laquelle il se produit est grande (qu'il nous suffise de penser ici au choc d'une voiture contre un mur). Nous pourrions dès lors être tentés de croire que la vitesse de la chute libre d'un corps doit être rapportée à la *distance* parcourue depuis le début de la chute et qu'elle croît proportionnellement à celle-ci. C'est bien ce qu'a d'abord pensé Galilée. En 1604, dans une lettre à Paolo Sarpi, il affirmait en effet que la vitesse augmente proportionnellement à la distance parcourue. Autrement dit, la vitesse est une fonction linéaire de la distance :

> Et le principe est celui-ci : que le mobile naturel va en augmentant de vitesse dans la proportion même où il s'éloigne de son point de départ ; comme, par exemple, si un grave tombe du point *A* par la ligne *ABCD*, je suppose que le degré de vitesse qu'il a en *C* est au degré de vitesse qu'il avait en *B* comme la distance *CA* à la distance *BA* et ainsi, par conséquent, en *D* il aura un degré de vitesse plus grand qu'en *C* dans la mesure où la distance *DA* est plus grande que la distance *CA* [1].

Graphiquement, cela nous donne :

où la droite *ABCD* représente la distance parcourue durant la chute à partir du point *A*. Le principe que Galilée pense avoir trouvé pour expliquer la chute des graves revient alors à affirmer que le rapport du degré de vitesse que

1. GALILÉE, « Lettre à Paolo Sarpi du 16 octobre 1604 », cité et traduit dans A. KOYRÉ, *Études galiléennes, op. cit.*, p. 86-87.

le mobile a acquis en C sur celui qu'il a acquis en B est égal à $|CA|/|BA|$, que le rapport du degré de vitesse que le mobile a acquis en D sur celui qu'il a acquis en C est égale à $|DA|/|CA|$, etc. Certes, il se trompe ici – nous savons aujourd'hui que la vitesse augmente proportionnellement à la racine carrée de la distance parcourue et que l'intensité de l'impact de la chute est proportionnelle au carré de la vitesse [1]. Mais ce qui est plus intéressant, c'est ce que nous révèle cette erreur. Principalement que Galilée n'était pas encore en possession en 1604 d'un moyen de mesurer la *vitesse instantanée*, c'est-à-dire la vitesse que possède le mobile à un instant donné, car s'il avait été en possession d'une telle méthode, il aurait immédiatement constaté que sa théorie n'était pas vérifiée par l'expérience.

Dans les *Discours* de 1638, Galilée pense, cette fois, que la variable à laquelle il faut rapporter l'accroissement de la vitesse durant la chute libre est le *temps*. Citons le texte dans lequel il décrit la chute libre selon cette nouvelle variable :

> Quand donc j'observe une pierre tombant d'une certaine hauteur à partir du repos et recevant continuellement de nouveaux accroissements de vitesse, pourquoi ne croirais-je pas que ces additions ont lieu selon la proportion la plus simple et la plus évidente ? Or, tout bien considéré, nous ne trouverons aucune addition, aucun accroissement plus simple que celui qui toujours se répète de la même façon [2].

Cela peut se comprendre « en réfléchissant sur l'étroite affinité entre le temps et le mouvement » :

> [...] de même en effet que l'uniformité du mouvement se définit et se conçoit grâce à l'égalité des temps et des espaces (nous appelons un mouvement uniforme quand des espaces égaux sont franchis en des temps égaux), de même nous pouvons concevoir que dans un intervalle de temps semblablement divisé en parties égales des accroissements de vitesse aient lieu simplement ; ce qui sera le cas si par « uniformément », et, du même coup, « continuellement accéléré » nous entendons un mouvement où en des fractions de temps égales quelconques se produisent des additions égales de vitesse [3].

---

1. Si nous supposons que la vitesse est proportionnelle à la distance parcourue, c'est-à-dire $v = kz$, une simple intégration nous montre que, puisque $\mathrm{d}z = v\,\mathrm{d}t$, la distance parcourue devrait augmenter de façon exponentielle en fonction du temps : $z = k'\,e^{kt}$.

2. GALILÉE, *Discours concernant deux sciences nouvelles, op. cit.*, p. 131.

3. *Ibid.*

De la sorte, peu importe le nombre de parties temporelles en lesquelles nous divisons le mouvement d'un mobile en chute libre, si ces parties sont égales, le degré de vitesse que le mobile aura acquis au terme des deux premières parties temporelles sera le double de celui acquis au terme de la première. Galilée en conclut :

> Nous ne nous écarterons pas de la droite raison, si nous admettons que l'intensification de la vitesse (*intensionem velocitatis*) est proportionnelle à l'extension du temps (*fieri justa temporis extensionem*) ; aussi la définition du mouvement dont nous allons traiter peut-elle se formuler comme suit : je dis qu'un mouvement est également ou uniformément accéléré, quand, partant du repos, il reçoit en des temps égaux des moments (*momenta*) égaux de vitesse [1].

Ce que nous révèle ce texte décisif, c'est que non seulement l'accroissement de la vitesse doit être rapporté au temps, mais également que cet accroissement, l'accélération donc, est *uniforme*, Galilée définissant le *mouvement uniformément accéléré* comme un mouvement dont l'accélération est constante [2]. L'augmentation de la vitesse d'un corps en chute libre est proportionnelle à l'augmentation du temps écoulé depuis que le corps en question a été lâché. En d'autres mots, si v symbolise la vitesse, t le temps et $\propto$ la relation de proportionnalité :

$$v \propto t.$$

Qu'est-ce qui justifie, selon Galilée, que l'accélération soit constante ? La simplicité ! L'accroissement (de vitesse) qui se répète toujours de la même façon est le plus simple et le plus évident, et c'est pour cette raison qu'il doit être adopté. Galilée suppose ainsi, comme le dira Einstein trois cents ans plus tard, que « la Nature est la réalisation de la plus grande simplicité mathématique pensable » [3]. De là découle un principe méthodologique général qui

---

1. GALILÉE, *Discours concernant deux sciences nouvelles*, *op. cit.*, p. 131.
2. Il semble que, dans ses *Commentaires sur la physique d'Aristote* de 1545, Domingo de Soto ait précédé Galilée en faisant l'hypothèse que le mouvement de chute libre est « uniformément difforme », c'est-à-dire animé d'une accélération constante. Le texte de ce dominicain espagnol est cependant difficile à interpréter. *Cf.* P. DUHEM, *Études sur Léonard de Vinci. Les précurseurs parisiens de Galilée*, série 3, Éditions des archives contemporaines, Paris, 1984, p. 558.
3. A. EINSTEIN, « Sur la méthodologie de la physique théorique », trad. E. Aurenche *et al.* dans *Œuvres choisies 5. Science, éthique, philosophie*, Seuil, Paris, 1991, p. 105.

sera adopté par les successeurs de Galilée [1] : face à deux théories physiques empiriquement équivalentes, il faut choisir celle dont la simplicité est la plus grande. La construction de la physique classique n'a pas été entièrement dictée par l'expérience et ne pouvait l'être. Elle contient nécessairement des éléments *conventionnels*. Outre la simplicité mathématique de ses lois, nous pourrions citer la cohérence ou le pouvoir explicatif. Évidemment, l'adoption de ces conventions n'est pas arbitraire. Elle est conditionnée par leur fécondité : de ces hypothèses, jointes à d'autres, doivent découler des conséquences expérimentales qui s'accordent avec la nature.

Faire du temps la variable à laquelle rapporter l'accroissement de la vitesse lors d'une chute libre constitua une avancée considérable. D'une part, cela présupposait que le temps est une grandeur *continue*, semblable à l'espace, et puisse donc être traitée mathématiquement. D'autre part, cela mettait en évidence que c'est le temps qui est la grandeur fondamentale en mécanique, celle dont dépendent fonctionnellement toutes les autres : la position, la vitesse, et l'accélération. Le propre du mouvement, c'est le changement par rapport au temps, ce qui se manifeste dans le fait que l'on peut obtenir la vitesse à partir de la position et l'accélération à partir de la vitesse, par simple dérivation par rapport au temps. Nous y reviendrons.

Que l'accélération croît comme le carré du temps

Galilée a établi que l'accroissement de vitesse est proportionnel à l'accroissement du temps. Il peut désormais établir la loi de variation de la distance parcourue par un corps en chute libre en fonction du temps écoulé. Il est toutefois encore incapable de manipuler directement une vitesse variable [2]. Pour résoudre ce problème, il a recours à un artifice lui permettant de ramener toute vitesse uniformément accélérée à une vitesse uniforme. C'est le Théorème I, aussi appelé « théorème de la vitesse moyenne », que Galilée emprunte aux « Calculateurs d'Oxford » du xive siècle [3] :

---

1. *Cf.*, par exemple, la première règle qu'il faut suivre en physique selon Newton : *Principes mathématiques de la philosophie naturelle, op. cit.*, p. 693.
2. Fr. DE GANDT, « Mathématiques et réalité physique au xviie siècle (de la vitesse de Galilée aux fluxions de Newton) », dans R. APÉRY *et al.*, *Penser les mathématiques*, Seuil, Paris, 1982, p. 171.
3. *Cf.* E. GRANT, *Physical Science in the Middle Ages, op. cit.*, p. 56.

Théorème I – Proposition I

Le temps pendant lequel un espace donné est franchi par un mobile partant du repos, avec un mouvement uniformément accéléré, est égal au temps pendant lequel le même espace serait franchi par le même mobile avec un mouvement uniforme, dont le degré de vitesse serait la moitié du plus grand et dernier degré de vitesse atteint au cours du précédent mouvement uniformément accéléré [1].

Ce théorème affirme donc que le temps mis par un mobile se déplaçant avec une accélération constante pour parcourir un espace donné, est égal au temps que mettrait ce même mobile pour parcourir le même espace avec une vitesse constante, dont la valeur est égale à la moitié de la vitesse maximale acquise par le mobile durant le mouvement uniformément accéléré, vitesse qui n'est autre que sa vitesse finale. Ce théorème nous permet de remplacer systématiquement la vitesse acquise au terme d'un mouvement uniformément accélérée, par une certaine vitesse uniforme, les durées des deux mouvements étant les mêmes.

Nous allons légèrement simplifier la démonstration du Théorème I, mais notre présentation suffira à illustrer la manière dont Galilée raisonne. Il part du schéma suivant [2] :

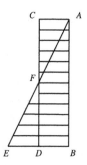

La droite *AB* représente le temps écoulé depuis le début de la chute, *A* étant l'instant initial du mouvement et *B* l'instant final. Cette droite est divisée en intervalles de temps égaux. Les droites horizontales représentent les degrés de vitesse acquis par le mobile après chaque intervalle de temps. La droite

1. GALILÉE, *Discours concernant deux sciences nouvelles, op. cit.*, p. 139.
2. *Cf. ibid.*, p. 139-140.

AE représente l'évolution des degrés de vitesse acquis par le mobile lors du mouvement uniformément accéléré. Le fait qu'il s'agisse d'une droite avec une certaine pente indique que le mouvement est uniformément accéléré, c'est-à-dire que les degrés de vitesse augmentent proportionnellement au temps. La droite CD représente l'évolution des degrés de vitesse acquis par le mobile durant le mouvement uniforme. Le fait qu'il s'agisse d'une droite parallèle à AB indique que la vitesse du mobile durant ce mouvement est constante. Cette vitesse vaut la moitié de la vitesse finale acquise par le mobile durant son mouvement uniformément accéléré, de sorte que $|DB| = |EB|/2$. Les durées des deux mouvements sont identiques – il s'agit dans les deux cas de la longueur du segment AB. Nous la noterons Δt. Nous noterons également v_{moy} le degré de vitesse représenté par la droite DB et v_{max} le degré de vitesse représenté par la droite EB. La distance Δx parcourue par le mobile, durant son mouvement uniforme, n'est rien d'autre que l'aire du rectangle $ABDC$, c'est-à-dire $v_{moy}\Delta t$. La distance $\Delta x'$ parcourue par le mobile, durant le mouvement uniformément accéléré, est égale à l'aire du triangle ABE, c'est-à-dire $v_{max}\Delta t/2$. Or, puisque $|DB| = |EB|/2$, nous avons $v_{moy} = v_{max}/2$, de sorte que $\Delta x = \Delta x'$, ce qui achève de démontrer le Théorème I [1].

Sur la base du Théorème I, Galilée va déterminer la manière dont varie la distance parcourue par un corps en chute libre en fonction du temps. C'est l'objet du Théorème II :

Théorème II – Proposition II

Si un mobile, partant du repos, tombe avec un mouvement uniformément accéléré, les espaces parcourus en des temps quelconques par ce même mobile sont entre eux en raison double des temps, c'est-à-dire comme les carrés de ces mêmes temps [2].

Ce théorème, dont nous n'étudierons pas la démonstration, n'est autre que la loi de la chute des graves, selon laquelle la distance parcourue par un mobile en chute libre, notons-la z, est proportionnelle au carré du temps écoulé depuis le début de sa chute :

$$z \propto t^2,$$

---

1. Galilée démontre bien l'égalité des distances parcourues, alors que son théorème parle de l'égalité des temps écoulés.
2. GALILÉE, *Discours concernant deux sciences nouvelles, op. cit.*, p. 140.

ce que nous pouvons aussi exprimer de la manière suivante :

$$z = kt^2,$$

où k est la constante de proportionnalité. Ce théorème nous offre le prototype
des lois que le physicien cherche à établir : un énoncé qui exprime une relation
constante entre des grandeurs variables (ici z et t), relation constante qui
ne peut être établie que moyennant une certaine idéalisation du phénomène
étudié (notamment la négligence de la résistance de l'air). Ici, l'aspect
constant de la loi est incarné par k. Si Galilée n'a jamais calculé sa valeur,
nous savons qu'elle vaut la moitié de l'accélération gravitationnelle g, c'est-
à-dire la moitié de 9,81 m/s^2 (sous nos latitudes), valeur que Huygens a réussi
à établir vers 1659 [1], grâce aux oscillations d'un pendule [2].
    Galilée n'a jamais formulé la loi de la chute des corps sous la forme
algébrique que nous venons de mentionner. Pour lui, les mathématiques
sont constituées avant tout par la *géométrie*, et en particulier la *théorie des
proportions* telle qu'exposée par Euclide au livre V de ses *Éléments*. Galilée
ne raisonne pas encore en termes algébriques, mais bien plutôt en termes de
rapports de grandeurs et de proportions. En procédant de la sorte, il s'inscrit
essentiellement dans une filiation *archimédienne* en physique. Les textes du
scientifique de Syracuse avaient été réédités par Federico Commandino au
XVIe siècle et avaient ainsi été redécouverts dans les milieux scientifiques
italiens. Mais là où Archimède avait appliqué la géométrie à la seule statique,
c'est-à-dire à l'étude des corps au repos, Galilée, lui, l'applique également à la
cinématique [3], c'est-à-dire à l'étude des corps en mouvement. Il effectue une
description géométrique du mouvement qui lui permet ensuite d'effectuer des
raisonnements de nature géométrique sur les figures obtenues et finalement
d'établir des théorèmes portant sur les grandeurs physiques étudiées, comme,
par exemple, le Théorème I que nous venons d'exposer.
    En termes de proportionnalité, le Théorème II peut être formulé de la
manière suivante : si Δz_1 est la distance parcourue par un corps en chute
libre après un temps Δt_1 et que Δz_2 est la distance parcourue par ce même

    1. *Cf.* Chr. HUYGENS, *Œuvres complètes*, éd. de la Société hollandaise des sciences, Nijhoff,
La Haye, 1934, vol. XVIII, p. 356.
    2. La relation entre la période d'oscillation T et l'accélération gravitationnelle d'un pendule
de longueur l est donnée, pour de petites oscillations, par $T = 2\pi \sqrt{l/g}$.
    3. Nous renvoyons ici aux très éclairantes explications de M. CLAVELIN : *Galilée, cosmologie
et science du mouvement, op. cit.*, p. 94-100.

corps après un temps Δt_2, alors le rapport des distances parcourues est égal au rapport des carrés des temps correspondants :

$$\frac{\Delta z_1}{\Delta z_2} = \frac{\Delta t_1^2}{\Delta t_2^2}.$$

Exprimée de cette manière, la constante de proportionnalité entre la distance parcourue z et le carré du temps t^2 disparaît. L'un des aspects les plus remarquables de la description géométrique du mouvement effectuée par Galilée est que les grandeurs physiques représentées ne sont pas uniquement spatiales. Ainsi, dans le Théorème I, les segments verticaux représentent des durées et les segments horizontaux des vitesses. Quant à la grandeur proprement spatiale du mouvement étudié, à savoir la distance parcourue par le corps en chute libre, elle n'est pas représentée par la longueur d'une figure géométrique, mais par sa surface. Nous pouvons faire ressortir l'originalité de cette démarche en la comparant avec celle de Descartes. Chez ce dernier, il y a également une géométrisation de la physique, mais celle-ci se contente de considérer les corps comme des figures géométriques, réduisant les propriétés des premiers à celles des secondes. L'impénétrabilité, par exemple, n'est pas pour Descartes une propriété intrinsèque aux corps physiques, elle résulte uniquement des caractéristiques géométriques des figures auxquelles ces corps sont réduits. Un corps solide n'est pas impénétrable en vertu d'une dureté intérieure [1]. De ce point de vue, la physique de Descartes n'est pas encore une physique mathématique, mais seulement une branche des mathématiques. Descartes n'a en particulier pas géométrisé le temps. Sa physique est atemporelle [2], et pour cette raison n'est qu'une géométrie. Galilée géométrise le temps lui-même et effectue ainsi un pas décisif. Faire du temps une grandeur physico-mathématique, ce n'est pas réduire celui-ci à une propriété d'une figure géométrique, mais le considérer comme une grandeur physique dont la dimension mathématique est essentielle, une grandeur dont un traitement géométrique est dès lors possible. La physique mathématique qui s'élaborera chez les successeurs de Galilée ne sera plus une mathématique mixte, mais une science d'un genre nouveau.

1. S. Bachelard, *La conscience de rationalité. Études phénoménologiques sur la physique mathématique*, Presses Universitaires de France, Paris, 1958, p. 21.
2. *Ibid.*

Néanmoins, les raisonnements géométriques de Galilée possèdent aussi leur limite. En particulier, la géométrie traditionnelle (euclidienne) qu'il utilise ne permet pas d'envisager des rapports de grandeurs *hétérogènes* (d'espèces différentes) [1], ce qui rend parfois sa pensée difficilement accessible au lecteur contemporain [2]. Seuls sont admis, par exemple, des rapports entre deux distances ou entre deux durées, mais pas entre une distance et une durée. La notion même de vitesse ne peut donc être exprimée mathématiquement. La distance et la durée sont des *grandeurs physiques*. En ce sens, elles sont susceptibles d'accroissement et de diminution, et peuvent donc être mesurées. Or, qu'est-ce que mesurer si ce n'est comparer deux grandeurs homogènes [3] ? Si deux grandeurs sont hétérogènes, c'est parce qu'elles désignent des « qualités différentes » dans le réel [4]. De telles grandeurs sont incommensurables. Quelle est, par exemple, la commune mesure entre une distance et une durée, entre un mètre et une seconde ? Pour pouvoir effectuer des rapports de grandeurs hétérogènes, la solution consista à les comparer non entre elles ou à une tierce grandeur physique, mais à leur faire correspondre des entités mathématiques : les nombres. C'est Descartes qui eut l'idée de faire correspondre un nombre à toute grandeur continue [5], le premier représentant la *mesure* de l'autre. La vitesse devenait alors simplement le rapport du nombre auquel correspond la distance parcourue par le nombre auquel correspond le temps écoulé, rapport qui ne pose cette fois plus de problème.

LA GÉOMÉTRISATION DE LA PHYSIQUE

La *géométrisation* du mouvement effectuée par Galilée permet de donner de celui-ci une description *quantitative* (susceptible de plus ou de moins), et non plus purement qualitative. Pour le physicien florentin, une telle approche est légitime, parce que l'univers est écrit en « langue mathématique », une

1. *Cf.* la définition 3 du cinquième livre des *Éléments* d'Euclide.
2. Sur cette science des grandeurs, qui se perpétue encore chez Newton, *cf.* G. Barthélémy, *Newton mécanicien du cosmos*, Vrin, Paris, 1992, p. 22 *sq.*
3. Pour mesurer une longueur, nous la comparons à une autre longueur de référence, dite « étalon », et nous déterminons par quel nombre il faut multiplier la longueur étalon pour que le résultat soit égal à la longueur que nous cherchons à mesurer.
4. C. Verdet, *Méditations sur la physique*, CNRS éditions, Paris, 2018, p. 73.
5. M. Clavelin, *Galilée, cosmologie et science du mouvement*, *op. cit.*, note 30, p. 98.

langue dont les caractères sont les triangles, les cercles et autres figures géométriques [1], et dont la grammaire est la géométrie euclidienne. C'est dans cette célèbre affirmation qu'il faut rechercher la véritable originalité de l'approche galiléenne des rapports entre mathématiques et physique [2]. Celle-ci va bien au-delà d'une simple reconnaissance de l'utilité occasionnelle des mathématiques pour résoudre des problèmes de nature physique : elle a une portée « universelle » [3] dans la mesure où elle soutient que *tout* problème physique peut être traité de manière mathématique, et même doit être traité de cette manière si l'on veut atteindre l'essence même des phénomènes, puisque celle-ci est elle-même géométrique. Le traitement géométrique n'est plus restreint aux mouvements circulaires uniformes des objets célestes, mais peut également être appliqué aux objets ordinaires du monde sublunaire.

C'est l'essence même des phénomènes naturels qui en autorise la description mathématique. Dès lors qu'ils sont mathématisés, il devient possible de leur appliquer des raisonnements géométriques. Par exemple, dans le Théorème I examiné ci-dessus, la durée et la vitesse de deux mouvements différents sont d'abord associées aux côtés de deux figures géométriques. Une fois cette géométrisation des mouvements effectuée, on raisonne en termes purement géométriques sur l'aire des figures obtenues pour en tirer des conclusions sur les espaces parcourus lors des deux mouvements. Galilée ouvre ainsi la voie à une investigation mathématique de la nature et livre à ses successeurs un véritable programme de recherche scientifique. On le retrouve, par exemple, chez Descartes, pour qui la géométrie permet également « de saisir ce "qui constitue la nature des corps" » [4]. Ce projet d'une physique mathématique, aussi appelée « physique théorique » [5], est encore en grande partie le nôtre aujourd'hui.

L'aspect géométrique de la physique galiléenne ne s'arrête pas à la description des phénomènes étudiés, il se retrouve également dans le mode d'exposition des résultats dans les *Discours*. L'ambition de Galilée est de

1. GALILÉE, *L'Essayeur*, trad. Chr. Chauviré, Annales littéraires de l'université de Besançon, Besançon, 1989, p. 141.
2. L'idée d'appliquer des figures et des raisonnements géométriques à des grandeurs non spatiales avant déjà été envisagée avant Galilée, ne serait-ce que par Oresme.
3. M. BLAY, *Les raisons de l'infini. Du monde clos à l'univers mathématique*, Gallimard, Paris, 1993, p. 12.
4. *Ibid.*, p. 13. *Cf.* R. DESCARTES, *Principes de la philosophie*, trad. Cl. Picot dans *Œuvres*, *op. cit.*, vol. IX, p. 65.
5. P. DUHEM, *La théorie physique*, *op. cit.*, p. 158.

« convaincre » son lecteur, et plus seulement de le persuader « par des raisonnements probables » [1]. Pour cela, il faut procéder *more geometrico* ; prouver
« par des démonstrations nécessaires » « à partir de principes indubitables ».
Autrement dit, il faut poser des définitions et des hypothèses et déduire
de celles-ci des théorèmes et des corollaires, au moyen de démonstrations
géométriques.

À cet égard, il faut souligner que le Théorème I a été démontré dès le XIVe
siècle par Nicole Oresme. Ce n'est pas un cas isolé, d'autres théorèmes et
démonstrations exposés par Galilée ayant été établis bien avant lui. L'auteur
des *Discours* rassemble et organise de manière systématique un certain
nombre de résultats mathématiques obtenus par d'autres pour offrir une
description complète et adéquate du mouvement réel des objets. Une *théorie
physique*, au sens que prend cette expression à la Modernité, n'est donc
pas un simple agrégat de résultats, une suite incohérente de lois, mais un
système de propositions s'enchaînant les unes aux autres selon un ordre
logico-mathématique [2].

Les axiomes jouent un rôle plus fondamental encore dans la mesure où ils
doivent *légitimer*, et pas seulement poser, la géométrisation du mouvement
elle-même [3]. L'outil géométrique utilisé par Galilée dans ses raisonnements
est la théorie des proportions. Or, si celle-ci s'applique naturellement aux
espaces parcourus par un mobile, leur application ne va pas de soi en ce
qui concerne le temps et la vitesse. Ceux-ci ne sont pas en tant que tels des
grandeurs géométriques. Galilée a donc besoin d'hypothèses spéciales afin
de légitimer l'usage de la théorie des proportions dans le cas du temps et
de la vitesse. Abordons d'abord le cas du temps. Il est clair que si un mobile
parcourt une distance d_1 durant un temps t_1 et une distance d_2 durant un temps
t_2 à la même vitesse, alors nous aurons [4] :

$$\frac{d_1}{d_2} = \frac{t_1}{t_2}.$$

---

1. GALILÉE, *Discours concernant deux sciences nouvelles, op. cit.*, p. 11.
2. *Cf.* P. DUHEM, *La théorie physique, op. cit.*, p. 157.
3. *Cf.* M. CLAVELIN, *Galilée, cosmologie et science du mouvement, op. cit.*, p. 94-100. Nous
nous appuyons ici largement sur ces belles analyses.
4. C'est l'objet même du Théorème I de la théorie galiléenne du mouvement uniforme
(GALILÉE, *Discours concernant deux sciences nouvelles, op. cit.*, p. 126).

D'après la Définition 5 du livre V des *Éléments* d'Euclide, et en simplifiant quelque peu [1], la condition suffisante pour écrire une telle égalité est triple :

$$\text{si } d_1 = d_2, \text{ alors } t_1 = t_2 \; ;$$
$$\text{si } d_1 > d_2, \text{ alors } t_1 > t_2 \; ;$$
$$\text{si } t_1 < t_2, \text{ alors } d_1 < d_2.$$

La première condition est établie par la définition même du mouvement uniforme : le mouvement uniforme est le mouvement « où les espaces parcourus par un mobile en des temps égaux quelconques, sont égaux entre eux » [2]. Quant aux deux autres conditions, Galilée les pose dans les Axiomes I et II de sa théorie du mouvement :

Axiome I

Au cours d'un même mouvement uniforme, l'espace franchi pendant un temps plus long est supérieur à l'espace franchi pendant un temps plus bref.

Axiome II

Au cours d'un même mouvement uniforme, le temps durant lequel est franchi un espace plus grand est plus long que le temps durant lequel est franchi un espace plus court [3].

Avec ces deux axiomes, Galilée autorise l'application de la théorie des proportions à cette grandeur non spatiale qu'est le temps. Il procède ensuite exactement de la même manière pour la vitesse, au moyen de deux axiomes supplémentaires [4]. Ainsi, Galilée aura non seulement affirmé l'essence géométrique de la nature, mais aussi réussi à légitimer l'application de la

1. Normalement, la condition suffisante est :

$$\text{si } md_1 = nd_2, \text{ alors } mt_1 = nt_2 \; ;$$
$$\text{si } md_1 > nd_2, \text{ alors } mt_1 > nt_2 \; ;$$
$$\text{si } mt_1 < nt_2, \text{ alors } md_1 < nd_2,$$

m et n étant des nombres naturels.
2. GALILÉE, *Discours concernant deux sciences nouvelles, op. cit.*, p. 125.
3. *Ibid.*, p. 126.
4. *Cf.* les Axiomes III et IV dans *ibid.* Si ces deux axiomes supplémentaires correspondent aux deuxième et troisième conditions ci-dessus pour la vitesse, Galilée ne pose en revanche pas explicitement d'équivalent de la première condition, à savoir : si, durant un même laps de temps, $d_1 = d_2$, alors $v_1 = v_2$, où v_1 et v_2 sont les vitesses d'un même mobile correspondant aux distances parcourues d_1 et d_2.

géométrie à la nature (ce que ses successeurs considéreront généralement comme acquis).

L'importance du processus de géométrisation du mouvement ne doit pas masquer le fait que la présentation hypothético-déductive de la théorie physique du mouvement des corps pesants est à bien des égards encore balbutiante. Les axiomes de Galilée ne sont pas intrinsèquement physiques. S'ils permettent enfin de raisonner mathématiquement sur des grandeurs physiques non spatiales, ils ne permettent aussi que cela. Une présentation de la théorie du mouvement qui soit autant physique que mathématique devra encore attendre 1673 et l'axiomatisation présentée par Huygens dans son *Horologium oscillatorum*, avant d'épouser sa forme classique dans les *Principia* de Newton en 1687.

Avec la géométrisation du mouvement, Galilée rejette consciemment l'antique séparation entre traitement physique et traitement mathématique de la nature, et se propose d'être à la fois « philosophe » (de la nature) et « géomètre » [1]. Ce nouveau statut n'est pas anodin. Sa revendication a été rendue possible grâce au mécénat des Médicis, obtenu à partir de 1610. Galilée acquit ainsi une indépendance financière et la légitimité sociale lui permettant de se libérer des contraintes disciplinaires qui subordonaient les mathématiques à la philosophie au sein de l'université [2]. Il put alors rompre avec la thèse aristotélicienne de l'incommunicabilité des genres et inaugurer l'un des aspects les plus surprenants de la physique classique, l'un de ceux qui ont suscité, et suscitent encore aujourd'hui, le plus de perplexité [3]. Ce qu'Eugene Wigner appelait « l'irraisonnable efficacité des mathématiques dans les sciences de la nature » [4] n'a en effet jamais cessé de nous surprendre. On peut, certes, se demander pourquoi l'application des mathématiques à la nature est si efficace, mais aussi, plus fondamentalement, de quel droit nous pouvons effectuer une telle application, alors que la nature ne semble jamais parfaitement se conformer aux mathématiques. Autrement dit, qu'est-ce qui légitime la « licence géométrique », c'est-à-dire le droit « de se placer

1. *Cf.* le fragment relatif aux corps flottants cité dans M. Clavelin, *La philosophie naturelle de Galilée*, Albin Michel, Paris, 1996 (1968), p. 421-422.
2. M. Biagioli, « Galilée bricoleur », art. cit., p. 86.
3. La mathématisation du réel va aujourd'hui largement de soi, mais elle ne cesse de nous étonner dès que nous nous interrogeons à son sujet. Les innombrables résultats qu'elle nous a permis d'obtenir et son omniprésence ne font que masquer son aspect surprenant.
4. E. Wigner, « L'irraisonnable efficacité des mathématiques dans les sciences de la nature », trad. Fr. Balibar, *Rue Descartes*, 74, 2012, p. 99-116.

dans les conditions d'universalité et de pureté semblables à celles qui règnent en géométrie »[1], dans le domaine de la philosophie naturelle ? Car il faut bien reconnaître que nous n'avons jamais pu observer, disons, une sphère authentique dans la réalité sensible, c'est-à-dire un corps dont tous les points de la surface seraient rigoureusement situés à une même distance d'un centre. Comme le dit Simplicio,

> [...] si [l]es subtilités mathématiques sont vraies dans l'abstrait, elles ne correspondent pas à la matière sensible et physique, quand on les y applique[2].

Au mieux, semble-t-il, rencontrons-nous des corps qui sont des approximations plus ou moins imparfaites de ces objets idéaux.

Ce genre de perplexité nous semble résulter d'une mauvaise conception des rapports entre réalité et mathématiques, conception toutefois étrangère à Galilée[3]. Elle consiste à penser que ce sont les objets de la nature qui doivent se conformer aux mathématiques, comme s'ils étaient prédisposés à en recevoir les formes.

Les hommes concrets ne sont que des approximations de l'idée d'homme, des copies imparfaites en somme, mais des copies qui doivent toutes posséder les caractéristiques incluses dans l'idée d'homme. De même, a-t-on envie de dire, les objets réels étant toujours des approximations des objets mathématiques idéaux, les lois qui régissent les seconds devraient s'appliquer aux premiers sans modification. Mais ce n'est pas ainsi que les choses fonctionnent. Les lois mathématiques formulées par la physique ne s'appliquent jamais aux objets réels tels quels, mais à des abstractions issues de la réalité, aux objets réels dont on a défalqué « les empêchements dûs à la matière »[4]. Par exemple, la loi de la chute des corps ne s'applique pas aux corps tels que nous les trouvons tous les jours – si tel était le cas, elle serait manifestement fausse –, mais bien à ceux-ci considérés abstraction faite de certaines circonstances, comme la résistance de l'air ou la distance variable qui sépare le corps qui chute de la surface de la Terre[5]. Les lois physiques ont une importante composante *contrefactuelle* : les objets physiques les satisferaient parfaitement s'ils remplissaient telle et

1. M. CLAVELIN, *La philosophie naturelle de Galilée, op. cit.*, p. 178.
2. GALILÉE, *Dialogue sur les deux grands systèmes du monde, op. cit.*, p. 336.
3. *Cf.* G. ISRAEL, *La mathématisation du réel*, Seuil, Paris, 1996, p. 111-115.
4. GALILÉE, *Dialogue sur les deux grands systèmes du monde, op. cit.*, p. 342-343.
5. N. CARTWRIGHT exprime une idée proche de celle que nous tentons d'expliquer ici dans

telle condition. Par exemple, nous pouvons dire que tous les corps chuteraient avec la même vitesse si l'air et la distance par rapport au centre de la Terre n'exerçaient aucune influence sur leur mouvement, bien que cela ne soit pas effectivement le cas dans notre monde [1]. Pour établir les lois mathématiques qui régissent la nature concrète, il faut s'en éloigner et s'intéresser à une nature abstraite. Dès lors, la description mathématique se tient toujours à une certaine distance des phénomènes donnés *in concreto*. Si elle ne peut y adhérer parfaitement, cela ne veut pas dire qu'elle ne peut s'en rapprocher. Il est tout à fait possible de prendre plus de circonstances en compte, mais pour ce faire il faut complexifier la représentation mathématique, procéder à des approximations dont la convergence avec la réalité est de plus en plus étroite. Par exemple, comme on le verra plus loin, la loi de gravitation universelle de Newton permet de déduire une expression de l'accélération gravitationnelle qui n'est pas constante, mais dépend de la distance qui sépare l'objet du centre de la Terre [2]. De même, on peut modéliser plus finement la chute d'un corps en prenant en compte l'influence du frottement qu'exerce l'air sur le mobile en chute libre. Ce n'est donc pas la réalité qui est en deçà du modèle mathématique, mais le modèle mathématique qui est en deçà de la réalité et qui doit être complexifié si l'on veut s'en rapprocher. Mais pour pouvoir effectuer ce rapprochement, il a d'abord fallu s'éloigner suffisamment pour être en mesure de saisir les aspects constants de la réalité, les lois qui la régissent, avec les outils mathématiques à notre disposition.

La mathématisation du mouvement des graves initiée par Galilée autorise les prédictions et la comparaison de celles-ci avec l'expérience. La théorie du mouvement devient dès lors « falsifiable », réfutable par un test empirique. C'est, là encore, une différence importante entre la nouvelle physique initiée par Galilée et la physique ancienne d'Aristote. Cette dernière était essentiellement qualitative et ne pouvait, pour cette raison, être comparée à l'expérience. Elle ne risquait donc pas de courir le risque d'une réfutation empirique. On voit en effet mal comment on pourrait concevoir un test empirique qui, selon

« Les lois de la physique énoncent-elles des faits ? », trad. D. Bonnay dans S. Laugier et P. Wagner (éd.), *Philosophie des sciences – II. Naturalismes et réalismes*, Vrin, Paris, 2004, p. 209-237.

1. *Cf.* Galilée, *Dialogue sur les deux grands systèmes du monde, op. cit.*, p. 341-342.

2. Cette accélération vaut $Gm_T/(r+R_T)^2$, où G est la constante gravitationnelle, m_T la masse de la Terre, R_T le rayon de la Terre (supposé constant) et r la distance (variable) qui sépare l'objet en chute libre de la surface de la Terre.

le résultat auquel il aboutirait, pourrait contredire l'hypothèse que les corps tendent d'eux-mêmes à rejoindre leur lieu naturel. En revanche, la loi de la chute des corps, parce qu'elle exprime un lien précis entre l'espace parcouru par un corps en chute libre et le temps écoulé depuis le début de sa chute, peut être contredite par la nature. Il suffit de mesurer cet espace et ce temps. Si les données expérimentales ainsi obtenues montrent que l'espace parcouru évolue, disons, comme le cube du temps, la théorie galiléenne du mouvement sera *infirmée* et si ces mêmes données montrent que l'espace parcouru évolue bien comme le carré du temps, alors la théorie galiléenne aura été *confirmée*. Évidemment, cette théorie a toujours été confirmée jusqu'à présent, du moins lorsque les tests empiriques ont été réalisés dans les conditions appropriées (par exemple dans le vide). Ce qui importe toutefois, ce n'est pas que la théorie de Galilée ait été effectivement réfutée, mais bien qu'elle *puisse* l'être. La théorie d'Aristote, du moins dans ses aspects purement qualitatifs, n'est pas falsifiable en ce sens [1]. Pour un philosophe des sciences comme Popper [2], c'est la raison pour laquelle la physique galiléenne est une science au sens propre, alors que la physique aristotélicienne n'est qu'une pseudo-science, une théorie métaphysique. Nous serions pour notre part plus prudent : la physique aristotélicienne n'est pas une science au sens moderne du terme, à savoir celui qui s'instaure précisément avec la physique galiléenne.

Pour que la loi de la chute des corps puisse être réfutée par l'expérience, encore faut-il pouvoir la confronter à l'expérience. Il faut pouvoir mesurer de manière suffisamment précise la distance parcourue par un corps en chute libre, le temps écoulé depuis le début de sa chute et réaliser ces mesures dans des circonstances appropriées. Tout cela ne va pas de soi, de sorte que si la théorie de Galilée est réfutable en principe, elle ne l'est pas forcément de fait. Cela nécessite la mise au point d'un *dispositif expérimental*. Galilée a-t-il construit un tel dispositif ? A-t-il confronté sa théorie à l'expérience, et donc couru le risque de la falsifier ? Cette question a longtemps fait l'objet d'un âpre débat parmi les philosophes et historiens des sciences.

1. La théorie du mouvement d'Aristote contient cependant des aspects quantitatifs qui sont, eux, réfutables. Par exemple, il affirme (ARISTOTE, *Physique*, *op. cit.*, 215 a 29, p. 193) que la vitesse d'un mobile est inversement proportionnelle à la résistance du milieu au travers duquel il se déplace, ce pourquoi d'ailleurs il ne peut y avoir de mouvement dans le vide.
2. *Cf.* K.R. POPPER, *La logique de la découverte scientifique*, trad. N. Thyssen-Rutten et Ph. Devaux, Payot, Paris, 1973.

MATHÉMATISATION ET EXPÉRIMENTATION

Les écrits platoniciens, néo-platoniciens, mais aussi hermétiques, ont fait l'objet d'un intérêt renouvelé à la Renaissance. Si l'expansion de l'étude du mysticisme et de l'occultisme fut l'une de ses conséquences, il s'est aussi accompagné d'un développement de l'approche mathématique de la nature. Ces deux effets jouaient de concert, par exemple, chez un penseur comme Kepler. Pour sa part, Galilée s'est plus attaché à élaborer une approche renouvelée de la nature fondée sur les seules mathématiques. Cet effort et l'influence platonicienne dont il est issu ont été étudiés en détail par Koyré, qui y a vu l'une des ruptures majeures introduites par la physique classique par rapport à la physique aristotélico-scolastique. L'interprétation de Koyré a joué un rôle important dans notre compréhension de l'apport galiléen à la philosophie naturelle, mais elle a aussi conduit à une sous-détermination de la place qu'a pu occuper l'expérimentation dans la méthodologie scientifique du savant florentin.

Galilée platonicien : la thèse de Koyré

Où faut-il chercher le génie de Galilée ? Où trouver l'innovation qui lui vaut le titre de « fondateur de la physique classique », que de nombreux commentateurs s'accordent à lui reconnaître ? Selon Koyré, certainement pas dans la simple *observation* des phénomènes que la nature offre à nos sens, mais pas non plus dans l'*expérimentation*, cette expérience mise en scène par le scientifique pour mettre une théorie à l'épreuve [1] :

> [...] toutes les expériences de Galilée, du moins toutes les expériences réelles et aboutissant à une mesure, et à un chiffre, ont été trouvées fausses par ses contemporains.

---

1. *Cf.* J.L.R. D'ALEMBERT, « Expérimental », dans D. DIDEROT et J.L.R. D'ALEMBERT (éd.), *Encyclopédie ou dictionnaire raisonné des arts et des sciences*, Samuel Fauche, Neuchâtel, 1785, tome 6, p. 298. L'opposition frontale et classique entre une observation commune qui serait purement passive et non scientifique et une expérimentation qui serait active et scientifique a été, à juste titre, critiquée. Nous renvoyons sur ce sujet à A. BARBEROUSSE (éd.), *L'expérience, op. cit.*, p. 28-30 ; *cf.* également Cl. BERNARD, *Introduction à l'étude de la médecine expérimentale*, Flammarion, Paris, 2008, p. 41-42.

Et pourtant, dit Koyré,

> [...] c'est Galilée qui est dans le vrai. Car [...] il ne cherche nullement dans
> les données expériencielles le fondement de sa théorie ; il sait bien que c'est
> impossible. Et il sait aussi que l'expérience, même l'expérimentation, faite dans
> les conditions concrètes – dans l'air et non dans le vide, sur une planche lisse et
> non sur un plan géométrique, etc., etc. – *ne peut pas* donner les résultats prévus
> par l'analyse du cas abstrait. Aussi ne le demande-t-il pas. Le cas abstrait est
> un cas supposé [1].

Nous y avons insisté, les *Discours* sont présentés de manière *hypothético-
déductive* : ils partent de définitions et d'hypothèses considérées comme
intuitivement évidentes et claires pour en déduire, par des raisonnements
infaillibles, des théorèmes et des corollaires. Ces démonstrations sont mathématiques et, pour l'essentiel, même géométriques. Mais quelle place y
a-t-il pour les expériences dans ce dispositif argumentatif ? Est-ce que ce
sont elles qui permettent, par *induction*, d'établir les hypothèses ? Non, elles
interviennent plutôt dans un second temps par rapport à la présentation
hypothético-déductive : pour contrôler empiriquement les théorèmes établis
d'abord de manière déductive. Koyré soutient que cette phase de vérification
n'existe pas vraiment, parce que la plupart des expériences décrites par
Galilée sont fausses, ou n'ont jamais été réalisées, si ce n'est en pensée,
voire ne peuvent tout simplement pas l'être, car les conditions de leur
réalisation ne se rencontrent jamais. Par exemple, l'hypothèse selon laquelle
les corps chutent avec la même accélération, indépendamment de leur masse
respective, n'a jamais pu être vérifiée par Galilée, puisque pour l'être il aurait
fallu comparer les chutes de ces corps dans le vide, condition que Galilée
n'avait, à l'époque, aucun moyen de réaliser.

En fait, d'après Koyré, le but de Galilée était de dépasser le témoignage
de l'expérience pour atteindre, par les mathématiques, l'*essence* même des
choses. Or, le livre de l'univers étant écrit en langue mathématique, cette
essence s'exprime dans des énoncés mathématiques – des « lois » – qui
mettent en relation des grandeurs physiques. Dans cette interprétation, la
physique galiléenne ne s'intéresse donc qu'aux cas abstraits. C'est parce
que Galilée aurait été le premier à concevoir les lois de la nature comme
des lois mathématiques, et donc en termes « platoniciens », qu'il mériterait

---

1. A. KOYRÉ, *Études galiléennes, op. cit.*, p. 155.

d'être considéré comme le véritable fondateur de la physique classique [1]. La singularité de sa conception de la physique s'expliquerait par une influence philosophique qui confère aux mathématiques la capacité d'expliquer l'empirique, parce que celui-ci est d'emblée de nature mathématique.

Cette interprétation « platonicienne » de la méthode scientifique galiléenne permet ensuite à Koyré de développer une thèse discontinuiste en histoire des sciences : avec l'invention de la physique *mathématique*, Galilée introduit une rupture par rapport à ses prédécesseurs, dans la mesure où sa conception de la méthodologie à adopter en physique n'aurait connu aucun précurseur. Le discontinuisme de Koyré s'oppose au continuisme de Duhem, pour qui l'évolution de la science ne procède pas par sauts, par ruptures radicales avec le passé, mais est en continuité avec celui-ci. Selon lui, les savants du xvie siècle, constatant qu'après avoir substitué le résultat de leurs travaux à l'édifice aristotélicien de la science, il ne restait rien de ce dernier,

[...] furent saisis d'une étrange illusion ; ils s'imaginèrent que cette substitution avait été soudaine et qu'elle était leur œuvre ; ils proclamèrent que la Physique péripatéticienne, ténébreux repaire de l'erreur, venait de crouler sous leurs coups et que, sur les ruines de cette physique, ils avaient bâti, comme par enchantement, la claire demeure de la vérité. De l'illusion sincère ou erreur orgueilleusement volontaire de ces hommes, les hommes des siècles suivants furent dupes ou complices. Les physiciens du xvie siècle furent célébrés comme des créateurs auxquels le monde devait la renaissance des sciences, ils n'étaient, bien souvent, que des continuateurs, et, quelquefois, des plagiaires [2].

Indépendamment de la question du discontinuisme et du continuisme en histoire des sciences, l'interprétation *platonisante* de Koyré implique que, pour Galilée, la science est essentiellement une pratique *a priori* dans laquelle l'expérimentation ne joue pour ainsi dire aucun rôle.

Une telle interprétation est-elle réellement tenable ? Dans ses *Discours*, Galilée ne décrit-il pas précisément certains dispositifs expérimentaux ? Voici la description qu'il nous donne du *plan incliné* et de l'utilisation qu'il en fit :

Dans une règle, ou plus exactement un chevron de bois, long d'environ 12 coudées, large d'une demi-coudée et épais de 3 doigts, nous creusions un petit

---

1. M. Clavelin résume les facteurs qui, selon Koyré, auraient permis l'émergence de cette « nouvelle philosophie » physique dans *Galilée, cosmologie et science du mouvement, op. cit.*, p. 55-60.
2. P. Duhem, *L'aube du savoir. Épitomé du* Système du monde, *op. cit.*, p. 395.

canal d'une largeur à peine supérieure à un doigt, et parfaitement rectiligne ; après l'avoir garni d'une feuille de parchemin bien lustrée pour le rendre aussi glissant que possible, nous y laissions rouler une boule de bronze très dure, parfaitement arrondie et polie. Plaçant alors l'appareil dans une position inclinée, en élevant l'une de ses extrémités d'une coudée ou deux au-dessus de l'horizon, nous laissions, comme je l'ai dit, rouler la boule dans le canal, en notant [...] le temps nécessaire à une descente complète [1].

Galilée affirme avoir recommencé cette expérience plusieurs fois, afin de déterminer la durée exacte de la descente de la boule le long du canal, sans jamais avoir mesuré de différence significative. Il fait ensuite varier les paramètres de son expérience :

La mise en place et cette première mesure étant accomplies, nous faisions descendre la même boule sur le quart du canal seulement : le temps mesuré était toujours rigoureusement égal à la moitié du temps précédent. Nous faisions ensuite varier l'expérience, en comparant le temps requis pour parcourir sa moitié, ou les deux tiers, ou les trois quarts, toute autre fraction ; dans ces expériences répétées une bonne centaine de fois, nous avons toujours trouvé que les espaces parcourus étaient entre eux comme les carrés des temps, et cela quelle que soit l'inclinaison du plan, c'est-à-dire du canal, dans lequel on faisait descendre la boule [2].

Il précise finalement comment il mesure le temps :

Pour mesurer le temps, nous prenions un grand seau rempli d'eau que nous attachions assez haut ; par un orifice étroit pratiqué dans son fond s'échappait un mince filet d'eau que l'on recueillait dans un petit récipient, tout le temps que la boule descendait dans le canal. Les quantités d'eau ainsi recueillies étaient à chaque fois pesées à l'aide d'une balance très sensible, et les différences et proportions entre les poids nous donnaient les différences et proportions entre les temps [3].

Au moyen d'un plan incliné, Galilée aurait donc réussi à vérifier expérimentalement sa loi de la chute des graves. Celle-ci mettant en correspondance, via une constante, la position et le temps, sa vérification nécessite de pouvoir faire correspondre une série de mesures spatiales et une série de mesures

1. GALILÉE, *Discours concernant deux sciences nouvelles, op. cit.*, p. 144.
2. *Ibid.*
3. *Ibid.*

temporelles. La première série est prélevée le long du plan incliné tandis que la deuxième l'est au moyen d'un seau d'eau percé.

À l'évidence, la vérification expérimentale de la loi de la chute des corps repose sur la possibilité de représenter le mouvement de chute libre par un mouvement de descente le long d'un plan incliné. Cette assimilation repose à son tour sur l'hypothèse suivante : les degrés de vitesse acquis par un mobile le long de différents plans inclinés sont les mêmes lorsque ces plans ont la même hauteur [1]. Autrement dit, dans le schéma suivant :

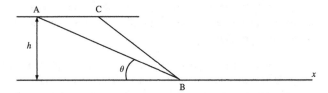

qu'un mobile parte de A ou de C, il arrivera avec la même vitesse en B, parce que la hauteur h des deux plans inclinés AB et CB est la même. La composante verticale de l'accélération sera la même dans les deux cas. En réalité, elle sera identique à celle d'une chute libre de la même hauteur, c'est-à-dire le long d'un plan incliné faisant un angle $\theta = 90°$ avec l'horizontale. Cela ne vaut évidemment que si l'on fait abstraction de l'influence des facteurs extérieurs, tels les frottements ou la résistance de l'air.

Le mouvement d'un mobile le long d'un plan incliné peut être assimilé à celui qu'aurait ce mobile s'il effectuait une chute libre : son accélération est constante dans les deux cas. L'accélération le long du plan incliné est simplement plus faible [2]. L'utilisation du plan incliné permet alors de ralentir le mouvement que l'on cherche à étudier. Il rend en particulier possible la vérification de la loi de la chute des graves selon laquelle la distance parcourue par le mobile est proportionnelle au carré du temps écoulé. Mais comment mesurer ce temps ? Au début du xviie siècle, les horloges mécaniques étaient encore trop grossières – il faudra attendre le milieu du siècle pour que Huygens découvre comment réguler leur cours au moyen d'un pendule contraint à suivre une courbe cycloïdale. Peut-on réellement,

---

1. *Cf.* le principe exposé dans GALILÉE, *Discours concernant deux sciences nouvelles, op. cit.,* p. 137.
2. L'accélération le long du plan incliné est égale à celle qu'a le mobile en chute libre, à savoir 9,81 m/s^2, multipliée par le sinus de l'angle θ que fait le plan incliné avec l'horizontale.

comme le suggère Galilée dans l'extrait mentionné précédemment, peser la quantité d'eau tombée par un petit orifice durant la chute ? Même en ralentissant la chute au moyen du plan incliné, les mesures obtenues au moyen d'un procédé aussi grossier devaient être peu précises. Pendant longtemps, sa description n'a d'ailleurs guère convaincu les historiens des sciences : nombre d'entre eux doutaient que Galilée ait jamais vérifié sa loi de la chute des corps au moyen du dispositif expérimental qu'il prétend avoir utilisé [1]. On a néanmoins montré, depuis les travaux de Koyré, que cette vérification était tout à fait réalisable avec les moyens décrits par le savant florentin [2].

La précision d'une telle vérification était certes toute relative, mais on trouve au musée Galilée de Florence un dispositif expérimental prouvant qu'il était possible, à l'époque de Galilée, de vérifier, avec une bonne approximation et des moyens relativement élémentaires, la lois de la chute des graves. S'il était difficile de mesurer précisément le temps écoulé avec les instruments à la disposition des savants du XVIIe siècle, il était en revanche beaucoup plus facile de repérer des intervalles de temps égaux. Il suffisait pour cela d'avoir une bonne oreille. On a dès lors suggéré que des clochettes accrochées à des arceaux avaient pu être placées le long du plan incliné. La boule faisait tinter les clochettes successives lors de sa descente le long du plan incliné. Celles-ci étant placées de manière à ce qu'elles tintent après des intervalles de temps égaux, il ne restait plus qu'à mesurer les distances séparant les clochettes ainsi placées. On aurait alors constaté que ces intervalles de distances évoluent selon la suite 1, 3, 5, 7 le long du plan incliné, comme représenté dans le schéma ci-dessous :

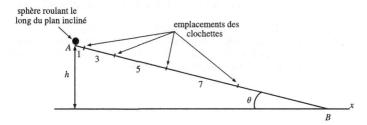

1. Par exemple : A. KOYRÉ, *Études galiléennes, op. cit.*, p. 154-155.
2. Contre l'affirmation de Koyré, Thomas Settle a refait l'expérience décrite par Galilée et a montré qu'elle était non seulement faisable, mais fournissait également des résultats relativement précis. *Cf.* Th.B. SETTLE, « An Experiment in the History of Science », *Science*, 133, 1961, p. 19-23.

Si le mobile parcourt une distance d'une unité durant un premier intervalle de temps d'une unité, il parcourt une distance de trois unités durant le deuxième intervalle de même unité de temps, de cinq unités durant le troisième et de sept unités durant le quatrième. Autrement dit, après deux unités de temps, le mobile a parcouru quatre $(1 + 3)$ unités d'espace ; après trois unités de temps, il a parcouru neuf $(1 + 3 + 5)$ unités d'espace ; et après quatre unités de temps, il a parcouru seize $(1 + 3 + 5 + 7)$ unités d'espace. Cette observation confirme bien le Théorème II. Plus précisément, il confirme le Corollaire I, qui est une conséquence directe du Théorème II. Ce corollaire affirme que les espaces parcourus en des temps égaux par un corps en chute libre sont entre eux comme les nombres impairs à partir de l'unité [1], puisque $1 = 1^2$, $1 + 3 = 2^2$, $1 + 3 + 5 = 3^2$ et $1 + 3 + 5 + 7 = 4^2$ – les unités d'espace parcouru évoluent comme les carrés des unités de temps. Nous n'avons, à notre connaissance, aucune preuve parfaitement concluante pour affirmer que Galilée a réalisé cette expérience de la sorte.

Galilée expérimentateur : la réponse de Drake

C'est à Stillman Drake qu'il revient d'avoir définitivement montré que l'interprétation de Koyré n'était pas soutenable : Galilée a bien réalisé certaines expériences accompagnées de mesures ! En épluchant plusieurs centaines de pages de notes remontant à sa période padouane (1592-1610), Drake a pu reconstituer certaines des expériences réellement menées par Galilée. Celle décrite dans le *Folio 116* est particulièrement importante [2]. Voici une retranscription du schéma qui se trouve dans sa partie supérieure [3] :

1. GALILÉE, *Discours concernant deux sciences nouvelles, op. cit.*, p. 142.
2. *Cf.* St. DRAKE, *Galileo at Work. His Scientific Biography*, Dover, Mineola, 2003, p. 129 *sq.*
3. P. THUILLIER, « Galilée a-t-il expérimenté ? », dans *D'Archimède à Einstein. Les faces cachées de l'invention scientifique*, Le livre de poche, Paris, 1988, p. 234.

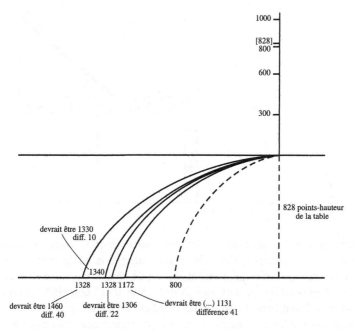

Comment faut-il l'interpréter exactement? Les chiffres à droite sur la ligne verticale représentent différentes hauteurs à partir desquelles Galilée a fait rouler une boule le long d'un plan incliné. Celui-ci n'est pas lui-même représenté sur le schéma. Lorsque la boule arrive en bas du plan incliné, nous pouvons imaginer qu'elle poursuit sa course le long d'une table située à une certaine hauteur (un chiffre de 828 est indiqué). Une fois arrivé au bout de la table, la boule effectue un mouvement parabolique – nous y reviendrons – jusqu'à atteindre le sol[1] :

1. Notre schéma s'inspire de celui que l'on peut trouver dans P. THUILLIER, « Galilée a-t-il expérimenté? », art. cit., p. 449.

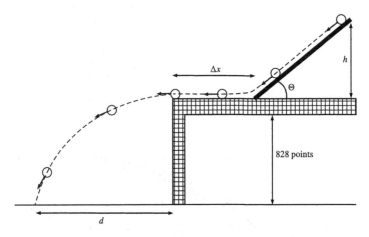

828 points

Les chiffres notés au pied des différentes courbes paraboliques sont censés représenter les distances horizontales parcourues par la boule depuis qu'elle a quitté la table. Ce qui est intéressant, c'est qu'à côté de ces chiffres, nous en trouvons d'autres qui sont ceux que Galilée s'attendait à obtenir. Cela prouve qu'il avait indéniablement effectué des prédictions numériques et qu'il avait comparé celles-ci à des mesures obtenues expérimentalement. Mais comment Galilée a-t-il obtenu ces prédictions ?

Plus grande est la hauteur dont part la boule, plus grande sera sa vitesse horizontale le long de la table et durant le mouvement parabolique, et donc plus grande sera la portée du projectile. Ceci nous permet de déterminer que le chiffre vertical de 300 correspond à celui horizontal de 800, le chiffre vertical de 600 correspond à celui horizontal de 1172, etc. À côté du chiffre 1172, Galilée indique qu'il aurait dû obtenir, selon ses calculs, une valeur de 1131. En vertu de la loi de la chute des corps, la vitesse acquise par la boule en bas de sa descente le long du plan incliné doit être proportionnelle à la racine carrée de la hauteur dont elle est partie en haut du plan incliné[1]. Or la hauteur de la table étant constante, le temps que met la boule pour arriver au sol est

1. L'accélération étant uniforme, la vitesse acquise est proportionnelle au temps écoulé et, comme la distance verticale parcourue est proportionnelle au carré du temps écoulé, cela implique que le temps écoulé est proportionnel à la racine carrée de la distance verticale parcourue. Par conséquent, la vitesse acquise est proportionnelle à la racine carrée de la distance verticale parcourue. À la fin de la descente le long du plan incliné, cette vitesse est proportionnelle à la racine carrée de la hauteur d'où la boule est partie.

le même, peu importe sa vitesse horizontale. La distance horizontale qu'elle atteindra lors de son mouvement parabolique est donc uniquement déterminée par sa vitesse acquise en bout de table, c'est-à-dire celle acquise au terme de la descente le long du plan incliné. Cette vitesse horizontale est à l'évidence un mouvement uniforme, de sorte que le rapport de deux distances horizontales d_i et d_j atteintes par la boule pour deux hauteurs de plan incliné h_i et h_j est identique au rapport de leurs vitesses horizontales v_i et v_j. En d'autres mots, nous avons :

$$\frac{d_i}{d_j} = \frac{v_i}{v_j}.$$

Or, comme les vitesses sont proportionnelles à la racine carrée des hauteurs correspondantes du plan incliné, nous avons :

$$\frac{d_i}{d_j} = \frac{\sqrt{h_i}}{\sqrt{h_j}},$$

c'est-à-dire :

$$d_i = d_j \sqrt{\frac{h_i}{h_j}}.$$

Muni de cette formule, nous pouvons facilement retrouver les prédictions de Galilée à partir de la mesure horizontale de 800 qui correspond à une hauteur de 300. Par exemple, en partant d'une hauteur de 600, nous obtenons une distance horizontale qui vaut :

$$800 \sqrt{\frac{600}{300}} = 1131,$$

qui est la distance horizontale prédite par Galilée et pour laquelle il a obtenu expérimentalement le chiffre 1172. Galilée a donc bien construit un dispositif expérimental qui lui a permis d'effectuer des mesures qui se sont révélées en accord avec les prédictions issues de la loi de la chute des corps qu'il avait établie précédemment de manière *a priori*.

La thèse de Koyré, en minimisant le rôle des expériences chez Galilée et en assimilant celui-ci à un philosophe platonicien, avait pour but de souligner que l'originalité du savant florentin avait consisté à rompre avec la physique aristotélicienne, et donc médiévale, la Stagirite faisant de l'expérience l'origine des principes physiques. Néanmoins, l'expérience galiléenne n'est pas l'expérience aristotélicienne, qui se réduit pour l'essentiel à l'observation. L'expérience galiléenne est fondamentalement une expérimentation, une utilisation d'un dispositif expérimental en vue d'une confrontation des prédictions théoriques avec des mesures issues de la nature. Galilée inaugure la transformation de la physique en une véritable « science expérimentale ». Cela est nouveau et atteste tout autant de la nouveauté de l'épistémologie galiléenne que de son utilisation nouvelle des mathématiques.

Pourtant, il faut modérer quelque peu cette affirmation : Galilée n'a pas publié ces résultats et les a laissés sous forme de notes dans un tiroir. Ce que cela semble vouloir dire, c'est que Galilée, tout en ayant effectué une vérification expérimentale d'un résultat issu d'un raisonnement hypothético-déductif, n'en avait pas fait une composante essentielle de sa propre méthode scientifique, et n'en avait probablement pas encore saisi toute l'importance. Il faut dire que la prise de conscience du rôle que devait désormais occuper l'observation et l'expérimentation dans l'étude de la nature était encore balbutiante au début du XVIIᵉ siècle. Certes, Paracelse en avait déjà souligné la valeur au siècle précédent [1], mais c'est surtout Bacon qui exerça une influence déterminante à cet égard dans son *Novum organum* de 1620 [2].

Qu'est-ce qu'un dispositif expérimental ?

Indépendamment de l'usage qu'en a fait Galilée, le dispositif expérimental du plan incliné mérite quelques commentaires supplémentaires. Il est particulièrement intéressant, car il lie trois types de mouvements au sein d'un seul dispositif : un mouvement de descente le long d'un plan incliné, un mouvement horizontal le long d'une table et, finalement, un mouvement parabolique de jet. Commençons par considérer la liaison entre les deux premiers mouvements. Lors du mouvement le long du plan incliné, la vitesse acquise par la boule augmente. Elle n'est donc pas constante. Cette vitesse acquise par la boule à un instant donné est ce que l'on appelle sa vitesse instantanée. S'il est aujourd'hui très facile de connaître la vitesse instantanée, par exemple, de sa voiture – celle indiquée par le compteur de vitesse –, nous

---

1. A.G. Debus, *Man and Nature in the Renaissance*, Cambridge University Press, Cambridge, 1978, p. 33.
2. Fr. Bacon, *Novum organum, op. cit.*.

n'avons pas toujours possédé les instruments de mesure qui nous permettent de le faire. Il est en revanche relativement simple de mesurer la vitesse moyenne : il suffit de mesurer le temps pris par le mobile pour parcourir une distance donnée et, en mettant de côté le problème des rapports de grandeurs hétérogènes, de diviser la deuxième par le premier :

$$v_{moy} = \frac{\Delta x}{\Delta t}.$$

Dans un mouvement rectiligne uniforme, tel celui qu'effectue une boule idéalement conçue (*mente concipio*) comme parfaitement sphérique et se déplaçant sur un plan parfaitement lisse, la vitesse instantanée est constante et égale à la vitesse moyenne. Or le dispositif expérimental inventé par Galilée connecte un mouvement dans lequel la vitesse augmente, à savoir celui de la boule le long du plan incliné, à un mouvement durant lequel sa vitesse reste constante, à savoir le mouvement rectiligne uniforme de la boule le long de la table. Dès lors, on peut mesurer la vitesse instantanée acquise par le mobile à la fin du premier mouvement au moyen de la vitesse moyenne du mobile durant le second mouvement, puisqu'au point de contact entre ces deux mouvements, les deux vitesses doivent être identiques. Cela permet d'effectuer toute une série de vérifications expérimentales sur les relations entre la vitesse acquise lors d'une chute libre (ici assimilée à un mouvement de descente le long d'un plan incliné) et le temps ou la hauteur de chute.

L'ingéniosité du dispositif mis au point par Galilée ne s'arrête cependant pas là. Celui-ci lie, en effet, le mouvement horizontal le long de la table avec un troisième mouvement : un mouvement de projectile. On le sait, l'explication de ce troisième mouvement est également due à Galilée. Il s'agit d'un mouvement de chute libre *combiné* à un mouvement rectiligne uniforme, mouvement rectiligne uniforme qui n'est autre que la *continuation* du mouvement qui l'animait précédemment le long de la table. Pour expliquer ce troisième mouvement, Galilée fait intervenir deux principes : le « principe de conservation du mouvement uniforme » et le « principe de composition » [1]. Selon le premier principe, le mouvement rectiligne uniforme du mobile se perpétue tant que rien ne s'y oppose, et ce, même une fois qu'il a quitté la table. Le deuxième principe affirme quant à lui que lorsqu'un mobile est animé de plusieurs mouvements, ceux-ci se combinent en ce

---

1. M. CLAVELIN, *Galilée, cosmologie et science du mouvement*, op. cit., p. 117.

qu'on appelle un « mouvement composé ». Le mouvement composé de notre
mobile résulte de la combinaison de deux mouvements élémentaires : un
mouvement rectiligne uniforme horizontal et un mouvement uniformément
accéléré vertical [1]. D'un point de vue aristotélicien, cette composition unifie
deux mouvements antithétiques : l'un naturel, celui de la chute libre, et l'autre
violent, celui du mouvement rectiligne uniforme horizontal. Cependant,
l'hypothèse réellement audacieuse qu'avance ici Galilée est que les deux
mouvements dont est, en fait, composé le mouvement du mobile coexistent
sans interférer l'un avec l'autre. En d'autres termes, le mouvement horizontal
et le mouvement vertical du mobile sont indépendants l'un de l'autre [2]. L'un
des grands résultats de Galilée est d'avoir montré que le mouvement qui
résulte de la composition du mouvement horizontal et du mouvement vertical
du mobile est une *parabole*. Son dispositif expérimental permet, à nouveau,
de vérifier expérimentalement ce résultat, par exemple en faisant varier la
hauteur d'où part le mobile durant sa chute le long du plan incliné, afin de
modifier la vitesse du mouvement rectiligne uniforme qui anime le mobile
durant son troisième mouvement.

Ce qui nous semble encore plus intéressant, c'est le fait que Galilée invente ici un véritable « dispositif expérimental » [3] qui permet d'articuler trois
types de mouvements différents : un mouvement de chute, un mouvement
rectiligne uniforme et un mouvement de projectile. On peut avec ce dispositif
faire varier indépendamment les uns des autres les différents paramètres de
ces trois mouvements : la hauteur et la pente du plan incliné, la longueur
du plan horizontal et la hauteur de la table. En faisant varier ces différents
paramètres, il est alors possible de mettre en scène différents cas et ainsi
d'infirmer ou de confirmer différentes hypothèses théoriques concernant le
mouvement. Ce n'est dès lors pas la nature elle-même qui est observée, mais
la nature « telle que notre méthode d'investigation nous la révèle » [4], une
nature contrainte par le dispositif expérimental. Par ailleurs, le mouvement de
descente d'une boule le long du plan incliné étant artificiellement contraint
par le dispositif expérimental, il peut être répété « un grand nombre de
fois » – Galilée dit qu'il a réalisé ses expériences « une bonne centaine de

1. *Cf.* M. CLAVELIN, *Galilée, cosmologie et science du mouvement, op. cit.*, p. 205.
2. GALILÉE, *Discours concernant deux sciences nouvelles, op. cit.*, p. 210.
3. I. STENGERS, *L'invention des sciences modernes*, Flammarion, Paris, 1995 (1993), p. 98.
4. W. HEISENBERG, *Physique et philosophie*, trad. J. Hadamard, Albin Michel, Paris, 1961,
p. 90.

fois » [1] – de manière à produire des résultats toujours identiques. La variation des paramètres du dispositif expérimental et la possibilité de reproduire ses résultats à l'identique ont pour but de créer une « impression de validité universelle » [2], là où ce qui est constaté est chaque fois un événement singulier.

Pour terminer, soulignons que le dispositif expérimental mis au point par Galilée n'aurait pas été concevable sans l'établissement préalable des principes de conservation du mouvement uniforme, de constance de l'accélération d'un corps en chute libre et de composition des mouvements. S'opère ainsi un renversement du rapport entre expérience sensible et principes physiques, tel qu'il est habituellement conçu. Les principes physiques posés par le physicien ne sont pas issus de l'expérience sensible au moyen d'une hypothétique opération d'induction. Ils résultent plutôt d'une libre création de pensée du physicien (les expériences de pensée), laquelle rend alors possible la conception d'un dispositif expérimental à même de mettre sa théorie à l'épreuve, et par conséquent la confrontation avec l'expérience sensible.

*

* *

Au final, si Galilée initie la conception classique de la physique, c'est parce qu'il lie au sein de celle-ci ces deux activités fondamentales que sont la théorie et l'expérimentation : une théorie physique qui élabore – en recourant, le cas échéant, à des expériences de pensée – une description mathématisée de la nature et une expérimentation qui n'est pas simple observation, mais aussi conception de dispositifs expérimentaux. Tandis que la théorie nous donne une représentation de la nature, l'expérience nous permet, guidée par la première, d'y intervenir [3]. Elles entretiennent cependant un lien plus étroit, en ce que les expériences doivent nous permettent de valider ou d'infirmer les prédictions issues de la théorie.

---

1. GALILÉE, *Discours concernant deux sciences nouvelles, op. cit.*, p. 144.
2. P. DEAR, « Cultures expérimentales », trad. A. Muller dans D. PESTRE (éd.), *Histoire des sciences et des savoirs, op. cit.*, tome 1, p. 73.
3. *Cf.* I. HACKING, *Representing and Intervening. Introductory Topics in the Philosophy of Natural Science*, Cambridge University Press, Cambridge, 2010 (1983).

Chapitre III

LA PHYSIQUE CARTÉSIENNE
MÉCANISME ET LOIS DE LA NATURE

La physique « nouvelle »[1] ou « classique » qui émerge au xviie siècle en Europe se caractérise par plusieurs facteurs[2] :

a) elle renoue avec la tradition archimédienne de géométrisation des phénomènes physiques, qui consiste à présenter les résultats scientifiques de manière hypothético-déductive et à dépouiller les phénomènes naturels de certains de leurs aspects contingents pour pouvoir les traiter comme des objets mathématiques ;

b) elle applique les mathématiques à de nouveaux objets, tel le mouvement ;

c) elle met au centre de sa méthodologie l'expérimentation, conçue comme une sollicitation active de la nature au moyen d'un dispositif expérimental, afin d'infirmer ou de confirmer les prédictions d'une théorie physique ;

d) elle invente un type d'expérience de pensée proprement scientifique, une expérience qui, si elle ne peut être vérifiée directement, doit pouvoir l'être de manière indirecte par les conséquences que l'on peut en déduire et la cohérence hypothético-déductive.

Ces différents facteurs ne se retrouvent pas toujours conjointement dans les travaux des principaux acteurs de la physique classique, un aspect pouvant être plus développé que les autres. Michael Faraday a, par exemple, apporté

1. Comme nous l'avons établi dans le chapitre précédent, le caractère réellement novateur de la physique du xviie siècle a été remis en cause au profit d'une forme de continuisme historique. Il n'en reste pas moins que la plupart des acteurs de cette physique pensaient que la manière dont ils concevaient la nature était en rupture avec celle de leurs prédécesseurs, en particulier scolastiques.

2. Il y aurait certainement d'autres facteurs à prendre en compte, comme l'importance nouvelle qu'acquièrent les sociétés savantes ou les liens entre développements scientifiques et besoins techniques, mais nous avons choisi de nous restreindre ici aux aspects les plus philosophiques, laissant ceux de nature plus sociale et technique de côté.

une contribution inestimable au développement expérimental et conceptuel de l'électromagnétisme, mais pas à ses aspects les plus mathématiques, tandis qu'un savant comme Lagrange a, avant tout, développé la mécanique du point de vue mathématique.

Si c'est à Galilée que l'on doit en grande partie la mise en place de la plupart de ces caractéristiques méthodologiques de la physique classique, c'est Descartes qui en a établi le programme philosophique : la *philosophie mécanique* ou conception *mécaniste* de la nature. Ce programme soutient qu'il est possible d'expliquer *tous* les phénomènes naturels comme des conséquences de la taille, de la forme et du mouvement de la matière. Descartes ne fut certes pas le seul à en tracer les contours, mais il est probablement l'auteur dont l'influence a le plus contribué à sa diffusion dans les milieux scientifiques.

LA PHILOSOPHIE MÉCANIQUE

Une conception mécaniste de la nature a commencé à prendre forme au XVIIᵉ siècle chez des penseurs tels que Galilée, le père Mersenne, Gassendi, Hobbes, Boyle ou Locke, mais le philosophe le plus souvent attaché à cette conception reste Descartes. Selon lui, la totalité de la réalité se compose de deux substances : l'une dont l'essence est la pensée – la *res cogitans* ou substance spirituelle – et l'autre dont l'essence est l'étendue – la *res extensa* ou substance matérielle. Les propriétés de l'une ne s'appliquent pas à l'autre, et inversement. Ainsi, toute caractéristique mentale est exclue de la matière et seule la matière, étant étendue, peut être en mouvement. S'ouvre alors la possibilité d'une compréhension non hylémorphique des phénomènes physiques, dont le résultat est l'élimination progressive dans le domaine scientifique des explications faisant intervenir l'horreur du vide, l'âme motrice, la sympathie et l'antipathie, et autres analogies humaines auxquelles avaient parfois recours les scolastiques et surtout les naturalistes de la Renaissance.

Qualités premières et qualités secondes

L'assimilation de la matière à l'étendue constitue à n'en pas douter l'« idée directrice » de la physique cartésienne [1]. C'est grâce à elle que la physique peut être mathématique et, plus précisément, géométrique : il suffit qu'elle s'en tienne à l'essence des choses matérielles, et fasse donc abstraction de tout ce qui l'excède. Mais le programme philosophique de Descartes ne s'arrête pas à cette mathématisation de la physique via l'étendue : il comprend également une part *réductionniste*. En effet, une fois que l'on a séparé clairement la substance matérielle de la substance spirituelle et affirmé qu'il n'y a rien de plus dans la première que son étendue, il devient possible de soutenir, pense Descartes, que toutes les idées que nous avons à propos de la substance matérielle et qui ne se rapportent pas directement à son étendue sont en fait dérivées d'idées se rattachant à notre esprit et n'ayant aucun corrélat dans la matière [2]. La thèse principale de la conception mécaniste de Descartes est alors que toutes les propriétés de la matière peuvent être expliquées en termes de taille, de forme et de mouvement de cette même matière [3] :

> [...] toutes les propriétés que nous apercevons *distinctement* en [la matière] se rapportent à ce qu'elle peut être divisée & mue selon ses parties, & qu'elle peut recevoir toutes les diverses dispositions que nous remarquons pouvoir arriver par le mouvement de ses parties [4].

Des propriétés phénoménales de la matière, telles que la couleur, l'odeur ou la chaleur, peuvent être expliquées par l'étendue et le mouvement seuls ; c'est à partir de leurs lois que tous les phénomènes naturels peuvent être expliqués.

Les propriétés de taille, de disposition et de mouvement de la matière sont ce que Locke appelle, pour sa part, les « qualités premières » des corps. Il s'agit de propriétés des objets matériels que nous pouvons connaître directement par l'expérience. Elles s'opposent à ces apparences « qualitatives »

1. M. KOBAYASHI, *La philosophie naturelle de Descartes*, Vrin, Paris, 1993, p. 128.

2. D. GARBER, *Descartes' Metaphysical Physics*, The University of Chicago Press, Chicago et Londres, 1992, p. 302.

3. ARISTOTE rappelle que, déjà pour les atomistes, toutes les qualités des corps devaient pouvoir être expliquées en termes de figure, d'ordre et de position de la matière (*Métaphysique, op. cit.*, vol. I, A, 4, 985 b 13-14, p. 22).

4. R. DESCARTES, *Principes de la philosophie, op. cit.*, p. 75.

que sont les saveurs, les odeurs, les sons, les couleurs, la chaleur, etc., et que Locke appelait des « qualités secondes ». Ces dernières n'existent pas réellement dans les choses ; elles ne sont qu'un effet en nous qui résulte de notre perception des qualités premières. Cette idée est déjà très clairement exprimée par Galilée :

> Je dis que je me sens nécessairement amené, sitôt que je conçois une matière ou substance corporelle, à la concevoir tout à la fois comme limitée et douée de telle ou telle figure, grande ou petite par rapport à d'autres, occupant tel ou tel lieu à tel moment, en mouvement ou immobile, en contact ou non avec un autre corps, simple ou composée et, par aucun effort d'imagination, je ne puis la séparer de ces conditions ; mais qu'elle doive être blanche ou rouge, amère ou douce, sonore ou sourde, d'odeur agréable ou désagréable, je ne vois rien qui contraigne mon esprit à l'appréhender nécessairement accompagnée de ces conditions ; et, peut-être, n'était le secours des sens, le raisonnement ni l'imagination ne les découvriraient jamais [1].

Les qualités secondes, comme la saveur, l'odeur, la couleur, etc. sont fictives, au sens où ce ne sont que des noms qui ne désignent rien dans les corps en lesquelles elles nous paraissent résider. Elles n'existent que dans la personne qui les perçoit, « de sorte qu'une fois le vivant supprimé, toutes ces qualités sont détruites et annihilées » [2]. Et Galilée ajoute que c'est uniquement parce que nous avons donnés à ces qualités des noms différents de ceux des « qualités réelles et premières », que nous croyons qu'elles sont réelles.

Le but de la conception mécaniste de la nature est de *réduire* les qualités secondes aux qualités premières. De manière générale, elle s'impose pour programme d'expliquer tout phénomène physique comme on explique une *machine*, c'est-à-dire uniquement au moyen de la forme, de la taille, du lieu et du mouvement de la matière. L'horloge devient ainsi la métaphore principale de la nature. Par exemple, Descartes dit qu'il ne reconnaît

> [...] aucune différence entre les *machines que font les artisans* & les divers corps *que la nature seule compose*, sinon que les effets des machines ne dépendent que de l'*agencement de* certains *tuyaux, ou ressorts, ou autres instruments*, qui, *devant avoir quelque proportion avec les mains de ceux qui les font*, sont toujours si grands que *leurs figures & mouvements se peuvent*

1. GALILÉE, *L'Essayeur, op. cit.*, p. 239.
2. *Ibid.*

voir, au lieu que *les tuyaux ou ressorts* qui causent les effets des corps naturels sont ordinairement trop petits pour être aperçus de nos sens [1].

À cet égard, les lois de la mécanique relèvent de la physique,

> [...] *en sorte que toutes les choses qui sont artificielles, sont avec cela naturelles.* Car, *par exemple*, lors qu'une montre marque les heures par le moyen des roues dont elle est faite, cela ne lui est pas moins naturel qu'il est à un arbre... de produire ses fruits. C'est pourquoi, en même façon qu'*un horloger...*, en voyant *une montre qu'il n'a point faite*, peut ordinairement juger, de quelques unes de ses parties qu'il regarde, quelles sont toutes les autres qu'il ne voit pas [2].

Philosophie mécanique et atomisme

Pour Descartes, l'essence de la matière est l'étendue. Cela implique le rejet de l'*atomisme* [3], cette doctrine soutenue dans l'Antiquité par Démocrite, Épicure et Lucrèce, et selon laquelle la nature est composée, ultimement, de corps indivisibles : les atomes. Mais le rejet cartésien est loin d'être dominant au XVIIe siècle. En effet, la plupart des partisans de la conception mécaniste de la nature défendent plutôt une forme renouvelée d'atomisme. Par exemple, si Robert Boyle considère la matière et le mouvement comme les deux « principes catholiques » de ce qu'il appelle la « philosophie mécanique » [4], il soutient également que la matière n'est divisible que jusqu'à un certain point. Ces éléments ultimes dont est composée la réalité sont souvent appelés des « corpuscules » ou des « particules ». Il s'agit d'objets massifs mais non volumineux composant ces objets massifs et volumineux que sont les corps. Voici, à titre d'illustration, la description qu'en donne Newton dans son *Optique* de 1704 :

> Tout cela bien considéré, il me paraît probable que Dieu forma au commencement la matière de particules solides, pesantes, dures, impénétrables, mobiles, de telles grosseurs, figures, et autres propriétés, en tel nombre et en telle proportion à l'espace qui convenait le mieux à la fin qu'il se proposait ; par

---

1. R. Descartes, *Principes de la philosophie, op. cit.*, p. 321.
2. *Ibid.*, p. 321-322.
3. *Cf.* R. Boyle, « The Excellency and Grounds of the Corpuscular or Mechanical Philosophy », dans *The Works*, éd. Th. Birch, Olms, Hildesheim, 1966, vol. IV, p. 74.
4. *Ibid.*, p. 70.

cela même que ces particules primitives sont solides, et incomparablement plus
dures qu'aucun des corps qui en sont composés, et si dures qu'elles ne s'usent
et ne se rompent jamais, rien n'étant capable (suivant le cours ordinaire de la
Nature) de diviser ce qui a été primitivement uni par Dieu [1].

En général, une particule est un objet matériel tellement petit qu'il peut
être réduit à un point de l'espace tridimensionnel. Il désigne alors moins
une région de l'espace qu'une *position* dans cet espace. On parle par
ailleurs souvent de « point matériel » [2]. S'il est matériel, c'est parce qu'il est
solide, pesant, dur et impénétrable. Le fait que les particules soient solides,
pesantes et dures souligne qu'elles possèdent une masse. L'impénétrabilité
des particules signifie, quant à elle, que deux particules ne peuvent être situées
au même endroit de l'espace au même moment. Ainsi, nous pouvons toujours
distinguer deux particules au moyen de leurs positions spatiales. Entre les
particules, l'espace est vide selon Newton.

Chez Descartes, c'est précisément le fait que la matière soit par essence
étendue, et donc qu'il n'y ait pas d'espace vide, qui justifie que toutes
les propriétés de la matière puissent être expliquées en termes de taille,
de forme et de mouvement de la matière. En revanche, pour les tenants
d'une philosophie mécanique atomiste, ce sont les atomes qui rendent cette
justification possible : si toutes les propriétés de la matière peuvent être
expliquées en termes de taille, de forme et de mouvement de la matière,
c'est parce que cette dernière est ultimement composée d'atomes et que le
comportement de ceux-ci est lui-même entièrement explicable en ces termes.

---

1. I. NEWTON, *Optique*, trad. J.-P. Marat, Christian Bourgois, Paris, 1989, Livre 3, question
31, p. 343.
2. Cette notion semble avoir été introduite pour la première fois explicitement par R.J.
BOSCOVICH en 1758 (*A Theory of Natural Philosophy*, Open Court, Chicago et Londres, 1922,
§§ 8-9, p. 37-39). Généralisant un résultat établi auparavant par Torricelli, Huygens avait formulé
l'« admirable loi de la nature » suivante (Chr. HUYGENS, *Traité sur le mouvement des corps par
percussion*, dans *Œuvres complètes*, éd. de la Société hollandaise des sciences, Nijhoff, La Haye,
1929, vol. XVI, p. 25) :

> [...] le centre commun de gravité de deux ou trois ou de tant qu'on voudra de corps avance toujours
> également vers le même côté en ligne droite devant et après leur rencontre.

Un objet massif se comporte comme si la totalité de sa masse était concentrée en son centre de
gravité. Dès lors, dans un problème physique dans lequel la géométrie d'un corps n'importe pas,
celui-ci peut être réduit, sans perte, à un point en lequel se concentre toute sa masse.

Au vu de ce que nous venons de dire, nous pouvons résumer le programme mécaniste au moyen des deux thèses suivantes [1] :

1) *thèse fondationnaliste* : la totalité de la réalité physique repose sur un niveau fondamental – la matière en mouvement – qui n'est lui-même fondé dans rien [2].

2) *thèse réductionniste* : les lois qui régissent n'importe quel phénomène naturel doivent pouvoir être déduites des lois physiques qui régissent le niveau fondamental. Ainsi, les propriétés de tout phénomène, et en particulier ses qualités secondes, doivent pouvoir être expliquées au moyen des propriétés du niveau fondamental.

La thèse réductionniste peut être qualifiée de « physicaliste », parce qu'elle considère que le monde naturel est de part en part physique. Soulignons cependant que la philosophie mécanique n'est pas forcément totalement réductionniste. La thèse cartésienne du dualisme des substances, par exemple, est de nature non réductionniste dans la mesure où les propriétés de la *res cogitans* ne sont pas réductibles aux propriétés de la *res extensa*. Du point de vue de la philosophie des sciences contemporaines, on pourra éventuellement affirmer, si l'on désire maintenir une certaine forme de *continuité* entre le domaine matériel et le domaine spirituel, que les propriétés de la substance spirituelle dépendent d'une certaine manière des propriétés de la substance étendue au sens où les premières « émergent » sur la base des secondes [3].

À ces deux thèses, il faut ajouter la suivante, propre aux défenseurs de l'atomisme :

3) *thèse corpusculariste* : le niveau fondamental de la réalité est composé d'éléments qui ne peuvent être décomposés en éléments plus fondamentaux. Ces briques fondamentales de la réalité sont des corpuscules, c'est-à-dire de petits objets impénétrables, se déplaçant en ligne droite et pouvant entrer en collision les uns avec les autres. Les propriétés de ces

---

1. *Cf.* S. POINAT, *Mécanique quantique. Du formalisme mathématique au concept philosophique*, Hermann, Paris, 2014, p. 165-166, dont nous modifions ici légèrement l'analyse.

2. La notion de « fondation » fait l'objet depuis quelques années d'une attention toute particulière en métaphysique analytique. Pour un aperçu, *cf.* F. CORREIA et B. SCHNIEDER (éd.), *Metaphysical Grounding. Understanding the Structure of Reality*, Cambridge University Press, Cambridge, 2012.

3. Pour une introduction au concept d'émergence, nous renvoyons à O. SARTENAER, *Qu'est-ce que l'émergence ?*, Vrin, Paris, 2018.

corpuscules sont des qualités premières : les propriétés fondamentales de la réalité matérielle permettant d'expliquer les propriétés des niveaux non fondamentaux.

LA CAUSALITÉ MÉCANIQUE

Pour Aristote, connaître scientifiquement une chose, c'est en connaître la cause. La connaissance d'une chose est inséparable de la connaissance des causes qui en rendent raison et permettent donc de l'expliquer. Dans l'ensemble, la physique classique ne rompt pas avec cet idéal explicatif. Elle rompt, en revanche, avec la conception aristotélicienne de la causalité. La science aristotélicienne est fondamentalement *téléologique*. Elle fait de la fin que les phénomènes naturels tendent à atteindre un élément central de leur explication. La compréhension du mouvement est, à cet égard, tout à fait symptomatique : si les corps bougent, c'est parce qu'ils tendent à rejoindre leur lieu naturel. La philosophie mécanique, en revanche, abandonne le finalisme, qu'elle voit comme un reliquat anthropomorphique qui n'a plus sa place dans l'explication de la nature. Par exemple, Bacon admet que pour expliquer l'action d'un homme, on fasse intervenir les fins qu'il s'est proposées, mais il n'est pas légitime d'étendre ce type d'analyse à l'explication des phénomènes naturels[1]. La philosophie mécanique ne s'intéresse aux causes qu'en tant qu'elles sont productrices d'effets. Imaginons une boule de billard *A* qui se dirige vers une boule *B* au repos. Après le choc, la boule *B* est en mouvement. Nous dirons que le mouvement de la boule *A* est la *cause* du mouvement de la boule *B*, ce dernier étant l'*effet* produit par cette cause. Des quatre causes distinguées par Aristote, la physique classique ne retient dès lors que la cause efficiente, ou ce que l'on pourrait aussi appeler la « cause mécanique ».

Le rejet des causes finales est clairement exprimé par Descartes :

> 28. *Nous ne devons pas enquêter sur les causes finales des choses créées, mais sur les causes efficientes.* Lorsque nous avons affaire aux choses naturelles, nous n'obtiendrons jamais aucune explication des buts que Dieu ou la nature peut avoir eu en vue lorsqu'il les a créés[2].

1. C. DUFLO, *La finalité dans la nature*, PUF, Paris, 1996, p. 18.
2. R. DESCARTES, *Principia Philosophiæ*, dans *Œuvres*, *op. cit.*, vol. VIII, p. 15.

Qu'en est-il alors de la cause formelle et de la cause matérielle ? La première étant la cause inscrite dans la nature de la chose, elle n'a plus de sens dans une physique qui ne s'attache qu'aux rapports quantifiés entre les propriétés des corps [1]. Quant à la cause matérielle, elle disparaît avec la cause formelle dont elle est le corrélat.

Au sein de la physique classique, la réduction des causes à la seule cause efficiente va rapidement impliquer l'idée, d'une part, que le même effet suit toujours de la même cause et, d'autre part, que tout effet a une cause (« principe de raison suffisante »). Il y a ainsi des régularités au sein de la nature, régularités dont les lois de la nature ne sont que l'expression. Ces lois sont par ailleurs *universelles*, parce que la causalité efficiente est elle-même universelle : tout phénomène naturel s'explique par le mouvement de la matière et tout mouvement matériel est causé par un autre mouvement matériel.

La mathématisation est l'une des marques distinctives de la science classique. À partir de Galilée, la physique cherche ainsi à établir de manière systématique les lois mathématiques auxquelles obéissent les phénomènes naturels. Cette mathématisation de la science de la nature, opérée par la tradition archimédienne à l'époque moderne, s'est parfois accompagnée d'un désintérêt pour l'explication de la nature des choses. Cette position *instrumentaliste* revient à laisser de côté la compréhension des causes qui déterminent la nature des choses, pour se contenter de la description mathématique et de la prédiction des phénomènes naturels. C'est exemplairement la position du père Mersenne, pour qui nous ne pouvons connaître la nature des couleurs, de la chaleur ou de la force qui meut un aimant, mais seulement décrire les phénomènes qui leur sont attachés au moyen de raisons mathématiques et d'expériences exactes [2]. Certes, il s'agit alors avant tout de sauver les phénomènes, mais, contrairement à ce qui se passait dans l'astronomie pré-copernicienne, on ne dit pas que la description mathématique est une fiction qui ne correspond pas à la véritable nature des choses, mais simplement que le physicien n'a pas à essayer de déterminer cette nature ; la valeur de vérité de cette description est laissée indéterminée, plutôt qu'elle n'est déclarée fausse. Cette position peut même s'accommoder d'une forme de réalisme ontologique à l'égard des causes : on peut reconnaître la *réalité* des causes

1. M. MALHERBE, *Qu'est-ce que la causalité ?*, Vrin, Paris, 1994, p. 17-18.
2. *Cf.* R. LENOBLE, *Mersenne ou la naissance du mécanisme*, Vrin, Paris, 1943, p. 352-357.

mécaniques tout en considérant que leur recherche est secondaire par rapport
à l'établissement des lois des phénomènes naturels. L'instrumentalisme est
alors avant tout *méthodologique*.

C'est avec Descartes que la recherche des lois des phénomènes naturels,
appelées « lois de la nature », est devenue une partie intégrante du programme
philosophique de la nouvelle physique. Cependant, chez lui, il n'y a pas
de séparation entre la recherche des lois de la nature et celle des causes
mécaniques : si l'enchaînement des causes et des effets est régulé de manière
nécessaire, c'est parce qu'il est commandé par des lois de la nature. Les plus
fondamentales sont, en vertu du mécanisme cartésien, les lois du mouvement
des corps, des lois dont toutes les autres peuvent être déduites.

LES LOIS DE LA NATURE SELON DESCARTES

En 1618, le jeune Descartes rencontre le physicien et mathématicien
hollandais Isaac Beeckman, lequel l'initie aux travaux scientifiques de son
temps. Après plusieurs années de travail, Descartes ambitionne de présenter
les résultats de ses propres recherches en philosophie naturelle dans un
ouvrage qu'il intitule *Le Monde* et qu'il espère faire paraître à la fin de l'année
1633 [1]. Mais la deuxième condamnation de Galilée, prononcée cette même
année, l'en dissuade et l'ouvrage, qui contient un rejet du géocentrisme [2], ne
paraîtra jamais de son vivant [3]. C'est en 1644 que Descartes publie finalement
un exposé systématique de sa philosophie naturelle dans ses *Principes de la
philosophie* (*Principia philosophiæ*). Ici, nous nous appuierons essentiellement sur cet ouvrage pour présenter la physique cartésienne.

Pour Descartes, la physique doit être développée *more geometrico*, chacune de ses propositions devant pouvoir être déduite *a priori* d'un ensemble
limité de principes fondamentaux, ou lois de la nature. L'exigence cartésienne
de présentation hypothético-déductive, encore fruste chez Galilée, annonce la
présentation des lois du mouvement chez Newton et Huygens.

---

1. Comme il en fait la promesse au père Mersenne. *Cf.* R. DESCARTES, « Lettre à Mersenne du
22 juillet 1633 », dans *Œuvres, op. cit.*, vol. I, p.179.
   2. R. DESCARTES, « Lettre de Descartes à Mersenne de décembre 1640 », dans *Œuvres, op.
cit.*, vol. III, p. 258.
   3. La cinquième partie du *Discours de la méthode* en contenait néanmoins un sommaire.

L'entreprise cartésienne ne consiste pas à décrire le cours de la nature tel qu'il se déroule *effectivement*, mais bien tel qu'il *doit* se dérouler[1]. La manière dont les corps chutent n'est pas un simple fait, mais relève d'une nécessité : les corps n'auraient pas pu ne pas chuter dans notre monde de la manière dont ils le font effectivement. Les lois de la nature ne sont donc pas de simples accidents. Pour prendre un autre exemple, plus contemporain[2], c'est une loi de la nature que toutes les boules faites de ^{235}U (de l'uranium enrichi) ont un diamètre de moins de 1 km, alors que le fait que toutes les boules faites d'or ont un diamètre de moins de 1 km n'en est pas une. Les deux affirmations sont vraies, mais tandis que la première exprime une nécessité physique – une boule de 1 km de diamètre de ^{235}U est bien supérieure à la masse critique de cet élément radioactif, c'est-à-dire la masse au-delà de laquelle se crée une réaction en chaîne –, la deuxième exprime une régularité seulement contingente. Rien ne s'oppose physiquement à la constitution d'une sphère de 1 km de diamètre faite entièrement d'or ; il se fait simplement que nous n'en avons jamais observé.

Les lois de la nature sont les règles suivant lesquelles les changements doivent s'effectuer au sein de la nature[3] et c'est dans leur légalité que se fonde leur nécessité. C'est dès lors leur légalité qui garantit leur prédictibilité : parce que ce sont d'authentiques lois, nous avons l'assurance que les phénomènes naturels se comporteront, toujours et partout, en accord avec ce qu'elles énoncent. Mais qu'on ne se méprenne pas, pour Descartes, la nécessité (physique) dont il est question ici ne s'impose pas à Dieu : celui-ci a créé les lois de la nature et aurait très bien pu en créer d'autres. Les lois de la nature sont donc (métaphysiquement) contingentes[4]. Si la nature doit suivre ces lois et pas d'autres, c'est en vertu du cours que Dieu leur a imposé.

Nous voyons tout ce qui sépare cette conception de celle d'Aristote : les corps ne se déplacent plus en vertu d'un principe interne, d'une tendance qui les pousse à rejoindre leur lieu naturel, mais en vertu d'un principe

---

1. A. Koyré, *Études galiléennes*, *op. cit.*, p. 319.

2. Inspiré de celui de H. Reichenbach dans *Elements of Symbolic Logic*, Macmillan Co., New York, 1948 (1947), p. 368.

3. R. Descartes, *Le monde ou Le traité de la lumière*, *op. cit.*, p. 37.

4. Chez Leibniz, les lois de la nature sont elles-mêmes soumises à des principes logiques incréés, lesquels s'imposent même à Dieu. Sur la différence entre Leibniz et Descartes eu égard aux principes physiques, nous renvoyons à Y. Belaval, *Leibniz critique de Descartes*, Gallimard, Paris, 1960, chap. VII.

externe qui leur est imposé par un Dieu législateur. La physique de Descartes est, de ce point de vue, une *physique de métaphysicien*, une physique qui n'est pas encore tout à fait la nôtre. Il faudra, en effet, attendre Newton pour que soit formulée une physique dont les fondements se veulent non métaphysiques, encore que cela soit discutable [1]. Par ailleurs, les lois de la physique cartésienne sont des lois *de la nature*, et non des lois du seul mouvement. Ce sont donc des lois dont la portée englobe tous les phénomènes naturels. La raison en est que, pour Descartes, ces phénomènes naturels peuvent tous, en dernière analyse, être ramenés au mouvement de la matière, de sorte que les lois qui régissent le mouvement s'appliquent, en fait, à la nature dans sa totalité. De ce point de vue, l'ambition de Descartes est bien plus grande que celle de Galilée. En effet, si ce dernier posait un ensemble d'« hypothèses » à la base de ses explications, celles-ci restaient cantonnées au mouvement uniforme et devaient, par une série de déductions successives, permettre de retrouver toutes les lois du mouvement, qu'il soit uniforme, accéléré ou propre à un projectile, alors que les lois du mouvement de Descartes concernent d'emblée le mouvement en général et, par là, la nature dans sa totalité.

Comme le remarque Boyle, parler de lois de la nature ne va pas de soi. Une loi au sens originaire du terme est une règle d'action qu'un certain individu veut imposer à un autre, de sorte que seul un être intellectuel semble capable de recevoir et d'agir en accord avec une loi [2]. En effet, alors que nous pouvons choisir de ne pas respecter les lois du pays dans lequel nous vivons (nous nous exposons simplement à des peines), la pierre qui tombe ne peut pas décider de ne pas chuter en accord avec la loi de la chute des corps. Elle chute ainsi, un point c'est tout. Il convient donc de distinguer, à côté du sens moral de la loi, son sens proprement *physique*. Celui-ci parvient à s'imposer au xviie siècle et Descartes nous en offre la version classique [3]. Elle

---

1. Il suffira de citer, sur ce point, le fait que, chez Newton, l'espace et le temps demeurent des organes sensoriels de Dieu. Nous y reviendrons. Kant soutenait, pour sa part, que les physiciens, même lorsqu'ils prétendent s'être gardés de toute influence métaphysique sur leur science et avoir procédé de manière purement mathématique, ont nécessairement dû, à un moment ou à un autre, recourir à des principes métaphysiques. *Cf.* I. KANT, *Principes métaphysiques de la science de la nature, op. cit.*, p. 66.
2. R. BOYLE, *A Free Inquiry into the Vulgarly Received Notion of Nature Made in an Essay Addressed to a Friend*, dans *The Works, op. cit.*, vol. V, p. 170.
3. La conception des lois de la nature n'est pas homogène entre les différents penseurs du xviie siècle, mais nous omettrons ici ces différences.

revient à concevoir la loi comme une vérité dont la nécessité est limitée au domaine naturel. Cette vérité exprime une *régularité* au sein des phénomènes naturels, une régularité qui se manifeste sous la forme d'une relation entre des grandeurs. La loi de la chute des corps, par exemple, exprime un rapport mathématique déterminé entre le temps écoulé depuis qu'un corps a été lâché d'une certaine hauteur et la distance parcourue par ce corps depuis l'instant où il a été lâché.

Bien que la conception cartésienne des lois de la nature soit assez éloignée de celle qui a cours aujourd'hui en physique [1] – les lois de la nature ayant désormais souvent un domaine d'application plus restreint (on parle des lois de la statique, de la mécanique, de la thermodynamique, etc.) et étant rarement rapportées à Dieu –, il n'en reste pas moins que leur recherche constitue la tâche principale des physiciens contemporains. En ce sens, ces derniers inscrivent leurs travaux dans un programme philosophique dont les contours ont été explicitement tracés au xviie siècle. À partir de ce moment, la nature est devenue l'ensemble des phénomènes régis par des lois mathématiques nécessaires et universelles [2], lois qu'il incombe au physicien de découvrir. Penchons-nous maintenant, plus en détail, sur le contenu des lois cartésiennes de la nature. Elles sont, à bien des égards, tout à fait modernes.

La première loi de la nature

Voici la *première loi de la nature* selon Descartes : « Que chaque chose demeure en l'état qu'elle est, pendant que rien ne [la] change » [3]. Cette première loi est assez générale et affirme que tout « état » d'un corps, que ce soit sa forme, sa taille ou son état de repos, persiste (le corps persiste dans l'état qui est le sien), à moins qu'une cause ne vienne le modifier. Cette loi est, au vu des exemples cités, relativement évidente d'un point de vue *physique*. Pourtant, aux yeux de Descartes, on ne saurait se contenter de ce caractère d'évidence physique, car elle ne peut être garantie au sein de la physique elle-même. La première loi nécessite une *garantie métaphysique*. Celle-ci ne doit pas être recherchée ailleurs qu'en Dieu, et plus précisément dans son

1. Pour une approche métaphysique contemporaine des lois de la nature, on pourra se reporter à J.W. Carroll, *Laws of Nature*, Cambridge University Press, Cambridge, 1994.

2. C. Chevalley, « Nature et loi dans la philosophie moderne », dans D. Kambouchner (dir.), *Notions de philosophie, I*, Gallimard, Paris, 1995, p. 128.

3. R. Descartes, *Principes de la philosophie, op. cit.*, p. 84.

immutabilité : étant parfait et immuable, Dieu répugne à ce qu'aucune chose qui existe, et qu'il a donc créée, possède en soi le principe de sa destruction [1].

Se manifeste ainsi cette particularité de la physique cartésienne : tout principe physique s'y trouve métaphysiquement fondé dans un principe d'ordre supérieur que l'on peut appeler le « principe de l'immutabilité créatrice de Dieu » [2]. Il en ira tout autrement dans la conception de la physique de Newton, qui est celle dont nous avons hérité. Les principes physiques y seront de véritables principes, des énoncés dont la validité n'a pas besoin d'être fondés dans d'autres principes supérieurs.

La physique classique s'est établie en grande partie contre la physique aristotélicienne [3]. C'est singulièrement le cas de la physique de Descartes. Celle-ci est censée nous fournir une image renouvelée du monde et, en particulier, une nouvelle conception du mouvement. Nous l'avons vu, Aristote envisageait différents types de changements, selon la catégorie à laquelle on les rapporte, qui pouvaient tous être qualifiés de mouvements [4]. D'après Descartes, le mouvement aristotélicien était donc un mouvement au sens large, un mouvement qui devait être compris comme l'« acte d'un être en puissance, en tant qu'il est en puissance » [5]. De ce point de vue, le mouvement était conçu comme le passage d'un état à autre, d'un état actuel à un autre qui ne l'est pas encore, et était donc seulement potentiel. Une fois que le deuxième état vers lequel tendait le mobile était actualisé, le mouvement cessait. Seul était ici un état ce en quoi s'originait tout mouvement (sublunaire) et vers lequel il tendait, à savoir le repos.

Descartes pense quant à lui que le mouvement ne doit pas être compris en un sens aussi large, mais doit être réduit au seul « mouvement local », c'est-à-dire au passage d'un lieu vers un autre [6] :

---

1. R. Descartes, « Lettre à Mersenne du 26 avril 1643 », dans Œuvres, op. cit., vol. III, p. 349.

2. Fr. Balibar et R. Toncelli, Einstein, Newton, Poincaré, op. cit., p. 81.

3. Il faut toutefois modérer cette affirmation. Le rejet d'Aristote est loin d'être complet. Par exemple, sa mécanique, telle qu'exposée dans les Problemata Mechanica, ou du moins ce que l'on croyait être sa mécanique et qui était en fait due à un auteur plus tardif, a exercé une influence non négligeable sur le développement de la statique au XVIIᵉ siècle, par exemple chez Galilée.

4. C'est en effet l'une des traductions possibles du terme grec κίνησις.

5. Cf. R. Descartes, Le Monde ou Le traité de la lumière, op. cit., p. 39.

6. Dans les Principes, Descartes ne s'arrête pas à la définition du mouvement comme translation d'un lieu vers un autre. Il s'agit là seulement d'une définition du mouvement « selon l'usage commun ». Or le mouvement local peut aussi être défini « selon la vérité ».

[...] le mouvement [...] n'est autre chose que l'*action par laquelle un corps passe d'un lieu en un autre* [1].

D'après cette définition, le mouvement est manifestement *relatif,* puisque la notion de lieu est elle-même relative – elle n'a de sens que rapportée à un référentiel arbitrairement choisi. Pour reprendre un exemple déjà discuté précédemment et repris par Descartes, une personne qui est dans un bateau s'éloignant de Venise peut être considérée comme étant en mouvement, si on considère les lieux entre lesquels elle se déplace relativement au référentiel de Venise ; mais relativement au référentiel du bateau, elle n'effectuera aucun mouvement, puisqu'elle occupera toujours le même lieu [2]. Dès lors que le mouvement est relatif, le fait qu'un corps soit considéré comme en mouvement ou au repos n'est plus qu'une question de choix de référentiel, et les deux notions ont le même « statut ontologique » [3] :

[...] je conçois que le repos est aussi bien une qualité, qui doit être attribuée à la matière pendant qu'elle demeure en une place, comme le mouvement en est une qui luy est attribuée, pendant qu'elle en change [4].

Le mouvement n'est pas une privation du repos. L'un est autant un *état* que l'autre ; ils sont simplement rapportés à des corps différents. Ce faisant, Descartes élimine de la notion de mouvement toute idée métaphysique de puissance et conçoit celui-ci comme « étant actuellement donné dans le changement local du mobile » [5].

Une fois admis qu'un corps dans un certain état persiste dans cet état tant que rien ne vient l'en déranger, Descartes se demande pourquoi, alors qu'une chose au repos ne commence pas à se mouvoir d'elle-même, il faudrait penser qu'une chose une fois en mouvement s'arrête d'elle-même plutôt qu'elle ne persévère dans son état de mouvement. Le mouvement étant un état d'un corps comme un autre, il n'y voit aucune raison. Par conséquent, il doit y avoir *conservation du mouvement,* celle-ci n'étant qu'un cas particulier de la première loi de la nature, c'est-à-dire de la persistance de tout état :

1. R. Descartes, *Principes de la philosophie, op. cit.,* p. 75.
2. *Cf. ibid.,* p. 75-76.
3. A. Koyré, *Études galiléennes, op. cit.,* p. 322.
4. R. Descartes, *Le Monde ou Le traité de la lumière, op. cit.,* p. 40.
5. M. Kobayashi, *La philosophie naturelle de Descartes, op. cit.,* p. 75.

Nous voyons tous les jours la preuve de cette *première* règle dans les choses
qu'on a poussées au loin. Car il n'y a point d'autre raison pourquoi elles
continuent... de se mouvoir, lorsqu'elles sont hors de la main de celui qui
les a poussées, sinon que, *fuyant les lois de la nature*, tous les corps qui se
meuvent continuent de se mouvoir jusqu'à ce que leur mouvement soit *arrêté*
par quelques autres corps [1].

Le mouvement d'un corps a pour vocation de se perpétuer, à moins bien
sûr qu'une cause extérieure ne vienne le perturber. Descartes nie, par là
même, avec force la nécessité d'un moteur qui puisse permettre à un corps
de continuer à se déplacer une fois qu'on l'a mis en mouvement.

Dieu étant le créateur du mouvement et celui-ci répugnant à voir disparaître le produit de sa création, il doit préserver non seulement les états de
mouvement individuels des objets qui en sont animés, mais également la
quantité totale de mouvement qu'il a créée au sein de l'univers. Autrement
dit, Descartes affirme

[q]ue Dieu est la première cause du mouvement, & qu'il en conserve toujours
une égale quantité en l'univers [2].

En soutenant que la quantité de mouvement de l'univers est constante,
Descartes formule ce que nous appelons aujourd'hui le « principe de la
conservation de la quantité de mouvement ». Cette formulation cartésienne
n'est cependant pas tout à fait identique à celle que nous trouvons dans nos
manuels. La première différence importante est d'ordre théologique : pour
Descartes, si la conservation de la quantité de mouvement est garantie, c'est
grâce à Dieu. C'est lui qui a créé le mouvement et le repos lors de la création
et qui assure, dès lors, que leur quantité reste constante. Une telle garantie
théologique est, évidemment, absente des formulations contemporaines du
principe de la conservation de la quantité de mouvement.

La deuxième différence importante concerne la quantité de mouvement
elle-même. Nous considérons aujourd'hui que celle-ci est égale à la vitesse
d'un corps multipliée par sa masse. Or, à l'époque où écrit Descartes, le
concept de masse n'a pas encore été réellement défini ; il le sera un peu plus
tard par Newton. L'auteur des *Règles pour la direction de l'esprit* conçoit,
quant à lui, la quantité de mouvement comme le produit de la vitesse d'un

---

1. R. Descartes, *Principes de la philosophie, op. cit.*, p. 85.
2. *Ibid.*, p. 83.

corps par sa taille. C'est du moins ce qui ressort de passages tels que celui-ci :

> Car, bien que le mouvement ne soit qu'une *façon* en la matière qui est mue, elle en a pourtant une certaine quantité... qui n'augmente & ne diminue jamais..., encore qu'il y en ait tantôt plus & tantôt moins en quelques unes de ses parties. C'est pourquoi, lors qu'une partie de la matière se meut deux fois plus vite qu'une autre, & que cette autre est deux fois plus grande que la première, nous devons penser qu'il y a tout autant de mouvement dans la plus petite que dans la plus grande [1].

Autrement dit, si T_1 et v_1 représentent la taille et la vitesse d'un corps, alors sa quantité de mouvement est égale à celle d'un deuxième corps pour peu que sa taille, T_2, et sa vitesse, v_2, satisfont les égalités : $v_1 = 2v_2$ et $T_1 = T_2/2$, ce qui est bien en accord avec l'idée que les quantités de mouvement respectives de ces deux corps sont données par $T_1 v_1$ et par $T_2 v_2$.

Une troisième différence concerne le type de grandeur qu'est censée être la quantité de mouvement : alors qu'il s'agit pour nous d'une *grandeur vectorielle*, Descartes l'envisage comme une *grandeur scalaire* – nous y reviendrons.

La deuxième loi de la nature

Comme nous l'avons vu, l'idée qu'un objet animé d'un certain mouvement continue à se mouvoir de la sorte si rien ne vient le perturber avait déjà été exprimée par Galilée. Il s'agissait même de l'une des principales innovations de la science galiléenne. Répondant à une objection des tenants de l'héliocentrisme, Galilée affirmait qu'une pierre lâchée du haut d'une tour tombe au pied de celle-ci, même si la Terre est en mouvement. Pour que tel soit bien le cas, il faut que la pierre conserve durant sa chute le mouvement qui était le sien lorsqu'elle était encore en contact avec la Terre.

Pour nous convaincre que le mouvement de la pierre se conserve bien, Galilée nous propose de considérer une bille sur une surface parfaitement lisse [2]. Lorsque la bille descend le long de cette surface, la gravité agit sur elle comme une force motrice et elle accélère, alors que lorsqu'elle monte le long de la surface, parce qu'on l'y a lancée, elle décélère du fait que la

---

1. R. DESCARTES, *Principes de la philosophie, op. cit.*, p. 83-84.
2. *Cf.* GALILÉE, *Dialogue sur les deux grands systèmes du monde, op. cit.*, p. 265-268.

gravité s'oppose, cette fois, à son mouvement. Galilée en déduit que lorsque la bille est située sur une surface dont la forme est telle qu'elle ne monte ni ne descend, la gravité n'a pas d'effet et que, par conséquent, elle demeure au repos ou se déplace perpétuellement le long de cette surface à vitesse constante. Cependant, ce qui se conserve ici, c'est à l'évidence un mouvement circulaire, un mouvement le long d'une surface qui n'est pas plane, mais une surface dont tous les points sont situés à une égale distance du centre de la Terre. Qu'il s'agit bien d'une conservation du mouvement circulaire, et non du mouvement rectiligne, est encore plus clair dans le cas de la chute du haut de la tour : pour que la pierre tombe au pied de la tour, il faut qu'elle soit animée du même mouvement que la tour, lequel est circulaire.

Si Galilée envisage la conservation du mouvement comme une conservation du mouvement circulaire, et non du mouvement rectiligne, c'est fondamentalement, parce qu'il est incapable de concevoir un corps sans gravité. C'est Pierre Gassend, dit Gassendi, qui franchit à cet égard le pas décisif dans son *De Motu* de 1642 en rompant avec la compréhension de la gravité comme propension interne à rejoindre le centre de la Terre. Sans toutefois réellement préciser sa nature, il la conçoit comme une *force externe*, analogue à la « force électrique » (magnétique) mise en évidence par William Gilbert peu de temps avant. Or, si la gravité est l'effet d'une force qui est extérieure aux corps, il est possible de l'abstraire, et donc de concevoir des corps sans gravité. Mais, demande alors Gassendi, qu'adviendrait-il de ce corps non grave s'il était situé dans un monde infini complètement vide ? Réponse : il resterait immobile, à moins qu'une force quelconque ne s'exerce sur lui et ne le contraigne au mouvement, auquel cas il se déplacerait d'un mouvement rectiligne, uniforme et sans fin [1].

Descartes est, sur ce point, parfaitement d'accord avec Gassendi : un corps en mouvement laissé à lui-même ne continue pas à se mouvoir en cercle mais en ligne droite. Il se réfère quant à lui à l'étude de la fronde. Tant que l'on fait tourner celle-ci, la pierre qui y est logée est forcée d'effectuer un mouvement circulaire, mais une fois que cette contrainte s'arrête, la pierre part en ligne droite, tangentiellement au cercle qui constituait jusque-là sa trajectoire imposée [2].

1. *Cf.* A. Koyré, *Études galiléennes, op. cit.*, p. 310-314.
2. R. Descartes, *Le Monde ou Le traité de la lumière, op. cit.*, p. 44.

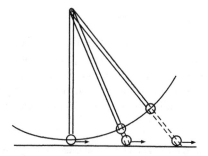

Autrement dit, une fois libérée, la pierre cesse de se mouvoir en cercle et « prend la tangente ». Si Galilée avait eu raison, la pierre aurait dû continuer à se mouvoir selon un cercle une fois que l'on a arrêté de la faire tourner. Mais l'étude de la fronde montre que c'est la pierre qui tend d'elle-même à se déplacer en ligne droite. En généralisant cette constatation, Descartes peut formuler la *deuxième loi de la nature* :

> Que tout corps qui se meut, tend à continuer son mouvement en ligne droite [1].

Ce qui se conserve, c'est donc non seulement l'état de mouvement mais aussi sa *direction*.

La réunion des première et deuxième lois de la nature forme ce que l'on appelle aujourd'hui le « principe d'inertie » [2] : tout corps en mouvement rectiligne tend à conserver cet état, à moins que quelque chose ne vienne le perturber. Descartes est l'un des premiers à publier une formulation correcte de ce principe fondamental de la physique [3].

On remarquera ici que la question de savoir si le mouvement rectiligne est *uniforme* ou non n'est pas précisée par Descartes. Il y a néanmoins plusieurs endroits dans son œuvre qui permettent de soutenir que c'est bien le cas. Il dit ainsi, dans une lettre à Mersenne du 13 novembre 1629, que « ce qui a commencé une fois à se déplacer dans le vide, se déplace toujours avec une égale vitesse » [4]. Nous trouvons donc bien, chez Descartes, une formulation de notre moderne principe d'inertie.

1. R. DESCARTES, *Principes de la philosophie, op. cit.*, p. 85.
2. Descartes en donne une formulation unifiée dans « Lettre à Huygens du 18 ou 19 février 1643 », dans *Œuvres, op. cit.*, vol. III, p. 619.
3. Beeckman avait déjà formulé une version du principe d'inertie en 1618.
4. R. DESCARTES, « Lettre à Mersenne du 13 novembre 1629 », dans *Œuvres, op. cit.*, vol. I, p. 71-72.

La troisième loi de la nature

Si deux corps sont en mouvement rectiligne l'un vers l'autre, les deux premières lois de la nature nous disent qu'ils persisteront dans leur état de mouvement, mais qu'une fois qu'ils se rencontreront, leurs états de mouvement respectifs ne pourront à l'évidence persister tous les deux tels quels. Il faut donc introduire une *troisième loi de la nature* relative aux *chocs* entre deux corps :

> Que, si un corps qui se meut en rencontre un autre plus fort que soi, il ne perd rien de son mouvement, & s'il en rencontre un plus faible qu'il puisse mouvoir, il en perd autant qu'il lui en donne [1].

Cette loi est en accord avec le principe de la conservation de la quantité de mouvement : si lors d'un choc, un corps gagne une certaine quantité de mouvement, la quantité de mouvement totale de l'univers étant constante, il faut bien que l'autre corps perde une quantité de mouvement égale à celle gagnée par le premier.

Voilà les trois lois de la nature de Descartes. Dans ce qui suit, nous exposons trois problèmes importants face auxquels la physique cartésienne exposée ici a montré ses faiblesses : la loi des chocs, la conservation de la force et l'existence du vide. Leur discussion n'a pas tant pour but de mettre en évidence les incongruités de la physique cartésienne que de montrer que sa critique a rendu possible le développement de techniques et d'outils conceptuels majeurs en physique – utilisation du principe de relativité pour établir des lois mécaniques, élaboration des notions d'énergie cinétique et de travail, mise en évidence de la pression exercée par un gaz et raffinement de la méthode expérimentale –, ce qui montre que même une théorie scientifique défectueuse à de nombreux égards peut se révéler, de manière indirecte, très féconde.

LES CHOCS

Le *problème du choc* consiste à déterminer quel est le mouvement de deux corps après qu'ils sont entrés en collision l'un avec l'autre. Ce problème acquiert une importance de premier plan avec le renouveau de l'atomisme

---

1. R. DESCARTES, *Principes de la philosophie, op. cit.*, p. 86.

au XVIIᵉ siècle, puisqu'il concerne l'interaction fondamentale entre atomes [1].
Dans une physique qui, comme celle de Descartes, exclut le vide et n'admet
dès lors que l'action par contact, sa place est néanmoins tout aussi centrale.
En effet, l'interaction entre deux corps y implique nécessairement un choc.
La philosophie mécanique ne reconnaît de manière générale que l'action
de proche en proche, c'est-à-dire par contact. Le choc entre deux corps
représente donc un véritable modèle pour la conception mécaniste de la
nature. C'est ce que l'on appelle parfois le « modèle des boules de billard ».

La théorie cartésienne des chocs

La troisième loi de la nature, exposée par Descartes dans les *Principes*,
concerne directement le problème du choc entre deux corps. Elle ne saurait
cependant suffire, à elle seule, à résoudre tous les cas possibles. Par exemple,
elle ne nous dit pas dans quelle direction et dans quel sens se dirigent les corps
après une collision ou quelle est la quantité de mouvement que transmet un
corps à un autre lors d'un choc entre deux corps de tailles différentes. C'est
pourquoi Descartes prolonge sa troisième loi par *sept règles* qui précisent
comment l'appliquer dans certaines conditions spécifiques [2]. Ces règles sont
fondées sur le principe de la conservation de la quantité de mouvement
et se distinguent selon les vitesses et les tailles relatives des corps qui se
rencontrent.

Comme l'explique Daniel Garber [3], l'idée générale qui préside à la
troisième loi de la nature, et donc aux règles cartésiennes du choc, est que,
lorsque deux corps *B* et *C* se rencontrent, si *B* a la capacité de l'emporter sur
la résistance de *C*, alors *B* impose son mouvement à *C* et perd une certaine
quantité de mouvement, en accord avec le principe de conservation de cette
grandeur. En revanche, si la résistance de *C* est trop importante pour *B*, alors
ce dernier rebondit sans imposer son mouvement à *C*, et donc sans perdre de
quantité de mouvement.

Muni de cette intuition directrice, nous pouvons comprendre le sens des
règles cartésiennes du choc. Celles-ci sont résumées dans le tableau suivant

1. Chr. VILAIN, *La mécanique de Christian Huygens. La relativité du mouvement au* XVIIᵉ
siècle, Albert Blanchard, Paris, 1996, p. 58.
2. *Cf.* R. DESCARTES, *Principes de la philosophie*, *op. cit.*, p. 89-93.
3. D. GARBER, *Descartes' Metaphysical Physics*, *op. cit.*, p. 233-234.

que nous empruntons à Carraud et Buzon [1] :

Règle	Grandeurs relatives des corps	Avant le choc		Intensités relatives des vitesses	Après le choc		Intensités relatives des vitesses
		Sens du déplacement			Sens du déplacement		
		B	C		B	C	
1	$B = C$	○→	←○	$v_B = v_C$	←○	○→	$v'_B = v'_C$ $= v_B$ $= v_C$
2	$B > C$	○→	←○	$v_B = v_C$	○→	○→	$v'_B = v'_C$ $= v_B$ $= v_C$
3	$B = C$	○→	←○	$v_B > v_C$	○→	○→	$v'_B = v'_C$ $= \dfrac{v_B + v_C}{2}$
4	$B < C$	○→	repos		←○	repos	$v'_B = v_B$
5	$B > C$	○→	repos		○→	○→	$v'_B = v'_C$ $= \dfrac{Bv_B + v_C}{B + C}$
6	$B = C$	○→	repos		←○	○→	$v'_C = \dfrac{v_B}{4}$ $v'_B = \dfrac{3v_B}{4}$
7a	$\dfrac{C}{B} > \dfrac{v_B}{v_C}$ ou $\left(B < C \text{ et } \dfrac{C}{B} < \dfrac{v_B}{v_C}\right)$	○→	○→	$v_B > v_C$	○→	○→	$v'_B = v'_C$ $= \dfrac{Bv_B + Cv_C}{B + C}$
7b	$\dfrac{C}{B} > \dfrac{v_B}{v_C}$	○→	○→	$v_B > v_C$	←○	○→	$v'_B = v_B$ $v'_C = v_C$
7c	$\dfrac{C}{B} = \dfrac{v_B}{v_C}$	○→	○→	$v_B > v_C$	←○	○→	$v'_B < v_B$ $v'_C > v_C$

1. V. DE BUZON et V. CARRAUD, *Descartes et les « Principia » II. Corps et mouvement*, PUF, Paris, 1994, p. 111.

Ces règles sont censées s'appliquer dans des cas idéaux : les corps qui s'entrechoquent sont *parfaitement durs*, leurs mouvements ne sont pas empêchés par l'environnement et les collisions ont lieu selon une ligne droite, et non oblique. La première condition reflète le fait que les chocs envisagés par Descartes sont des chocs qui n'entraînent pas la déformation des corps qui les subissent.

Comme on le voit, les règles cartésiennes du choc se partagent en trois groupes : le premier, qui comprend les règles 1 à 3, concerne deux corps en mouvement qui se déplacent selon la même direction, mais dans des sens opposés ; le second, qui comprend les règles 4 à 6, s'applique à un corps B qui se dirige vers un corps C au repos ; et le troisième, qui comprend les trois sous-règles dont est composée la règle 7, s'applique à deux corps qui se déplacent dans la même direction et dans le même sens, un des deux corps suivant l'autre et se déplaçant plus rapidement que lui.

Expliquons plus en détail deux de ces règles. La première concerne le « choc symétrique » [1] entre deux corps de même taille qui se déplacent l'un vers l'autre avec la même vitesse $v_B = v_C$. Après le choc, ils repartent dans des sens opposés avec les mêmes vitesses $v'_B = v'_C = v_B = v_C$. Nous pouvons alors schématiser la situation de la manière suivante :

a) Avant le choc :

b) Après le choc :

Les choses se compliquent lorsque la situation n'est pas symétrique entre les deux corps. Par exemple, dans la troisième règle, les corps B et C ont la même taille, mais la vitesse v_B du premier est plus grande que la vitesse v_C du deuxième. Dans ce cas, nous dit Descartes, B l'emporte sur C, de sorte qu'après le choc, ils se déplacent tous les deux dans le même sens, non sans que B ait transmis une partie de sa vitesse à C. Les deux corps se déplacent

1. Chr. Vilain, *La mécanique de Christian Huygens, op. cit.*, p. 63.

ainsi avec la même vitesse $v'_B = v'_C = (v_B + v_C)/2$. Nous pouvons schématiser la situation comme suit :

a) Avant le choc :

b) Après le choc :

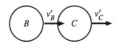

On remarquera, pour finir, que dans chacune des lois cartésiennes du choc, la quantité de mouvement est bien conservée. En effet, l'addition des valeurs absolues des quantités de mouvement de B et de C, si on ne tient pas compte d'un éventuel changement de sens après le choc, est bien la même avant et après [1].

À l'exception de la règle 1, les règles cartésiennes du choc sont tout simplement incorrectes. Leurs défauts étaient déjà soulignés par les contemporains de Descartes. Huygens, par exemple, mit en évidence leur incompatibilité avec l'expérience, en particulier dans le cas de la sixième règle :

> Mais trop de désaccord d'avec l'expérience m'a poussé tout d'abord à douter [des lois cartésiennes du choc] car j'avais très souvent observé qu'une sphère envoyée sur une sphère égale au repos était au repos après le choc ayant transféré tout son mouvement à l'autre, et j'avais noté en outre et recensé comme très différents et s'opposant à ces règles d'autres cas de chocs [2].

Autrement dit, lorsqu'un corps au repos est percuté par un autre de même masse, on constate qu'après le choc le deuxième corps s'immobilise, tandis

---

1. Prenons l'exemple de la cinquième règle. Avant le choc, la quantité de mouvement vaut $Bv_B + Cv_C$, c'est-à-dire Bv_B, puisque C est au repos, et, après le choc, elle vaut $Bv'_B + Cv'_C$, c'est-à-dire :

$$B\frac{Bv_B}{B+C} + C\frac{Bv_B}{B+C} = Bv_B.$$

2. Chr. HUYGENS, *Traité sur le mouvement des corps par percussion*, *op. cit.*, p. 139 ; trad. Chr. Vilain dans Chr. VILAIN, *La mécanique de Christian Huygens*, *op. cit.*, p. 69.

que le premier part avec une vitesse de même intensité et de même sens que le deuxième corps avant le choc, alors que Descartes supposait que les deux corps partaient dans des sens opposés, le deuxième ayant communiqué un quart de sa vitesse au premier.

Que ces règles soient erronées d'un point de vue expérimental ne saurait cependant perturber Descartes, car, d'une part, les règles du choc relèvent d'une idéalisation inobservable empiriquement. En effet, les règles ne s'appliquent qu'à deux corps parfaitement durs et totalement isolés de leur environnement, de sorte qu'aucun autre corps ne peut perturber leur mouvement[1]. Or, pour Descartes, il n'y a pas de vide, mais partout des particules en mouvement. D'autre part, le fondement de la physique cartésienne est métaphysique, il ne se situe pas dans l'expérience mais en Dieu[2].

Ces justifications ne pouvaient satisfaire Huygens : la validation d'une théorie physique doit se faire au niveau de l'expérience. C'est pourquoi il entreprit de reformuler la théorie des chocs de manière à ce qu'elle soit en accord avec l'observation[3].

La théorie des chocs de Huygens

En 1656, Huygens rédigea une solution correcte au problème du choc entre deux corps, mais ne jugeant pas son exposition suffisamment satisfaisante, il ne la publia pas. C'est ainsi que son *Traité sur le mouvement des corps par percussion* ne parut qu'en 1703, après sa mort. Cet ouvrage s'ouvre sur trois hypothèses particulièrement intéressantes. La première n'est autre que le *principe d'inertie* :

> Un corps quelconque, une fois en mouvement, si rien ne s'oppose, continue de se mouvoir avec perpétuellement la même vitesse et selon une ligne droite[4].

Comme on le voit, contrairement à Descartes, Huygens formule ce principe au moyen d'une seule hypothèse et sous la forme qui nous est aujourd'hui familière.

---

1. R. DESCARTES, *Principes de la philosophie, op. cit.*, p. 93.
2. *Cf.* M. BLAY, *La science du mouvement. De Galilée à Lagrange*, Belin, Paris, 2002, p. 62.
3. Huygens ne fut pas le seul à tenter de reformuler de manière correcte les lois du choc. Au XVIIᵉ siècle, il faudrait notamment citer les noms de Christopher Wren et John Wallis.
4. Chr. HUYGENS, *Traité sur le mouvement des corps par percussion, op. cit.*, p. 30.

La deuxième hypothèse est la *première règle cartésienne des chocs* :

> Quelle que soit la cause que les corps durs rejaillissent de leur contact mutuel, quand ils sont poussés réciproquement l'un contre l'autre, nous supposons que deux corps durs, égaux entre eux, de même vitesse, lorsqu'ils se rencontrent directement, rejaillissent chacun avec la même vitesse avec laquelle il était venu [1].

C'est la règle qui concerne le choc symétrique.

La troisième hypothèse est une formulation du *principe de relativité* du mouvement dont nous avons parlé dans le chapitre sur Galilée :

> Le mouvement des corps, et les vitesses égales ou inégales, doivent être entendus respectivement comme ayant égard à d'autres corps qui sont supposés comme étant au repos, quoique, peut-être, ceux-ci comme ceux-là soient sujets à quelque autre mouvement qui leur est commun. Par conséquent lorsque deux corps se rencontrent, quoique les deux ensemble éprouvent quelque mouvement égal, ils n'agiront pas autrement l'un sur l'autre par rapport à celui qui est entraîné par le même mouvement commun, que comme si ce mouvement accessoire fut absent en tous [2].

Huygens dérive les différentes règles du choc en ramenant, par changement de référentiel, les divers cas inconnus à des cas connus. En vertu du principe de relativité du mouvement exprimé dans la troisième hypothèse, les règles du choc ont la même forme dans tous les référentiels en translation rectiligne les uns par rapport aux autres. En d'autres mots, les règles du choc, comme toutes les lois mécaniques, sont « invariantes par changement de référentiel » [3]. Nous allons nous limiter ici à l'explication d'un cas dans lequel les deux boules B et C qui s'entrechoquent sont de même taille [4], C étant initialement au repos ($v_{C,i} = 0\,\mathrm{m/s}$) et B se rapprochant de C avec une certaine vitesse $v_{B,i}$. La règle à laquelle est soumis ce cas peut être déduite des deuxième et troisième hypothèses de Huygens. La situation est d'abord rapportée à un référentiel R situé sur une berge le long d'une rivière. C'est de son point de vue que C est au repos et que B se déplace vers lui avec une

---

1. Chr. Huygens, *Traité sur le mouvement des corps par percussion, op. cit.*, p. 30.
2. *Ibid.*, p. 32.
3. Chr. Vilain, *Naissance de la physique moderne, op. cit.*, p. 178.
4. Chr. Vilain explique le principe du cas où les deux boules n'ont pas la même taille dans *ibid.*, p. 177.

vitesse $v_{B,i}$. Considérons maintenant un second référentiel R' en translation rectiligne uniforme par rapport au premier avec une vitesse v, par exemple le référentiel attaché à un bateau qui se déplace parallèlement à la berge. En choisissant correctement la vitesse v, la situation vue depuis le référentiel R' attaché au bateau sera identique à celle décrite par la règle du choc symétrique exposée dans la deuxième hypothèse de Huygens. Il faut donc que les vitesses de B et de C soient identiques l'une à l'autre vues depuis le bateau. Pour ce faire, il suffit que le référentiel R' se déplace dans le même sens que B avec une vitesse $v = v_{B,i}/2$. Du point de vue de R', B et C se dirigeront alors l'un vers l'autre avec la même vitesse $v_{B,i}/2$. La deuxième hypothèse de Huygens nous dit qu'après le choc, du point de vue du référentiel R', les deux corps repartiront dans des sens opposés avec la même vitesse $v_{B,i}/2$. Si nous changeons à nouveau de référentiel, pour nous repositionner du point de vue d'un observateur sur la berge, nous constatons que les vitesses de B et de C après le chocs seront, respectivement, $v_{C,f} = v_{B,i}$ et $v_{B,f} = 0\,\mathrm{m/s}$ [1]. En résumé :

1. Avant le choc, nous avons par rapport à R : $v_{C,i} = 0\,\mathrm{m/s}$ et $v = v_{B,i}/2$. Par conséquent, nous avons par rapport à R' :

$$v'_{B,i} = v_{B,i} - v;$$
$$= \frac{v_{B,i}}{2};$$
$$v'_{C,i} = v_{C,i} + v;$$
$$= \frac{v_{B,i}}{2}.$$

Après le choc, nous avons par rapport à R' :

$$v'_{B,f} = \frac{v_{B,i}}{2};$$
$$v'_{C,f} = \frac{v_{B,i}}{2}.$$

Dès lors, les sens de déplacement des deux corps s'étant inversés, nous avons par rapport à R :

$$v_{B,f} = v'_{B,f} - v;$$
$$= 0\,\mathrm{m/s};$$
$$v_{C,f} = v'_{C,f} + v;$$
$$= v_{B,i}.$$

> Lorsqu'un corps en repos est rencontré par un autre, qui lui est égal, après le contact ce dernier entrera bien en repos, mais celui qui était en repos acquerra la même vitesse qui était dans le corps poussant [1].

Après le choc, les deux corps auront échangé les vitesses qui étaient les leurs avant le choc. Ce résultat contredit directement la règle 6 de Descartes. Un raisonnement similaire pouvant être conduit pour les autres cas de chocs. Cela montre que l'échec des règles cartésiennes du choc repose fondamentalement dans le fait qu'elles ne respectent pas la relativité du mouvement, même si Huygens ne l'exprimait pas lui-même ainsi.

DE LA FORCE VIVE À L'ÉNERGIE CINÉTIQUE

Leibniz considérait également que les règles du choc de Descartes étaient fausses. Bien qu'il fût le disciple de Huygens en mécanique, il ne rejetait pourtant pas ces lois pour des raisons empiriques, mais parce qu'elles ne satisfaisaient pas ce qu'il appelait la « loi de continuité » [2]. Celle-ci affirme que la nature n'évolue que de manière continue. Dit autrement : la nature n'effectue pas de saut. Par exemple, en diminuant continûment la vitesse, on peut passer du mouvement au repos, considéré « comme un mouvement infiniment petit ou comme une lenteur infinie » [3].

La loi de continuité est un principe que l'on peut qualifier de « principe d'ordre général », c'est-à-dire un principe universel auquel les lois de la physique sont elles-mêmes soumises. Elle constitue une « pierre de touche » pour les autres lois et règles de la nature : celles qui ne la satisfont pas sont « sans justesse et mal conçues », et ne peuvent pour cette raison légitimement prétendre aux titres de lois et de règles [4]. Prenons les deux premières lois du choc de Descartes. S'il s'agissait d'authentiques lois de la nature, nous devrions être capables de passer de manière continue de la deuxième à la première loi. Or, cela est impossible. En faisant tendre continûment la taille du corps le plus grand vers celle du corps le plus petit, nous devrions retrouver la première loi du choc, et donc la vitesse du corps le plus gros devrait

---

1. Chr. HUYGENS, *Traité sur le mouvement des corps par percussion*, *op. cit.*, p. 32.

2. G.W. LEIBNIZ, « Remarques sur la partie générale des principes de Descartes », trad. P. Schreker, dans *Opuscules philosophiques choisis*, Vrin, Paris, 2001, p. 107.

3. *Ibid.*

4. *Ibid.*, p. 109.

subitement s'inverser, ce qui impliquerait un saut brutal en contradiction avec le principe de continuité [1].

La loi de continuité permet de mettre en évidence la fausseté des lois cartésiennes du choc, mais elle ne permet pas d'expliquer pour quelle raison elles le sont. Pour Leibniz, si Descartes s'est trompé, c'est parce qu'il a dérivé ses lois du principe de conservation de la quantité de mouvement. Autrement dit, ce serait en raison du fait qu'il a supposé que c'est la quantité de mouvement qui se conserve lors d'un choc que Descartes aurait établi des lois du choc erronées. Huygens a montré qu'en réalité la grandeur scalaire qui se conserve avant et après un choc n'est pas la quantité mv, mais bien plutôt la quantité mv^2. Leibniz fit de cette dernière la mesure de la force, « véritable invariant physique » [2] du mouvement.

La querelle des forces vives

S'il y a choc, il y a mouvement. Leibniz considère qu'une certaine « force » est la cause du mouvement des corps. Or, selon lui, cette *force motrice* doit être conservée dans l'univers [3]. Lors d'un changement physique, la force d'un corps peut bien diminuer, par exemple par frottement, et se transmettre à d'autres corps contigus, mais elle ne peut en aucun cas augmenter. Considérons par exemple un pendule A. Si nous le lâchons d'une certaine hauteur h_A dans le vide, sans que rien ne s'oppose à son mouvement, sa force motrice doit lui permettre, après qu'il a atteint une hauteur minimale, de remonter exactement jusqu'à la hauteur h_A. En effet, si le pendule pouvait remonter plus haut que la hauteur d'où il a été lâché, la puissance de l'effet (la remontée du pendule) excéderait celle de sa cause (la chute). En l'absence de frottement et de toute autre source de dissipation de la force motrice, il ne peut pas non plus remonter moins haut. Le contraire impliquerait que la puissance produite par la cause ne s'est pas épuisée dans celle de son effet. Sans l'intervention d'une quelconque force motrice supplémentaire ou d'une cause de dissipation de sa force motrice, le pendule doit donc remonter exactement à la même hauteur que celle d'où il est parti.

---

1. *Cf.* G.W. Leibniz, « Remarques sur la partie générale des principes de Descartes », art. cit., p. 111-112.

2. Cl. Schwartz, *Leibniz. La raison de l'être*, Belin, Paris, 2017, p. 152.

3. G.W. Leibniz, *Discours de métaphysique*, dans *Discours de métaphysique et autres textes*, Flammarion, Paris, 2001, § 17, p. 226.

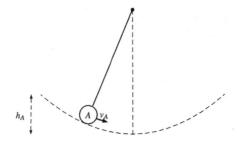

En résumé, Leibniz soutient un « principe de l'égalité de la cause pleine et de l'effet entier », en vertu duquel on ne saurait avoir un effet dont la puissance excède celle contenue dans sa cause, ni un effet dont la puissance est inférieure à celle de sa cause. Par là, il établit un rapport de proportionnalité – un rapport quantitatif donc – entre la cause et l'effet, là où, pour Aristote, les causes étaient avant tout de nature qualitative.

En l'absence de la résistance de l'air, la force motrice est conservée au cours du mouvement pendulaire. Mais comment peut-on *mesurer* cette force ?

D'après Leibniz, Descartes et ses disciples considéraient qu'elle pouvait l'être par la quantité de mouvement, si bien que la conservation de la force et la conservation de la quantité de mouvement n'étaient, à leurs yeux, qu'un seul et même principe. C'est précisément cette identification que contestait Leibniz, donnant ainsi lieu à ce que l'on a appelé « la querelle des forces vives » entre cartésiens et leibniziens. Cette querelle se prolongea jusqu'à ce que Jean le Rond d'Alembert y mette fin au XVIIIᵉ siècle, la réduisant pour l'essentiel à une « dispute de mots » [1].

En 1669, Huygens énonce dans une lettre à Gallois, publiée dans le *Journal des savants*, un autre ensemble de règles du choc entre les corps que celui que nous avons mentionné précédemment. La sixième règle énonce que

[l]a somme des produits faits de la grandeur de chaque corps dur, multipliée par le carré de sa vitesse, est toujours la même avant et après leur rencontre [2].

1. J.L.R. D'ALEMBERT, *Traité de dynamique*, Jacques Gabay, Paris, 1990, p. xxii. Si la plupart des commentateurs s'accordent pour dire que la querelle s'achève en tant que telle avec d'Alembert, il n'est pas du tout certain que celle-ci ne fut que verbale.

2. Chr. HUYGENS, « Lettre à Gallois du 18 mars 1669 », dans *Œuvres complètes*, éd. de la Société hollandaise des sciences, Nijhoff, La Haye, 1895, vol. VI, p. 385. Nous adaptons quelque peu le texte en français moderne.

Il y a donc une certaine quantité qui est égale au produit de la masse par le carré de la vitesse d'un corps, c'est-à-dire mv^2, et dont la somme se conserve lors du choc entre deux corps différents. Cette quantité diffère de la quantité de mouvement au sens cartésien, puisque cette dernière est le produit de la masse par la vitesse, c'est-à-dire mv. Leibniz l'appelle « force vive »[1]. Selon lui, c'est la force vive qui mesure la force motrice. Reconstruisons, assez librement, l'argument qu'il développe pour soutenir une telle affirmation[2]. Considérons à nouveau notre pendule A et supposons que possédant une masse m_A de 4 kg, il ait une force motrice lui permettant de s'élever à une hauteur h_A de 1 m. C'est par exemple ce qui se passe si, en l'absence de résistance, le pendule est lâché de cette hauteur : il descend, passe par sa position d'équilibre vertical, puis remonte jusqu'à la hauteur dont il est parti et recommence ensuite le mouvement en sens inverse. Imaginons, maintenant, qu'un deuxième pendule B soit au repos à la position d'équilibre du pendule A. Lorsque A est lâché de la hauteur h_A, il descend jusqu'à rencontrer B. Un choc s'ensuit et le corps B acquiert une certaine vitesse v'_B qui va lui permettre de remonter jusqu'à une certaine hauteur h_B.

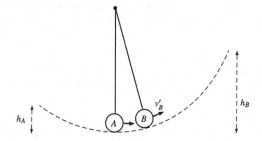

On suppose que la totalité de la force motrice de A se transmet au corps B. Leibniz soutient que la force doit être estimée « par la quantité de l'effet qu'elle peut produire »[3], par exemple par la hauteur à laquelle elle peut élever un corps. Quelle est donc la hauteur h_B que la force motrice acquise par

1. Il la discute, semble-t-il pour la première fois, dans G.W. LEIBNIZ, « Brève démonstration d'une erreur mémorable de Descartes et d'autres (savants) », trad. L. Prenant dans Œuvres, Aubier Montaigne, Paris, 1972, vol. I, p. 159-161.

2. Cf., par exemple, G.W. LEIBNIZ, « Remarques sur la partie générale des principes de Descartes », art. cit., p. 87-95.

3. G.W. LEIBNIZ, « Brève démonstration d'une erreur mémorable de Descartes et d'autres (savants) », art. cit., p. 228.

B lui permet d'atteindre ? Supposons que la masse m_B de B soit de 1 kg. Leibniz soutient que la force nécessaire pour élever un corps de 1 kg d'une hauteur de 4 m est identique à celle nécessaire à l'élévation d'un corps de 4 kg d'une hauteur de 1 m [1], puisque l'on peut considérer le corps de 4 kg comme étant composé de quatre parties plus légères identiques à celle de 1 kg. Par conséquent, si la force motrice de A se transmet entièrement au corps B, ce dernier atteindra une hauteur h_B quatre fois plus grande que la hauteur h_A qu'aurait atteinte A si son mouvement n'avait pas été empêché. Autrement dit, $h_B = 4h_A$.

Cette dernière affirmation est, d'après Leibniz, incompatible avec l'affirmation simultanée de la loi galiléenne de la chute des corps et de la mesure de la force motrice par la quantité de mouvement. Raisonnons par l'absurde et supposons donc que la force motrice soit mesurée par la quantité de mouvement. Les forces motrices de A et de B étant identiques, leurs quantités de mouvement doivent l'être également. Il s'ensuit que la vitesse v_B' de B après le choc devrait être quatre fois plus grande que la vitesse v_A de A avant le choc, puisque $m_A v_A = m_B v_B'^2$ et que $m_A = 4m_B$. Or, la loi de la chute des corps nous enseigne que le rapport h_B/h_A doit être égal à $v_B'^2/v_A^2$, de sorte que B devrait atteindre une hauteur de 16 m. Le pendule B réussirait à atteindre lors de sa remontée une hauteur quatre fois plus importante que celle prévue ! Cela est impossible, car en revenant dans l'autre sens après avoir atteint la hauteur de 16 m, B transmettrait à A une force motrice lui permettant d'atteindre sa hauteur initiale, et même davantage, puisqu'à chaque aller-retour un excédent de force serait créé. Nous aurions ainsi un *mouvement perpétuel mécanique* (un mouvement qui se perpétuerait sans jamais s'épuiser), ce qui est absurde, car cela impliquerait la création de quelque chose à partir de rien [3].

En conséquence, la quantité de mouvement ne peut être une mesure de la force motrice. Il doit plutôt s'agir du produit de la masse par le carré de

1. Descartes admettait parfaitement ce principe. *Cf.* R. DESCARTES, « Lettres à Mersenne du 13 juillet 1638 », dans *Œuvres, op. cit.*, vol. II, p. 228.

2. Selon la formulation cartésienne de la conservation de la quantité de mouvement, nous avons : $m_A v_A = m_B v_B'$, avec $v_B = v_A' = 0 \, \text{m/s}$.

3. Un célèbre argument contre le mouvement perpétuel a été formulé par Simon Stevin dans son *Art pondéraire ou de la statique*, paru en 1586 (dans *Les œuvres mathématiques de Simon Stevin de Bruges*, A. Girard [éd.], Bonaventure & Abraham Elsevier, Leyde, 1634, vol. IV, p. 448). On en trouvera un stimulant exposé dans le livre de Paul SANDORI : *Petite logique des forces, op. cit.*, p. 63-68.

la vitesse, c'est-à-dire de la force vive. En effet, dans ce cas, $m_A v_A^2 = m_B v_B'^2$, puisque les forces motrices de A et de B sont identiques, et la vitesse v_B' acquise par B après le choc est deux fois plus grande que la vitesse v_A de A avant le choc, ce qui est bien en accord avec $h_A/h_B = 4$. Leibniz conclut, de ce que la force motrice et la force vive sont toutes les deux conservées, que la première est mesurée par la seconde, c'est-à-dire par le carré de la vitesse.

Si c'est la force vive qui mesure la force motrice, nous savons aujourd'hui que cela ne signifie pas pour autant que la quantité de mouvement n'est pas conservée. Elle ne l'est tout simplement pas sous la forme définie par Descartes ! Chez lui, la quantité de mouvement est une grandeur *scalaire*, indépendante du sens du mouvement. Or il s'agit en fait d'une grandeur *vectorielle*, c'est-à-dire une entité mathématique qui se caractérise par une *direction*, un *sens* et une *amplitude* [1]. C'est en quelque sorte une flèche d'une longueur déterminée. Nous noterons ainsi toute grandeur vectorielle au moyen d'un symbole représentant cette grandeur surmonté d'une flèche – par exemple $\vec{v}$ pour une vitesse. Le fait que la quantité de mouvement soit une grandeur vectorielle implique que les quantités de mouvement associées à des déplacements dans des sens opposés se soustraient. Ce n'est que si la quantité de mouvement est définie de manière vectorielle comme le produit de la masse par le *vecteur vitesse* qu'elle se conserve. En revanche, la force vive est une grandeur scalaire, une grandeur qui par conséquent est indépendante du sens du mouvement [2]. Dans le cas du choc entre deux corps A et B de masses m_A et m_B, les deux lois de conservation que sont la conservation de la quantité de mouvement et la conservation de la force vive peuvent alors s'écrire [3] :

1. Alors qu'une grandeur scalaire peut être exprimée au moyen d'un seul nombre, une grandeur vectorielle nécessite autant de nombres que de dimensions de l'espace. Par exemple, dans un espace à trois dimensions usuel, il faut trois nombres pour exprimer la valeur d'une grandeur vectorielle, une pour chacune de ses trois composantes dans cet espace. Une masse, en revanche, n'est exprimée que par un seul nombre, indépendamment du nombre de dimensions de l'espace considéré.

2. Remarquons que le produit scalaire d'un vecteur $\vec{v}$ par lui-même est une grandeur scalaire, v^2, égale au module de $\vec{v}$ élevé au carré.

3. Dans son *Essay de dynamique*, à ces deux équations, Leibniz en ajoute une troisième : $v_A - v_B = v_B' - v_A'$, qui peut en fait être déduite des deux autres et est donc, à strictement parler, superflue (*cf.* l'équation I dans G.W. Leibniz, « Essay de dynamique sur les loix du mouvement », dans *Mathematische Schriften*, éd. C.I. Gerhardt, Olms, Hildesheim, 1971, vol. VI, p. 227). On pourra aussi consulter les règles 5 et 6 données par Huygens dans « Extrait d'une lettre de M. Huygens à l'Auteur du Journal sur les *Règles du mouvement dans la rencontre des corps* », dans

(1) $m_A \vec{v}_A + m_B \vec{v}_B = m_A \vec{v}_A' + m_B \vec{v}_B'$;

(2) $m_A v_A^2 + m_B v_B^2 = m_A v_A'^2 + m_B v_B'^2$

où $\vec{v}_A$ et $\vec{v}_B$ représentent les vitesses de A et de B avant le choc, tandis que $\vec{v}_A'$ et $\vec{v}_B'$ représentent leurs vitesses après choc [1].

Travail, énergie cinétique et énergie potentielle

Dans la querelle qui les opposa, Descartes et Leibniz n'essayaient pas de mesurer la même chose au moyen des concepts de quantité de mouvement et de force vive. Ce qui est sûr, c'est que ni l'un, ni l'autre ne mesuraient une force au sens où nous l'entendons aujourd'hui, c'est-à-dire celui fixé par Newton (*cf.* le prochain chapitre). Une force exprime plutôt la variation instantanée d'une quantité de mouvement par rapport au temps et la force vive a les dimensions d'une *énergie*. Elle vaut en fait le double de ce que nous appelons, depuis Thomson et Tait, l'« énergie cinétique ».

Pour comprendre l'origine de ce facteur deux entre la force vive et l'énergie cinétique, il faut dire quelques mots sur la notion de *travail*. Une certaine résistance s'oppose toujours au déplacement d'un corps. Dès lors, pour effectuer ce déplacement, nous devons fournir un certain effort. C'est cet effort que les physiciens appellent le « travail mécanique ». Afin d'évaluer la quantité de travail, Henri Navier a proposé d'utiliser comme « monnaie mécanique » le travail nécessaire à l'élévation d'un corps pesant [2]. Le travail qu'il faut fournir pour élever un certain poids constitue donc le mètre étalon permettant d'évaluer tous les autres travaux, peu importe leur nature. Or, puisqu'il faut le même effort pour élever un poids de 1 kg de 2 m et pour élever un poids de 2 kg de 1 m, Navier définit naturellement le travail comme le produit du poids du corps par la distance sur laquelle on l'a déplacé [3].

Œuvres complètes, op. cit., vol. XVI, p. 180. S'il reste attaché à la définition cartésienne de la quantité de mouvement, Huygens souligne qu'il faut soustraire, et non additionner, les quantités de mouvement si les corps se déplacent dans des sens contraires.

1. La relativité restreinte fera de la quantité de mouvement et de l'énergie deux composantes d'une seule entité : le *quadrivecteur quantité de mouvement-énergie*, affirmant que c'est la norme de celui-ci qui doit être conservée.

2. H. Navier, « Sur les principes du calcul et de l'établissement des machines et sur les moteurs », dans B.F. Bélidor de, *Architecture hydraulique*, 2ᵉ éd., Firmin Didot, Paris, 1819, p. 376-377.

3. *Cf. ibid.*, p. 377-378. Aujourd'hui, nous ne limitons pas la force qui intervient dans le calcul du travail au seul poids et la trajectoire sur laquelle est déplacée cette force à la seule

Reprenons maintenant l'exemple du pendule A qui, lâché d'une hauteur h_A, parvient, en l'absence de frottement, à atteindre la même hauteur une fois passé la position d'équilibre vertical. Nous comprenons que pour remonter jusqu'à la hauteur h_A le pendule a dû disposer d'une certaine capacité à produire le travail nécessaire pour vaincre la pesanteur. La quantité de travail disponible dans le pendule est maximale lorsqu'il est au plus bas, c'est elle qui détermine la hauteur maximale h_A qu'il est capable d'atteindre en l'absence de frottement. Gaspard-Gustave de Coriolis a montré, en 1829, que ce travail était égal à $mv^2/2$, c'est-à-dire à la moitié de la force vive [1]. Lors de la remontée, le pendule va devoir fournir un travail lui permettant de vaincre la résistance de la pesanteur. Il pourra le faire jusqu'à ce que son énergie cinétique, et donc sa vitesse, devienne nulle. À ce moment-là, il aura dépensé la totalité de la quantité de travail qui était à sa disposition et aura atteint la hauteur maximale qu'il pouvait atteindre. De manière générale, l'énergie cinétique d'un corps se déplaçant à une vitesse d'intensité v n'est donc rien d'autre que le travail dont il dispose, c'est-à-dire la quantité de travail qu'il peut fournir jusqu'à ce qu'il ait perdu la totalité de sa vitesse [2].

Dans l'exemple du pendule, l'énergie cinétique acquise par le pendule, et donc le travail dont il dispose, n'est pas créée à partir de rien. Elle est

trajectoire rectiligne dont la direction est identique à celle selon laquelle la force en question s'exerce. On définit ainsi plutôt le travail comme l'intégrale d'une force eu égard à la distance sur laquelle on s'y est opposé. Autrement dit, le travail d'une force $\vec{f}$ le long d'un chemin C est égal à l'intégrale $\int_C \vec{F}\,d\vec{s}$, où $d\vec{s}$ est un élément de longueur le long de C. Lorsque la force $\vec{f}$ est constante, cette intégrale vaut simplement $\vec{f} \cdot \vec{s}$, c'est-à-dire le produit scalaire de la force et du vecteur déplacement.

1. G.-G. CORIOLIS de, 1829, *Du calcul de l'effet des machines*, Carilian-Goeury, Paris, p. 26. Coriolis montre que, dans une machine, l'excès de travail moteur par rapport au travail résistant est égal à la variation de la moitié des forces vives. À partir de la deuxième loi de Newton (*cf.* le prochain chapitre), nous pouvons retrouver la relation entre le travail et l'énergie cinétique :

$$\vec{f} = m\frac{d\vec{v}}{dt} \quad \Leftrightarrow \quad \vec{f} = m\frac{d\vec{v}}{dt}\frac{d\vec{s}}{d\vec{s}}$$

$$\Leftrightarrow \quad \vec{f}\,d\vec{s} = m\,d\vec{v}\frac{d\vec{s}}{dt}$$

$$\Leftrightarrow \quad \vec{f}\,d\vec{s} = m\vec{v}\,d\vec{v}$$

$$\Leftrightarrow \quad \int_{s_i}^{s_f} \vec{f}\,d\vec{s} = \int m\vec{v}\,d\vec{v}$$

$$\Leftrightarrow \quad \int_{s_i}^{s_f} \vec{f}\,d\vec{s} = m\frac{\vec{v}_f^2}{2} - m\frac{\vec{v}_i^2}{2},$$

où $\vec{v}_i$ et $\vec{v}_f$ sont les vitesses au départ et à l'arrivée.

2. *Ibid.*, p. 25.

entièrement déterminée par la hauteur h_A à partir de laquelle le pendule a été lâché. On considère que le pendule possède, lorsqu'il est à cette hauteur, une certaine « énergie potentielle »[1] due à son poids. Dès que le pendule est lâché, la hauteur à laquelle il se trouve diminue, alors que sa vitesse augmente. L'énergie potentielle est ainsi progressivement convertie en énergie cinétique, laquelle devient maximale lorsque l'énergie potentielle devient minimale, à savoir lorsque le pendule est au plus bas, à la position d'équilibre vertical donc. À partir du moment où le pendule remonte, ce processus s'inverse : l'énergie cinétique diminue au profit de l'énergie potentielle, de sorte qu'une fois que le pendule a atteint sa hauteur maximale h_A, son énergie cinétique est nulle et son énergie potentielle maximale. De manière générale, pour atteindre une hauteur h_A, un pendule de masse m devra fournir un travail égal à mgh_A, où g correspond à l'accélération gravitationnelle et mg au poids du pendule ; l'énergie potentielle qu'il aura alors acquise à cette hauteur sera elle aussi égale à mgh_A. Effectuer un travail, c'est donc transformer l'énergie d'un objet en une autre énergie, ici l'énergie cinétique du pendule en énergie potentielle. C'est un mode de transfert d'énergie qui peut être défini comme celui qui est susceptible d'élever un poids.

Ces précisions étant faites, revenons aux chocs. Les lois du choc de Descartes, mais aussi celles de Huygens, étaient censées être formulées pour des corps *parfaitement durs* (totalement indéformables). Cette condition peut sembler anodine, mais elle est loin de l'être du point de vue de la philosophie mécanique. En effet, pour tous les tenants de cette conception de la nature, la matière est composée de corps parfaitement durs. Mais on peut légitimement se demander comment un corps indéformable peut renvoyer dans l'autre sens un corps venu le percuter. Quelle est la cause du rebond ? Pour qu'un corps puisse rejaillir dans un sens opposé à celui qui était le sien avant un choc, il faut que le corps percuté ait une certaine forme de *ressort*. On peut ainsi douter qu'il existe réellement des corps parfaitement durs, les corps que nous rencontrons dans la réalité étant tous, à des degrés divers, munis d'un tel ressort. Certains physiciens ont donc introduit la notion d'*élasticité* d'un corps. On peut définir un *corps élastique* comme un corps qui a la capacité de se déformer lors d'un choc et de reprendre ensuite la forme qui était la sienne avant le choc. C'est précisément lorsqu'il reprend sa forme originelle qu'un corps de ce type renvoie celui qui l'avait percuté d'où il était venu. À

---

1. L'expression « énergie potentielle » a été introduite en 1853 par William J.M. Rankine.

l'opposé, un *corps inélastique* est un corps qui, comme l'argile, ne retrouve pas totalement sa forme originelle après une collision.

Bien que les trois notions de corps dur, élastique et inélastique n'aient pas toujours été bien distinguées ou bien définies [1], il n'en reste pas moins que le couple élastique/inélastique s'est imposé dans la physique contemporaine, au détriment de la notion de corps dur qui en a pratiquement disparu. On considère alors que si un corps se déforme sans retrouver sa forme initiale après un choc, c'est parce qu'une partie de l'énergie cinétique a été dissipée sous forme de chaleur au cours de la collision. Un choc inélastique est donc un choc dans lequel l'énergie cinétique n'est pas conservée, tandis qu'un choc (parfaitement) élastique est un choc dans lequel l'énergie cinétique est conservée.

LA QUERELLE DU VIDE

La physique de Descartes condense deux traits majeurs de la nouvelle physique qui s'élabore au xviie siècle : le mécanisme et la présentation hypothético-déductive. Alors que le premier revient à soutenir que tous les phénomènes de la nature sont explicables en termes de mouvement et de taille de la matière, le second affirme qu'il existe un ensemble restreint de lois de la nature à partir desquelles toutes les propositions vraies portant sur les phénomènes naturels peuvent être déduites. Mais cette physique semble également être construite indépendamment de l'expérience, se contentant trop souvent, aux yeux de ses détracteurs, d'explications simplement verbales [2]. La physique cartésienne ne serait ainsi qu'un « roman de la nature », selon une expression attribuée à Blaise Pascal [3]. Ce dernier est convaincu que l'expérience doit jouer un rôle de premier plan en science – ne dit-il pas

1. Les définitions que nous venons de poser sont, à peu de choses près, celles données par John Wallis.
2. Il convient de souligner que Descartes ne néglige pas du tout l'expérimentation et y a même eu recours, par exemple en optique ou en anatomie (il a effectué des dissections). Selon lui, elle importe avant tout au niveau des détails de la science, les principes généraux restant de l'ordre de la raison (R.S. WESTFALL, *The Construction of Modern Science*, *op. cit.*, p. 114).
3. Dans *Le Monde ou Le traité de la lumière* (*op. cit.*, p.31), Descartes propose à son lecteur d'envelopper son discours sur la création du monde « dans l'invention d'une fable », celle d'un monde qui est né de son imagination, mais qui s'appuie sur des principes métaphysiques certains. Le rapport de ce monde créé au nôtre et son rôle dans la physique cartésienne sont des questions cruciales que nous n'avons malheureusement pas pu aborder ici.

144

que « les expériences sont les véritables maîtres qu'il faut suivre dans la physique » [1] – et c'est sur ce terrain qu'il va porter un coup décisif contre la physique de Descartes, en montrant, au moyen de dispositifs expérimentaux ingénieux, que le vide existe.

L'horreur du vide

Dans la *Physique* [2], Aristote observe qu'un même corps tombe plus vite dans l'air que dans l'eau. En d'autres mots, plus le milieu dans lequel s'effectue la chute d'un corps est dense, plus il freine cette chute. Aristote extrapolait, à partir de cette simple observation, que, dans le vide, c'est-à-dire dans un milieu dépourvu de toute résistance, les corps pesants chuteraient avec une vitesse infinie, ce qui est impossible. Le vide ne pouvait par conséquent pas exister.

Sous la formule « la nature a horreur du vide », le rejet de l'existence du vide se propagea durant l'Antiquité et le Moyen Âge. Pour autant, la thèse de l'*horror vacui* n'était pas acceptée par tous. Elle constituait, en effet, l'une des thèses condamnées par Étienne Tempier en 1277 : au nom de la toute-puissance divine, on ne pouvait admettre l'impossibilité de l'existence du vide, puisque cela serait revenu à refuser à Dieu la capacité de supprimer l'univers en un instant.

Au xvii⁰ siècle, la thèse aristotélicienne de l'impossibilité du vide était encore très vive. On la retrouve par exemple chez Descartes. Celui-ci s'oppose aux atomistes de son temps non seulement sur la question de l'existence des atomes, mais également sur celle de l'existence de ce qui est censé séparer ces atomes, à savoir le vide. Il faut aussi au moins mentionner la position de Gassendi qui, tout en renouant avec l'atomisme antique, cherche à dépasser les limitations de l'aristotélisme en concevant l'espace comme étant aussi réel que les substances et les accidents, sans qu'il appartienne pour autant à l'une ou l'autre de ces catégories. L'espace a, ainsi, une forme d'existence indépendante des substances et des accidents qui s'y trouvent éventuellement. Gassendi annonce par là l'espace absolu de Newton.

1. Bl. Pascal, *Traités de l'équilibre des liqueurs et de la pesanteur de la masse de l'air*, dans *Œuvres complètes*, éd. M. Le Guern, Gallimard, Paris, 1998, vol. I, p. 531.
2. Aristote, *Physique, op. cit.*, 215 a 24-216 a 10, p. 193-195.

Descartes, à l'opposé de Gassendi, appuie son rejet de l'existence du vide sur ce qui semble être une base ontologique aristotélicienne :

> Pour ce qui est du vide, au sens que les Philosophes prennent ce mot, à savoir pour un espace où il n'y a point de substance, il est évident qu'il n'y a point d'espace *en l'univers* qui soit tel, parce que l'extension de l'espace ou du lieu intérieur n'est point différente de l'extension du corps. Et comme, de cela seul qu'un corps est étendu en longueur, largeur & profondeur, nous avons raison de conclure qu'il est une substance, à cause que nous concevons qu'il n'est pas possible que ce qui n'est rien ait de l'extension, nous devons conclure le même de l'espace qu'on suppose vide : à savoir que puisqu'il y a en lui de l'extension, il y a nécessairement aussi de la substance [1].

Le vide, s'il existait, serait un espace étendu où il n'y aurait aucune substance ; or il ne saurait y avoir de propriétés, comme, par exemple, celle d'être étendue, sans substances sous-jacentes ; donc il n'y a pas de vide. Pour Descartes, matière et étendue sont coextensionnelles – tout ce qui est matériel est étendu et tout ce qui est étendu est matériel. Le monde cartésien est un monde plein.

Cette plénitude du monde a une conséquence étonnante : tout mouvement aboutit à une « permutation circulaire » [2] des parties de la matière. S'il n'y a pas de vide, le déplacement d'une partie de la matière impliquerait que celle-ci vient prendre la place d'une autre partie qui lui est contiguë, laquelle est donc poussée par la première partie et vient occuper la place d'une troisième partie qui est elle-même poussée par la deuxième, et ainsi de suite jusqu'à ce qu'une partie de la matière vienne occuper la place laissée vacante par la première partie. C'est la célèbre « théorie des tourbillons ». Comme on le voit, le problème du vide ne se limite pas à la seule question ontologique de son existence ou de sa non-existence, mais déborde ce cadre restreint en renvoyant à d'autres problèmes : quelle est la nature du mouvement ? la matière est-elle continue ou discontinue ? composée d'atomes ou infiniment divisible [3] ?

Une première brèche dans l'argumentation de ceux qui rejettent l'existence du vide vint de l'expérience, et plus précisément d'un problème hydraulique. Une pompe aspirante est une pompe qui, comme son nom l'indique, aspire l'eau. Pour ce faire, un piston est élevé mécaniquement dans

1. R. Descartes, *Principes de la philosophie, op. cit.*, p. 71-72.
2. V. De Buzon et V. Carraud, *Descartes et les « Principia » II, op. cit.*, p. 92.
3. S. Mazauric, *Gassendi, Pascal et la querelle du vide*, PUF, Paris, 1998, p. 38.

un tuyau au moyen d'un bras de levier. Chaque fois que le piston remonte, une partie de l'eau située dans le bas du tuyau est aspirée et un clapet anti-retour empêche l'eau ainsi aspirée de redescendre. On peut se demander pourquoi l'eau est aspirée lors de la remontée du piston. Jusqu'au xviiᵉ siècle, on répondait à cette question au moyen de la thèse de l'horreur qu'était censée éprouver la nature pour le vide : le piston en remontant ne pouvant laisser d'espace vide, celui-ci devait être comblé par l'eau. Cependant, les fontainiers de Florence avaient remarqué que les pompes aspirantes possédaient une limite : il était impossible d'élever l'eau au-delà d'une hauteur de 10 m environ, « que les pompes soient larges, étroites, ou minces comme un fétu de paille » [1]. L'horreur du vide avait-elle des limites ?

Au début du xviiᵉ siècle, certains physiciens, tels le hollandais Beeckman et le génois Baliani, émirent l'hypothèse que l'air possède un certain poids et que c'est en vertu de la pression qu'exerce alors l'air sur l'eau que celle-ci remonte dans le tube d'une pompe aspirante. Exprimé en termes modernes, on peut dire que, lorsque le piston remonte, le volume de l'air compris entre ce piston et la surface de l'eau située dans le tube de la pompe augmente, de sorte que la pression y est plus faible que celle qu'exerce l'air sur la surface libre de l'eau située plus bas. C'est la différence de pression entre les deux niveaux de l'eau qui permet à celle-ci de remonter dans le tube de la pompe. Cela explique pourquoi il est impossible d'élever l'eau au-delà d'une certaine hauteur : cette limite correspond à la pression de l'air sur la surface libre de l'eau située plus bas. Autrement dit, en montant dans le tube de la pompe, la hauteur de la colonne d'eau augmente et avec elle la pression qu'exerce la colonne d'eau [2]. Une fois que la pression exercée par l'eau dans le tube est égale à celle exercée par l'air à la surface de l'eau située plus bas, il devient impossible d'élever l'eau davantage au moyen de la pompe.

Cette explication est fort ingénieuse. Encore fallait-il, pour la valider, prouver qu'une colonne d'air possède bien une certaine pesanteur. Une première expérience en ce sens fut réalisée par Gasparo Berti, à Rome, en 1641 [3]. Celle-ci consistait à remplir d'eau un tube de plomb long de 11 m et fermé d'un côté par une ampoule en verre, puis à le retourner dans une bassine elle-même remplie d'eau. Une fois le tube retourné, l'eau qu'il contenait

1. GALILÉE, *Discours concernant deux sciences nouvelles, op. cit.*, p. 19.
2. Pour l'intelligence de la situation, il convient de souligner que la pression exercée par la colonne d'eau ne dépend que de sa hauteur.
3. S. MAZAURIC, *Gassendi, Pascal et la querelle du vide, op. cit.*, p. 42.

s'écoulait dans la bassine, mais seulement en quantité limitée. On constata en effet qu'il restait dans le tube une quantité d'eau s'élevant à environ 10,33 m. Cette expérience semblait bien confirmer l'hypothèse de la pression exercée par l'air. Sa reproductibilité faisant problème (on imagine sans peine la difficulté qu'il y a à retourner un tube long de plus de 10 m rempli d'eau), Evangelista Torricelli, un élève de Galilée, eut l'idée en 1644 de remplacer l'eau par du vif-argent, c'est-à-dire du mercure [1]. Le poids de ce liquide étant plus important que celui de l'eau – à peu près quatorze fois –, la hauteur qu'il atteint dans le tube, une fois renversé, devrait être moins importante que celle constatée dans le cas de l'eau. C'est bien ce qui fut observé : une colonne de mercure de seulement 760 mm suffit à équilibrer la pression exercée par l'air sur le mercure situé dans la bassine, ce qui concorde avec la mesure du poids volumique du mercure par rapport à celui de l'eau. L'un des avantages de l'utilisation du mercure par rapport à l'eau est ici que cette substance nécessite des tubes de tailles beaucoup plus réduites, et donc bien plus maniables.

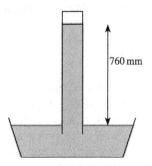

Les expériences de Torricelli réalisées avec des tubes renversés, si elles semblent prouver que l'air exerce bien une pression sur le liquide compris dans les tubes, posent une nouvelle question : qu'est-ce qui occupe l'espace au sommet des tubes lorsque ceux-ci sont renversés et qu'une partie du liquide qu'ils contenaient s'écoule dans la bassine ? S'agit-il d'un espace vide ou d'air qui aurait réussi à passer entre les pores du tube ?

1. *Cf.* E. Torricelli, « Lettres sur le vide », trad. P. Souffrin dans Fr. de Gandt (éd.), *L'œuvre de Torricelli : science galiléenne et nouvelle géométrie*, Les belles lettres, Paris, 1987, p. 225-230.

Si le tube de Torricelli est un dispositif expérimental, au sens moderne du terme, c'est parce que, comme le plan incliné de Galilée, on peut en faire varier les paramètres de manière contrôlée. La question du vide (de son existence et de sa nature) cesse dès lors d'être une question purement philosophique pour devenir aussi une question expérimentale : la variation des paramètres expérimentaux du tube de Torricelli permet de réfuter ou de confirmer certaines affirmations concernant le vide.

Il faut ici distinguer deux types de paramètres expérimentaux. Il y a d'abord ceux qui, comme la position géographique (à même altitude), la forme ou l'épaisseur du tube, n'ont pas d'influence réelle sur la grandeur que l'on veut mesurer (la hauteur du liquide dans le tube une fois celui-ci renversé) et dont, pour cette raison, on peut faire abstraction. Il y a, ensuite, les paramètres qui, comme la densité du liquide utilisé ou l'altitude à laquelle est réalisée l'expérience, influencent la mesure effectuée. C'est la variation de ce second type de paramètres qui permet de répondre aux différentes questions posées et de départager des conceptions scientifiques concurrentes, ici celles qui ont trait au comportement de l'air et à l'existence du vide. C'est ce que comprit parfaitement Pascal.

Les expériences de Pascal

Peu après sa réalisation en Italie, l'expérience de Torricelli fut communiquée en France par l'intermédiaire du père Mersenne, ce « secrétaire de l'Europe savante »[1]. Plusieurs savants français s'attachèrent dès lors à la reproduire, d'abord sans succès. Le problème était technique : ils ne disposaient pas de tubes en verre suffisamment résistants pour supporter le poids du mercure. C'est là qu'intervint Pascal. Celui-ci résidait, à l'époque qui nous occupe, à Rouen, ville qui était alors un important centre de la production du verre. Pascal parvint à y faire réaliser les tubes de verre nécessaires à la reproduction de l'expérience de Torricelli. Il ne s'arrêta cependant pas là et conçut toute une série d'autres expériences. Il ne cherchait pas seulement à prouver que l'air exerce une certaine pression, mais aussi que l'espace laissé au sommet des tubes, une fois ceux-ci renversés, est bien vide.

1. Mersenne était le nœud d'une importance correspondance échangée avec de nombreux savans à travers l'Europe. Avec Henry Oldenburg et Nicolas-Claude Fabri de Pereisc, il contribua à l'établissement de ce vaste réseau d'échanges des savoirs et de valeurs partagées que l'on a appelé la « République des Lettres ».

Les expériences conçues par Pascal furent d'abord publiées en 1647 dans les *Expériences nouvelles touchant le vide*[1]. Il prévoyait ensuite la publication d'un traité complet sur le vide, mais celui-ci, jamais achevé, n'a donné lieu qu'à la publication posthume des *Traités de l'équilibre des liqueurs et de la pesanteur de la masse de l'air*[2]. Dans ses expériences, Pascal faisait varier les différents paramètres de l'expérience de Torricelli : l'inclinaison du tube, sa forme, le type de liquide qui y est placé (eau, mercure ou vin), le lieu où est réalisé l'expérience (à l'air libre ou sous l'eau, dans la vallée ou en montagne), etc., permettant ainsi de réfuter les différentes conceptions qui niaient que l'air exerce une certaine pression sur le liquide à l'intérieur du tube et que celui-ci, une fois renversé, laisse derrière lui un espace vide.

L'une de ces expériences était particulièrement ingénieuse et mérite d'être expliquée plus en détails[3]. Il s'agit de l'expérience dite du « vide dans le vide ». Elle permet de se placer, en quelque sorte, à la surface de cet « océan d'air » qu'est notre atmosphère, c'est-à-dire là où, du fait qu'il n'y a plus d'air au-dessus de nous, celui-ci ne saurait exercer une quelconque pression et où, dès lors, les deux niveaux d'un tube de Torricelli devraient être identiques. Cette expérience consiste à prendre un tube courbé de telle manière qu'il soit composé de deux tubes verticaux reliés par une grosse ampoule. Un orifice, qui peut être bouché par un doigt, subsiste en haut de la branche inférieure du tube. Dans un premier temps, l'orifice est bouché, le tube rempli, puis retourné dans une bassine comme dans les cas précédents. Le niveau C du mercure dans la branche inférieure est plus haut que son niveau D dans la bassine de mercure. En revanche, dans la branche supérieure, le niveau A du mercure est le même que son niveau B dans la grosse ampoule. Dans un deuxième temps, l'orifice est libéré. On constate alors, d'un côté, que le niveau C du mercure dans la branche inférieure descend jusqu'à être identique à celui, D, qui est le sien dans la bassine et, d'un autre côté, que les niveaux A et B ne sont plus identiques, le premier remontant dans la branche supérieure du tube à mesure que le deuxième descend dans l'ampoule. Que s'est-il passé ? Dans la première étape, soutient Pascal, il n'y a avait pas d'air en A, B et C. Puisque la pression en A est identique à la pression en B, les niveaux

---

1. Bl. PASCAL, *Expériences nouvelles touchant le vide*, dans *Œuvres complètes, op. cit.*, vol. I, p. 355-372.
2. Bl. PASCAL, *Œuvres complètes, op. cit.*, vol. I, p. 459-531.
3. *Cf. ibid.*, p. 516-517.

en *A* et en *B* doivent être identiques, alors qu'en *C* il est plus élevé qu'en *D*, puisqu'il n'y a pas de pression de l'air en *C*, mais bien en *D*. Une fois l'orifice libéré, de l'air s'engouffre dans l'ampoule, équilibrant la pression en *C* et en *D*, de sorte que les niveaux de mercure en ces deux endroits s'équilibrent également. En revanche, le niveau remonte en *A* au détriment de *B*, parce que la pression en *B* (la pression atmosphérique) est plus importante qu'en *A*, où il n'y a tout simplement pas de pression, puisque cette zone reste occupée par du vide. Cette expérience prouve, s'il en est encore besoin, que le tube de Torricelli – qui n'est autre qu'un baromètre à mercure – fonctionne comme une balance permettant de peser le poids de l'air, celui-ci étant le seul facteur qui détermine la hauteur du fluide contenu dans le tube [1].

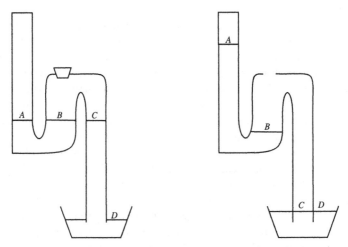

Aussi impressionnante l'expérience du vide dans le vide soit-elle, l'expérience la plus célèbre de Pascal reste celle relatée en 1648 dans le *Récit de la grande expérience de l'équilibre des liqueurs* [2] : l'« expérience du puy de Dôme ». Pascal qui, jusque-là, s'était essentiellement intéressé au principe de l'horreur du vide, se tourne désormais vers le rôle de la pression de l'air dans un tube de Torricelli. Il se propose de faire l'expérience du vide plusieurs fois au cours d'une même journée, en utilisant le même tube de Torricelli

---

1. R.S. WESTFALL, *The Construction of Modern Science, op. cit.*, p. 48-49.
2. Bl. PASCAL, *Récit de la grande expérience de l'équilibre des liqueurs*, dans *Œuvres complètes, op. cit.*, vol. I, p. 426-437.

et le même mercure. Il est renversé une première fois dans une bassine à Clermont-Ferrand, puis une seconde fois quelques 1500 m plus haut au puy de Dôme, un volcan situé non loin de là. Le principe est simple : il s'agit de répéter une même expérience dans deux situations différentes où la différence de comportement attendue ne pourra être attribuée au principe de l'horreur du vide – puisque celui-ci s'appliquera de la même manière dans les deux cas –, mais uniquement à l'air :

> Vous voyez déjà, sans doute, que cette expérience est décisive de la question, et que, s'il arrive que la hauteur du vif-argent soit moindre au haut qu'au bas de la montagne [...], il s'ensuivra nécessairement que la pesanteur et pression de l'air est la seule cause de cette suspension du vif-argent, et non pas l'horreur du vide, puisqu'il est certain qu'il y a beaucoup plus d'air qui pèse sur le pied de la montagne que non pas sur son sommet, au lieu qu'on ne saurait pas dire que la nature abhorre le vide au pied de la montagne plus que sur son sommet [1].

Entre une certaine altitude et une altitude plus élevée, l'horreur du vide ne saurait être moins importante, alors que la pression de l'air le sera si elle dépend bien de la colonne d'air située au-dessus du point où s'exerce cette pression ; plus la colonne d'air est importante, plus son poids l'est, et donc plus importante est la pression qu'elle exerce sur une surface donnée. Or ce que constate Florin Périer, le beau-frère de Pascal, qui exécute l'expérience pour le compte de ce dernier, c'est que la hauteur de la colonne de mercure est de 711 mm à Clermont-Ferrand et de 627 mm au puy de Dôme, confirmant ainsi de manière éclatante l'hypothèse de départ.

Si les expériences de Pascal sont bien plus raffinées que les plans inclinés et les pendules utilisés en mécanique au xviie siècle, elles peuvent nous sembler encore assez frustes en comparaison des dispositifs expérimentaux qu'inventent aujourd'hui les physiciens – qu'il suffise de penser au grand collisionneur de hadrons (LHC) construit au CERN à Genève pour tenter, entre autres, de confirmer l'hypothèse de l'existence du boson de Brout-Englert-Higgs (près de 10 ans de construction, un coût de plus de 5 milliard d'euros, un tunnel circulaire de 27 km de long situé à 100 m de profondeur, la collaboration de plusieurs milliers de chercheurs et d'ingénieurs). C'est oublier la difficulté qu'il y avait alors à réaliser des tubes en verre à même de résister au poids du mercure. Les tubes de Torricelli étaient les cyclotrons

---

1. Bl. Pascal, *Récit de la grande expérience de l'équilibre des liqueurs*, op. cit., p. 428-429.

du xvɪɪᵉ siècle, des outils très coûteux qui demandaient, pour pouvoir être
construits, la collaboration de nombreux experts (scientifiques, ingénieurs,
artisans d'exception, etc.).

La réalisabilité technique d'une expérience ne saurait toutefois suffire à
son effectuation, encore fallait-il que le contexte intellectuel fût propice à sa
formulation. Comme le souligne Simone Mazauric [1], la mise en évidence de
l'existence même du vide demeurait impensable tant que l'on restait enfermé
dans le cadre ontologique hérité d'Aristote [2]. De manière générale, il faut
bien avouer la difficulté que nous avons à penser un espace qui n'est « ni
corps, ni esprit, ni substance, ni accident » [3]. À cela, Pascal répondait, en
s'appuyant sur l'ontologie développée par Gassendi [4], que l'espace n'est pas
différent du temps qui n'est, lui aussi, ni une substance ni un accident, ni un
corps ni un esprit et qui, pourtant, existe. Comme nous l'avons mentionné,
Gassendi est un des principaux représentants de l'atomisme au xvɪɪᵉ siècle.
Certes l'atomisme n'a rien de nouveau – il s'agit, après tout, d'une doctrine
antique – mais, avant le xvɪɪᵉ siècle, le prestige de la philosophie du Stagirite
était tel qu'il était très difficile de mener une réflexion en dehors des bornes
plus ou moins étroites qu'elle imposait à la pensée. Les condamnations de
1277 avaient déjà introduit une brèche dans cette prison conceptuelle, mais
c'est la science nouvelle inaugurée par Galilée qui en fit définitivement
exploser les murs. À l'époque de Pascal, le cadre conceptuel et les moyens
techniques étaient donc tous deux réunis pour enfin réussir à prouver de
manière définitive l'existence du vide.

Si la théorie n'est pas absente de la preuve pascalienne de l'existence
du vide, c'est l'expérience qui y occupe la première place. Pascal confirme
ainsi le nouveau statut acquis par l'expérimentation depuis Galilée. Mais

---

1. S. Mazauric, *Gassendi, Pascal et la querelle du vide, op. cit.*, p. 90.

2. La domination, au xvɪɪɪᵉ et début du xɪxᵉ siècles, du modèle corpusculaire obligera aussi
les philosophes et physiciens à concevoir la nature de la lumière en dehors des catégories
traditionnelles de substance et d'accident (Chr. Vɪʟaɪɴ, *Naissance de la physique moderne, op.
cit.*, p. 219-220).

3. Bl. Pascal, « Lettre à Le Pailleur, dans *Œuvres complètes, op. cit.*, vol. I, p. 400.

4. Koyré avait déjà souligné le rapprochement entre Pascal et Gassendi sur ce point (*cf.* A.
Koyré, « Gassendi et la science de son temps », dans *Études d'histoire de la pensée scientifique,
op. cit.*, p. 323-324 ; ainsi que A. Koyré, « Pascal savant », dans *Études d'histoire de la pensée
scientifique, op. cit.*, p. 387). Sur l'ontologie de Gassendi, on pourra consulter O.R. Bloch, *La
philosophie de Gassendi. Nominalisme, matérialisme et métaphysique*, Nijhoff, La Haye, 1971,
en particulier p. 197-198.

quelque chose a changé entre les expériences du second et celles du premier. On se souvient que Galilée décrivait un certain nombre d'expériences qu'il avait lui-même réalisées. Ce dont témoigne le texte de Pascal de 1648, c'est du changement qui s'opère, vers le milieu du xviie siècle, à l'égard de la manière dont les expériences sont rapportées : on ne se contente plus de la seule parole du savant qui *dit* avoir fait telle ou telle expérience. Celle-ci doit avoir été effectuée face à un public de confiance, qui permet de garantir que l'expérience a bien été réalisée de la manière rapportée par le scientifique. Aussi Périer, dans le compte rendu qu'il envoie à Pascal sur l'expérience du puy de Dôme [1], mentionne-t-il non seulement les détails de l'expérience, mais également la liste des témoins qui y ont assisté et leurs positions sociales, lesquelles attestent de leur fiabilité. La tâche d'authentification du savoir n'est plus dévolue au seul spécialiste, mais doit répondre à des procédures codifiées [2].

Cette nécessité qu'il y a à faire attester les expériences par des témoins oculaires nombreux et dignes de confiance se confirme, à peu près à la même époque, avec Boyle. Celui-ci conduit en effet plusieurs de ses expériences dans les salles publiques de la toute récente Royal Society. Boyle innove dans les comptes rendus relatant ces expériences. Ceux-ci sont rédigés avec une grande prolixité et un soin extrême, de manière à faciliter la *reproductibilité* des expériences décrites [3], mais aussi à empêcher le lecteur de douter que celles-ci ont bien été menées et qu'elles ont bien abouti aux résultats que le scientifique prétend qu'elles ont produits [4]. Le déroulement des expériences y est ainsi décrit de manière circonstanciée, les outils ayant servi à l'expérience y sont dessinés avec un grand luxe de détails et y sont parfois relatées des expériences ratées, ainsi que les défauts du dispositif expérimental utilisé.

Les expériences les plus célèbres de Boyle s'inscrivent dans la continuité de celles de Pascal. Avec Robert Hooke, il perfectionne, vers 1660, un

1. Fl. Périer, « Copie de la lettre de M. Périer à M. Pascal le jeune, du 22 septembre 1648 », dans Bl. Pascal, *Œuvres complètes, op. cit.*, vol. I, p. 430-435.
2. S. Mazauric, *Gassendi, Pascal et la querelle du vide, op. cit.*, p. 125.
3. Selon Popper, pour qu'une expérience puisse être considérée comme scientifique du point de vue de la physique, elle doit pouvoir être reproduite dans des circonstances appropriées. Si cette condition n'est pas satisfaite, l'expérience ne peut être soumise à un test intersubjectif et on ne peut pas être convaincu qu'on n'a pas eu affaire à une simple coïncidence. *Cf.* K.R. Popper, *La logique de la découverte scientifique, op. cit.*, p. 42.
4. St. Shapin et S. Schaffer, *Leviathan et la pompe à air. Hobbes et Boyle entre science et politique*, trad. Th. Péilat et S. Barjansky, La découverte, Paris, 1993, p. 61-67.

dispositif expérimental inventé neuf ans plus tôt par Otto von Guericke : la *machine pneumatique*, ou pompe à air. Elle est composée d'un réceptacle en verre fermé par un piston qui, animé par une pompe, permet d'évacuer l'air du récipient. Le vide ainsi obtenu n'est jamais total, le réceptacle conservant toujours une quantité d'air résiduelle. Un tel vide n'est pas le vide *au sens philosophique* du terme, c'est-à-dire le néant (ce qui n'est pas quelque chose), mais le vide *au sens physique* de ce qui reste une fois que l'on a enlevé tout ce que l'on pouvait enlever [1].

L'intérêt de la pompe à vide mise au point par Boyle et Hooke réside notamment dans le fait que des objets peuvent être placés dans le réceptacle. Celui-ci étant en verre il est alors possible d'observer l'effet sur ces objets de la diminution progressive de l'air. Boyle a, par exemple, l'idée d'y placer un tube de Torricelli. Il réussit ainsi à produire expérimentalement la situation du vide dans le vide qu'avait déjà voulu réaliser Pascal [2]. Au départ, le réceptacle est rempli d'air et le mercure situé dans le tube est à la hauteur habituelle. Une fois la pompe enclenchée, l'air est progressivement retiré du réceptacle et le niveau de mercure descend à mesure, jusqu'à atteindre une limite pour laquelle la pompe ne parvient plus à retirer d'air du réceptacle. Lorsque l'air est presque totalement purgé, le niveau du mercure est à peu près le même dans la bassine et dans le tube. Cette expérience ne semble, au premier abord, que confirmer, avec des moyens techniques plus développés, les conclusions de Pascal sur l'existence du vide et l'action de l'air. Elle montre néanmoins qu'il convient de distinguer deux grandeurs physiques différentes : le *poids* et la *pression* de l'air [3]. En effet, dans l'expérience de Boyle, le maintien du niveau du mercure dans le tube de Torricelli ne peut être attribué au poids de l'air, car l'air enfermé dans le réceptacle est coupé de la colonne d'air au-dessus de lui. Nous pourrions emmener le réceptacle dans l'espace, le mercure continuerait à se trouver à la même hauteur. Il y a une action de l'air compris dans le réceptacle qui maintient le mercure à niveau et qui s'exerce

1. Le vide physique compris en ce sens admet lui-même plusieurs acceptions : le vide au sens de la pompe à vide de Boyle et Hooke, le vide au sens de l'espace absolu de Newton, le vide au sens de l'éther de la relativité générale, ou encore le vide au sens quantique. Pour un aperçu, on pourra se reporter aux différents articles repris dans E. GUNZIG et S. DINER (éd.), *Le vide. Univers du tout et du rien*, Éditions complexes, Bruxelles, 1997.

2. Pour une description de cette expérience, *cf.* St. SHAPIN et S. SCHAFFER, *Leviathan et la pompe à air, op. cit.*, p. 46.

3. Selon Shapin et Schaffer, Boyle lui-même ne faisait pas vraiment de distinction entre la pression et la pesanteur. *Cf. ibid.*, p. 56-57.

dans toutes les directions : la pression. Tant que de l'air n'est pas enlevé au moyen de la pompe, le réceptacle étant fermé, la pression de l'air y est constante. En enlevant une partie de l'air dans le réceptacle, l'air restant doit occuper un volume plus grand et on observe que la pression exercée sur le mercure diminue, puisque son niveau diminue également. L'air est ainsi doué d'une certaine forme d'*élasticité* : il peut être comprimé ou détendu au moyen d'une force extérieure.

*

* *

Les querelles des forces vives et du vide mirent en évidence, de manière flagrante, les défauts de la physique cartésienne et conduisirent en partie à son abandon. Le programme philosophique sous-jacent à cette physique lui survécut néanmoins. La philosophie mécanique fut, en effet, largement partagée par la plupart des acteurs de la physique nouvelle. Nous verrons, dans les prochains chapitres, plusieurs succès explicatifs qu'elle permit d'atteindre au cours des deux siècles et demi durant lesquels elle présida au développement de la physique. Ces victoires ne l'empêchèrent toutefois pas de rencontrer rapidement des difficultés de taille. En effet, l'arrivée de la physique newtonienne sur la scène scientifique à la fin du xviie siècle allait amener avec elle une notion de force comme action à distance totalement incompatible avec le mécanisme tel que l'avait formulé Descartes. Or, l'importance sans précédent qu'acquit cette physique ne laissait que deux possibilités à la philosophie mécanique : soit une révision en profondeur conduisant à s'éloigner de la formulation cartésienne stricte et à accepter une mystérieuse action à distance à côté de l'action de proche en proche jusqu'alors reconnue par les tenants du mécanisme, soit une réduction de la première à la seconde via un milieu aux propriétés pour le moins étranges : l'éther.

Chapitre iv

LA MÉCANIQUE NEWTONIENNE

Au xvie siècle, ce que nous appelons aujourd'hui la physique était le plus souvent appelé « philosophie naturelle » et était compris comme une tentative systématique de compréhension de la nature et des causes des phénomènes naturels, que ceux-ci soient situés au niveau terrestre ou céleste. À côté de cette philosophie naturelle, il existait déjà des sciences physico-mathématiques. Celles-ci étaient rangées sous l'appellation de « mathématiques mixtes », et comprenaient l'astronomie, l'optique géométrique, l'harmonie et la statique. Les mathématiques mixtes étaient à l'origine séparées de la philosophie naturelle et ne s'occupaient donc pas de la recherche des causes des phénomènes auxquels elles s'intéressaient. Par exemple, en optique géométrique, si l'on concevait la lumière sous forme de rayon et si l'on s'intéressait à ses propriétés géométriques, la question de la nature physique de la lumière et les causes des phénomènes optiques étaient totalement négligées. L'opposition entre philosophie naturelle et mathématiques mixtes commença néanmoins à se déliter dès le Moyen Âge, en particulier lorsque quelques penseurs utilisèrent les mathématiques pour résoudre certains problèmes concernant la vitesse des corps en mouvement. C'est à partir du xviie siècle que l'union entre ces deux disciplines commença à être réellement scellée [1]. Le titre du grand ouvrage de Newton, calqué sur celui de Descartes de 1687 − *Les principes mathématiques de la philosophie naturelle* (*Philosophiae naturalis principia mathematica*) −, est, à cet égard, tout à fait symptomatique. Ce titre nous révèle toutefois qu'un pas important a été franchi par rapport aux immixtions des mathématiques dans le domaine de la philosophie naturelle que nous avons mentionnées précédemment : il ne s'agit plus simplement d'appliquer les mathématiques pour résoudre des

---

1. La philosophie naturelle a connu plusieurs mutations durant la période moderne. Ses nouvelles formes (naturalisme renaissant, cartésianisme, leibnizianisme ou newtonianisme) ont longtemps coexisté avec l'aristotélisme scolastique.

problèmes qui lui sont normalement étrangers, mais bien de soutenir que les principes mêmes de la philosophie naturelle sont mathématiques.

L'importance des résultats que Newton réussit à obtenir sur la base de ces principes fait de son ouvrage le sommet de la pensée scientifique moderne. Les physiciens postérieurs verront d'ailleurs dans la physique newtonienne la formulation « classique » de la mécanique, c'est-à-dire la théorie mathématique du mouvement des corps macroscopiques (perceptibles à notre échelle) se déplaçant à une vitesse très inférieure à celle de la lumière [1]. Avec celle-ci, Newton accomplit, de manière éclatante, la synthèse des travaux élaborés depuis le début du XVIIe siècle par Galilée, Descartes et Huygens sur le mouvement. Avec la formulation de la loi de gravitation universelle, il unifia également deux parties de la physique qui étaient restées séparées depuis Aristote : celle qui porte sur les mouvements célestes et celle qui porte sur les mouvements terrestres. Le cadre conceptuel posé par Newton dans les *Principia* détermine, aujourd'hui encore, pour une large part, la manière dont nous concevons et pratiquons cette partie de la physique que nous appelons la *mécanique*.

QUELQUES DÉFINITIONS

Les *Principia* de Newton, tout comme les *Discours* de Galilée, se présentent sous une forme hypothético-déductive. Des « définitions » et des « axiomes » y sont posés, et de ceux-ci des « propositions » sont dérivées. Même s'il est l'inventeur (avec Leibniz) du calcul différentiel et intégral, les méthodes démonstratives qu'utilise Newton dans ce livre sont encore largement géométriques. Mais concentrons-nous ici sur les définitions.

Nous pouvons, comme le suggère Cyril Verdet [2], distinguer au moins trois types de définitions utilisées dans la physique classique et moderne. La première catégorie a trait aux *grandeurs physiques fondamentales*. Elles sont à l'heure actuelle au nombre de sept : le temps, la longueur, la masse, la température, le courant électrique, la quantité de matière et l'intensité

---

1. M. VORMS, *Qu'est-ce qu'une théorie scientifique ?*, Vuibert, Paris, 2011, p. 10. Nous verrons, ultérieurement, que l'étude du mouvement des corps dont la taille est de l'ordre de grandeur des atomes, c'est-à-dire les corps microscopiques, relève de la mécanique quantique et celui des corps se déplaçant à une vitesse proche de celle de la lumière relève de la mécanique relativiste.

2. C. VERDET, *Méditations sur la physique, op. cit.*, p. 208-211.

lumineuse [1]. Leurs unités de mesure constituent ce que l'on appelle les « unités du système international » : la seconde, le mètre, le kilogramme, le kelvin, l'ampère, la mole et le candela. Les grandeurs fondamentales sont définies à partir de certains phénomènes naturels. Par exemple, le mètre a pendant longtemps été défini comme la longueur d'une certaine barre en métal – le « mètre étalon » –, dont une copie est conservée au Musée des arts et métiers à Paris. Toute longueur est alors un certain multiple de la longueur du mètre étalon. Aujourd'hui, les physiciens recourent souvent à des processus plus abstraits pour définir les grandeurs de base. Par exemple, le mètre est défini comme étant le trajet effectué par la lumière durant une certaine durée et la seconde comme étant un certain nombre d'oscillations de l'atome de césium 133.

La deuxième sorte de définition concerne les *grandeurs physiques dérivées* des grandeurs fondamentales. Elles sont définies au moyen de relations algébriques entre les grandeurs de base. Ainsi, la vitesse est le rapport d'une longueur et d'un temps. Elle se mesure dès lors en mètres par secondes.

Les définitions du troisième type n'ont pas d'expression algébrique et ne sont pas définies à partir de certains phénomènes naturels. La notion d'inertie est, à cet égard, exemplaire. On la définit généralement comme la capacité d'un corps à résister à un changement de son état de mouvement (par rapport à un référentiel). Cette définition renvoie alors « à la sensation éprouvée lorsqu'on fait l'expérience d'une difficulté à freiner un corps lorsqu'il est en mouvement ou à le mettre en mouvement lorsqu'il est immobile » [2]. Bien que l'on dise souvent que la masse (inertielle) mesure l'inertie d'un corps (plus un corps a une masse importante, plus il résistera à tout changement de son état de mouvement), cette façon de parler est en partie métaphorique : on n'exprime pas l'inertie d'un corps en kilogrammes ! Il serait plus correct de dire que l'inertie d'un corps dépend de sa masse, même si la forme algébrique de cette dépendance n'est pas précisée par les physiciens.

La mécanique newtonienne est fondée sur quatre concepts fondamentaux : l'espace, le temps, la masse et la force. Le début de l'ouvrage majeur de Newton s'efforce d'en préciser le sens. Examinons, pour l'instant, les définitions qui concernent la masse et la force, nous aborderons celles du

---

1. Bureau international des poids et mesures, *Le système international d'unités (SI)*, 9ᵉ éd., Sèvres, 2019, p. 18.

2. C. Verdet, *Méditations sur la physique, op. cit.*, p. 210.

temps et de l'espace un peu plus loin. Newton définit la « masse », ou
« quantité de matière », comme le produit de la densité par le volume. Il est
le premier à définir le concept de masse sous cette forme classique. Il faut
cependant avouer que sa définition est peu satisfaisante. Elle semble en effet
circulaire, dans la mesure où la densité est habituellement définie comme le
rapport de la masse sur le volume [1]. La caractérisation en termes de quantité
de matière n'est pas plus convaincante, car Newton ne précise pas ce qu'il
faut entendre par là.

L'apparition d'un nouveau terme en science est rarement innocente.
Comme le dit Antoine Lavoisier, qui fit tant pour la réforme de la nomen-
clature chimique,

> [...] toute science physique est constituée de trois choses : la fé[e]rie des faits
> qui constituent la science, les idées qui les appellent, les mots qui les expriment.
> Le mot doit faire naître l'idée, l'idée doit peindre le fait : ce sont les empreintes
> d'un même cachet ; et comme ce sont les mots qui conservent les idées et
> les transmettent, il en résulte qu'on ne peut perfectionner le langage sans
> perfectionner la science, ni le langage sans la science, et que quelques certains
> que fussent les faits, quelques justes que fussent les idées qu'ils auroient fait
> naître, ils ne transmettroient encore que des imperfections fausses si nous
> n'avions pas des expressions exactes pour les rendre [2].

L'introduction d'un terme en science marque le plus souvent un progrès
dans notre compréhension de la nature, la reconnaissance d'un fait ou d'une
différence fondamentale que le scientifique a saisie et dont il cherche à rendre
compte au moyen d'un terme approprié. En définissant la masse d'un corps
comme la quantité de matière qu'il contient, Newton comprend que celle-ci
doit être distinguée du *poids*. Tandis que le poids est une force, et donc une
sollicitation extérieure au corps, la masse en est une *propriété intrinsèque*.
Si la masse newtonienne est constante, le poids, en revanche, peut varier à
la surface de planètes différentes, mais aussi à la surface de la Terre elle-
même [3]. Une fois en possession de la notion de masse, celle de « quantité de

---

1. E. Mach, *La Mécanique, op. cit.*, p. 189-190.
2. A. Lavoisier, *Traité élémentaire de chimie. Présenté dans un ordre nouveau et d'après les découvertes modernes*, Cuchet, Paris, 1789, p. vi-vii.
3. En 1671, Jean Richer observa qu'un même pendule battait plus lentement à Cayenne qu'à Paris. La période d'oscillation d'un pendule étant directement liée à sa longueur et à l'accélération gravitationnelle, Richer prouva ainsi que le poids d'un corps pouvait varier.

mouvement » peut être définie, au sens moderne du terme, comme le produit de la masse par la vitesse.

Venons-en à la notion de force. La physique de Galilée et Kepler relevait encore essentiellement de la cinématique, c'est-à-dire qu'elle cherchait à décrire mathématiquement les mouvements des corps en faisant abstraction des causes qui avaient pu leur donner naissance ou les modifier. Pourtant, on s'en souvient, Kepler affirmait également que le mouvement des astres autour du Soleil était dû à une « âme motrice » (*anima motrix*) issue de ce dernier. Dans la deuxième édition de son *Mysterium cosmographicum* de 1621, après avoir constaté que la cause du mouvement des planètes diminuait avec l'éloignement du Soleil, il décida d'abandonner le vocabulaire hylémorphique qu'il avait utilisé jusque-là et remplaça le mot « âme » par celui de « force » (*vis*) [1].

Galilée et Descartes ont fait du repos et du mouvement deux états d'un corps, ce qui est au repos ou en mouvement l'étant toujours relativement à un autre corps considéré comme au repos. C'est un déplacement majeur, parce que ce que ce qu'il s'agit d'expliquer n'est plus le mouvement local lui-même, ce mouvement considéré par Aristote et ses disciples comme une espèce du changement, mais bien le passage de l'état de repos à l'état de mouvement ou d'un état de mouvement à un autre, c'est-à-dire au final des changements d'état de mouvement. On ne recherche plus la cause du mouvement – celui-ci en est dépourvu, puisqu'il tend à se perpétuer –, mais la cause du changement de mouvement – de son intensité ou de sa direction. Cette cause qui imprime un changement d'état de mouvement à un corps est ce que Newton appelle la « force imprimée » (*vis impressa*). Avec l'introduction de celle-ci, l'auteur des *Principia* opère le passage d'une conception cinématique du mouvement à une conception proprement *dynamique* [2]. Il définit la force imprimée comme « une action exercée sur le corps, qui a pour effet de changer son état de repos ou de mouvement rectiligne uniforme » et précise que cette force ne persiste pas, mais cesse dès que l'action qui l'a produite vient à s'arrêter. Cette définition de la force appartient clairement à la troisième catégorie identifiée ci-dessus et est, dans une large mesure, de nature métaphysique.

1. J. KEPLER, *Le secret du monde, op. cit.*, note 3, p. 140-141.
2. C'est à Leibniz que l'on doit l'invention du mot « dynamique ». La différence entre cinématique et dynamique telle qu'exposée ici remonte à André-Marie AMPÈRE : *Essai sur la philosophie des sciences*, Bachelier, Paris, 1834, p. 54.

Plusieurs sortes de forces imprimées peuvent être distinguées selon leur origine. Une force imprimée peut, par exemple, résulter d'un choc ou d'une pression. Dans les *Principia*, Newton s'intéresse particulièrement à une force qui ne nécessite pas de contact et qu'il appelle la « force centripète » (*vis centripeta*), c'est-à-dire la force par laquelle un corps tend vers un centre. La « gravité », grâce à laquelle les corps tendent vers le centre de la Terre, est une force de ce type, de même, comme nous le verrons plus loin, que la force qui maintient les planètes sur leur orbite (en les faisant dévier de leur mouvement rectiligne). La force centripète s'oppose à la « force centrifuge », selon l'expression de Huygens, c'est-à-dire la force par laquelle un corps s'éloigne d'un centre – littéralement, « centrifuge » signifie « qui fuit le centre ». Nous pourrions dire que tandis que la force centripète est la force qui permet à un corps d'effectuer un mouvement circulaire, la force centrifuge est la conséquence d'un mouvement de rotation.

L'ESPACE ET LE TEMPS ABSOLUS

Pour Descartes, l'étendue représentait l'essence même de la matière. De là l'ambition d'expliquer toutes les propriétés des corps matériels au moyen de concepts géométriques, comme la forme ou la taille. Descartes pensait, par exemple, pouvoir expliquer de la sorte l'impénétrabilité des corps. Mais une telle entreprise était d'avance vouée à l'échec, car, en expliquant en termes géométriques une propriété telle que l'impénétrabilité[1], on perd ce que celle-ci a de proprement matériel. Koyré a pu parler, chez Descartes, d'une « géométrisation à outrance »[2], et il y a effectivement de cela. Mais, surtout, l'identification de l'essence de la matière à l'étendue interdit toute différence conceptuelle entre l'espace physique et l'espace euclidien, entre l'espace des corps et l'espace géométrique. En refusant cette identification abusive, Newton a ouvert la voie à une telle distinction entre deux types d'espace : l'un relatif et l'autre absolu. Pour comprendre ce qui motive cette distinction, il nous faut remonter à la critique newtonienne d'un autre concept cartésien, étroitement lié à la notion d'espace, à savoir celui de mouvement.

1. *Cf.* l'argument exposé dans R. DESCARTES, « Lettre à More du 15 avril 1649 », dans *Œuvres, op. cit.*, vol. V, p. 342.
2. A. KOYRÉ, *Études galiléennes, op. cit.*, p. 330.

La critique de la conception relativiste du mouvement

Nous avons vu, dans le chapitre précédent, que Descartes avait substitué au mouvement au sens large d'Aristote le seul mouvement local. Il définissait ce mouvement au sens étroit comme « l'action par laquelle un corps passe d'un lieu en un autre »[1]. Bien qu'intuitive, cette définition laissait l'auteur des *Principes de la philosophie* insatisfait. Le problème est qu'elle revenait à concevoir le mouvement comme une « action », alors qu'il s'agit d'un état. Une telle conception semble induire le préjugé selon lequel c'est la fin de l'action qui produit le repos, de sorte que celui-ci nécessiterait moins d'effort que le mouvement pour se perpétuer. Or, en tant qu'état, le repos est sur le même pied que le mouvement et ne saurait être conçu comme une *absence* d'action. Il convient donc de modifier la définition du mouvement comme action, que Descartes appelle la définition « selon l'usage commun ». Il faut substituer à cette compréhension ordinaire du mouvement une définition « selon la vérité ». D'après celle-ci, le mouvement est « *le transport d'une partie de la matière, ou d'un corps, du voisinage de ceux qui le touchent immédiatement, et que nous considérons comme en repos, dans le voisinage de quelques autres* »[2]. Dans cette définition, l'action a été remplacée par le transport et le lieu par le voisinage[3].

Cette nouvelle conception du mouvement au sens propre est en accord avec la conception cartésienne du monde comme monde plein. En effet, dans un monde où le vide n'existe pas, tout mouvement d'un corps entraîne une modification de son voisinage, c'est-à-dire des corps qui l'entourent. Par exemple, le mouvement d'un corps *A* nécessite sa substitution à un autre corps *B*, ce qui entraîne une reconfiguration des corps qui entouraient *A* : certains continueront à faire partie de son entourage immédiat, tandis que d'autres, qui entouraient le corps *B*, entoureront maintenant *A*.

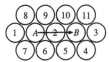

---

1. R. Descartes, *Principes de la philosophie*, *op. cit.*, p. 76.
2. *Ibid.* Nous ne nous appesantirons pas ici sur les détails de cette deuxième définition quelque peu alambiquée et renvoyons pour plus de détails à D. Garber, *Descartes' Metaphysical Physics*, *op. cit.*, chap. 7.
3. Pour l'explication de ce deuxième remplacement, nous renvoyons à *ibid.*, p. 162 *sq.*

Plus encore, la conception du mouvement au sens propre a pour conséquence qu'il ne peut y avoir de mouvement dans le vide – tout corps en mouvement possède un voisinage composé d'autres corps. Le mouvement est, dès lors, essentiellement une modification des relations entre le corps en mouvement et d'autres corps. En ce sens, le mouvement selon la vérité peut être dit *relationnel*.

Newton a critiqué cette conception cartésienne du mouvement au sens propre dans le manuscrit intitulé *De la gravitation*[1]. Selon lui, elle est incompatible avec le principe d'inertie[2], que Descartes accepte à titre de loi de la nature. Newton n'étant pas prêt à rejeter ce principe, il pense que c'est la définition du mouvement elle-même qui doit être modifiée. Si nous acceptons le principe d'inertie, le mouvement ne peut être relationnel. Supposons qu'un corps A se déplace en ligne droite. En vertu du principe d'inertie, il continuera à le faire, à moins que quelque chose ne cause une modification de son état de mouvement. En vertu de la définition cartésienne du concept propre de mouvement, cela signifie que le corps A change de manière continue ses relations par rapport aux corps situés dans son voisinage. En quoi cette explication fait-elle problème ? En ce que la conception cartésienne du mouvement permet d'affirmer qu'il est possible de modifier l'état de mouvement de A, par exemple pour qu'il soit au repos, sans agir causalement sur lui, en contradiction avec le principe d'inertie. Il suffit pour cela d'agir sur le voisinage de A : si le voisinage de A, à un certain instant, continue à l'entourer aux instants ultérieurs, alors A sera considéré comme étant au repos, puisque sa relation aux corps situés autour de lui n'aura pas changé.

De cet argument, Newton conclut que le principe d'inertie est incompatible avec une conception relationnelle du mouvement. Qu'un corps A se rapproche d'un corps B ou que ce soit le corps B qui se rapproche de A est indifférent d'un point de vue relationnel : dans les deux cas, nous avons affaire au même mouvement (relatif). En revanche, d'un point de vue dynamique, c'est-à-dire du point de vue des forces qui causent le changement d'état de mouvement, les deux situations sont tout à fait différentes. Tandis que dans le premier cas, c'est le corps A qui voit son état de mouvement modifié, parce qu'un autre corps a agi causalement sur lui, dans le deuxième,

---

1. *Cf.* I. NEWTON, *De la gravitation*, trad. M.-Fr. Biarnais dans *De la gravitation* suivi de *Du mouvement des corps*, Gallimard, Paris, 1995, p. 116-120.
2. Nous nous appuyons ici sur la reconstruction de l'argumentation newtonienne due à Andrew JANIAK : *Newton*, Blackwell, Oxford, 2015, p. 69-70.

c'est le corps *B* qui subit cette modification. Il y a donc, d'une part, un mouvement relatif et, d'autre part, un mouvement au sens propre mais qui n'est pas relationnel, un mouvement dont le changement d'état résulte de l'action d'une force. De quelle nature est ce mouvement non relationnel ? Nous pourrions certes envisager le mouvement comme une caractéristique *intrinsèque* des corps, c'est-à-dire une propriété qu'ils posséderaient même en l'absence de tout autre corps[1], mais ce n'est pas la voie que choisit Newton. Selon lui, le mouvement au sens propre est *absolu*. Un corps animé d'un tel mouvement continuera dans son état de mouvement à moins qu'un corps n'agisse causalement sur lui, car un tel mouvement est indépendant des relations du corps en mouvement avec les autres corps. À vrai dire, même si tous les autres corps de l'univers venaient à disparaître, le corps animé d'un mouvement absolu continuerait à se mouvoir. Mais par rapport à quoi pourrions-nous alors dire qu'il se meut ? Par rapport au référentiel attaché à un espace qui existerait même si aucun objet n'existait en son sein et que Newton appelle l'« espace absolu ».

L'espace et le temps absolus selon Newton

Aux huit définitions qui ouvrent les *Principia* succède un important *Scholium* (une note explicative) dans lequel Newton introduit les célèbres définitions de l'espace et du temps absolus :

> I. Le temps absolu, vrai et mathématique, sans relation à rien d'extérieur, coule uniformément, et s'appelle *durée*. Le temps relatif, apparent et vulgaire, est cette mesure sensible et externe d'une partie de durée quelconque (égale ou inégale) prise du mouvement : telles sont les mesures d'*heures*, de *jours*, de *mois*, et c'est ce dont on se sert d'ordinaire à la place du temps vrai.
> II. L'espace absolu, sans relation aux choses externes, demeure toujours similaire et immobile.
> L'espace relatif est cette mesure ou dimension mobile de l'espace absolu,

---

1. Sur cette suggestion, *cf.* A. JANIAK, *Newton, op. cit.*, p. 71-72. La propriété d'avoir les cheveux bruns est une des propriétés intrinsèques d'un individu, puisqu'il continuerait à avoir les cheveux de cette couleur même si tous les objets de l'univers venaient à disparaître. En revanche, il ne s'agit pas d'une de ses propriétés *essentielles*, puisqu'il aurait pu avoir les cheveux d'une autre couleur si le cours du monde avait été différent. Sur les propriétés intrinsèques, *cf.* l'article classique : R. LANGTON et D.K. LEWIS, « Comment définir "intrinsèque" », *Revue de métaphysique et de morale*, 36, 2002, p. 511-527.

laquelle tombe sous nos sens par sa relation aux corps, et que le vulgaire confond avec l'espace immobile [1].

L'espace et le temps absolus s'opposent donc à l'espace et au temps communs. Ce sont des entités indépendantes des corps qu'elles contiennent et des événements qui s'y produisent. Les différences entre le temps absolu et le temps relatif pouvant être facilement transposées à la distinction entre l'espace absolu et l'espace relatif, nous nous concentrons ici sur cette dernière.

L'espace absolu est conçu comme un espace vide préexistant aux corps qui y prennent place. La matière ne pouvant exister que dans l'espace et dans le temps, elle en est dès lors *ontologiquement dépendante*. La partie de l'espace occupée par un corps est ce que Newton appelle un « lieu ». Le mouvement n'est, quant à lui, que la translation d'un corps d'un lieu vers un autre lieu. Que ce soit la notion de lieu ou celle de mouvement, chacune peut être comprise en un sens relatif ou en un sens absolu. Par exemple, le mouvement d'un bateau par rapport à la Terre est un mouvement relatif qui est identique à la différence du mouvement absolu du bateau dans l'espace absolu et du mouvement absolu de la Terre dans ce même espace absolu. La cabine du bateau est un lieu relatif défini par le mouvement absolu du bateau entre différents lieux absolus (un lieu absolu est une partie immobile de l'espace absolu). Un lieu relatif est ainsi comme attaché à un corps et se déplace avec celui-ci. Alors que Descartes avait identifié l'espace occupé par les corps et l'espace géométrique, Newton les sépare pour en faire deux espaces physiques à part entière.

L'espace relatif est fondamentalement la mesure de la longueur d'un corps rapportée à celle d'un autre corps. En ce sens, il peut être défini au moyen d'une relation algébrique et sa définition relève du deuxième type identifié précédemment. Newton ne définit pas réellement l'espace absolu. Il le conçoit avant tout comme une entité métaphysique servant de support à l'espace relatif et destinée à jouer le rôle de cadre dans lequel doivent venir s'inscrire toutes les lois de la physique.

Bien que seul l'espace absolu existe réellement, nous ne pouvons le percevoir directement. C'est précisément le rôle de l'espace relatif que de nous fournir un « repère sensible » auquel rapporter le mouvement [2]. Tout

1. I. Newton, *Principes mathématiques de la philosophie naturelle, op. cit.*, p. 404.
2. E. Cassirer, *Substance et fonction, op. cit.*, p. 201.

ce que nous donnent nos sens, selon Newton, ce sont des distances et des mouvements par rapport à des corps considérés comme immobiles, c'est-à-dire ce que nous avons appelé précédemment des *référentiels*. L'existence de l'espace absolu ne peut être justifiée empiriquement. Newton nous enjoint, dès lors, à tenter, en premier lieu, de prouver l'existence d'un mouvement absolu. Un mouvement absolu étant un mouvement qui n'est pas relatif à des corps, mais uniquement à l'espace absolu, un argument qui prouverait l'existence du premier permettrait également de prouver l'existence du second. Pour prouver l'existence d'un mouvement absolu, nous pouvons nous servir des forces qui sont les causes des mouvements absolus. Mais quel type de force pourrait nous permettre de distinguer un mouvement absolu d'un mouvement relatif ? Newton soutient qu'un mouvement absolu est toujours causé par une force imprimée [1], alors qu'un mouvement relatif peut être produit sans qu'aucune force ne soit imprimée au corps en mouvement : il suffit pour cela que le corps par rapport auquel est mesuré le mouvement relatif en question – le référentiel donc – subisse l'action de certaines forces. Par exemple, un corps au repos par rapport à l'espace absolu apparaîtra comme étant en mouvement relatif par rapport à tout corps en mouvement absolu dans l'espace absolu. Alors que le premier ne subira l'action d'aucune force imprimée, ce ne sera pas le cas du second. À l'inverse, un corps pourrait être en repos relatif, mais en mouvement absolu, si le référentiel par rapport auquel son mouvement est rapporté subit les mêmes effets dynamiques, dus à des forces imprimées, que le corps en mouvement.

Ces précisions étant faites, il reste à déterminer quelles sont les forces imprimées dont nous pouvons percevoir les effets sans que cette perception soit fondée sur celle de changements relatifs entre corps. Selon Newton, les forces qui produisent un mouvement rectiligne ne nous offrent pas cette possibilité, parce que nous ne pouvons jamais savoir avec certitude si ce mouvement est absolu. En effet, un corps qui nous apparaît comme étant en mouvement rectiligne pourrait très bien être en repos absolu, son mouvement relatif n'étant que le résultat de la différence entre son état de repos absolu et le mouvement absolu du référentiel auquel il est attaché. Ce genre de situation ne saurait en revanche se présenter avec les forces qui génèrent un mouvement circulaire ou de rotation [2].

1. I. NEWTON, *Principes mathématiques de la philosophie naturelle, op. cit.*, p. 407.
2. *Cf. ibid.*

Pour tenter de nous convaincre de l'existence de l'espace absolu, Newton développe un célèbre argument, dit du « seau d'eau » (*water-bucket experiment*), centré sur un mouvement de rotation. Accrochons un seau rempli d'eau à une corde, puis tordons celle-ci en vrille, pour finalement la relâcher. Le seau se met alors à tourner sur son axe et nous constatons que

> [...] au commencement de ce mouvement la superficie [surface] de l'eau contenue dans le vase [le seau] restera plane, ainsi qu'elle l'était avant que la corde se détortillât ; mais ensuite le mouvement du vase se communiquant peu à peu à l'eau qu'il contient, cette eau commencera à tourner, à s'élever vers les bords, et à devenir concave, comme je l'ai éprouvé, et son mouvement s'augmentant, les bords de cette eau s'élèveront de plus en plus, jusqu'à ce que les révolutions s'achevant dans des temps égaux à ceux dans lesquels le vase fait un tour entier, l'eau sera dans un repos relatif par rapport à ce vase [1].

La rotation du seau provoque donc un éloignement de l'eau par rapport au centre du mouvement, éloignement qui se marque par l'ascension de l'eau vers les bords du seau. Or, affirme Newton, cet effort de l'eau pour s'éloigner du centre du mouvement permet de mesurer « le mouvement circulaire vrai et absolu » de l'eau, lequel est différent de son mouvement relatif. En effet :

> [...] dans le commencement où le mouvement relatif de l'eau dans le vase était le plus grand, ce mouvement n'excitait en elle aucun effort pour s'éloigner de l'axe de son mouvement : l'eau ne s'élevait point vers les bords du vase, mais elle demeurait plane, et par conséquent elle n'avait pas encore de mouvement circulaire vrai et absolu : lorsque ensuite le mouvement relatif de l'eau vint à diminuer, l'ascension de l'eau vers les bords du vase marquait l'effort qu'elle faisait pour s'éloigner de l'axe de son mouvement ; et cet effort, qui allait toujours en augmentant, indiquait l'augmentation de son mouvement circulaire vrai [2].

Au début, avant même qu'une torsion ne soit imposée à la corde, l'eau est au repos relativement au seau et sa surface est plane. Plus tard, lorsque l'eau et le seau tournent ensemble, l'eau est toujours au repos relativement au seau, mais elle est cette fois incurvée en son centre. La situation est donc physiquement différente. La question est celle de savoir ce qui cause cette différence. Une réponse vient immédiatement à l'esprit : le mouvement circulaire de l'eau.

---

1. I. NEWTON, *Principes mathématiques de la philosophie naturelle*, *op. cit.*, p. 407-408.
2. *Ibid.*

Pourtant, le mouvement relatif de l'eau par rapport au seau est le même entre la situation initiale et la situation finale. C'est donc que la surface concave qui se forme au milieu de l'eau n'est pas due au mouvement *relatif* de l'eau par rapport au seau, c'est-à-dire à son mouvement par rapport à son voisinage, mais bien à son mouvement *absolu*, celui qu'elle effectue par rapport à l'espace absolu. Le véritable mouvement de l'eau ne saurait être un mouvement au sens cartésien du terme.

Lorsque l'eau est incurvée, elle tourne pour ainsi dire vraiment; elle tourne de manière absolue.

S'il y a un mouvement absolu, celui-ci doit être causé par une force imprimée. D'après la définition que nous en avons donnée, cette force doit être centrifuge, puisque l'eau s'éloigne de l'axe du mouvement circulaire. Elle est la cause de la forme concave qui apparaît au centre de l'eau. S'il y a force, il y a accélération, comme nous le verrons plus loin avec la deuxième loi du mouvement. Or une accélération n'est rien d'autre qu'un changement de vitesse. Ce changement doit être rapporté à quelque chose et ce quelque chose ne peut être, d'après ce que nous venons de dire, que l'espace absolu [1]. Le mouvement ascendant des particules dans le seau d'eau est donc bien un mouvement absolu, dans la mesure où il résulte d'une variation de mouvement par rapport à l'espace absolu.

Nous pourrions rétorquer à l'explication newtonienne de l'expérience du seau qu'elle est défectueuse, parce qu'elle s'en tient à la considération du mouvement relatif de l'eau par rapport au corps qui lui est directement contigu, à savoir le seau. Mais Newton n'aurait-il pas aussi pu considérer le mouvement de l'eau par rapport à la pièce dans laquelle il se trouve, par

---

1. Pour une critique de cette dernière affirmation, *cf.* L. SKLAR, *Space, Time, and Spacetime*, University of California Press, Berkeley, 1977 (1974), p. 229 *sq.*

rapport à la Terre, voire par rapport à la sphère des étoiles fixes, puisque dans
ce cas, semble-t-il, le mouvement relatif de l'eau est différent entre le début
et la fin de l'expérience ? C'est bien ce qu'Ernst Mach a reproché à Newton
dans sa *Mécanique* de 1883 :

> L'expérience du [seau] rempli et animé d'un mouvement de rotation nous
> apprend que la rotation relative de l'eau par rapport au [seau] n'éveille pas
> de forces centrifuges apparentes, mais que celles-ci sont éveillées par son
> mouvement relatif par rapport à la masse de la terre et aux autres corps célestes ;
> elle ne nous apprend rien de plus [1].

Cet argument aura une influence décisive sur Einstein. Mais la conception
absolutiste de l'espace de Newton n'a pas attendu Mach pour être critiquée.

La controverse entre Leibniz et Clarke

Newton soutient que l'espace absolu existerait même s'il n'y avait pas
de corps, c'est-à-dire si l'espace était entièrement vide. Il est donc *réaliste*
à l'égard de l'espace et sa position est parfois qualifiée de *substantialiste*
(*substantivalist* en anglais) ou d'*absolutiste*. D'après celle-ci, l'espace est
vu comme un contenant dans lequel les corps prennent place, une sorte
de réceptacle dont la structure est indépendante des corps qu'il contient.
Dans l'Annexe à son *Optique*, Newton précise la nature de cette entité
occulte qu'est l'espace absolu en l'assimilant à un « organe » sensoriel de
Dieu [2]. Voilà une déclaration pour le moins surprenante, dans la mesure
où la physique de Newton se veut une physique qui, à l'opposé de celle
de Descartes, serait « sans métaphysique », une physique qui ne reposerait
que sur l'expérience et les mathématiques. Qu'il en soit réellement ainsi
est contestable. Ce que nous venons de dire de l'espace absolu suffirait à le
prouver, mais nous pourrions tout aussi bien évoquer ce que Newton dit de
la force. Dès lors qu'il a tenté d'en préciser leur nature, il a réintroduit dans
son système des considérations métaphysiques, et c'est d'ailleurs sur celles-ci
qu'il a essentiellement été critiqué.
Leibniz, par exemple, a discuté la façon dont Newton concevait l'espace
dans une lettre de novembre 1715 :

1. E. MACH, *La Mécanique*, *op. cit.*, p. 225.
2. I. NEWTON, *Optique*, *op. cit.*, p. 346.

M. Newton dit que l'Espace est l'organe, dont Dieu se sert pour sentir les choses. Mais s'il a besoin de quelque moyen pour les sentir, elles ne dépendent donc point entièrement de lui, et ne sont point sa production [1].

Cette critique ne pouvait rester sans réponse. Pourtant, ce n'est pas Newton lui-même qui se chargea de répondre à Leibniz, mais l'un de ses disciples : Samuel Clarke. Selon lui, lorsque Newton affirme que l'espace est un *sensorium Dei* [2], il ne veut pas dire que l'espace est un organe corporel de Dieu, mais plutôt qu'il est le médium au travers duquel Dieu rentre en contact avec les choses et agit sur elles.

Ce premier échange épistolaire entre Leibniz et Clarke fut le point de départ de l'un des débats philosophiques les plus célèbres sur la nature de l'espace et du temps. Il est intéressant à plus d'un titre, mais nous ne pouvons, malheureusement, en explorer ici toute l'étendue [3]. Nous nous concentrerons plutôt sur deux arguments : l'un qui fait intervenir le « principe de raison suffisante » et le « principe d'identité des indiscernables », l'autre qui s'appuie sur l'inobservabilité de l'espace absolu.

Commençons par examiner le premier argument. L'espace absolu new-tonien est *isotrope* : toutes les directions y sont équivalentes. Il est aussi *homogène* au sens où le fait qu'un corps y soit placé en tel endroit ou en tel autre n'implique aucune différence. Autrement dit, tous les points ou lieux de l'espace sont équivalents contrairement à ce qu'affirmait Aristote, d'après lequel une pierre, par exemple, ne se comporte pas de la même manière au centre de la Terre et en un lieu éloigné de ce centre. Si l'espace est homogène, comme le soutient Newton, il n'y a pas de raison pour laquelle Dieu pourrait avoir choisi de placer les corps de l'univers de la manière dont il les a effectivement placés. Son choix est parfaitement équivalent à celui qui, par exemple, aurait donné lieu à un univers dans lequel toutes les choses auraient été placées les unes par rapport aux autres de la même manière que dans notre univers, mais dans lequel on aurait interverti l'orient et l'occident [4].

1. G.W. LEIBNIZ, « Début Novembre 1715. Premier écrit », dans A. ROBINET (éd.), *Correspondance Leibniz-Clarke, présentée d'après les manuscrits originaux des bibliothèques de Hanovre et de Londres*, PUF, Paris, 1957, p. 23.

2. I. NEWTON, *Optique, op. cit.*, Livre 3, question 28, p. 318 et question 31, p. 346.

3. Le lecteur intéressé pourra se reporter, par exemple, à A. KOYRÉ, *Du monde clos à l'univers infini, op. cit.*, p. 283-331.

4. G.W. LEIBNIZ, « 25 février 1716. Troisième écrit », dans A. ROBINET (éd.), *Correspondance Leibniz-Clarke, op. cit.*, p. 53.

Leibniz s'appuie ici sur son célèbre « principe de raison suffisante » selon lequel rien n'advient sans raison :

> [...] jamais rien n'arrive, sans qu'il y ait une cause ou du moins une raison déterminante, c'est-à-dire quelque chose qui puisse servir à rendre raison *a priori*, pourquoi cela est existant plutôt que non existant, et pourquoi cela est ainsi plutôt que de toute autre façon [1].

Selon ce principe, Dieu ne peut agir, et donc créer, sans une raison d'agir. Dès lors que son choix en faveur de telle ou telle configuration spatiale de l'univers est indifférent, il n'a pas eu de raison de privilégier l'une ou l'autre. C'est donc que l'hypothèse de départ, à savoir l'existence de l'espace absolu, doit être rejetée. Leibniz en conclut que l'espace ne peut qu'être *relatif* : il n'est que l'*ordre de coexistence* des corps, si bien qu'il n'existerait pas s'il n'y avait pas de corps [2]. L'espace leibnizien n'est plus qu'un système de *relations* entre les corps. Quant au mouvement, il n'est lui aussi plus que relatif ; il s'agit toujours du mouvement d'un objet par rapport à d'autres objets.

À partir du moment où l'espace n'est que l'ordre de coexistence des corps, nous avons affaire au même espace, que celui-ci soit défini par un certain univers ou par un univers symétrique. Il n'est donc plus nécessaire de faire intervenir une raison en faveur de la création de l'un au détriment de l'autre. Clarke n'est toutefois pas convaincu par l'argument de Leibniz. S'il accepte le principe de raison suffisante, il nie que le fait que l'univers ait été placé de telle manière plutôt que de telle autre soit dépourvu de raison. Que Dieu ait placé l'univers de telle façon plutôt que de façon symétrique ou, pour prendre un autre exemple, qu'il l'ait placé à tel endroit plutôt qu'à tel autre (la différence entre les deux configurations étant simplement une différence de translation), relève de sa « simple volonté » (*mere will*) [3].

Leibniz lui rétorque que Dieu ne produirait tout simplement pas un tel ordre dans la nature, car, d'une part, créer pour satisfaire sa seule volonté, et donc sans motifs, deux choses identiques l'une à l'autre est contraire à la perfection divine et, d'autre part, deux arrangements qui conservent les mêmes relations entre les mêmes corps ne sont pas distincts l'un de l'autre :

1. G.W. LEIBNIZ, *Essais de théodicée*, Flammarion, Paris, 1969, I, § 44, p. 128.
2. De même, le temps n'est que l'*ordre de succession* des événements et il ne peut y avoir de temps sans événements qui se succèdent selon un certain ordre.
3. S. CLARKE, « Mi-avril 1716. Troisième réponse », dans A. ROBINET (éd.), *Correspondance Leibniz-Clarke, op. cit.*, p. 68.

Poser deux choses indiscernables est poser la même chose sous deux noms.

Ainsi l'hypothèse que l'univers auroit eu d'abord une autre position du temps et du lieu, que celle qui est arrivée effectivement, et que pourtant toutes les parties de l'univers auroient eu la même position entre elles que celle qu'elles ont receues en effect ; est une fiction impossible [1].

Leibniz fait cette fois-ci appel au *principe d'identité des indiscernables* selon lequel deux objets qualitativement indiscernables ne peuvent être numériquement distincts. En d'autres termes, si deux objets ont toutes leurs propriétés qualitatives en commun, alors ils sont identiques l'un à l'autre. Or c'est bien le cas des exemples cités. Deux univers miroirs l'un de l'autre ne diffèrent pas qualitativement – ils contiennent les mêmes objets et ceux-ci entretiennent les mêmes relations entre eux – et sont donc identiques. De même, deux univers dont l'un est simplement la translation de l'autre ont toutes leurs propriétés qualitatives en commun.

Soulignons qu'ici Leibniz semble commettre une pétition de principe, puisque, du point de vue newtonien, les deux univers, que ce soit dans un cas ou dans l'autre, ne sont pas totalement indiscernables. En effet, les objets de l'un et de l'autre, s'ils entretiennent les mêmes relations les uns par rapport aux autres, ne sont pas situés au même endroit par rapport à l'espace absolu. Mais cette réponse est précisément exclue par Leibniz, dans la mesure où il soutient une *version forte* du principe d'identité des indiscernables : deux objets sont identiques s'ils possèdent toutes leurs propriétés *qualitatives* en commun, c'est-à-dire toutes leurs propriétés qui ne font pas référence à un individu, un temps ou un lieu singulier [2]. La version forte du principe d'identité des indiscernables est parfaitement compatible avec la conception relationniste de l'espace.

Leibniz avance un deuxième argument intéressant à l'encontre de la conception absolutiste de l'espace. Selon lui, l'espace absolu de Newton est inacceptable, parce qu'il est inobservable. Il ne s'agit pas simplement de dire que nous n'observons pas de fait cet espace, mais bien plutôt qu'il ne *peut* en aucun cas être observé [3]. Pourquoi, dès lors, supposer l'existence d'une entité qui ne peut en aucun cas être observée, alors que la conception relationniste

---

1. G.W. LEIBNIZ, « 2 juin 1716. Quatrième écrit », dans A. ROBINET (éd.), *Correspondance Leibniz-Clarke, op. cit.*, p. 85.
2. *Cf.* F. DRAPEAU CONTIM, *Qu'est-ce que l'identité ?*, Vrin, Paris, 2010, p. 28.
3. G.W. LEIBNIZ, « Mi-août 1716. Cinquième écrit », dans A. ROBINET (éd.), *Correspondance Leibniz-Clarke, op. cit.*, p. 149.

ne nous force pas à postuler une telle entité et semble tout aussi bien remplir son rôle du point de vue physique ? À cela, on pourrait rétorquer que ce qui importe, ce n'est pas que l'entité en question ne puisse pas être observée (ce qu'accorde d'ailleurs Newton), mais bien plutôt qu'elle n'ait aucune conséquence observable. La physique contemporaine est pleine d'entités que nous ne pouvons observer directement, mais dont nous acceptons néanmoins l'existence, car nous pouvons en observer certains effets. Le problème de cet argument est précisément que Newton soutient que l'espace absolu a des conséquences observables. C'est du moins ce qu'est censé établir l'argument du seau d'eau, qui a, de plus, l'avantage de ne pas reposer sur l'admission de principes métaphysiques aussi controversés que le principe de raison suffisante.

Comment, dès lors, Leibniz répond-il à cet argument du seau d'eau ? En l'occurrence, il n'y répond pas. Il meurt en 1716, sans avoir eu le temps de formuler une objection à son encontre[1]. Au final, aucun des arguments que Leibniz opposa à Clarke ne permirent d'empêcher le ralliement d'un nombre toujours plus important de scientifiques et de philosophes à la conception absolutiste de l'espace et du temps de Newton.

Pouvons-nous réellement déterminer, comme l'affirme Newton, si la conception de l'espace et du temps absolus est correcte en recourant à l'expérience ? L'auteur des *Principia* affirme que les seules longueurs et durées que nous puissions mesurer, et qui nous soient donc empiriquement accessibles, sont des longueurs et durées relatives. Dès lors, une théorie (pseudo-leibnizienne[2]) qui serait identique à celle de Newton, mais dont on aurait éliminé le temps et l'espace absolus, serait « empiriquement équivalente » à la théorie de Newton, c'est-à-dire qu'elle produirait les mêmes prédictions empiriques que la théorie de Newton. Ces deux théories sont néanmoins incompatibles, puisque l'une affirme l'existence de deux entités théoriques, tandis que l'autre nie qu'elles existent. Elles ne peuvent être départagées empiriquement. Il s'agit là d'un exemple de ce que Quine a appelé la « sous-détermination des théories par l'expérience »[3].

1. *Cf.* toutefois G.W. LEIBNIZ, « Mi-août 1716. Cinquième écrit », art. cit., p. 149-150.

2. Nous nous inspirons ici d'un exemple dû à BAS VAN FRAASSEN : *The Scientific Image*, Clarendon Press, Oxford, 1980, p. 46.

3. W.v.O. QUINE, « On the Reasons for Indeterminacy of Translation », *Journal of Philosophy*, 67 (6), 1970, p. 179. Un autre exemple, également fondé sur la théorie de Newton, peut être trouvé dans NEWTON-SMITH W.H., « The Undetermination of Theory by Data », *Proceedings of*

La théorie newtonienne et son alternative relativiste étaient sous-déterminées eu égard aux données empiriques disponibles à l'époque de Newton, mais ne peut-on les départager au moyen de données observationnelles qui ont été découvertes plus tard ? Non, car ce qui les différencie – l'affirmation de l'existence de l'espace et du temps absolus – n'est précisément pas accessible à l'expérience [1], que ce soit directement ou indirectement (contrairement à ce qu'affirmait Newton). Il existe toutefois des données observationnelles qui permettent de montrer qu'elles sont toutes les deux fausses. En effet, ces deux théories reposent sur un principe de mesure des longueurs et des durées qui conçoit celles-ci comme étant identiques dans tous les référentiels en translation rectiligne uniforme les uns par rapport aux autres. Cependant, comme le montrera Einstein près de trois cents ans plus tard, lorsque ces référentiels se déplacent à des vitesses non négligeables par rapport à celle de la lumière, les mesures des longueurs et des durées peuvent varier suivant le référentiel choisi. Ce résultat fondamental a été confirmé expérimentalement à de nombreuses reprises depuis.

LES LOIS DU MOUVEMENT

Directement après le *Scholium*, Newton présente ses trois célèbres « axiomes » ou « lois du mouvement ». Avec les huit définitions qui ouvrent les *Principia*, elles constituent le socle de l'« édifice déductif newtonien » [2]. Ce sont des *principes*, c'est-à-dire les propositions les plus fondamentales sur lesquelles repose le reste de la cathédrale newtonienne. Les autres propositions ont le statut de théorèmes démontrés à partir de ces principes.

Les trois lois newtoniennes ont toutes trait à la notion générale de force, dont elles forment une sorte de définition implicite.

the Aristotelian Society. Supplementary Volumes, 52, 1978, p. 82-84.
1. Quine a affirmé une thèse très forte : il est toujours possible de formuler deux théories incompatibles et empiriquement équivalentes eu égard à toutes les données *possibles* de l'expérience.
2. M. BLAY, *La science du mouvement*, *op. cit.*, p. 105.

La première loi

Voici l'énoncé de la première loi du mouvement de Newton :

> Tout corps persévère dans l'état de repos ou de mouvement uniforme en ligne droite dans lequel il se trouve, à moins que quelque force n'agisse sur lui, et ne le contraigne à changer d'état [1].

Autrement dit, sans l'action d'une force, la vitesse d'un corps ne peut changer : le corps ne subit pas d'accélération ou de décélération et continue son mouvement en ligne droite. Cette première loi est une conséquence du dépassement de l'opposition aristotélicienne entre mouvement et état de repos, déjà opéré par Descartes et que Newton ne fait ici que suivre. Une fois que le repos et le mouvement (rectiligne uniforme) ne sont plus que deux états d'un corps distingués seulement par le référentiel auquel ils sont rapportés, la perpétuation de l'un ne peut plus nécessiter davantage d'effort que celle de l'autre.

La première loi de Newton n'est évidemment rien d'autre que le principe d'inertie, qui avait déjà été formulé par Descartes et par Huygens, et « au seuil » duquel Galilée était parvenu sans pour autant réussir à le franchir [2]. Elle permet de définir la notion de *référentiel galiléen* ou *inertiel*. Il s'agit tout simplement d'un référentiel dans lequel la première loi de Newton est valable. Les référentiels galiléens sont des référentiels *équivalents* pour la description du mouvement, au sens où cette description est la même peu importe le référentiel galiléen choisi. La première loi précise que ces référentiels, qui nous offrent des perspectives identiques sur le mouvement, sont des référentiels en translation rectiligne uniforme les uns par rapport aux autres. Il y a, bien sûr, une infinité de référentiels inertiels, tous en translation rectiligne uniforme par rapport au référentiel attaché à l'espace absolu.

Un mouvement qui ne nécessite pas l'action d'une force pour se perpétuer est ce que l'on appelle un « mouvement inertiel » [3]. D'après la première loi de Newton, ce mouvement est un mouvement rectiligne uniforme ou un état

---

1. I. NEWTON, *Principes mathématiques de la philosophie naturelle, op. cit.*, p. 410.
2. A. KOYRÉ, *Études galiléennes, op. cit.*, p. 262.
3. On peut se demander quelle est la cause de l'inertie. Au XIXᵉ siècle, Ernst Mach soutenait, par exemple, qu'elle résultait de l'influence des masses distantes. Cette idée aura une grande influence sur Einstein, qui l'appellera « principe de Mach », mais il n'arrivera jamais réellement à lui faire jouer le rôle central qui aurait dû être le sien dans la théorie de la relativité générale.

de repos. Newton définit ce qu'il appelle la « force d'inertie » (*vis inertiae*) comme ce qui permet au mouvement inertiel acquis par le corps, suite à l'action d'une force imprimée, de persévérer. Ainsi, pour Newton, tout état de repos ou de mouvement semble causé par une force, mais tandis que la force imprimée change l'état d'un corps, la force d'inertie lui donne le pouvoir de résister à un changement d'état [1]. Si un mouvement inertiel est un mouvement qui ne nécessite pas l'action d'une force pour continuer, comment expliquer que Newton affirme qu'une force inertielle soit nécessaire pour que le mouvement acquis par un corps suite à l'action d'une force imprimée puisse se perpétuer ? Ce qu'il faut comprendre, c'est, d'une part, que la force dont il est question dans la première loi est uniquement une force imprimée, une force extérieure, et, d'autre part, que la force d'inertie n'est pas réellement une force [2]. C'est une force *fictive* qui s'exerce sur un objet sans que cet effet ne soit dû à l'action d'un autre objet [3]. Par exemple, lorsque nous sommes assis dans l'attraction foraine qu'on appelle le « Rotor », nous nous retrouvons collés au mur du tambour par le seul effet de la rotation de l'attraction, sans qu'un autre corps exerce sur nous une action qui nous pousserait contre ce mur.

L'aspect fictif de ce type de force se manifeste en particulier dans le fait que la force d'inertie ne peut être combinée avec d'autres forces au sein d'un *parallélogramme des forces* [4] :

> Un corps poussé par deux forces parcourt, par leurs actions réunies, la diagonale d'un parallélogramme dans le même temps, dans lequel il aurait parcouru ses côtés séparément [5].

De manière similaire au mouvement chez Galilée, il y a une *composition* des forces. Cela résulte du fait qu'une force est un *vecteur* [6]. L'addition de

---

1. R. Signore, *Histoire de l'inertie, op. cit.*, p. 48.

2. Dès la fin du xviiie siècle, Kant avait d'ailleurs suggéré, « [e]n dépit du nom célèbre de son inventeur », de débarrasser la science de l'appellation de « force » d'inertie (*Principes métaphysiques de la science de la nature, op. cit.*, p. 211).

3. La *force de Coriolis* est un exemple bien connu de force fictive.

4. Celui-ci a été mis au point à la fin du xvie siècle par Stevin dans le cadre de son étude de la statique du plan incliné.

5. I. Newton, *Principes mathématiques de la philosophie naturelle, op. cit.*, Corollaire I à la Loi III, p. 411.

6. La composition des forces a précédé la notion de vecteur. Cette dernière n'est apparue qu'au début du xixe siècle, dans le sillage des travaux de William Hamilton sur les quaternions.

deux vecteurs donne un autre vecteur. Pour obtenir celui-ci, il faut translater l'un des deux vecteurs, disons le deuxième, de manière à ce que son origine coïncide avec l'extrémité du premier. L'origine du vecteur qui résulte de l'addition des deux vecteurs coïncide alors avec l'origine du premier vecteur tandis que son extrémité coïncide avec l'extrémité du deuxième vecteur. Ainsi, lorsque deux forces $\vec{f_1}$ et $\vec{f_2}$ sont appliquées à un même corps, elles se combinent pour donner une force résultante $\vec{f_1} + \vec{f_2}$, qui peut être déterminée mathématiquement au moyen du parallélogramme suivant :

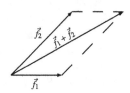

La force d'inertie ne saurait intervenir dans une telle construction. C'est donc par abus de langage que l'on donne à l'inertie le nom de force[1]. Il aurait certainement été plus approprié, comme on le fait aujourd'hui, de se contenter de parler d'« inertie », c'est-à-dire de « ce qui fait qu'on ne peut changer sans effort l'état actuel d'un corps, soit qu'il se meuve, soit qu'il soit en repos »[2]. Lorsqu'un corps subit une force qui tend à changer son état, ce corps *résiste* au sens où il s'oppose à la force qui tend à le faire changer d'état de mouvement. Plus son inertie est importante, plus il faut exercer une force importante pour modifier le mouvement qui l'anime. En l'absence de force extérieure, il continuera son mouvement, par simple inertie.

Le principe d'inertie ne reflète aucune observation, puisqu'un corps sur lequel ne s'exerce aucune force n'existe pas dans notre monde. Il s'agit une fois de plus d'une de ces *fictions* auxquelles Galilée nous a habitués. Comme nous le verrons plus loin, tout corps (massif) exerce sur tous les autres une

En 1840, Hermann Günther Grassmann développa une approche des vecteurs alternative à celle de Hamilton. Une troisième approche, due à Josiah Willard Gibbs et Oliver Heaviside, est développée dans les années 1880. Ces trois approches donneront lieu à la « grande guerre quaternionique » dans les années 1890, l'approche de Gibbs et Heaviside finissant par l'emporter. *Cf.* M.J. Crowe, *A History of Vector Analysis. The Evolution of the Idea of a Vectorial System*, Dover, New York, 1994.

1. L. Euler, *Lettres à une princesse d'Allemagne sur divers sujets de physique et de philosophie*, Steidel et co, Miétau et Leipzig, 1770, tome 1, lettre 76, p. 321.

2. I. Newton, *Principes mathématiques de la philosophie naturelle, op. cit.*, p. 401.

force inversement proportionnelle au carré de la distance qui les sépare. Dès lors, un corps sur lequel ne s'exerce aucune force est un corps situé dans un monde dont il est le seul habitant ou un corps situé à une distance infinie de tous les autres corps, puisqu'à cette distance les forces qu'exercent sur lui les autres corps sont nulles [1]. Par conséquent, d'après la première loi du mouvement, aucun corps ne persévère réellement dans son état de repos ou de mouvement rectiligne uniforme dans notre monde. Le principe d'inertie n'est pas une vérité expérimentale qui s'imposerait à nous de manière évidente ; il ne peut être vérifié directement par l'expérience. Il peut être vu comme une *convention* de nature géométrique [2] qui affirme que, en l'absence de l'action d'une force extérieure, les corps se déplacent en ligne droite. Le principe d'inertie n'est pas pour autant arbitraire. Il ne l'est pas, d'une part, parce qu'il a été préparé par les travaux de Galilée, Descartes et Gassendi [3], et, d'autre part, parce que les conséquences qui en découlent s'accordent « avec le témoignage des sens » [4].

Mouvement circulaire uniforme et vitesse instantanée

Un autre aspect important du principe d'inertie est qu'il fait du mouvement rectiligne uniforme, et donc également du repos, le mouvement naturel et premier au détriment du mouvement circulaire uniforme. Seul le mouvement rectiligne uniforme est désormais un mouvement inertiel. Durant l'Antiquité et le Moyen Âge, le mouvement circulaire uniforme était considéré comme le mouvement le plus simple et le plus parfait. Cette conception est très clairement exprimée par Aristote dans sa *Physique* :

[...] il est clair que le transport circulaire est le premier des transports. En effet, tout transport, comme nous l'avons dit précédemment, est soit circulaire soit rectiligne soit mixte ; or il est nécessaire que ceux-là soient antérieurs à celui-ci car il est composé à partir d'eux ; et le circulaire est antérieur au rectiligne, parce qu'il est plus simple et plus achevé. En effet, il n'est pas possible d'être porté sur une droite infinie (car l'infini ainsi entendu n'existe pas, et même s'il existait, rien ne serait mû, car l'impossible n'advient pas et parcourir l'infini est

---

1. Pour Gassendi, comme pour Descartes d'ailleurs, il n'y a pas encore de force matérielle agissant à distance.
2. H. POINCARÉ, *La science et l'hypothèse, op. cit.*, p. 26.
3. *Ibid.*, p. 115.
4. P. DUHEM, *L'aube du savoir. Épitomé du* Système du monde, *op. cit.*, p. 50.

impossible), et quant au mouvement sur une droite finie, s'il rebrousse chemin, il est composé et les mouvements sont deux, s'il ne rebrousse pas chemin, il est inachevé et destructible. Or, par la nature et par la définition et par le temps, l'achevé est antérieur à l'inachevé et l'impérissable au périssable. En outre, le mouvement qui peut être éternel est antérieur à celui qui ne le peut pas ; le circulaire peut donc être éternel mais, parmi les autres, ni le transport ni aucun autre ne le peut, car un arrêt doit se produire et, s'il y a arrêt, le mouvement est détruit [1].

Il y aurait beaucoup à dire sur ce texte. Nous nous contenterons de souligner que la fiction qui consiste à concevoir la possibilité d'un mouvement rectiligne uniforme, sans arrêt le long d'une ligne infinie, permet de réfuter l'affirmation de secondarité du mouvement rectiligne par rapport au mouvement circulaire. Ce n'est pas pour autant que leur rapport est inversé : nous pourrions encore considérer qu'autant le mouvement circulaire uniforme que le mouvement rectiligne uniforme constituent deux variétés irréductibles du mouvement simple et parfait. Descartes comprend que le mouvement circulaire n'est en aucun cas simple, mais est un mouvement composé qui, en plus d'un mouvement d'inertie, nécessite une certaine force – la force centripète – pour pouvoir se perpétuer, alors que ce n'est pas le cas du mouvement rectiligne uniforme [2].

Résumons ici, en termes modernes, quelques résultats portant sur le mouvement circulaire uniforme, qui nous seront utiles lorsqu'il s'agira d'expliquer les causes des orbites des planètes autour du Soleil. Prenons le cas d'un *pendule conique* (une fronde ferait tout aussi bien l'affaire), c'est-à-dire un pendule qui est écarté de sa position d'équilibre vertical et est poussé dans une direction perpendiculaire au plan dans lequel il oscillerait librement s'il était simplement lâché depuis cette position. Un tel pendule effectue un mouvement circulaire dans un plan perpendiculaire à son plan d'oscillation.

1. ARISTOTE, *Physique, op. cit.*, 265 a 12-265 b 16, p. 372-373.
2. *Cf.* R. DESCARTES, *Le Monde ou Le traité de la lumière, op. cit.*, p. 44 *sq.*

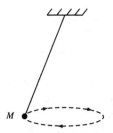

Supposons que le mouvement circulaire de notre pendule, représenté par le point M, soit uniforme :

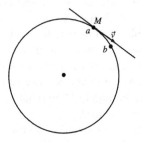

Quelle est sa vitesse ? Si le mobile en passant du point a au point b du cercle parcourt une distance Δx sur la circonférence en un temps Δt, sa vitesse moyenne v sur ce trajet vaudra $\Delta x/\Delta t$. En fait, dans un mouvement circulaire *uniforme*, cette vitesse conserve la même valeur, peu importe l'intervalle de temps choisi : le mobile parcourra des distances égales sur la circonférence du cercle en des temps égaux. Dans un mouvement uniforme, la vitesse instantanée d'un mobile est constante et identique à sa vitesse moyenne. Cette vitesse v est une grandeur scalaire et ne doit donc pas être confondue avec ce que l'on appelle le vecteur vitesse : $\vec{v}$ [1]. Considérons par exemple la boule suivante qui se déplace de gauche à droite sur un plan horizontal avec une vitesse constante de 3 m/s :

1. Les anglophones possèdent deux mots distincts pour distinguer la vitesse du vecteur vitesse : ils parlent dans le premier cas de « *speed* » et dans le deuxième de « *velocity* ». Si le terme « vélocité » existe bien en français, il ne semble pas avoir été adopté par les physiciens pour parler de ce que nous avons appelé ici le vecteur vitesse.

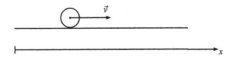

La direction du vecteur vitesse $\vec{v}$ nous est donnée par la droite du plan horizontal; le sens est celui qui va de gauche à droite selon ce plan et l'amplitude nous est donnée par la longueur du vecteur et vaut 3 m/s. C'est cette amplitude du vecteur vitesse qui correspond à la vitesse *simpliciter*. Dans un mouvement rectiligne uniforme, l'amplitude, la direction et le sens du vecteur vitesse sont constants. Mais qu'en est-il du vecteur vitesse associé au mobile *M* qui parcourt une trajectoire circulaire de manière uniforme? Sa direction doit changer à chaque instant, sinon, en vertu du principe d'inertie, le mobile continuerait son mouvement en ligne droite et échapperait à sa trajectoire circulaire. La direction du vecteur vitesse doit varier à chaque instant dans un mouvement circulaire uniforme. Le *vecteur vitesse instantanée*, c'est-à-dire le vecteur vitesse qu'a un mobile à chaque instant, par exemple celui du mobile *M* au point *a*, n'est par conséquent pas constant dans ce type de mouvement.

Avec la notion de vitesse instantanée, le projet de géométrisation de la physique imaginé par Galilée rencontre l'une de ses limites. En effet, la définition même de ce concept ne peut être effectuée en termes purement géométriques, mais nécessite de faire intervenir des considérations *infinitésimales*. Celles-ci lient infinité et continuité. Pour les Grecs de l'Antiquité, et en particulier pour Aristote, l'infini n'existe qu'« en puissance », et non « en acte ». En d'autres termes, l'infini ne saurait exister ni en tant que réalité autonome, ni en tant qu'attribut d'une telle réalité [1]. Le fait qu'une droite continue semble contenir une infinité de points signifie alors que tout segment de cette droite peut toujours être divisé en deux segments plus petits. Nous pouvons répéter cette division encore et encore, mais ce qui nous est donné au terme d'une telle opération, c'est toujours une suite finie de segments de droite. La division peut, en droit, se répéter à l'infini, mais l'infini lui-même ne nous est jamais réellement donné; ce n'est qu'un infini en puissance. Au XVIIe siècle se fait jour une conception différente des rapports entre continuité et infini, dont les répercussions seront incalculables pour le développement de la physique. Afin d'en comprendre le principe, considérons

1. P. Rossi, *La naissance de la science moderne en Europe*, Seuil, Paris, 1999, p. 302.

d'abord l'évolution discontinue d'une grandeur x en fonction d'une autre grandeur t. Nous pouvons examiner la variation de x en passant d'une de ses valeurs x_1 à la suivante x_2 par un saut *discret* selon t (de t_1 en t_2 sur le schéma ci-dessous). En revanche, lorsque x varie de manière continue en fonction de t, on ne peut passer d'une valeur de x à la valeur qui lui succède immédiatement par un saut de longueur finie, parce qu'il existe toujours entre deux valeurs une infinité de valeurs intermédiaires qui forment un segment continu, divisible à l'infini. En réalité, lorsque l'on passe d'une valeur de x à une autre valeur de cette variable sur une courbe continue représentant l'évolution de x en fonction de t, on passe d'un point à un autre en traversant une suite infinie de points, « une infinité *achevée*, et non pas seulement *incomplétable*; *épuisée* et pas seulement *inépuisable* : un infini en acte, et non en puissance »[1]. Si nous considérons, d'une part, que le continu ne peut être épuisé par une division en parties et, d'autre part, qu'il est tout de même composé d'éléments ultimes, alors il faut admettre que ces éléments sont indivisibles[2]. Le continu est dès lors pensé comme étant composé, de manière effective, d'un ensemble infini de quantités infinitésimales, des grandeurs qui sont inférieures à toute grandeur donnée, et qui sont donc indivisibles en unités plus petites.

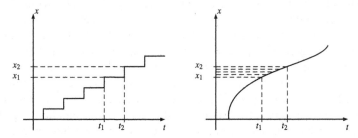

Comprenant tout le potentiel de cette nouvelle conception infinitésimale, élaborée quelques années plus tôt par Leibniz et Newton, Pierre Varignon définit mathématiquement la notion de vitesse instantanée en 1698[3]. Il opère ainsi l'un des premiers passages de la *géométrie* à l'*analyse* au sein du

1. P. ROSSI, *La naissance de la science moderne en Europe, op. cit.*, p. 303.
2. E. CASSIRER, *Le problème de la connaissance dans la philosophie et la science des temps modernes. I, op. cit.*, p. 315.
3. M. BLAY, *La science du mouvement, op. cit.*, p. 197 *sq.*

programme de mathématisation de la physique[1].

En dehors des liens entre continuité et infini, une autre difficulté s'opposait au traitement mathématique de la vitesse : la thèse de l'impossibilité des rapports de grandeurs hétérogènes. En vertu de cette thèse, on a longtemps pensé qu'on ne pouvait diviser l'une par l'autre des grandeurs hétérogènes comme la distance et le temps. Cet interdit fut levé au xviiᵉ siècle grâce à l'invention par Descartes de la « géométrie analytique ». Celle-ci rendit possible le traitement des figures géométriques au moyen de relations algébriques et leur expression sous forme d'équations[2]. Comme nous l'avons vu, la distance parcourue par un mobile et le temps étaient jusqu'alors traités au moyen de figures géométriques. En associant à ces figures des grandeurs algébriques, il devenait possible de concevoir la vitesse comme le rapport d'une distance sur l'intervalle de temps mis pour la parcourir, puisque, via les nombres, ces deux grandeurs avaient été rendues homogènes. C'est ce que nous avons fait précédemment lorsque nous avons divisé la distance Δx par l'intervalle de temps Δt pour obtenir la vitesse moyenne $\Delta x/\Delta t$. L'idée de Varignon est alors que la vitesse instantanée v d'un mobile en un point est la vitesse constante qu'a ce mobile sur un intervalle de temps dt *infiniment petit*.

Si nous notons dx la distance parcourue durant l'intervalle de temps infinitésimal dt, la vitesse instantanée n'est autre que le rapport dx/dt. Si dx est lui-même infiniment petit, ce n'est pas nécessairement le cas du rapport dx/dt. Cependant, la notion de grandeur infinitésimale est, à bien des égards, obscure. A-t-on en effet jamais vu une telle grandeur dans la nature[3] ? Au xixᵉ siècle, certains mathématiciens jugent que l'analyse doit être fondée de manière plus rigoureuse[4]. C'est ainsi qu'Augustin Louis Cauchy remplace, en 1823, la notion de quantité infiniment petite par celle de limite d'une variable tendant vers zéro. Autrement dit, une variable infiniment petite est une variable dont les valeurs successives « décroissent indéfiniment de manière à s'abaisser au-dessous de tout nombre donné »[5]. Le rapport dx/dt

---

1. *Cf.* le prochain chapitre.

2. *Cf.* le début de R. Descartes, *La géométrie*, dans Œuvres, *op. cit.*, vol. VI, p. 367-485.

3. J.L.R. d'Alembert, « Infiniment petit », dans D. Diderot et J.L.R. d'Alembert (éd.), *Encyclopédie, op. cit.*, tome 8, p. 703.

4. *Cf.* A. Alexander, « Images de mathématiques », trad. A. Raj dans D. Pestre (éd.), *Histoire des sciences et des savoirs, op. cit.*, tome 2, p. 203-221.

5. A.L. Cauchy, *Résumé des leçons données à l'École royale polytechnique sur le calcul infinitésimal*, Imprimerie royale, Paris, 1823, p. 4.

peut alors être défini comme le rapport $\Delta x/\Delta t$ lorsque Δt tend vers 0 [1]. La grandeur $\mathrm{d}x/\mathrm{d}t$ est ce que l'on appelle la *dérivée* de la position x par rapport au temps [2] :

$$v = \frac{\mathrm{d}x}{\mathrm{d}t}$$
$$= \lim_{\Delta t \to 0} \frac{\Delta x}{\Delta t}.$$

Or, plus l'intervalle de temps Δt diminue, plus la distance Δx diminue. Dans le cas du mobile M qui effectue un mouvement circulaire, cela signifie que plus l'intervalle de temps diminue plus le point b atteint par le mobile après cet intervalle de temps se rapproche de a. Lorsque cet intervalle de temps tend vers 0, la distance Δx parcourue par le mobile peut être assimilée à une portion infiniment petite de la tangente en M (la grande droite qui touche le cercle en a sur le schéma). Cela nous indique que la direction du vecteur vitesse instantanée du mobile en a est identique à celle de la *tangente* au cercle. Lorsque le mobile arrive en b, son vecteur vitesse instantanée aura pour direction la tangente au cercle en b. Ces deux directions ne sont pas identiques. Cela confirme que le vecteur vitesse $\vec{v}$ du mobile change au cours de sa trajectoire le long du cercle. L'intensité v de la vitesse, elle, ne change pas. Si le mobile a un vecteur vitesse instantanée d'une intensité de 3 m/s, ce sera le cas en tout point de son parcours. La direction de son vecteur vitesse, en revanche, sera constamment modifiée [3].

1. *Cf.* A.L. CAUCHY, *Résumé des leçons données à l'École royale polytechnique sur le calcul infinitésimal, op. cit.,* p. 9.

2. Soit une fonction $f(x)$ dépendant de la variable x. L'identité $y = f(x)$ représente la courbe décrite par f dans le plan $0xy$. La dérivée de f en un point exprime la variation de cette fonction en ce point. À une variation Δx de la variable x correspond une variation Δy de la fonction f : $\Delta y = f(x + \Delta x) - f(x)$. La dérivée de f en x est la limite du rapport :

$$\frac{\Delta y}{\Delta x} = \frac{f(x + \Delta x) - f(x)}{\Delta x}$$

lorsque Δx tend vers 0. Cette dérivée, notée $\mathrm{d}y/\mathrm{d}x$, mais aussi $f'(x)$, donne la pente en x de la tangente à la courbe décrite par $y = f(x)$. En résumé, une dérivée est donc une opération mathématique sur une fonction qui nous donne le taux de variation de cette fonction eu égard à une certaine variable par rapport à laquelle est effectuée la dérivation.

3. Si nous notons le vecteur position d'un mobile $\vec{r} = (x, y, z)$, d'après ce que nous avons dit précédemment, le vecteur vitesse de ce mobile peut être défini de la manière suivante : $\vec{v} = \mathrm{d}\vec{r}/\mathrm{d}t$.

La direction du vecteur vitesse instantanée du mobile en un point de la trajectoire circulaire est donc donnée par la tangente au cercle en ce point. Selon le principe d'inertie, la tendance du mobile est de continuer son mouvement en ligne droite, puisque, contrairement à ce que pensait Galilée, il n'y a pas d'inertie circulaire. Dès lors, conformément à la première loi du mouvement, il doit y avoir une force responsable du changement de mouvement du mobile. Si aucune force ne venait à chaque instant le ramener sur sa trajectoire circulaire, celui-ci partirait selon la tangente au point du cercle où il est arrivé au moment où cette force a cessé d'agir. La force en question doit être constamment dirigée vers le centre de la trajectoire circulaire du mobile et est donc *centripète* [1] :

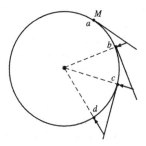

Dans notre pendule conique, cette force centripète est représentée par la composante $\vec{T}_{/\!/}$ de la tension $\vec{T}$ de la corde qui n'est pas compensée par la gravitation $\vec{G}$:

1. Dit simplement, une force perpendiculaire à la tangente en un point d'un cercle est dirigée selon la droite qui joint ce point au centre du cercle.

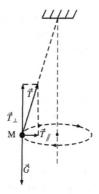

Sans l'action d'une telle force centripète qui ramène en permanence le mobile sur son orbite, celui-ci échapperait au mouvement circulaire pour continuer en ligne droite à vitesse constante, une vitesse qui n'est autre que celle qu'avait le mobile au dernier point où il se trouvait sur le cercle. Le mouvement circulaire n'est donc pas un mouvement naturel, mais un mouvement forcé qui ne persiste que sous une contrainte extérieure.

La deuxième loi

La première loi de Newton nous dit que lorsqu'une force agit sur un corps, celui-ci quitte son état de repos ou de mouvement rectiligne uniforme, mais elle ne précise pas comment a lieu ce changement d'état de mouvement. Par conséquent, l'introduction d'une deuxième loi du mouvement s'impose. Le principe d'inertie, faisant du mouvement dont la quantité se conserve un mouvement « sans cause », il semble naturel, en première approximation, de « lier cause et changement de quantité de mouvement »[1], étant entendu que par cause il faut ici comprendre force :

> Les changements qui arrivent dans le mouvement sont proportionnels à la force motrice, et se font dans la ligne droite dans laquelle cette force a été imprimée[2].

Cette formulation de la deuxième loi, que l'on appelle aujourd'hui la « loi fondamentale de la dynamique », pourra sembler étrange au lecteur d'aujour-

1. Fr. BALIBAR, « Substance et matière », dans Fr. BALIBAR, J.-M. LÉVY-LEBLOND et R. LEHOUCQ, *Qu'est-ce que la matière ?*, Le pommier, Paris, 2014, p. 47.
2. I. NEWTON, *Principes mathématiques de la philosophie naturelle, op. cit.*, p. 410.

d'hui, puisque nous ne la trouvons jamais écrite de la sorte dans les manuels de physique contemporains. Pour la comprendre, considérons un corps de masse m se déplaçant avec une vitesse v. Sa quantité de mouvement p est donc identique à mv. Un changement de mouvement n'est rien d'autre qu'une variation Δp de la quantité de mouvement. La deuxième loi nous dit que cette variation de la quantité de mouvement d'un corps est proportionnelle à la force motrice qui lui est imprimée ; notons-la F, de sorte que nous avons :

$$\Delta p \propto F.$$

Ce que Newton appelle la force *motrice* imprimée n'est pas identique au concept moderne de force, que nous noterons f. La force imprimée newtonienne correspond plutôt à ce que nous appelons aujourd'hui une « impulsion ». Le modèle de la deuxième loi est, ici, celui de l'action par *choc* instantané et discontinu. Par exemple, lorsqu'une boule de billard en rencontre une autre, la première exerce sur la seconde une impulsion à un certain instant qui provoque chez elle un changement de quantité de mouvement Δp (la vitesse de la boule passe, par exemple, de 1 m/s à 3 m/s).

Qu'en est-il maintenant lorsqu'on a affaire, non à une action instantanée et discontinue, mais à une action continue qui s'exerce sur une certaine durée, comme, par exemple, celle qu'exerce la force centripète qui maintient un mobile sur sa trajectoire circulaire ? Dans ce cas, la force motrice (impulsion) peut être identifiée au produit de cette force centripète par la durée Δt de son application : $F = f\Delta t$. La seconde loi revient alors à affirmer : $\Delta p \propto f\Delta t$. La masse étant ici considérée comme constante, nous pouvons encore réécrire cette loi de la manière suivante : $m\Delta v \propto f\Delta t$. Que nous enseigne-t-elle une fois formulée de la sorte ? Tout simplement que plus la masse m d'un corps est importante, plus la force f à exercer sur ce corps pendant une durée Δt sera importante pour faire varier sa vitesse de la quantité Δv. Par exemple, la variation Δv nécessaire pour maintenir un corps sur une trajectoire circulaire – sa tendance naturelle le poussant à prendre la tangente et à continuer en ligne droite, comme l'enseigne la première loi du mouvement – sera d'autant plus importante que cet objet est massif, c'est-à-dire qu'il contient beaucoup de quantité de matière. La masse m mesure ainsi la tendance d'un corps à persévérer dans son mouvement naturel – le mouvement rectiligne uniforme. Elle ne mesure pas seulement la résistance d'un corps à quitter le repos, comme le veut une intuition courante. L'état de repos ou de mouvement rectiligne uniforme d'un corps n'étant qu'une question de référentiel, nous pouvons dire que la masse ne mesure pas la résistance d'un corps au mouvement, mais bien sa résistance à *changer* d'état de mouvement, c'est-à-dire à accélérer ou à décélérer, à quitter son état inertiel de mouvement rectiligne uniforme ou de repos. La masse m peut, à bon droit, être qualifiée d'« inertielle ».

En ce qui concerne la formulation moderne de la deuxième loi, il suffit de voir que nous pouvons encore réécrire la dernière expression obtenue de la manière suivante :

$$f \propto m \frac{\Delta v}{\Delta t}$$

(la relation de proportionnalité est symétrique). Dans le cas de la force centripète, la direction du vecteur vitesse varie continûment d'instant en instant, de sorte qu'il serait plus correct de reformuler la précédente relation, d'une part, en termes vectoriels ($\vec{f} \propto m\Delta\vec{v}/\Delta t$) et, d'autre part, en remplaçant le quotient $\Delta\vec{v}/\Delta t$ par la limite vers laquelle il converge lorsque Δt tend vers 0, c'est-à-dire la dérivée du vecteur vitesse par rapport au temps ($d\vec{v}/dt$). Cette dernière dérivée n'étant rien d'autre que le vecteur accélération instantanée $\vec{a}$[1], nous obtenons la formulation suivante de la deuxième loi de Newton : $\vec{f} \propto m\vec{a}$. Et en choisissant correctement les unités, nous obtenons :

$$\vec{f} = m\vec{a},$$

qui est la version moderne de la deuxième loi de Newton que nous connaissons. D'après celle-ci, une force imprimée $\vec{f}$ agissant sur un corps de masse m provoque une variation de la vitesse de ce corps. L'accélération qui en résulte a la même direction et le même sens que la force, mais pas la même intensité, la force et l'accélération étant séparées par le facteur de proportionnalité m.

Avec cette nouvelle formulation de la deuxième loi du mouvement, nous pouvons réinterpréter l'exemple de la boule de billard. Si celle-ci a une masse m, alors la force $\vec{f}$ qu'elle subit la fait accélérer d'une quantité égale à f/m dans le même sens que $\vec{f}$.

L'idée selon laquelle la force doit être conçue, ainsi que nous le suggérions plus haut, comme la *cause* d'un changement d'état de mouvement

---

1. Autrement dit :

$$\vec{a} = \lim_{\Delta t \to 0} \frac{\Delta\vec{v}}{\Delta t}.$$

semble donc se confirmer. Il convient pourtant d'être prudent ici, car Newton
se garde bien, dans sa formulation de la deuxième loi, de parler explicitement
de cause. La force y apparaît plutôt comme une *mesure* du changement
d'état de mouvement. S'il s'agit d'une cause, c'est une cause *abstraite*,
une cause dont Newton ne précise pas la nature. Elle ne peut en tout cas
pas être comprise en termes mécaniques, car elle comprend aussi bien les
forces de contact, comme la percussion ou la force de pression, que les
forces qui agissent à distance, comme la force magnétique ou la gravitation.
Ce qui est plus clair, en revanche, c'est que la force est une *quantité*, une
grandeur dont on peut obtenir la valeur en mesurant la grandeur à laquelle
elle est proportionnelle, à savoir la variation de la quantité de mouvement.
Le traitement newtonien de la force est donc avant tout *mathématique*; il
laisse dans l'ombre les causes et raisons physiques[1] du mouvement. La
deuxième loi semble ainsi nous offrir une redéfinition de la notion de force,
une définition au deuxième sens du terme mentionné plus haut, et non
plus au troisième sens, une définition de la force au moyen d'une relation
algébrique déterminée entre la masse et l'accélération. La définition de
la force comme cause du changement de l'état de mouvement n'est plus
alors qu'une « image » servant à donner un contenu intuitif à une définition
mathématique abstraite[2].

Le changement de vitesse d'une particule n'est généralement pas le fait
d'une seule force. Ainsi, la force qui apparaît dans la deuxième loi de Newton
est la *résultante* de toutes les forces qui s'appliquent au corps de masse *m*.
C'est elle qui est proportionnelle à l'accélération $\vec{a}$. Une manière plus correcte
d'écrire cette deuxième loi serait donc la suivante :

$$\sum \vec{f}_i = m\vec{a},$$

où chacune des forces $\vec{f}_i$ représente une des forces partielles qui s'exercent
sur le corps de masse *m* et $\sum$ est le symbole d'addition.

Pour finir, la deuxième loi nous permet de préciser la forme mathématique
de la force $\vec{f}$ qui maintient un mobile *M* sur la trajectoire circulaire qu'il
parcourt à vitesse *v* constante. D'après la deuxième loi, s'il y a force, il y
a accélération dans le même sens. La force $\vec{f}$ du mouvement circulaire du

1. I. NEWTON, *Principes mathématiques de la philosophie naturelle, op. cit.*, p. 404.
2. C. VERDET, *Méditations sur la physique, op. cit.*, p. 234.

mobile M étant centripète, celui-ci subit donc une accélération $\vec{a}$ dirigée vers le centre de la trajectoire circulaire. Dans son *De vi Centrifuga*, rédigé en 1659, mais publié seulement en 1703, soit huit ans après sa mort, Huygens a montré que l'intensité de cette accélération était égale au carré de l'intensité de la vitesse tangentielle divisé par le rayon du cercle [1]. En d'autres termes, si r est la distance qui sépare le mobile M du centre de sa trajectoire circulaire et v est l'intensité de son vecteur vitesse sur cette trajectoire, l'intensité a de l'accélération du mobile vaut [2] :

$$a = \frac{v^2}{r}.$$

Par conséquent, l'intensité f de la force centripète nous est donnée par :

$$f = m\frac{v^2}{r}.$$

La troisième loi

Dans son chef-d'œuvre de 1586 consacré à la statique, Simon Stevin considère une poutre rectangulaire pesant, disons, 6 N et suspendue par deux fils aux points R et V, situés respectivement à deux unités et à une unité de longueur du centre de gravité T.

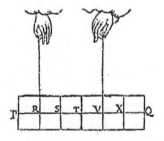

FIGURE 2 – Poutre retenue par deux fils [3]

1. *Cf.* M. Blay, *La science du mouvement, op. cit.*, p. 97.
2. *Cf.* les Propositions II et III dans Chr. Huygens, *Œuvres complètes, op. cit.*, vol. XVI, p. 268-271.
3. D'après S. Stevin, *Art pondéraire ou de la statique, op. cit.*, p. 446 (dessin modifié).

Stevin se demande quelles intensités doivent avoir les forces exercées en
R et V pour que la poutre soit à l'équilibre[1]. Nous pouvons répondre à
cette question en utilisant le *principe d'équilibre des moments de force*. Le
moment d'une force par rapport à un point exprime la capacité de cette
force à faire tourner un corps autour de ce point. Pour une force $\vec{f}$ qui
s'applique perpendiculairement à la droite qui relie un point O à un point
P auquel la force s'applique, le moment de de la force $\vec{f}$ par rapport à O est
simplement égal au produit scalaire $\vec{f} \cdot \overrightarrow{OP}$. Par conséquent, plus la distance
est importante, plus le moment de force l'est aussi. Le principe d'équilibre
des moments de force nous dit que notre poutre est en équilibre si la somme
des moments de force par rapport à un point donné est égale à zéro. On trouve
ainsi que l'intensité de la force exercée en R doit valoir le double de l'intensité
de la force exercée en V. Par exemple, par rapport au point T, si la force
exercée en R est de 2 N, celle exercée en V doit être de 4 N.

Remplaçons maintenant les deux fils qui maintenaient la poutre en
équilibre par deux supports pyramidaux. La poutre reposant en équilibre sur
ces deux supports, celui situé en R exerce sur la poutre une force de 2 N et
celui situé en V une force de 4 N.

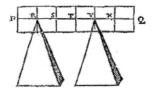

FIGURE 3 – Poutre reposant sur deux points d'appuifootnotemark

Lorsque la poutre est soulevée au moyen des deux fils, la force que doit
exercer un fil est ajustée par la personne qui le tire en fonction de la force
exercée sur l'autre fil, mais lorsque la poutre repose sur les deux pyramides,
comment celles-ci savent-elles la force qu'elles doivent exercer pour que la
poutre demeure en équilibre ? Il n'y a pas vraiment d'explication à apporter à
cette question ; il s'agit plutôt d'un fait.

1. *Cf.* S. STEVIN, *Art pondéraire ou de la statique, op. cit.*, p. 446. Nous nous appuyons ici sur
les analyses de cet extrait données par Paul SANDORI : *Petite logique des forces, op. cit.*, p. 96 *sq.*
1. D'après S. STEVIN, *Art pondéraire ou de la statique, op. cit.*, p. 446 (dessin modifié).

Newton y a même vu une loi, celle dite « d'action et de réaction », qui constitue la troisième loi du mouvement :

L'action est toujours égale et opposée à la réaction ; c'est-à-dire, que les actions de deux corps l'un sur l'autre sont toujours égales, et dans des [sens] contraires.

Cette loi nous dit que si un corps 1 exerce une force $\vec{f}_{12}$ sur un corps 2, alors le corps 2 exercera une force $\vec{f}_{21}$ de même intensité, de même direction, mais de sens opposé sur le corps 1. Autrement dit :

$$\vec{f}_{21} = -\vec{f}_{12}.$$

Par exemple, si une fronde en mouvement circulaire exerce une force centripète sur la pierre qu'elle entraîne, cette dernière exerce de manière symétrique une force centrifuge de même intensité sur la fronde. Ou, pour reprendre le cas de la poutre, si celle-ci exerce en R une force de 2 N sur la pyramide de gauche, la pyramide exerce en ce point une force sur la poutre de même intensité et de même direction, mais de sens différent. De manière similaire en V : la pyramide exerce sur la poutre une réaction de 4 N, égale à l'intensité de l'action qu'exerce la poutre sur la pyramide en ce point. Si l'action exercée par la poutre sur les deux supports est excessive, alors la réaction de ceux-ci est insuffisante et ils s'effondrent sous le poids de l'objet qu'ils étaient censés supporter.

La troisième loi de Newton introduit une symétrie qui était jusque-là absente de la notion de force. Traditionnellement, la création du mouvement impliquait une asymétrie entre le corps qui subit l'action engendrant le mouvement et le corps qui exerce cette action. Ce que nous dit la troisième loi, c'est qu'il n'y a pas d'un côté un agent et de l'autre un patient, mais deux corps qui agissent et qui subissent [1]. La force n'est plus une action, mais une *interaction*, ce qui est tout à fait nouveau.

Disons, en conclusion de cet examen des lois du mouvement, que, comme telles, celles-ci ne sont que des « schémas de loi », selon l'expression de Kuhn [2]. Elles ne nous permettent pas de résoudre un problème physique particulier. Encore faut-il disposer de la forme spécifique de la force totale $\vec{f}$ en jeu dans ce problème. Une fois en possession de celle-ci, on pourra

1. Fr. BALIBAR et R. TONCELLI, *Einstein, Newton, Poincaré, op. cit.*, p. 83.
2. Th.S. KUHN, *La structure des révolutions scientifiques, op. cit.*, p. 256.

formuler la version particulière de la loi fondamentale de la dynamique qui
s'applique au problème en question, c'est-à-dire l'équation du mouvement du
corps étudié. Dans ce qui suit, nous allons examiner une force spécifique dont
Newton a réussi à établir la forme mathématique : la force de gravitation.

LA LOI DE GRAVITATION UNIVERSELLE

Les *Principia* sont à la fois un ouvrage de mécanique générale et un
ouvrage de mécanique céleste. Newton y applique les lois du mouvement,
auxquelles il adjoint la loi de gravitation universelle, pour expliquer le mouvement des astres. La mécanique développée par Galilée dans ses *Discours*
concernait uniquement le mouvement des objets du monde sublunaire :
les pierres en chute libre et autres projectiles. Elle ne portait pas sur les
sphères célestes qui peuplent le monde supralunaire. Dans les années 1630,
il était encore difficilement envisageable, voire impossible, d'appliquer les
lois de la mécanique terrestre aux corps célestes, l'influence d'Aristote et du
géocentrisme étant, pour ainsi dire, encore trop pesante. Quelques décennies
plus tard, lorsque Newton entreprit ses propres recherches sur le mouvement,
la situation avait changé : les idées de Copernic avaient fait leur chemin et
la dichotomie entre le monde sublunaire et le monde supralunaire s'était
effondrée. Il importait maintenant de pouvoir *expliquer* le mouvement des
astres autour du soleil, notamment les lois découvertes par Kepler au début du
XVIIe siècle, de la même manière que celui des objets à la surface de la Terre,
à savoir en termes mécaniques. Une connaissance terrestre pouvait désormais
être utilisée pour obtenir une connaissance céleste.

La question à 40 shillings

La révolution astronomique a rendu les sphères célestes du système de
Ptolémée obsolètes. Avec elles, c'est également le *mécanisme* qui permettait
d'expliquer le mouvement des planètes qui disparait. Une nouvelle approche
de l'explication du mouvement planétaire était donc nécessaire. Kepler
suggéra que la cause de ce mouvement devait être attribuée à une force
émanant du Soleil : l'*anima motrix*. Conçue sur le modèle de la force
magnétique, étudiée peu de temps auparavant par Gilbert, cette force issue du
Soleil était censée agir comme un principe d'attraction sur les autres planètes

du système solaire, à la manière d'un immense aimant. Cette brillante idée mit néanmoins du temps à s'imposer.

L'explication du mouvement du pendule conique suggère que le mouvement elliptique d'une planète autour du Soleil serait un mouvement composé nécessitant l'intervention continue d'une force centripète dirigée vers le Soleil pour compenser l'inertie de la planète et la ramener sur la trajectoire dont elle tend à s'éloigner. Plus encore, il faut que cette force soit inversement proportionnelle au carré de la distance séparant une planète du Soleil [1]. Cette conjecture, avancée par Hooke, est fondamentale. Elle précise, pour la première fois, la nature mathématique de la gravitation. Encore fallait-il pouvoir la démontrer, ce dont Hooke s'avéra incapable.

La converse de la conjecture de Hooke consiste à se demander si, de la supposition que le mouvement de toute planète résulte de la composition d'un mouvement rectiligne uniforme et d'un mouvement accéléré, dû à une force centripète dirigée vers le Soleil, et variant comme l'inverse du carré de la distance séparant cette planète du Soleil, il est possible de dériver que la planète suit une trajectoire elliptique. Plus généralement, on peut se demander si les trois lois de Kepler peuvent être dérivées de cette supposition.

Cette question fit l'objet de longues discussions au sein de la Royal Society de Londres entre Hooke et deux de ses collègues : Edmund Halley et Christopher Wren. En 1684, Wren alla même jusqu'à promettre une récompense d'un livre d'une valeur de 40 shillings à quiconque serait capable en premier de trancher démonstrativement cette question [2]. La même année, n'y parvenant pas, Halley alla interroger Newton, alors titulaire d'une chaire de mathématique à l'Université de Cambridge. Selon Abraham de Moivre, Halley aurait demandé à Newton « quelle aurait été la trajectoire décrite par une planète attirée vers le soleil avec une force inversement proportionnelle au carré de la distance au soleil » [3], ce à quoi Newton aurait répondu : une ellipse. Il aurait même prétendu avoir déjà démontré ce résultat, mais ne pouvait retrouver le papier où il avait noté sa démonstration.

1. *Cf.* R. HOOKE, *An Attempt to Prove the Motion of the Earth from Observation*, John Martyn, Londres, 1674, p. 27-28 ; et la lettre de Hooke à Newton du 6 janvier 1980 dans H.W. TURNBULL (éd.), *The Correspondence of Isaac Newton*, Cambridge University Press, Cambridge, 1960, vol. II, p. 309. De larges extraits de la correspondance entre Hooke et Newton sont traduits dans A. KOYRÉ, *Études newtoniennes*, Gallimard, Paris, 1968, p. 269-313.

2. *Cf.* la lettre de Halley à Newton du 29 juin 1686 dans H.W. TURNBULL (éd.), *The Correspondence of Isaac Newton*, *op. cit.*, vol. II, p. 441-442.

3. Cité dans M. PANZA, *Newton*, Les belles lettres, Paris, 2003, p. 171.

Il fallut finalement plusieurs mois à Newton pour qu'il l'envoie à Halley sous la forme d'un petit traité : le *De motu* [1]. C'est l'enrichissement progressif de cet écrit qui allait, en fin de compte, aboutir à la publication des *Principia* en 1687. Newton y démontre non seulement la conjecture de Hooke, mais également des résultats permettant de répondre positivement à la question à 40 shillings.

Pour démontrer la conjecture de Hooke, Newton s'appuie sur un lemme intermédiaire : tout corps soumis à une force centripète dirigée vers un centre fixe obéit à la deuxième loi de Kepler. La démonstration de ce lemme illustre de manière particulièrement claire comment Newton raisonne dans les *Principia*. Nous allons donc l'examiner d'un peu plus près. Mais commençons par exposer un résultat plus simple : tout mouvement d'inertie entraîne une loi des aires selon laquelle la droite joignant le mobile à un point extérieur balaye en des temps égaux des aires égales. Ainsi, sur le schéma suivant, nous avons un mobile en mouvement rectiligne uniforme le long de l'axe *x* et la droite qui relie ce mobile au point *O* balaye des surfaces identiques en des temps égaux, à savoir les triangles *OAB*, *OBC*, *OCD*, etc. :

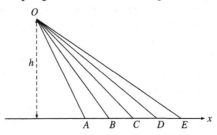

Les distances |*AB*|, |*BC*|, |*CD*|, etc., sont celles parcourues par le mobile en des intervalles de temps égaux. Le mouvement étant uniforme, ces distances doivent être identiques. Or, tous les triangles *OAB*, *OBC*, *OCD*, etc., ont la même hauteur *h*, c'est-à-dire la droite perpendiculaire à *x* qui passe par *O*. L'aire d'un triangle étant le produit de sa base par sa hauteur divisée par 2, tous les triangles *OAB*, *OBC*, *OCD*, etc., ont la même aire et la droite qui joint *O* au mobile balaye bien des aires égales en des temps égaux.

Nous pouvons maintenant envisager la démonstration de Newton proprement dite. Il s'agit d'établir que si un corps animé d'un mouvement

---

1. I. NEWTON, *Du mouvement des corps*, trad. Fr. de Gandt dans *De la gravitation, op. cit.*, p. 153-199.

d'inertie reçoit, après des intervalles de temps identiques, des impulsions momentanées et si toutes ces impulsions sont dirigées vers un même centre S, alors la droite qui joint le corps à S balayera des aires égales en des temps égaux [1]. Voici le schéma sur lequel s'appuie Newton pour produire l'ingénieuse démonstration de cette affirmation :

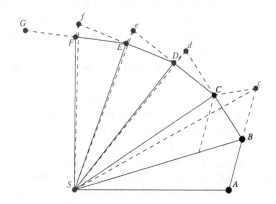

En les redessinant légèrement, concentrons-nous sur les deux premières parties de ce schéma, Newton raisonnant de la même manière sur les autres [2] :

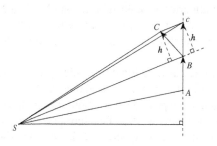

1. *Cf.* la Proposition I dans I. NEWTON, *Principes mathématiques de la philosophie naturelle*, *op. cit.*, p. 430.
2. Nous reprenons ce schéma à J.T. CUSHING, *Philosophical Concepts in Physics*, *op. cit.*, p. 116.

Le mobile est animé d'un mouvement inertiel de *A* en *B* durant un intervalle de temps Δt, puis reçoit en *B* une impulsion dirigée vers *S*, qui dévie la trajectoire du mobile de *B* en *C*. Ce deuxième trajet est également effectué durant un intervalle de temps Δt. S'il n'y avait pas eu d'impulsion, le mobile aurait continué son trajet de *B* en *c*, avec $|AB| = |Bc|$. Nous avons ainsi une trajectoire polygonale, dont chaque portion a été parcourue en un intervalle de temps Δt. En vertu du résultat intermédiaire précédent, nous savons que l'aire du triangle *SBc* est identique à celle du triangle *SAB*. De plus, l'aire du triangle *SBc* est également identique à celle du triangle *SBC*. En effet, ils ont la base *SB* en commun, de même que la hauteur *h* (la droite *Cc* étant parallèle à la droite *SB*[1]). Donc, par transitivité, l'aire du triangle *SBC* est identique à celle du triangle *SAB*. Plus encore, les longueurs des segments *AB* et *BC* étant identiques et parcourues dans le même intervalle de temps Δt, les aires de ces triangles sont balayées dans les mêmes temps. La trajectoire du mobile se répétant ensuite de la même manière de *C* en *D*, de *D* en *E*, etc., on peut renouveler le raisonnement à l'identique. Chacun des triangles, *SAB*, *SBC*, *SCD*, *SDE*, etc., a ainsi la même aire et celle-ci est balayée en des temps égaux. La question est alors de savoir ce qui se passe lorsque le nombre de triangles augmente et que la longueur des différentes portions du parcours polygonal diminue. La trajectoire se rapproche simplement d'une courbe et les impulsions discrètes d'une force centripète continue qui ramène en permanence le mobile sur cette trajectoire. Un mobile soumis à une force centripète (peu importe son intensité et la manière dont elle varie) dirigée vers un centre fixe *S* parcourt donc une trajectoire courbe autour de ce centre et le rayon qui lie le mobile au centre *S* balaye en des temps égaux des aires égales.

Remarquons que la variation d'une infinité d'impulsions à chaque instant met en évidence l'insuffisance de la géométrie traditionnelle pour le traitement des phénomènes physiques. Lorsqu'une grandeur varie continuement (vitesse, force, distance, etc.), il faut introduire un nouvel outil mathématique : le calcul différentiel et intégral. Le passage du parcours polygonal

---

1. La variation de vitesse $\Delta \vec{v}$ que subit le mobile et en vertu de laquelle il va de *B* en *C*, plutôt que de *B* en *c*, est orientée selon la droite *SB*, puisque l'impulsion qui cause cette variation de vitesse est dirigée vers *S*. La variation de vitesse en question est la différence entre la vitesse qu'a le mobile sur le trajet *BC* et la vitesse qu'il aurait eu sur le trajet *Bc*, c'est-à-dire la vitesse qu'il avait sur le trajet *AB*. Dès lors, la droite *Cc* doit être orientée selon cette variation de vitesse, et est donc parallèle à la droite *SB*.

à la courbe continue implique un passage à la limite qui excède les capacités de la géométrie euclidienne. Certes, Galilée avait bien tenté de rendre compte du mouvement uniformément accéléré en termes uniquement géométriques, mais il avait, à cette fin, dû recourir à un artifice en remplaçant le résultat d'un tel mouvement par le résultat d'un mouvement uniforme se déroulant durant le même intervalle de temps. Il avait ainsi pu se dispenser de réellement traiter mathématiquement la variation instantanée de la vitesse lors de la chute libre. Le problème est que la géométrie traditionnelle était limitée à des rapports constants entre des grandeurs variables. Or, dans le mouvement de chute libre, le rapport de la distance parcourue par le temps écoulé varie continuement. De même, dans le mouvement d'une planète autour du Soleil, le rapport de l'impulsion par la distance séparant la planète du Soleil varie à chaque instant.

Grâce à la démonstration précédente, Newton a établi que la loi des aires vaut quand un mobile animé d'un mouvement inertiel est, en plus, soumis à une force dirigée vers un point fixe, c'est-à-dire une force centripète. Au cas où la trajectoire suivie par le mobile est une ellipse, le point fixe vers lequel est dirigée la force centripète en question doit être un des foyers de l'ellipse. Dès lors, la deuxième loi de Kepler (la loi des aires) implique qu'il y a une force qui maintient les planètes sur leurs orbites elliptiques et que cette force est dirigée vers un centre qui n'est autre que le Soleil, lequel occupe l'un des deux foyers de l'ellipse. Newton a ainsi établi un lien entre la loi des aires et l'effet d'une force dirigée vers le foyer d'une ellipse.

Ensuite, en passant par une série d'autres lemmes intermédiaires [1], Newton parvient à démontrer que l'intensité f d'une force centripète qui entraîne un mobile vers le foyer d'une ellipse varie inversement avec le carré de la distance entre le mobile et le foyer de l'ellipse :

$$ f = \frac{k}{r^2}, $$

1. En dehors de la démonstration de la Proposition XI présente dans le livre 1 des *Principia* (I. NEWTON, *Principes mathématiques de la philosophie naturelle, op. cit.*, p. 442-443), le lecteur intéressé peut se rapporter aux démonstrations qui mènent au Problème 3 du Théorème 3 dans le *De Motu* (dans *De la gravitation* suivi de *Du mouvement des corps, op. cit.*, p. 168-173). Dans ce texte, le propos de Newton est plus ramassé et moins perturbé par les démonstrations de résultats intermédiaires. Le commentaire de François de Gandt qui suit la traduction du *De Motu* permet de suivre facilement les démonstrations de Newton.

où *r* est la distance qui sépare le mobile du foyer de l'ellipse vers où est dirigée la force centripète et *k* est la constante de proportionnalité. Avec ce résultat, Newton a démontré la conjecture de Hooke.

Tournons-nous à présent vers la question posée par Halley à Newton, c'est-à-dire le problème *inverse* de la conjecture de Hooke, qui consiste à dériver la première loi de Kepler de la supposition que la force qu'exerce le Soleil sur une planète varie comme l'inverse du carré de la distance qui les sépare. La première loi de Kepler était utilisée à titre de prémisse dans la démonstration de la conjecture de Hooke. Newton établit que cette première loi peut être déduite de la supposition qu'une planète est soumise à une force centripète dont l'intensité varie comme l'inverse du carré de la distance séparant cette planète du foyer vers lequel est dirigée la force, à savoir le Soleil[1]. Qu'en est-il alors des deux autres lois de Kepler? Nous avons vu comment Newton était parvenu à prouver la deuxième loi de Kepler lorsqu'une force centripète dirigée vers le Soleil agit sur les planètes. Finalement, Newton démontre qu'un corps décrivant une trajectoire elliptique en vertu de l'action d'une force dirigée vers l'un des foyers de l'ellipse et variant de manière inversement proportionnelle au carré de la distance qui sépare le corps du foyer satisfait à la troisième loi. Les trois lois de Kepler passent ainsi du statut d'énoncés empiriques à celui de théorèmes.

La gravitation universelle

Jusqu'ici nous avons appris qu'une planète du système solaire effectue autour du Soleil un mouvement elliptique. Le Soleil constitue l'un des foyers de l'ellipse parcourue par la planète et c'est vers ce foyer qu'est dirigée la force centripète qui maintient continuellement la planète sur son orbite. Sans cette force, la planète prendrait la tangente et s'échapperait de son orbite elliptique. Son mouvement résulte donc de deux « effets antagonistes »[2] : l'un qui tend à éloigner la planète du Soleil (l'inertie) et l'autre qui tend à l'en rapprocher. Ce deuxième effet est causé par une force centripète particulière – la gravitation –, force dont Newton a pu montrer qu'elle est inversement proportionnelle au carré de la distance qui sépare la planète du Soleil.

1. *Cf.* la Proposition XLI dans I. NEWTON, *Principes mathématiques de la philosophie naturelle, op. cit.*, p. 495 ; et le Problème 4 dans I. NEWTON, *De la gravitation* suivi de *Du mouvement des corps, op. cit.*, p. 179.
    2. G. LOCHAK, *La géométrisation de la physique, op. cit.*, p. 40.

L'expression mathématique de la force de gravitation universelle

Déterminons plus précisément la constante de proportionnalité k entre la force de gravitation $\vec{f}$ et l'inverse du carré de la distance r. En vertu de la deuxième loi du mouvement, nous avons :

$$\vec{f} = m\vec{a},$$

où m est la masse de la planète, c'est-à-dire du corps soumis à la force de gravitation $\vec{f}$ exercée par le Soleil, et $\vec{a}$ est l'accélération centripète de la planète. Pour plus de simplicité, nous considérons que le mouvement d'une planète autour du Soleil est circulaire et uniforme[1] et nous abandonnons la notation vectorielle. Comme Huygens nous l'a appris, l'intensité a de l'accélération centripète de la planète vaut le carré de la vitesse v du mobile effectuant le mouvement circulaire divisé par le rayon r de cette trajectoire circulaire[2]. Nous avons donc :

$$f = m\frac{v^2}{r}$$
$$= mv^2\frac{1}{r}.$$

Si T est la période mise par la planète pour effectuer un tour complet de son orbite autour du Soleil, alors $2\pi r = vT$, puisque $2\pi r$ est la circonférence d'un cercle de rayon r. Nous pouvons alors remplacer v pour obtenir :

$$f = m\left(\frac{2\pi r}{T}\right)^2\frac{1}{r}$$
$$= m\frac{4\pi^2 r^2}{T^2}\frac{1}{r}.$$

1. Cette approximation est acceptable, dans la mesure où l'excentricité des orbites des planètes du système solaire est relativement faible. L'excentricité d'une ellipse est comprise entre 0 et 1. La plus importante, celle de Mercure, est à peine supérieure à 0,2. Pour les autres planètes, elle est inférieure à 0,1. Par comparaison, l'excentricité de l'orbite de la comète de Halley est d'environ 0,97.
2. Newton a découvert cette relation entre l'accélération centripète, la vitesse et le rayon dès 1665, et ce, indépendamment de Huygens (R.S. WESTFALL, *Newton (1642-1727)*, trad. A.-M. Lescourret, Flammarion, Paris, 1994 [1980], p. 188-189). Pour sa formulation dans les *Principia*, *cf.* la Proposition II dans I. NEWTON, *Principes mathématiques de la philosophie naturelle, op. cit.*, p. 434.

Effectuons quelques manipulations simples :

$$m\frac{4\pi^2 r^2}{T^2}\frac{1}{r} = m\frac{4\pi^2 r^2}{T^2}\frac{1}{r}\frac{r}{r}$$

$$= m\frac{4\pi^2 r^3}{T^2}\frac{1}{r^2}$$

$$= \frac{4\pi^2 r^3}{T^2}\frac{m}{r^2}.$$

La troisième loi de Kepler nous apprend que le rapport r^3/T^2 a la même valeur K pour toutes les planètes de notre système solaire, de sorte que [1] :

$$f = 4\pi^2 K\frac{m}{r^2}.$$

Cela montre qu'en supposant la troisième loi de Kepler et en sachant que l'accélération de la force centripète d'un mouvement circulaire uniforme est proportionnelle à v^2/r, on peut établir que cette force varie comme l'inverse du carré du rayon r. Nous pouvons aller un peu plus loin en effectuant une autre manipulation :

$$f = 4\pi^2 K\frac{m'}{m'}\frac{m}{r^2}$$

$$= \frac{4\pi^2 K}{m'}\frac{m'm}{r^2}.$$

où m' est la masse du Soleil. Nous pouvons alors écrire cette équation de la manière suivante :

$$f = G\frac{m'm}{r^2},$$

qui est l'expression habituelle de la *loi de gravitation universelle*. Elle nous dit que l'intensité de la force de gravitation qu'exerce un corps sur un autre est, d'une part, proportionnelle au produit de leurs quantités de matière [2], c'est-à-dire de leurs masses, et, d'autre part, inversement proportionnelle

1. *Cf.* le Corollaire 6 de la Proposition IV dans I. NEWTON, *Principes mathématiques de la philosophie naturelle, op. cit.*, p. 434.
2. *Cf.* la Proposition VII dans *ibid.*, p. 705.

au carré de la distance qui les sépare. Cette force agit comme une action à distance : elle s'exerce instantanément entre deux corps, peu importe la distance qui les sépare. La constante de proportionnalité *G* est ce que l'on appelle la « constante de gravitation universelle ».

Nous connaissons désormais la forme mathématique de la force d'attraction qu'exercent les corps massifs les uns sur les autres ; mais d'où provient cette force elle-même ? En d'autres mots, quelle est la cause de l'attraction gravitationnelle ? C'est précisément ce que Newton ne dit pas et ne veut pas dire. D'après lui, la bonne pratique en « philosophie expérimentale » (physique) consiste à partir de l'examen des phénomènes naturels, pour ensuite en déduire des principes généraux *par induction*. Cela implique en particulier de ne pas *feindre* d'« hypothèses » (*hypotheses non fingo*) [1], étant entendu que par « hypothèse » il ne faut pas comprendre ce qui exprime des rapports numériques entre des grandeurs et est posé à titre de prémisse d'une déduction (ce sens de la notion d'hypothèse ne pose pas de problème), mais bien « tout ce qui ne se déduit point des phénomènes » [2], et qui n'est dès lors qu'une fiction. Les hypothèses de ce genre doivent être rejetées de la philosophie expérimentale, car elles ne peuvent être mises à l'épreuve de l'expérience, elles ne peuvent être ni confirmées ni infirmées. Là où la recherche des causes mécaniques est impossible, il faut se contenter de leur expression mathématique, c'est-à-dire des lois de la nature. Chez certains des successeurs de Newton, la prudence vis-à-vis de la recherche des causes deviendra un véritable impératif : à la recherche des causes des phénomènes, il faut substituer celle de leurs « dépendances mutuelles », de leurs « relations fonctionnnelles » (au sens mathématique) [3].

C'est en particulier parce qu'il ne veut pas forger d'hypothèses que Newton se limite à l'expression mathématique de la force de gravitation universelle et ne spécule pas sur la cause de celle-ci. Il ne faudrait pas croire, pour autant, que son œuvre soit totalement dépourvue d'hypothèses. On y trouve, par exemple, des spéculations sur la nature corpusculaire de la lumière et sur la nécessité de supposer une matière éthérée pour rendre compte de la

---

1. Nous reprenons ici la traduction proposée par A. KOYRÉ (*Études newtoniennes, op. cit.*, p. 60).
2. I. NEWTON, *Principes mathématiques de la philosophie naturelle, op. cit.*, p. 809-810. *Cf.* aussi I. NEWTON, *Optique, op. cit.*, Livre 3, question 28, p. 317-318.
3. J.L.R. D'ALEMBERT, *Traité de l'équilibre et du mouvement des fluides*, David, Paris, 1744, p. iii-iv.

force gravitationnelle qui agit à distance entre les corps. Mais ces hypothèses sont censées être extérieures à la philosophie naturelle proprement dite, leur discussion étant reléguée à la périphérie des textes scientifiques de Newton, que ce soit dans les « questions » (*queries*) ajoutées à son *Optique* ou dans les *scholia* qui parsèment les *Principia*.

Une loi universelle

Revenons à la loi de gravitation universelle. Celle-ci ne s'applique pas qu'au mouvement des planètes autour du Soleil. Newton adopte ce que l'on appelle le « principe d'uniformité » selon lequel « [l]es effets du même genre doivent toujours être attribués, autant qu'il est possible, à la même cause »[1]. Or il sait que, tout comme la force qui maintient une planète sur son orbite elliptique décroît comme l'inverse du carré de la distance qui la sépare du Soleil, la force qui maintient la Lune ou les satellites de Jupiter sur leur orbite décroît comme l'inverse du carré de la distance qui les sépare de leur centre. Dès lors, en vertu du principe d'uniformité, la force qui maintient une planète sur son orbite autour du Soleil doit être la même que celle qui maintient un satellite sur son orbite autour de la planète dont elle est le satellite.

Plus encore, Newton montre que la force qui retient la Lune sur sa trajectoire autour de la Terre est égale à son poids[2]. De là cette conclusion hardie mais imparable : la force qui maintient les planètes et la Lune sur leurs orbites respectives n'est autre que la *gravitation*[3], c'est-à-dire la force responsable de la chute des corps à la surface de la Terre. En ce sens, la Lune « gravite » autour de la Terre et les planètes autour du Soleil. La gravitation est *universelle* : toute quantité de matière attire toute autre quantité de matière avec une force proportionnelle au produit de leurs masses et inversement proportionnelle au carré de la distance qui les sépare[4]. En rapprochant des phénomènes appartenant à des domaines en apparence hétérogènes, Newton a ainsi réussi à faire émerger l'une des plus grandes hypothèses de l'histoire de la physique.

1. *Cf.* la Règle II dans I. NEWTON, *Principes mathématiques de la philosophie naturelle, op. cit.*, p. 693.
2. *Cf.* la Proposition IV dans *ibid.*, p. 699.
3. *Cf.* la Proposition V dans *ibid.*, p. 701.
4. *Cf.* la Proposition VII dans *ibid.*, p. 705.

L'identification de la force qui maintient les planètes et les satellites sur leur orbite avec la force qui provoque la chute libre a en particulier pour conséquence que ces planètes et satellites sont en perpétuelle *chute* libre, vers le Soleil pour les planètes et vers les planètes pour les satellites. On ne saurait imaginer d'explication du mouvement des planètes plus opposée à celle d'Aristote, puisque désormais si les planètes ont le mouvement qui est le leur, ce n'est plus en raison de leur nature, mais bien à cause d'une force extérieure, force qui s'applique aussi bien aux objets du monde sublunaire qu'aux objets du monde supralunaire. À partir du moment où ce sont les mêmes causes qui produisent les mouvements en deçà et au-delà de l'orbite de la Lune, la distinction aristotélicienne entre deux régions fondamentalement distinctes de l'univers s'effondre. Certes, la conception aristotélicienne de l'univers avait déjà été largement battue en brèche avant Newton. Les philosophes naturalistes de la Renaissance, influencés notamment par le néoplatonisme, croyaient ainsi en l'unité intime de la nature. À un autre niveau, Galilée, en observant avec une lunette de son invention des taches sur la surface du Soleil ou des montagnes et des vallées sur celle de la Lune, avait largement contribué à remettre en cause le dogme de l'incorruptibilité des objets célestes. Newton effectua pourtant un pas de plus : ce sont *les mêmes raisons* qui président autant aux destinées des objets sublunaires que des objets supralunaires. Il a par là accompli un progrès important en montrant que des phénomènes qui semblaient au premier abord hétérogènes ne l'étaient pas. Les deux domaines de connaissance dont ils relevaient (la théorie galiléenne de la chute des corps et la théorie képlérienne du mouvement des planètes) pouvaient être unifiés au sein d'une seule et même théorie.

Ce genre d'*unification* de deux théories dans une théorie plus générale est le résultat d'une *réduction*. Selon la conception classique, défendue par Ernest Nagel[1], pour qu'il y ait réduction d'une théorie T_R à une théorie plus fondamentale T_F, il faut que toutes les thèses de T_R puissent être déduites de T_F. Il faut souligner que cette réduction a rarement lieu de manière exacte[2]. Par exemple, la loi de la chute des corps de Galilée n'est qu'une *approximation* de la loi correspondante que l'on peut déduire dans la mécanique newtonienne[3]. Galilée nous dit en effet que l'accélération subie

---

1. *Cf.* E. Nagel, *The Structure of Science. Problems in the Logic of Scientific Explanation*, Harcourt, Brace & World, New York, 1961, chap. 11.
2. M. Kistler, *L'esprit matériel. Réduction et émergence*, Ithaque, Paris, 2016, p. 34-35.
3. *Cf.* K.R. Popper, *Le réalisme et la science. Post-scriptum à* La logique de la découverte

par un corps en chute libre à la surface de la Terre est constante, alors que Newton dit qu'elle varie comme l'inverse du carré de la distance r qui sépare l'objet en chute libre du centre de la Terre. Ce n'est que parce que la distance r_{OS} entre l'objet en chute libre et la surface de la Terre est très petite par rapport au rayon de la Terre r_T que l'on peut assimiler r à la distance r_T, qui est constante, alors qu'en termes stricts elle vaut $r_{OS} + r_T$, qui est variable [1]. De même, ce n'est pas la troisième loi de Kepler que l'on peut déduire de la mécanique newtonienne, mais une loi plus précise dont la première n'est qu'une approximation. Tandis que Kepler nous dit que le rapport a^3/T^2 est constant pour toutes les planètes du système solaire, la loi que l'on peut dériver dans la théorie newtonienne nous dit que ce rapport vaut une certaine constante divisée par la somme $m_S + m_p$, où m_S est la masse du Soleil et m_p la masse d'une planète en orbite elliptique autour du Soleil. La somme $m_S + m_p$ est différente pour chaque planète, mais, en première approximation, elle peut être assimilée à m_S, la masse du Soleil étant beaucoup plus importante que celle de n'importe quelle planète de notre système solaire. Une fois que l'on effectue cette approximation, on retrouve bien la troisième loi de Kepler telle que celui-ci l'avait formulée.

Par conséquent, les lois galiléennes du mouvement à la surface de la Terre et les lois képlériennes du mouvement des planètes autour du Soleil sont fausses du point de vue de la mécanique newtonienne. Elles constituent néanmoins de bonnes approximations de lois plus exactes pouvant être déduites de cette dernière. C'est la raison pour laquelle la théorie de Newton permet d'expliquer le succès des lois de Galilée et de Kepler, malgré leur fausseté [2].

L'accélération gravitationnelle

Il convient de préciser, pour finir, dans quelle mesure la loi de gravitation universelle permet d'expliquer pourquoi un corps de masse m chute vers la surface de la Terre lorsqu'il est lâché d'une certaine hauteur : tout simplement

---

scientifique, trad. A. Boyer et D. Andler, Hermann, Paris, 1990, p. 159 *sq.*

1. Nous pourrions aussi mentionner le fait que, dans la mécanique newtonienne, le mouvement d'un projectile à la surface de la Terre n'est jamais strictement parabolique. Il est en fait elliptique, mais peut être assimilé à une parabole pour peu que nous négligions la courbure de la surface de la Terre, ce qui est légitime lorsque la trajectoire du projectile est très petite par rapport au rayon de la Terre.

2. M. KISTLER, *L'esprit matériel, op. cit.*, p. 34.

parce que la masse de la Terre, appelons-la m_T, exerce sur ce corps une force dirigée vers le centre de la Terre et dont l'intensité est donnée par :

$$f = G\frac{mm_T}{d^2},$$

où d est la distance qui sépare le corps qui chute du centre de la Terre. La distance qui sépare ce corps de la surface de la Terre étant très faible par rapport à celle qui sépare la surface de la Terre de son centre, nous pouvons négliger la différence entre d et le rayon r_T de la Terre et reformuler l'équation précédente de la manière suivante :

$$f = G\frac{mm_T}{r_T^2}.$$

Cette force est ce que l'on appelle ordinairement le *poids* du corps de masse m. En utilisant la deuxième loi de Newton, nous savons que $f = ma$, où a est l'accélération du corps de masse m lors de sa chute libre. Nous pouvons donc écrire :

$$ma = G\frac{mm_T}{r_T^2},$$

et donc :

$$a = G\frac{m_T}{r_T^2}.$$

Cette accélération n'est autre que l'*accélération gravitationnelle*, notée habituellement g. Nous voyons qu'elle est bien indépendante de la masse du corps qui chute, comme l'avait présupposé Galilée. Néanmoins, contrairement à ce que pensait ce dernier, et comme nous l'avons vu, elle n'est pas constante. Elle ne l'est que moyennant certaines hypothèses, souvent implicites : il faut négliger la hauteur de la chute par rapport au rayon de la Terre, le fait que la Terre n'est pas parfaitement sphérique et l'attraction exercée sur le corps qui chute par d'autres corps que la Terre. L'accélération gravitationnelle est, de plus, tout à fait différente selon la planète considérée, puisqu'elle dépend de la masse et du rayon de la planète en question.

L'expression mathématique de l'accélération gravitationnelle met en évidence qu'une grandeur que l'on croyait constante peut, à l'analyse, se révéler variable. Dans le cas présent, elle dépend d'une autre constante, à savoir G. L'accélération gravitationnelle n'a donc plus qu'un statut de

grandeur dérivée par rapport à la constante gravitationnelle. De manière
générale, le physicien tente d'établir une liste aussi réduite que possible de
constantes fondamentales en montrant comment d'autres grandeurs peuvent
en être dérivées. Ces constantes ont le plus souvent trait aux propriétés des
entités physiques les plus élémentaires (par exemple : la charge de l'électron),
aux interactions fondamentales (par exemple : la constante gravitationnelle)
et aux lois les plus générales qui régissent les phénomènes naturels (par
exemple : la vitesse de la lumière, la constante de Planck ou la constante
de Boltzmann) [1]. Leur recherche joue un rôle important dans l'entreprise
d'unification de la physique.

   Disons, enfin, que la théorie de Newton met en évidence que deux
phénomènes en apparence très différents sont caractérisés par la même
grandeur : la masse, c'est-à-dire la quantité de matière contenue dans un
corps. Comme nous l'avons vu, l'inertie est ce en vertu de quoi un corps
en mouvement persévère dans son état de mouvement rectiligne uniforme ou
reste au repos. L'inertie est mesurée par la masse, et plus précisément par ce
que nous avons appelé la « masse inertielle » [2], c'est-à-dire la masse m dans
l'équation $\vec{f} = m\vec{a}$. La gravitation, pour sa part, exprime l'attraction entre
deux corps. La capacité d'un corps à en attirer un autre est aussi mesurée par
une masse, que l'on qualifie généralement de « gravitationnelle » : la masse
m dans l'équation Gmm_T/r_T^2. D'un côté, plus la masse gravitationnelle d'un
corps est importante, plus ce corps a tendance à en attirer d'autres ; d'un
autre côté, plus la masse inertielle d'un corps est importante, plus ce corps
a tendance à s'opposer à tout changement de son état de mouvement. Ce
sont là deux effets bien différents, et pourtant la masse inertielle et la masse
gravitationnelle ne sont qu'une seule et même entité. Une conséquence de
cette identité est que l'accélération gravitationnelle ne dépend pas de la masse
des corps qui en sont animés. C'est en particulier parce que la masse inertielle
est identique à la masse gravitationnelle que les lois de Kepler sont les mêmes
pour toutes les planètes du système solaire. Cette identité entre deux entités en
apparence si différentes ne laisse pas de surprendre. Elle ne fut véritablement

1. Pour une tentative de classification des constantes fondamentales, *cf.* J.-M. Lévy-Leblond,
Aux contraires. L'exercice de la pensée et la pratique scientifique, Gallimard, Paris, 1996, p. 162.
   2. Ce serait Kepler qui aurait introduit, pour la première fois, l'idée de la quantité de matière
d'un corps comme une mesure de son inertie ou « répugnance » au changement de mouvement.
Cf. M. Jammer, *The Concept of Mass. In Classical and Modern Physics*, Harper and Row, New
York, 1964 (1961), p. 56.

thématisée qu'avec la théorie de la relativité générale d'Einstein, plus de deux-cents ans après la publication des *Principia* de Newton.

Les confirmations expérimentales de la loi de gravitation

L'observation est chez Newton « à la fois le fondement et le critère de vérité » de la théorie mathématique du mouvement [1]. D'une part, les données observationnelles constituent l'origine du système du monde, dans la mesure où ce sont elles qui ont poussé l'auteur des *Principia* à développer sa théorie. C'est en particulier le cas des données astronomiques collectées et mises en forme par ses prédécesseurs. D'autre part, les données observationnelles représentent le point d'arrivée de la théorie : le tribunal où elle est jugée. Une fois la théorie du mouvement établie, il faut en effet vérifier l'adéquation entre les conséquences que l'on peut déduire de ses principes et les données observationnelles. Comme nous l'avons vu, Newton a ainsi réussi à déduire les lois de Kepler de sa théorie de la gravitation universelle. Elle lui a également permis d'expliquer le phénomène des marées [2] et la précession des équinoxes [3]. La vérification expérimentale de la théorie newtonienne ne s'est toutefois pas achevée avec l'explication de phénomènes observés auparavant. Donnons-en deux exemples postérieurs à Newton.

Dans la loi de gravitation universelle, la grandeur :

$$G = \frac{4\pi^2 K}{m'}$$

---

1. Fr. BALIBAR, « L'observation, de la physique classique à la physique quantique », dans K. CHEMLA, Th. COUDREAU et G. LEO (éd.), *Observation. Pratique et enjeux*, Omniscience, Paris, 2015, p. 176.

2. Le phénomène des marées est l'observation de ce que l'Océan avance, stagne et recule de manière cyclique. Newton proposa de voir ce phénomène comme une élévation, plutôt que comme un avancement de l'eau. L'explication en est alors l'attraction qu'exerce, principalement, la Lune sur la masse océanique : tout comme la mer pèse vers le centre de la Terre, elle pèse vers le centre de la Lune et vers le centre des autres astres. Bien que de masse faible en comparaison des autres corps célestes, la proximité de la Lune par rapport à la Terre explique son influence déterminante dans le phénomène des marées.

3. La position du Soleil par rapport à la sphère des étoiles fixes à l'équinoxe de printemps s'est déplacée au cours du temps. Cela a une influence évidemment sur le calendrier, qui doit être corrigé. Copernic expliquait ce phénomène par un déplacement de l'axe de rotation de la Terre : celui-ci se déplace comme l'axe d'une toupie en dessinant sur la sphère céleste un petit cercle en 26000 ans. Newton explique ce mouvement de l'axe de rotation de la Terre par la forme aplatie de la Terre aux pôles.

est une *constante universelle*, à savoir la « constante gravitationnelle », aussi appelée « constante de Newton ». Ce n'est que plus de cent ans après la publication des *Principia*, en 1798 précisément, que Henry Cavendish réussit à obtenir expérimentalement la valeur de *G*. Le but premier de Cavendish était de « peser la Terre », c'est-à-dire de déterminer sa masse [1]. À cette fin, il améliora la « balance de torsion », conçue en 1768 par John Michell. Celle-ci était constituée d'une tige fixe aux extrémités de laquelle deux grosses sphères métalliques étaient fixées et d'une tige mobile, aux extrémités de laquelle étaient fixées deux autres sphères beaucoup plus petites. La tige mobile était suspendue en son milieu par un fil de torsion. L'expérience était très délicate, car l'intensité de la force de gravitation qu'exercent les sphères les plus grosses sur les plus petites est infime. Cavendish isola donc son dispositif dans une boîte en acajou pour le protéger des perturbations extérieures.

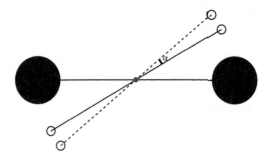

Avec ce dispositif, il fut capable de mesurer l'intensité de l'attraction gravitationnelle en relevant l'angle dont la tige mobile est déviée par rapport à la tige fixe. Il put ensuite en dériver, avec une impressionnante précision pour l'époque, la valeur de la constante *G*. Sa valeur aujourd'hui acceptée est de $6,67 \times 10^{-11}\,\mathrm{m}^3/(\mathrm{kg\,s}^2)$.

Dans les prochains chapitres, nous serons confrontés à d'autres constantes universelles, comme la vitesse de la lumière *c*, la constante de Planck *h* ou la constante de Boltzmann *k*. Ces grandeurs sont constantes, parce qu'elles sont indépendantes du temps, de la position, de la masse et de la nature des corps [2]. Si *G* n'était pas constante en ce sens, par exemple si sa valeur dépendait du

---

1. On considère actuellement qu'elle vaut $5,97 \times 10^{24}$ kg.
2. G. Cohen-Tannoudji, *Les constantes universelles*, Hachette, Paris, 1998, p. 30-31.

temps, la force de gravitation varierait avec le temps, si bien que les planètes ne tourneraient pas toujours de la même façon autour du Soleil.

L'expérience de Cavendish fut accueillie comme une confirmation expérimentale éclatante de la théorie de Newton, car elle montrait que l'on pouvait recréer, en quelque sorte artificiellement, la force de gravitation entre deux corps et que ce phénomène était inexplicable par la théorie concurrente des tourbillons de Descartes. La découverte de Neptune par l'astronome français Urbain Le Verrier (et indépendamment par l'anglais John Couch Adams) fut autre confirmation étonnante de cette théorie [1]. À la fin du XVIIIᵉ siècle, des écarts avaient été observés dans l'orbite d'Uranus par rapport aux prédictions de la théorie de Newton. Le Verrier suggéra que ces différences entre la théorie et l'observation étaient dues à l'existence dans le système solaire d'une planète non identifiée jusque-là et qu'il baptisa Neptune [2]. Cette nouvelle planète devait exercer une attraction gravitationnelle suffisamment importante pour expliquer la légère déviation de la trajectoire d'Uranus par rapport à celle imposée par l'attraction du Soleil et des autres planètes connues jusqu'alors. En 1846, Neptune fut observée à l'emplacement prédit par Le Verrier, ce qui apporta une confirmation supplémentaire et fracassante des capacités de la théorie de Newton à résoudre les anomalies qui se présentaient à elle. Cela démontre le caractère « progressif » du « programme de recherche » newtonien à cette époque, sa capacité à intégrer des faits encore inobservés [3].

La découverte de Neptune est également intéressante, parce qu'elle nous offre l'exemple d'un enrichissement ontologique pour sauver une théorie physique. Il s'agit en effet d'un cas où une formule mathématique a nécessité l'introduction d'un objet jusque-là inobservé pour être en accord avec d'autres données observationnelles. La découverte de l'antimatière par Dirac et du neutrino par Pauli constituent d'autres exemples, plus récents, d'une telle situation heuristique. Elle représente un sérieux défi à toute conception purement inductiviste de la physique, puisque l'expérience n'y précède pas la théorie. Elle semble même être la règle en physique des

---

1. On pourrait encore citer la prédiction du retour, en 1759, de la comète de Halley.
2. Galilée avaient déjà observé Neptune, mais sans reconnaître qu'il s'agissait d'une nouvelle planète.
3. *Cf.* I. LAKATOS, « La falsification et la méthodologie des programmes de recherche scientifiques », trad. sous la dir de L. Giard dans *Histoire et méthodologie des sciences, op. cit.*, p. 1-146.

particules, où l'existence d'une particule est d'abord postulée théoriquement, puis confirmée expérimentalement dans un accélérateur.

La résolution du problème de l'orbite d'Uranus permet par ailleurs de mettre en évidence l'un des défauts de la conception de la science défendue par Popper, ou du moins d'une compréhension trop étroite de celle-ci. Selon l'auteur de *La logique de la découverte scientifique*, une théorie scientifique est une théorie capable de produire des énoncés dont la non-confirmation par l'observation conduirait à la réfutation de la théorie en question. Une théorie scientifique est donc une théorie falsifiable. À l'opposé, une théorie pseudo-scientifique est une théorie qui est *immunisée* contre la falsifiabilité ; nous ne pouvons en déduire des énoncés susceptibles d'être réfutés par l'expérience, car elle s'accommode de toute observation. Si nous ne pouvons énoncer à quelles conditions une théorie se révélerait fausse, c'est qu'elle n'est pas scientifique. Dans la perspective qui est celle de Popper, l'irréfutabilité d'une théorie se révèle paradoxalement un défaut eu égard à son caractère scientifique [1]. Les exemples typiques de théories de ce type sont le marxisme et la psychanalyse. Selon Popper, la psychanalyse est infalsifiable, parce qu'elle peut être réconciliée avec tout comportement humain. La théorie d'Adler sur le sentiment d'infériorité, par exemple, permet d'expliquer autant le fait qu'un homme pousse un enfant dans l'eau afin qu'il s'y noie que le fait qu'un autre homme se jette à l'eau pour le sauver. Le premier pousse l'enfant pour se prouver à lui-même qu'il est capable de commettre un meurtre, tandis que le second, également animé d'un sentiment d'infériorité, se jette à l'eau pour se prouver à lui-même qu'il peut sauver la vie de quelqu'un. En ce qui concerne le marxisme, si le capitalisme en vient à s'effondrer pour laisser place au socialisme et finalement à une société communiste, la théorie marxiste du développement historique de la société aura été confirmée. Mais si cela ne se produit pas, cette théorie n'en aura pas pour autant été affaiblie : ses défenseurs auront beau jeu de dire que l'avènement de l'état providence a adouci les velléités révolutionnaires du prolétariat, mais que par là l'avènement du communisme n'a été que retardé, et en aucun cas rendu impossible. Les faits les plus opposés peuvent ainsi être *interprétés* de manière à être vus comme des confirmations de la théorie. Du point de vue de la conception poppérienne de la différence entre science et pseudo-

---

1. K.R. POPPER, *Conjectures et réfutations. La croissance du savoir scientifique*, trad. M. Irène et M.B. de Launay, Payot, Paris, 2006, p. 64.

science, les observations des déviations de l'orbite d'Uranus auraient dû falsifier la théorie newtonienne et conduire à son rejet. Il n'en fut cependant rien : Le Verrier développa plutôt une hypothèse lui permettant de sauver la théorie de l'anomalie qui se présentait à elle. L'attitude de Le Verrier fut-elle pour autant non scientifique ? Certainement pas, car l'hypothèse qu'il avança n'était aucunement *ad hoc*, mais était en accord avec la logique interne du programme de recherche newtonien et pouvait être soumise au verdict de l'expérience. Au final, l'introduction de l'hypothèse auxiliaire de l'existence de Neptune était scientifiquement acceptable, parce qu'elle n'évitait pas la falsification, mais, au contraire, augmentait le degré de falsifiabilité de la théorie à laquelle elle était ajoutée [1].

LE PARADIGME NEWTONIEN

Il existait avant la publication du chef-d'œuvre de Newton un paradigme copernicien, celui au sein duquel œuvrèrent Kepler, Galilée et Newton lui-même, mais il s'agissait d'un paradigme en astronomie. La publication des *Principia* permit l'émergence du paradigme newtonien, celui de la physique classique, celui qui allait définir la pratique normale du physicien. C'est en développant et en perfectionnant le « style » [2] scientifique galiléen que Newton a rendu cette émergence possible. Et encore n'a-t-elle pas suivi immédiatement la publication des *Principia*. Le newtonianisme a en effet dû combattre de nombreuses réticences avant de s'imposer. Il lui fallut, en particulier, abattre le cartésianisme qui domina longtemps la philosophie naturelle en Europe continentale. Pour qu'un nouveau paradigme émerge, il faut qu'il en remplace un autre [3]. Or un paradigme disparaît rarement parce que ses adeptes ont été acquis à la cause nouvelle, parce qu'ils ont été convaincus par les arguments qu'elle avance, mais bien plutôt parce que les tenants de l'ancien paradigme ont tous disparu. Un tel processus peut évidemment prendre un certain temps. Ce n'est qu'entre la fin du xviiie siècle et le début du xixe que le paradigme newtonien commença

---

1. *Cf.* K.R. POPPER, *La logique de la découverte scientifique, op. cit.*, section 20, p. 81.

2. I. HACKING, « Styles pour historiens et philosophes », art. cit., p. 289. Sur le « style newtonien », *cf.* I.B. COHEN, *The Newtonian Revolution*, Cambridge University Press, Cambridge, 1980.

3. Nous négligeons ici la phase dite « pré-scientifique », qui précède l'émergence d'un premier paradigme.

à réellement s'imposer en dehors de l'Angleterre[1] avec des savants tels
qu'Euler, Lagrange, Laplace et Gauss.

Le paradigme de la physique classique ne devint dominant que tardivement aussi pour une autre raison. Pour qu'il y ait paradigme, il faut
une *collectivité* qui pratique la science de manière « normale », dit Kuhn.
Dans le cas de la physique classique, cette collectivité ne se constitua pas
immédiatement. Un paradigme est ce qui fait l'objet d'un consensus au sein
d'une communauté scientifique. Il doit y avoir un accord sur la méthode
et les principes de la science pour qu'un groupe de savants pratique une
science normale. La méthode (expérimentale et mathématique) de la nouvelle
physique avait été essentiellement posée par Galilée et a ensuite été affinée par
ses successeurs. Celle-ci imposait que la physique soit développée au moyen
d'outils mathématiques – le calcul différentiel et intégral remplaçant à ce
titre rapidement la géométrie – et que les prédictions des théories physiques
puissent être mises à l'épreuve au moyen de dispositifs expérimentaux,
dont les résultats soient reproductibles et consignés dans des protocoles
expérimentaux précis. Les fondements de la physique sur lesquels se mirent
d'accord les physiciens travaillant au sein du paradigme de la physique
newtonienne furent ceux posés dans les *Principia*, à savoir les trois lois du
mouvement et la loi de gravitation universelle.

La Royal Society, fondée à Londres en 1660, est souvent considérée
comme la première société savante importante née en Europe[2]. Protégée
par une charte royale et placée sous l'égide de Bacon, celle-ci promouvait
l'« apprentissage expérimental physico-mathématique » et possédait sa propre

---

1. Le newtonianisme l'emporta en France vers 1740 lorsque le débat sur la forme de la Terre
pencha en faveur des newtoniens. Entre 1718 et 1733, l'astronome royal Jacques Cassini (le
deuxième d'une longue lignée) avait achevé des mesures astronomiques permettant de réaliser
une carte géodésique de la Terre. Il en était arrivé à la conclusion que la Terre n'était pas une
sphère parfaite, mais était plutôt de forme oblongue et allongée aux pôles. Cette affirmation était
en accord avec la théorie des tourbillons de Descartes, mais en opposition avec la théorie de
Newton qui soutenait que la Terre était aplatie aux pôles. Deux expéditions furent organisées,
l'une au Pérou en 1735 et l'autre en Laponie, dirigée par Maupertuis, pour effectuer des mesures
près des pôles. La forme aplatie de la Terre, chère aux newtoniens, fut confirmée par ces
expéditions qui eurent un retentissement considérable, notamment suite à la publicité qu'en fit
Voltaire. Ses *Lettres philosophiques* et ses *Éléments de la philosophie de Newton* constituent
un véritable combat en faveur de la physique newtonienne. La première traduction complète en
français des *Principia* sera d'ailleurs effectuée par une maîtresse de Voltaire : la marquise du
Châtelet.

2. Il faudrait aussi citer l'Académie des Lyncées, fondée à Rome en 1603.

revue : les *Philosophical Transactions*. Sa fondation fut rapidement suivie, en 1666, à l'initiative de Colbert, par celle de l'Académie Royale des Sciences. Mais l'émergence, au xviie siècle, de telles sociétés dédiées au développement de la « philosophie expérimentale » ne marque pas encore réellement l'existence d'un paradigme scientifique au sens de Kuhn, car on n'y trouve pas d'accord entre ses membres sur les principes et les méthodes sur lesquels fonder la pratique scientifique [1]. Ainsi, Hooke était viscéralement opposé à la théorie corpusculaire de la lumière de Newton et Huygens se disputait avec ce même Newton sur la théorie de la gravitation, pour ne citer que quelques exemples. À vrai dire, le seul principe (métaphysique) qui était partagé par la majorité des savants du xviie siècle est celui du mécanisme. L'une des premières communautés scientifiques à avoir réellement travaillé de manière normale dans le cadre du paradigme newtonien semble avoir été la Société d'Arcueil en France, laquelle réunissait, à partir de 1807, autour de la figure de Pierre-Simon de Laplace, des savants tels que Berthollet, Malus, Biot, Poisson et Cauchy. Au sein de cette société, qui possédait ses laboratoires et son propre journal, le scientifique ne travaillait plus de manière isolée, mais au sein d'une véritable équipe interdisciplinaire réunie autour de l'idée que tous les phénomènes naturels pouvaient être expliqués au moyen de forces d'attraction newtoniennes [2].

*
* *

Ce chapitre aura pu donner de Newton l'image d'un physicien en redingote, bâtissant l'édifice entier de la physique seul chez lui au moyen de ces outils *a priori* que sont les expériences de pensée et les mathématiques. Pourtant, une telle image est largement trompeuse. Si Newton a été admis au sein de la Royal Society de Londres, c'est grâce à la construction du premier télescope, et non pour ses travaux physico-mathématiques. Surtout, il a réalisé plusieurs expériences majeures, dont l'une en particulier reste parmi les plus importantes de l'histoire de la physique [3]. Elle consiste à faire passer de la lumière à travers des prismes successifs et a permis de prouver que les

---

1. A. JANIAK, *Newton, op. cit.*, p. 23.
2. B. BENSAUDE-VINCENT et I. STENGERS, *Histoire de la chimie*, La découverte, Paris, 2001 (1992), p. 98.
3. Sur cette expérience, on pourra se reporter à B. MAITTE, *La lumière*, Seuil, Paris, 1981, p. 117-121.

couleurs ne sont pas produites par les surfaces qui réfractent la lumière, mais font partie de cette dernière. Autrement dit, la lumière possède un *spectre*, lequel est composé de sept couleurs élémentaires.

Contrairement à Pascal, Newton n'invoque pas le témoignage de *gentilshommes*, dont le statut assure la crédibilité, pour valider le savoir expérimental. L'expérience demeure chez lui fondamentalement privée. S'il s'inscrit dans la tradition, inaugurée par Boyle et perpétuée au sein de la Royal Society, des rapports détaillés d'expérience qui en permettent la reproductibilité et en assurent la crédibilité, Newton associe cette pratique expérimentale avec celle, démonstrative, issue des mathématiques mixtes pour donner lieu à une nouvelle conception de la philosophie naturelle – la philosophie expérimentale –, dont sont absentes les hypothèses sur les causes des phénomènes physiques et leur nature. Ses conclusions sur la réfraction de la lumière s'appuient ainsi uniquement sur ses expériences avec des prismes et des considérations géométriques, et non sur la nature supposée corpusculaire de la lumière [1]. Sous cette forme, le newtonianisme exercera une influence profonde en Angleterre et, plus tard, en France.

Dans le chapitre suivant, nous aborderons des développements de la mécanique qui, tout en se situant dans le sillage des travaux de Newton, ont été réalisés largement indépendamment de l'expérience, certains savants allant même jusqu'à réduire la physique à une simple branche des mathématiques. Comme le souligne Kuhn, les *Principia* de Newton ne furent pas toujours faciles à appliquer et leur portée, parfois implicite [2]. C'est pourquoi plusieurs savants, comme Euler et Lagrange au XVIIIᵉ siècle, puis Hamilton et Jacobi au XIXᵉ siècle, forgèrent de nouveaux outils mathématiques afin de reformuler la mécanique newtonienne « sous une forme équivalente mais plus satisfaisante d'un point de vue esthétique et logique » [3]. Cette nouvelle forme permit d'appliquer la physique mathématique à des problèmes qui, comme l'électricité, le magnétisme, la lumière ou la chaleur, n'étaient plus exclusivement mécaniques.

---

1. P. DEAR, « The Meaning of Experience », dans K. PARK et L. DASTON (éd.), *The Cambridge History Science. Volume 3 : Early Modern Science*, Cambridge University Press, Cambridge, 2006, p. 127.
2. Th.S. KUHN, *La structure des révolutions scientifiques, op. cit.*, p. 58.
3. *Ibid.*

CHAPITRE V

LA MÉCANIQUE ANALYTIQUE
ÉQUATIONS DIFFÉRENTIELLES ET DÉTERMINISME

L'histoire de la physique est souvent répartie entre deux grands moments : l'avènement de la physique classique de Galilée jusqu'à Newton, d'une part, et l'émergence de la physique moderne avec la relativité et la mécanique quantique, d'autre part. La période qui s'étend entre ces deux pics, longue de deux cent ans, est souvent négligée. L'évolution de la physique y est le plus souvent considérée comme le simple déroulement du programme newtonien. S'en tenir à cette description reviendrait à manquer la spécificité des xviiie et xixe siècles, des siècles qui connaissent des développements tout à fait importants, que ce soit d'un point de vue purement physique ou philosophique.

Nous pensons d'abord à l'introduction d'une nouvelle entité physique qui va aboutir à un bouleversement radical : la notion de *champ*. Ensuite sont développés de nouveaux outils mathématiques destinés à influencer durablement la physique : géométrie analytique, développements importants en trigonométrie, calcul logarithmique et calcul infinitésimal. Ce dernier en particulier, inventé à la même époque par Newton et par Leibniz, le premier sous le nom de « calcul des fluxions » et le second sous celui de « calcul différentiel et intégral »[1], va avoir une influence considérable et donner lieu au xviiie siècle à une reformulation de la mécanique newtonienne. Le calcul infinitésimal représentant le cœur de ce que l'on appelle l'« analyse », cette reformulation allait être connue sous le nom de « mécanique analytique ». Son avènement marque l'abandon de la géométrie comme langue d'expression des théories physiques. Ainsi, pour les physiciens du xviiie siècle, si le

---

1. *Cf.* G.W. LEIBNIZ, *La naissance du calcul différentiel. 26 articles des* Acta eruditorum, trad. M. Parmentier, Vrin, Paris, 1995, en particulier le célèbre article de 1684 : « Nova methodus pro maximis et minimis, itemque tangentibus, quae nec fractas nec irrationales quantitates moratur et singular pro illis calculi genus », p. 96-117.

monde est toujours écrit en « langue mathématique », les carrés, les triangles et autres figures géométriques ne suffisent plus à l'exprimer. Il en résulte une abstraction plus importante des théories physiques, les représentations visuelles y étant remplacées par des équations entre grandeurs infinitésimales. D'un point de vue philosophique, l'élaboration de la formulation analytique de la mécanique a été traversée par deux approches : l'une *causaliste* et l'autre *finaliste*. Selon la première, le monde serait déterminé de manière aveugle par des lois causales, alors que selon la deuxième son développement serait orienté en vue d'une certaine fin. La tension entre ces deux approches constituera le fil rouge de ce chapitre.

Avant de commencer, une mise en garde n'est pas inutile : les sujets qui seront abordés ici exigent de recourir à des notations souvent fort abstraites. À cet égard, la lecture de ce chapitre pourra paraître ardue à ceux qui ne goûtent que modérément les subtilités mathématiques. Néanmoins, il nous semble impossible de faire totalement l'impasse sur cet aspect mathématique, du moins si l'on veut aborder les problèmes de manière précise et pertinente. La physique moderne est une physique *théorique* ; son incarnation mathématique est donc essentielle et l'interprétation philosophique ne peut en faire totalement l'économie.

La formulation différentielle de la loi fondamentale de la mécanique

Si Newton a découvert le calcul infinitésimal, l'utilisation qu'il en fit dans ses *Principia* était pour le moins timide et encore largement *guidée* par l'antique géométrie euclidienne. Il le mobilisait essentiellement lorsqu'il s'agissait de pousser à la limite un raisonnement géométrique [1]. Il faut dire qu'au xviie siècle la suprématie de la géométrie euclidienne était encore incontestée. Les choses changèrent au cours du siècle suivant : l'algèbre et l'analyse acquièrent leur autonomie par rapport à la géométrie et leur puissance fut telle qu'elles purent prendre la place que celle-ci occupait jadis à titre d'outil de développement de la physique. Aux xixe et xxe siècles, la physique théorique allait encore s'enrichir d'outils mathématiques supplémentaires : géométries non euclidiennes et théorie des tenseurs en théorie de la relativité ou théorie des groupes en mécanique quantique.

---

1. G. Lochak, *La géométrisation de la physique, op. cit.*, p. 42.

Mais restons-en pour le moment au xviiie siècle et à la première mue mathématique de la physique théorique. Celle-ci a eu lieu en 1752 sous l'impulsion d'Euler. Avec lui, la mécanique, qui était jusque-là géométrique, devient soudainement analytique, et plus précisément différentielle. Elle est désormais formulée en termes d'équations contenant des dérivées, et c'est d'ailleurs sous cette forme qu'elle s'est transmise jusqu'à nous dans les manuels scolaires.

Prenons le cas simple d'une particule de masse m soumise à une force $\vec{f}$ et établissons les équations qui régissent son mouvement en termes différentiels. L'accélération d'un mobile est la dérivée de sa vitesse par rapport au temps et sa vitesse est elle-même la dérivée de sa position par rapport au temps. Par conséquent, l'accélération est la *dérivée seconde* de la position par rapport au temps et la deuxième loi du mouvement de Newton, $\vec{f} = m\vec{a}$, peut être réécrite de la manière suivante :

$$\vec{f} = m\ddot{\vec{r}},$$

où $\vec{r}(t)$ est le vecteur position du mobile et $\ddot{\vec{r}}$ est la notation de Newton pour la dérivée seconde de $\vec{r}$ par rapport au temps (la dérivée première se notant $\dot{\vec{r}}$). La variable t entre parenthèses indique que la position du mobile n'est pas constante, mais évolue au cours du temps. Cette position peut être décomposée selon les trois directions $0x$, $0y$ et $0z$:

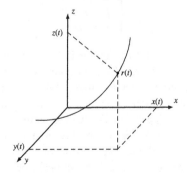

Il est intéressant de remarquer que le mobile de masse m est ici réduit à un point géométrique, sa trajectoire dans l'espace $0xyz$ décrivant une courbe continue à une dimension. En chaque point de cette trajectoire, c'est-à-dire à chaque instant de son mouvement, le point matériel subit une certaine valeur de la force $\vec{f}$ qui contraint son mouvement durant l'intervalle de temps infinitésimal suivant. Le mouvement total du mobile est ainsi déterminé *de proche en proche*, d'intervalle de temps infinitésimal en intervalle de temps infinitésimal. Là où avant l'invention du calcul infinitésimal on ne pouvait décrire le mouvement d'un corps que comme une série finie de transitions de grandeurs elles-mêmes finies, on peut désormais le décrire comme la série infinie des changements infiniment petits produits par les différentes forces qui s'appliquent sur le corps au cours de son mouvement[1]. Évidemment, les choses se compliquent dès lors que l'on considère plusieurs corps en mouvement. Le mouvement de chacun d'entre eux est toujours déterminé par la deuxième loi du mouvement de Newton, mais chaque corps exerce, en vertu de sa masse, une force sur les autres et les valeurs de ces forces varient à chaque instant, puisqu'elles dépendent des positions des particules entre lesquelles ces forces s'exercent et que les positions peuvent varier en fonction des forces qui ont été appliquées aux corps à l'instant infinitésimal précédent.

Il n'y a pas que le vecteur position $\vec{r}(t)$ qui peut être décomposé en trois composantes cartésiennes : $(x(t), y(t), z(t))$. C'est également le cas du vecteur force $\vec{f}$: f_x, f_y et f_z. La deuxième loi de Newton peut alors être présentée sous la forme d'un système de trois *équations différentielles*[2] :

$$\left\{ \begin{array}{l} f_x = m\ddot{x} \\ f_y = m\ddot{y} \\ f_z = m\ddot{z} \end{array} \right.$$

Ces trois équations ont été formulées par Euler, mais on parle généralement des « équations différentielles de Newton » pour les désigner. Comment passe-t-on de ces équations abstraites à la réalité qu'elles sont censées représenter ? Il faut tout d'abord considérer un *système physique* particulier, c'est-à-dire une portion de l'univers. À partir de là, plusieurs étapes doivent être franchies.

La première consiste à déterminer les grandeurs caractéristiques du système physique étudié. Par exemple, pour un corps de masse m en chute libre, il s'agira de la distance verticale z parcourue par le corps par rapport à sa position initiale ou, pour un pendule de longueur l et de masse m, il s'agira

1. I. Prigogine et I. Stengers, *La nouvelle alliance*, Gallimard, Paris, 1979, p. 100.

2. *Cf.* L. Euler, « Découverte d'un nouveau principe de la mécanique », *Mémoires de l'académie des sciences de Berlin*, 6, 1752, § 22, p. 196. La formulation d'Euler diffère de notre formulation moderne d'un facteur 2.

de la longueur d'arc de cercle s parcourue par le pendule lorsqu'il est éloigné d'un angle θ par rapport à sa position initiale.

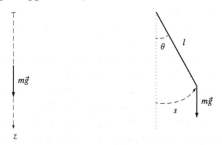

La deuxième étape revient à énoncer sous forme mathématique la loi qui lie les différentes grandeurs physiques caractérisant le système. Celle-ci décrit l'évolution en fonction du temps des variables qui représentent les grandeurs fondamentales du système. En accord avec la deuxième loi de Newton, les lois de ce type s'expriment sous la forme d'une égalité entre le produit de la masse du corps considéré par son accélération et la force particulière à laquelle ce corps est soumis. Dans le cas de la chute libre d'un corps de masse m, cette loi est de la forme :

$$mg = m\ddot{z},$$

où g est l'accélération gravitationnelle à laquelle est soumis le corps de masse m. Si nous considérons maintenant le cas du pendule simple, la force mg agit verticalement sur le pendule, mais son extrémité, où agit cette force, se déplace selon l'arc de cercle s. La longueur de ce dernier étant égale à $l\theta$ et la projection de la force mg sur la tangente à l'arc de cercle valant quant à elle $-mg\sin\theta$, nous avons l'équation du mouvement suivante :

$$mg\sin\theta = -ml\ddot{\theta}.$$

Il s'agit là de cas simples où une coordonnée unique suffit à caractériser le mouvement d'une seule particule (le corps en chute libre ou l'extrémité du pendule, tous deux réduits à des *points matériels*, c'est-à-dire à des entités sans volume mais tout de même pourvues d'une masse). Généralement, le mouvement des particules doit être caractérisé au moyen de trois coordonnées. Si celles-ci sont cartésiennes, alors ce mouvement est soumis aux trois équations différentielles vues plus haut. Dans le cas où nous avons affaire à un système de N particules, chacune ayant un mouvement caractérisé par trois coordonnées, nous avons un système de $3N$ équations issues de la loi fondamentale de la dynamique.

Ce n'est qu'une fois en possession des particularisations de la deuxième loi de Newton que des méthodes de calcul pourront être utilisées pour résoudre les équations différentielles obtenues. La dérivée $\dot{f}$ d'une fonction f nous permet de calculer la différence de deux valeurs *successives* de f, c'est-à-dire le changement infinitésimal que subit la fonction f à partir d'un instant t_0 connaissant la valeur de cette fonction à cet instant. Mais entre cet instant initial et un instant t_1 ultérieur, f subit d'innombrables changements infinitésimaux. Dès lors, pour connaître la valeur de f à t_1, il faut faire la somme de tous ces changements entre t_0 et t_1. C'est précisément ce qu'autorise l'opération d'*intégration*. Celle-ci nous permet donc de *résoudre* une équation différentielle simple. Pour ce faire, il faut effectuer autant d'intégrations que l'équation différentielle a de degrés. Par exemple, une équation différentielle du deuxième degré nécessitera deux intégrations successives pour aboutir à une solution. Au terme de cette résolution, nous obtenons une équation non différentielle nous donnant l'évolution temporelle de la position du système mécanique étudié. À titre d'exemple, recherchons la solution de l'équation du mouvement de chute libre. Étant donné que l'accélération est la dérivée de la vitesse par rapport au temps, nous pouvons réécrire la particularisation de la loi fondamentale de la dynamique de la manière suivante :

$$g = \frac{\mathrm{d}v_z}{\mathrm{d}t},$$

où $v_z(t) = \dot{z}(t)$. Par conséquent :

$$\mathrm{d}v_z = g\,\mathrm{d}t.$$

L'intégrale (le résultat de l'opération d'intégration) entre les bornes t_0 et t de cette équation s'écrit, avec quelques abus de notation :

$$\int_{t_0}^{t} \mathrm{d}v_z = \int_{t_0}^{t} g\,\mathrm{d}t,$$

ce que nous pouvons réécrire :

$$v_z(t) - v_z(t_0) = \int_{t_0}^{t} g\,\mathrm{d}t,$$

et par conséquent :

$$v_z(t) = \int_{t_0}^{t} g \, \mathrm{d}t + v_z(t_0).$$

L'accélération g étant constante, le résultat de l'intégration est [1] :

$$v_z(t) = g(t - t_0) + v_z(t_0).$$

Pour déterminer la vitesse d'un corps en chute libre à n'importe quel instant t, nous devons connaître la valeur de cette vitesse à l'instant initial t_0, c'est-à-dire $v_z(t_0)$. Si l'on considère que l'instant initial $t_0 = 0\,\mathrm{s}$ et que la vitesse initiale du corps est nulle, nous obtenons :

$$v_z(t) = gt.$$

Si nous désirons maintenant obtenir l'évolution $z(t)$ de la position en fonction du temps, étant donné que :

$$\frac{\mathrm{d}z}{\mathrm{d}t} = v_z(t),$$

nous pouvons écrire :

$$\mathrm{d}z = v_z(t) \, \mathrm{d}t,$$

c'est-à-dire :

$$\mathrm{d}z = gt \, \mathrm{d}t.$$

Pour obtenir l'évolution de la position z à chaque instant, il nous faudra donc procéder à une nouvelle intégration entre t_0 et t :

$$z(t) - z(t_0) = \int_{t_0}^{t} gt \, \mathrm{d}t.$$

Celle-ci nous donne :

$$z(t) - z(t_0) = g\left(\frac{t^2}{2} - \frac{t_0^2}{2}\right),$$

1. Rappelons que la règle d'intégration d'une fonction puissance $f(t) = t^n$ est $\int f(t)\,\mathrm{d}t = t^{n+1}/(n+1) + C$, où C est une constante. De plus, si $F(t)$ est la primitive d'une fonction $f(t)$, alors $\int_{t_1}^{t_2} f(t)\,\mathrm{d}t = F(t_2) - F(t_1)$.

et donc :

$$z(t) = g\left(\frac{t^2}{2} - \frac{t_0^2}{2}\right) + z(t_0).$$

Si nous considérons que la position initiale $z(t_0)$ du corps en chute libre est nulle et que $t_0 = 0\,\mathrm{s}$, nous obtenons finalement :

$$z(t) = g\frac{t^2}{2},$$

qui est l'équation bien connue du mouvement de chute libre.

Pour le pendule simple, la résolution est un peu plus complexe, car elle ne peut être effectuée par simple intégration. Considérons le cas, légèrement plus simple, d'un pendule dont les oscillations sont faibles, c'est-à-dire telles que θ reste petit. Dans ce cas, la fonction $\sin\theta$ peut être assimilée, en bonne approximation, à θ et la loi fondamentale de la dynamique devient :

$$\ddot{\theta} = -\frac{g}{l}\theta.$$

Il faut donc trouver une fonction $\theta(t)$ telle que sa dérivée seconde soit égale à son opposé. C'est le cas des fonctions trigonométriques. Nous pouvons donc poser, en tout généralité :

$$\theta(t) = A\cos(\omega_0 t + \varphi),$$

où A, ω_0 et φ sont des constantes qu'il faut déterminer. La valeur de ω_0 nous est donnée par la loi fondamentale de la dynamique. En effet, en réinjectant la fonction $\theta(t)$ dans cette loi, on constate qu'elle n'est satisfaite que si :

$$\omega_0 = \sqrt{\frac{g}{l}}.$$

Les deux autres constantes sont déterminées grâces aux conditions initiales sur l'angle θ et la vitesse angulaire $\dot{\theta}$. Notons celles-ci de la manière suivante : $\theta(t_0) = \theta_0$ et $\dot{\theta}(t_0) = \dot{\theta}_0$. Considérons d'abord la vitesse angulaire. Celle-ci nous est donnée par la dérivée de θ par rapport au temps, c'est-à-dire :

$$\dot{\theta}(t) = -\omega_0 A\sin(\omega_0 t + \varphi),$$

et donc :

$$\dot{\theta}_0 = -\omega_0 A \sin(\omega_0 t_0 + \varphi).$$

La condition initiale particulière $\dot{\theta}(t_0) = 0\,\mathrm{s}^{-1}$ nous permet alors de déduire :

$$\varphi = -\omega_0 t_0.$$

Par conséquent :

$$\theta(t) = A \cos(\omega_0(t - t_0)).$$

La condition initiale sur la position nous permet finalement d'écrire :

$$\theta(t) = \theta_0 \cos(\omega_0(t - t_0)),$$

avec $\omega_0 = \sqrt{g/l}$. Cette équation montre que dans le cas des petites oscillations, la période d'oscillation est indépendante de l'amplitude initiale et de la masse du pendule – elle ne dépend que de sa longueur l et de la valeur de l'accélération gravitationnelle. Ce fait, dont Galilée aurait eu l'intuition en observant les oscillations d'un lustre pendu au plafond de la Cathédrale de Pise [1], est à la base du fonctionnement des horloges à pendule.

En résumé, une fois que l'on a établi l'équation différentielle particulière du mouvement du système étudié, sa résolution nécessite soit deux intégrations successives, dans le cas le plus simple, soit de trouver la fonction particulière qui satisfait l'équation. La formule obtenue ($z(t)$ ou $\theta(t)$) contient alors deux paramètres dont on peut déterminer les valeurs grâce aux *conditions initiales* du mouvement (avec quelle vitesse et d'où part le mobile : $v_z(t_0)$ et $z(t_0)$ pour la chute libre ; $\theta(t_0)$ et $\dot{\theta}(t_0)$ pour le pendule simple). Sans la donnée de celles-ci, il est impossible de calculer les valeurs numériques de la fonction obtenue et, donc, de faire des prédictions sur la position du mobile à des instants t particuliers.

La quatrième et dernière étape du passage des équations abstraites à la réalité pose la question du rapport entre la formalisation mathématique et la réalité. Lors de celle-ci, les valeurs prédites sont en effet confrontées à l'expérience au moyen d'un dispositif expérimental, par exemple le plan incliné de Galilée dans le cas de la chute libre.

---

1. Cette légende, très certainement apocryphe, est rapportée par Vincenzo Viviani, l'élève de Galilée. Le savant florentin a néanmoins bien étudié les oscillations des pendules, mais pensait erronément que leur *isochronisme* était valable peu importe l'amplitude des oscillations. *Cf.* GALILÉE, *Discours concernant deux sciences nouvelles, op. cit.*, p. 70-71.

La critique de la notion de force

Newton a mis la notion de force au fondement de sa mécanique. Une force particulière occupe une place privilégiée dans son système : la force de gravitation. Celle-ci est pourtant loin d'aller de soi. Les tenants de la philosophie mécanique s'en sont d'ailleurs toujours défié. Il faut bien leur accorder que « le mécanisme des forces » reste un mystère. Nous avons vu que la philosophie mécanique a pour ambition de réduire tout phénomène physique à une configuration ou un mouvement de particules matérielles. Cette conception s'ancre en grande partie dans la philosophie de Descartes. Pour lui, matière et étendue sont coextensives, de sorte qu'il ne saurait y avoir d'espace vide. Il s'ensuit que tout mouvement d'un corps résulte du *contact* avec un autre. Les seules actions admissibles sont celles qui résultent d'un contact : un choc – comme une boule de billard qui vient en frapper une autre –, un jet – comme lorsque nous lançons un ballon –, ou une poussée – comme lorsque nous poussons une caisse le long d'un plan horizontal –, etc.

Or la force de gravitation ne résulte pas d'un contact, mais de l'interaction entre deux corps qui agissent l'un sur l'autre « à distance ». Leibniz exprime bien la perplexité que suscite ce type d'action immédiate à distance :

> Ce moyen de communication [l'attraction à distance] est (dit-on) invisible, intangible, non-méchanique. On pouvoit ajouter avec le même droit, inexplicable, non-intelligible, précaire, sans fondement, sans exemple [1].

Newton lui-même trouvait ce type de force fort étrange :

> Que la gravité soit innée et essentielle à la matière, en sorte qu'un corps puisse agir sur un autre à distance au travers du vide, sans médiation d'autre chose, par quoi et à travers quoi leur action et force puissent être communiquées de l'un à l'autre est pour moi une absurdité dont je crois qu'aucun homme, ayant la faculté de raisonner de façon compétente dans les matières philosophiques, puisse jamais se rendre coupable [2].

Cette interrogation semble bien légitime. Comment en effet comprendre que

---

1. G.W. Leibniz, « Mi-août 1716. Cinquième écrit », art. cit., p. 179.
2. I. Newton, « Letter to Bentley, February 25 1692/3 », dans Turnbull (éd.), *The Correspondence of Isaac Newton, op. cit.*, vol. III, p. 254, trad. Fr. Balibar dans Fr. Balibar, « Champ », dans D. Lecourt (éd.), *Dictionnaire d'histoire et philosophie des sciences, op. cit.*, p. 193.

la matière puisse agir « là où elle n'est pas »[1], qu'un effet puisse se situer à un endroit différent de sa cause directe ?

Non seulement deux corps qui s'attirent mutuellement par gravitation interagissent *à travers l'espace vide*, mais ils le font aussi *de manière immédiate*. De la sorte, si le Soleil venait à disparaître en un instant, cela modifierait immédiatement le mouvement de la Terre, bien que ces deux corps soient extrêmement éloignés l'un de l'autre. En termes plus modernes, nous pourrions dire que l'*information* de la disparition du Soleil se transmettrait à la Terre avec une vitesse infinie, ce qui est pour le moins surprenant[2].

Si la notion d'action à distance apparaît comme mystérieuse pour beaucoup, on peut rétorquer que celle d'action par contact, que lui opposent les tenants d'un mécanisme strict, ne l'est pas forcément moins. Que veut en effet dire précisément le fait qu'un corps agit sur un autre par contact ? Lorsque mes mains poussent une boîte, il semble que ce ne soit que par abus de langage que nous disons qu'elles sont en contact avec cette boîte. Au mieux, mes mains et la boîte ont-elles une certaine proximité physique. Être en contact, c'est n'être séparé par aucune distance. Or, entre un point de mes mains et un point de la boîte, il y a toujours un autre point, et même une infinité d'autres[3]. Par conséquent, la *densité* de l'espace que suppose la physique classique semble rendre impossible tout contact physique, et donc toute action par contact au sens strict.

À partir du moment où autant les forces qui agissent à distance que celles qui agissent par contact apparaissent comme problématiques, le soupçon peut légitimement se porter sur la notion de force elle-même. Depuis son introduction, plusieurs voix se sont d'ailleurs élevées pour dénoncer son obscurité. C'est par exemple le cas de Pierre-Louis Moreau de Maupertuis :

> Il n'y a dans la Philosophie moderne aucun mot répété plus souvent que [celui de force], aucun qui soit si peu exactement défini. Son obscurité l'a rendu si commode, qu'on n'en a pas borné l'usage aux corps que nous connoissons ; une école entière de philosophes attribue aujourd'hui à des êtres qu'elle n'a jamais vus une force qui ne se manifeste par aucun phénomène[4].

1. I. KANT, *Principes métaphysiques de la science de la nature, op. cit.*, p. 141.
2. Nous verrons plus loin que, selon la relativité restreinte, la vitesse de transmission de l'information doit être inférieure à celle de la lumière.
3. Sur ce problème, *cf.* M. LANGE, *An Introduction to the Philosophy of Physics. Locality, Fields, Energy, and Mass*, Blackwell, Oxford, 2002, p. 7 *sq.*
4. P.L.M. de MAUPERTUIS, *Essais de cosmologie*, dans *Œuvres*, Jean-Marie Bruyset, Lyon,

La clarification qu'introduit la caractérisation mathématique du concept de force en termes d'accélération et de quantité de matière (la masse) se mesure à la clarté qu'on est prêt à reconnaître à la notion de quantité de matière, à savoir généralement pas beaucoup. Comme nous l'avons vu, Newton avait d'ailleurs renoncé à préciser le statut ontologique de la force et la considérait avant tout comme une grandeur utile pour l'analyse mathématique des phénomènes physiques [1]. Celle-ci n'est alors plus qu'un concept *opérationnel*.

On peut évidemment trouver ce renoncement pour le moins insatisfaisant. Ne pouvant s'en contenter et face à l'absence de précisions concernant la nature de la force, certains savants ont jugé qu'il était préférable d'abandonner purement et simplement cette notion. C'est la solution qui fut adoptée par la plupart des cartésiens. Mais, s'il n'y a pas de force, comment comprendre qu'un corps puisse transmettre son mouvement à un autre corps, par exemple lorsque le premier heurte le second? L'« occasionalisme », défendu de manière célèbre par Nicolas Malebranche, constitue l'une des réponses à cette question. Il affirme qu'il n'y a pas de transmission du mouvement d'un corps à un autre lors d'un choc. Tout ce que nous constatons, c'est qu'après la rencontre du premier corps avec le second, ce dernier commence à se mouvoir. Mais s'il se meut, ce n'est pas *à cause du* premier corps, mais grâce à l'intervention de Dieu qui, *à l'occasion de* la rencontre des deux corps, agit sur le second pour le mettre en mouvement :

> La force mouvante des corps n'est [...] point dans les corps qui se remuent, puisque cette force mouvante n'est autre que la volonté de Dieu. Ainsi les corps n'ont aucune action : et lorsqu'une boule qui se remue, en rencontre et en meut une autre, elle ne lui communique rien qu'elle ait : car elle n'a pas elle-même la force qu'elle lui communique [2].

L'occasionnalisme est évidemment fort connoté religieusement, et il ne se retrouve d'ailleurs pas chez tous les penseurs du XVIIIᵉ siècle qui ont proposé d'abandonner la notion de force. Chez certains d'entre eux, cet abandon impliquait surtout une autre tâche, moins théologique : reformuler les lois du

---

1758, vol. I, p. 28-30.
    1. *Cf.* G. BERKELEY, *Du mouvement*, trad. D. Berlioz-Letellier et M. Beyssade dans *Œuvres*, PUF, Paris, 1987, vol. II, §17, p. 160.
    2. N. MALEBRANCHE, *De la recherche de la vérité*, 6ᵉ éd., III, 2ᵉ partie, chap. III, dans *Œuvres*, Gallimard, Paris, 1979, vol. I, p. 647.

mouvement et la mécanique en général, de manière à en expurger le concept de force.

LE CARACTÈRE « CONSTITUTIF » DES MATHÉMATIQUES EN PHYSIQUE CLASSIQUE

La centralité du concept de force chez Newton témoigne du nouveau rôle que jouent les mathématiques en physique à partir du xviie siècle. Celles-ci ne servent plus uniquement à décrire de manière plus précise une réalité physique s'offrant directement à nous, mais jouent un rôle proprement « constitutif »[1]. Elles ne sont plus un simple outil occupant une position d'« extériorité » par rapport à la physique, comme c'est encore le cas aujourd'hui, par exemple, en chimie ou en biologie, où les mathématiques servent essentiellement à permettre un traitement du quantitatif[2]. Dans ces deux disciplines, les concepts fondamentaux, tels celui de molécule ou celui de liaison chimique, « n'ont rien de mathématique, ni dans leur définition ni dans leur mise en œuvre »[3].

Eu égard aux concepts physiques, si Galilée a affirmé que le langage de la nature était mathématique et donc que les lois de la nature (les énoncés du langage de la physique) devaient être exprimées en termes mathématiques, il n'avait pas encore une conception intrinsèquement mathématique des concepts physiques. Chez lui, la description mathématique des concepts permettait d'en acquérir une appréhension quantitative, mais elle leur était largement extérieure. Il s'agissait essentiellement d'appliquer des raisonnements géométriques à des phénomènes naturels eux-mêmes géométrisés pour formuler des lois exprimées sous forme de relations mathématiques entre grandeurs physiques et ensuite d'en dériver des prédictions numériques. Mais, après Galilée, les concepts physiques devinrent rapidement *intrinsèquement mathématiques*. Le concept de vitesse instantanée est, par exemple, inséparable de celui de dérivée. De même, la force newtonienne est avant tout un concept mathématique : le rapport de l'accélération, et donc d'une dérivée seconde, sur la masse[4]. La critique de l'action à distance qu'a succitée

---

1. J.-M. LÉVY-LEBLOND, « Physique et mathématiques », dans R. APÉRY *et al.*, *Penser les mathématiques*, Seuil, Paris, 1982, p. 195-210. La perspective de Lévy-Leblond dans cet article remarquable n'est pas historique.
2. *Ibid.*, p. 197-198.
3. *Ibid.*
4. L'accélération, elle, possède bien une réalité physique, dans la mesure où nous pouvons

la force de gravitation montre bien qu'on ne part plus dans la physique de Newton d'une réalité physique pour aboutir à sa description mathématique, puisque la réalité physique à laquelle est censée renvoyer cette force demeure mystérieuse. On part désormais de la formulation mathématique d'un principe pour aboutir à la réalité, en l'occurrence à la description du mouvement d'un objet. Ce n'est pas la réalité physique qui nous permettra de préciser le sens de la notion de force, dont la nature semble « physiquement inconnaissable » [1], mais bien les mathématiques : une fois que l'accélération aura reçu une caractérisation précise, on pourra comprendre la force comme la dérivée seconde de la position par rapport au temps divisée par la masse.

On le comprend, à partir de Newton, la forme mathématique permet à la physique de se détacher de son origine empirique et de se développer de manière autonome, sur un plan purement *a priori* [2]. La mathématisation rend ainsi possible l'acquisition de nouvelles connaissances physiques. Cela ne veut pas dire que la physique n'ait plus rien à voir avec le réel. Celui-ci vient plutôt dans un second temps, pour confirmer ou infirmer les développements obtenus par des moyens purement mathématiques.

Quant à l'axiomatisation, elle joue un rôle moins profond qu'on ne pourrait le croire au premier abord. La présentation hypothético-déductive d'une théorie physique est avant tout une remise en ordre. Elle pose tel énoncé comme hypothèse, montre que tel autre peut en être dérivé, définit telle notion au moyen d'une autre considérée comme plus fondamentale, etc. Mais, contrairement à ce qui se passe en mathématiques, elle n'assure pas *de manière définitive* la solidité de l'édifice. Une théorie physique est toujours susceptible d'être remise en cause par une découverte expérimentale, ce qui peut aboutir à son abandon complet ou à un réaménagement, plus ou moins important, des principes sur lesquels elle repose. En mathématiques, en revanche, aucune théorie ne sera jamais réfutée par l'expérience ; l'axiomatisation y revêt un caractère définitif.

---

en ressentir les effets et la mesurer.

1. M. KLINE, *Mathématiques : la fin de la certitude*, trad. J.-P. fr. Chrétien-Goni et Chr. Lazzeri, Seuil, Paris, 1989, p. 108.

2. En ce sens, Husserl a raison de souligner que Galilée, s'il est le « pionnier » de la physique classique, n'est pas encore un physicien « au sens plein du terme », puisque sa pensée ne se développait pas encore totalement à un niveau symbolique éloigné de toute évidence sensible. *Cf.* E. HUSSERL, *La crise des sciences européennes et la phénoménologie transcendantale*, trad. G. Granel, Gallimard, Paris, 1976 (1954), § 9, p. 28.

Cette réorganisation des rapports entre mathématiques et physique inaugurée au xvıı^e siècle sera portée à son point culminant par le développement de la mécanique analytique.

LA MÉCANIQUE ANALYTIQUE

Une *tradition archimédienne* s'est développée parallèlement à la *tradition mécaniste*. L'ambition réductrice de ces deux traditions n'était pas la même : tandis que la philosophie mécanique tentait de réduire tous les processus physiques à des processus mécaniques, la tradition archimédienne cherchait plutôt à réduire toute représentation d'un phénomène physique à une représentation mathématique. Pour autant, ces deux programmes n'étaient pas incompatibles : le second a rejoint le premier en privilégiant dans le processus de réduction les équations différentielles. C'est pourquoi la mécanique classique dans sa formulation eulérienne a longtemps représenté la *théorie scientifique* par excellence, celle dont nous avons hérité.

Historiquement, il ne s'agit toutefois pas de la seule formulation possible de la mécanique classique. La tradition archimédienne a eu une attitude souple et ne s'est pas restreinte à la seule formulation de la mécanique classique en termes d'équations différentielles [1]. Dans cet élargissement des équations mathématiques auxquelles sont susceptibles d'être réduites les représentations des phénomènes physiques, les *équations aux dérivées partielles* ont également joué un rôle considérable. Elles ont permis de développer des formulations de la mécanique classique alternatives à celle des *Principia* et à celle d'Euler. Seront en particulier abordées ici les formulations lagrangienne et hamiltonienne. Celles-ci sont logiquement équivalentes l'une à l'autre, ainsi qu'à la formulation eulérianno-newtonienne, au sens où elles peuvent être déduites logiquement les unes des autres. Elles ne sont pourtant pas équivalentes d'un point de vue physique. Ainsi, la formulation eulérianno-newtonienne repose sur les notions de temps, d'espace, de masse et de force, tandis que la place de cette dernière est occupée par l'*énergie* dans les formulations lagrangienne et hamiltonienne. Cela ne signifie pas qu'il n'y ait pas de concept d'énergie dans la formulation eulérianno-newtonienne ou qu'il n'y ait pas de concept de force dans les formulations lagrangienne et hamiltonienne. Ces concepts y sont simplement définis, et y ont donc un

---

1. G. ISRAEL, *La mathématisation du réel, op. cit.*, p. 173.

statut dérivé. Par exemple, en mécanique newtonienne, nous pouvons définir l'énergie au moyen de la force via la notion de travail. Si un concept n'est pas primitif, mais dérivé, on peut au sens strict s'en passer. Pourquoi peut-on vouloir donner une formulation de la mécanique alternative à celle de Newton [1] ? D'un point de vue philosophique tout d'abord, la formulation eulérianno-newtonienne repose de manière fondamentale sur la notion de force. Or, comme nous l'avons expliqué, celle-ci n'était pas sans poser certaines questions quant à son statut ontologique. Il pouvait donc apparaître comme désirable de disposer d'une formulation de la mécanique dont ces « êtres obscurs et métaphysiques » [2] fussent absents. D'un point de vue technique ensuite, la mécanique newtonienne est particulièrement adaptée à la description du mouvement d'un point matériel soumis à une ou plusieurs forces. Elle se prête donc particulièrement bien à l'étude de la chute des corps ou du mouvement des planètes. En revanche, elle ne permet pas de décrire directement le mouvement d'un fluide ou celui d'une onde le long d'une corde tendue.

Pour comprendre la spécificité des équations aux dérivées partielles et comment elles ont rendu possible une reformulation de la mécanique, nous allons examiner leur application à un cas particulier : la résolution du problème des cordes vibrantes.

L'équation des cordes vibrantes

Nous ne nous sommes intéressés jusqu'à présent qu'à des équations différentielles portant sur des fonctions d'une seule variable. C'est notoirement le cas de chacune des trois équations différentielles issues de la deuxième loi du mouvement de Newton. Par exemple, la première :

$$m\ddot{x} = f_x,$$

contient une dérivée seconde sur la fonction $x(t)$ qui dépend de la seule variable temporelle t. Mais il existe aussi de très nombreux phénomènes nécessitant de faire intervenir des équations différentielles portant sur des

---

1. Marion Vorms donne deux autres raisons plus techniques que celles que nous avançons ici dans *Qu'est-ce qu'une théorie scientifique ?*, *op. cit.*, p. 25.
2. J.L.R. d'Alembert, « Méchanique », dans D. Diderot et J.L.R. d'Alembert (éd.), *Encyclopédie*, *op. cit.*, tome 10, p. 226.

fonctions à plusieurs variables indépendantes. C'est le cas du déplacement d'une *onde* le long d'une corde dont une des extrémités (ou les deux) est fixée, comme, par exemple, sur une corde de violon.

L'identification de l'équation qui détermine l'évolution de l'amplitude des oscillations de la corde et sa résolution constituent ce que l'on appelle le *problème des cordes vibrantes*. Il a été résolu dans les années 1740 par d'Alembert[1]. Pour mieux comprendre la nouveauté de ce type de problème, représentons la vibration de la corde à un certain instant t. L'ordonnée y représente l'amplitude des oscillations de la corde et l'abscisse x se confond avec la corde lorsqu'elle est au repos :

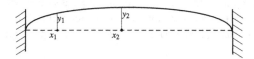

L'amplitude y_1 de la corde en un certain point x_1 évolue au cours du temps. Elle décrit en fait un mouvement périodique autour de l'axe x. L'amplitude y_1 dépend donc de l'instant auquel on la mesure. Mais ce n'est pas tout. Si nous comparons les amplitudes y_1 et y_2 correspondant aux points x_1 et x_2 au même instant t, nous constatons sur le schéma ci-dessus qu'elles ne sont pas identiques. Autrement dit, l'amplitude y de la corde varie simultanément en fonction du point d'abscisse x où on la mesure. En résumé, l'amplitude y dépend des deux variables x et t, ce que nous noterons $y(x,t)$. Cela signifie que le mouvement de la corde vibrante ne peut être décrit par une équation différentielle habituelle. En effet, dans une équation de ce type, une dérivée ne peut porter que sur une seule grandeur à la fois : elle ne permet de rendre compte que de la variation d'une grandeur en fonction d'une seule autre. Par exemple, si elle permet de représenter la variation de y en fonction de t, elle ne permet pas de représenter la variation simultanée de y en fonction de x. Seuls des problèmes unidimensionnels peuvent être formalisés au moyen du calcul différentiel habituel – son usage est restreint à la description mathématique de la trajectoire d'un point. Le problème des cordes vibrantes est assurément plus complexe. Il ne s'agit pas de décrire la trajectoire d'un seul point, mais

---

1. Pour une première approche de la résolution dalembertienne du problème des cordes vibrantes, *cf.* les explications de Giorgio ISRAEL : *La mathématisation du réel, op. cit.*, p. 142-149.

plutôt de l'infinité des points qui composent la corde. Pour résoudre ce type de problème on doit recourir à des *dérivées partielles*.

Une dérivée partielle d'une fonction $y(x,t)$ dépendant des variables x et t est une dérivée portant sur une des deux variables de f en considérant l'autre comme constante. Ce type de dérivée est noté au moyen du symbole ∂, plutôt qu'au moyen du symbole d, utilisé pour désigner la dérivée ordinaire. Ainsi, la dérivée partielle de $y(x,t)$ par rapport à la variable x se notera $\partial y/\partial x$ et sa dérivée partielle par rapport à la variable t se notera $\partial y/\partial t$. Par exemple, pour la fonction $y(x,t) = x^2 + t^3$, nous avons $\partial y/\partial x = 2x$ et $\partial y/\partial t = 3t^2$. La *différentielle totale* de y est donnée par : $dy = \partial y/\partial x \, dx + \partial y/\partial t \, dt$. Elle vaut dans notre exemple : $2x\,dx + 3t^2\,dt$. Comme pour les dérivées ordinaires, les dérivées partielles peuvent être appliquées plusieurs fois à la même fonction. Par exemple, la *dérivée partielle seconde* de $y(x,t)$ par rapport à t vaut : $\partial^2 y/\partial t^2 = 6t$.

Ces précisions mathématiques étant données, nous pouvons à présent exposer l'*équation des cordes vibrantes* découverte par d'Alembert, équation qui décrit la propagation d'une onde le long d'une corde – c'est pourquoi on l'appelle aussi « équation d'onde ». Pour une corde de longueur l, de masse m et soumise à une tension constante T, elle vaut :

$$\frac{\partial^2 y(x,t)}{\partial t^2} = a^2 \frac{\partial^2 y(x,t)}{\partial x^2},$$

où $a^2 = lT/m$ et a est la vitesse avec laquelle se propage l'onde. À un instant t, la corde est soumise en un point x à une force par unité de longueur :

$$\frac{f}{l} = \frac{m}{l} \frac{\partial^2 y(x,t)}{\partial t^2}$$

selon la direction y. L'équation de d'Alembert nous dit que cette force est due à la courbure $\partial^2 y(x,t)/\partial x^2$ de la corde soumise à une tention T. À chaque fois que la courbure change de signe, la force change de sens, provoquant un mouvement oscillant de la corde autour de sa position d'équilibre.

La résolution de ce type d'équation est évidemment plus complexe que celle des équations différentielles ordinaires. Elle implique la donnée de certaines *conditions aux limites*, c'est-à-dire des contraintes sur les valeurs que peuvent prendre ses solutions. Les conditions initiales des équations différentielles ordinaires, c'est-à-dire les conditions que l'on impose à l'instant $t = 0$ (généralement les valeurs de la position et de la vitesse) sont des exemples typiques de conditions aux limites. Mais nous pouvons en imaginer d'autres. Par exemple, dans le cas d'une corde vibrante, il s'agit généralement de la position y et de la vitesse $\partial y/\partial t$ aux deux extrémités $x = 0$ et $x = l$ de la corde. Si la corde est fixée en ces deux points, on considère que la position et la vitesse y sont nulles à tout instant (la corde étant *fixée* à ses extrémités). Généralisée à trois dimensions, l'équation d'onde s'écrit :

$$\frac{\partial^2 r(x,y,z,t)}{\partial t^2} = a^2 \Delta r(x,y,z,t),$$

où Δ est ce que l'on appelle l'*opérateur*[1] « laplacien »[2]. L'équation d'onde à trois dimensions joue un rôle fondamental en physique théorique. On la retrouve en effet aujourd'hui en acoustique, en optique ondulatoire, en électromagnétisme et en mécanique quantique. Se révèle ainsi un des aspects fondamentaux de la physique mathématique : les instruments mathématiques du physicien ne sont pas cantonnés au domaine physique originel pour lequel ils ont été forgés, mais peuvent servir dans d'autres domaines. C'est un « instrument polyvalent » qui permet de révéler des structures communes dans des domaines hétérogènes[3].

Alors que la formulation eulérianno-newtonienne de la mécanique consacrait la victoire du modèle corpusculaire de la matière, et donc du mécanisme, d'Alembert, en modélisant le mouvement d'une corde vibrante au moyen d'une équation aux dérivées partielles, annonçait le modèle ondulatoire de la lumière et la mécanique analytique. Nous aborderons le premier dans un chapitre ultérieur. Contentons-nous donc pour l'instant de l'explication de la seconde.

1. Un opérateur est une entité mathématique qui n'est pas un nombre, mais une sorte de règle d'exécution d'une opération mathématique spécifique sur un objet donné. 'Multipliez ce qui suit par 2' et 'faire effectuer à ce qui suit une rotation sur lui-même de 90°' sont des exemples d'opérateurs. La dérivée d/dx et l'intégrale $\int dx$ en sont d'autres plus abstraits.

2. Le laplacien revient à appliquer l'opérateur :

$$\frac{\partial^2}{\partial x^2} + \frac{\partial^2}{\partial y^2} + \frac{\partial^2}{\partial z^2}.$$

Autrement dit, appliqué à une fonction $f(x,y,z)$, il a pour résultat la somme des dérivées partielles secondes de f par rapport aux variables x, y et z.

3. S. Bachelard, *La conscience de rationalité*, *op. cit.*, p. 32-33. Pour plus de détails, *cf.* la section 5.3 du chapitre VII.

La formulation lagrangienne de la mécanique classique

Les équations différentielles de Newton s'appliquent autant aux problèmes de la *statique* (dans laquelle un système physique soumis à des forces est étudié indépendamment de son mouvement) qu'à ceux de la *dynamique* (dans laquelle on étudie le mouvement d'un système physique en prenant en compte les forces qui lui sont appliquées). Celles-ci constituent, avec la *cinématique* (dans laquelle on étudie le mouvement d'un système physique indépendamment des forces qui lui sont appliquées), les deux branches principales de la mécanique classique. Le problème, comme nous l'avons vu, est que les équations différentielles de Newton reposent sur la notion ontologiquement contestable de force. Dès lors, certains physiciens du xviiie siècle se sont donné pour but de reformuler la mécanique en un ensemble d'équations dont cette notion serait absente. Un tel programme est tout à fait explicite chez d'Alembert :

> Tout ce que nous voyons bien distinctement dans le mouvement d'un corps, c'est qu'il parcourt un certain espace, & qu'il emploie un certain temps à le parcourir. C'est donc de cette seule idée qu'on doit tirer tous les principes de la Méchanique, quand on veut les démontrer d'une manière nette & précise ; en conséquence de cette réflexion, le philosophe doit, pour ainsi dire, détourner la vue de dessus les causes motrices, pour n'envisager uniquement que le mouvement qu'elles produisent ; il doit entièrement proscrire les forces inhérentes au corps en mouvement, êtres obscurs & métaphysiques, qui ne sont capables que de répandre les ténèbres sur une science claire par elle-même [1].

Une fois débarrassés de cette impénétrable notion de force, les principes de la mécanique gagneront en clarté. À ce premier réquisit, d'Alembert en ajoute un second :

> Les vérités fondamentales de la Méchanique, en tant qu'elle traite des lois du mouvement, & de l'équilibre des corps, méritent d'être approfondies avec soin. Il semble qu'on n'a pas été jusqu'à présent fort attentif [...] à réduire les principes de cette science au plus petit nombre [2].

Selon cette exigence d'économie, la mécanique doit reposer sur un nombre restreint de principes. Ce réquisit a plusieurs avantages :

1. J.L.R. D'ALEMBERT, « Méchanique », art. cit., p. 226.
2. *Ibid.*, p. 224.

Il nous paroît qu'en applanissant l'abord de cette science, on en reculeroit en même temps les limites, c'est-à-dire qu'on peut faire voir tout-à-la fois & l'inutilité de plusieurs principes employés jusqu'à présent par les Méchaniciens, & l'avantage qu'on peut tirer de la combinaison des autres, pour le progrès de cette science; en un mot, qu'en réduisant les principes on les étendra. En effet, plus ils seront en petit nombre, plus ils doivent avoir d'étendue, puisque l'objet d'une science étant nécessairement déterminé, les principes en doivent être d'autant plus féconds, qu'ils sont moins nombreux [1].

Si d'Alembert lui-même réussit à formuler la dynamique sans faire de la notion de force une notion primitive, son système contenait encore trois principes, c'est-à-dire autant que celui de Newton [2]. En 1788, Lagrange réussit dans sa *Mécanique analytique* [3] l'exploit de formuler la totalité de la mécanique au moyen d'une seule formule dans laquelle n'apparaît aucunement la notion de force [4].

Comme son nom l'indique, l'ouvrage de Lagrange s'inscrit dans la vague de reformulations purement analytiques de la mécanique initiée par Euler. Son auteur affirme ainsi qu'

[o]n ne trouvera pas de figures dans cet ouvrage. Les méthodes que j'y expose ne demandent ni constructions, ni raisonnement géométrique ou mécanique, mais seulement des opérations algébriques assujetties à une marche régulière et uniforme.

Ce qui est en jeu ici, ce n'est pas un simple remplacement de la géométrie par l'analyse à titre d'outil de résolution des problèmes physiques. Comme le souligne Blay, la mathématisation de la physique opérée par Lagrange au moyen de l'analyse délaisse avec la géométrie la visée ontologique du projet porté initialement par la physique théorique [5]. Si l'organisation hypothético-déductive héritée d'Euclide et d'Archimède est bien conservée, et même portée à son apogée, l'idée que la physique mathématique nous révélerait

1. J.L.R. D'ALEMBERT, « Méchanique », art. cit., p. 224.
2. Les trois principes de la mécanique de d'Alembert exposés dans son *Traité de dynamique* de 1743 sont le principe d'inertie, le principe de composition des mouvements et le principe d'équilibre. Sur ceux-ci, *cf.* A. FIRODE, *La dynamique de d'Alembert*, Bellarmin/Vrin, Montréal/Paris, 2001, chap. 4.
3. J.-L. LAGRANGE, *Mécanique analytique*, 3e éd., Mallet-Bachelier, Paris, 1853.
4. Ce qui ne veut pas dire que cette notion ne joue aucun rôle dans la mécanique de Lagrange.
5. *Cf.* M. BLAY, *Les raisons de l'infini, op. cit.*, p. 14-15.

la nature des choses, parce que celle-ci serait mathématique, est abandonnée au profit de la prédiction et de la résolution algorithmique des problèmes physiques.

Ce qu'il faut comprendre, c'est que l'ambition de Lagrange dans ce « poème scientifique »[1] qu'est la *Mécanique analytique* est avant tout *synthétique*. Il s'agit d'unifier l'ensemble de la mécanique au moyen de l'analyse mathématique. Les principes particuliers des différentes branches de la mécanique que sont la statique et la dynamique deviennent alors de simples conséquences d'un principe plus fondamental : le « principe des travaux virtuels ».

Un système à l'équilibre est un système dans lequel la somme des forces est nulle. On considère alors un *déplacement virtuel* du système, c'est-à-dire un déplacement qui n'a pas besoin d'être réalisé de manière effective, mais qui peut l'être par la pensée sans entrer en contradiction avec les contraintes du système[2]. Il s'agit donc d'une expérience de pensée mathématique. Lagrange note $\delta \vec{r}$ ces changements spatiaux infinitésimaux de certaines parties du système. Le symbole δ indique un changement infinitésimal qui, à la différence de celui indiqué par le symbole d que l'on trouve dans la dérivée, est seulement virtuel[3]. Le principe des travaux virtuels énonce que le système est à l'équilibre si et seulement si, pour tout déplacement virtuel $\delta \vec{r}_i$, la somme des travaux virtuels des forces $\vec{f}_i$ qui s'appliquent au système est nulle :

$$\sum \vec{f}_i \delta \vec{r}_i = 0.$$

Considérons un plan d'inclinaison θ sur lequel repose un corps de poids $\vec{f}_1$ retenu par un autre corps de poids $\vec{f}_2$ au moyen d'une poulie :

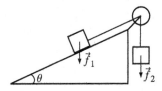

---

1. W.R. Hamilton, *Mathematical Papers*, Cambridge University Press, Cambridge, 1940, vol. II, p. 104.
2. Ces contraintes, qui expriment des impossibilités de déplacement, sont définies par des équations de liaison, comme nous le verrons dans la prochaine section.
3. C. Lanczos, *The Variational Principles of Mechanics*, 4e éd., Dover, New York, 2017, p. 39.

Un déplacement virtuel vertical $\delta \vec{r}_2$ du corps de poids $\vec{f}_2$ implique un déplacement virtuel $\delta \vec{r}_1$ du corps de poids $\vec{f}_1$ le long du plan incliné. Le principe des travaux virtuels nous dit alors que ce système est à l'équilibre lorsque :

$$\vec{f}_1 \delta \vec{r}_1 + \vec{f}_2 \delta \vec{r}_2 = 0.$$

Si le deuxième corps descend d'une distance verticale d, alors le premier corps doit à l'évidence être déplacé de la même distance le long du plan incliné. Pour que le système soit à l'équilibre, il faut que $f_1 = f_2 d / (d \sin \theta)$ [1]. Par exemple, pour un poids $f_2 = 1\,N$ et une inclinaison $\theta = 30°$, nous avons $f_1 = 2\,N$.

Partant du principe des travaux virtuels, qui relève originellement de la statique, Lagrange l'étend ensuite à la dynamique grâce au « principe de d'Alembert » [2] et aboutit finalement à un ensemble unique d'équations. C'est à ces « équations de Lagrange » que nous nous intéresserons avant tout ici en nous appuyant sur leur présentation contemporaine.

L'espace de configuration

L'un des aspects relativement techniques, mais hautement significatifs, des équations de Lagrange réside dans le fait qu'elles sont habituellement formulées dans un système de coordonnées particulières dites « généralisées ». Soit un système mécanique composé d'une seule particule libre, c'est-à-dire une particule dont le mouvement n'est limité en aucun sens. L'évolution temporelle de cette particule est généralement représentée par une courbe dans un espace euclidien à trois dimensions $Oxyz$, chaque point de la courbe en question correspondant à la position de la particule à un instant donné. Supposons maintenant que nous ayons un système composé de N particules libres. Ce système possède $3N$ coordonnées au total. La représentation de l'évolution de chacune des N particules dans un espace euclidien tridimensionnel deviendra vite illisible, à mesure que le nombre de particules augmente. Dès lors, plutôt que de représenter chaque particule

---

1. $d \sin \theta$ représente le déplacement virtuel vertical du corps situé sur le plan incliné.
2. Pour ce principe et celui des travaux virtuels, nous renvoyons à M. VORMS, *Qu'est-ce qu'une théorie scientifique ?*, *op. cit.*, p. 26-33 ; et à J. COOPERSMITH, *The Lazy Universe. An Introduction to the Principle of Least Action*, Oxford University Press, Oxford, 2017, chap. 4 et 5, qui est particulièrement clair et accessible. D'Alembert expose le principe qui porte son nom dans J.L.R. D'ALEMBERT, *Traité de dynamique*, *op. cit.*, p. 74-75.

à un instant donné par un point dans un espace à trois dimensions, on peut représenter les positions de toutes les particules par un seul point dans un espace à $3N$ dimensions. Cet espace *abstrait* est appellé l'« espace de configuration ».

Pour mieux comprendre de quoi il s'agit, considérons une situation simplifiée[1]. Soit un système de deux particules pouvant se déplacer librement sur deux lignes droites. Nous pouvons représenter la position de chacune de ces particules à un certain instant par deux points dans un espace à une dimension, c'est-à-dire sur une droite. Leur évolution sera alors donnée par des ensembles de points sur cet axe. Ce n'est guère parlant ! La représentation dans l'espace de configuration consiste, pour sa part, à figurer le système de deux particules à un certain instant par un seul point dans un espace à deux dimensions, l'une, q_1, représentant la position de la première particule sur la première droite, l'autre, q_2, représentant la position de la deuxième particule sur la deuxième droite. L'évolution du système physique est alors représentée par une courbe $\vec{q}(t)$ dans cet espace à deux dimensions.

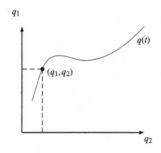

On peut facilement généraliser cette représentation à un système composé de N particules libres pouvant se déplacer dans les trois dimensions de l'espace. La position du système à un certain instant dans l'espace de configuration est alors donnée par les valeurs de l'ensemble de $3N$ coordonnées q_1, q_2, ..., q_{3N}. Par conséquent, l'évolution du système est figurée par une courbe $\vec{q}(t)$ dans un espace à $3N$ dimensions. Il s'agit là d'une représentation relativement abstraite, mais qui se révèle très pratique à l'usage. Elle permet de dissimuler la complexité d'un problème physique en réduisant les mouvements de plusieurs particules, éventuellement très nombreuses, au mouvement d'un

---

1. *Cf.* G. Lochak, *La géométrisation de la physique, op. cit.*, p. 104-105.

point unique [1].

Les déplacements des particules qui composent un système physique ne sont pas toujours libres les uns par rapport aux autres. Il se peut donc que le système soit *contraint* à certains égards. Dans ce cas, la variation de certaines coordonnées du système est déterminée par la variation d'autres coordonnées. Prenons quelques exemples. Soit un piston ne pouvant se déplacer que de bas en haut selon la direction z. On dit qu'un tel système n'a qu'un seul « degré de liberté », puisqu'il ne peut se déplacer dans le plan $0xy$ ni tourner d'aucune façon. Une boule de billard dont on néglige la rotation a en revanche deux degrés de liberté, puisqu'elle ne peut se déplacer que dans le plan $0xy$. Si on considère maintenant deux particules évoluant dans l'espace et maintenues à une distance constante l'une de l'autre, le système aura cinq degrés de liberté. Les liaisons entre coordonnées d'un système contraint peuvent être représentées par des équations dites « de liaison ». S'il existe k équations de ce type [2], alors le nombre n de variables indépendantes est égal à $3N - k$. Ce sont ces variables que l'on appelle les « coordonnées généralisées » du système. Elles représentent ses degrés de liberté. L'évolution d'un système contraint de cette sorte est représentée par une courbe dans un espace de configuration à n dimensions.

Dans la formulation eulérianno-newtonienne de la mécanique, le comportement du système est régi par un ensemble de $3N$ équations, parmi lesquelles certaines spécifient de manière explicite les contraintes entre les particules [3]. Les coordonnées généralisées présentent l'avantage de ne pas devoir tenir compte des différents types de liaisons qui ont lieu entre les particules du système.

Les équations de Lagrange

Avec une extraordinaire économie de moyens, Lagrange unifie au moyen d'une formule abstraite et unique autant les problèmes de dynamique que de statique. L'un des avantages de la formulation lagrangienne de la mécanique est qu'elle ne repose pas sur un modèle physique particulier. Elle peut s'appliquer à un phénomène physique quelconque, que celui-ci soit compris

1. B. HOFFMANN et M. PATY, *L'étrange histoire des quanta*, Seuil, Paris, 1981, p. 123.
2. Lorsque les contraintes sont « holonomes », c'est-à-dire qu'elles peuvent être exprimées par des équations du type : $f_i(x_1, y_1, z_1, x_2, y_2, z_2, ..., x_n, y_n, z_n, t) = 0$ avec $i = 1, 2, ..., k$.
3. M. VORMS, *Qu'est-ce qu'une théorie scientifique ?*, op. cit., p. 27.

en termes mécanistes ou non. Lagrange nous offre ainsi une méthode générale pour écrire les équations régissant n'importe quel problème de mécanique, ce qui ne veut pas dire que nous ayons pour autant une méthode générale pour résoudre ces équations. Il se trouve que, dans certains cas, elles ne peuvent tout simplement pas être résolues *analytiquement*, c'est-à-dire uniquement par calcul [1]. Ces équations dites « de Lagrange » ont la forme suivante [2] :

$$\frac{d}{dt}\left(\frac{\partial L}{\partial \dot{q}_i}\right) - \frac{\partial L}{\partial q_i} = 0 \quad \text{avec } i = 1, 2, ..., n.$$

Ce sont des équations différentielles qui décrivent l'évolution d'un système dans un espace de configuration à n dimensions

Tout comme les équations différentielles de Newton, les équations de Lagrange sont des équations différentielles du *deuxième ordre*, mais contrairement à celles de Newton, ce ne sont pas des équations différentielles ordinaires, mais des équations aux dérivées partielles, puisqu'on y trouve à la fois une dérivation partielle par rapport à la variable q_i et une autre par rapport à la variable $\dot{q}_i$ sur la même grandeur L. La variable $\dot{q}_i$ n'est autre que la dérivée par rapport au temps de la variable de position généralisée q_i :

$$\dot{q}_i = \frac{dq_i}{dt}.$$

Il s'agit donc d'une *vitesse généralisée*.

La fonction L dans les équations de Lagrange est le « lagrangien ». En mécanique classique, il est égal à la différence de l'énergie cinétique et de l'énergie potentielle : $T - U$. Il caractérise la position du système physique à chaque instant et est obtenu en résolvant les équations de Lagrange qui décrivent sa variation en fonction des coordonnées généralisées q_i et $\dot{q}_i$. Le lagrangien étant une grandeur scalaire indépendante du système de coordonnées choisi, la forme des équations de Lagrange est elle-même indépendante du système de coordonnées. Sa portée ne se limite pas à la formulation de problèmes de mécanique classique, puisqu'il peut également être utilisé en relativité, en électromagnétisme et en mécanique quantique.

---

1. I. EKELAND, *Le meilleur des mondes possibles. Mathématiques et destinée*, Seuil, Paris, 2000, p. 99-100.
2. Nous nous limitons ici à la formulation des équations de Lagrange pour un système *conservatif*, c'est-à-dire un système dans lequel les forces dérivent d'un potentiel.

Les équations de Lagrange ne font pas appel au concept de force et ne contiennent pas de grandeurs vectorielles, contrairement aux équations différentielles de Newton. Cela a un avantage pratique dans la mesure où les grandeurs scalaires T et V pour un problème physique sont généralement beaucoup plus simples à obtenir que la force totale. Illustrons le fonctionnement de ces équations sur le cas d'une particule de masse m en chute libre. Ce système possède un seul degré de liberté : la direction de la chute de la particule. Si celle-ci tombe selon l'axe z avec une vitesse initiale nulle, son énergie cinétique est donnée par la formule :

$$T = \frac{m}{2}\dot{z}^2,$$

tandis que son énergie potentielle est donnée par $U = -mgz$. Pour ce système, le lagrangien L vaut $m\dot{z}^2/2 + mgz$. Les coordonnées généralisées du système sont la position z et la vitesse $\dot{z}$. Par conséquent, l'unique équation de Lagrange pour notre système est :

$$\frac{\mathrm{d}}{\mathrm{d}t}\left(\frac{\partial(m\dot{z}^2/2 + mgz)}{\partial\dot{z}}\right) - \frac{\partial(m\dot{z}^2/2 + mgz)}{\partial z} = 0,$$

ce qui nous donne :

$$\frac{\mathrm{d}}{\mathrm{d}t}\left(\frac{m}{2}\frac{\partial\left(\dot{z}^2\right)}{\partial\dot{z}} + mg\frac{\partial z}{\partial\dot{z}}\right) - \left(\frac{m}{2}\frac{\partial\left(\dot{z}^2\right)}{\partial z} + mg\frac{\partial z}{\partial z}\right) = 0$$

$$\Leftrightarrow \frac{\mathrm{d}}{\mathrm{d}t}\left(\frac{2m\dot{z}}{2} + 0\right) - (0 + mg) = 0$$

$$\Leftrightarrow m\frac{\mathrm{d}\dot{z}}{\mathrm{d}t} - mg = 0$$

$$\Leftrightarrow m\ddot{z} = mg,$$

qui n'est autre que l'équation différentielle de Newton pour la chute libre. Ainsi, on peut retrouver l'équation newtonienne du problème de la chute libre à partir de son équation lagrangienne. En fait, de manière générale, il est toujours possible de déduire la formulation eulérianno-newtonienne de la formulation lagrangienne d'un problème physique, et inversement[1]. Il peut

1. D'autres exemples de cette équivalence peuvent être trouvés dans M. VORMS, *Qu'est-ce qu'une théorie scientifique ?*, op. cit., p. 38-40.

donc y avoir plusieurs formulations logiquement équivalentes d'une même
théorie physique, en l'occurrence ici de la mécanique classique. Dès lors,
si les théories physiques au sens moderne du terme sont inséparables d'une
forme mathématique, elles ne le sont pas d'une forme en particulier : si elles
possèdent une certaine forme mathématique, elles peuvent aussi en posséder
une autre qui leur est équivalente, mais elles ne peuvent pas ne pas être
exprimées sous une certaine forme mathématique.

La propriété que possède la mécanique classique de pouvoir être
mathématisée de plusieurs façons constitue ce que Lévy-Leblond appelle
son « polymorphisme mathématique » [1]. Elle ne concerne pas que ses formulations eulérianno-newtonienne et lagrangienne ; elle englobe également sa
formulation hamiltonienne. C'est vers elle que nous allons maintenant nous
tourner, en faisant d'abord un détour par le principe de moindre action qui la
sous-tend.

Le principe de moindre action

Le principe de Fermat

Galilée affirmait que la nature « a coutume d'agir en employant les
moyens les plus simples, les plus faciles » [2]. Partant de la même idée, Pierre
Fermat [3] énonce au début du XVIIᵉ siècle le principe selon lequel la lumière suit
toujours le chemin qui minimise le temps de parcours. Or, lorsque la lumière
traverse des milieux de *réfringences* différentes [4], le temps le plus court
ne veut pas forcément dire la distance la plus courte. Pour le comprendre,
considérons une situation analogue à celle d'un rayon lumineux traversant
deux milieux différents : un maître-nageur se trouvant sur la plage en un
point *A* doit rejoindre une personne en train de se noyer en un point *B*. La
distance qui sépare *A* de la rive est identique à celle qui en sépare *B*. Étant
donné que le maître-nageur n'est pas directement en face de la personne en
train de se noyer, quel chemin devra-t-il parcourir pour minimiser le temps

1. J.-M. Lévy-Leblond, « Physique et mathématiques », art. cit., p. 201.
2. Galilée, *Discours concernant deux sciences nouvelles*, *op. cit.*, p. 131.
3. P. Fermat, « Lettre à Marin Cureau de la Chambre d'août 1657 », dans *Œuvres*, éd. P.
Tannery et Ch. Henry, Gauthier-Villars, Paris, 1894, tome 2, p. 356.
4. Réfringent signifie « qui cause la réfraction des rayons lumineux ». On parle généralement
de la réfringence d'un milieu, celle-ci étant caractérisée par un « indice de réfringence ». Le vide
a, par convention, un indice de réfringence égal à 1.

qu'il mettra entre son départ et le moment où il atteindra la personne en détresse ? Le maître-nageur courant plus rapidement dans le sable qu'il ne nage dans l'eau, il n'aura pas intérêt à emprunter la ligne droite qui le relie à la personne en détresse, puisque s'il suivait cette trajectoire il parcourrait la même distance dans le sable que dans l'eau, alors qu'il a intérêt à minimiser la partie de sa trajectoire où il devra nager. Mais il ne doit pas non plus nager perpendiculairement au rivage, car alors il mettrait trop de temps à courir dans le sable. La solution consiste donc à déterminer le point optimal O situé sur le rivage tel que la trajectoire du maître nageur soit une ligne brisée.

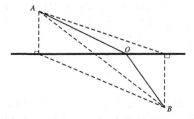

Partant du principe de Fermat, on peut établir les lois de la réfraction et de la réflexion de la lumière [1]. Examinons rapidement la première, dite « de Snell-Descartes ». La réfraction est la déviation d'un rayon lumineux lorsqu'il passe d'un milieu dans un autre. Par exemple, la lumière se déplace en ligne droite dans l'air, puis rencontre une étendue d'eau dans laquelle elle poursuit sa trajectoire, mais avec une direction différente de celle qu'elle avait dans l'air :

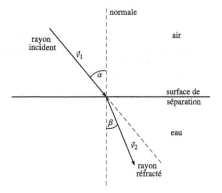

1. Au premier siècle après J.-C., Héron d'Alexandrie avait déjà établi que la trajectoire suivie par la lumière est la plus courte.

C'est le phénomène bien connu du bâton droit qui, une fois plongé dans l'eau, paraît brisé entre la partie immergée et la partie non immergée. Dans la première partie de son trajet, la lumière aura une vitesse constante v_1 et dans la deuxième une vitesse v_2, différente mais elle aussi constante. Supposons à présent que la lumière parte dans le milieu 1 du point A, arrive à la surface de séparation entre les deux milieux au point O et rejoigne finalement le point B dans le milieu 2. Le principe de Fermat nous permet de déterminer où doit se situer le point O. Celui-ci nous dit que la lumière se déplace en suivant une trajectoire qui minimise le temps total t qu'elle met pour aller de A en B, c'est-à-dire la somme du temps t_1 qu'elle met pour aller de A en O et du temps t_2 qu'elle met pour aller de O en B. La distance $|AO|$ étant celle qui sépare A de O et $|OB|$ la distance qui sépare O de B, nous avons :

$$t = \frac{|AO|}{v_1} + \frac{|OB|}{v_2}.$$

Au vu du schéma ci-dessous, on peut exprimer les distances $|AO|$ et $|OB|$ en fonction de la variable x qui détermine la position du point O :

$$t = \frac{\sqrt{d_1^2 + x^2}}{v_1} + \frac{\sqrt{d_2^2 + (l - x)^2}}{v_2}.$$

La variation d'une fonction nous est donnée par sa dérivée et lorsque celle-ci est égale à 0, la fonction est (localement) minimale (ou maximale ou un présente palier [1]).

1. La dérivée d'une fonction $y = f(x)$ détermine la manière dont elle varie. Si en un point a, la dérivée de f égale 0, a est un minimum, un maximum ou un palier de la fonction f. De manière simplifiée, on a un minimum lorsque la dérivée est négative (la fonction diminue) pour un point $x < a$ et positive (la fonction augmente) pour un point $x > a$.

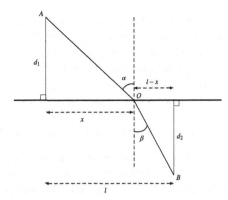

Pour déterminer en quel point x la grandeur t est minimale, nous devons donc calculer $dt/dx = 0$ [1]. Au terme de ce calcul, la loi de réfraction nous est donnée par :

$$\frac{\sin\alpha}{\sin\beta} = \frac{v_1}{v_2}.$$

Si, lorsque la lumière passe du milieu 1 au milieu 2, sa direction se rapproche de la normale par rapport à la surface de séparation entre les deux milieux, alors sa vitesse est plus faible dans le milieu 2 que dans le milieu 1. Cela implique que la lumière se déplace plus rapidement dans l'air que dans l'eau. Sur ce point, le résultat de Fermat s'opposait à l'opinion de Descartes [2]. Ce

---

1. Voici les étapes de ce calcul :

$$\frac{d}{dx}\left(\frac{\sqrt{d_1^2 + x^2}}{v_1}\right) + \frac{d}{dx}\left(\frac{\sqrt{d_2^2 + (l-x)^2}}{v_2}\right) = 0$$

$$\Leftrightarrow \frac{1}{v_1}\frac{d}{dx}\left(\sqrt{d_1^2 + x^2}\right) + \frac{1}{v_2}\frac{d}{dx}\left(\sqrt{d_2^2 + (l-x)^2}\right) = 0$$

$$\Leftrightarrow \frac{1}{v_1}\frac{2x}{2\sqrt{d_1^2 + x^2}} - \frac{1}{v_2}\frac{2(l-x)}{2\sqrt{d_2^2 + (l-x)^2}} = 0$$

$$\Leftrightarrow \frac{1}{v_1}\frac{x}{|AO|} - \frac{1}{v_2}\frac{(l-x)}{|OB|} = 0$$

$$\Leftrightarrow \frac{\sin\alpha}{v_1} - \frac{\sin\beta}{v_2} = 0.$$

2. Mais aussi à celle de Newton.

qui est remarquable dans cette opposition, c'est que Fermat et Descartes étaient en fait arrivés au même résultat en partant d'hypothèses opposées. Tous les deux identifiaient le rapport $\sin\alpha/\sin\beta$ à une certaine valeur n, valant 1,33 dans le cas du passage de la lumière de l'air dans l'eau. Ils l'interprétaient simplement de manière opposée : l'un comme le rapport de la vitesse de la lumière dans l'air sur sa vitesse dans l'eau et l'autre comme le rapport inverse.

Le principe de Maupertuis et le retour des causes finales

Le principe de Fermat semble contenir un aspect *téléologique* : il explique la trajectoire suivie par la lumière en termes de but. C'est parce que la lumière vise à minimiser le temps qu'elle met pour aller d'un point à un autre qu'elle emprunte le trajet qu'elle suit effectivement. Cet aspect téléologique est au centre des conceptions de Maupertuis.

Les conséquences du principe de Fermat étant contestées en ce qui concerne la variation de la vitesse de la lumière lorsqu'elle passe d'un milieu dans un autre, Maupertuis fut amené à le reformuler. Selon lui, ce qui est minimisé lors du trajet de la lumière, ce n'est pas le temps, mais une autre grandeur. Laquelle ? Si la nature agit selon les voies les plus courtes et les plus aisées, c'est, dit Maupertuis, pour minimiser sa dépense, c'est-à-dire son « action » :

> En méditant profondément sur cette matière, j'ai pensé que la Lumière, lorsqu'elle passe d'un Milieu dans un autre, abandonnant déjà le chemin le plus court, qui est celui de la ligne droite, pouvoit bien aussi ne pas suivre celui du temps le plus prompt ; en effet, quelle préférence devroit-il y avoir ici du temps sur l'espace ? la Lumière ne pouvant plus aller tout-à-la fois par le chemin le plus court, et par celui du temps le plus prompt, pourquoi iroit-elle plutôt par un de ces chemins que par l'autre ? Aussi ne suit-elle aucun des deux, elle prend une route qui a un avantage plus réel : *le chemin qu'elle tient est celui par lequel la quantité d'action est la moindre* [1].

Mais qu'est-ce au juste que l'action ? Maupertuis la définit, pour un corps matériel en mouvement entre deux points, comme la somme des espaces parcourus par le corps entre les deux points multipliée par sa masse et par

---

1. P.L.M. de MAUPERTUIS, *Accord des différentes lois de la nature qui avoient jusqu'ici paru incompatibles*, dans *Œuvres, op. cit.*, vol. IV, p. 17-18.

sa vitesse sur ces espaces [1]. Si un corps de masse m met un temps t pour parcourir, à vitesse constante v, un élément de longueur rectiligne l, il aura une action $mvl = mv^2 t$, c'est-à-dire le double de son énergie cinétique multipliée par le temps. L'action a donc les dimensions d'une énergie multipliée par le temps. Il résulte de l'idée de Maupertuis un « principe de moindre action » selon lequel la trajectoire d'un corps matériel doit être telle que la somme de l'action sur tous les éléments de longueur de sa trajectoire est minimale par rapport à toutes les autres trajectoires possibles de ce corps entre les mêmes extrémités.

Maupertuis pense que le principe de moindre action n'est pas limité au seul trajet de la lumière, mais est d'une portée bien plus large. Il l'a en particulier appliqué avec succès aux lois des chocs. Ce principe laisse ainsi entrevoir la possibilité d'unifier les phénomènes lumineux et mécaniques au sein d'un même principe explicatif. Néanmoins, la fécondité du principe de moindre action ne peut être évaluée sans lui donner une expression mathématiquement plus précise. Les capacités de Maupertuis en ce domaine étant limitées, c'est là qu'intervient Euler. D'après lui, si un corps effectue la trajectoire $s(t)$ entre les points a et b, l'action A est donnée par l'intégrale :

$$A = \int_a^b mv \, ds.$$

Puisque $v = ds/dt$, nous pouvons réécrire cette formule :

$$A = \int_a^b mv^2 \, dt,$$

où mv^2 est la force vive, c'est-à-dire le double de l'énergie cinétique.

Un élément déterminant dans la naissance de la science moderne a été l'exclusion de tout *finalisme*, et ce au profit de la *causalité efficiente*. La cause efficiente semblait désormais régner seule en maître, la cause finale n'ayant plus droit de cité dans la science nouvelle qui s'est dessinée à partir du XVIIe siècle. Il est dès lors tout à fait surprenant de voir resurgir sous la plume de Maupertuis ce qui apparaît comme une forme de finalisme, un principe téléologique en vertu duquel la nature favoriserait les trajectoires

1. P.L.M. de MAUPERTUIS, *Accord des différentes lois de la nature qui avoient jusqu'ici paru incompatibles, op. cit.*, p. 41.

les plus économes en action. Les savants modernes ont mis au fondement de
la nouvelle physique qu'ils cherchaient à établir l'impératif de ne recourir
qu'à des principes et des concepts mathématisables [1]. Les causes finales, à
la différence des causes efficientes, n'étant pas susceptibles d'un traitement
mathématique, elles ont fort logiquement été rejetées du domaine de la
physique. L'introduction du principe de moindre action semble impliquer une
remise en cause complète de ce constat : les causes finales peuvent bien être
traitées mathématiquement et constituent donc des explications rationnelles
de la nature au même titre que les causes efficientes.

Évidemment, les explications des phénomènes naturels en termes de
causes finales sont très différentes de celles en termes de causes efficientes.
Du point de vue finaliste inhérent au principe de moindre action, la totalité de
la trajectoire suivie par un corps serait en quelque sorte *décidée* dès le départ
par la position que ce corps est censé atteindre, alors que, par exemple, dans
la perspective eulérianno-newtonienne, la trajectoire est déterminée de proche
en proche, le passage (infinitésimal) d'un point à un autre étant chaque fois
fonction de la force subie durant ce passage [2]. Comme le dit Planck, tandis
que l'approche en termes de cause efficiente opère du présent (l'instant initial)
vers le futur, l'approche en termes de cause finale considère que c'est le futur,
c'est-à-dire un but défini, qui « joue le rôle de prémisses à partir desquelles se
peut déduire le développement qui conduit à ce but » [3].

Mais comment comprendre les relations entre ces deux approches des
problèmes physiques ? Le grand Euler, qui partageait le finalisme de Maupertuis, les concevait pour sa part comme deux voies alternatives, l'une et l'autre
aboutissant aux mêmes résultats [4] :

> [...] il s'ouvre donc une double voie pour connaître les effets de la nature :
> l'une par les causes efficientes, que l'on a coutume d'appeler méthode directe,
> l'autre par les causes finales ; le mathématicien use de l'une et de l'autre avec
> un égal succès. [...] Puisque la construction de l'ensemble du monde est la plus
> parfaite, et achevée par un créateur très sage, il n'arrive absolument rien dans le
> monde où n'éclate quelque raison de *maximum* ou de *minimum* : c'est pourquoi
> il n'y a absolument aucun doute que tous les effets du monde ne puissent être

1. C. DUFLO, *La finalité dans la nature, op. cit.*, p. 26.
2. J.-M. LÉVY-LEBLOND, *Aux contraires, op. cit.*, p. 242.
3. M. PLANCK, *Autobiographie scientifique et derniers écrits*, trad. A. George, Albin Michel,
Paris, 1960, p. 214.
4. *Cf.* également G.W. LEIBNIZ, *Essais de théodicée, op. cit.*, III, 247, p. 265.

déterminés en partant des causes finales, à l'aide de la méthode des *maxima* et *minima*, avec autant de succès qu'en partant des causes efficientes elles-mêmes [1].

Historiquement, nous verrons que l'approche en termes de causes efficientes finit bien par supplanter l'approche finaliste, le monde étant alors conçu comme déterminé de manière aveugle par des lois exprimant des relations de cause (efficiente) à effet.

Avant d'en arriver là, on peut légitimement se demander ce que peut bien être cette nouvelle grandeur physique qu'est censée être l'action, car si on conçoit ce que peuvent être la vitesse, la masse, la quantité de mouvement (la masse multipliée par la vitesse) ou l'énergie cinétique d'un corps (la masse multipliée par le carré de la vitesse), on a plus de mal à se forger une représentation intuitive d'une quantité de mouvement multipliée par une distance [2]. Question d'autant plus pertinente que cette notion a fait l'objet de plusieurs définitions concurrentes. Ainsi, Lagrange définit l'action, que nous noterons S pour la distinguer de celle d'Euler, au moyen de l'intégrale suivante :

$$ S = \int_{t_A}^{t_B} L\,\mathrm{d}t, $$

où L est le lagrangien. Si cette définition de l'action diffère de celle d'Euler, on remarquera néanmoins qu'elle a toujours les dimensions d'une quantité de mouvement multipliée par une distance, c'est-à-dire d'une énergie multipliée par un temps.

Soit un chemin C représenté par une fonction $s(t)$. La grandeur δs représente une variation infinitésimale virtuelle du chemin C lui-même. Muni de cette notion, le principe de moindre action revient à trouver la trajectoire $s(t)$ entre deux points A et B, telle que $\delta S = 0$.

1. L. EULER, *De Curvis Elasticis*, cité dans P. BRUNET, *Étude historique sur le principe de moindre action*, Hermann, Paris, 1938, p. 81.

2. G. LOCHAK, *La géométrisation de la physique, op. cit.*, p. 60.

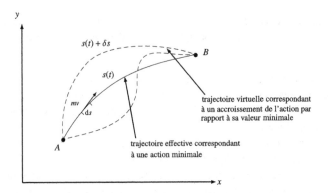

L'action est « stationnaire » pour le mouvement réellement effectué par un mobile par rapport à des mouvements virtuels infinitésimalement proches [1].

La formulation hamiltonienne de la mécanique classique

Dans les années 1750 et 1760, Lagrange travailla à plusieurs reprises sur le principe de moindre action [2] et pensa même un temps que celui-ci lui permettrait de résoudre tous les problèmes de dynamique. On aurait dès lors pu s'attendre de sa part à une tentative de dérivation de la totalité de la mécanique à partir de ce seul principe. Il préféra en fin de compte s'appuyer sur le principe des travaux virtuels (parfois aussi appelé « principe des puissances virtuelles »), moins sujet à des interprétations métaphysiques douteuses, faisant du principe de moindre action un principe dérivé. L'idée de fonder la mécanique sur le principe de moindre action n'est pourtant pas morte avec la publication de la *Mécanique analytique*. Elle a en effet été reprise et réalisée par William Rowan Hamilton dans les années 1820. Tout comme pour la formulation lagrangienne, nous nous intéresserons ici à cette formulation hamiltonienne de la mécanique essentiellement du point de vue contemporain.

---

1. S. BACHELARD, *La conscience de rationalité, op. cit.*, p. 88.
2. *Cf.* J.-L. LAGRANGE, « Application de la méthode exposée dans le mémoire précédent à la solution de différents problèmes de dynamique », dans *Œuvres complètes*, éd. J.-A. Serret, Gauthier-Villars, Paris, 1867, tome 1, p. 365-468.

L'espace des phases

Outre le principe sur lequel elle repose, la formulation hamiltonienne de la mécanique diffère de la formulation lagrangienne également par le type de coordonnées qu'elle utilise. Dans la formulation lagrangienne, pour un système avec n degrés de liberté, nous avions autant d'équations contenant chacune une dérivée partielle sur l'une des n positions généralisées q_i et une autre sur l'une des n vitesses généralisées $\dot{q}_i$. Dans les équations de Hamilton, la vitesse généralisée $\dot{q}_i$ est remplacée par la quantité de mouvement généralisée p_i, laquelle est définie de la manière suivante :

$$p_i = \frac{\partial L(q_i, \dot{q}_i, t)}{\partial \dot{q}_i}.$$

Il y a ainsi substitution d'une variable *dynamique* à une variable *cinématique*. En mécanique classique, on passe assez facilement de la quantité de mouvement généralisée utilisée par Hamilton à la vitesse généralisée utilisée par Lagrange, puisqu'elles ne diffèrent l'une de l'autre que par la masse. En mécanique quantique, en revanche, la quantité de mouvement n'est plus une grandeur dérivée de la vitesse. Il s'agit alors d'une grandeur fondamentale et autonome dont la signification intuitive est plus obscure qu'en mécanique classique[1]. En substituant la quantité de mouvement généralisée à la vitesse généralisée, la formulation hamiltonienne aboutit, en lieu et place des n équations de la formulation lagrangienne, à $2n$ équations : n équations contenant une dérivée partielle sur q_i et n autres contenant une dérivée partielle sur p_i. Mais alors que les n équations de Lagrange étaient du second ordre, les $2n$ équations de Hamilton sont du premier ordre, ce qui en facilite la résolution (une seule intégration est nécessaire pour résoudre chacune d'elles).

L'ensemble $\{q_1, q_2, ..., q_n, p_1, p_2, ..., p_n\}$ définit un nouvel espace à $2n$ dimensions : l'« espace des phases ». Tout comme l'espace de configuration à n dimensions, c'est un espace abstrait qui ne correspond pas à notre espace physique. L'état d'un système physique à un certain instant y est représenté par un point. On y trouve deux fois plus de dimensions que de degrés de liberté du système, puisque ses dimensions correspondent à la fois aux degrés de liberté de la position et à ceux de la quantité de mouvement. L'espace des

---

1. L. DE BROGLIE, *La physique nouvelle et les quantas*, Flammarion, Paris, 1937, p. 39.

phases réunit donc en quelque sorte ce que l'on pourrait appeler l'*espace des positions* et l'*espace des quantités de mouvement* [1]. La notion d'espace des phases est particulièrement utile en mécanique statistique où le nombre de degrés de liberté d'un système est énorme.

Les équations de Hamilton

Dans la formulation hamiltonienne de la mécanique, l'état d'un système physique est décrit au moyen d'un opérateur appelé « hamiltonien », noté H. Il peut être défini de la manière suivante :

$$H = \sum_{i=1}^{n} \dot{q}_i p_i - L.$$

Comme le lagrangien, c'est une grandeur scalaire. Il est égal à l'énergie totale de ce système exprimée au moyen des variables généralisées [2]. Son intérêt principal réside dans sa généralité : il peut s'appliquer aussi bien à des systèmes de particules qu'à des ondes ou à des objets quantiques. C'est la raison pour laquelle les équations auxquelles cet opérateur obéit ne sont pas restreintes à la seule mécanique. Hamilton a établi qu'il s'agissait des équations suivantes :

$$\dot{q}_i = \frac{\partial H}{\partial p_i} \quad \text{et} \quad \dot{p}_i = -\frac{\partial H}{\partial q_i} \qquad (i = 1, 2, ..., n),$$

1. G. Lochak, *La géométrisation de la physique, op. cit.*, p. 106.
2. Pour le montrer, prenons un cas simple : celui d'une particule de masse m se déplaçant dans un potentiel V. Sa position est donnée par le vecteur $\vec{r}$, c'est-à-dire en (x, y, z) en coordonnées cartésiennes. Le lagrangien de ce système physique vaut $L(\vec{r}, \dot{\vec{r}}, t) = m\dot{\vec{r}}^2/2 - V$, c'est-à-dire :

$$L(\vec{r}, \dot{\vec{r}}, t) = \frac{m\dot{x}^2}{2} + \frac{m\dot{y}^2}{2} + \frac{m\dot{z}^2}{2} - V.$$

Les composantes de la quantité de mouvement valent :

$$p_x = \frac{\partial L}{\partial \dot{x}} = m\dot{x}, \qquad p_y = \frac{\partial L}{\partial \dot{y}} = m\dot{y}, \qquad p_z = \frac{\partial L}{\partial \dot{z}} = m\dot{z}.$$

L'hamiltonien H étant égal à $\dot{x}p_x + \dot{y}p_y + \dot{z}p_z - L$ et $\vec{p}$ étant égal à $m\dot{\vec{r}}$, nous avons :

$$H = \frac{1}{2}m\dot{\vec{r}}^2 + V,$$

qui est bien l'énergie totale de la particule.

appelées « équations de Hamilton ». Elles déterminent la trajectoire d'un système physique dans l'espace des phases. L'hamiltonien étant égal en mécanique classique à la somme des énergies cinétique et potentielle et, en vertu du *principe de conservation de l'énergie* [1], cette somme étant constante, c'est-à-dire $dH/dt = 0$, les équations de Hamilton nous disent que l'évolution du système est constituée par la modification de l'importance respective de ces deux énergies [2].

Les équations de Lagrange pouvant être déduites du principe de moindre action, et inversement, les formulations hamiltonienne et lagrangienne de la mécanique sont donc logiquement équivalentes.

La question de savoir quel système de coordonnées est préférable pour résoudre un problème physique donné est difficile. Bien souvent, le choix qui se porte sur un système contenant le moins de variables possibles est celui qui permettra de résoudre le problème le plus facilement. Hamilton, plutôt que de réduire le nombre de coordonnées, les *double* par rapport au système dans lequel sont formulées les équations de Lagrange. Mais ces coordonnées (q_i, p_i) sont liées de manière dynamique au sein des équations de Hamilton.

Précisant une analogie entre dynamique et optique géométrique mise en évidence par Hamilton [3], Carl Jacobi a obtenu une autre formulation des équations du mouvement :

$$\frac{\partial S}{\partial t} + H = 0,$$

où S est l'action. C'est ce que l'on appelle l'équation de « Hamilton-Jacobi ». Elle régit la propagation d'une surface où l'action est partout identique, surface analogue à un *front d'onde*. Celle-ci représente l'aboutissement des recherches visant à établir les lois du mouvement relatives à différents problèmes de mécanique à partir d'un seul principe suffisamment large.

Aussi bien les équations de Lagrange que celles de Hamilton ou celle de Hamilton-Jacobi sont exprimées au moyen de dérivées partielles. Ce type d'équations est venu enrichir la physique théorique d'un nouvel outil mathématique. Leur utilisation dans la formulation même des équations du mouvement sanctionne définitivement la place centrale prise par l'*analyse* au sein de la physique théorique à partir du xviiie siècle. Le credo de la

1. *Cf.* le prochain chapitre.
2. I. PRIGOGINE et I. STENGERS, *La nouvelle alliance, op. cit.*, p. 172.
3. Sur celle-ci, *cf.* L. DE BROGLIE, *Ondes, corpuscules, mécanique ondulatoire*, Albin Michel, Paris, 1945, p. 84-97.

tradition archimédienne s'en est trouvé modifié : il ne s'agit plus de donner une représentation géométrique de tous les phénomènes physiques, mais bien une représentation analytique, au sens où tout phénomène physique doit pouvoir être représenté au moyen d'une équation différentielle (ordinaire ou aux dérivées partielles) [1]. Cet abandon de la représentation visuelle a permis la mathématisation de toute une série de phénomènes physiques. Outre la propagation des ondes, citons, parmi les plus représentatives, l'*équation de la chaleur* établie par Jean Baptiste Joseph Fourier et l'*équation de Navier-Stokes*. Tandis que la première décrit le flux de chaleur dû à une différence de température, la deuxième décrit le mouvement d'un certain type de fluide.

Que ce soient dans les équations de Lagrange, dans celles de Hamilton, ou même dans celle de Hamilton-Jacobi, l'évolution du système physique est décrite au moyen d'une grandeur scalaire qui a les dimensions d'une énergie. Dans chaque cas, la notion vectorielle de force est absente. Qu'il ait été adopté ou rejeté au profit d'un autre principe moins douteux métaphysiquement, le principe de moindre action a joué un rôle central dans ce passage d'une « mécanique des forces » (newtonienne) à une « mécanique de l'énergie » (lagrangienne et hamiltonienne).

On peut se demander si la place fondamentale qu'il occupe dans la formulation hamiltonienne de la mécanique implique qu'il faille concevoir le mouvement d'un corps matériel comme étant décidé en vue de la réalisation d'un certain but, à savoir minimiser l'action, comme le pensaient Maupertuis et Euler. La physique théorique doit-elle être interprétée de manière finaliste ? Tout d'abord, il peut être démontré que le principe de moindre action est équivalent aux équations différentielles de Newton, de sorte que, d'un point de vue mathématique, la différence entre approche finaliste et approche causaliste n'est qu'apparente. L'action devient alors avant tout un outil mathématique qui permet de formuler la mécanique de manière élégante. Ensuite, il faut souligner que Lagrange a montré que les trajectoires suivies par les corps matériels ne visent pas toujours à minimiser l'action, mais aussi parfois à la maximiser. Ainsi, comme le dit Hamilton, « la quantité qui est

---

1. On soulignera qu'il y a tout de même un pendant géométrique à la représentation analytique : la figuration de l'évolution d'un système physique dans l'espace des phases, représentation qui en facilite l'étude. *Cf.* H.P. ZWIRN, *Les limites de la connaissance*, Odile Jacob, Paris, 2000, p. 130. En guise d'illustration, on peut se reporter à la présentation que l'on trouve dans cet ouvrage du pendule dans l'espace des phases (*ibid.*, p. 130-134), ainsi qu'à celle que nous donnons à l'Annexe I.

prétendument économisée est en fait souvent dépensée avec prodigalité »[1]. Le principe de moindre action est un *principe extrémal*, plutôt qu'un principe de minimum. Dès lors, il semble tout simplement faux de dire que la nature est soumise à un principe d'économie, qu'elle tend à minimiser sa dépense; parfois elle minimise l'action, parfois elle la maximise. Historiquement, le principe de moindre action ayant perdu sa charge métaphysique, l'approche finaliste s'est vue définitivement supplantée par l'approche causaliste, c'est-à-dire par la conception selon laquelle le mouvement d'un corps matériel obéit de manière aveugle aux « lois qui déterminent sa destinée à partir de son état initial »[2]. S'est ainsi également imposée une certaine forme de déterminisme.

LA QUESTION DU DÉTERMINISME

La théorie newtonienne du système solaire traite des mouvements qui résultent de l'attraction gravitationnelle entre deux corps célestes, par exemple la Terre et le Soleil ou la Lune et la Terre. Si nous nous restreignons à la considération d'un unique corps céleste tournant autour d'un autre, nous retrouvons bien au moyen de cette théorie une trajectoire elliptique. Le problème est que lorsqu'on confronte cette trajectoire théorique aux données observationnelles, on constate des différences, des déviations par rapport à la trajectoire idéale calculée. Celles-ci sont particulièrement saillantes dans le cas de la Lune, de Jupiter et de Saturne. Face à cette situation, deux alternatives sont envisageables : soit la loi d'attraction universelle de Newton n'est pas correcte, ou du moins n'est pas universellement valide, soit elle l'est et il faut trouver une explication des irrégularités en puisant dans les ressources de la mécanique newtonienne. Historiquement, c'est la deuxième branche de l'alternative qui fut privilégiée : toutes les irrégularités constatées par rapport au mouvement elliptique képlérien devaient pouvoir être expliquées par la seule attraction universelle. On comprit rapidement que, pour s'approcher de la trajectoire effectivement suivie par un corps céleste, on ne pouvait se contenter de prendre en compte l'influence d'un seul autre

---

1. W.R. HAMILTON, « On a General Method of Expressing the Paths of Light, and of the Planets, by the Coefficient of a Characteristic Function », *Dublin University Review and Quarterly Magazine*, 1, 1833, p. 13.

2. G. ISRAEL, *La mathématisation du réel, op. cit.*, p. 152. Notre propos s'appuie ici largement sur cet auteur.

corps. Par exemple, le mouvement de la Lune autour de la Terre est causé principalement par l'attraction gravitationnelle qu'exerce la Terre sur la Lune, mais pour pouvoir rendre compte de la modification de la trajectoire elliptique qui résulte de cette attraction, il faut au moins prendre en compte l'influence que le Soleil exerce sur la Lune.

La résolution du système d'équations différentielles régissant le mouvement de ces trois corps, connaissant leur masse, leur position et leur vitesse à un instant donné, est ce que l'on nomme le « problème à trois corps ». En négligeant les satellites et autres astéroïdes, résoudre le problème du mouvement des corps célestes de notre système solaire revient à résoudre un problème à au moins neuf corps (huit planètes + le Soleil). Or la solution du problème à N corps ne peut généralement pas être calculée analytiquement au-delà de $N = 2$. L'idée fut alors de calculer des *solutions approchées* de ce problème en considérant l'influence gravitationnelle des autres planètes sur le mouvement elliptique d'une planète causé par le Soleil comme de simples *perturbations* développables en séries [1]. Autrement dit, il s'agissait de partir d'un système simplifié dont on connaissait la solution exacte et de calculer ensuite, par approximations successives, les trajectoires obtenues par l'introduction de petites perturbations par rapport à la trajectoire idéale. Considérons par exemple le mouvement de la Terre autour du Soleil. Son mouvement idéal est celui déterminé par l'attraction du Soleil, abstraction faite de l'influence des autres corps célestes. Il s'agit d'un problème à deux corps dont on connaît la solution exacte : la Terre effectue une trajectoire elliptique atour du Soleil. Or l'attraction de Jupiter, par exemple, introduit une petite perturbation dans le mouvement déterminé par ce système idéalisé. L'écart par rapport à la trajectoire simplifiée est alors calculé au moyen d'une série d'approximations successives.

Dans la plupart des cas, les perturbations du mouvement elliptique des corps célestes sont faibles. C'est particulièrement le cas pour le mouvement des planètes autour du Soleil [2]. Aussi faibles soient-elles, on peut se demander si elles ne peuvent pas, à long terme, par accumulation, définitivement éloigner les corps célestes de leur belle trajectoire elliptique. Autrement dit, qu'est-ce qui garantit la *stabilité* du système solaire au cours de son histoire ?

---

1. Sur ceci et ce qui suit, *cf.* J. LASKAR, « La stabilité du système solaire », dans A. DAHAN DALMEDICO *et al.* (éd.), *Chaos et déterminisme*, Seuil, Paris, 1992, , p. 170-211.

2. À titre d'indication, la masse de Jupiter, le corps le plus massif de notre système solaire après le Soleil, est mille fois moins importante que la masse de ce dernier.

Newton, qui était conscient de ce problème, le résolvait en faisant appel à Dieu : la stabilité du système solaire face aux perturbations des planètes et autres comètes est garantie par l'intervention d'un « Être intelligent » [1]. Pour ceux que cette intervention divine ne pouvait satisfaire, il ne restait plus qu'à montrer de manière *uniquement mathématique* que le système solaire était bien stable, et ce, malgré les multiples perturbations qui éloignent les planètes de leur orbite elliptique.

C'est en appliquant l'outil infinitésimal au calcul des perturbations des orbites des corps célestes que Laplace – le « Newton français » – fut capable de fournir une réponse positive aux deux questions que nous soulevions précédemment [2] : la loi de gravitation universelle suffit à expliquer toutes les irrégularités observées dans le mouvement des planètes par rapport à la première loi de Kepler et les perturbations qui en sont la cause ne remettent pas en péril la stabilité du système solaire, de sorte que des prédictions à long terme sur le mouvement des corps qui le composent semblent assurées.

Fort de ce résultat, Laplace se sentit autorisé à soutenir une forme de *déterminisme*, dont l'expression la plus célèbre se trouve dans un passage de son *Essai philosophique sur les probabilités* de 1814 :

> Nous devons donc envisager l'état présent de l'univers comme l'effet de son état antérieur, et comme la cause de celui qui va suivre. Une intelligence qui pour un instant donné connaîtrait toutes les forces dont la nature est animée et la situation respective des êtres qui la composent, si d'ailleurs elle était assez vaste pour soumettre ces données à l'analyse, embrasserait dans la même formule les mouvements des plus grands corps de l'univers et ceux du plus léger atome : rien ne serait incertain pour elle, et l'avenir comme le passé serait présent à ses yeux. L'esprit humain offre dans la perfection qu'il a su donner à l'Astronomie, une faible esquisse de cette intelligence [3].

Laplace exprime dans ce passage une forme de *causalisme* : l'état de l'univers à un moment donné est un *effet* qui résulte de l'état antérieur de l'univers, lequel est donc la *cause* de son état ultérieur. Le causalisme dont il est ici

---

1. NEWTON I., *Optique, op. cit.*, Livre 3, question 31, p. 345.
2. L'histoire est évidemment un tout petit peu plus complexe que cela. Pour la raconter, il faudrait notamment faire intervenir les noms de d'Alembert, Euler, Clairaut et Lagrange, mais nous laissons ici de côté les détails historiques.
3. P.-S. LAPLACE, *Essais philosophique sur les probabilités*, Christian Bourgeois, Paris, 1986, p. 32-33.

question est global, dans la mesure où c'est l'état de l'univers dans sa totalité à un instant donné qui détermine ses états ultérieurs. On qualifie généralement ce causalisme de « déterminisme ontologique » et on considère qu'il résulte de la diffusion du modèle scientifique newtonien, et plus généralement de la « vision mécaniste du monde » [1]. Son adoption massive au XIXe siècle signa en tout cas l'abandon du finalisme.

Mathématiques et déterminisme

D'un point de vue mathématique, le déterminisme laplacien peut être vu comme une simple conséquence des équations différentielles qui se trouvent au fondement de la plupart des théories physiques. Celles-ci semblent en effet être l'expression mathématique du *principe de causalité* (tout effet a une cause). Les équations différentielles en sont l'expression, dans la mesure où la valeur d'une certaine grandeur en un point et à un certain instant y est totalement déterminée par ce qui se passe dans le voisinage spatio-temporel de ce point à cet instant. Cette idée a été confirmée en 1837 grâce au théorème de Cauchy-Lipschitz. D'après celui-ci, toute équation différentielle [2], qu'elle soit ordinaire ou aux dérivées partielles, possède une solution, et une solution qui plus est unique, pour peu du moins que nous connaissions ses conditions initiales.

L'équation différentielle est « le langage mathématique par lequel s'exprime le déterminisme » [3]. En effet, puisqu'elle décrit l'évolution en fonction du temps du système physique auquel elle est associée, le fait qu'elle possède une et une seule solution revient à affirmer que l'évolution future de ce phénomène est déterminée de manière unique. En mécanique eulérianno-newtonienne, par exemple, le mouvement d'un corps de masse m soumis à une force $\vec{f}$ est, nous l'avons vu, décrit par l'équation différentielle $\vec{f} = m\vec{a}$. Pour simplifier, nous ne considérons dans ce qui suit qu'une seule composante du mouvement, à savoir celle dirigée suivant l'axe z du référentiel par rapport auquel est rapporté le mouvement général. La composante de l'équation

---

1. G. Israel, « L'histoire du principe du déterminisme et ses rencontres avec les mathématiques », dans A. Dahan Dalmedico *et al.* (éd.), *Chaos et déterminisme, op. cit.*, p. 253.

2. Nous ommetons ici, pour simplifier, les conditions qui limitent l'application de ce théorèmes.

3. I. Ekeland, *Le calcul, l'imprévu. Les figures du temps de Kepler à Thom*, Seuil, Paris, 1984, p. 33.

différentielle selon cette direction se réécrit $f_z = ma_z$. Nous avons donc : $a_z = f_z/m$. Autrement dit, pour peu que nous connaissions la force f_z qui agit sur le corps de masse m, nous pouvons directement déterminer l'évolution de l'accélération à chaque instant t.

Ce qui nous intéresse, c'est l'évolution du mouvement lui-même, c'est-à-dire la fonction $z(t)$ qui nous donne la position du corps de masse m à chaque instant. Prenons un exemple élémentaire : celui d'une pierre de masse m en chute libre dont le mouvement commence à l'instant $t_0 = 0$ s. Avec les conditions initiales $v_z(0) = 0 \, \text{m/s}$ et $z(0) = 0 \, \text{m}$, nous savons que l'évolution de la position de cette pierre est donnée par $z(t) = 9,81t^2/2$. Cette équation nous permet de prédire pour chaque instant à quelle distance se trouvera la pierre par rapport à son point de départ. Il nous suffit de calculer le résultat du remplacement de t par la valeur qui nous intéresse dans l'équation. Par exemple, après 10 s, la pierre devrait se retrouver à 490,5 m de son point de départ. À un instant donné correspond au plus *une* valeur de $z(t)$ (c'est une dépendance fonctionnelle).

Le théorème de Cauchy-Lipschitz nous dit que, étant donné certaines conditions initiales, la fonction décrivant l'évolution d'un système physique existe et est unique. Un diagramme dans l'espace des phases nous fournit une représentation intuitive de ce résultat [1] :

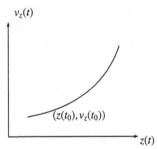

où nous avons restreint la représentation au seul axe z. Dans ce diagramme, l'« évolution dynamique » du système physique est décrite par une courbe $(z(t), v_z(t))$. Le théorème de Cauchy-Lipschitz nous dit que par le point

---

1. *Cf.* G. ISRAEL, *La mathématisation du réel, op. cit.*, p. 129-130. Ici, la position généralisée $q(t)$ est simplement $z(t)$. Quant à la quantité de mouvement généralisée $p(t)$, elle a été remplacée par la composante selon z de la vitesse $v_z(t)$, car elles ne diffèrent que par une constante de proportionnalité.

$(z(t_0), v_z(t_0))$ passe une courbe et une seule. Autrement dit, il ne peut y avoir d'autre courbe croisant celle que nous avons représentée et passant par le point $(z(t_0), v_z(t_0))$. Les conditions initiales d'un système physique déterminent, via une équation différentielle, l'évolution unique du système physique. Cette thèse constitue ce qu'on appelle le « déterminisme scientifique ». Elle appelle plusieurs commentaires.

Tout d'abord, si la thèse du déterminisme scientifique peut être vue comme l'expression mathématisée de la thèse du déterminisme ontologique, les deux thèses ne se confondent pas. La démonstration de la première, en particulier, ne nous autorise pas à affirmer la vérité de la seconde. Si les équations du mouvement ont été établies pour rendre compte de certaines observations empiriques, par exemple le mouvement apparent des planètes, on ne peut transférer sans autre forme de procès les propriétés de ces équations au monde physique lui-même.

Ensuite, la thèse du déterminisme ontologique de Laplace s'applique à l'ensemble de l'univers. Or nous nous sommes intéressés jusqu'ici essentiellement au mouvement d'un seul corps. Nous pouvons toutefois facilement généraliser le déterminisme scientifique que nous venons d'exposer à la totalité des corps de l'univers. Si ce dernier est un système composé de N corps de masses m_i ($i = 1, 2, ..., N$), chacun étant soumis à une force totale $\vec{f}_i$, alors l'évolution du système est déterminée par les N équations différentielles $\vec{f}_i = m_i \vec{a}_i(t)$, où a_i est l'accélération du corps de masse m_i [1]. Dès lors que nous connaissons la position et la vitesse initiale de tous les corps de l'univers, c'est-à-dire la configuration et le mouvement du système à l'instant initial, nous pouvons déterminer son évolution future à chaque instant. Une telle connaissance dépasse évidemment nos capacités finies [2]. Elle n'est accessible, comme le souligne Laplace dans l'extrait cité ci-dessus, qu'à une « Intelligence » à même de saisir la situation de la totalité des êtres qui peuplent l'univers et les forces qui agissent sur eux. Pour ce « démon », comme on le qualifie parfois, le déterminisme scientifique se double alors d'un « déterminisme épistémologique » [3], au sens où il serait *effectivement*

---

1. Vu qu'il y a N équations vectorielles, il y a donc $3N$ équations scalaires si on exprime les vecteurs en coordonnées cartésiennes.
2. L'utilisation des équations de Lagrange ou de Hamilton, en lieu et place de celles de Newton, ne change rien fondamentalement à cette situation.
3. A. BARBEROUSSE, « Philosophie de la physique », dans A. BARBEROUSSE, D. BONNAY et M. COZIC (éd.), *Précis de philosophie des sciences*, Vuibert, Paris, 2011, p. 364.

capable de prédire l'évolution de l'univers. Nous autres, êtres à l'intelligence finie, avons les moyens de formuler les équations différentielles régissant l'évolution théorique de l'univers, mais sommes incapables pratiquement de calculer la totalité de leurs solutions. Le déterminisme ne recouvre donc pas la *prédictibilité*. Encore dans certains cas où le nombre de corps considérés est plus ou moins raisonnable, le calcul de la solution exacte d'une équation différentielle peut-il être remplacé par le calcul d'une solution approchée, par exemple au moyen d'un ordinateur. Mais ce que l'on perd alors, c'est l'unicité de la solution obtenue [1]. Lorsque le nombre de corps est très important, on peut, comme le suggère Laplace lui-même, recourir aux *statistiques* et au calcul des *probabilités*. On ne s'intéresse plus alors au comportement exact de chacun des corps constituant un système physique, mais au comportement moyen d'un grand nombre de ces corps. Au xixᵉ siècle, la théorie cinétique des gaz et, plus généralement, la physique statistique mettront ce programme en œuvre de manière spectaculaire.

Finalement, même dans le cas d'un système physique simple, la détermination exacte de son comportement futur nécessite que nous puissions déterminer avec précision dans quel état il était à un certain instant considéré comme initial. Cela implique une mesure sur certaines grandeurs physiques, et aucune mesure ne peut être exprimée par un nombre parfaitement déterminé. Toute opération de mesure implique en effet une *approximation*, une indétermination inévitable. En particulier, nous ne pouvons jamais connaître avec une exactitude absolue la position et la vitesse d'un objet [2]. On rétorquera à cela que, d'une part, il s'agit là d'une indétermination de fait, éliminable en droit au sens où on peut toujours la réduire en deçà d'une limite désirée, et que, d'autre part, elle a habituellement des répercussions limitées sur le comportement futur du système physique étudié, de sorte que si l'erreur de mesure sur les conditions initiales du système est raisonnable, l'indétermination sur l'état final le sera aussi. Si les mêmes causes ne se reproduisent jamais tout à fait à l'identique, de sorte qu'on n'a jamais exactement les mêmes effets, au moins des causes semblables sont-elles censées produire des effets semblables [3]. Une faible modification des causes

---

1. A. Barberousse, « Philosophie de la physique », art. cit., p. 365.
2. Dans le même ordre d'idée, la vérification d'une prédiction implique de comparer la valeur calculée par avance avec la mesure réelle de la grandeur qui lui correspond, comparaison qui ne peut jamais être en accord jusqu'à la dernière décimale.
3. *Cf.* J.Cl. Maxwell, « Does the Progress of Physical Science Tend to Give any Advantage to

ne devrait avoir qu'une faible répercussion sur les effets. Il existe toutefois des cas où les choses ne se passent pas aussi simplement.

Les systèmes chaotiques

L'absence de coïncidence entre déterminisme et prédictibilité n'est pas due qu'à une complexité trop importante du système physique considéré. Elle peut également apparaître dans des systèmes relativement simples, comme les systèmes dynamiques dits « chaotiques ». Ceux-ci, tout en étant déterministes, se caractérisent par une évolution très « sensible aux conditions initiales ».

En 1892, Henri Poincaré se pencha une nouvelle fois sur le problème de la stabilité du système solaire. Il montra à cette occasion que Laplace avait négligé dans son calcul de prendre en compte certains termes *non linéaires* et découvrit le potentiel chaotique des équations de la dynamique céleste [1]. Ces équations différentielles, tout en ayant une solution unique, et donc en étant déterministes, avaient la propriété suivante : toute perturbation, même minime, des conditions initiales générait des trajectoires radicalement différentes. Or, comme nous l'avons mentionné, toute connaissance des conditions initiales est nécessairement approchée, entachée d'une imprécision, de sorte qu'il devient pratiquement impossible de prédire les trajectoires à long terme. Mais le phénomène du « chaos déterministe » n'est pas limité à ce domaine et est même très répandu. L'un des exemples classiques est celui de la météorologie mis en évidence par Edward Norton Lorenz. En 1963, il étudie dans ce cadre le système d'équations différentielles suivant [2] :

$$\begin{cases} \dot{x} = -ax + ay \\ \dot{y} = -xz + bx - y \\ \dot{z} = xy - cz \end{cases}$$

Le sens précis de ces trois équations importe peu ici. Disons qu'il s'agit d'un système simplifié d'équations pour le problème de la convection d'une

the Opinion of Necessity (or Determinism) over that of Contingency of Events and the Freedom of the Will? », dans L. CAMPBELL et W. GARNETT, *The Life of James Clerk Maxwell*, Cambridge University Press, Cambridge, 2010, p. 442.

1. Sur ce sujet, on pourra consulter J.-L. CHABERT et A. DAHAN DALMEDICO, « Les idées nouvelles de Poincaré », dans A. DAHAN DALMEDICO *et al.* (éd.), *Chaos et déterminisme, op. cit.*, p. 274-305.

2. *Cf.* les équations (25)-(26) dans E.N. LORENZ, « Deterministic Nonperiodic Flow », *Journal of the Atmospheric Sciences*, 20, 1963, p. 135.

couche horizontale de gaz ou de liquide soumis à un gradient de température.
Ce qui mérite en revanche d'être souligné, c'est que malgré leur simplicité,
elles contiennent deux termes *non linéaires* (*xz* et *xy*), c'est-à-dire des
termes qui contiennent la multiplication de deux variables [1]. Si nous les
supprimons, le système d'équations devient tout à fait élémentaire et peut
être très facilement résolu [2]. Mais si nous les maintenons, ce système, bien
que déterministe, ne peut être résolu analytiquement – on ne peut en trouver
la solution par intégration. Lorenz essaya dès lors d'en calculer une solution
approchée au moyen d'un ordinateur. L'idée était de partir de certaines valeurs
initiales x_0, y_0 et z_0 des variables $x(t)$, $y(t)$ et $z(t)$ et d'effectuer à partir
d'elles un *calcul numérique* des valeurs x_1, y_1 et z_1 à un deuxième instant,
puis à partir de ces nouvelles valeurs d'effectuer un calcul numérique des
valeurs x_2, y_2 et z_2 à un troisième instant, et ainsi de suite. On procédait donc
par *itérations successives* (pas à pas) sur les valeurs des variables dont on
cherchait à établir l'évolution en fonction du temps. Normalement, plus les
itérations sont nombreuses (par exemple en réduisant l'intervalle de temps
considéré entre les deux valeurs successives des variables $x(t)$, $y(t)$ et $z(t)$ que
l'on cherche à calculer), et donc plus est longue la simulation par ordinateur,
plus précises sont les valeurs obtenues.

Lorenz procéda à plusieurs simulations de ce genre et, voulant en
répéter une particulièrement longue dont seule l'intéressait la phase finale,
il décida de commencer à mi-chemin. Autrement dit, il prit des valeurs
intermédiaires calculées par l'ordinateur lors d'une simulation précédente et
les introduisit à titre de nouvelles données dans une nouvelle simulation. Il
s'attendait à retrouver les valeurs de la phase finale calculées précédemment
par ordinateur, simplement avec une plus grande précision. Quelle ne fut
pas sa surprise de découvrir que les valeurs obtenues étaient en complet
désaccord avec celles calculées lors de la simulation précédente. Lorenz
analysa ce résultat pour le moins étrange et découvrit qu'il provenait du

---

1. On dira qu'une variable y dépend linéairement des variables x_1, x_2, ..., x_n lorsque y peut
être exprimée comme une « combinaison linéaire » de ces variables. En d'autres mots, il existe
alors des constantes a_1, a_2, ..., a_n, telles que : $y = a_1 x_1 + a_2 x_2 + ... + a_n x_n$. Par exemple, la loi
de Hooke : $f_x = -kx$, qui nous donne l'intensité de la force $\vec{f}_x$ qu'exerce un ressort lorsqu'il
est allongé d'une longueur x, est une loi linéaire en ce sens, parce que la variable x n'y est pas
multipliée par une autre variable, mais uniquement par une constante, k, appelée « constante de
raideur » du ressort.

2. I. EKELAND, *Le calcul, l'imprévu, op. cit.*, p. 82.

fait que les données fournies à l'ordinateur n'étaient pas identiques dans les deux simulations : dans la deuxième, les valeurs introduites étaient issues de la première simulation, mais avaient été légèrement tronquées. Autrement dit, les *erreurs d'arrondi* avaient introduit de petites perturbations dans la nouvelle simulation. Généralement, ce genre de perturbations est entièrement négligeable, mais elles s'amplifiaient *de manière exponentielle* à chaque itération pour aboutir finalement à des valeurs calculées tout à fait différentes entre les deux simulations. Cette situation illustre la très grande sensibilité aux conditions initiales des équations (1)-(3) ci-dessus et explique la difficulté des prédictions météorologiques à long terme : les équations météo sont si sensibles que la négligence d'une influence, même minime, sur les valeurs initiales donnera des résultats totalement erronés. Or il est impossible de tenir compte de toutes les influences possibles, pas plus qu'on ne peut les établir avec une précision parfaite.

Illustrons le phénomène du chaos déterministe au moyen d'un autre exemple simple : celui de l'évolution d'une population, étudiée par Robert May en 1976. Soit une variable x_n, un nombre entre 0 et 1 qui représente le rapport du nombre d'individus d'une population existant à l'étape n sur le nombre d'individus maximal possible pour une telle population. Si λ est un paramètre qui règle la croissance de la population entre chaque étape, alors la valeur de la variable x_n à une certaine étape n, exprimée en fonction de sa valeur à l'étape précédente, est donnée par la « suite logistique » suivante :

$$x_{n+1} = \lambda x_n (1 - x_n).$$

Par exemple, si la population à l'étape n est de 0,1 ($x_n = 0,1$) et le paramètre λ est de 3,2, alors la population à l'étape $n + 1$ est de 0,288. Cette valeur de x_{n+1} est ensuite réinjectée dans l'équation à la place de x_n pour calculer la valeur x_{n+2}, et ainsi de suite, de proche en proche. Nous pouvons donner une interprétation graphique des itérations successives de cette équation. Représentons x_n en abscisse et x_{n+1} en ordonnée. Les itérations successives de la suite logistique correspondent alors à une suite de réflexions, verticales et horizontales, entre la droite d'équation $x_{n+1} = x_n$ et la parabole d'équation $x_{n+1} = \lambda x_n - \lambda x_n^2$ [1]. Pour $\lambda = 3,2$ et $x_0 = 0,1$, nous obtenons par exemple :

---

1. Une étape de l'itération consiste à calculer au moyen de l'équation de la suite logistique une valeur de x_{n+1} à partir d'une valeur de x_n. Chacun de ces couples (x_{n+1}, x_n) correspond à

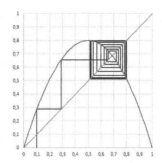

Sur ce graphique, les valeurs de x_n ont été représentées en abscisse et les valeurs de x_{n+1} en ordonnée [1]. Nous voyons que, à long terme, la valeur de x_{n+1} oscille entre deux valeurs. Mais ce n'est pas toujours le cas : tout dépend de la valeur du paramètre λ. Si nous voulons que les valeurs de x_{n+1} soient comprises entre 0 et 1, il faut que $0 < \lambda < 4$ [2]. Lorsque $0 < \lambda < 1$, x_{n+1} tend vers 0 (la population disparaît parce que le taux de croissance n'est pas suffisamment important) ; lorsque $1 < \lambda < 3$, x_{n+1} tend vers une valeur fixe située à l'intersection de la parabole et de la droite d'équation $x_{n+1} = x_n$ (la population se stabilise) [3] ; et lorsque λ est plus grande que 3, mais en reste proche, x_{n+1} oscille entre deux valeurs. Plus λ augmente au-delà de 3, plus le nombre de solutions entre lesquelles x_{n+1} oscille devient important. La situation devient réellement intéressante pour notre propos lorsque λ est proche de 4. Dans ce cas, le comportement de la population à long terme

un point de la parabole $x_{n+1} = \lambda x_n - \lambda x_n^2$. Après chaque étape, on identifie x_n à la valeur de x_{n+1} calculée précédemment, de sorte que le couple (x_{n+1}, x_n) correspond à un point de la droite $x_{n+1} = x_n$. La nouvelle valeur de x_n est alors réinjectée dans l'équation de la suite logistique pour obtenir la valeur suivante de x_{n+1}, et ainsi de suite.

1. Les droites horizontales relient les points de coordonnées (x_n, x_{n+1}) aux points de coordonnées (x_{n+1}, x_{n+1}), tandis que les droites verticales relient les points de coordonnées (x_n, x_n) aux points de coordonnées (x_n, x_{n+1}). Le premier point a pour coordonnées (x_0, x_1), c'est-à-dire $(0,1 , 0,288)$; le deuxième a pour coordonnées (x_1, x_1), c'est-à-dire $(0,288 , 0,288)$; le troisième a pour coordonnées (x_1, x_2), c'est-à-dire $(0,288 , 0,656 179 2)$; etc.

2. Le calcul est relativement rapide : on calcul la position du sommet de la parabole d'équation $x_{n+1} = \lambda x_n - \lambda x_n^2$. On trouve qu'il se situe en $x_n = 0,5$, $x_{n+1} = \lambda/4$, de sorte que, si $0 < x_{n+1} < 4$, nous avons forcément $0 < \lambda < 4$.

3. Par exemple, pour $x_0 = 9$ et $\lambda = 2$, nous avons la séquence de valeurs suivante : $x_1 = 0,18$, $x_2 = 0,2952$, $x_3 = 0,416 113 92$, $x_4 = 0,485 926 251$, $x_5 = 0,499 603 859$, $x_6 = 0,499 999 686$, $x_7 = 0,5$, $x_8 = 0,5$, $x_9 = 0,5$, ... Comme on le voit, la valeur de la population se stabilise à 0,5.

« bifurque » vers un état chaotique. Il devient alors impossible de prédire le comportement à long terme de la population, car une petite variation de la population initiale x_0 donne une évolution tout à fait différente, et donc à long terme deux populations qui n'ont plus rien à voir. Par exemple, sur les deux graphes suivants, nous avons représenté le comportement de la population pour $\lambda = 3,9$ et $x_0 = 0,1$, dans un cas, et $x_0 = 0,101$, dans l'autre :

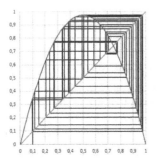 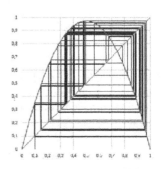

Comme nous le voyons, pour des populations initiales légèrement différentes, nous obtenons des évolutions, elles, radicalement différentes.

Nous ne rentrerons pas dans l'explication des conditions sous lesquelles un système peut être chaotique. Ce qui nous importe ici, c'est que de tels systèmes peuvent être relativement simples et que leur existence confirme le hiatus entre déterminisme et prédictibilité. En effet, comme le dit Poincaré, dans de tels systèmes, « de petites différences dans les conditions initiales en engendrent de très grandes dans les phénomènes finaux », si bien qu'« une petite erreur sur les premières produirait une erreur énorme sur les derniers » [1]. L'idéal laplacien n'est donc définitivement pas de ce monde – au mieux est-il réservé à une intelligence infinie.

Que ce soit dans le cas des systèmes dynamiques chaotiques ou dans celui d'un système contenant un trop grand nombre de paramètres, l'imprédictibilité n'est pas due au caractère aléatoire du comportement des corps eux-mêmes. Lorsque nous ne sommes capables de connaître les conditions initiales d'un système physique que de manière approximative (c'est majoritairement le cas), cela n'est pas dû au fait que l'état du système à l'instant t_0 n'est pas lui-même exact. Aussi le déterminisme des théories

---

1. H. POINCARÉ, *Science et méthode*, Flammarion, Paris, 1947, p. 68.

physiques semble-t-il toujours ancré dans un déterminisme ontologique. Cette vision des choses a été radicalement bouleversée avec l'avènement de la mécanique quantique dans les années 1920. En effet, nous y reviendrons, Werner Heisenberg a découvert que dans ce domaine il y a des systèmes dont on ne peut déterminer de manière exacte à la fois la position et la vitesse, non pour des raisons de limitation propres à notre connaissance, mais parce que l'état du système est lui-même indéterminé.

*
* *

L'astronomie et la mécanique sont des sciences physiques traditionnelles. Si elles ont connu un développement mathématique sans précédent à la Modernité, elles faisaient déjà l'objet d'études spécialisées dans l'Antiquité grecque. Ce sont ces parties de ce que nous appelons aujourd'hui la physique qui furent au centre de la révolution qui s'est déroulée durant le xviie siècle. Prenant son point de départ avec l'héliocentrisme copernicien, cette révolution ne s'est pas faite d'un coup ; elle fut lente et progressive. Elle ne fut pas localisée en un seul lieu, mais a pris place dans plusieurs endroits en Europe et a été menée par différents acteurs (Galilée, Kepler, Descartes, Huygens, Pascal, Boyle, Hooke, Newton, pour ne citer que les principaux). Elle n'a pas non plus été une rupture pure et simple avec la physique qui l'a précédé. La science aristotélico-scolastique a longtemps survécu aux critiques des modernes. Elle a continué à être enseignée et ne fut pas monolithique. Nous avons montré que plusieurs de ses résultats ont été repris par les modernes (Galilée) et que certains de ses présupposés métaphysiques et méthodologiques informaient encore plusieurs savants du xviie siècle (Leibniz). Plus encore, les savants de l'époque moderne ont parfois puisé leur inspiration dans des doctrines antiques alternatives à celle du Stagirite, comme le néoplatonisme et l'atomisme, même si ces reprises ne furent pas toujours orthodoxes.

Dans les deux prochains chapitres, nous laisserons de côté les sciences physiques traditionnelles pour nous intéresser aux développements de ce que Kuhn a appelé les « sciences baconiennes », c'est-à-dire la thermodynamique, le magnétisme, l'électricité et l'optique. Celles-ci seraient plus empiriques et moins théoriques que l'astronomie et la mécanique. Ces sciences physiques ont connu d'abord un développement avant tout qualitatif. Leur mathématisation a été tardive et date, essentiellement, de la seconde moitié du xviiie siècle. Elle s'est ensuite pleinement épanouie au xixe dans les travaux de savants comme Fourier, Clausius, Thomson et Maxwell. On a pu parler à cet égard d'une « seconde révolution scientifique » [1]. La mathématisation des phénomènes ayant trait à la chaleur, au magnétisme, à l'électricité et à la lumière a été rendue possible avant tout par le calcul différentiel et intégral, et plus particulièrement par l'approfondissement des équations aux dérivées partielles.

L'application même de l'analyse mathématique aux sciences baconiennes n'aurait pas été possible sans la conception de nouveaux instruments et la recherche de mesures de précision. Se dessine ainsi au xviiie siècle une deuxième tradition newtonienne. À la différence de celle, mathématique, issue des *Principia*, plus orientée vers la recherche des principes de la science, cette *tradition expérimentale* trouve son origine dans les travaux que Newton a compilés dans son *Optique* de 1704. Nous l'avons vu, la connaissance physique ne s'est pas limitée à la dérivation mathématique de lois à partir de principes considérés comme fondamentaux. Certains savants ont, dès le xviie siècle, combiné l'expérience et les mathématiques. Cependant, en dehors de quelques cas isolés, les expériences menées par ceux-ci étaient le plus souvent des expériences de pensée, et non des constructions concrètes. La recherche de mesures quantitatives de plus en plus précises devient réellement une part centrale de l'activité des savants vers la seconde moitié du xviiie siècle. Elle est le fait de savants, d'expérimentateurs et de physiciens démonstrateurs tels que 's Gravesande, van Musschenbroek ou l'abbé Nollet. Ceux-ci sont particulièrement attachés à l'observation de phénomènes empiriques insoupçonnés (lumière barométrique, électricité animale, etc.). Un nouveau rapport à l'expérience se noue. Les dispositifs expérimentaux conçus au début de l'histoire de la physique classique avaient généralement pour but de confirmer une théorie déjà élaborée ; il s'agit maintenant de voir comment la nature se comporte lorsque l'on se place dans des circonstances artificielles et contrôlables inédites.

Parallèlement à la mathématisation et à la quantification des phénomènes naturels, la physique a connu durant la période qui s'étend de la seconde moitié du xviiie siècle à la fin du xixe plusieurs évolutions sociales et

1. Th.S. KUHN « La fonction de la mesure dans les sciences physiques modernes », trad. M. Biezunski *et al.* dans *La tension essentielle. Tradition et changement dans les sciences*, Gallimard, Paris, 1990, p. 290.

instutionnelles profondes [1]. Tout d'abord, elle se professionnalise ; elle cesse d'être l'apanage de quelques professeurs d'université et d'amateurs éclairés, pour devenir un métier à part entière. Cette professionnalisation s'accompagne progressivement d'une spécialisation accrue et d'une reconnaissance institutionnelle. Une telle évolution est marquée par l'invention, en 1840, des termes de « scientifique » (*scientist*) et de « physicien » (*physicist*) par William Whewell [2]. Des chaires universitaires et des journaux spécifiquement consacrés à certaines disciplines scientifiques sont créés. Le XIXe siècle voit également l'apparition des premières réunions scientifiques internationales. Ensuite se nouent de nouveaux rapports à l'utilité. La physique est de plus en plus soumise aux impératifs des états et des industries. L'existence longtemps largement séparée qu'ont connue les savants et les artisans n'est plus de mise. Les développements techniques vont susciter des recherches théoriques et expérimentales et, inversement, le développement industriel va être guidé par la recherche scientifique. Finalement, la curiosité expérimentale se répand partout. Elle n'est plus cantonnée aux laboratoires et aux salles feutrées de la *Royal Society* et de l'Académie des sciences, mais est diffusée dans les cafés, les salons et les séances de démonstrations publiques. C'est un nouveau public qui se passionne pour la science physique.

---

1. On en aura un apperçu dans Br. BELHOSTE, *Histoire de la science moderne. De la Renaissance aux Lumières*, Armand Colin, Paris, 2016, en particulier dans les derniers chapitres.
2. W. WHEWELL, *The Philosophy of the Inductive Sciences, Founded upon their History*, Cambridge University Press, Cambridge, 2014, vol. I, p. cxiii.

CHAPITRE VI

CHALEUR ET ENTROPIE

La mécanique n'a pas trait qu'au mouvement des corps, mais également, comme son nom l'indique explicitement, aux *machines*. Parmi les *machines simples*, on pourrait citer le levier, la poulie, le treuil ou le plan incliné. Toutes ont ceci en commun qu'elles permettent d'amplifier un effort effectué, du moins à l'origine, par l'homme ou un animal, afin de réaliser une tâche que celui-ci aurait été incapable de réaliser sans elles. Si la mécanique comme « art des machines » est née chez les ingénieurs de la Renaissance et que Galilée situe ses *Discours concernant deux sciences nouvelles* dans l'arsenal de Venise, et plus particulièrement dans le quartier des « travaux mécaniques »[1], la « mécanique rationnelle » s'est néanmoins développée en grande partie indépendamment des questions relatives au développement concret des machines[2]. Cette situation change à la fin du xviiie siècle avec Lazare Carnot, dont les travaux vont aboutir à l'intégration de la science des machines dans la mécanique rationnelle. Ainsi, l'observation d'une machine – la machine à vapeur – va conduire la mécanique sur des voies nouvelles[3].

Fondamentalement, la machine à vapeur est une *machine thermique* : elle transforme de la *chaleur* en travail. Or, lorsque Sadi Carnot (le fils de Lazare) se penche sur le fonctionnement des machines thermiques, ce qui l'intéresse, ce n'est pas la nature de cette chaleur qui permet de produire un certain effort mécanique, mais son *utilisation*[4], la manière dont elle peut être mobilisée avec un rendement maximal. C'est de ce genre de questionnement, autant technique qu'économique, qu'est née, dans les années 1840 et 1860, la *thermodynamique*, la science de la chaleur et des machines thermiques. Son

1. GALILÉE, *Discours concernant deux sciences nouvelles, op. cit.*, p. 7.
2. De même, les techniques se sont longtemps développées de manière autonome par rapport à la science. Ce n'est que vers la fin du xviiie siècle que la technique commence réellement à être guidée par la science.
3. Fr. VATIN, *Le travail. Économie et physique. 1780-1830*, PUF, Paris, 1993, p. 15.
4. I. PRIGOGINE et I. STENGERS, *La nouvelle alliance, op. cit.*, p. 166.

élaboration est intrinsèquement liée à la construction de moteurs de plus en plus performants et à la révolution industrielle.

L'ÉQUATION DE PROPAGATION DE LA CHALEUR ET LA MÉTHODE ANALYTIQUE

Chez Lagrange, l'adjectif « analytique » accolé au mot « mécanique » signifiait avant tout que la géométrie avait été remplacée, dans la mécanique rationnelle, par l'analyse mathématique. Néanmoins, avec Duhem, on peut comprendre le mot « analytique » en un autre sens. En effet, dans la formulation lagrangienne ou analytique de la mécanique, les phénomènes physiques sont d'abord réduits à des lois aussi générales que possible pour, ensuite, « sans faire aucune hypothèse sur la nature des mouvements » impliqués par les phénomènes soumis à ces lois, donner aux formules obtenues « un aspect qui fasse éclater aux yeux leur analogie avec les équations de certains mouvements »[1]. Cette méthode est analytique dans la mesure où elle part du tout pour aller, au moyen de l'analyse, vers ses parties. À cet égard, la *méthode analytique* de Lagrange a été principalement défendue par les membres de la tradition archimédienne et s'oppose à la *méthode synthétique* des tenants de la philosophie mécanique. Selon cette deuxième méthode,

> [...] on commence par construire de toutes pièces un mécanisme ; on dit quels corps le composent, quelles en sont les figures, les grandeurs, les masses, quelles forces le sollicitent ; de ces données on tire les lois selon lesquelles se meut le mécanisme ; comparant alors ces lois aux lois expérimentales que l'on veut expliquer, on juge s'il y a entre elles une suffisante concordance[2].

Au début du XIXᵉ siècle, la méthode synthétique était avant tout représentée par ce que l'on a appelé la « physique laplacienne », défendue par Laplace et ses disciples. Elle a occupé une position hégémonique en Europe, et particulièrement en France, jusqu'en 1850 environ[3]. Le programme physique de Laplace est dans une large mesure une reconfiguration du programme mécaniste, intégrant, en plus de la matière et du mouvement, la force à titre

---

1. P. DUHEM, *L'évolution de la mécanique*, Vrin, Paris, 1992, p. 181-182.
2. *Ibid.*, p. 180.
3. B. POURPRIX, *La fécondité des erreurs. Histoire des idées dynamiques en physique au XIXᵉ siècle*, Presses Universitaires du Septentrion, Villeneuve d'Ascq, 2010 (2003), p. 17.

de troisième principe explicatif[1]. L'impressionnant succès explicatif de la mécanique newtonienne imposa à cette force le modèle de l'attraction entre les corps célestes, c'est-à-dire de la force de gravitation. Autrement dit, d'une part, toute force devrait s'exercer selon la droite qui lie la particule sur laquelle s'exerce la force et la particule qui exerce la force et, d'autre part, l'intensité de cette force devrait être inversement proportionnelle au carré de la distance qui sépare les particules en question[2]. Les forces de ce type sont dites *centrales*. Elles ne sont pas nécessairement attractives, mais peuvent aussi être répulsives. La tâche du physicien revient alors à réduire tout phénomène physique à l'action d'une force centrale entre deux particules, cette réduction servant ensuite de base à l'établissement de la théorie mathématique du phénomène étudié[3]. La méthode synthétique préconisée par la physique laplacienne a été exportée avec succès dans d'autres régions physiques que la mécanique, laissant entrevoir une unification de ses multiples domaines. Elle fut ainsi appliquée à l'explication de phénomènes aussi divers que la lumière, l'électricité, le magnétisme ou la chaleur. C'est à cette dernière et aux insuffisances du programme laplacien la concernant que nous nous intéresserons exclusivement dans ce chapitre, réservant l'étude de la lumière, de l'électricité et du magnétisme pour le prochain chapitre.

Fourier est un partisan déclaré de la méthode analytique. Convaincu que « l'analyse mathématique est aussi étendue que la nature elle-même », il tenta de l'appliquer à d'autres phénomènes physiques que ceux concernant le mouvement et l'équilibre des corps. Comme l'indique explicitement le titre de son ouvrage principal – *La théorie analytique de la chaleur*, publiée en 1822 –, son domaine d'investigation privilégié fut la chaleur.

Lorsqu'un corps froid et un corps chaud sont mis en contact, la température du premier diminue et celle du second augmente jusqu'à ce qu'ils aient la même température. Les deux corps sont alors en *équilibre thermique*. Quelque chose semble circuler entre ces deux corps qui permet d'équilibrer

1. Il n'y a évidemment pas d'incompatibilité de principe entre la méthode analytique et le mécanisme (A. BRENNER, *Duhem. Science, réalité et apparence*, Vrin, Paris, 1990, p. 120-121). Il est tout à fait possible d'associer une explication mécaniste aux équations générales dont on part. Simplement, la méthode analytique ne réclame pas nécessairement le mécanisme, contrairement à la méthode synthétique.

2. *Cf.* P.-S. LAPLACE, *Exposition du système du monde*, 6ᵉ éd., dans *Œuvres complètes*, Gauthier-Villars, Paris, 1884, vol. VI, p. 343-344.

3. *Cf.* P.-S. LAPLACE, « Mémoire sur les mouvements de la lumière dans les milieux diaphanes », dans *Œuvres complètes*, Gauthier-Villars, Paris, 1908, vol. XII, p. 295.

progressivement leurs températures. Ce quelque chose est ce qu'on appelle la *chaleur*. Comme l'a montré Joseph Black dans les années 1760, celle-ci ne doit pas être confondue avec la température, car il est possible dans certains cas qu'un corps reçoive de la chaleur sans que sa température s'en trouve pour autant modifiée, par exemple lorsque l'on chauffe de la glace pour la transformer en eau – lors de cette transformation, si la proportion de glace et d'eau change, la température de l'eau, elle, ne change guère[1]. Mais si la chaleur n'est pas la température, de quoi s'agit-il ? Quelle est sa nature ? C'est précisément la question que Fourier décide volontairement de ne pas poser ; il évite soigneusement de formuler une quelconque hypothèse sur la nature de la chaleur. Ce qui l'intéresse, ce sont les effets de la chaleur, plutôt que ses causes éventuelles. Il s'agit uniquement de déterminer quelle est l'équation différentielle qui détermine la propagation de la chaleur dans un solide. Pour établir cette équation, Fourier part de l'idée que le flux de chaleur dans un solide est dû à la différence de température entre deux points de ce solide, la chaleur allant toujours du point le plus chaud vers le point le moins chaud. Il aboutit ainsi en 1811 à l'équation suivante :

$$\frac{\partial T}{\partial t} = a^2 \Delta T,$$

où *a* est une constante, appelée « diffusivité thermique », et $T(x, y, z, t)$ une fonction qui indique la température en chaque point du solide à chaque instant[2]. Cette équation est, comme on le voit, une équation aux dérivées partielles.

La théorie de la chaleur de Fourier représente une étape importante dans l'histoire de la physique théorique. En effet, avec elle, l'analyse mathématique laisse entrevoir une unification possible des différents domaines de la physique par les mathématiques, et non plus via un prétendu mécanisme qui serait sous-jacent aux phénomènes physiques. En y incorporant la chaleur, Fourier a ainsi élargi le cadre de la mécanique rationnelle, en ne la limitant plus aux problèmes mécaniques au sens le plus étroit du terme[3]. Bientôt,

---

1. *Cf.* J. BLACK, *Lectures on the Elements of Chemistry Delivered in the University of Edinburgh*, éd. J. Robinson, Mathew Carey, Philadelphie, 1803, vol. 1, p. 151.
2. Pour résoudre cette équation, Fourier introduisit une série infinie qui porte aujourd'hui son nom.
3. P.M. HARMAN, *Energy, Force, and Matter. The Conceptual Development of Nineteenth-Century Physics*, Cambridge University Press, Cambridge, 1982, p. 29.

elle intégra autant l'hydrodynamique que l'électricité, le magnétisme que l'optique. Pourtant cette émancipation de la méthode analytique par rapport au mécanisme ne s'est pas faite sans heurts. Elle fut en effet vivement critiquée au xixe siècle par les tenants de la méthode synthétique. Siméon Denis Poisson, l'un des principaux disciples de Laplace, tenta en particulier de développer une théorie mécaniste de la chaleur dans laquelle cette dernière est conçue comme une substance matérielle capable d'exercer une action à distance. Il s'agit d'un *fluide* impondérable (dépourvu de poids) et indestructible appelé « calorique » [1]. C'est lui qui est responsable de la hausse de température du corps qui l'absorbe et de la diminution de température du corps qui le cède. Avant que l'établissement définitif de la conversion de la chaleur en travail ne lui porte un coup fatal, cette conception substantialiste de la chaleur a longtemps présidé aux recherches en ce domaine. Elle était encore au centre des travaux révolutionnaires de Carnot sur les machines qui convertissent la chaleur en puissance mécanique, travaux qui allèrent aboutir à la constitution d'une nouvelle discipline : la *thermodynamique*.

LES RÉFLEXIONS DE CARNOT SUR LES MACHINES À FEU

Les expériences de Pascal et de Boyle sur le vide et la pression de l'air ont mis en évidence l'extraordinaire force que celle-ci est capable d'exercer. En 1650, Otto von Guericke avait entre autres montré, dans une expérience célèbre, que deux hémisphères, joints ensemble par la seule pression atmosphérique après qu'on ait réussi à y créer le vide, nécessitaient le concours d'au moins seize chevaux pour être séparés l'un de l'autre. Il était dès lors tentant d'utiliser cette force pour créer des « machines atmosphériques »

1. Le concept de calorique a été introduit par Black et adopté par Lavoisier à la suite de leur critique du concept de « phlogistique », qui dominait à l'époque la théorie de la chaleur. Le phlogistique avait été, pour sa part, introduit par Johann Joachim Becher et Georg Ernst Stahl à la fin du xviie siècle pour expliquer le phénomène de combustion. L'idée était que les substances combustibles contiennent un élément fluide – le phlogistique – qui était censé être libéré lors de la combustion. Ainsi s'expliquait la perte de masse constatée après la combustion. Le problème est que l'on constata que certaines substances, comme le magnésium, gagnaient du poids après la combustion, au lieu d'en perdre. Comment expliquer ce phénomène qui semblait aller directement à l'encontre de l'idée que la combustion libère un certain élément ? Une hypothèse purement *ad hoc* fut proposée qui affirmait que le phlogistique libéré avait une *masse négative* dans les cas de combustion d'une substance accompagnée d'une augmentation de sa masse.

susceptibles de produire des efforts très importants. Encore fallait-il pouvoir créer du vide dans ces machines sans dépenser un travail mécanique trop important, le but étant précisément de fournir du travail [1]. L'idée développée par plusieurs chercheurs à partir de la fin du XVIIe siècle fut de chauffer un gaz qui se dilate et s'échappe en partie via une soupape, la partie du gaz restant étant alors refroidie, ce qui diminue sa pression et crée un *vide partiel*. Ce vide partiel permet, par différence avec la pression atmosphérique, de produire un certain travail mécanique. En 1711, Thomas Newcomen, synthétisant des recherches de Denis Papin et de Thomas Savery, fit un pas décisif avec l'invention de la machine qui porte son nom. Le principe en est relativement simple : de l'eau est chauffée au moyen d'une chaudière ; cette eau se transforme en vapeur et se dilate dans un cylindre où elle repousse un piston ; un jet d'eau froide dans le cylindre vient alors refroidir la vapeur qui se condense, condensation qui provoque, grâce à la pression atmosphérique, la redescente du piston. La vapeur d'eau n'est que l'agent qui permet de réaliser le vide partiel dans le cylindre, vide dont la création est nécessaire pour que la pression atmosphérique puisse produire son action motrice [2]. Un peu plus tard, James Watt analysa la machine de Newcomen et constata que le refroidissement de la vapeur dans le cylindre même où se trouve le piston refroidit également ce cylindre, ce qui implique un énorme gaspillage, étant donné qu'il doit ensuite être réchauffé. Newcomen décida de séparer l'endroit où la vapeur pousse le piston de celle où elle se refroidit – le *condenseur* –, permettant ainsi de garder le cylindre chaud en permanence et d'économiser de la chaleur. La *machine à vapeur* moderne était née [3] :

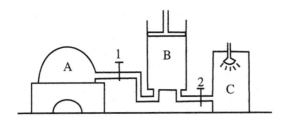

A : chaudière
1 : robinet
B : cylindre avec piston
2 : robinet
C : condenseur avec jet d'eau froide

---

1. J.-P. MAURY, *Carnot et la machine à vapeur*, PUF, Paris, 1986, p. 11.
2. *Ibid.*, p. 15.
3. Nous adaptons ici un schéma de *ibid.*, p. 19.

Cette machine à vapeur allait jouer un rôle prépondérant dans la révolution industrielle. Il n'est dès lors pas étonnant que ce soit la rentabilité qui ait présidé à ses perfectionnements successifs. Il fallait construire des machines dont le *rendement* fut toujours plus important. Le rendement η est de manière générale le rapport de ce qu'on obtient à ce qu'on a investi pour l'obtenir. Dans le cas de la machine à vapeur, il peut être défini plus précisément comme la fraction de la quantité de travail W que produit la machine et de la chaleur Q qu'il faut lui fournir pour qu'elle produise ce travail :

$$\eta = \frac{W}{Q}.$$

Plus la machine produit de travail et moins elle consomme de la chaleur, donc du combustible, plus elle est rentable.

Les travaux de Carnot, exposés dans ses « Réflexions sur la puissance motrice du feu »[1] de 1824, s'inscrivent pleinement dans cette recherche de rentabilité de la machine à vapeur. Son point de vue est cependant moins technique que théorique. Il s'agit de déterminer les principes généraux qui commandent la production de travail mécanique à partir de chaleur. Ce qui intéresse Carnot, c'est cet objet de pensée qu'est la machine à vapeur « en général ». Il l'aborde donc de manière abstraite en négligeant son mécanisme.

Il constate d'abord que la simple consommation de chaleur ne saurait suffire à produire un travail mécanique. Dans la machine de Watt, si on ne fait qu'alimenter la chaudière, le piston présent dans le cylindre monte, mais ne redescend jamais. Or le travail utile est bien produit lorsque le piston redescend grâce à la pression atmosphérique, c'est-à-dire une fois que la vapeur d'eau a été refroidie dans le condenseur. Carnot, qui défend la théorie du calorique, a l'intuition que la « puissance motrice » – le travail – que produit une machine à vapeur résulte non de la consommation de calorique, mais de sa chute d'une source chaude (par exemple de la vapeur issue d'une chaudière) vers une source froide (par exemple de l'eau froide issue d'un condenseur), afin de rétablir l'équilibre thermique[2]. Autrement dit, il y a un flux de calorique d'un corps ayant une certaine température vers un corps ayant une température moins élevée. L'intuition de Carnot s'ancre dans une

---

1. S. Carnot, « Réflexions sur la puissance motrice du feu et sur les machines propres à développer cette puissance », *Annales scientifiques de l'E.N.S.*, 2ᵉ série, 1872, tome 1, pp. 393-457.
2. *Ibid.*, p. 397-398.

analogie hydraulique : le calorique étant un fluide, sa chute et la production de travail qu'elle entraîne peuvent être rapprochées de l'eau d'une cascade qui, tombant d'une certaine hauteur, entraîne la roue d'un moulin. De même que la roue d'un moulin est actionnée par une chute d'eau, le travail d'une machine à vapeur résulte d'une chute de calorique d'une source chaude vers une source froide ; et de même que la puissance motrice est d'autant plus importante que la hauteur de la chute de l'eau l'est également, plus la différence de température entre la source chaude et la source froide est grande, plus le travail produit par la machine à vapeur sera grand. Tout comme l'eau ne disparaît pas en actionnant la roue du moulin, de même, pense Carnot, la quantité de calorique se conserve lorsqu'un flux de celui-ci produit du travail.

Notre savant affirme ensuite que la puissance motrice produite par une machine à vapeur entre deux températures données est indépendante de la vapeur. Que ce soit de la vapeur d'eau ou un autre type de gaz qui transporte le calorique importe peu. Pour soutenir cette affirmation, Carnot s'appuie sur le raisonnement suivant. Si deux machines différentes, fonctionnant entre des sources de chaleur identiques mais avec des gaz différents, pouvaient produire des puissances motrices différentes, alors ces deux machines pourraient être utilisées pour produire une machine perpétuelle. Il suffirait en effet d'utiliser le surplus de travail de l'une par rapport à l'autre pour produire la chaleur nécessaire au fonctionnement de cette dernière, et ainsi produire un travail à partir de rien. Puisqu'une telle situation contreviendrait « aux lois de la saine physique », elle est impossible. Carnot en conclut que la puissance motrice d'une machine qui transforme de la chaleur en travail n'est pas déterminée par le type de gaz utilisé. Ce gaz n'est qu'un « agent thermique » qui sert au transport de la chaleur, par exemple, dans la machine de Watt, de la chaudière au condenseur. Aussi Carnot parle-t-il de « machine à feu » – ce que nous appellerions aujourd'hui une « machine thermique » – plutôt que de machine à vapeur. Dans une telle machine, la puissance motrice produite est uniquement fixée par les températures des corps entre lesquels s'effectue le transport du calorique [1]. Ce résultat constitue le « théorème de Carnot ».

Dès lors que la vapeur d'eau n'est pas essentielle dans une machine thermique, tout ce dont celle-ci a besoin pour produire du travail, c'est d'une substance dont le volume varie sensiblement lorsqu'elle est mise en contact avec des corps de températures différentes. Une machine à feu idéale est

---

1. S. CARNOT, « Réflexions sur la puissance motrice du feu », art. cit., p. 412.

alors composée d'un gaz enfermé dans un cylindre muni d'un piston pouvant se déplacer sans frottement. Le cylindre peut être mis en contact avec un corps chaud ou avec un corps froid, et même isolé thermiquement lorsqu'il n'est en contact avec aucun des deux. Puisque seulement deux sources de chaleur de températures différentes interviennent dans le fonctionnement de la machine, celle-ci est dite « ditherme ». Carnot considère que lorsque le cylindre de cette machine est en contact avec la source chaude, le gaz est à la même température que cette source [1]. Il en résulte une dilation du gaz qui voit sa pression diminuer. Le piston qui ferme le cylindre est repoussé, puisque le volume de gaz enfermé augmente. Pour qu'il y ait production de travail, Carnot y a insisté, il faut qu'il y ait une chute de calorique, et donc que le gaz soit mis en contact avec la source froide. Entre le moment où il est en contact avec la source chaude et le moment où il est en contact avec la source froide, le gaz ne reçoit plus de chaleur. Il continue alors à se détendre. Or on observe que lors d'une telle « détente adiabatique » (sans échange de chaleur), la température du gaz chute brusquement. Carnot suppose qu'au moment où le gaz atteint la température de la source froide, il est mis en contact avec elle. Le calorique ayant chuté de la température de la source chaude à celle de la source froide, il y a eu production de travail. C'est ce que nous désirions obtenir. Néanmoins, Carnot ne s'arrête pas là et a l'idée de faire fonctionner sa machine à l'envers. Il s'agit par conséquent d'une machine dans laquelle le calorique, après avoir chuté d'une source chaude vers une source froide, remonte de la source froide vers la source chaude. Lorsque la machine thermique idéale de Carnot a effectué un aller-retour, elle est revenue à son état initial; elle a retrouvé la température qui était la sienne au début du *cycle*, à savoir celle de la source chaude. Une telle machine ditherme cyclique a un rendement maximal selon Carnot.

Nous pouvons décrire le cycle de la machine idéale de Carnot en nous appuyant sur le diagramme suivant, dû à Émile Clapeyron et décrivant l'évolution de la pression d'un gaz en fonction de son volume [2] :

---

1. Dans une machine idéale comme celle de Carnot, où l'on veut générer la quantité maximale de puissance possible, on néglige les flux de chaleur inutiles d'un corps chaud vers un corps froid. Dès lors, idéalement, il ne peut y avoir de contact entre deux corps à des températures différentes dans une telle machine.
2. Nous adaptons ce schéma de R. LOCQUENEUX, *Histoire de la thermodynamique classique. De Sadi Carnot à Gibbs*, Belin, Paris, 2009, p. 38.

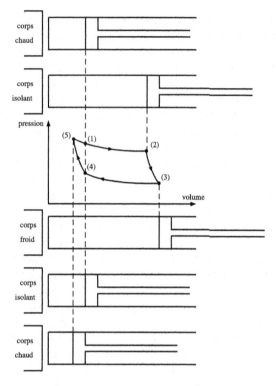

a) au point (1), le gaz est en contact avec un corps chaud qui maintient sa température constante, de sorte qu'il se dilate et que sa pression diminue à température constante – c'est la phase de « détente isotherme » (à température constante) ;

b) à partir du point (2), le gaz est isolé thermiquement et il se dilate de manière brusque et passe d'une température T_c à une température T_f – c'est la phase de détente adiabatique ; c'est une phase cruciale, car sans elle la machine ne produirait pas de travail [1] ;

1. Dans ce diagramme, l'aire de la surface délimitée par les différentes courbes donne le travail fourni par la machine. S'il n'y avait pas de détente adiabatique, et donc de passage d'une température à une température moins élevée, les deux branches (5)-(2) et (3)-(4) se confondraient et l'aire enfermée par ces courbes serait nulle – le travail produit par la machine et le travail qui lui est fourni seraient identiques.

c) à partir du point (3), le gaz est à la température T_f ; il est mis en contact avec un corps froid qui le maintient à cette température, si bien qu'il se contracte et la pression augmente – c'est la phase de « compression isotherme » ;

d) à partir du point (4), le gaz est à nouveau isolé thermiquement et se compresse de manière brutale, passant d'une température T_f à sa température T_c initiale – c'est la phase de « compression adiabatique » ;

e) à partir du point (5), le gaz se retrouve dans les conditions de départ ; il se dilate lentement à la température T_c jusqu'à atteindre le point (1), ayant ainsi effectué un cycle complet.

On soulignera que dans cette description du cycle d'une machine à feu idéale, l'hypothèse de la conservation du calorique, et donc de la chaleur, n'intervient pas. On peut se contenter de parler de transfert de chaleur pour décrire ce cycle.

En résumé, ce qu'il faut prendre en compte dans une machine thermique idéale, c'est un gaz, dont la nature importe peu, inséré dans une cavité dont le volume peut varier et deux corps, l'un froid et l'autre chaud, qui peuvent communiquer de la chaleur au gaz. La puissance motrice est alors produite par la chute du calorique entre ces deux sources de chaleur. En faisant fonctionner cette machine à l'envers et en ne gaspillant rien, on peut faire revenir la machine à un son état initial. Le rendement d'une telle machine thermique idéale fonctionnant entre deux températures données sera, affirme Carnot, le rendement maximal de toute machine thermique fonctionnant entre ces deux températures.

La conservation de l'énergie

Au cours d'une *collision inélastique*, il y a une déformation des corps qui s'entrechoquent et une disparition d'une partie du mouvement. On remarque par ailleurs que les corps qui sont entrés en collision s'échauffent. Ces constatations sont inexplicables du point de vue de la mécanique newtonienne. Leur explication nécessite de prendre en compte la notion de chaleur. Il devient alors possible de comprendre que la « perte » de mouvement est en fait une transformation de l'énergie cinétique en chaleur. Ce genre de lien entre deux phénomènes physiques appartenant à des domaines en apparence hétérogènes n'est pas isolé. Au début du XIXe siècle, de nombreux autres furent découverts. Citons quelques exemples. En 1799, Alessandro Volta invente la pile qui porte son nom et dans laquelle des réactions chimiques produisent de l'électricité ; les expériences d'électrolyse faites par Humphry Davy à partir de 1820 montrent que le passage d'un courant électrique peut créer des réactions chimiques ; James Prescott Joule met en évidence que le passage de l'électricité dans un fil conducteur peut produire de la chaleur [1] ; quant à Hans Christian Ørsted, il montre que le courant électrique peut avoir des effets magnétiques et Faraday qu'un aimant peut induire un courant dans un circuit électrique. Ces différentes « forces de la nature », comme on les appelait à l'époque, semblaient liées les unes autres. Encore fallait-il comprendre la nature exacte de cette connexion. Joule franchit une étape décisive vers cette compréhension dans les années 1840 lorsqu'il réussit à établir l'*équivalence* de la chaleur et du travail mécanique.

Leibniz avait déjà mis en évidence l'équivalence de la force vive (le double de l'énergie cinétique) et du travail mécanique. Par exemple, la force vive acquise par un pendule lors de sa chute lui fournit la capacité de produire le travail nécessaire pour remonter jusqu'à sa hauteur initiale, et inversement l'énergie potentielle acquise grâce au travail dépensé peut être reconvertie en force vive lorsque le pendule chute dans l'autre sens. Il y a *convertibilité réciproque*, c'est-à-dire équivalence, de la force vive et du travail. Cette équivalence est d'autant plus compréhensible que la cause et l'effet sont ici de même nature. De manière générale, dans les machines mécaniques simples, telles que les poulies et les leviers, une action mécanique est fournie pour produire une autre action mécanique plus importante. En revanche, dans un moteur thermique, la nature de la cause n'est pas identique à celle de l'effet ; alors que l'une est thermique, l'autre est mécanique.

La possibilité de transformer de la chaleur en travail est connue au moins depuis l'Antiquité [2]. Il était moins évident que l'on puisse produire de la

---

1. En 1841, Joule a découvert la loi qui porte son nom et qui affirme qu'un conducteur métallique parcouru par un courant électrique dégage une quantité de chaleur durant un laps de temps donné, quantité qui est proportionnelle au carré de l'intensité du courant électrique. La constante de proportionnalité entre la quantité de chaleur dégagée et le carré de l'intensité du courant électrique est ce que l'on appelle la « résistance » du conducteur électrique. Elle mesure, selon une expression qui n'est pas dénuée de connotations anthropomorphiques, la capacité du conducteur à résister au passage du courant électrique. La loi de Joule affirme donc que plus le conducteur résiste au passage du courant, plus il dégage de la chaleur.

2. Par exemple, Hiéron d'Alexandrie avait imaginé l'éolipyle, dans lequel une sphère remplie d'eau et munie de deux tubes places symétriquement est chauffée. La sphère est placée sur un

chaleur à partir d'un travail. Joule, originellement un brasseur, a néanmoins réussi à le montrer, et par là même établi qu'il y avait bien une équivalence entre la chaleur et le travail. Sa contribution ne s'arrête cependant pas à ce résultat. C'est à partir de 1842 qu'il réalise plusieurs expériences visant à déterminer quelle quantité de travail est équivalente à une unité de chaleur. Ces travaux aboutissent, en 1847, à l'expérience suivante [1]. Un axe vertical est muni d'une « roue à aubes » (*paddle-wheel*). Cet axe peut tourner sur lui-même grâce à une double corde reliée à deux poulies. Lorsqu'un poids à l'autre extrémité de la poulie tombe, celui-ci exerce une traction sur la corde qui se déroule autour de l'axe vertical et met celui-ci en rotation. Le déplacement vertical du poids permet de mesurer le travail effectué pour faire tourner l'axe, travail qui est simplement égal au poids multiplié par la distance sur laquelle il a été déplacé. La roue à aubes est plongée dans une cuve remplie d'eau.

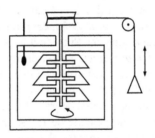

Lorsqu'un travail est effectué, la roue tourne dans l'eau et Joule constate que celle-ci s'échauffe. Le travail a donc été converti en chaleur. Joule suppose que l'échauffement de l'eau a été engendré par un frottement : en tournant les aubes frottent contre les particules d'eau et échauffent celles-ci.

La quantité de chaleur produite est ensuite évaluée en mesurant la température dont l'eau a été élevée. Joule étant capable de mesurer à la fois la quantité de chaleur produite et la quantité de travail nécessaire à sa production, il peut établir une relation numérique entre ces deux quantités. Il constate que toute augmentation du travail s'accompagne toujours d'une augmentation équivalente de la température de l'eau dans la cuve. Plus

axe et l'eau éjectée sous forme de vapeur par les deux tubes crée un couple qui met la sphère en rotation sur son axe.

1. *Cf.* la description qu'en donne JOULE dans « On the Mechanical Equivalent of Heath », *Philosophical Transactions of the Royal Society of London*, 140, 1850, p. 61-82.

précisément, l'expérience de Joule permet d'établir que pour augmenter 1kg d'eau de 1 K (ou de 1 °C), il faut fournir un travail de 4,186 kJ [1]. Le travail est, dit Joule, un « équivalent mécanique » de la chaleur, et une mesure du premier peut être utilisée pour mesurer la seconde.

Pourquoi y a-t-il une convertibilité réciproque de la chaleur et du travail mécanique ? La réponse qui vient le plus naturellement à l'esprit est que la chaleur et le travail sont équivalents parce qu'il s'agit de différentes manifestations d'une même quantité que William Thomson (le futur Lord Kelvin) appela, en 1850, « énergie » (energy) [2] et que l'on peut définir, en première approche, comme la « capacité à produire du travail » [3]. La chaleur n'est donc qu'une forme d'énergie (l'énergie thermique), au même titre que la force vive (l'énergie cinétique) et l'énergie potentielle. Encore fallait-il préciser la manière dont se comporte la quantité totale d'énergie lorsqu'elle passe d'une forme à une autre.

Suivons ici le raisonnement développé par Hermann von Helmholtz en 1847 dans son mémoire *Sur la conservation des forces* [4] et demandons-nous si la quantité d'énergie peut augmenter. Si tel était le cas, il deviendrait possible de produire un *mouvement perpétuel*, c'est-à-dire de construire une machine dans laquelle, en partant d'une action mécanique, puis en opérant diverses transformations de cette énergie, on parviendrait à produire une nouvelle action mécanique avec un supplément de travail [5], ce qui est impossible. Par exemple, on n'a jamais vu de pendule de masse *m* qui, étant lâché d'une certaine hauteur *h*, réussirait à remonter plus haut que cette hauteur. S'il y parvenait, autrement dit si le pendule avait encore un peu d'énergie cinétique en réserve une fois la hauteur *h* atteinte, il aurait la capacité de produire un travail supplémentaire lui permettant de remonter plus haut que *h*. Mais d'où proviendrait une telle capacité supplémentaire à produire du travail ? De nulle

1. En fait, les mesures de l'équivalent mécanique de la chaleur varient parfois beaucoup entre les différentes expériences mises au point par Joule pour les obtenir.
2. Young avait déjà utilisé le terme « energy » en 1807 pour désigner le produit de la masse par le carré de la vitesse, c'est-à-dire la force vive (*A Course of Lecture on Natural Philosophy and the Mechanical Arts*, éd. P. Kelland, Taylor and Walton, Londres, 1845 [1807], vol. 1, p. 59).
3. W.J.M. Rankine, « Outlines of the Science of Energetics », *Proceedings of the Philosophical Society of Glasgow*, 3, 1855, p. 392. Nous verrons néanmoins un peu plus loin que la notion d'entropie nous oblige à réviser cette définition.
4. H. Helmholtz, *Mémoire sur la conservation des forces. Précédé d'un exposé élémentaire de la transformation des forces naturelles*, trad. L. Pérard, Masson, Paris, 1859.
5. B. Pourprix, *La fécondité des erreurs, op. cit.*, p. 94.

part, puisque lors de sa chute la quantité d'énergie cinétique acquise par le pendule est égale à la quantité d'énergie potentielle *mgh* qui était la sienne au départ. Or, si rien ne peut être créé *de rien*, le pendule ne peut fournir un travail qui lui permettrait d'aller plus haut que la hauteur *h*. L'énergie ne pouvant augmenter, peut-elle toutefois diminuer? L'admettre signifierait que notre pendule ne pourrait pas remonter à la même hauteur que celle dont il est parti. Considérons un pendule idéal, un pendule sans frottement. Il est clair que pour un tel pendule, la conversion mutuelle de l'énergie cinétique en énergie potentielle sera parfaite lors de chaque aller-retour, de sorte qu'il remontera toujours à la même hauteur. L'énergie d'un pendule de ce type ne diminuera jamais. De manière générale, dans un *système isolé*, c'est-à-dire un morceau de réalité « soustrait à l'influence du reste du monde, et qu'il est dès lors possible de considérer en tant que tel, sans tenir compte de son environnement proche ou lointain »[1], il n'y a pas d'échange d'énergie avec l'environnement, de sorte que celle-ci ne peut diminuer. Évidemment, un système parfaitement isolé n'existe pas vraiment, en dehors éventuellement de l'univers pris dans sa totalité. Un tel système résulte d'un acte d'abstraction par lequel une partie de la réalité est séparée du reste de l'univers. Par exemple, lorsque l'on discute le mouvement elliptique képlérien de la Terre autour du Soleil, le système physique en question ne contient pas les autres planètes du système solaire – leur influence est considérée comme étant négligeable. Et c'est pour les mêmes raisons que l'on fait également abstraction des autres astres se trouvant dans notre galaxie et de ceux se trouvant dans d'autres galaxies. L'efficacité de la physique repose en grande partie sur cette capacité à isoler un système physique pour en étudier les caractéristiques les plus importantes sans tenir compte de celles qui sont négligeables.

La conclusion que nous pouvons tirer de cette discussion est que la quantité totale d'*énergie mécanique* (la somme de l'énergie cinétique et de l'énergie potentielle) d'un système isolé ne pouvant ni augmenter ni diminuer, il y a *conservation de l'énergie mécanique* d'un tel système lors de tout changement physique. Ce n'est donc pas l'énergie liée au mouvement (l'énergie cinétique) qui se conserve, mais la somme de cette énergie et de l'énergie liée à la position (l'énergie potentielle). Leibniz et Descartes en étaient restés à l'affirmation de la conservation de la force vive, car pour

1. J.-M. Lévy-Leblond, *Aux contraires, op. cit.*, p. 256.

eux « tout est masse et mouvement ; il n'existe pas d'action à distance et par conséquent pas d'énergie potentielle »[1].

En 1847, Helmholtz fit néanmoins un pas supplémentaire par rapport à l'affirmation de la conservation de l'énergie mécanique : il affirma qu'il y a plusieurs formes d'énergie et que c'est la somme de *toutes* ces formes d'énergie qui se conserve à *chaque* instant dans un processus physique[2]. En dehors de l'énergie mécanique, liée au mouvement des corps, il y a aussi une énergie thermique, une énergie électrique, une énergie magnétique, une énergie chimique, une énergie de rayonnement ou encore une énergie nucléaire[3]. Ce sont là différentes manifestations *qualitativement* différentes et qui peuvent être transformées les unes dans les autres d'une seule et même grandeur qui se conserve *quantitativement* au cours de ces transformations. Lorsque l'énergie mécanique d'un système physique semble ne pas être conservée, c'est qu'une partie de cette énergie a été transformée en une autre forme d'énergie, de sorte que l'énergie totale, elle, est bien conservée. Helmholtz ne fut pas le seul à formuler ce « principe de conservation de l'énergie ». À la même époque, il a aussi été énoncé de manière indépendante et dans des cadres conceptuels différents[4] par des savants tels que Mayer en 1842, Colding en 1843 et Joule également en 1843, pour ne citer que les plus connus[5]. Le principe de conservation de l'énergie nous offre ainsi un exemple de *découverte simultanée* (au sens lâche) et indépendante d'un même principe scientifique par plusieurs individus.

1. É. MEYERSON, *Identité et réalité*, Félix Alcan, Paris, 1908, p. 172.
2. *Cf.* H. HELMHOLTZ, *Mémoire sur la conservation des forces, op. cit.*, p. 26. Helmholtz n'a pas recours au terme d'énergie, mais bien à celui de « force » (*Kraft*). De même, il n'utilise pas les termes d'énergie cinétique et d'énergie potentielle, mais de « force vive » (*lebendige Kraft*) et de « force de tension » (*Spannkraft*).
3. Certaines de ces énergies peuvent être réduites les unes aux autres. Par exemple, l'énergie thermique peut être réduite à l'énergie cinétique des particules qui composent la substance qui transporte la chaleur et l'énergie de rayonnement, c'est-à-dire l'énergie de la lumière, peut être réduite à l'énergie électromagnétique, puisque la lumière est une oscillation du champ électromagnétique (*cf.* le prochain chapitre).
4. Si nous avons ici essentiellement suivi l'idée de conversion pour en déduire le principe de conservation de l'énergie, certains savants ont été conduits à sa formulation par l'intérêt qu'ils portaient aux machines et d'autres encore par l'influence de la *Naturphilosophie* allemande.
5. *Cf.* Th.S. KUHN, « Un exemple de découverte simultanée : la conservation de l'énergie », trad. M. Biezunski *et al.* dans *La tension essentielle, op. cit.*, p. 111-156.

LA THÉORIE CINÉTIQUE DES GAZ, VICTOIRE DU MODÈLE MÉCANISTE

L'équivalence établie par Joule entre la chaleur et le travail est pour le moins surprenante si l'on accepte, comme le faisaient Laplace et ses disciples, la théorie du calorique et que l'on considère que la chaleur est une substance matérielle indestructible [1]. Cette équivalence devient beaucoup moins problématique si l'on suppose, en revenant à une ancienne hypothèse soutenue entre autres par Boyle, que la chaleur est un phénomène mécanique résultant du mouvement des particules de matière. Nous dirions plus précisément aujourd'hui qu'il s'agit du mode de transfert de l'énergie – l'autre mode de transfert principal d'énergie étant le travail – qui résulte d'une différence de température. En chauffant un système physique, disons un gaz, on lui transfert de l'énergie, par exemple en le mettant en contact avec un objet à température plus élevée. Les « particules très minuscules qui se déplacent ça et là » [2] et qui composent le gaz voient alors leur énergie cinétique augmenter du fait de ce transfert, ce qui aboutit à une augmentation de la température du gaz. C'est précisément l'hypothèse qui est au centre de la *théorie cinétique des gaz*, laquelle constitue l'une des plus belles réalisations issues du programme mécaniste et dont la généralisation allait donner naissance à la *mécanique statistique*. Elle est essentiellement l'œuvre de Rudolf Clausius.

Un gaz est un état de la matière décrit au moyen de grandeurs *macroscopiques*, telles que le volume, la pression ou la température. Ces grandeurs sont macroscopiques dans la mesure où nous pouvons les observer à notre échelle. L'établissement des relations entre ces grandeurs relève de la thermodynamique. La théorie cinétique des gaz repose sur une conception discontinue de la matière. Son hypothèse fondamentale est que les gaz sont constitués d'un nombre énorme de particules identiques – ici des molécules – se déplaçant en ligne droite [3], se heurtant les unes les autres et changeant de direction après une collision. Ces particules ont toutes la même masse et leur volume est négligeable par rapport au volume total occupé par le gaz.

1. En dehors de la conversion de la chaleur en travail, la théorie du calorique a rencontré plusieurs difficultés qui conduisirent à son abandon. Par exemple, le fait que le calorique est une substance matérielle implique qu'il possède un poids. Or on a jamais pu observer qu'un corps chauffé, et qui devrait par conséquent absorber du calorique, ait vu son poids augmenter.
2. D. BERNOULLI, *Hydrodynamica, sive de Viribus et motibus fluidorum commentarii*, Sumptibus J.R. Dulsecker, Strasbourg, 1738, p. 200.
3. D'autres théories furent proposées qui attribuaient aux molécules des mouvements tourbillonnaires ou vibratoires.

Les interactions entre particules et avec les parois qui enferment le gaz sont, de plus, considérées comme parfaitement élastiques et les interactions entre particules en dehors des collisions sont négligées. Les particules des gaz de la théorie cinétique sont, de la sorte, envisagées sur le modèle des boules de billard. C'est un « modèle théorique », au sens où il regroupe un ensemble d'hypothèses qui permettent de représenter la structure simplifiée d'un gaz – ce que l'on appelle un « gaz parfait » – afin d'en dégager les propriétés [1].

Par opposition aux gaz, les particules ont des propriétés *microscopiques*, comme la position, la vitesse, la quantité de mouvement, etc. L'ambition de la théorie cinétique des gaz est alors de *réduire* les propriétés et les lois macroscopiques des gaz aux propriétés et lois microscopiques des particules qui les composent. Il s'agira donc, d'une part, d'expliquer les grandeurs macroscopiques au moyens des grandeurs microscopiques et, d'autre part, de montrer que les lois entre grandeurs macroscopiques peuvent être dérivées des lois entre grandeurs microscopiques, et plus précisément des lois du mouvement (newtoniennes ou lagrangiennes). La difficulté est que les propriétés macroscopiques du gaz que l'on cherche à réduire aux propriétés microscopiques des molécules qui composent ce gaz ne sont pas toutes homogènes [2]. Par ailleurs, si le nombre de valeurs des grandeurs macroscopiques dont la détermination est nécessaire à la caractérisation de l'état d'un gaz (par exemple le volume, la température et la pression) est relativement limité, le nombre de valeurs des grandeurs microscopiques nécessaires à la caractérisation de l'état de ses constituants (essentiellement leurs positions et leurs vitesses) est, quant à lui, immense, car le nombre de ces constituants est lui-même immense (le nombre de molécules comprises dans un volume de gaz d'environ 1 cm^3 est de l'ordre de 10^{23}). La connaissance des positions et vitesses initiales de toutes les molécules qui composent un gaz et la résolution de toutes les équations qui régissent le mouvement de ces molécules semblent des tâches insurmontables.

En fait, le très grand nombre de molécules qui composent un gaz va se révéler un atout, car il autorise la formulation de raisonnements *statistiques*. Par exemple, lorsqu'on lance une pièce un nombre faible de fois, il se peut

1. Il permet de rendre correctement compte du comportement des gaz réels dans les conditions standards de température et de pression.
2. Nous négligerons en fait ici la plupart des difficultés posées par une telle réduction. Pour une étude plus approfondie, nous renvoyons le lecteur à M. KISTLER, *L'esprit matériel, op. cit.*, p. 42-53 et 76-78.

que la moyenne du nombre de fois que l'on a obtenu pile soit beaucoup plus grande que la moyenne du nombre de fois que l'on a obtenu face. Mais si nous augmentons considérablement le nombre de lancers, ces deux moyennes tendent à être identiques. Autrement dit, les fluctuations autour de leur valeur théorique ($\frac{1}{2}$ dans les deux cas) ont tendance à devenir négligeables à mesure que nous augmentons le nombre de lancers de la pièce.

Commençons par la réduction de la température T. Les molécules d'un gaz pouvant se déplacer, elles ont chacune une certaine vitesse. Clausius suppose que toutes les particules de gaz se déplacent *avec la même vitesse*, à savoir la vitesse moyenne $\bar{v}$, à la température T. Si nous notons $\overline{E_{kin}}$ l'énergie cinétique moyenne de chaque molécule et $\overline{v^2}$ la moyenne du carré de la vitesse de ces particules, nous avons la relation bien connue entre énergie cinétique et vitesse :

$$\overline{E_{kin}} = \frac{1}{2}m\overline{v^2},$$

où m est la masse de chaque molécule qui compose le gaz. L'idée, assez simple, de la réduction mécanique de la température est que plus les molécules se déplacent avec une vitesse importante, plus l'*agitation moléculaire* (le mouvement désordonné des molécules) est elle-même importante et plus la température totale du gaz est grande. En d'autres mots, nous pouvons poser que l'énergie cinétique d'un gaz est proportionnelle à sa température :

$$\frac{1}{2}m\overline{v^2} \propto T.$$

Nous savons aujourd'hui que le facteur de proportionnalité vaut $2k_B/3$:

$$\frac{1}{2}m\overline{v^2} = \frac{2}{3}k_B T,$$

où k_B est une constante qui vaut $1,38 \times 10^{-23}$ J/K. La relation que nous venons d'établir peut être réécrite de la manière suivante :

$$T = \frac{1}{3k_B}m\overline{v^2},$$

qui exprime la réduction de la grandeur macroscopique qu'est la température d'un gaz à ces grandeurs microscopiques que sont la vitesse moyenne et la masse des molécules qui composent ce gaz.

En utilisant les lois du mouvement de Newton, on peut également établir la relation suivante pour la pression p du gaz [1] :

$$p = \frac{N}{3V} \overline{mv^2},$$

où N est le nombre total de molécules qui composent le gaz et V le volume que ce dernier occupe. Cette relation montre comment la pression peut être réduite au volume du gaz, à la masse et à la vitesse moyenne des molécules qui le composent. En combinant les relations obtenues pour la température et pour la pression, on peut facilement dériver la célèbre « loi des gaz parfaits » :

$$pV = Nk_BT,$$

qui lie les trois variables (d'état [2]) – pression, volume et température – qui caractérisent l'*état* d'un gaz. Cette loi macroscopique des gaz peut donc être dérivée des lois microscopiques des molécules qui les composent.

On remarquera que la théorie cinétique des gaz permet facilement d'expliquer les différentes relations entre température, pression et volume que l'on retrouve dans la loi des gaz parfaits. D'après cette théorie, la pression qu'exerce un gaz contre une paroi fixe résulte des chocs incessants des molécules de ce gaz contre cette paroi [3]. Lorsque les particules rencontrent la paroi, elles exercent sur celle-ci une force et sont repoussées par la force que leur oppose elle-même la paroi. Prenons d'abord un gaz à température constante et expliquons le fait que la pression exercée par ce gaz varie en fonction inverse du volume qu'il occupe. À cette fin, considérons un récipient occupé par un certain gaz et dont la paroi supérieure est mobile [4]. Cette paroi est en équilibre si la force de gravitation est compensée par la force exercée par le gaz. Supposons maintenant, avec Daniel Bernoulli, que nous alourdissions la paroi mobile en la chargeant avec une grosse pierre [5], la température du gaz contenu dans le récipient restant inchangée.

1. On peut en trouver une dérivation dans D. CASSIDY, G. HOLTON et J. RUTHERFORD, *Understanding Physics. Student Guide*, Springer, New York, 2002, p. 47-50.

2. Une grandeur d'état est une grandeur qui ne dépend pas de la manière dont le système physique qu'elle caractérise s'est transformé, mais uniquement de l'état initial et de l'état final de ce système.

3. *Cf.* R. CLAUSIUS, *Théorie mécanique de la chaleur*, trad. F. Folie, E. Lacroix, Paris, 1869, tome 2, p. 189-190.

4. *Cf.* A. EINSTEIN et L. INFELD, *L'Évolution des idées en physique. Des premiers concepts aux théories de la relativité et des quanta*, trad. M. Solovine, Flammarion, Paris, 1983, p. 59-60.

5. *Cf.* D. BERNOULLI, *Hydrodynamica*, *op. cit.*, p. 200.

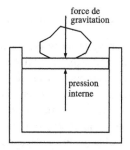

À l'évidence, la paroi va s'abaisser et le volume occupé par le gaz va diminuer. Pour que la paroi soit à nouveau en équilibre, il faut que la pression exercée par le gaz augmente de manière à compenser la force de gravitation supplémentaire due à l'ajout de la pierre sur la paroi. Plus le volume diminuera, plus les particules constituant le gaz seront serrées. Leur énergie cinétique ne changera pas, au contraire de la fréquence de leurs chocs, qui augmentera. Or si le nombre de chocs par unité de temps augmente, c'est la pression du gaz qui augmente. Elle augmentera jusqu'à compenser la force de gravitation exercée par la paroi et la pierre qui repose sur elle.

Si maintenant c'est la température du gaz qui est maintenue constante, mais que nous augmentons le nombre N de molécules contenues dans un volume V donné, il est clair que le nombre de chocs par unité de temps qu'exercent ces molécules sur les parois qui contiennent le volume V augmentera, de sorte que la pression p exercée par le gaz sur les parois augmentera aussi.

Pour finir, considérons ce qui se passe lorsque le volume V est maintenu constant, mais que la température T augmente. Dans ce cas, l'agitation moléculaire est plus importante et les molécules vont se déplacer plus rapidement, augmentant leur énergie cinétique et donc la violence avec laquelle elle viennent frapper les parois du récipient qui les contient. Il en résultera une augmentation de pression.

Au vu de ces explications, la réduction mécaniste de la thermodynamique semblait promise à un bel avenir. Cet optimisme fut néanmoins de courte durée. En effet, la mise en évidence de phénomènes irréversibles et de ce que l'on appelle le deuxième principe de la thermodynamique déboucha sur une contradiction, en apparence insurmontable, entre les principes mécaniques et les principes thermodynamiques.

LE DEUXIÈME PRINCIPE DE LA THERMODYNAMIQUE : L'AUGMENTATION DE L'ENTROPIE

L'*énergie interne U* d'un système physique résulte du mouvement des particules qui le composent. Par exemple, un récipient immobile contenant une certaine quantité de gaz est composé d'un très grand nombre de molécules se déplaçant à grande vitesse et qui, de ce fait, possèdent une énergie cinétique, alors que le récipient lui-même en est dépourvu, puisqu'il est au repos. Le premier principe de la thermodynamique affirme que l'énergie interne d'un *système fermé*, c'est-à-dire un système qui ne peut échanger de la matière avec son environnement, est égale, au cours d'une transformation qui amène ce système de l'état 1 à l'état 2, à la différence de la chaleur Q fournie au système et du travail W que ce système fournit. Autrement dit :

$$\Delta U = Q - W.$$

Par exemple, en fournissant de la chaleur à un gaz, l'énergie cinétique de ses molécules, et donc son énergie interne, va augmenter. Si l'une des parois du récipient contenant ce gaz est constituée d'un piston mobile, le gaz chauffé va pouvoir se dilater et repousser le piston. Il produira ainsi un certain travail, travail qui va compenser l'augmentation de l'énergie interne du système due à l'apport extérieur de chaleur.

Lorsqu'un système physique est non seulement fermé, mais également isolé (il ne peut échanger de l'énergie avec l'extérieur), il ne peut ni recevoir ni produire de chaleur et de travail, de sorte que son énergie interne reste constante. C'est là une autre formulation de ce que nous avons précédemment appelé le principe de conservation de l'énergie. Au premier principe de la thermodynamique s'en ajoute un deuxième qui exprime la tendance de l'énergie d'un système physique isolé à se dégrader.

Énoncé du deuxième principe

Pour Carnot, le travail produit par une machine thermique résulte de la chute du calorique d'une source chaude vers une source froide, la quantité totale de calorique étant conservée lors de ce flux. La conservation du calorique semble inadmissible dès lors que l'on accepte l'équivalence entre la chaleur et le travail, et donc qu'une quantité de chaleur puisse être convertie en travail. Ce qui est conservé, ce n'est pas le calorique, mais, comme nous le savons maintenant, la quantité totale d'énergie. Suite aux travaux de Joule, plusieurs savants ont d'ailleurs abandonné la théorie du calorique au profit d'une conception de la chaleur comme mouvement. Clausius, qui adhérait à cette conception de la chaleur, a toutefois montré en 1850 que l'essentiel de l'intuition qui sous-tendait l'interprétation des machines thermiques donnée par Carnot était correcte et pouvait être formulée indépendamment de l'hypothèse du calorique : pour qu'une machine thermique produise un travail, il faut une différence de température [1]. Autrement dit, il faut qu'il y ait un flux de chaleur d'une source chaude vers une source froide, peu importe que cette chaleur soit conçue en termes de calorique ou de mouvement. Réinterprétée de la sorte, l'intuition de Carnot n'est plus en contradiction avec l'équivalence entre la chaleur et le travail : dans une machine thermique, une partie de la chaleur issue de la source chaude est transformée en travail, mais une partie seulement, le reste étant restitué à la source froide.

> Mais en y réfléchissant de plus près, on trouve que ce n'est pas le principe fondamental même de Carnot, mais l'assertion qu'il ajoute *qu'il n'y a pas de chaleur perdue*, qui est en contradiction avec la nouvelle manière de voir [celle de Joule] ; car dans la production du travail il peut bien se faire en même temps qu'une certaine quantité de chaleur soit consommée et qu'une autre soit transportée d'un corps chaud à un corps froid et les deux quantités de chaleur peuvent se trouver sans un rapport déterminé avec le travail [2].

Ce « rapport déterminé » entre le travail et les deux quantités de chaleur évoqué ici par Clausius n'est rien d'autre qu'une différence : la puissance motrice produite par une machine thermique est égale à la différence des chaleurs de la source chaude et de la source froide.

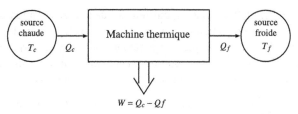

$$W = Q_c - Q_f$$

1. Comme le souligne S. CARNOT lui-même (« Réflexions sur la puissance motrice du feu », art. cit., p. 397-398).
2. R. CLAUSIUS, *Théorie mécanique de la chaleur, op. cit.*, tome 2, p. 21.

Pour qu'il y ait production d'un travail par une machine thermique ($W > 0$), il faut donc que la quantité de chaleur fournie excède la quantité de chaleur cédée par la machine ($Q_c > Q_f$).

La transformation de chaleur en travail dans une machine thermique n'est jamais totale : seule une partie de la chaleur issue de la source chaude est transformée, le *reste* retourne à la source froide. Si une machine thermique n'échangeait de la chaleur qu'avec une seule source, et donc si aucune chaleur n'était restituée à une source plus froide, il n'y aurait pas de chute de température et la machine ne pourrait pas produire de travail. C'est là la formulation, due à Thomson, de ce que l'on appelle le « deuxième principe de la thermodynamique »[1]. Alors que le premier principe affirme qu'il ne peut y avoir ni création ni annihilation d'énergie, mais seulement sa transformation d'une forme dans une autre, le second soutient que toutes les transformations ne sont pas possibles selon les circonstances. En effet, s'il est toujours possible de transformer un travail mécanique en chaleur, par exemple par frottement, on ne peut produire un travail à partir de chaleur que sous certaines conditions, à savoir lorsqu'il y a une différence de température.

On distingue généralement la formulation du deuxième principe due à Thomson, selon laquelle une transformation totale de chaleur en travail est impossible, de la formulation due à Clausius, selon laquelle une transformation qui aurait comme seul effet un transfert de chaleur d'un corps donné vers un corps plus chaud est impossible :

> [...] *la chaleur ne peut pas passer d'elle même d'un corps froid à un corps chaud*[2].

Dans cette nouvelle formulation, qui repose sur une observation empirique, le deuxième principe met en évidence la directionnalité naturelle du flux de chaleur : la chaleur ne peut passer spontanément que d'un corps chaud à un corps froid, c'est-à-dire sans apport de travail extérieur. Cela signifie qu'il y a une forme d'*irréversibilité* dans les processus thermiques de conversion de

---

1. *Cf.* W.J.M. RANKINE, *Manuel de la machine à vapeur et des autres moteurs*, trad. G. Richard, Dunod, Paris, 1878, p. 317 *sq.*

2. R. CLAUSIUS, *Théorie mécanique de la chaleur*, *op. cit.*, tome 2, note 1, p. 55. Les formulations de Clausius et Thomson sont généralement considérées comme équivalentes. *Cf.* P.W. ATKINS, *Chaleur et désordre. Le deuxième principe de la thermodynamique*, trad. F. Gallet, Belin, Paris, 1987, p. 30-39.

la chaleur en travail ; ceux-ci ne peuvent s'inverser spontanément. La conduction thermique (le transport de chaleur dû à une différence de température dans un même milieu ou entre deux milieux en contact) qui a lieu dans un moteur thermique n'est qu'un exemple de processus irréversible. Nous pourrions aussi mentionner le frottement, l'émission de lumière, le rayonnement de chaleur ou la fission d'un atome. Dans chacun de ces phénomènes, on aboutit toujours à un état final[1]. Par exemple, le frottement débouche sur le repos. À l'opposé, nous trouvons les processus qui se perpétuent, à moins qu'intervienne une action extérieure, et qui sont susceptibles d'être inversés, comme, par exemple, les oscillations d'un pendule non amorti, la propagation d'une onde, la chute libre d'un corps ou le mouvement des planètes. Mais restreignons-nous ici au cas des moteurs thermiques.

S'il y a dans le monde une quantité constante d'énergie, la capacité à produire du travail, elle, ne se conserve pas. Il y a une sorte de gaspillage de l'énergie qui fait qu'une partie de celle-ci ne peut être utilisée pour produire du travail. Cette quantité d'énergie n'est pas annihilée – ce serait contredire le premier principe –, mais bien transformée, dégradée en une forme d'énergie impropre à produire du travail. C'est ce que Thomson appelle la « dissipation » de l'énergie[2]. Celle-ci se fait sous forme de chaleur. Mais un moteur thermique n'a-t-il pas précisément pour but de transformer de la chaleur en travail ? Le deuxième principe de la thermodynamique nous dit que pour produire du travail au moyen d'un moteur, il doit y avoir une différence de température. Or la chaleur qui a été restituée au corps froid ne peut être réinjectée dans le moteur pour produire à nouveau le même travail ; elle n'est en quelque sorte plus assez élevée. Dès lors, cette énergie rendue par la machine sous forme de chaleur est inutilisable ; elle a été gaspillée par la production de travail mécanique, et le processus est bien irréversible. Le moteur ne peut produire de lui-même une quantité supplémentaire de travail ; il a besoin qu'on lui fournisse une nouvelle quantité de chaleur issue d'une source chaude.

1. M. PLANCK, *Initiation à la physique*, trad. J. du Plessis de Grenédan, Flammarion, Paris, 1993, p. 158.
2. W. THOMSON, « On a Universal Tendency in Nature to the Dissipation of Mechanical Energy », *Philosophical Magazine*, 1852, p. 304-306.

L'entropie

La thermodynamique est une théorie reposant sur des principes physiques ; deux en l'occurrence [1]. Tandis que le premier principe exprime la conservation de l'énergie, le deuxième exprime sa dissipation [2]. Ces deux principes sont compatibles, parce l'énergie dissipée n'est pas détruite, mais seulement impropre à produire du travail [3]. Il convient de remarquer par ailleurs que le deuxième principe met en évidence le fait que l'énergie ne peut pas réellement être comprise comme la « capacité à produire du travail », comme nous l'avions suggéré précédemment. En effet, si cette définition était correcte, la même quantité d'énergie devrait toujours permettre de produire la même quantité de travail. Or ce que montre le deuxième principe de la thermodynamique, c'est que l'énergie d'un système peut se conserver quantitativement et se dégrader qualitativement. Elle peut se transformer en une forme d'énergie impropre à produire du travail sans apport extérieur. Comment, dans ces conditions, définir la notion abstraite d'énergie ? On pourrait proposer d'en donner la définition théorique suivante : l'énergie est la grandeur qui satisfait le principe de conservation de l'énergie.

Est-il à présent possible d'exprimer le deuxième principe de la thermodynamique en termes mathématiques ? C'est le rôle dévolu à la notion d'*entropie*, du grec τροπή, qui signifie « transformation » [4]. Pour le comprendre, introduisons d'abord la notion d'*équilibre thermique* : deux systèmes A et B sont dits en équilibre thermique si aucun transfert d'énergie n'a lieu d'un système à l'autre lorsqu'ils sont mis en contact. Deux systèmes en équilibre thermique ont la propriété d'avoir la même température. En effet, si une différence de température se présentait entre les deux systèmes,

---

1. En fait, on ajoute généralement un troisième principe selon lequel on ne peut refroidir un corps à la température du zéro absolu en un nombre fini d'étapes et un principe zéro qui affirme que l'on peut définir la température absolue d'un corps. Nous les omettrons dans ce qui suit. Sur ceux-ci, *cf.* P.W. ATKINS, *Chaleur et désordre, op. cit.*, p. 15-16.
2. Le premier a pour conséquence l'impossibilité du mouvement perpétuel *de première espèce*, c'est-à-dire la construction d'une machine qui produirait du travail durant un nombre indéfini de cycles sans apport d'énergie extérieure. Le deuxième a pour conséquence l'impossibilité du mouvement perpétuel *de deuxième espèce*, c'est-à-dire la construction d'une machine qui produirait du travail durant un cycle en empruntant de la chaleur à une seule source.
3. D'après ce que nous venons de dire, il devrait être clair qu'elle est impropre à produire le travail dont elle constitue le reste.
4. R. CLAUSIUS, *Théorie mécanique de la chaleur, op. cit.*, p. 411.

il y aurait un flux de chaleur du corps le plus chaud vers le corps le plus froid. Supposons à présent que les deux systèmes ne sont précisément pas à l'équilibre thermique : *A* a une température moins élevée que *B*. L'entropie est une grandeur dont la valeur doit nous permettre de déterminer dans quel sens se font les transformations spontanées. Dans le cas qui nous occupe, elle doit nous permettre de savoir comment va évoluer le système complexe composé des deux sous-systèmes *A* et *B*. Nous attribuons à chaque sous-système une certaine entropie *S*. S'il y a un changement dans le système total, celui-ci sera caractérisé par une variation d'entropie ΔS égale à la différence d'entropie des deux sous-systèmes qui le composent. Par convention, nous posons qu'un système évolue d'un état vers un autre si sa variation d'entropie est positive. Dès lors, le système composé de *A* et *B* doit avoir une variation $\Delta S \geq 0$ lorsqu'il passe spontanément d'un état à un autre. En vertu du deuxième principe, cette variation positive de l'entropie est celle qui correspond à un flux de chaleur du corps *B* vers le corps *A*. Le corps *A* absorbe de la chaleur du corps *B* jusqu'à ce que les deux corps soient en équilibre thermique. Nous avons alors une nouvelle formulation du deuxième principe, appelée « principe entropique » : les transformations spontanées d'un système isolé sont celles qui résultent d'une augmentation d'entropie [1].

En vertu du principe entropique, la croissance de l'entropie ne s'impose qu'aux systèmes isolés. Pour les *systèmes ouverts*, c'est-à-dire ceux qui peuvent échanger de la matière et de l'énergie avec leur environnement extérieur, nous pouvons avoir un apport d'*entropie négative* (néguentropie). Autrement dit, la surface d'un tel système peut être traversée par un flux d'entropie négative, susceptible de compenser l'augmentation d'entropie interne au système physique [2]. C'est, par exemple, ce qui se passe dans un frigo. Selon Erwin Schrödinger, les organismes vivants en particulier sont des systèmes ouverts qui se *nourrissent* de l'entropie négative de leur milieu environnant, afin de compenser la dégradation de leur énergie interne et ainsi rester en vie [3].

Nous posons par convention qu'un corps voit son entropie augmenter lorsqu'on l'échauffe et qu'il voit son entropie diminuer lorsqu'il se refroidit. En revanche, son entropie ne varie pas lorsqu'il reçoit du travail. Ces

---

1. P.W. ATKINS, *Chaleur et désordre, op. cit.*, p. 37.

2. A. BOUTOT, *L'invention des formes*, Odile Jacob, Paris, 1993, p. 91.

3. E. SCHRÖDINGER, *Qu'est-ce que la vie ? De la physique à la biologie*, trad. L. Keffler, Seuil, Paris, 1986, p. 172.

conventions permettent alors de dériver la formulation du deuxième principe due à Thomson à partir du principe entropique. Raisonnons par l'absurde. Supposons qu'il soit possible de concevoir un système qui produit du travail en prenant de la chaleur à une source chaude sans en rendre à une source froide. Puisque de la chaleur est prélevée à la source chaude, l'entropie de celle-ci diminue, tandis que le travail ne produit pas d'entropie. Dès lors, l'entropie totale du système n'augmente pas, ce qui est impossible en vertu du principe entropique. Par conséquent, nous ne pouvons produire du travail par conversion totale de la chaleur issue d'une source chaude.

Nous pouvons également déduire la formulation du deuxième principe due à Clausius, mais pour cela nous devons donner une définition plus précise de l'entropie. On pourrait penser que la variation d'entropie est identique au flux de chaleur. Au premier abord, cela pourrait sembler une bonne idée. En effet, la quantité de chaleur fournie à un corps est positive, de sorte que son entropie augmente, et la quantité de chaleur cédée par un corps est négative, de sorte que son entropie diminue. Cependant, la considération du système composé des sous-systèmes A et B montre que les choses ne peuvent pas être aussi simples. Si l'entropie était simplement égale au flux de chaleur, la quantité de chaleur cédée par B étant égale à la quantité de chaleur reçue par A, c'est-à-dire $Q_B = Q_A$, la variation totale d'entropie serait nulle et le système total ne pourrait pas spontanément évoluer vers l'équilibre thermique. Clausius a alors proposé de définir la variation d'entropie d'un système comme étant égale au flux de chaleur divisé par la température :

$$\Delta S = \frac{\Delta Q}{T}.$$

Si un système reçoit une quantité de chaleur Q à la température T, alors sa variation d'entropie est positive ($\Delta S = Q/T > 0$) et s'il cède une quantité de chaleur à la température T, alors sa variation d'entropie est négative ($\Delta S = -Q/T < 0$). Avec cette définition, la température du corps A étant inférieure à celle du corps B, l'augmentation d'entropie du premier est supérieure à la diminution d'entropie du second lorsque ce dernier lui cède une certaine quantité de chaleur. La variation totale d'entropie du système est bien positive :

$$\Delta S_{\text{syst}} = \Delta S_A + \Delta S_B = \frac{Q}{T_A} - \frac{Q}{T_B} \geq 0,$$

avec $T_A < T_B$. La formulation de Clausius du deuxième principe de la thermodynamique est bien une conséquence du principe entropique.

La formulation entropique du deuxième principe de la thermodynamique permet de comprendre que l'inexorable dissipation de l'énergie d'un système isolé n'exprime rien d'autre que l'impossibilité de la diminution de son entropie. Au niveau de l'univers, Thomson a pu affirmer que l'augmentation de l'entropie impliquait son acheminement inéluctable vers un état de « mort thermique » [1], dans lequel la température se rapprocherait du zéro absolu et où il n'y aurait plus d'énergie disponible pour assurer le mouvement et même la vie. Il est néanmoins quelque peu hasardeux d'extrapoler un résultat établi pour un système isolé à l'univers tout entier [2].

Revenons pour finir à la machine de Carnot. Celle-ci représente un processus réversible dans lequel il y a essentiellement deux types de transformations : l'une de chaleur en travail et l'autre de travail en chaleur. Le processus étant cyclique, la machine revient à son étant initial au terme d'un cycle. Durant un tel cycle, la variation d'entropie doit être nulle, et donc les deux transformations se compenser mutuellement. Lorsqu'elle est en contact avec la source chaude, la machine voit son entropie augmenter d'une quantité Q_c/T_c et lorsqu'elle est en contact avec la source froide son entropie diminue d'une quantité Q_f/T_f. Par conséquent :

$$\frac{Q_c}{T_c} - \frac{Q_f}{T_f} = 0.$$

Rappelons que le rendement d'une telle machine est donné par la division du travail produit par la machine par la chaleur qui lui est fournie :

$$\eta = \frac{W}{Q_c},$$

c'est-à-dire :

$$\eta = \frac{Q_c - Q_f}{Q_c},$$

1. *Cf.* W. THOMSON, « On the Age of the Sun's Heat », dans *Popular Lectures and Addresses*, MacMillan and Co, New York, 1889, vol. I, p. 349.
2. J. ULLMO, « Le principe de Carnot et la philosophie », dans COLLECTIF, *Sadi Carnot et l'essor de la thermodynamique*, CNRS éditions, Paris, 1976, p. 404.

ce que nous pouvons aussi écrire :

$$\eta = 1 - \frac{Q_f}{Q_c}.$$

En vertu du fait que la variation d'entropie d'une machine de Carnot est nulle, nous avons :

$$\eta = 1 - \frac{T_f}{T_c}.$$

Cela montre que le rendement d'une telle machine ne dépend bien que des températures entre lesquelles elle opère. Dans une machine de Carnot, nous avons intérêt à ce que la température de la source chaude soit la plus élevée possible et la température de la source froide la plus faible possible. La dernière équation montre aussi qu'il y a un seuil en deçà duquel la température de la source froide ne peut pas descendre, un *zéro absolu* (−273,15 °C ou 0 K), puisqu'à cette température le rendement serait de 1. Ce seuil inférieur permet alors de définir une *échelle de température absolue*, une échelle qui commence au zéro absolu et qui ne dépend pas du matériau utilisé pour mesurer la température.

Irréversibilité et réduction mécaniste

Clausius avait formulé la théorie cinétique des gaz pour fournir une explication mécanique à la thermodynamique. Nous avons vu comment ce programme avait permis de retrouver certaines des lois les plus importantes liant les grandeurs macroscopiques caractéristiques d'un gaz. Pour que la réduction soit complète et ce programme achevé, encore restait-il à fournir une explication mécanique des deux principes de la thermodynamique. Le premier principe peut être dérivé sans trop de problèmes de la théorie cinétique des gaz. En effet, la conversion de la chaleur en travail se comprend facilement à partir du moment où la première est expliquée en termes de mouvement. En ce qui concerne le deuxième principe, les choses sont un peu plus complexes.

Comment expliquer en termes mécaniques l'augmentation de cette grandeur « prodigieusement abstraite » qu'est l'entropie ? Son augmentation caractérise les processus irréversibles. Or le problème est que du point de vue de la mécanique classique, tous les processus physiques sont réversibles !

Cela est dû au fait que la forme des équations du mouvement est *invariante par rapport au temps*. En d'autres termes, si nous y remplaçons *t* par −*t*, nous obtenons les mêmes équations [1]. Cette symétrie par rapport au temps caractérise d'autres équations physiques que nous rencontrerons plus tard, comme les équations de Maxwell, qui régissent les phénomènes électromagnétiques, ou l'équation de Schrödinger, qui régit les phénomènes quantiques non relativistes. Elle implique que les phénomènes physiques devraient pouvoir suivre ou remonter le cours du temps, sans que l'on puisse distinguer les deux situations. Cela contredit de manière flagrante l'expérience que nous faisons journellement de ces phénomènes. Filmons un verre qui se brise et passons le film à l'envers, nous serons tout à fait capables de déterminer s'il passe à l'envers ou à l'endroit. Un verre brisé manifeste une forme d'irréversibilité : il ne peut se reformer de lui-même à l'identique. Cette irréversibilité constatée empiriquement, la mécanique ne l'explique pas, et ne peut pas l'expliquer du fait de la symétrie temporelle de ses équations [2]. À la fin du xxᵉ siècle, une telle critique sera reprise par les acteurs de la thermodynamique des systèmes loin de l'équilibre [3].

L'asymétrie du temps, si elle n'apparaît pas dans les équations de la mécanique classique, se retrouve cependant dans l'équation de propagation de la chaleur de Fourier. La forme de celle-ci n'est en effet pas invariante par rapport au temps [4]. Or cette équation repose sur la loi selon laquelle un flux de chaleur est toujours opposé au gradient de température, c'est-à-dire qu'il s'effectue de la température la plus élevée vers la température la moins élevée, ce qui n'est rien d'autre que l'affirmation du deuxième principe de la thermodynamique de Clausius. De nombreux auteurs soutiennent que ce principe nous permet de donner un fondement à l'irréversibilité des phénomènes physiques : l'entropie orienterait le temps. L'augmentation de l'entropie serait

---

1. Prenons les équations de Hamilton : $\dot{q}_i = \partial H/\partial p_i$ et $\dot{p}_i = -\partial H/\partial q_i$. Si nous changeons le sens du temps, $t \to t' = -t$, les variables de position et de quantité de mouvement généralisées deviennent : $q_i \to q'_i = q_i$ et $p_i = m_i\, dq_i/dt \to p'_i = m_i\, dq_i/d(-t) = -p_i$. Dès lors, les équations de Hamilton deviennent à leur tour : $\dot{q}_i = dq_i/dt \to \dot{q}'_i = dq_i/d(-t) = -\partial H/\partial p_i = \partial H/\partial p'_i$ et $\dot{p}_i = dp_i/dt \to \dot{p}'_i = d(-p_i)/d(-t) = -\partial H/\partial q_i = -\partial H/\partial q'_i$. Les équations de Hamilton conservent bien la même forme si nous renversons le temps.

2. W. Ostwald, « La déroute de l'atomisme contemporain », dans D. Lecourt, *Une crise et son enjeu (essais sur la position de Lénine en philosophie)*, Maspero, Paris, 1973, p. 119-120.

3. *Cf.*, par exemple, I. Prigogine et I. Stengers, *La nouvelle alliance, op. cit.*

4. On peut s'en apercevoir facilement en remarquant que la dérivation par rapport au temps est première, et non seconde, dans cette équation.

la manifestation de ce qu'Eddington appelle « flèche du temps » (*time's arrow*) [1]. Autrement dit, s'il y a une asymétrie des phénomènes physiques par rapport au temps, que certains d'entre eux sont irréversibles, ce serait parce que le temps est orienté dans un seul sens (du passé vers le futur), sens qui correspondrait à un accroissement de l'entropie totale de l'univers [2]. Par exemple, lorsqu'une voiture est lancée avec une certaine vitesse et que son moteur est à l'arrêt, nous savons qu'elle va ralentir et finir par s'immobiliser au bout d'un certain temps. Le sens qui va de la situation où la voiture a une certaine vitesse vers celle où elle est au repos est le sens de l'orientation du temps et il correspond à la dissipation, due aux frottements, de l'énergie cinétique de la voiture sous forme de chaleur, c'est-à-dire à l'augmentation de son entropie. La voiture ne va pas commencer à accélérer ; le frottement étant un phénomène irréversible, son ralentissement est inéluctable sans apport de travail extérieur (par exemple en redémarrant le moteur). Cette asymétrie, la mécanique classique est incapable d'en rendre compte, car tout ce qui arrive aux corps qui sont soumis à ses équations est censé être réversible. De son point de vue, le temps n'a pas de sens privilégié ; il s'écoule avec la même facilité d'amont en aval que d'aval en amont. Cette situation semble hypothéquer toute tentative de réduire le deuxième principe, et donc la thermodynamique dans sa totalité, à des processus purement mécaniques.

MÉCANISME ET ÉNERGÉTISME

À la fin de la première moitié du XIXe siècle, l'équivalence entre la chaleur et le travail avait, un temps, semblé confirmer le mécanisme. Cette équivalence découlait, en effet, assez naturellement de l'hypothèse de Clausius affirmant que la chaleur d'un corps n'est que l'énergie cinétique résultant du mouvement insensible des molécules qui le composent, puisque l'énergie cinétique d'un corps est égale à la quantité de travail qu'il peut fournir. Mais la découverte de l'irréversibilité sapa le bel optimisme des tenants de la philosophie mécanique et entraîna une véritable « crise de la physique ». L'unité de cette dernière, réalisée par Lagrange et assurée par la mécanique,

1. A.S. EDDINGTON, *The Nature of the Physical World*, Cambridge University Press et MacMillan, Cambridge et New York, 1929, p. 68.
2. Cette affirmation est néanmoins sujette à caution. *Cf.* J. UFFINK, « Bluff your Way in the Second Law of Thermodynamics », *Studies in History and Philosophy of Modern Physics*, 32 (3), 2001, p. 305-394.

semblait perdue. Il n'est donc pas étonnant qu'à la fin du xixᵉ siècle, le physicien et philosophe Ernst Mach commença à critiquer la pertinence même de la philosophie mécanique. Selon lui, l'hypothèse mécaniste pouvait s'expliquer historiquement, mais elle n'avait en soi aucun fondement. Il s'agissait à ses yeux d'une hypothèse *métaphysique*, au mieux inutile, au pire nuisible. Son *phénoménisme* foncier l'enjoignait à s'en tenir aux faits observables, sans tenter de « construire des hypothèses derrière ces faits, où plus rien n'existe qui puisse être conçu ou prouvé »[1]. Comme le disait aussi Auguste Comte, il convenait de s'en tenir aux « relations constantes qui existent entre les phénomènes observés », sans se préoccuper de la détermination inaccessible des causes[2]. La seule chose que devait rechercher le physicien, ce sont les invariants de la nature, les relations algébriques constantes qui lient les phénomènes qui s'y produisent. Le corrélat de cette position méthodologique était alors une purification ontologique de toutes les entités hypothétiques qui étaient censées se cacher derrière les phénomènes et qui encombraient l'édifice théorique de la physique.

Cette critique *anti-réaliste* du réductionnisme mécaniste eut un écho particulier en thermodynamique, où certains pensaient que plutôt que de chercher à dériver les propriétés des gaz de celles d'hypothétiques molécules inobservables que ces gaz étaient censés contenir, il fallait se contenter d'établir des lois entre leurs propriétés observables (température, pression, volume, etc.). En particulier, si nous pouvons dériver l'équivalence de la chaleur et du travail de l'hypothèse de l'identité entre le mouvement et la chaleur, celle-ci, à l'inverse, n'est pas une conséquence nécessaire du principe, plus général, de conservation de l'énergie, de sorte que l'on peut adopter l'équivalence de toutes les formes d'énergie sans pour autant adhérer à la philosophie mécanique[3]. Malgré le succès de l'explication de la chaleur, l'incapacité des tenants du mécanisme à opérer une réduction mécanique du deuxième principe ne faisait que renforcer cette position phénoméniste. Plus encore, la réversibilité des équations de la mécanique classique semblait

---

1. E. Mach, *La Mécanique, op. cit.*, p. 466.
2. A. Comte, *Discours sur l'esprit positif*, Vrin, Paris, 1995, p. 66.
3. *Cf.* A. Rey, *La théorie de la physique chez les physiciens contemporains*, Félix Alcan, Paris, 1923, p. 18-19. On remarquera qu'à l'époque la manière dont les formes d'énergie autres que la chaleur – par exemple l'énergie électrique – pouvaient être réduites au mouvement n'était pas clair. Nous attribuons aujourd'hui l'énergie électrique au mouvement des charges électriques, mais celles-ci ne furent identifiées que plus tard.

même s'opposer de plein fouet à l'irréversibilité constatée dans certains processus physiques. Un nombre important de physiciens trouvèrent dès lors plus simple de renoncer au mécanisme et en vinrent à considérer la thermodynamique comme une branche autonome de la physique, irréductible à la mécanique et reposant sur deux axiomes : le principe de conservation de l'énergie et le principe d'augmentation de l'entropie de Clausius. Les concepts mis en jeu dans ces principes ne devaient pas être empruntés à d'autres domaines de la physique et étaient donc considérés comme propres à la thermodynamique.

Mais les opposants à la philosophie mécanique ne s'arrêtèrent pas là. Certains d'entre eux, dont Duhem et Rankine, proposèrent d'effectuer une sorte de putsch théorique : il ne suffisait pas d'affirmer l'autonomie de la thermodynamique par rapport à la mécanique ; la première devait venir occuper la position jusque-là privilégiée de la seconde dans l'édifice théorique de la physique et devenir le fondement de toutes les autres parties de la physique. La thermodynamique avait alors pour vocation à devenir

> [...] une doctrine reine, dépositaire des règles fondamentales, de laquelle doivent découler les diverses disciplines qui constituent la physique [1].

La mécanique, en particulier, devait être absorbée dans la thermodynamique. Il ne s'agissait donc pas d'instaurer une nouvelle forme de démocratie théorique, mais de remplacer un fondement par un autre. La perte de l'idéal unitaire de la physique était, semble-t-il, un prix trop lourd à payer.

Les tenants du remplacement de la mécanique par la thermodynamique au titre de fondement de l'édifice de la physique étaient qualifiés d'« énergétistes ». Comme leur nom l'indique, ils accordaient une place centrale au concept d'*énergie*, en lieu et place de ceux de masse et de force des mécanistes. Ce concept a l'insigne avantage, avec ceux d'espace et de temps, d'être transversal par rapport aux différentes branches de la physique. L'absence de substantialité de l'énergie lui permet par ailleurs de passer d'un support physique à un autre [2]. Par exemple, l'énergie potentielle qui se trouve stockée dans l'eau retenue par un barrage se transforme en énergie cinétique lorsque cette eau tombe le long d'une conduite, puis en énergie électrique

---

1. P. DUHEM, *Le mixte et la combinaison chimique. Essai sur l'évolution d'une idée*, C. Naud, Paris, 1902, p. 185.
2. J.-M. LÉVY-LEBLOND, *Aux contraires, op. cit.*, p. 157.

lorsque cette eau entraîne l'alternateur de la centrale hydroélectrique du barrage, puis elle se transforme à nouveau en énergie cinétique lorsqu'elle est utilisée chez des particuliers pour faire fonctionner, disons, une scie sauteuse, avant de se dissiper sous forme d'énergie thermique. Ce que nous enseigne le principe de conservation de l'énergie, c'est que la quantité d'énergie reste la même lorsque ses supports matériels varient. Le principe de conservation s'applique ainsi à tous les phénomènes de la nature et nous fournit un cadre unique dans lequel peuvent être étudiés les phénomènes mécaniques, thermiques, électriques, magnétiques, etc. [1]

Le concept d'énergie présentait un autre intérêt pour les énergétistes : il permettait d'étudier les changements physiques comme de simples transformations d'énergie, indépendamment donc des mécanismes qui leur étaient éventuellement sous-jacents. Il était donc possible de s'abstenir de toute hypothèse métaphysique sur la nature de la matière et de rejeter toute forme d'*explication* des propriétés qualitatives de la matière au moyen de mouvements mécaniques [2].

L'énergie se présentait naturellement comme la notion la mieux à même d'expliquer l'ensemble des phénomènes physiques, en lieu et place de la matière et des forces invisibles censées agir sur elle, mais que l'expérience sensible ne nous révèle pas directement [3]. Wilhelm Ostwald pensait même qu'elle lui permettrait de réduire les différentes caractéristiques de la matière des mécanistes : la masse n'était ainsi plus pour lui qu'une « capacité pour l'énergie cinétique » ; quant à l'impénétrabilité, il s'agissait d'une « énergie de volume » et le poids d'une simple « énergie de position » [4]. On l'aura compris, pour Ostwald, l'énergie constituait la forme ultime de la réalité :

> [L'énergie] est le réel en ce qu'elle est *ce qui agit* ; quel que soit l'événement considéré, c'est indiquer sa cause que d'indiquer les énergies qui y prennent part. Ensuite elle est le réel en ce qu'elle permet d'indique le *contenu* de l'événement [5].

C'est ainsi l'idée même de matière qui aurait été remplacée par l'énergie comme concept fondamental de la physique [6].

1. B. POURPRIX, *La fécondité des erreurs*, op. cit., p. 99.
2. E. CASSIRER, *Substance et fonction*, op. cit., p. 233.
3. W.J.M. RANKINE, « Outlines of the Science of Energetics », art. cit., p. 383.
4. W. OSTWALD, « La déroute de l'atomisme contemporain », art. cit., p. 122.
5. W. OSTWALD, *L'Énergie*, trad. E. Philippi, Félix Alcan, Paris, 1910, p. v.
6. À une position réaliste eu égard à l'énergie, Ostwald ajoute le *monisme*. En effet, d'après

Néanmoins, l'énergétisme était loin d'être un courant homogène et tous ses partisans n'étaient pas prêts à admettre l'inutilité du concept de matière. Citons à ce titre Duhem qui, bien qu'énergétiste, considérait l'entreprise aventureuse d'Ostwald comme étant illusoire :

> Au moment de quitter la terre ferme de la Mécanique traditionnelle pour nous élancer, sur les ailes du rêve, à la poursuite de cette Physique qui localise les phénomènes dans une étendue vide de matière, nous nous sentons pris de vertige ; alors de toutes nos forces, nous nous cramponnons au sol ferme du sens commun ; car *nos connaissances scientifiques les plus sublimes n'ont pas, en dernière analyse, d'autre fondement que les données du sens commun* ; si l'on révoque en doute les certitudes du sens commun, l'édifice entier des vérités scientifiques chancelle sur ses fondations et s'écroule.
>
> Nous persisterons donc à admettre que tout mouvement suppose un mobile, que toute force vive [énergie cinétique] est la force vive d'une matière. « Vous recevez un coup de bâton, nous dit M. Ostwald ; que ressentez-vous, le bâton ou l'énergie ? » Nous avouerons ressentir l'énergie du bâton, mais nous continuerons à en conclure qu'il existe un bâton, porteur de cette énergie. [...] Nous demeurerons en deçà des doctrines pour lesquelles l'existence substantielle de matières diverses et massives devient une illusion [1].

Parallèlement au courant énergétiste, d'autres savants continuèrent à chercher des hypothèses à même d'expliquer le deuxième principe de la thermodynamique. Ce fut en particulier le cas de Ludwig Boltzmann et Maxwell, qui, dans ce but, se tournèrent vers la statistique.

L'EXPLICATION STATISTIQUE DE L'ENTROPIE

On ne peut déduire le deuxième principe de seule la mécanique classique. Si nous prenons un gaz, cela signifie que son augmentation d'entropie ne peut être expliquée au moyen des équations du mouvement caractérisant individuellement chacune de ses molécules. Le nombre de molécules composant un gaz étant immense, Maxwell a soutenu que l'explication du deuxième principe nécessitait de faire intervenir des considérations statistiques. La *méthode statistique* ne cherche pas à déterminer « les lois

lui, c'est non seulement l'idée de matière qui disparaît au profit de celle d'énergie, mais aussi celle d'esprit, si bien que l'opposition esprit-matière s'évanouit du même coup.
1. P. DUHEM, *L'évolution de la mécanique*, *op. cit.*, p. 179.

dynamiques obscures régissant le détail compliqué des phénomènes » [1] ; elle est indifférente au comportement individuel des particules qui composent un gaz. Elle rassemble plutôt un grand nombre de résultats ayant trait à un phénomène [2] et calcule pour chaque classe de résultats la moyenne des valeurs observées. Par exemple, elle ne cherche pas à déterminer les vitesses de toutes les particules comprises dans un volume donné, mais plutôt combien de particules en moyenne ont dans ce volume une vitesse comprise entre telle et telle borne. La méthode statistique tente ensuite d'établir les règles qui permettent de découvrir le comportement futur du phénomène. Les prédictions obtenues ne sont jamais absolument certaines, mais elles sont affectées d'une certaine *probabilité*, et souffrent donc d'exceptions. Si, par exemple, on a mesuré qu'un tiers des particules comprises dans un volume donné ont une vitesse entre 100 et 200 m/s, la probabilité de mesurer une particule dont la vitesse est comprise entre ces bornes est de $^1/_3$.

Le démon de Maxwell

Maxwell ne se contente pas d'affirmer qu'il est possible d'établir le deuxième principe en recourant à la méthode statistique. Il soutient également que ce principe est *essentiellement* de nature statistique. Autrement dit, il s'agit d'un principe seulement *probable*, un principe physique qui n'a pas une validité universelle, mais possède des exceptions. La probabilité pour que ce principe soit violé est non nulle, mais est d'autant plus faible que le nombre de molécules considérées dans un système physique est plus important [3].

Pour nous convaincre de la nature probabiliste du deuxième principe, Maxwell imagine une expérience de pensée dans laquelle ce principe serait effectivement violé [4]. Soit une boîte contenant un gaz et séparée en deux

1. M. PLANCK, *Initiation à la physique, op. cit.*, p. 55.
2. La méthode statistique se distingue notamment de la méthode approchée en ce qu'elle porte nécessairement sur un échantillon contenant un grand nombre de résultats, alors que la méthode approchée peut tenter d'atteindre la valeur d'un seul résultat.
3. Évidemment, le caractère probabiliste du deuxième principe pose des difficultés à toute tentative visant à fonder la flèche du temps sur l'augmentation de l'entropie. En effet, si la probabilité qu'un phénomène irréversible puisse se dérouler en sens inverse est non nulle, il suffira d'attendre suffisamment longtemps pour que cela se produise, et donc que le temps évolue à un certain instant en sens inverse.
4. Maxwell communique cette expérience de pensée à Tait dans un lettre de 1867. On peut la retrouver dans J.Cl. MAXWELL, *La chaleur*, trad. G. Mouret, B. Tignol, Paris, 1891, p. 421-422.

compartiments *A* et *B*. On suppose que la température dans le compartiment *A* est plus élevée que celle dans le compartiment *B*. Mais là où Clausius supposait que les molécules d'un gaz avaient la même vitesse moyenne, Maxwell fait l'hypothèse d'une certaine *distribution des vitesses* des molécules. Les deux compartiments contiennent des molécules ayant des vitesses différentes et celles-ci peuvent migrer d'un compartiment à l'autre en passant par une ouverture ménagée dans la paroi les séparant. Cette ouverture peut être fermée ou ouverte. Maxwell introduit alors un « être fini », que Thomson qualifiera plus tard de « démon », et qui a la capacité effective de suivre le mouvement de chacune des molécules du gaz – à l'image du démon de Laplace, il est capable de connaître la position et la vitesse de chaque molécule d'un gaz à chaque instant. Le démon actionne l'ouverture entre les deux compartiments de la boîte afin de ne laisser passer que les molécules les plus rapides du compartiment *B* vers le compartiment *A* et les plus lentes du compartiment *A* vers le compartiment *B*. Dès lors, en vertu de la théorie cinétique des gaz, la vitesse moyenne des molécules dans la partie *A* va augmenter et ce compartiment va se réchauffer, tandis que le compartiment *B* va se refroidir, et ce, sans dépense de travail. On a donc un transfert de chaleur d'une source froide vers une source chaude, en contradiction avec le deuxième principe de la thermodynamique. Bien que cela soit hautement improbable, le deuxième principe peut théoriquement être violé et est par conséquent de nature statistique.

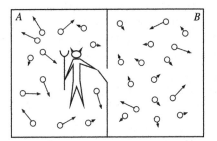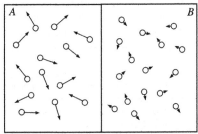

De la sorte, si l'eau doit nécessairement chuter d'un certain niveau vers un niveau inférieur, la chaleur n'a quant à elle qu'une probabilité inférieure à 1 de passer d'une certaine température à une température moins élevée lorsqu'elle est en contact avec une source froide [1]. Tandis que le premier phénomène obéit à une loi dynamique, le deuxième obéit à une loi statistique [2].

Maxwell introduit pour la première fois dans l'étude de la thermodynamique des raisonnements statistiques complexes. Il peut pour cette raison être considéré comme l'inventeur de la *mécanique statistique* [3]. Comme son nom l'indique, la mécanique statistique contient une partie mécanique. Chez Maxwell, celle-ci est par exemple assumée par la formulation hamiltonienne de la mécanique analytique. On se place alors dans la cadre des *espaces des phases*. Prenons un système macroscopique, par exemple un gaz. Celui-ci est composé d'un nombre gigantesque de molécules. Un point de l'espace des phases associé à ce système représente les positions et les vitesses de toutes ces molécules. L'adoption de l'espace des phases permet d'effectuer des raisonnements non sur des représentations des entités individuelles qui composent le gaz, mais sur une représentation de l'ensemble de ces entités. Évidemment, nous ne pouvons déterminer les conditions initiales de toutes les particules d'un gaz pour ensuite en prédire le comportement futur. L'idée au centre de la mécanique statistique revient dès lors à introduire des considérations statistiques et probabilistes complémentaires permettant de dériver les propriétés du gaz, comme la pression ou la température, à partir du mouvement d'ensemble des molécules microscopiques qui le composent.

L'explication boltzmanienne de l'entropie

Les travaux de Ludwig Boltzmann s'inscrivent dans le prolongement de ceux de Maxwell. C'est donc tout naturellement qu'il se met à la recherche d'une explication statistique du deuxième principe. Cette explication, formulée en 1877, cherche à clarifier la signification de la notion macroscopique d'entropie au moyen d'une théorie statistique du mouvement moléculaire [4]. À un *macro-état* du gaz – par exemple certaines valeurs de pression, de

1. À un certain moment, il peut très bien arriver qu'en une région limitée d'un gaz la chaleur aille du plus froid vers le plus chaud, surtout si la différence de température est faible.
2. M. PLANCK, *Initiation à la physique, op. cit.*, p. 57.
3. La théorie cinétique des gaz n'est généralement pas considérée comme faisant partie de la mécanique statistique, car, comme le souligne BARBEROUSSE (*La physique face à la probabilité*, Vrin, Paris, 2000, p. 96), si cette théorie fait bien usage d'outils statistiques et probabilistes, elle n'est pas fondée sur leur utilisation systématique.
4. P.M. HARMAN, *Energy, Force, and Matter, op. cit.*, p. 152.

température et de volume – peut correspondre plusieurs *micro-états*, c'est-à-dire plusieurs valeurs des positions et des vitesses de toutes les particules qui le composent, et donc plusieurs points de l'espace des phases. Par exemple, nous savons que derrière un gaz à l'équilibre thermodynamique dont la température, la pression, le volume, etc., demeurent constants se cachent des molécules qui s'agitent en tous sens, se heurtent et voient leurs vitesses se modifier sans cesse. Cet équilibre résulte du fait que les molécules ne restent pas confinées dans une moitié du récipient qui enferme le gaz, mais qu'il y en a en moyenne autant dans une partie que dans l'autre ; de même, il y a pratiquement autant de molécules animées d'une certaine vitesse que de la vitesse opposée. Pour un certain macro-état du gaz, à savoir l'équilibre thermique, il y a donc de très nombreux micro-états possibles et un *désordre* microscopique très important. De manière générale, plus le nombre de micro-états possibles correspondant à un macro-état donné est élevé, plus le système sera désordonné.

Notons Ω le nombre de micro-états correspondant à un certain macro-état. L'idée de Boltzmann est, comme nous venons de le mentionner, que plus Ω est élevé, plus l'entropie S du système le sera. L'entropie peut donc être vue comme une mesure du désordre au niveau microscopique. Pour comprendre ce point, nous pouvons envisager l'analogie suivante. Soit un jeu de 52 cartes. Il n'y a qu'une seule manière de ranger toutes les cartes en les ordonnant de manière croissante et en répartissant les quatre enseignes selon l'ordre : pique, cœur, trèfle, carreau. Les cartes sont alors ordonnées de la manière suivante : as de pique, 2 de pique, 3 de pique, ..., roi de pique, as de cœur, 2 de cœur, ..., roi de carreau. Puisqu'il n'y a qu'une seule manière de ranger les cartes de la sorte, le désordre du jeu est minimal. Si nous prenons une carte au hasard, nous pourrons à coup sûr déterminer la carte qui la suit dans le paquet. Considérons maintenant un rangement des cartes dans lequel celles-ci sont toujours ordonnées de manière croissante selon leur enseigne, mais où l'on désire seulement qu'une suite de cartes de couleur rouge succède à une suite de cartes de couleur noire. En d'autres mots, à la série des treize cartes de pique peuvent succéder les treize cartes de cœur ou de carreau, au choix. On peut par ailleurs commencer au choix par une série de la couleur rouge ou de la couleur noire. Il y a alors huit manières différentes de ranger toutes les cartes du jeu et le désordre a augmenté par rapport à la première manière de les ranger. Si nous prenons une carte au hasard dans le jeu et que nous tombons, disons, sur le roi de cœur, nous avons une chance sur deux de deviner quelle est la carte qui suit immédiatement cette carte dans le tas (l'as de cœur ou l'as de carreau). Considérons encore une autre manière de ranger les cartes du jeu. Cette fois-ci, la manière dont les suites de cartes de même enseigne se succèdent n'importe pas, mais dans chaque série de cartes d'une même enseigne, les cartes restent ordonnées. Nous pourrions, par exemple, avoir la série des cœurs, suivie de celle des carreaux, des piques et des trèfles. Il y a dès lors vingt-quatre manières de ranger les cartes et le désordre a encore augmenté par rapport au rangement précédent. Si nous prenons une carte au hasard dans un jeu rangé de la sorte et que nous tombons, une fois de plus, sur le roi de cœur, nous avons une chance sur trois de deviner quelle est la carte qui suit immédiatement cette carte (l'as de carreau, de pique ou de trèfle). Nous pouvons continuer de la sorte et imaginer d'autres rangements dans lesquels à chaque fois qu'un rangement des cartes peut se faire de plus de manières qu'un autre, les cartes seront plus désordonnées, un jeu étant d'autant plus désordonné que nous pouvons plus difficilement déterminer quelle carte succède à quelle autre dans le paquet (la probabilité que nous ayons de réussir à le faire étant plus faible).

Nous savons que Ω et S sont des grandeurs strictement croissantes, mais il faut déterminer plus précisément comment elles sont liées. Considérons un système composé de deux parties, chacune dans un macro-état différent. Les nombres de micro-états correspondant à ces macro-états sont notés Ω_1 et Ω_2. Puisqu'à chaque micro-état d'une partie, nous pouvons associer tous les micro-états de l'autre, il est clair que le nombre Ω de micro-états de l'ensemble du système vaut $\Omega_1 \times \Omega_2$. Prenons un jeu de cartes composé uniquement des rois. Il y a à l'évidence quatre manières différentes de tirer un roi dans ce tas. Si nous prenons maintenant un deuxième tas composé uniquement des reines, il y a $4 \times 4 = 16$ manières différentes de tirer un roi dans un tas et une reine dans l'autre. Or l'entropie totale S d'un système composé de deux parties ne fonctionne pas de la sorte : l'entropie d'un tel système est égale à la somme des entropies de chacune de ses parties [1]. La fonction logarithmique [2] ln est précisément une fonction telle

---

1. Les micro-états sont des grandeurs multiplicatives, alors que l'entropie est une grandeur additive.
2. La fonction logarithme $\ln(x)$ est la réciproque de la fonction exponentielle e^x. Elle est uniquement croissante et vaut 0 lorsqu'elle prend le nombre 1 pour argument. Le nombre e est un nombre irrationnel appelé « nombre d'Euler » et valant environ 2,72.

que $\ln(xy) = \ln x + \ln y$. Elle a de plus l'avantage d'être strictement croissante. Nous pouvons donc définir l'entropie S comme étant le logarithme de Ω à une constante multiplicative k_B près [1] :

$$S = k_B \ln \Omega.$$

Cette équation est ce que l'on appelle la « formule de Boltzmann » [2]. Le symbole Ω y représente le nombre d'états microscopiques qui correspond à un état macroscopique d'entropie S. La constante k_B qui lie l'entropie S au logarithme de Ω est la même que celle que nous avons vue apparaître précédemment dans la loi des gaz parfaits. Il s'agit de la « constante de Boltzmann ». Tout comme la constante G qui apparaît dans la force de gravitation, c'est une *constante universelle*.

L'équation liant S et Ω nous fournit une définition microscopique de l'entropie. Elle permit à Boltzmann d'établir ce que l'on appelle le « théorème H », qui revient à affirmer qu'une certaine grandeur H, définie à partir de quantités microscopiques, ne peut que diminuer ou rester constante. Cette grandeur n'étant autre, à l'équilibre thermodynamique, que l'opposé de l'entropie, Boltzmann a également réussi à produire une traduction microscopique du deuxième principe de la thermodynamique : l'entropie ne peut qu'augmenter et donc tout système physique évoluer vers un désordre plus important (une augmentation de Ω). Cela peut aussi se comprendre de la manière suivante : un grand nombre de molécules tend à passer d'un état moins probable vers un état plus probable. En effet, une augmentation de Ω signifie le passage d'un macro-état équivalent à un certain nombre de micro-états à un macro-état équivalent à un nombre plus important de micro-états. La mécanique statistique supposant que tous les micro-états sont équiprobables, si un macro-état 1 est équivalent à un plus grand nombre de micro-états qu'un macro-état 2, le macro-état 1 a une probabilité de se réaliser plus importante que le macro-état 2. À une augmentation de l'entropie S correspond donc une augmentation de cette probabilité exprimée par Ω dans la définition microscopique de l'entropie. Un système physique sera dans un état initial très improbable et va passer progressivement par des états de probabilités croissantes, pour en fin de compte atteindre l'état le plus probable

---

1. Cette forme de l'équation reliant l'entropie S au nombre de micro-états Ω est due à Planck.
2. Pour une explication claire et intuitive du fonctionnement de la formule de Boltzmann, nous renvoyons à P.W. Atkins, *Chaleur et désordre*, *op. cit.*, en particulier le chap. 4.

(celui d'entropie maximale). Selon Boltzmann, cette tendance d'un système physique à évoluer vers l'état d'entropie maximale correspond à sa tendance, constatée empiriquement, à évoluer vers l'état d'équilibre thermodynamique, c'est-à-dire celui correspondant à une température et une pression homogènes. Cette évolution est bien en accord avec la formulation du deuxième principe par Clausius [1]. L'irréversibilité exprimée par le deuxième principe n'est alors rien d'autre que la tendance d'un système physique à passer d'un état vers un autre état plus probable.

Imaginons une boîte isolée thermiquement (elle ne peut échanger de chaleur avec son environnement) et composée de deux compartiments A et B. Au premier temps, une paroi sépare les deux compartiments et un gaz se trouve en A, tandis que B est vide. Au deuxième temps, la paroi est enlevée. Que va-t-il se passer ? Le gaz va se répandre dans le deuxième compartiment et occuper de manière homogène l'ensemble de la boîte. Le système étant isolé, ce processus se fait sans augmentation de l'énergie ; l'entropie, en revanche, augmente. Dans le premier temps, une seule configuration microscopique pouvait correspondre à l'énergie du système, à savoir celle où toutes les molécules du gaz occupaient le compartiment A. Une fois la paroi enlevée, ce nombre de configurations augmente considérablement, puisque pour un gaz composé de N molécules il y a 2^N manières dont ces molécules peuvent occuper les deux compartiments. Il y a donc eu une augmentation du nombre de manières de répartir l'énergie du gaz entre les différentes molécules qui le composent. Cette augmentation de l'entropie du système correspond bien à un processus irréversible : jamais le gaz ne va spontanément aller de l'ensemble de la boîte vers le compartiment A où il se trouvait originellement. Pour forcer les molécules à revenir vers le compartiment A, nous pourrions utiliser un piston, mais nous devrions alors fournir un certain travail et l'évolution du gaz ne serait plus spontanée.

À vrai dire et pour être précis, il faut dire que la probabilité pour que le gaz aille vers A de lui-même n'est pas totalement nulle, mais plutôt extrêmement faible. Le gaz *pourrait* n'occuper qu'une partie restreinte de la boîte, mais une telle situation a très peu de chance de se produire. Elle est d'autant plus improbable que le gaz est composé d'un nombre important

1. Rappelons que, selon cette formulation, la chaleur va toujours d'une source à une certaine température vers une source à une température moins élevée, rétablissant ainsi l'égalité de température entre les deux sources.

de molécules. Si nous étions en possession d'une boîte assez petite pour contenir, disons, cinq molécules, la probabilité pour que celles-ci viennent à un certain moment occuper une moitié seulement de la boîte serait loin d'être totalement négligeable. En attendant suffisamment longtemps, nous aurions de grandes chances de constater ce phénomène. En revanche, le nombre de molécules d'un gaz compris dans une boîte de taille macroscopique rend une telle constatation extrêmement improbable : l'observation de la boîte pendant plusieurs millions d'années pourrait ne pas y suffire.

Les paradoxes de l'irréversibilité et de la récurrence

En réussissant à donner une traduction microscopique du deuxième principe, Boltzmann semble avoir accompli une réduction purement mécanique de la thermodynamique. Or, si tel était réellement le cas, nous serions face à une situation paradoxale : il y aurait une contradiction entre l'irréversibilité de l'entropie, telle que la pose le deuxième principe, et la réversibilité intrinsèque à la mécanique classique. C'est ce qu'on appelle le « paradoxe de l'irréversibilité », d'abord discuté par Thomson, puis adressé à Boltzmann par Johann Josef Loschmidt. Mais il ne s'agit d'un paradoxe qu'en apparence. Comme nous avons déjà eu l'occasion de le souligner, l'explication de Boltzmann n'est pas purement mécaniste : elle fait intervenir de manière essentielle des considérations statistiques ayant trait au comportement des molécules. En particulier, l'établissement du deuxième principe repose sur l'« hypothèse du chaos moléculaire » (*Stoßzahlansatz*) selon laquelle les vitesses des molécules avant collision doivent être considérées comme statistiquement indépendantes les unes des autres [1], ce qui revient à négliger les forces que les molécules exercent les unes sur les autres. Si Boltzmann fonde son explication du deuxième principe sur une conception mécaniste de la matière selon laquelle celle-ci est composée de particules qui s'entrechoquent, il fait l'économie de certaines des contraintes imposées par les équations de la mécanique classique. De ce point de vue, il opère une réduction statistico-mécanique de la thermodynamique, plutôt qu'une réduction purement mécanique.

---

1. A. Barberousse, *La mécanique statistique. De Clausius à Gibbs*, Belin, Paris, 2002, p. 143.

Le paradoxe de l'irréversibilité ne fut pas le seul que dut affronter la mécanique statistique. Un deuxième paradoxe, dit « de la récurrence », a été mis en avant par Ernst Zermelo et s'ancre dans un résultat de Poincaré. Ce dernier avait démontré en 1890 que, en vertu des principes mêmes de la mécanique statistique, tout système mécanique isolé verrait sa trajectoire dans l'espace des phases revenir, après un certain temps, à proximité de son point de départ, qui est un état hors d'équilibre [1]. Cela semble entrer directement en conflit avec le deuxième principe de la thermodynamique. En effet, d'après celui-ci, un système isolé doit évoluer vers son état d'équilibre et y rester une fois qu'il l'a atteint. C'est Boltzmann qui résolut une fois de plus ce paradoxe. Il calcula tout simplement le temps que mettrait un système hors d'équilibre avant de revenir à un état proche de son état initial. Il découvrit que celui-ci est de l'ordre de $10^{10^{10}}$ années, c'est-à-dire un temps extrêmement long, bien au-delà de toute prédiction physique. Un temps, en somme, hors de portée du physicien, et dont par conséquent il n'a pas à se préoccuper.

*
* *

L'introduction par Maxwell et Boltzmann de raisonnements statistiques et probabilistes en physique produisit un bouleversement important. Elle contribua notamment à l'abandon progressif de la représentation déterministe de la nature associée à la suprématie des équations différentielles dans la prédiction des phénomènes physiques [2]. Lorsque le nombre de particules est très grand, il devient impossible d'établir leur mouvement effectif au moyen des équations de la mécanique classique, car cela impliquerait la connaissance parfaite de toutes leurs positions et de toutes leurs vitesses. Il convient alors de faire intervenir la méthode statistique. Celle-ci permet, en étudiant les relations entre des particules en très grand nombre, de faire émerger un nouveau type de régularité – la « régularité des moyennes » [3]–, mais une régularité qui ne peut prétendre à la certitude et à la précision absolue que nous fournissent les lois de la mécanique classique. Nous ne disposons alors que d'une certitude et d'une précision de nature probabiliste.

1. A. Barberousse, *La mécanique statistique*, *op. cit.*, p. 78.
2. *Ibid.*, p. 79.
3. J.Cl. Maxwell, « Molécules », trad. A. Barberousse dans A. Barberousse, *La mécanique statistique*, *op. cit.*, p. 129.

Le succès de l'interprétation mécanico-statistique du deuxième principe par Boltzmann ne mit pas fin au débat entre partisans de l'énergétisme et du mécanisme. L'histoire de l'énergétisme fut plus complexe. D'une part, ses défenseurs ne réussirent pas à construire une physique fondée sur le seul concept d'énergie. D'autre part, plusieurs preuves s'accumulèrent en faveur de l'hypothèse d'une structure discontinue de la matière et de la reconnaissance de l'existence des atomes, hypothèse centrale pour la plupart des mécanistes et qui était vivement rejetée par les énergétistes comme étant de nature métaphysique.

En 1827, Robert Brown décrivit le mouvement aléatoire et incessant de grosses particules (des graines de pollen) en suspension dans un liquide. Ce « mouvement brownien » resta inexpliqué jusqu'à ce qu'Einstein affirme qu'il résulte du mouvement d'agitation thermique des molécules plus petites du liquide[1]. S'appuyant notamment sur les explications d'Einstein, Jean Perrin mit au point en 1908 une série d'expériences remarquables[2] qui permirent de faire passer l'atomisme du statut d'hypothèse métaphysique infalsifiable à celui d'hypothèse scientifique testable empiriquement. Il obtint par treize voies différentes la même estimation de la valeur du nombre d'Avogadro N qui donne le nombre de molécules contenues dans un volume macroscopique de matière[3]. Il acheva ainsi de convaincre les énergétistes et la communauté internationale du bien fondé de l'hypothèse atomiste[4]. Une série de découvertes expérimentales – rayons X, radioactivité, spectroscopie – ne firent ensuite que confirmer la réalité de ces éléments qui, diversement combinés, constituent la matière telle que nous l'observons à notre échelle.

L'histoire de l'exploration scientifique de l'atome prit une nouvelle tournure en 1911, lorsque Ernst Rutherford découvrit que des particules alpha (des noyaux d'hélium) pouvaient revenir en arrière, après avoir été envoyées sur une feuille d'or. Il avait ainsi mis en évidence l'existence

---

1. Les graines de pollen ont ceci de particulier qu'elles sont suffisamment légères pour pouvoir subir de manière remarquable le choc des molécules et suffisamment grosses pour pouvoir être observées au microscope.
2. On pourra se reporter sur ce point à l'ouvrage classique et très accessible de Perrin lui-même : *Les atomes*, Flammarion, Paris, 2014.
3. La valeur obtenue par Perrin est de $6,022 \times 10^{23}$ nombre d'entités élémentaires (atomes, molécules, ou ions) par moles. Il s'agit, par exemple, du nombre d'atomes que l'on trouve dans 12 g de ^{12}C (carbone 12).
4. Ostwald reconnut la réalité des atomes en 1909.

du noyau atomique [1]. L'atome n'était, dès lors, plus un élément insécable, mais possédait une *structure*, structure que les physiciens continuent encore aujourd'hui à approfondir [2].

1. Sur cette découverte, *cf*. St. WEINBERG, *Le monde des particules. De l'électron aux quarks*, trad. F. Bouchet, Belin, Paris, 1983, p. 123-133.

2. Après la découverte du noyau atomique, Rutherford démontra en 1919 l'existence de noyaux d'hydrogène, c'est-à-dire de ce que nous appelons des protons, à l'intérieur du noyau des autres atomes. En 1932, un de ses élèves, James Chadwick, découvrit les neutrons. Aujourd'hui, le modèle standard décrit les nucléons comme des baryons constitués de quarks : deux quarks up et un quark down pour le proton et deux quarks down et un quark up pour les neutrons. La méthode d'exploration de la structure du noyau et des particules qui le composent est, pour l'essentiel, toujours celle mise au point par Rutherford en 1919 : accélérer des particules pour qu'elles deviennent très rapides, et donc très énergétiques, et ensuite bombarder au moyen de ce rayonnement d'autres particules pour observer dans un détecteur ce qui en émerge et l'analyser.

Chapitre VII

DES CORPUSCULES AUX CHAMPS

La lumière, l'électricité statique et le magnétisme sont des phénomènes physiques connus depuis au moins l'Antiquité. Leur étude a longtemps connu une existence séparée. Le début d'une véritable compréhension de ces phénomènes ne date toutefois que du XVIIe siècle et prend son véritable essor au XVIIIe.

L'avènement de la physique newtonienne proclama la victoire de la mécanique et de la philosophie qui en a été tirée. Cette physique s'appuyait sur une conception du monde comme étant constitué de corps matériels en mouvement et soumis à des forces dont l'intensité dépend de la distance entre eux. Au vu des résultats impressionnants obtenus par ce modèle dans le domaine mécanique, il n'est pas étonnant qu'il ait rapidement été entendu à d'autres phénomènes physiques. Newton l'appliqua lui-même à l'optique, sur la base d'une conception corpusculaire de la lumière, et Charles-Augustin Coulomb à l'électricité statique et au magnétisme. Le pouvoir explicatif du paradigme newtonien semblait alors sans limite.

Pourtant, une invention allait susciter toute une série de découvertes qui restreignirent progressivement l'hégémonie newtonienne et aboutirent, à terme, à la remise en cause de la philosophie mécanique. Cette période d'intenses recherches s'étala sur plus de cent ans, entre la fin du XVIIIe siècle et le début du XXe. L'invention à l'origine de ce bouleversement, c'est la pile de Volta. En 1786, Luigi Galvani, avait découvert que le nerf d'une grenouille relié à un de ses muscles par deux conducteurs – en fer et en cuivre – provoquait la contraction de ce muscle. Il attribua cette contraction musculaire à une électricité d'origine biologique : l'« électricité animale ». Volta n'était guère convaincu par l'hypothèse de Galvani. C'est en cherchant à la réfuter qu'il composa un empilement de disques de cuivre et de zinc alternés et séparés par une couche de feutre imbibée de saumure. Il constata alors que ce dispositif produisait de l'électricité en continu. Il avait découvert le courant continu. On ne saurait trop sous-estimer l'importance de l'invention de Volta. Elle a rendu possible toute une série d'autres inventions dont nous profitons encore. Pour s'en faire une idée, qu'il suffise de citer le moteur électrique, l'ampoule électrique ou la distribution du courant sur de grandes distances grâce au courant alternatif. Mais c'est moins ces développement techniques que ceux, conceptuels, rendus possibles par la pile de Volta, qui retiendront notre attention dans ce chapitre.

En faisant passer le courant électrique produit par une pile voltaïque dans un fil conducteur, Ørsted découvrit que celui-ci déviait l'aiguille d'une boussole située à proximité. Un lien semblait exister entre l'électricité et le magnétisme. Celui-ci fut d'abord exploré par André-Marie Ampère, puis par Faraday et conduisit ce dernier à introduire en physique un nouveau concept à même de concurrencer celui d'action à distance : le « champ ». Ce concept remplaça l'action d'une force opérant directement entre deux corps magnétiques situés à une certaine distance l'un de l'autre par l'action d'une force *médiée* par les éléments contigus d'un champ se trouvant dans l'espace séparant les deux corps. Prolongeant les travaux de Faraday, Maxwell réussit l'exploit d'unifier, grâce à la notion de champ, l'électricité et le magnétisme, mais aussi la lumière, au sein d'une seule théorie. Cependant, dans le moment même où cette théorie semblait couronner l'édifice classique, elle contredisait aussi l'un de ses principes les mieux ancrés – le principe de relativité galiléenne –, ouvrant par là même la voie vers son propre dépassement : la physique moderne. Mais avant d'en arriver là, commençons par exposer les théories modernes de la lumière.

LA CONCEPTION CORPUSCULAIRE DE LA LUMIÈRE

On considère généralement que c'est Kepler qui jeta, en 1604, les bases de l'optique moderne dans ses *Paralipomènes à Vitellion* [1]. Mais ce faisant, il s'appuyait sur les travaux de ses prédécesseurs, et en particulier sur certaines idées développées par un savant arabe de l'an mille : Alhazen (Ibn-al-Haitham). Celui-ci affirmait notamment que la lumière est émise sous forme de rayons depuis une source et va de cette source à l'œil humain qu'elle impressionne. Cette affirmation est fondamentale, car elle implique que la

---

1. *Cf.* par exemple V. RONCHI, *Histoire de la lumière*, trad. J. Taton, Sevpen, Paris, 1956, p. 73. Une traduction partielle du texte de Kepler peut être trouvée dans J. KEPLER, *Les fondements de l'optique moderne : Paralipomènes à Vitellion (1604)*, trad. C. Chevalley, Vrin, Paris, 1980.

lumière peut être étudiée indépendamment de la vision. Alhazen séparait ainsi l'*optique physiologique* de l'*optique physique* [1], la seconde acquérant une « priorité épistémique » par rapport à la première. D'un point de vue physique, la lumière se déplace en ligne droite, est réfléchie et réfractée. Alhazen constata que lorsqu'elle est réfléchie, la lumière se comporte de manière analogue à un corps sphérique qui, lâché d'une certaine hauteur, rencontre une surface plane et rebondit sur celle-ci. C'est au moyen de ce « parallèle mécanique » qu'il expliqua la réflexion de la lumière, anticipant largement son explication cartésienne que nous examinerons un peu plus tard dans ce chapitre [2].

En fait, la conception mécaniste ou corpusculaire de la lumière a largement dominé l'histoire de l'optique physique jusqu'au xixᵉ siècle. C'est Newton qui en formula la théorisation la plus influente. Selon lui, la lumière est composée de corpuscules lumineux qui se déplacent à une très grande vitesse de manière rectiligne :

> Les rayons de lumière ne sont-ils pas formés de très petits corpuscules lancés par les corps lumineux ? Or de pareils corpuscules pourraient très bien traverser en lignes droites des milieux homogènes sans fléchir vers le corps qui fait ombre, ce que font constamment les rayons de lumière. Ils pourraient aussi avoir plusieurs propriétés, et les conserver en traversant différents milieux ; ce qui convient de même aux rayons de lumière [3].

Newton expliquait donc la nature de la lumière en termes de « corpuscules » matériels se déplaçant en ligne droite [4]. Mais à quelle vitesse se déplacent ces corpuscules ?

1. B. Maitte, *La lumière*, *op. cit.*, p. 24.
2. V. Ronchi, *Histoire de la lumière*, *op. cit.*, p. 42-44.
3. I. Newton, *Optique*, *op. cit.*, Livre 3, question 29, p. 319.
4. La théorie newtonienne ne saurait, sans simplification, être considérée comme une théorie uniquement corpusculaire. Il s'agit plutôt d'une « théorie mixte » qui contient des aspects ondulatoires, que nous négligerons cependant ici pour la clarté du propos. *Cf.* A. Chappert, *L'édification au xixᵉ siècle d'une science du phénomène lumineux*, Vrin, Paris, 2004, p. 24-25.

La vitesse de la lumière

Aristote [1], Kepler, mais aussi Descartes [2], croyaient tous que la lumière
se déplace de manière instantanée. La réfutation de cette conception instanta-
néiste de la lumière ne fut pas chose aisée, puisqu'elle exigeait de déterminer
la valeur exacte de la vitesse de la lumière et que celle-ci se déplace bien
plus rapidement que ce que notre œil peut percevoir. Persuadé que la lumière
met un certain temps pour aller d'un point à un autre, Galilée avait proposé
de calculer sa vitesse en envoyant un signal lumineux à un ami situé à une
certaine distance, lequel une fois qu'il aurait vu la lumière devait lui-même
envoyer un autre signal lumineux [3]. Galilée n'aurait plus eu alors qu'à diviser
le double de la distance qui le séparait de son ami par le temps qui se serait
écoulé entre l'envoi de son signal et sa perception du signal envoyé par son
ami. Le problème d'un tel dispositif était bien évidemment que, la vitesse
de la lumière étant très importante, la différence temporelle était due au seul
retard de réaction de Galilée et de son ami.

C'est Ole Rømer qui, dans les années 1670, réussit à établir une première
manière effective de mesurer la vitesse de la lumière. Lorsqu'un satellite de
Jupiter, disons Io, est observé depuis la Terre, il cesse d'être visible pendant
un certain temps durant lequel il entre dans l'ombre de Jupiter :

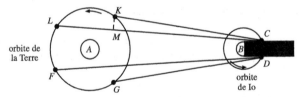

La période théorique de révolution d'Io est de 42,5 h. Pourtant, la période
mesurée avec laquelle cette planète réémerge de l'ombre de Jupiter varie. Par
exemple, la durée écoulée entre deux positions *K* et *L* de la Terre sur son
orbite autour du Soleil (en *A*), correspondant à deux observations successives
de la sortie en *C* de l'ombre de Jupiter (en *B*), est plus longue que celle
la période de révolution, alors que la durée écoulée entre deux positions *F*
et *G* de la Terre, correspondant à deux observations successives de l'entrée

1. *Cf.* ARISTOTE, *De l'âme*, trad. R. Bodéüs, Flammarion, Paris, 1993, 418 b 20-25, p. 169.
2. *Cf.* R. DESCARTES, *La dioptrique*, dans *Œuvres, op. cit.*, vol. VI, p. 84.
3. *Cf.* GALILÉE, *Discours concernant deux sciences nouvelles, op. cit.*, p. 38-39.

en D dans l'ombre de Jupiter, est plus courte que la période de révolution. Étant capable d'évaluer la distance $|ML|$ approximativement parcourue par la lumière entre L et K, il suffit de la diviser par la différence entre la durée mesurée entre deux réapparitions de Io et la période de révolution théorique pour obtenir la vitesse de la lumière. Huygens, qui rapportait l'expérience de Rømer, avait de la sorte obtenu une vitesse de 210 000 km/s [1]. Ce résultat fut progressivement affiné jusqu'à ce qu'Hippolyte Fizeau établisse en 1849, dans une autre expérience célèbre fondée sur la même idée que celle de Galilée, qu'elle vaut 315 000 km/s. On estime aujourd'hui qu'elle vaut, à peu de choses près, 300 000 km/s.

La vitesse de la lumière implique donc un *retardement* des images qu'elle nous transmet. Lorsque nous les voyons, celles-ci sont déjà anciennes. La position du Soleil par rapport à la Terre, par exemple, nous apparaît avec 8,3 minutes de retard.

La trajectoire rectiligne de la lumière

Pour Newton, la lumière est composée de particules se déplaçant en ligne droite. Elles se déplacent en ligne droite par simple inertie, et donc à vitesse constante. Mais qu'est-ce qui nous prouve que la lumière se déplace de la sorte ? Descartes soutient que la lumière, lorsqu'elle traverse un même milieu, disons du verre, doit se déplacer en ligne droite [2], car si tel n'était pas le cas, dans quelle direction les rayons lumineux pourraient-ils bien pencher, le verre étant homogène et isotrope [3] ? À côté de cet argument tout géométrique, on peut aussi mentionner l'expérience suivante. Prenons une lampe et plaçons devant elle un écran percé d'un trou. La lumière issue de la lampe traverse l'écran par le trou et fait apparaître une tache lumineuse sur le fond sombre du mur qui fait face à ce trou.

---

1. *Cf.* les explications données par HUYGENS : *Traité de la lumière*, Dunod, Paris, 2015, p. 8 *sq.* Pour une explication quelque peu différente de l'expérience de Rømer, fondée sur l'effet Doppler, *cf.* R. TORRETTI, *The Philosophy of Physics*, Cambridge University Press, Cambridge, 1999, p. 36-40.
2. R. DESCARTES, *Principes de la philosophie, op. cit.*, p. 88-89.
3. J. EISENSTAEDT, *Avant Einstein. Relativité, lumière, gravitation*, Seuil, Paris, 2005, p. 38.

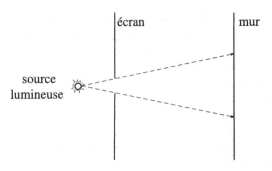

Avant le trou dans l'écran, la source lumineuse émet des rayons de lumière dans toutes les directions [1]. Parmi toutes ces directions, seules celles qui, partant de la source, ne sont pas arrêtées par l'écran passeront de l'autre côté, de sorte que la propagation de la lumière semblera dessiner un cône dont le sommet est constitué par la source lumineuse.

La réflexion

La philosophie mécanique exige que tout phénomène lumineux puisse être expliqué au moyen du mouvement des particules de lumière. Ce programme s'applique de manière très simple à un phénomène tel que la *réflexion* : les corpuscules qui constituent la lumière rebondissent contre une surface réfléchissante, tel un miroir :

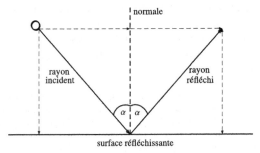

Descartes, dans sa *Dioptrique* [2], assimile ainsi la lumière à « une balle » et explique que la composante horizontale de son mouvement – celle qui est

1. Sur le dessin ci-dessus n'ont été retenues que celles qui passent à travers le trou.
2. *Cf.* R. DESCARTES, *La dioptrique, op. cit.*, p. 93-96.

parallèle à la surface réfléchissante – reste inchangée, tandis que la composante verticale est inversée lorsque la balle rencontre la surface réfléchissante. L'angle que fait le rayon lumineux avec la normale à la surface réfléchissante est alors le même avant et après la réflexion.

La réfraction

Abordons à présent « cette loi si belle de la réfraction »[1], d'après laquelle la lumière change de direction lorsqu'elle passe d'un milieu dans un autre[2], par exemple de l'air dans le verre. Son explication mécanique est plus compliquée. Selon Newton, à partir du moment où les particules de lumière entrent dans une lame de verre, les particules matérielles qui composent cette dernière exercent sur les particules de lumière une force dite « réfringente ». Cette force n'a qu'une action locale, ce qui explique qu'elle ne se fasse ressentir que lorsque les particules de lumière rentrent dans la lame de verre. Une force qui agit sur une particule modifie, comme nous l'avons vu, sa vitesse. Ici, la force réfringente agit perpendiculairement à la surface du verre et modifie donc la composante verticale de la vitesse. La composante horizontale reste, quant à elle, inchangée. Si, comme dans le passage air-verre, la lumière passe d'un milieu moins réfringent vers un milieu plus réfringent, alors la force perpendiculaire est accélératrice et la trajectoire de la lumière se rapproche de la normale.

La conception corpusculaire permet d'expliquer d'autres phénomènes caractéristiques de la lumière, comme, par exemple, celui de la couleur. Elle possède toutefois un important défaut au regard de la nouvelle physique théorique qui s'est constituée à la Modernité : elle reste descriptive et qualitative. Ses adeptes ont en effet été incapables de fournir une expression mathématique de la force qui s'exerce sur les particules lumineuses[3]. Cela n'empêcha pas la conception corpusculaire de la lumière, sous le nom de « théorie de l'émission », de dominer de la seconde moitié du xviiie siècle

1. A.-Cl. CLAIRAUT, « Sur les explications cartésienne et newtonienne de la réfraction de la lumière », *Histoire de l'Académie royale des sciences, Année 1739*, 1741, p. 267.
2. *Cf.* la Proposition XCV dans I. NEWTON, *Principes mathématiques de la philosophie naturelle, op. cit.*, p. 566.
3. A. CHAPPERT, *L'édification au xixe siècle d'une science du phénomène lumineux, op. cit.*, p. 39-40.

jusqu'au début du XIXe, notamment dans les travaux de Clairaut [1], Laplace, Biot ou le jeune Arago. Il existait pourtant bien une théorie concurrente au pouvoir explicatif presque aussi important que celui de la théorie corpusculaire : la théorie *ondulatoire*.

LA THÉORIE ONDULATOIRE DE LA LUMIÈRE

Huygens appartient à cette tradition des philosophes mathématiciens qui, comme Galilée ou Newton, furent aussi de brillants artisans. Très jeune, il perfectionne la lunette astronomique. Cependant, contrairement à ses prédécesseurs, il appuie la construction de celle-ci sur des principes mathématiques, en particulier la loi établie pour la réfraction par Snell et Descartes. La lunette qu'il parvient ainsi à construire avec son frère lui permet, en 1655, d'observer Saturne avec une clarté nouvelle et d'identifier Titan comme étant un de ses satellites. Il résout également le problème de l'apparence ellipsoïdale de cette planète en déduisant qu'elle est entourée d'un disque. Perfectionniste, il tente d'améliorer sa lunette pour en éliminer l'« aberration sphérique » [2] au moyen de plusieurs lentilles placées au niveau de l'objectif. L'enthousiaste « Eurêka » qu'il écrit en 1669 lorsqu'il pense avoir résolu ce problème est cependant de courte durée. En effet, il découvre rapidement que Newton a inventé un télescope qui permet d'éliminer l'« aberration chromatique » [3]. Celle-ci, supposée jouer un rôle plus important dans la déformation des images que l'aberration sphérique, semblait réduire à néant l'ambition hugonienne de résoudre le problème de la mise au point des instruments optiques astronomiques en recourant uniquement à des lentilles.

1. En 1741, Clairaut publia un traité sur la théorie de l'émission qui relança son étude, quelque peu oubliée depuis la mort de Newton.
2. Avec une lentille sphérique, tous les rayons lumineux parallèles qui arrivent sur la lentille ne se concentrent pas en un point. Il en résulte une image plus floue à mesure que l'on s'éloigne du centre de l'axe de la lentille. Les lentilles à profil parabolique permettent de résoudre ce problème, mais elles ne pouvaient être fabriquées avec les techniques artisanales disponibles au XVIIe siècle.
3. Un télescope utilise un miroir réfléchissant pour focaliser la lumière, alors que dans une lunette astronomique, comme celle utilisée par Galilée ou Huygens, la lumière est focalisée par réfraction grâce à une lentille. Les différentes couleurs, contenues dans la lumière blanche, ne sont pas toutes réfractées de la même manière lorsqu'elles passent à travers un milieu transparent, ce qui produit ce que l'on appelle l'aberration chromatique. Dans un télescope, la lumière étant seulement réfléchie au moyen d'un miroir, il devient possible d'éviter ce type d'aberration lors de la focalisation de la lumière.

C'est cependant sur un terrain plus conceptuel que l'histoire a surtout retenu la dualité qui opposa Huygens à Newton : la nature et le mode de propagation de la lumière.

Selon Huygens, on ne peut concevoir la lumière comme étant composée de corpuscules se déplaçant en ligne droite, car lorsque deux rayons lumineux se rencontrent, le choc des particules les composant devrait les faire dévier de leur trajectoire rectiligne. Or ce n'est manifestement pas le cas. La nature nous offre par ailleurs plusieurs exemples d'« ondes », c'est-à-dire de propagations d'une vibration, que ce soit la propagation d'une vibration de l'air provoquée par une corde de guitare ou la propagation d'une vibration de la surface de l'eau provoquée par une goutte. Huygens savait que lorsque deux ondes se rencontrent, elles poursuivent leur route comme si de rien n'était après leur rencontre [1]. C'est donc tout naturellement qu'il a développé une théorie ondulatoire de la lumière d'après laquelle la lumière est une *onde sphérique* :

> Que si avec cela la lumière emploie du temps à son passage [...] il s'ensuivra que ce mouvement imprimé à la matière est successif et que, par conséquent, il s'étend, ainsi que celui du son, par des surfaces et des ondes sphériques ; car je les appelle ondes, à la ressemblance de celles que l'on voit se former dans l'eau quand on y jette une pierre, qui représentent une telle extension successive en rond, quoique provenant d'une autre cause, et seulement dans une surface plane [2].

Lorsqu'une goutte chute à la surface de l'eau, elle crée sur cette surface une série de creux et de crêtes qui forment des cercles concentriques paraissant s'éloigner de manière centrifuge par rapport au point où la goutte a rencontré la surface de l'eau. Ce type de propagation des vibrations à la surface de l'eau ne constitue qu'un type d'onde parmi d'autres. Afin d'identifier la nature ondulatoire de la lumière, nous allons préciser ici certaines caractéristiques des ondes lumineuses et des ondes en général.

Quelques caractéristiques des ondes lumineuses

Dans la théorie de Newton, la matière est transportée avec le même mouvement que la lumière. En revanche, dans la conception de Huygens, la

---

1. *Cf.* Chr. HUYGENS, *Traité de la lumière, op. cit.*, p. 55.
2. *Ibid.*, p. 45-46.

matière qui sert de support à la propagation d'une onde lumineuse n'est pas transportée avec elle. Considérons une pierre qui chute vers une surface d'eau [1]. En rentrant dans l'eau, la pierre entraîne des particules d'eau vers le bas. Ces particules tendent à revenir à la surface, mais entraînées par leur inertie, elles la dépassent et s'élèvent au-dessus de leur position initiale. Une fois arrivées à une hauteur maximale, ces particules vont repartir dans le sens inverse et elles vont ainsi être animées d'un *mouvement vibratoire* vertical. En effectuant ce mouvement vibratoire, les particules en vibration verticale vont entraîner les particules qui leur sont contiguës et leur communiquer leur mouvement vibratoire. Celui-ci se propage de proche en proche en se communiquant à des particules toujours plus éloignées du centre qui leur a donné naissance.

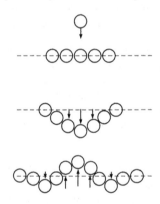

Comme on le voit dans cette explication, les particules d'eau ne se déplacent que verticalement pendant que la perturbation, elle, se propage horizontalement. Il n'y a donc pas de transport de matière selon cette propagation. On peut en avoir une preuve assez simple en observant un bouchon à la surface d'une étendue d'eau sur laquelle se propage une onde. Cette propagation va provoquer un mouvement du bouchon. Celui-ci ne sera pourtant pas identique au mouvement de propagation de l'onde : le bouchon ne va pas s'éloigner de manière centrifuge par rapport au point où la goutte a rencontré la surface de l'eau et a créé l'onde. Il effectuera plutôt un mouvement vertical périodique et perpendiculaire à la surface de l'eau. Ce mouvement du bouchon est le

---

1. Nous reprenons ces explications à B. MAITTE, *La lumière*, *op. cit.*, p. 152-153.

résultat du mouvement vibratoire des molécules d'eau. Le mouvement de l'onde n'est donc pas le mouvement de la matière dans laquelle elle se propage, mais le déplacement d'un *état de mouvement* de cette matière. Par exemple, le dessin suivant représente une onde se déplaçant vers la droite à cinq instants t_0, t_1, t_2, t_3 et t_4 successifs :

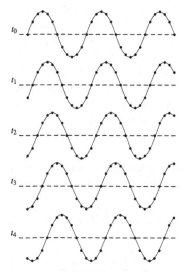

Au premier instant, le premier, le septième et le treizième point de l'onde sont dans le même état de mouvement ; au second instant, cet état de mouvement s'est déplacé vers les deuxième et huitième points ; au troisième instant, il s'est déplacé aux troisième et neuvième points ; et ainsi de suite. Le déplacement horizontal de l'onde n'est rien d'autre que ce déplacement horizontal d'un état de mouvement vertical. Si les points de l'onde sont des points matériels, ce ne sont pas ces points qui se déplacent avec la propagation de l'onde [1]. Le premier point dans l'ordre de succession horizontal, par exemple, reste le premier point dans l'ordre de succession horizontal ; il effectue simplement un mouvement vibratoire de haut en bas, puis de bas en haut durant les cinq instants de la propagation de l'onde représentés ici. Ce schéma peut aussi bien représenter une onde se propageant le long d'une

1. Ce qui est en fait emporté par le mouvement de propagation de l'onde, ce n'est pas la matière, mais de l'énergie.

corde tendue qu'une coupe radiale dans une onde se propageant à la surface de l'eau. Les vibrations de la matière y étant perpendiculaires à la direction de propagation de l'onde, celle-ci est qualifiée de *transversale*.

Il existe également des ondes *longitudinales*, c'est-à-dire des ondes pour lesquelles la direction de la vibration de la matière est identique à celle de la propagation de l'onde. Aux creux et aux crêtes d'une onde transversale correspondent alors des compressions et des décompressions de la matière (un peu comme un ballon que l'on gonflerait et dégonflerait périodiquement). L'exemple le plus simple d'onde de ce type est celui qui nous est fourni par un ressort que l'on comprime. Un autre exemple d'onde de ce genre nous est donné par le son, et c'est celui-ci que Huygens prit comme modèle pour concevoir la nature ondulatoire de la lumière. La lumière était donc pour lui une onde longitudinale, et non une onde transversale : les vibrations du milieu devraient être situées dans un plan comprenant la direction de propagation de l'onde.

Imaginons une boule de billard *A* lancée vers une rangée de boules *B*, *C*, *D* et *E* alignées et en contact les unes avec les autres.

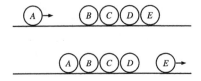

Lorsque *A* va rencontrer la boule *B*, une onde longitudinale va traverser l'ensemble des boules alignées jusqu'à atteindre la boule *E* située à l'extrémité. Durant la propagation de l'onde au travers de l'alignement de boules, aucun d'entre elles ne bougera. Ce n'est que lorsque l'onde atteindra la boule *E* que cette dernière va s'éloigner.

Considérons à présent, des boules réparties sur un plan à deux dimensions :

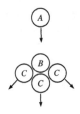

La boule *A* va rencontrer la boule *B* et provoquer, par propagation de l'onde, l'écartement des boules *C*. L'éloignement de ces dernières se fera selon un cercle, de sorte qu'il y aura propagation d'une onde circulaire. En généralisant à trois dimensions, un mécanisme similaire permet d'expliquer la propagation d'*une onde sphérique* comme l'est la lumière selon Huygens [1]. Elle est sphérique, parce qu'à un instant donné, tous les points matériels dans le même état vibratoire figurent sur une sphère centrée sur la source de l'onde. Cette sphère est ce que l'on appelle un *front d'onde*. De manière générale, un front d'onde est le lieu des points qui sont dans le même état vibratoire. Lorsque les fronts d'onde sont des plans, on parle d'*onde plane*.

Si le son se propage dans un certain milieu en le faisant vibrer les particules, quel est le milieu au sein duquel se propage la lumière ? À la différence de ce qui se passe pour les ondes sonores, ce milieu ne peut être matériel, ne serait-ce que parce que la lumière se propage dans le vide. Ainsi, le son qu'est censé produire le tintement d'une cloche ne parvient pas à l'extérieur du récipient transparent dans lequel on l'a enfermée et dont on a préalablement extirpé l'air, alors que la lumière, elle, transverse cet espace vide sans peine [2]. Le milieu au travers duquel se propagent les perturbations qui constituent la lumière doit donc être une substance invisible et immatérielle. Ce milieu, Huygens l'appelle l'« éther ». Il est composé de corps invisibles capables de traverser les matières comme le verre ou l'eau.

Le principe de Huygens

Au premier abord, la théorie de Huygens semble bien en peine d'expliquer certains phénomènes caractéristiques de la lumière que la théorie de Newton expliquait quant à elle facilement. Comment comprendre, par exemple, que la lumière se propage de manière rectiligne ? Pour répondre à cette question Huygens utilise deux principes. Le premier est le principe bien connu de *superposition* des ondes. Selon ce principe les ondes « s'unissent de sorte que sensiblement elles se composent en une seule onde » [3]. Aujourd'hui, nous dirions plus précisément que là où les amplitudes des deux ondes sont de même sens, il y a *interférence constructive* et l'amplitude de l'onde

1. *Cf.* Chr. HUYGENS, *Traité de la lumière, op. cit.*, p. 53.
2. *Cf. ibid.*, p. 50-51.
3. *Ibid.*, p. 56.

résultante est égale à la somme des amplitudes des deux ondes superposées, tandis que là où les amplitudes des deux ondes sont de sens opposés, il y a *interférence destructive* et l'amplitude de l'onde résultante est égale à la différence des amplitudes des deux ondes superposées. Sur le schéma ci-dessous, les interférences sont partout constructives :

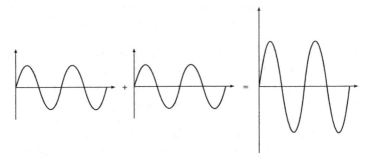

Le deuxième principe est ce qu'on appelle aujourd'hui le « principe de Huygens ». Celui-ci affirme que chaque point d'un front d'onde (primaire) peut être considéré comme la source d'une onde secondaire :

> Il y a encore à considérer dans l'émanation [des] ondes, que chaque particule de la matière, dans laquelle une onde s'étend, ne doit pas communiquer son mouvement seulement à la particule prochaine, qui est dans la ligne droite tirée du point lumineux ; mais qu'elle en donne aussi nécessairement à toutes les autres qui la touchent, et qui s'opposent à son mouvement. De sorte qu'il faut qu'autour de chaque particule il se fasse une onde dont cette particule soit le centre [1].

Voyons maintenant comment ces deux principes s'unissent pour expliquer que la lumière qui passe à travers un petit orifice forme un cône en s'éloignant de ce trou. Soit le dessin suivant représentant une onde lumineuse émise au temps t_0 au point A :

1. *Cf.* Chr. HUYGENS, *Traité de la lumière, op. cit.*, p. 56.

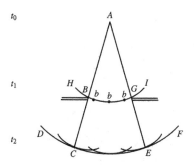

Cette onde se propage jusqu'à atteindre en t_1 un écran percé par un trou représenté par la droite qui va de B à G. Nous pouvons alors appliquer le principe de Huygens : chaque point de la portion BG du front d'onde HI est la source de nouvelles ondes sphériques (ici représentées par des arcs de cercle). Sur le schéma, ces sources sont représentées par les points b. En t_2, chacune de ces ondelettes ou ondes secondaires arrive sur la courbe DF. En vertu du principe de superposition, ces ondes se combinent pour n'en former qu'une seule. Les fronts d'onde secondaires sont alors *enveloppés* au sein d'un seul front d'onde primaire (celui représenté par la courbe DF), laquelle n'est autre que la partie de l'onde sphérique émise en A qui est passée au travers du trou BG. Plus géométriquement, l'enveloppe est la surface tangente à tous les fronts d'onde secondaires émis à l'instant t_2. Les ondes secondaires se renforcent essentiellement sur la partie CE de la courbe DF ; en dehors, l'intensité de la lumière, si elle existe bien, diminue progressivement jusqu'à devenir négligeable. La lumière forme ainsi le cône lumineux ACE, ce qui correspond à l'explication du même phénomène de propagation de la lumière que dans la théorie corpusculaire. Si l'intensité de la lumière est négligeable en dehors du cone ACE, c'est parce que, empêchés par l'écran, les points de l'onde lumineuse situés en dehors de la portion BG de la courbe HI n'ont pas pu être la source d'ondes secondaires.

Des constructions similaires permettent ensuite à Huygens d'expliquer les phénomènes de réflexion et de réfraction. Concentrons-nous sur la réfraction [1]. Sur le schéma ci-dessous, une onde incidente passe d'un milieu moins réfringent dans un milieu plus réfringent (par exemple de l'air dans du verre) :

---

1. *Cf.* Chr. HUYGENS, *Traité de la lumière, op. cit.*, chap. 3.

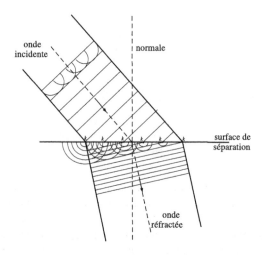

La direction de propagation de l'onde lumineuse se rapproche de la normale à la surface de séparation entre les deux milieux lorsque l'onde pénètre dans le milieu plus réfringent. Pour plus de simplicité, l'onde en question est ici assimilée à une onde plane, ce qui est légitime lorsque la source lumineuse est placée à l'infini. Un front d'onde rencontre la surface de séparation à un certain instant au point k à l'extrême gauche. À mesure que l'onde continue sa propagation, ce front d'onde rencontre successivement les autres points k de la surface de séparation. D'après le principe de Huygens, chacun des points k est la source d'une ondelette. En progressant, ces différentes ondelettes vont former une enveloppe plane et ainsi créer une nouvelle onde plane qui se propage dans le deuxième milieu. Les fronts d'onde plane vont alors se propager de la sorte selon une direction qui sera plus proche de la normale que ne l'était la direction de propagation de l'onde incidence. Cette construction permet de démontrer (ce que nous ne ferons pas ici) que les fronts de l'onde réfractée sont plus rapprochés que ceux de l'onde incidente.

Ce rapprochement des fronts d'onde implique que la vitesse de la lumière augmente lorsque celle-ci traverse un milieu plus réfringent, ce que l'on peut comprendre de la manière suivante. Toutes les ondes se caractérisent par leur *périodicité*, c'est-à-dire le fait qu'elles se répètent à l'identique après un certain temps. La distance entre deux répétitions identiques et successives d'un même état vibratoire est ce que nous appelons aujourd'hui sa *longueur d'onde* et est généralement notée λ [1]. C'est par exemple la distance qui sépare deux crêtes successives d'une onde transversale :

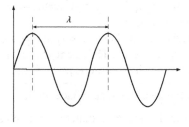

La durée T qui sépare deux états vibratoires identiques et successifs s'appelle quant à elle la « période » de l'onde ; l'inverse de la période d'une onde est sa « fréquence ». Au cours de la réfraction, la période d'une onde reste constante. Dès lors, si la longueur d'onde diminue lorsque l'onde passe dans un milieu plus réfringent, la vitesse v à laquelle elle se propage :

$$v = \frac{\lambda}{T},$$

doit également être plus faible.

L'inférence à la meilleure explication

Tels que formulés jusqu'à présent, les arguments en faveur des conceptions ondulatoire et corpusculaire de la lumière peuvent être considérés comme des exemples typiques d'« inférences à la meilleure explication » [2], parfois aussi appelées « raisonnements abductifs ». Dans le cas de l'hypothèse ondulatoire, cela signifie que nous avons affaire à un raisonnement du type :

---

1. *Cf.* A. FRESNEL, « Mémoire sur la diffraction de la lumière », *Mémoires de l'Académie royale des sciences de l'Institut de France*, 5 (années 1821 et 1822), 1826, p. 362.
2. C'est en tout cas ce que soutient P.R. THAGARD dans le cas de la conception ondulatoire (« The Best Explanation : Criteria for Theory Choice », *Journal of Philosophy*, 75, 1978, p. 78). Tous les philosophes des sciences n'acceptent pas l'inférence à la meilleure explication.

(1) la conception ondulatoire prédit que la lumière se propage en
     ligne droite dans un milieu, qu'elle est réfléchie par une surface
     réfléchissante et qu'elle est réfractée lorsqu'elle passe d'un
     milieu dans un autre ;
(2) on a observé que la lumière se propage en ligne droite dans
     un milieu, qu'elle est réfléchie par une surface réfléchissante et
     qu'elle est réfractée lorsqu'elle passe d'un milieu dans un autre ;

(3) donc, la lumière est de nature ondulatoire.

Cette inférence n'est ni déductive ni inductive. Elle n'est pas déductive, car
la conclusion ne découle pas nécessairement des prémisses. Il est tout à
fait possible que les prémisses soient vraies et la conclusion fausse ; c'est
d'ailleurs ce que soutiennent les partisans de la conception corpusculaire.
La conclusion est ici seulement plus ou moins probable. Le raisonnement
n'est à l'évidence pas non plus inductif, puisque la conclusion n'est pas
inférée de prémisses rapportant un nombre fini d'observations particulières
dans lesquelles la lumière aurait manifesté sa nature ondulatoire.

Ce qui semble justifier l'adoption des conceptions ondulatoire et
corpusculaire, c'est plutôt leur pouvoir explicatif. Elles permettent en effet
d'expliquer, avec une certaine plausibilité, toute une série de phénomènes
lumineux observés : la propagation rectiligne, la réflexion et la réfraction. À
l'époque de Huygens et Newton, la conception ondulatoire semblait à égalité
avec la conception corpusculaire d'un point de vue explicatif. D'autant que
si la première n'assimilait par la propagation de la lumière à la propagation
de particules matérielles, elle l'identifiait tout de même à la propagation d'un
état de vibration de la matière. À bien des égards, la théorie ondulatoire de
Huygens s'inscrivait encore largement dans la perspective mécaniste, comme
il le confessait lui-même :

> [...] la vraie Philosophie [est celle] dans laquelle on conçoit la cause de tous les
> effets naturels par des raisons de mécanique. Ce qu'il faut faire à mon avis, ou
> bien renoncer à toute espérance de jamais rien comprendre dans la Physique [1].

Il s'agissait donc bien d'expliquer la nature ondulatoire de la lumière en
termes de particules matérielles en mouvement, mais sans y faire intervenir
de force, Huygens étant plus proche sur ce point de Descartes que de Newton.

---

1. Chr. HUYGENS, *Traité de la lumière*, *op. cit.*, p. 45.

C'est moins du point de vue des principes que des conséquences observables que le choix entre la conception corpusculaire et la conception ondulatoire pouvait être tranché. Or les deux conceptions divergeaient sur au moins une prédiction : dans le cas de la réfraction, alors que la conception corpusculaire concluait à une vitesse plus importante de la lumière lorsqu'elle passe d'un milieu moins réfringent dans un autre plus réfringent, la conception ondulatoire concluait à une vitesse moins importante. Il suffisait donc de pouvoir mesurer la différence de vitesse de la lumière entre l'air et le verre ou l'eau pour pouvoir déterminer laquelle des deux conceptions était correcte. Une telle mesure expérimentale n'était toutefois pas accessible aux physiciens du XVIIᵉ siècle. En attendant, la théorie ondulatoire resta dans l'ombre de la théorie corpusculaire, que le prestige de Newton permit d'imposer. Ce n'est qu'au début du XIXᵉ siècle que plusieurs découvertes expérimentales importantes firent leur apparition et changèrent la donne. Tandis que la conception ondulatoire réussit à fournir des explications relativement simples de ces nouveaux phénomènes, ce ne fut pas le cas de la conception corpusculaire. Le pouvoir explicatif de la première l'emportait donc sur la seconde. Sa plausibilité s'en trouva augmentée et elle put finalement l'emporter sur sa rivale.

Les contributions de Young et Fresnel

En fait, déjà à l'époque de Newton, la théorie corpusculaire devait affronter des observations expérimentales qui plaidaient en faveur d'une conception ondulatoire de la lumière. Il y a en effet un phénomène lumineux dont nous n'avons pas parlé jusqu'à présent : la *diffraction*. Celui-ci apparaît lorsqu'une onde rencontre un obstacle ou une ouverture. Nous constatons, par exemple, qu'une onde a la capacité de contourner cet obstacle ou de se reformer au-delà de cette ouverture. Ce phénomène est bien connu dans le cas de la propagation d'une onde à la surface de l'eau : lorsqu'elle rencontre un obstacle, l'onde se reforme derrière celui-ci. Ce type de contournement ne fut observé pour la lumière qu'au XVIIᵉ siècle par Francesco Maria Grimaldi (son résultat fut publié de manière posthume en 1665).

Les effets de diffraction ne deviennent importants, et donc facilement observables, que lorsqu'une onde rencontre un obstacle ou une ouverture dont les dimensions sont comparables à la longueur d'onde. Nous pouvons, par exemple, facilement observer un phénomène de diffraction lorsque la lumière passe à travers le trou circulaire d'un écran et que ce trou est de l'ordre de la longueur d'onde de la lumière émise. Ce que nous voyons alors sur le mur en face du trou, ce n'est plus une simple tache circulaire, mais une tache entourée de plusieurs cercles concentriques, comme représenté sur l'image de gauche ci-dessous :

L'image de droite représente la variation de l'intensité de la lumière sur le mur autour du centre de la tache.

Newton connaissait ce phénomène et eut bien du mal à l'expliquer[1]. Pourtant, à partir de la seconde moitié du xviiie siècle, ce fut sa conception corpusculaire de la lumière qui s'imposa. Les physiciens commencèrent à douter réellement de cette théorie en 1803, lorsque Thomas Young présenta une expérience de diffraction particulière : l'*expérience des fentes de Young*. Cette expérience bien connue consiste à faire diffracter la lumière au moyen de deux fentes percées dans un écran. Si nous occultons l'une des fentes, nous observons une tache lumineuse sur le mur opposé à la fente ouverte. Ensuite, si nous occultons la fente précédemment ouverte et que nous laissons ouverte celle précédemment fermée, nous observons une autre tache lumineuse sur le mur, située cette fois en face de l'autre fente. Que se passe-t-il une fois que nous laissons passer la lumière à travers les deux fentes en même temps ? On s'attend à observer deux taches sur le mur opposé à l'écran. Or ce qui apparaît, c'est plutôt une série de raies lumineuses d'intensité variable, appelées *franges d'interférence* :

---

1. Il envisageait d'ailleurs l'hypothèse ondulatoire dans la section 17 de son *Optique*. *Cf.* I. NEWTON, *Optique*, *op. cit.*, Livre 3, question 31, p. 300-301.

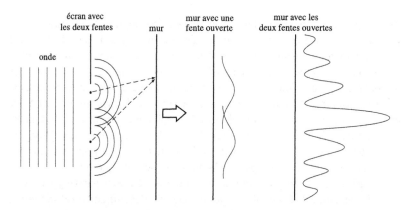

Une fois que l'on accepte la nature ondulatoire de la lumière, l'apparition des franges d'interférence sur le mur s'explique facilement : chaque fente est la source d'une onde lumineuse qui se superpose à celle créée par l'autre fente. Mais la distance parcourue par chacune de ces ondes pour arriver en un point du mur n'est pas la même (*cf.* les deux flèches sur le dessin ci-dessus). La superposition des deux ondes en chaque point du mur produit alors, par interférence constructive ou destructive selon le point du mur considéré, une alternance de zones de faible et de forte intensité lumineuse [1].

La conséquence qui semble devoir être tirée de cette expérience est que la conception ondulatoire de la lumière doit supplanter la conception corpusculaire. On pourrait ainsi considérer cette expérience, au même titre que celle de Pascal au puy de Dôme ou celle de Michelson et Morley, comme un exemple classique de ce que Francis Bacon appelait une « expérience cruciale » (*experimentum crucis* [2]), une expérience dont le résultat permet de départager deux théories concurrentes. La conception ondulatoire ne s'imposa pourtant pas immédiatement en 1803. Les résultats de Young furent en effet très critiqués, en particulier en Angleterre, où le prestige de Newton était bien évidemment immense. Un autre pas important en direction de l'acceptation de la conception ondulatoire devait encore être accompli. Il le

1. L'intensité de l'onde lumineuse est donnée par le carré de son amplitude.
2. Fr. Bacon, *Novum organum, op. cit.*, II, § 36, p. 255. En fait, Bacon utilisait l'expression d'« *instantia crucis* » (instance de la croix). Celle d'expérience cruciale semble être issue de Hooke et avoir été popularisée par Newton. Une expérience cruciale est une expérience qui se situe à la *croisée* de deux théories qu'elle départage.

fut lorsque les fondements théoriques de cette conception furent reformulés de manière plus précise par Augustin Fresnel dans les années 1820. Tout comme Huygens, Fresnel considérait que la lumière pouvait être assimilée à une onde sphérique qui se propage dans un milieu particulier, appelé « éther luminifère ». Nous avons vu que l'analogie établie par le physicien hollandais entre la lumière et le son l'avait poussé à croire que les vibrations de l'éther provoquées par la propagation de l'onde lumineuse étaient longitudinales. En examinant le phénomène de *polarisation*, Fresnel comprit que Huygens s'était trompé sur ce point et aboutit à l'affirmation de la transversalité des vibrations lumineuses par rapport à la direction de propagation.

Le phénomène de polarisation avait déjà été entrevu par Huygens à la suite de son étude de la *double réfraction*, associé aux milieux *biréfringents* [1], comme l'est le cristal de calcite (le spath d'Islande). Ce cristal a la propriété de diviser un rayon en deux et ainsi de dédoubler les images vues au travers d'un tel cristal. Huygens eut l'idée de superposer deux cristals de calcite et, comme il s'y attendait, obtint quatre rayons lumineux, mais quelle ne fut pas sa surprise lorsqu'il découvrit qu'en tournant l'un des deux cristaux de calcite par rapport à l'axe perpendiculaire au plan sur lequel il repose, les deux rayons réfractés dans le deuxième cristal diminuaient en intensité jusqu'à disparaître. Huygens ne réussit pas à expliquer ce phénomène de polarisation de la lumière. En 1808, il fut réétudié par Malus, qui constata qu'il n'était pas limité au cristal de calcite et à la double réfraction. Il observa, entre autres, que l'image de rayons lumineux, issus de la réflexion sur une fenêtre voisine de son appartement et qui étaient ensuite passés à travers un cristal de calcite, était dédoublée, mais que pour une position déterminée du cristal une des deux images disparaissait. La double réfraction n'était donc pas la seule manière de conférer à la lumière une « disposition » telle qu'elle cesse de se diviser en deux rayons en passant au travers d'un cristal de calcite [2]. Malus essaia d'expliquer cette polarisation de la lumière par réflexion dans le cadre de la théorie newtonienne, mais il ne parvint pas à un résultat satisfaisant, soulignant ainsi la crise dans laquelle la conception corpusculaire de la lumière était entrée.

Dans la théorie de Fresnel, la lumière vibre selon des directions perpendiculaires à la direction de propagation. Un polariseur, comme le cristal de

---

1. *Cf.* Chr. HUYGENS, *Traité de la lumière, op. cit.*, chap. V.
2. B. MAITTE, *La lumière, op. cit.*, p. 206.

calcite, a la propriété de ne transmettre qu'une direction de vibration. Dès lors, en faisant passer la lumière au travers de deux polariseurs successifs correctement orientés, il est possible de faire disparaître toute intensité lumineuse.

Non seulement la théorie ondulatoire de la lumière élaborée par Fresnel permit d'expliquer de manière satisfaisante l'observation de phénomènes aussi surprenants que la réfraction, la double réfraction et la polarisation, qui résistaient à la théorie corpusculaire de Newton, mais elle permit également la prédiction d'un phénomène entièrement nouveau et tout à fait inattendu : la réfraction conique. C'est Hamilton qui tira cette conséquence de la nouvelle théorie ondulatoire. À sa demande, son collègue au Trinity College de Dublin, Humphrey Lloyd, vérifia expérimentalement l'existence du phénomène prédit, ce qui apporta une confirmation éclatante de la théorie de Fresnel [1].

Ce que montre ce long chemin parcouru par la conception ondulatoire avant de supplanter la conception corpusculaire est, comme l'a souligné Lakatos [2], qu'une expérience cruciale comme celle de Young ne s'impose jamais directement, mais toujours après coup, une fois seulement que la conception qu'elle permet de soutenir s'est imposée. La conception ondulatoire de la lumière peut ainsi être vue comme un programme de recherche, c'est-à-dire comme une succession de théories (théorie de Huygens, théorie de Young, théorie de Fresnel), dont le « noyau dur » (l'hypothèse de la nature ondulatoire de la lumière) est entouré d'une « ceinture protectrice » composée d'« hypothèses auxiliaires » (vibrations lumineuses longitudinales, vibrations lumineuses transversales, etc.) pouvant être modifiées ou remplacées. C'est parce que ces dernières ont eu des conséquences prédictives nouvelles et qu'elles ont permis la résolution d'énigmes que le programme concurrent (la conception corpusculaire, dont la théorie newtonienne de l'émission n'était qu'une des incarnations théoriques) ne parvenait pas à résoudre, si ce n'est de manière *ad hoc*, que le programme de recherche ondulatoire a fini par s'imposer. Au cours du XIXᵉ siècle, ce programme de recherche, au contraire de son rival, a continué à montrer son caractère « progressif » dans plusieurs autres expériences, dont la plus cruciale fut certainement celle de Foucault portant sur la mesure de la vitesse de la lumière dans l'eau.

1. *Cf.* Th.L. HANKINS, *Sir William Rowan Hamilton*, The John Hopkins University Press, Baltimore et Londres, 1980, p. 88-95.
2. *Cf.* en particulier I. LAKATOS, « La falsification et la méthodologie des programmes de recherche scientifiques », art. cit., p. 101.

L'expérience de Foucault et la question du holisme

En 1849, Fizeau utilisa un dispositif expérimental ingénieux afin de mesurer la vitesse de la lumière dans l'air.

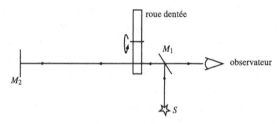

La lumière est émise par une source S jusqu'à un miroir semi-réfléchissant M_1 vers une roue dentée dont l'axe est parallèle à celui de la lumière. Celle-ci passe au travers d'un creux de la roue jusqu'à un miroir M_2 situé à une distance d de la roue. La lumière est alors réfléchie par le miroir M_2 et retourne vers la roue dentée. Entre-temps, cette dernière a eu le temps de tourner sur son axe. La lumière réfléchie peut alors être bloquée par la roue ou passer au travers d'un de ses creux, suivant la vitesse de rotation de la roue. L'idée est de mesurer le temps t minimal pour que la roue bloque le passage de la lumière réfléchie. La vitesse c de la lumière est alors simplement donnée par :

$$c = \frac{2d}{t}.$$

Fizeau obtint ainsi une valeur de $315\,000\,\mathrm{km/s}$.

En 1850, Foucault utilisa un dispositif, inventé par François Arago, permettant de comparer la vitesse de deux rayons lumineux. Sur le schéma ci-dessous, deux rayons parallèles sont réfléchis au moyen d'un miroir tournant dans deux directions différentes, l'un vers un miroir M et l'autre vers un miroir M', chacun étant situé à égale distance du miroir tournant. Sur le trajet qui va jusqu'au miroir M', un réceptacle transparent contenant de l'eau est interposé. Une fois réfléchis par les deux miroirs M et M', les deux rayons lumineux (celui qui se propage dans l'air et celui qui se propage en partie dans l'eau) traversent le dispositif jusqu'à un point O. La lumière ayant parcouru dans les deux chemins une même distance, mais pas à la même vitesse, les images formées par chacun des deux rayons lumineux en O sont décalées. Au moyen de calculs, que nous épargnons ici au lecteur, on peut déterminer que la lumière s'est déplacée moins vite dans l'eau que dans l'air.

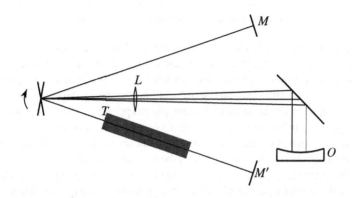

L'expérience de Foucault peut sembler définitivement infirmer l'hypothèse de la nature corpusculaire de la lumière et confirmer celle de sa nature ondulatoire. Le raisonnement est ici de type *modus tollens* : si une hypothèse H_1 (nature ondulatoire de la lumière) implique la prédiction P (la vitesse de la lumière est moins importante dans l'eau que dans l'air) et une autre hypothèse H_2 (nature corpusculaire de la lumière) implique la prédiction opposée $\sim P$, alors le fait qu'une expérience soit en accord avec P, confirme H_1 et infirme H_2.

Le caractère décisif de l'expérience de Foucault a pourtant été contesté par Duhem[1], et ce au nom d'une conception *holistique* des théories physiques. Le raisonnement que nous venons d'exposer repose sur l'idée qu'il est possible de soumettre *de manière isolée* une proposition – ici celle qui exprime que la vitesse de la lumière se déplace plus rapidement dans l'eau que dans l'air – au tribunal de l'expérience. Or, selon Duhem, c'est précisément ce qui n'est pas possible :

> Un physicien se propose de démontrer l'inexactitude d'une proposition ; pour déduire de cette proposition la prévision d'un phénomène, pour instituer l'expérience qui doit montrer si ce phénomène se produit ou ne se produit pas, pour interpréter les résultats de cette expérience ou constater que le phénomène

---

1. *Cf.* P. DUHEM, *La théorie physique, op. cit.*, p. 263-266.

prévu ne s'est pas produit, il ne se borne pas à faire usage de la proposition en litige ; il emploie encore tout un ensemble de théories admises par lui sans conteste ; la prévision du phénomène dont la non-production doit trancher le débat ne découle pas de la proposition litigieuse prise isolément, mais de la proposition litigieuse jointe à tout cet ensemble de théories [1].

Ce qui est réfuté par l'expérience, c'est une prédiction, et pour produire celle-ci, une seule proposition ne saurait suffire. Par exemple, la théorie corpusculaire de la lumière affirme non seulement que la lumière est composée de corpuscules émis par une source lumineuse et se déplaçant à grande vitesse en ligne droite, mais également que ces projectiles traversent les corps transparents, qu'ils sont soumis à des forces répulsives ou attractives, ce qui à son tour implique toute une série d'hypothèses sur la nature de ces forces. On pourrait encore ajouter que le dispositif expérimental utilisé par Foucault met lui-même en jeu toute une série d'hypothèses. Ainsi, lorsque le résultat de l'expérience est négatif, ce n'est pas une hypothèse isolée qui est réfutée, mais une hypothèse parmi tout un ensemble, sans que nous puissions déterminer logiquement laquelle l'est précisément. Autrement dit, nous n'avons pas un raisonnement où une seule hypothèse H_1 implique la prédiction P ($H_1 \vdash P$), mais une prédiction P qui est impliquée par une multiplicité d'hypothèses $H_1, H_2, .., H_n$ (($H_1 \wedge H_2 \wedge ... \wedge H_n) \vdash P$), de sorte que le fait que P soit infirmé par l'expérience nous dit seulement que l'ensemble de ces hypothèses est faux ($\sim(H_1 \wedge H_2 \wedge ... \wedge H_n)$), et non laquelle des hypothèses $H_1, H_2, .., H_n$ est fausse (plusieurs d'entre elles pourraient l'être). Dès lors, ce que réfute l'expérience de Foucault, ce n'est pas l'hypothèse de la nature corpusculaire de la lumière, mais toute la théorie développée autour de cette hypothèse, voire cette théorie et d'autres mises en jeu pour réaliser l'expérience en question.

Est-ce à dire que le résultat de l'expérience de Foucault n'eut aucune conséquence négative concrète ? Non, ce que met en évidence l'explication de Duhem, c'est plutôt que ce qui doit être rejeté ne peut l'être pour des raisons de *pure logique*. Le physicien doit ici faire appel au « bon sens » [2]. Il commence par étudier la fiabilité du dispositif expérimental et l'améliore éventuellement. S'il a suffisamment confiance en ce dispositif, ses soupçons porteront sur les différentes théories en jeu dans son expérience. Au terme de son examen, il parvient à déterminer l'hypothèse qui semble la plus fortement

---

1. P. DUHEM, *La théorie physique, op. cit.*, p. 259.
2. *Cf.* , *ibid.*, p. 300-302.

remise en question par les résultats expérimentaux. Il serait, par exemple, peu raisonnable dans le cas de l'expérience de Foucault d'abandonner la loi de réflexion des miroirs, selon laquelle l'angle de la lumière réfléchie par un miroir (par rapport à la normale) est égal à l'angle incident. Cette loi possède un haut degré de corroboration dans la mesure où elle a prouvé sa valeur dans de nombreuses expériences. Suite à l'expérience de Foucault, le bon sens des physiciens les conduisit à conclure que ce devait être la théorie de l'émission de Newton qui devait être fausse, d'autant que la confiance en cette théorie avait déjà été ébranlée par plusieurs résultats mentionnés précédemment, résultats tous expliqués de manière plus satisfaisante par la théorie ondulatoire de la lumière de Fresnel. Cette dernière supplanta donc la théorie de Newton. Avec son rejet, c'est également l'hypothèse de la nature corpusculaire qui fut abandonné. Mais la fausseté de cette hypothèse n'avait nullement été démontrée. Elle ne fut d'ailleurs abandonnée que pour un temps. La mécanique quantique l'a depuis réhabilitée. Cela montre qu'un programme de recherche comme celui de la nature corpusculaire de la lumière peut survivre à l'abandon d'une des théories (celle de Newton) qui l'a incarné à une certaine époque et resurgir plus tard grâce à une nouvelle théorie. Un programme de recherche qui a été supplanté par un autre n'est jamais définitivement mort, mais lorsqu'il renaît, c'est sous une forme différente de sa précédente incarnation. La conception quantique, qui conçoit la lumière comme étant à la fois corpusculaire et ondulatoire, est évidemment très différente d'une conception qui voit dans la lumière un phénomène uniquement corpusculaire. À cet égard, il s'agit peut-être plus d'un nouveau programme de recherche que de la résurgence d'un ancien, son noyau dur ayant été singulièrement modifié.

Mais avant d'en arriver là, une nouvelle étape dans l'histoire de la compréhension de la nature de la lumière doit encore être franchie. Celle-ci connut en effet un bouleversement important avec l'apparition d'une nouvelle notion : celle de *champ*, initialement introduite pour rendre compte de certains phénomènes électriques et magnétiques.

ÉLECTRICITÉ ET MAGNÉTISME

Au début du XIXᵉ siècle, et singulièrement en France, la physique laplacienne présidait aux destinées de la science physique. Dans le cadre de celle-ci, tout phénomène physique devait pouvoir être expliqué au moyen de forces centrales agissant entre des particules matérielles. Les phénomènes de l'électricité et du magnétisme, en particulier, représentaient un test décisif pour la viabilité de ce programme.

Les phénomènes électriques et magnétiques étaient connus depuis l'Antiquité. Ce n'est pourtant qu'à partir du xviie siècle et les travaux de Gilbert que l'on commença à en avoir une compréhension plus fine. L'invention du générateur électrostatique par Francis Hauksbee (1705)[1], puis la description de la « bouteille de Leyde », le premier ancêtre du condensateur[2], par Pieter van Musschenbroek (1746), font découvrir les prodiges de l'électricité. Les phénomènes électriques suscitent la *curiosité* et un nouveau goût pour les sciences se répand dans toute l'Europe. Au xviiie siècle, l'électricité « se donne en spectacle » dans les cours princières, mais aussi dans les tavernes, les boutiques et lors de cours publics. L'Abbé Nollet est l'un des plus importants diffuseurs de ce savoir électrique durant le siècle des Lumières. Le succès de ses publications et de ses démonstrations, lors desquelles, notamment, il produit une décharge électrique faisant sauter une chaîne de trois cent gardes royaux se tenant par la main, se voit récompensé, en 1748, par sa nomination à la toute première chaire de physique expérimentale.

Parallèlement à ce développement de l'approche *expérimentale* de l'électricité se développe progressivement une transformation de l'étude de l'électricité en une véritable *science mathématique*, à l'image de ce qui avait été réalisé par Newton et Euler en mécanique. À partir de la deuxième moitié du xviiie siècle, on savait qu'il existait deux genres d'électricité (Dufay), l'une « vitrée » (l'électricité positive) et l'autre « résineuse » (l'électricité négative), qu'il existait des matériaux « isolants » et d'autres « conducteurs » (Gray), on savait aussi qu'il existait deux sortes de *forces électrostatiques* agissant à distance, l'une répulsive et l'autre attractive (Aepinus). Ces forces

1. Le montage de Hauksbee est une sphère munie de deux pièces de cuivre opposées, qui lui servent d'axe, et qui peut être mise en rotation. Une fois la sphère vidée de son air et mise en mouvement, elle est frottée par un expérimentateur. Plongée dans l'obscurité, la sphère émet alors une forte lueur (la lumière barométrique) provenant de l'air résiduel qui a été ionisé sous l'effet du champ électrique créé par le frottement du verre.

2. La bouteille de Leyde est composée de deux conducteurs : une chaîne, fixée au goulot de la bouteille, qui est reliée à des feuilles en métal contenues dans la bouteille, et une feuille métallique qui enveloppe l'extérieur de la bouteille. Des charges électriques s'accumulent sur les deux faces de la bouteille, de sorte que lorsque quelqu'un touche la chaîne de la bouteille, il reçoit une forte décharge.

sont celles qu'exerce un corps chargé électriquement sur un autre corps chargé électriquement [1]. C'est Coulomb qui en établit la forme mathématique en 1788. Il utilise à cette fin une balance de torsion fondée sur le même principe que celle utilisée par Cavendish en 1797. Elle lui permet d'obtenir des mesures très précises de forces très faibles. Coulomb fait ainsi rentrer la physique expérimentale dans l'ère des « mesure de précision » [2] et offre à l'*électrostatique* [3] sa loi fondamentale. Si un premier corps a une charge électrique q et un second corps situé à une distance d du premier possède une charge électrique q', alors l'intensité de la force électrostatique qu'exerce un corps sur l'autre est donnée par la loi bien connue :

$$f = k_c \frac{qq'}{d^2},$$

dite « de Coulomb », où k_c est une constante de proportionnalité qui vaut $9 \times 10^9 \, \mathrm{N\,m^2/C^2}$ dans le vide. Avec la loi de Coulomb, l'électrostatique, qui n'était jusque-là que qualitative, a pu se muer en une science mathématique, à l'image de la mécanique classique. Soulignons que Coulomb a également établi une loi tout à fait similaire pour la force magnétique qui s'exerce entre les pôles de deux aimants.

La loi de Coulomb s'inscrit parfaitement dans la conception laplacienne et mécaniste du monde. En effet, la force électrostatique est une force centrale. Contrairement aux masses de la force de gravitation, les charges électriques de la force électrostatique présentent deux variétés : elles peuvent être positives ou négatives. Cette différence, qui peut sembler mineure, est pourtant fondamentale. D'une part, parce qu'elle permet de distinguer les deux types de forces électrostatiques : l'une attractive et l'autre répulsive, alors que la force de gravitation est toujours attractive. D'autre part, parce que la loi de Coulomb semble postuler l'existence de deux nouvelles substances *impondérables* (sans poids), conçues, de manière similaire au calorique, comme des fluides : l'une contenant une quantité d'électricité positive et

---

1. Sur l'histoire de l'électricité, *cf.* J.L. HEILBRON, *Electricity in the 17th and 18th Centuries. A Study of Early Modern Physics*, University of California Press, Berkeley, 1979.

2. Un autre exemple de pratique expérimentale de précision est la mise au point, en 1780, du calorimètre par Lavoisier et Laplace. *Cf.* A. LAVOISIER et P.S. LAPLACE, « Mémoire sur la chaleur », *Mémoires de l'Académie des sciences*, 1780, p. 355-408.

3. L'électrostatique est la branche de la physique qui étude les effets produits par des quantités d'électricité immobiles.

l'autre une quantité d'électricité négative. Lorsque les charges électriques q et q' sont de même signe (elles sont toutes deux positives ou toutes deux négatives), la force électrostatique est répulsive, tandis qu'elle est attractive lorsque les deux charges sont de signe opposé.

En dépit de cette inflation ontologique des substances physiques, la loi de Coulomb laissait néanmoins présager le meilleur pour la physique laplacienne. Plusieurs découvertes dans le domaine de l'*électrocinétique*[1] allaient rapidement ternir cet enthousiasme. Ces découvertes ont été rendues possibles par l'invention, en 1799, de la *pile voltaïque*, qui permet d'obtenir un *courant électrique* continu. En 1819, le physicien danois Ørsted, influencé par la « philosophie dynamique » de Kant et croyant en la convertibilité des différentes forces les unes dans les autres[2], eut l'idée de disposer une aiguille aimantée près d'un fil métallique et de faire passer du courant électrique dans ce dernier.

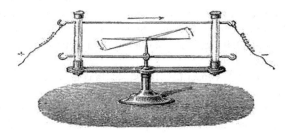

FIGURE 4 – Expérience d'Ørsted[3]

Il constata que le courant électrique se comporte comme un aimant : lorsqu'il passe dans le fil, l'aiguille se déplace. Néanmoins, celle-ci ne s'oriente pas vers le fil, comme on aurait pu s'y attendre au regard du modèle newtonien de l'action à distance, mais perpendiculairement à la droite qui joint l'aiguille au fil. Il y a donc une force qui agit sur l'aiguille pour lui faire subir une rotation, et non un déplacement en ligne droite le long de la direction qui joint le centre

1. Comme son nom l'indique, l'électrocinétique étudie les effets liés aux charges électriques mobiles.
2. Sur le contexte dans lequel s'inscrivent les recherches d'Ørsted, *cf.* B. POURPRIX, *La fécondité des erreurs, op. cit.*, p. 20-28.
3. D'après R. RADAU, *Le magnétisme*, 2ᵉ éd., Hachette, Paris, 1881, p. 219.

de gravité de l'aiguille à une portion du fil à travers lequel circule le courant. Ørsted constata par ailleurs que le sens de l'orientation de l'aiguille aimantée change lorsque le sens du courant électrique change.

On disposait, pour la première fois, d'un aimant non naturel, qui avait par ailleurs l'avantage de pouvoir être activé ou désactivé à volonté. Si la découverte d'Ørsted fut d'une importance considérable, ouvrant tout un nouveau champ de recherche, elle s'avérait aussi tout à fait dramatique pour le programme de Laplace. Premièrement, parce qu'elle mettait en évidence une force qui n'est pas dirigée selon la droite qui joint le corps qui exerce la force à celui qui la subit. Deuxièmement, parce que cette force agissait entre deux matières de nature différente : l'une électrique et l'autre magnétique. L'expérience d'Ørsted montrait qu'un courant électrique pouvait agir comme un aimant et créer un effet magnétique. Il y avait donc un lien entre phénomènes électriques et phénomènes magnétiques, deux domaines qui apparaissaient jusque-là comme totalement séparés [1]. Fasciné par la découverte d'Ørsted, Ampère soutint, dès 1820, que l'électricité et le magnétisme ne sont que deux aspects d'un même phénomène. Mais plutôt que d'expliquer, comme on aurait pu s'y attendre, l'interaction entre l'aiguille aimantée et le fil conducteur par une interaction magnétique (le fil s'aimantant temporairement [2]), il réduisit les phénomènes magnétiques à des phénomènes électriques, faisant des aimants des assemblages de courants électriques [3]. L'interaction entre une aiguille aimantée et un courant électrique était donc une interaction entre deux courants électriques. L'assimilation d'Ampère impliquait notamment que deux courants devaient agir l'un sur l'autre à la manière de deux aimants, ce qu'il vérifia expérimentalement. Deux fils dans lesquels des courants électriques se déplacent dans le même sens s'attirent, tandis que les fils se repoussent si les deux courants circulent dans des sens opposés. Par ces travaux, Ampère fondait « l'électrodynamique », qui s'intéresse aux interactions dynamiques entre courants électriques [4].

---

1. Tant que les charges et les aimants sont statiques, l'élecricité et le magnétisme sont des phénomènes distincts. Or ce n'est qu'à parti du début du XIXe siècle, avec la pile de Volta, que l'on a commencé à maîtriser la production du courant électrique.

2. C'est l'explication de Biot, par exemple.

3. A.-M. AMPÈRE, *Exposé des nouvelles découvertes sur l'électricité et le magnétisme*, Méquignon-Marvis, Paris, 1822, p. 32-33.

4. Sur l'électrodynamique d'Ampère, on pourra consulter la deuxième partie de J. MERLEAU-PONTY, *Leçons sur la genèse des théories physiques. Galilée, Ampère, Einstein*, Vrin, Paris, 1974.

Au XIXe siècle, les rapprochements entre phénomènes magnétiques et phénomènes électriques se sont vus confirmés par l'apparition d'un nouveau concept physique appelé à jouer un rôle de premier plan dans la physique contemporaine : le *champ*.

LA NOTION DE CHAMP

La notion de champ est introduite en physique par Faraday afin d'apporter une solution au problème des forces qui agissent à distance. Elle permet de décrire l'interaction entre deux corps. L'idée est que l'action qu'exerce un corps sur un autre ne se transmet à distance et de manière instantanée qu'en apparence. Elle résulte, en fait, de la propagation d'une action *de proche en proche* au sein du milieu qui entoure le corps exerçant la force. La nature nous offre avec les ondes de multiples exemples d'une telle propagation. Le mouvement des vagues à la surface de l'eau n'est, ainsi, rien d'autre que le déplacement d'une perturbation à la surface de l'eau. Il ne sera donc pas étonnant de découvrir, plus tard, que la propagation de certains champs soit elle-même de nature ondulatoire.

La critique de l'action à distance par Faraday

Faraday est un physicien atypique : sans éducation scientifique, ce fils de forgeron apprend d'abord dans les ouvrages qu'il livre pour un libraire-relieur et en assistant aux conférences publiques que donne Davy à la *Royal Institution* de Londres, ce lieu d'un genre nouveau qui a pour vocation de diffuser la science auprès d'un public plus large. Les carnets de notes que rédige Faraday lors de ces conférences lui permettent de devenir l'assistant de Davy. Il deviendra par la suite l'un des plus célèbres conférenciers de la *Royal Institution*. Son absence de formation mathématique va se révéler un avantage et lui permettre de développer une approche des phénomènes électriques essentiellement expérimentale et intuitive.

La notion de champ surgit dans son esprit, aux alentours des années 1850, de la critique de la notion d'action à distance. Il commence simplement par faire remarquer que pour qu'il y ait attraction, il faut qu'il y ait deux corps [1].

---

1. Fr. BALIBAR, *Einstein 1905. De l'éther aux quanta*, PUF, Paris, 1992, p. 21. Nous suivons ici largement cette auteur.

Dès lors, la présence d'un corps seul dans l'espace ne devrait avoir aucun effet. Ce n'est qu'à partir du moment où un deuxième corps est introduit à une certaine distance du premier qu'une force peut apparaître et que les deux corps peuvent alors être attirés l'un par l'autre. Mais, demande Faraday, comment expliquer cette apparition soudaine d'une force ? Il semble y avoir ici deux solutions : soit la nouvelle force *naît du fait* de l'apparition du deuxième corps près du premier, soit elle *préexistait sous une certaine forme* dans le premier corps en l'absence du deuxième [1].

Considérons tour à tour chacun des deux cas. Dans le premier, l'apparition du deuxième corps implique la *création* d'une force dans le premier, à savoir la force avec laquelle celui-ci attire le corps qui vient de surgir. Cette conséquence paraît totalement absurde à Faraday : une force ne peut ni être créée, ni être annihilée. Il reste donc la deuxième possibilité : la force d'attraction était d'une certaine manière déjà là dans le premier corps avant l'apparition du second. C'est bien la solution retenue par Faraday. Encore restait-il à préciser de quelle manière cette force était présente avant l'apparition du deuxième corps. Premièrement, ce n'est pas cette force en tant que telle qui est présente, mais un « état nécessaire à l'action » *(necessary condition to action)* [2]. Cet état est alors ce qui permet à la force de s'*actualiser* lorsqu'un deuxième corps est introduit près du premier. L'apparition du deuxième corps, dit d'« épreuve », *révèle* la présence de cet état, il le rend manifeste en permettant à une force de s'établir entre lui et l'autre corps. Deuxièmement, cet état n'est pas celui du premier corps, mais celui produit par ce corps dans le milieu qui l'entoure, puisque le deuxième corps peut apparaître n'importe où et que ce lieu sera celui où s'appliquera la force exercée par le premier corps sur le deuxième.

La nature des champs

Au vu des forces particulières que nous avons examinées jusqu'à présent – essentiellement la force de gravitation et la force électrostatique –, nous pouvons affirmer que la force qu'exerce un premier corps sur un deuxième possède une certaine *distribution spatiale*. Autrement dit, si nous considérons

1. M. FARADAY, « On Some Points of Magnetic Philosophy », dans *Experimental Researches in Electricity*, Richard Taylor and William Francis, Londres, 1855, vol. III, p. 571.
2. *Ibid.*, p. 574.

le premier corps comme fixe, l'intensité que celui-ci exerce sur le deuxième varie en fonction du point de l'espace considéré. Mais plutôt que de voir cette situation comme la variation de l'intensité de l'action extérieure qu'exerce un corps sur un autre situé à une certaine distance, Faraday nous propose de la voir comme un pouvoir inhérent au milieu environnant le premier corps, un état requis pour que puisse s'exercer sur un deuxième corps une action d'intensité différente suivant l'endroit considéré.

L'état nécessaire à l'action créé par le premier corps est ce que nous appelons aujourd'hui un « champ ». En termes modernes, il s'agit d'« une région de l'espace où l'introduction d'un corps d'épreuve induit un [changement de] mouvement de ce dernier, révélant que cette région de l'espace n'est pas inerte » [1], mais est dans un état nécessaire pour qu'une force puisse produire ce changement de mouvement. Si Faraday a eu l'idée de la notion de champ en étudiant des interactions magnétiques, la gravitation peut néanmoins déjà nous permettre d'illustrer cette notion. Soit le dessin suivant :

Le rond central représente le Soleil et les flèches dirigées vers ce rond les différentes *lignes du champ gravitationnel* (au lieu de « lignes de champ », Faraday parlait de « lignes de force ») créées par le Soleil dans l'espace qui l'entoure. Les lignes de champ nous indiquent ici quelle force gravitationnelle exercerait le Soleil sur un corps d'épreuve (ici, un corps ayant une unité de masse) *si* celui-ci était placé en un certain point du voisinage du Soleil. Le dessin illustre le fait que la force de gravitation s'exercerait sur le corps de manière centripète. Elle serait donc attractive. Les lignes de champ ne nous indiquent pas seulement quelle direction et quel sens aurait cette force, mais également son intensité relative. Cette dernière est en fait donnée par la densité des lignes de champ. Nous voyons que ces lignes sont de plus en plus denses à mesure que nous nous rapprochons du Soleil. Nous pouvons même montrer que si le Soleil exerce une certaine force de gravitation sur un corps

1. Fr. BALIBAR, *Einstein 1905. De l'éther aux quanta, op. cit.*, p. 26.

situé à une distance d, cette force sera quatre fois plus importante lorsque le corps sera situé à une distance $d/2$ du Soleil et neuf fois plus importante lorsqu'il sera situé à une distance $d/3$. Cette prévision est en accord avec la forme de la force de gravitation universelle qui, comme nous l'avons vu précédemment, est inversement proportionnelle au carré de la distance.

Nous avons envisagé le champ gravitationnel dû à une seule masse. Or le champ est étendu dans la totalité de l'espace. Son intensité est donc influencée par toutes les masses qui s'y trouvent, c'est-à-dire par ce qu'on appelle la *distribution* de matière au sein de l'espace. La forme du champ gravitationnel est beaucoup plus complexe que ce que nous venons de voir lorsque l'on prend en compte cette distribution spatiale totale de la matière. Par souci de simplicité, nous nous limiterons cependant ici au cas du champ créé par un seul corps. Celui-ci sera bien suffisant pour comprendre la notion de champ.

À l'évidence, le champ gravitationnel n'est pas une relation entre deux corps nécessitant la distinction entre un corps qui agit et un corps qui subit, à l'inverse de la force qui en est dérivée, mais une relation entre un corps et l'espace qui l'environne. La présence du corps modifie le milieu autour de ce corps et c'est cette modification qu'un corps d'épreuve ressent sous forme de force [1]. Le fait que le champ gravitationnel créé par un corps massif soit un état du milieu matériel entourant ce corps permet de réintroduire l'idée d'une *action par contact*, là où la force de gravitation de Newton et la force électrostatique de Coulomb ne semblaient pouvoir être expliquées que par une action à distance, et donc en présupposant un saut par-delà l'abîme qui sépare les corps entre lesquels il y a attraction ou répulsion. Avec la notion de champ, nous pouvons échapper à cette hypothèse. Il suffit de poser qu'il existe un milieu entre deux corps en interaction, un milieu dont l'état est modifié par la présence de ces corps. Ce milieu assure alors la propagation à travers l'espace de quelque chose qui passe du corps qui exerce cette force vers le corps qui la subit, la transmission ayant lieu par contact, « de proche en proche ».

En réalité, face à la difficulté que représentait le mode d'action de la force de gravitation, conçue comme une sorte de pont jeté au-dessus de la distance séparant deux corps, Newton et certains de ses disciples avaient déjà proposé de faire intervenir un milieu particulier : l'éther [2]. Ainsi, l'espace

---

1. Fr. BALIBAR, *Einstein 1905. De l'éther aux quanta*, op. cit., p. 26.
2. I. NEWTON, *Optique*, op. cit., question 22, p. 304.

situé entre deux objets massifs sur lesquels s'exerce une force d'attraction mutuelle serait rempli par un milieu permettant la transmission de proche en proche d'un champ d'un corps à l'autre, à la manière en quelque sorte dont une onde se propage à la surface de l'eau. Une fois en possession de la notion de champ, on peut préciser ce raisonnement de la manière suivante : un premier corps engendre un champ qui se propage ensuite dans le milieu environnant ; puis, lorsqu'un deuxième corps est atteint par ce champ, il en subit l'influence et est soumis à une force [1]. L'introduction de la notion de champ par Faraday permet ainsi de comprendre que le champ est un état de cet éther et que les forces se transmettent d'un corps à l'autre selon les lignes de ce champ.

Le champ gravitationnel est le *médiateur* de l'interaction entre les deux corps, il est ce qui permet de réduire l'action à distance à une action de proche en proche. Encore reste-t-il à résoudre le problème de l'instantanéité. En effet, nous avons vu que l'action à distance était originellement conçue comme instantanée. L'idée est plutôt ici qu'elle se transmet très rapidement. Il y a un délai induit par la propagation du champ du corps qui l'engendre à celui qui en subit l'influence. Dès lors, la force d'attraction ou de répulsion n'a plus à agir de façon *immédiate*.

D'un point de vue ontologique, le champ gravitationnel créé par un corps peut être vu comme une *disposition* du milieu entourant ce corps. Les *propriétés dispositionnelles* sont des propriétés telles que celle d'être soluble, d'être fragile, d'être inflammable, etc. Ce sont des propriétés qui ne sont pas nécessairement *actualisées*. Pour qu'un objet actualise une certaine propriété dispositionnelle, il faut que certaines conditions soient remplies. Par exemple, la fragilité du verre est une propriété dispositionnelle au sens où, dans des conditions normales, le verre *se casserait s'il tombait* d'une certaine hauteur sur une surface dure. À l'inverse, la possession d'une *propriété catégorique*, comme la masse, ne dépend pas de circonstances de cette sorte. Le champ produit par un corps peut être vu comme une propriété dispositionnelle du milieu entourant ce corps dans la mesure où, étant donnée la présence d'un champ en un point de l'espace, un corps subirait une force de telle ou telle nature s'il se trouvait en ce point. Par exemple, si un corps de masse m se trouvait en un point de l'espace situé à une distance r d'un corps de masse m', il subirait une force attractive d'intensité Gmm'/r^2, dirigée selon la droite

1. J.-M. LÉVY-LEBLOND, *Aux contraires, op. cit.*, p. 242.

joignant le corps de masse m' au corps de masse m.

Ce caractère dispositionnel du champ gravitationnel explique la difficulté qu'il y a à concevoir ce qu'est un champ. Nous n'avons en effet aucune preuve *directe* de l'existence de ce genre d'entité à notre disposition. Un champ ne se manifeste à nous que lorsqu'un corps est placé près du corps qui en est la source et qu'une force s'exerce alors sur le premier corps.

D'un point de vue mathématique maintenant, un champ est la donnée en tout point de l'espace à chaque instant d'une grandeur physique. Dans le cas de la gravitation, en chacun de ces points, il a une certaine intensité – la valeur du champ y est plus ou moins importante –, une direction et un sens. Le champ gravitationnel est donc un *champ vectoriel*, un champ qui associe à chaque point de l'espace un vecteur [1]. Cette grandeur est de plus susceptible d'évoluer au cours du temps. Dès lors, on pourra représenter un champ quelconque de la manière suivante : $\vec{\Phi}(x,y,z,t)$ ou, de manière plus condensée, $\vec{\Phi}(\vec{r},t)$, $\vec{r}$ étant le vecteur position dans l'espace tridimensionnel.

Champs électrique et magnétique

La force électrostatique étant tout à fait analogue à la force gravitationnelle, nous pouvons facilement expliquer ce qu'est le *champ électrique* créé par une charge q par analogie avec le champ gravitationnel créé par une masse m. Reprenons le schéma que nous avons utilisé précédemment pour expliquer le champ gravitationnel produit par le Soleil. Le rond central représente cette fois la charge électrique isolée q. Les lignes de champ étant centripètes, la force qu'exercerait cette charge q sur une charge d'épreuve q' doit être attractive. Le problème est que le caractère attractif d'une force électrostatique dépend de la nature des charges en présence : sont-elles de même signe ou de signe opposé ? Par convention, nous décidons qu'une charge d'épreuve (d'une unité de charge) est positive. Dès lors, le dessin ci-dessus représente les lignes de champ créées par une charge négative. Celles produites par une charge positive auront la même orientation radiale, mais seront centrifuges.

Deux aimants mis l'un face à l'autre s'attirent ou se repoussent selon les « pôles » choisis [2]. Ils exercent l'un sur l'autre une certaine force que l'on

---

1. Il y a des champs non vectoriels. Par exemple, la distribution de température à travers l'espace est un champ scalaire.

2. Le mot « pôle » aurait été introduit par Pierre de Maricourt, dit Pierre le Pellerin, dans sa

qualifie de « magnétique ». L'existence de cette force magnétique entre deux
aimants implique celle d'un *champ magnétique*. On peut obtenir obtenir une
illustration graphique des lignes de ce champ au moyen de la limaille de
fer : on constate en effet qu'en saupoudrant celle-ci autour d'un aimant, les
particules métalliques s'alignent d'elles-mêmes selon des lignes courbent qui
partent du pôle nord de l'aimant et rejoignent, en contournant l'aimant, son
pôle sud :

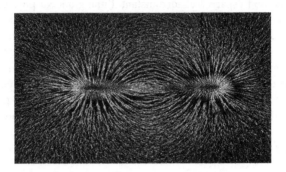

FIGURE 5 – Lignes de champ magnétique [1]

C'est le champ magnétique, créé par l'aimant, qui oriente les particules de
fer. Les lignes dessinées par la limaille de fer autour de l'aimant ne sont donc
rien d'autres que les lignes du champ magnétique créé par cet aimant. Au vu
de ce que nous venons de dire, les lignes de champ magnétique d'un aimant
isolé peuvent donc être schématisées de la manière suivante :

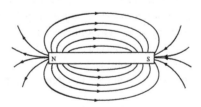

lettre à Siger de Foucaucourt de 1269. *Cf.* P. RADELET DE GRAVE et D. SPEISER, « Le *De Magnete* de
Pierre de Maricourt. Traduction et commentaire », *Revue d'histoire des sciences*, 1975, p. 206.
    1. ABBOTT B., « Magnetic Fields », tirage argentique, David Winton Bell Gallery, 18,5 cm ×
23,25 cm, 1958.

Ici, les lignes de champ ne décrivent plus des droites, mais des lignes courbes. Qu'indiquent-elles ? Elles nous disent dans quelle direction s'orienterait un corps d'épreuve (un corps aimanté) placé en un point de l'espace environnant l'aimant, à savoir tangentiellement à la ligne de champ en ce point et avec son pôle nord orienté vers le pôle sud de l'aimant. Par conséquent, en chaque point de l'espace, le champ magnétique est tangent à la ligne du champ magnétique en ce point.

Le cas de la limaille de fer orientée par le champ magnétique d'un aimant est particulièrement intéressant, parce qu'il montre qu'un aimant isolé n'est pas inactif, comme on aurait pu s'y attendre en l'absence d'un deuxième aimant. Il y a bien un état du milieu entourant un aimant isolé qui permet l'exercice d'une force sur tout corps métallique placé dans le voisinage de cet aimant.

L'expérience d'Ørsted, que nous avons mentionnée précédemment, montre qu'un courant électrique a un effet magnétique, puisqu'il permet d'agir sur l'orientation d'une aiguille aimantée placée dans son voisinage. On peut montrer que cet effet est causé par un champ magnétique produit par le passage du courant dans un fil électrique. Il suffit de prendre un fil de cuivre et de le courber en le faisant passer par deux trous percés dans une feuille de bristol. On relie ensuite les deux extrémités de la boucle de cuivre aux bornes d'une pile de manière à y faire circuler un courant et on dépose de la limaille de fer sur la feuille de bristol. Comme dans l'expérience précédente, la limaille s'oriente selon des lignes définies révélant ainsi la présence d'un champ magnétique se développant en cercles concentriques autour du fil de cuivre :

Cette observation confirma l'orientation de la force qui agit sur l'aiguille aimantée dans l'expérience d'Ørsted : elle est tangente à un cercle situé dans un plan perpendiculaire au fil conducteur et dont le centre se confond avec ce fil.

Dans une autre expérience, Ampère enroula un fil conducteur sur lui-même de manière à former une hélice – ce qu'on appelle un « solénoïde » – et y fit passer un courant électrique. Il constata alors que les lignes du champ magnétique créé par la circulation du courant dans le solénoïde sont tout à fait comparables à celles d'un barreau aimanté.

Dans toutes ces expériences, un courant électrique circule dans un conducteur. Or un courant électrique n'est rien d'autre qu'un déplacement de charges électriques. Celles-ci produisant un champ électrique, leur mouvement implique un champ électrique variable. Ce que montre par conséquent l'expérience d'Ørsted, c'est que la variation d'un champ électrique crée un champ magnétique. Mais qu'en est-il alors de la variation d'un champ magnétique ? Faraday eut l'idée d'approcher un aimant (cela fonctionne évidemment aussi avec un solénoïde parcouru par un courant électrique) d'une boucle de cuivre fermée dans laquelle ne circulait pas de courant. Il constata qu'en approchant l'aimant, et donc en faisant varier son champ magnétique, un bref courant électrique apparaissait dans la boucle de cuivre. En éloignant cette fois le barreau aimanté du fil de cuivre, un bref courant électrique apparaît également, mais cette fois de sens inverse. Avec cette expérience, Faraday a ainsi pu établir qu'une variation du champ magnétique crée un champ électrique, et donc un courant électrique, qu'il qualifia d'« induit ».

LA NOTION DE POTENTIEL

La notion de potentiel est étroitement liée à celle de champ. La découverte de la première a précédé celle de la seconde et, contrairement à celle-ci, elle n'a pas été suggérée par l'expérience. Elle est d'origine purement mathématique. Lagrange l'introduit pour la première fois en 1777 dans ses recherches sur le problème à N corps par souci de commodité et pour simplifier ses calculs [1]. Il s'agit pourtant plus que d'un « artifice heureux de calcul » [2], dans la mesure où elle permet de penser la relation qui unit les grandeurs vectorielles aux grandeurs scalaires.

---

1. *Cf.* la fonction Ω dans J.-L. LAGRANGE, « Remarques générales sur le mouvement de plusieurs corps qui s'attirent mutuellement en raison inverse des carrés des distances », dans *Œuvres complètes*, *op. cit.*, tome 4, p. 402.

2. S. BACHELARD, *La conscience de rationalité*, *op. cit.*, p. 73.

Potentiel et force gravitationnels

C'est dans le cadre de l'attraction gravitationnelle que la notion de potentiel a fait son entrée en physique. Commençons par envisager le cas le plus simple : celui d'une masse m' qui exerce sur une masse m située à une distance r une force gravitationnelle $\vec{f}$. Cette dernière nous est donnée par la formule suivante :

$$\vec{f} = -G\frac{mm'}{r^2}\vec{1}_r,$$

où $\vec{1}_r$ est un vecteur unité dirigé radialement de m' vers m.[1] Le potentiel gravitationnel créé par la même masse m' en r est quant à lui donnée par[2] :

$$V(r) = -G\frac{m'}{r}.$$

Comme on le voit, le potentiel, à l'image du champ, est défini en tout point de l'espace et est dû à la simple présence d'une masse.

Si la force est une grandeur vectorielle, le potentiel est une grandeur scalaire. Les composantes de la première peuvent néanmoins être obtenues à partir de la seconde au moyen des dérivées partielles[3]. Les composantes de la force de gravitation ne sont en effet rien d'autres que les dérivées partielles du potentiel gravitationnel selon x, y et z :

$$\begin{cases} f_x = -m\dfrac{\partial V}{\partial x} \\[2mm] f_y = -m\dfrac{\partial V}{\partial y} \\[2mm] f_z = -m\dfrac{\partial V}{\partial x} \end{cases}$$

1. Le signe moins dans l'expression de la force de gravitation indique que cette force est attractive.

2. En coordonnées cartésiennes, pour un repère centré sur m', nous pouvons réécrire ce potentiel de la manière suivante :

$$V(x,y,z) = -G\frac{m'}{\sqrt{x^2 + y^2 + z^2}}.$$

3. On remarquera que la fonction $1/r^2$ est la dérivée de la fonction $1/r$ au signe près.

On dit que la force gravitationnelle $\vec{f}$ *dérive* du potentiel *V*. La préséance mathématique du potentiel par rapport à la force semble alors impliquer une *priorité ontologique* de la première sur la seconde, impression d'autant plus renforcée par le nom de « fonction potentielle » donnée à *V* par George Green[1]. En effet, le potentiel semble être une force « en puissance », pour reprendre une appellation aristotélicienne tombée en désuétude avec l'avènement de la physique classique[2]. De manière analogue au champ, le potentiel gravitationnel dû à une masse ponctuel émane en quelque sorte de celle-ci et exprime en tout point de l'espace la force à distance qui pourrait s'y exercer sur une autre masse. Les deux notions sont à bien des égards similaires. Elles sont d'ailleurs reliées entre elles mathématiquement : les lignes de champ sont perpendiculaires aux surfaces équipotentielles, c'est-à-dire aux surfaces sur lesquelles le potentiel est constant.

En dehors de cette question ontologique, on peut se demander pour quelle raison vouloir utiliser la notion de potentiel plutôt que celle de force. La force étant une grandeur vectorielle, les forces dues à plusieurs masses ne s'additionnent pas en additionnant simplement leurs amplitudes ; il faut aussi tenir compte de leurs directions et de leurs sens. Le calcul de la force gravitationnelle totale qui s'exerce sur une masse *m* peut donc s'avérer rapidement difficile. Le potentiel, en revanche, étant une grandeur scalaire, le potentiel qui s'exerce en un point (x, y, z) du fait de la présence de plusieurs masses est simplement la somme des amplitudes de chacun des potentiels créés par ces masses en ce point. Une fois un tel potentiel calculé, on peut alors simplement en dériver la force totale qui s'exercerait sur une masse *m* située en (x, y, z). La notion de potentiel est donc, comme l'affirme Lagrange, un moyen plus commode et plus simple de « représenter les forces »[3].

Si, dans un repère, le point (x, y, z) est déterminé par le vecteur position $\vec{r}$ et le point (x_1, y_1, z_1), où est située une masse m_1, est déterminé par le vecteur $\vec{r_1}$, la distance entre ces deux points est donnée par :

$$\left\| \vec{r} - \vec{r_1} \right\| = \sqrt{(x - x_1)^2 + (y - y_1)^2 + (z - z_1)^2}.$$

---

1. G. Green, *An Essay on the Application of Mathematical Analysis to the Theories of Electricity and Magnetism*, T. Wheelhouse, Nottingham, 1828, p. 1.

2. *Cf.* C. Verdet, *La physique du potentiel. Étude d'une lignée de Lagrange à Duhem*, CNRS éditions, Paris, 2018, p. 55.

3. J.-L. Lagrange, « Remarques générales sur le mouvement de plusieurs corps qui s'attirent mutuellement en raison inverse des carrés des distances », art. cit., p. 403.

Nous pouvons alors écrire le potentiel créé par une masse m_1 au point (x, y, z) de la manière suivante :

$$V(\vec{r}) = -G \frac{m_1}{\left\| \vec{r} - \vec{r_1} \right\|}.$$

Nous avons à présent plusieurs masses discrètes $m_1, m_2, m_3, \ldots$ réparties dans l'espace en différents points. Dans ce cas, le potentiel total au point (x, y, z) est donné par :

$$V(\vec{r}) = -G \left(\frac{m_1}{\left\| \vec{r} - \vec{r_1} \right\|} + \frac{m_2}{\left\| \vec{r} - \vec{r_2} \right\|} + \frac{m_3}{\left\| \vec{r} - \vec{r_3} \right\|} + \ldots \right).$$

où l'on identifie facilement la contribution de chaque masse au potentiel total. Pour une distribution continue de masse ρ, c'est-à-dire une répartition dans laquelle les différentes masses sont indistinctes les unes des autres, il suffira de remplacer la somme discrète par une intégrale.

Au premier abord, les équations qui lient les composantes de la force de gravitation au potentiel peuvent sembler très semblables à celles qui lient les composantes de cette même force à celles de la vitesse :

$$\begin{cases} f_x = m \dfrac{dv_x}{dt} \\ f_y = m \dfrac{dv_y}{dt} \\ f_z = m \dfrac{dv_z}{dt} \end{cases}$$

Mais, ici, la vitesse est elle-même une grandeur vectorielle, de sorte que pour établir un lien entre elle et la force, on peut se contenter de dériver de manière uniforme les composantes de la première par rapport à la même variable t. Nous pouvons alors résumer ces trois équations au moyen d'une seule formule :

$$\vec{f} = m \frac{d\vec{v}}{dt}.$$

Le potentiel étant une grandeur scalaire, on ne peut lui appliquer une dérivation simple pour déterminer les composantes de la force. La caractère vectoriel de cette dernière est obtenu au moyen des dérivées partielles selon x, y et z, lesquelles constituent les composantes d'un *opérateur vectoriel*

364 CHAPITRE VII

particulier : l'opérateur « nabla », noté $\vec{\nabla}$ [1]. Appliqué à une grandeur scalaire, il est appelé « gradient » de cette grandeur et il permet de déterminer son taux de variation dans les trois directions x, y, z. Cet opérateur mathématique nous permet de réécrire les trois équations liant la force de gravitation au potentiel de la manière suivante :

$$\vec{f} = -m\vec{\nabla}V.$$

En un point de l'espace donné, la force est alors dirigée dans la direction selon laquelle la décroissance du potentiel est la plus importante [2]. De manière générale, un corps se déplacera de la région de plus haut potentiel gravitationnel vers celle de plus bas potentiel gravitationnel [3].

Potentiel et énergie potentielle

Examinons à présent le lien entre le potentiel et la notion d'énergie potentielle, que nous avons évoquée plusieurs fois. Leur proximité n'est pas que terminologique. En fait, ils ne diffèrent que d'un coefficient : l'énergie potentielle gravitationnelle est égale au potentiel gravitationnel multiplié par la masse. Toutefois, ces deux grandeurs ne sont pas interprétées de la même manière : si le potentiel V est créé par un corps doté d'une certaine charge et peut donc *agir* sur un autre corps, l'énergie potentielle U est, elle, possédée par la charge qui en *subit* les effets [4]. L'énergie potentielle d'un corps est la marque de la présence d'un autre corps qui agit sur le premier en exerçant sur lui une action à distance. Considérons un corps de masse m'. Celui-ci est à l'origine d'un potentiel gravitationnel $V(r) = -Gm'/r$, lequel permet de dériver la force $\vec{f}$ qui s'exercerait sur un corps de masse m située en un point A à une distance r_A du corps de masse m'. Si nous déplaçons maintenant le corps de masse m de A en B, la force $\vec{f}$ effectue un certain *travail* :

$$W_{AB} = \int_A^B \vec{f}\,d\vec{s},$$

1. En coordonnées cartésiennes, il correspond au vecteur ($\partial/\partial x$, $\partial/\partial y$, $\partial/\partial z$).
2. M. LANGE, *An Introduction to the Philosophy of Physics, op. cit.*, p. 43.
3. En électromagnétisme, le fait que la charge électrique peut être négative ou positive implique qu'une charge négative se déplacera du point ayant le plus bas potentiel vers le point ayant le plus haut potentiel, tandis que la situation sera inversée pour une charge positive. La différence de potentiel électrique est ce que l'on appelle la « tension électrique ».
4. C. VERDET, *La physique du potentiel, op. cit.*, p. 205.

où d$\vec{s}$ est un « déplacement élémentaire ». Considérons un cas simplifié : calculons le travail nécessaire pour soulever, à la surface de la Terre, un corps de masse m d'une hauteur initiale h_i à une hauteur finale h_f. À la surface de la Terre, la force de gravitation peut être considérée comme constante et son intensité vaut mg. Le travail effectué pour déplacer le corps de masse m sur la distance $h_f - h_i$ vaut dans ce cas :

$$W_{if} = - \int_{h_i}^{h_f} mg\, dz$$
$$= -mg(h_f - h_i),$$

grandeur dont la valeur ne dépend que des hauteurs initiales et finales atteintes par le corps de masse m, et non du chemin qu'il a parcouru entre les deux. Lorsque le travail qu'effectue une force ne dépend que des positions initiale et finale, la force est dite *conservative*. Cette propriété découle directement du fait que cette force dérive d'un potentiel [1]. Si la force de gravitation est un exemple de force conservative, la force électrostatique en est un autre. Les forces de frottement, en revanche, sont des exemples classiques de forces non conservatives. Un système physique ouvert (non isolé) dans lequel les forces sont toutes conservatives est lui-même dit conservatif, car la somme de l'énergie cinétique et de l'énergie potentielle y demeure constante. Lorsque des forces non conservatives apparaissent, le système est *dissipatif* et une partie de son énergie mécanique est convertie en chaleur. Par exemple, lorsque le frein d'une voiture est actionné, son énergie cinétique se transforme en chaleur par frottement des roues avec le revêtement du sol.

Dès lors que la valeur du travail est indépendante du chemin suivi entre deux points A et B, elle peut être considérée comme identique à la différence de la valeur que prend une certaine fonction scalaire en A et en B. Cette fonction est précisément ce que l'on appelle l'énergie potentielle U. On convient par ailleurs que la variation de cette fonction est égale à l'opposé du travail effectué par la force $\vec{f}$ [2]. Autrement dit, nous avons : $\Delta U = U_B - U_A =$

1. Techniquement, si la force $\vec{f}$ dérive du potentiel U, nous avons : $W_{AB} = \int_A^B \vec{f}\,d\vec{l} = -\int_A^B \vec{\nabla}(U)\,d\vec{l} = -(U_B - U_A)$.

2. Pour déplacer un corps de masse m sur lequel s'exerce une force $\vec{f}$ d'une distance h dans le sens opposé à $\vec{f}$, il faut fournir un travail ($W_{AB} < 0$), la force s'opposant au déplacement de l'objet. Au terme du déplacement, le corps aura lui gagné de l'énergie potentielle ($\Delta U > 0$).

$-W_{AB}$. Il y a énergie potentielle dès lors qu'il y a un travail qui ne dépend que des positions initiale et finale du corps qui possède cette énergie [1]. En ce sens, l'énergie potentielle est une « énergie de position ».

Nous pouvons mesurer la valeur du travail effectué par une force entre deux points. Sa mesure ne nous donne accès qu'à une différence d'énergies potentielles. Par conséquent, nous ne mesurons jamais que la valeur de l'énergie potentielle d'un corps en un point par rapport à sa valeur, choisie conventionnellement, en un autre point. Par exemple, on peut fixer la valeur de l'énergie potentielle d'un corps de masse m à la surface de la Terre comme étant nulle, de sorte que, en première approximation, sa valeur à une hauteur h sera égale à mgh. Un corps ne se déplacera pas d'un point situé à cette hauteur vers un point situé à la même hauteur, mais seulement vers un point situé à une hauteur inférieure. Or la hauteur étant une grandeur relative à un point de référence donnée, l'énergie potentielle en un point de l'espace ne saurait être une grandeur absolue, une propriété intrinsèque de ce point [2]. Ce n'est pas la valeur de l'énergie potentielle en un point qui est réelle – celle-ci n'est qu'une fiction mathématique commode –, mais seulement sa différence de valeur entre deux points. Cela implique que ce qui est conservé dans la conservation de l'énergie mécanique, ce n'est pas tant la valeur de cette énergie mécanique, dont la constance est relative à un choix de référentiel, que la *conversion* de la quantité d'énergie potentielle en énergie cinétique [3]. S'il y a conservation de l'énergie mécanique, c'est parce que sa variation est nulle.

Des notions isomorphes

Bien qu'il soit né dans le domaine gravitationnel, le concept de potentiel s'est progressivement révélé transversal à différents champs de la physique. Poisson a en effet montré que la fonction potentielle pouvait être transposée dans le domaine de l'électricité [4]. La différence de potentiel électrique entre deux points d'un circuit permet notamment, via la loi d'Ohm, de

---

1. C. VERDET, *La physique du potentiel, op. cit.*, p. 208.
2. M. LANGE, *An Introduction to the Philosophy of Physics, op. cit.*, p. 45.
3. *Ibid.*, p. 210.
4. *Cf.* S.D. POISSON , « Mémoire sur la distribution de l'électricité à la surface des corps conducteurs », *Mémoires de la classe des sciences mathématiques et physiques*, 12 (1811), 1812, p. 1-92.

calculer l'intensité du courant électrique circulant dans un circuit[1]. Mais nous pouvons aussi définir un potentiel dans d'autres domaines physiques, comme la thermodynamique. En quoi la transversalité de cette grandeur se différencie-t-elle de celle, par exemple, de l'accélération ? Nous pouvons définir l'accélération subie par un corps de masse m du fait de la présence d'un champ gravitationnel ou par un corps de charge q du fait de la présence d'un champ électrique. Dans les deux cas, il s'agira de la même grandeur s'exprimant en m/s^2. Le potentiel n'est en revanche pas une grandeur homogène entre les différents domaines physiques, parce qu'elle n'y possède pas les mêmes dimensions. Le potentiel électrique s'exprime ainsi en volts ($1\,V = 1\,kg\,m^2/(A\,s^3)$ en unités de base du système international), tandis que le potentiel gravitationnel s'exprime en m^2/s^2, c'est-à-dire comme le carré d'une vitesse. L'identité de la notion de potentiel est plutôt une *identité de structure* : c'est une forme mathématique commune à plusieurs domaines[2]. À titre d'illustration, comparons les expressions des potentiels gravitationnel et électrique dus, respectivement, à une seule masse m' et à une seule charge q' avec certaines grandeurs qui peuvent en être dérivées :

	domaine gravitationnel	domaine électrique
potentiel	$V = -G\dfrac{m'}{r}$	$V = k_c\dfrac{q'}{r}$
énergie potentielle	$U = -G\dfrac{m'm}{r}$	$U = k_c\dfrac{q'q}{r}$
champ	$\vec{g} = -G\dfrac{m'}{r^2}\vec{1}_r$	$\vec{E} = k_c\dfrac{q'}{r^2}\vec{1}_r$
	$= -\vec{\nabla}V$	$= -\vec{\nabla}V$
force	$\vec{f} = -G\dfrac{m'm}{r^2}\vec{1}_r$	$\vec{f} = k_c\dfrac{q'q}{r^2}\vec{1}_r$
	$= -m\vec{\nabla}V$	$= -q\vec{\nabla}V$
	$= m\vec{g}$	$= q\vec{E}$

À l'évidence, la charge électrique joue ici dans le domaine électrique un rôle structurel analogue à celui joué par la masse dans le domaine gravitationnel.

---

1. L'intensité I du courant électrique circulant dans un circuit de résistance R soumis à une différence de potentiel ΔV est donnée par : $\Delta V/R$.

2. C. VERDET, *La physique du potentiel, op. cit.*, p. 13.

La masse d'un corps pourrait ainsi être interprétée comme sa « charge gravitationnelle », sa capacité à exercer un certain type de force sur un autre corps possédant une charge du même type. Des analogies similaires pourraient également être citées dans le domaine thermodynamique.

L'identité structurelle de certains phénomènes physiques fournit un moyen heuristique pour déterminer de nouvelles lois physiques : il suffit de transposer la structure établie entre certaines grandeurs dans un domaine (par exemple la mécanique ou la thermodynamique) à des grandeurs issues d'un autre domaine plus abstrait (par exemple l'électromagnétisme). C'est ainsi qu'au xixᵉ siècle, Ohm a pu établir la loi qui porte son nom. L'utilisation de l'analogie formelle ne signifie pas pour autant que la nature soit constituée, fondamentalement, de la même matière [1]. Le potentiel électrique n'est pas exactement la même chose, d'un point de vue physique, que la température ou le potentiel gravitationnel. De même, le déplacement d'une onde électromagnétique n'est pas exactement identique au déplacement d'une onde sur une membrane tendue. Dans la plupart des cas, on peut montrer que les équations transposées, par analogie, d'un domaine physique dans un autre ne sont que des approximations valables sous certaines conditions.

Prenons un exemple. Nous pouvons nous demander quel est l'analogue électromagnétique de l'énergie cinétique mécanique : $mv^2/2$. Si une telle analogie existe, elle ne prend cependant pas la forme à laquelle nous pourrions nous attendre. En effet, ce n'est pas la charge électrique qui joue, dans le domaine électrique, le rôle structurel que joue la masse gravitationnelle en mécanique, mais bien l'*inductance L*. Un courant électrique parcourant un fil conducteur génère un champ magnétique. Si le circuit prend la forme d'un solénoïde, le champ magnétique produit par un segment de la bobine traverse la surface enfermée par les autres segments de la bobine. Le champ du solénoïde produit donc en son sein un *flux magnétique*, c'est-à-dire le produit du champ magnétique par la surface qu'il traverse [2]. L'inductance est le quotient du flux magnétique par l'intensité du courant électrique i traversant le circuit. C'est une caractéristique du circuit électrique utilisé. Or

---

1. R. Feynman, *Le cours de physique de Feynman. Électromagnétisme 1*, trad. A. Crémieu et M.-L. Duboin, Dunod, Paris, 1999, p. 213.
2. En dehors de l'intensité du champ magnétique et de la surface, ce flux dépend du produit scalaire entre le vecteur unité associé au champ magnétique et le vecteur unité normal à la surface traversée : le flux est maximal lorsque le champ magnétique traverse la surface perpendiculairement à cette dernière et nul lorsqu'il est tangent à cette surface.

le flux magnétique créé par le courant électrique traversant la bobine s'oppose à sa cause. Cela a pour conséquence un retardement de l'augmentation ou de la diminution du courant électrique dans la bobine. De ce point de vue, l'inductance est l'analogue électrique de l'inertie en mécanique : de même que l'inertie mécanique tend à maintenir constante la vitesse, l'inertie électrique tend à maintenir constant le courant électrique.

Quant à l'énergie emmagasinée dans le solénoïde lorsqu'il est traversé par un courant électrique, il s'agit de la moitié du produit de l'inductance et du carré de l'intensité du courant électrique : $E = Li^2/2$. L'analogie structurelle entre cette énergie et l'énergie cinétique est flagrante, mais nous voyons immédiatement que l'analogue de la masse est l'inductance et l'analogue de la vitesse est l'intensité du courant électrique. De ce point de vue, l'analogue de la position r est joué par la charge électrique q, puisque, tout comme $v = \mathrm{d}r/\mathrm{d}t$, nous avons $i = \mathrm{d}q/\mathrm{d}t$ (l'intensité d'un courant électrique est égale à la variation instantanée du nombre de charges électriques qui traversent un circuit). Cette analogie structurelle entre la mécanique et l'électricité peut être poursuivie, par exemple en voyant dans la résistance électrique l'analogue du coefficient de frottement mécanique, mais elle est bien différente de celle, exposée précédemment, pour penser la notion de potentiel. Si la charge électrique peut jouer dans certaines parties du domaine électrique un rôle structurel analogue à celui joué par la masse dans le domaine mécanique, il ne s'agit pas de la même notion. Les analogies structurelles ne sont valables que pour des domaines restreints, leur limite étant déterminée par l'adéquation empirique du *modèle* qu'elles permettent de construire.

À l'instar de Feynman, nous pouvons dire que ce qui est commun à différents domaines physiques et fonde le fait qu'ils présentent des relations structurelles identiques, c'est l'espace [1]. C'est lui qui représente, avec le temps, le cadre dans lequel sont étudiés les phénomènes physiques. Le physicien s'intéresse à la variation spatiale (et temporelle) de certaines grandeurs. Par exemple, dès lors que la quantité d'une certaine grandeur est émise par une source ponctuelle et que le phénomène ne possède pas de direction privilégiée, il est tout naturel que cette intensité varie comme l'inverse du carré de la distance par rapport à la source. La grandeur se propageant à partir d'un point, il faut, par conservation, que son intensité soit constante sur toutes

1. R. FEYNMAN, *Le cours de physique, op. cit.*, p. 213.

les sphères centrées sur ce point[1]. Les dérivées partielles présentent dans les équations de la physique ne font que refléter ces variations spatiales des grandeurs physiques. Elles ne nous disent rien, ou en tout cas rien de profond, sur l'unité supposée de la nature. Dès lors, ce n'est pas parce qu'un modèle, construit dans un domaine sur la base d'analogies structurelle avec un autre domaine, nous permet de déterminer des lois physiques dont les conséquences empiriques sont vérifiées que ce modèle représente fidèlement la réalité. Les modèles ne doivent pas nécessairement être compris littéralement; leur valeur heuristique n'implique pas leur vérité. À la limite, cette question de la fidélité représentationnelle d'un modèle peut même être totalement écartée. Celui-ci n'est plus alors qu'une fiction heuristique[2]. C'est précisément en recourant à plusieurs modèles de cette sorte, fondés, entre autres, sur des analogies structurelles entre la pression d'un fluide et le potentiel électrique, que Maxwell parvint à unifier mathématiquement les domaines électrique et magnétique.

L'UNIFICATION MAXWELLIENNE

L'expérience d'Ørsted avait déjà permis d'établir que les courants électriques possèdent des effets magnétiques. La dernière expérience de Faraday que nous avons évoquée précédemment montrait à l'inverse qu'un aimant en mouvement a des effets électriques. Ces différentes expériences établissent un lien fort entre variation du champ magnétique et variation du champ électrique. À vrai dire, l'une ne va tout simplement pas sans l'autre. Le champ magnétique et le champ électrique ne sont que des perturbations d'un même milieu appelé « éther électromagnétique ». C'est lui, suppose-t-on au XIXe siècle, qui permet, via le champ, la transmission à distance de l'action d'une charge électrique sur une autre charge ou d'un aimant sur un autre aimant.

1. La variation de l'intensité en proportion inverse du carrée de la distance s'explique alors aisément : la surface d'une sphère étant proportionnelle au carré de son rayon, il faut que la quantité émise par la source se répartisse uniformément sur cette surface et diminue donc en proportion inverse du carré de la distance par rapport à la source.

2. Sur l'idée que les modèles en physiques peuvent être des fictions, cf. A. BARBEROUSSE et P. LUDWIG, « Les modèles comme fictions », *Philosophie*, 68, 2000, p. 16-43.

Les équations de Maxwell

Faraday avait obtenu une représentation graphique et intuitive des champs électrique et magnétique, il fallait maintenant en dégager l'expression *mathématique* exacte. C'est ce que réussit à accomplir Maxwell dans les années 1850 et 1860. À cette fin, il s'appuya, entre autres, sur la possibilité de décrire mathématiquement la propagation d'un effet de proche en proche au moyen d'équations aux dérivées partielles. Ces équations permettent en effet d'exprimer la propagation continue d'une grandeur entre des éléments spatio-temporels infinitésimaux voisins les uns des autres. Dans le cas de l'électromagnétisme, les équations recherchées doivent relier les valeurs des champs magnétique et électrique en un point et à un certain instant à leurs valeurs dans leur voisinage immédiat, tant du point de vue spatial que temporel. Leur obtention constitue l'un des accomplissements les plus remarquables de cette tradition physico-mathématique initiée par Fourier en dehors du domaine de la mécanique, dont nous avons parlé dans le chapitre précédent.

Pourtant, au premier abord, l'approche de Maxwell semble bien différente de celle de Fourier. Dans son article « Sur les lignes de force » de 1861-1862[1], il poursuit la méthode des analogies structurelles de ses prédécesseurs[2] pour construire un *modèle mécanique* de l'éther électromagnétique et établir ses équations. Ce qui est singulier, c'est le statut que confère Maxwell aux modèles. Ceux-ci ne sont que des « analogies physiques »[3]. Il ne s'agit pas de dire que les champs électriques et magnétiques répondent réellement à des mécanismes entre des corps, mais bien de se servir d'un modèle mécanique pour simplifier les phénomènes physiques étudiés et en dégager la forme mathématique. Se dégageant de toute forme de réalisme naïf, Maxwell considère les modèles uniquement comme des moyens, des artifices utiles pour guider sa pensée en lui présentant une « forme incarnée » de l'« idée

1. J.Cl. Maxwell, « À propos des lignes de force physiques », trad. D. Lederer dans O. Darrigol, *Les équations de Maxwell de MacCullagh à Lorentz*, Belin, Paris, 2005, p. 55-98.

2. Maxwell s'inspire en particulier de Thomson qui avait établit plusieurs analogies formelles entre certains phénomènes électriques et thermiques.

3. J.Cl. Maxwell, « À propos des lignes de force de Faraday », trad. D. Lederer dans O. Darrigol, *Les équations de Maxwell de MacCullagh à Lorentz*, *op. cit.*, p. 30. Sur l'utilisation de l'analogie physique chez Maxwell, on pourra se reporter à N.J. Nersessian, *Faraday to Einstein : Constructing Meaning in Scientific Theories*, Kluwer, Dordrecht, 1984, chap. 4.

mathématique » recherchée, et non une description adéquate de la réalité. Cette utilisation des modèles est donc très éloignée de celle qui prévaut dans la philosophie mécanique.

Le cœur du modèle mécanique maxwellien de 1861-1862 est constitué par l'explication de la transmission de proche en proche des perturbations du champ électrique et du champ magnétique au sein de l'éther électromagnétique. Maxwell considère ce dernier comme étant composé de « tourbillons » (*vortices*). Les axes de ces tourbillons représentent les lignes du champ magnétique. Le sens de rotation des tourbillons détermine le sens des lignes du champ. Les lignes adjacentes d'un même champ magnétique sont dirigées dans le même sens. Or si nous plaçons deux tourbillons l'un à côté de l'autre, la rotation de l'un devrait entraîner, par frottement, la rotation de l'autre en sens inverse, contrairement donc à la situation qu'était censé incarner le modèle. S'inspirant des mécanismes à roues dentées des ingénieurs, Maxwell a alors l'idée d'introduire entre les tourbillons des « pignons » (*idle wheels*), de petites particules sphériques tournant dans le sens inverse du sens de rotation des tourbillons. La rotation d'un pignon permet ainsi de transférer la rotation d'un tourbillon à un autre tourbillon adjacent en conservant le sens de rotation :

Dans ce modèle, les pignons jouent le rôle des charges électriques, de sorte que leur mouvement représente un courant électrique.

Examinons à présent le fonctionnement de ce modèle. Au départ, il n'y a ni phénomène magnétique ni phénomène électrique. Les tourbillons et les pignons sont donc à l'arrêt. Nous enclenchons alors un courant électrique de gauche à droite. Une rangée de pignons va se mettre en mouvement. Leur mouvement va mettre en rotation les tourbillons directement adjacents : ceux au-dessus de la ligne de courant électrique vont se mettre à tourner dans le sens contraire des aiguilles d'une montre, tandis que ceux en-dessous de la ligne de courant vont se mettre à tourner dans le sens horlogique. Cette différence de rotation des tourbillons au-dessus et en-dessous de la ligne de courant électrique reflète le fait que les lignes de champ magnétique créées par un courant électrique sont disposées circulairement dans un plan perpendiculaire à ce courant. Suite à la rotation des premiers tourbillons, les pignons qui leur sont adjacents vont eux-mêmes se mettre à tourner, mais en sens inverse, rotation des pignons qui va elle-même entraîner la rotation en sens inverse d'autres tourbillons. Ainsi, de proche en proche, les rotations des pignons et des tourbillons se transmettent, une variation locale du champ magnétique impliquant une variation voisine du champ électrique, et inversement [1] :

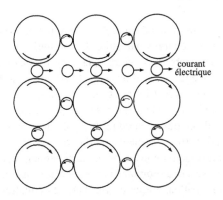

courant électrique

Maxwell abandonnera plus tard son modèle mécanique de l'éther électromagnétique au profit d'une formulation « dynamique » de l'électromagnétisme [2], mais il lui aura, entre-temps, permis d'établir les équations fondamentales régissant la la propagation des phénomènes électriques et magnétiques. Ces équations sont généralement réduites à quatre et présentées de la manière suivante [3] :

1. *Cf.* J.Cl. MAXWELL, « À propos des lignes de force physiques », art. cit., p. 76.
2. Par « dynamique », Maxwell veut ici dire « lagrangien ». Il expose sa théorie dynamique de l'électromagnétisme, d'abord, en 1864, dans « A Dynamical Theory of the Electromagnetic Field » (dans *Scientific Papers*, éd. W.D. Niven, Dover, New York, 1965, vol. 1, p. 526-597), puis de manière plus complète, en 1873, dans son *Traité d'électricité et de magnétisme* (2 vol., trad. G. Séligmann-Lui, Gauthier-Villars, Paris, 1885-1887).
3. Si $\vec{A}$ est un vecteur, le produit scalaire

$$\vec{\nabla} \cdot \vec{A} = \frac{\partial A_x}{\partial x} + \frac{\partial A_y}{\partial y} + \frac{\partial A_z}{\partial z}$$

est appelé la « divergence » de $\vec{A}$, tandis que le produit vectoriel

$$\vec{\nabla} \times \vec{A} = (\frac{\partial A_z}{\partial y} - \frac{\partial A_y}{\partial z}, \frac{\partial A_x}{\partial z} - \frac{\partial A_z}{\partial x}, \frac{\partial A_y}{\partial x} - \frac{\partial A_x}{\partial y})$$

est appelé le « rotationnel » de $\vec{A}$.

(1) $\vec{\nabla} \cdot \vec{E} = \dfrac{\rho}{\varepsilon_0}$;

(2) $\vec{\nabla} \times \vec{B} = \mu_0 \vec{j} + \dfrac{1}{c^2} \dfrac{\partial \vec{E}}{\partial t}$;

(3) $\vec{\nabla} \cdot \vec{B} = 0$;

(4) $\vec{\nabla} \times \vec{E} = -\dfrac{\partial \vec{B}}{\partial t}$,

où $\vec{B}$ désigne le champ magnétique, $\vec{E}$ le champ électrique, ρ la densité de charge (le nombre de charges par unité de volume), $\vec{j}$ la densité de courant électrique, μ_0 la perméabilité du vide, ε_0 la permittivité du vide et c la vitesse de la lumière. Ces équations, dites « de Maxwell », nous fournissent une *dynamique* des champs électriques et magnétiques, en ce sens qu'elles nous permettent de calculer les valeurs de ces champs à n'importe quel instant et à n'importe quel endroit, pour peu du moins que nous soyons en possession de leur valeurs initiales. Elles forment une théorie des phénomènes électriques et magnétiques dans laquelle le champ électromagnétique, associé à un éther emplissant tout l'espace, a remplacé la notion d'action à distance [1].

Le formalisme mathématique utilisé dans ces équations est relativement complexe. Expliquons succinctement la signification de chacune d'entre elles. La première est ce que l'on appelle « la loi de Gauss », du nom d'un mathématicien allemand du XIXe siècle surnommé le « prince des mathématiciens ». Cette première équation détermine le champ électrique $\vec{E}$ dû à la présence de charges dont la densité est donnée par ρ. C'est cette équation qui nous dira, par exemple, que le champ dû à une charge électrique isolée est dirigé radialement par rapport à cette charge et engendre une force électrostatique qui dépend de l'inverse du carré de la distance. La deuxième équation est « l'équation d'Ampère ». Elle lie des phénomènes électriques et magnétiques. C'est elle qui affirme qu'un courant électrique engendre un champ magnétique, comme l'avait remarqué Ørsted dans son expérience de 1820. Le deuxième terme du membre de gauche a été introduit par Maxwell pour garantir la conservation de la charge électrique [2]. La troisième équation est analogue à la première, mais porte sur le champ magnétique, et le terme à droite du symbole d'égalité y est nul. Cela indique qu'il n'y a pas de *charge*

---

1. B. POURPRIX et J. LUBET, *L'aube de la physique de l'énergie. Helmholtz, rénovateur de la dynamique*, Vuibert, Paris, 2004, p. 117.

2. L'expression $\varepsilon_0 \partial \vec{E}/\partial t$ est ce que l'on appelle le « courant de déplacement ».

magnétique, c'est-à-dire de pôle magnétique isolé. Nous pouvons casser un aimant en deux autant de fois que nous le désirons, nous n'arriverons jamais à isoler un pôle magnétique nord ou un pôle magnétique sud : nous nous retrouverons toujours avec deux aimants. Finalement, la quatrième équation est la « loi de Faraday ». Elle nous dit que des variations du champ magnétique $\vec{B}$ peuvent engendrer un champ électrique $\vec{E}$ qui, à son tour, peut déplacer des charges électriques. Le déplacement de ces dernières est tel qu'elles tendent à s'opposer à toute variation du champ magnétique.

La théorie élaborée par Maxwell sanctionne mathématiquement l'unification des phénomènes électriques et magnétiques pressentie par Faraday. Cette unification est très différente de celle du mouvement des astres et des objets en chute libre opérée par Newton. En effet, il ne s'agit pas ici de dire que les phénomènes électriques et les phénomènes magnétiques sont le résultat d'une seule et même force. Dans les équations de Maxwell, le champ électrique et le champ magnétique conservent leur identité ; elles ne font que mettre en évidence les relations qui lient ces deux champs. Au lieu de réduire les deux types de phénomène, la théorie maxwellienne les intègre plutôt dans un cadre unifié [1]. Le fait qu'elle ne les unifie pas au sens fort conduira Einstein à la théorie de la relativité restreinte, comme nous le verrons plus loin.

La nature électromagnétique de la lumière

En dehors des phénomènes électriques et magnétiques, les équations de Maxwell ont produit une unification inattendue de ces deux domaines avec les phénomènes optiques. Il faut surtout comprendre que les équations de Maxwell permettent de montrer que des *ondes électromagnétiques* peuvent être créées par des charges ou des courants électriques oscillants. Prenons, par exemple, un courant électrique oscillant, obtenu en renversant continuellement son sens à une fréquence donnée. Selon l'équation (2) ci-dessus, la variation du champ électrique dû à cette charge produit dans son voisinage un champ magnétique oscillant à la même fréquence. L'équation (4) nous dit alors que la variation de ce champ magnétique produit à son tour dans son voisinage un champ électrique oscillant. Puis la variation de ce champ électrique, toujours selon l'équation (2), produit un champ magnétique, et

1. M. MORRISON, *Unifying Scientific Theories. Physical Concepts and Mathematical Structures*, Cambridge University Press, Cambridge, 2000, p. 107.

ainsi de suite. La variation d'un courant électrique produit une perturbation des champs électrique et magnétique qui se propage dans l'espace, c'est-à-dire une onde électromagnétique. Voici les deux équations, dérivables à partir des équations de Maxwell[1], qui régissent les ondes électromagnétiques dans le vide :

(5) $\dfrac{\partial^2 \vec{E}}{\partial t^2} = c^2 \Delta \vec{E}$;

(6) $\dfrac{\partial^2 \vec{B}}{\partial t^2} = c^2 \Delta \vec{B}$.

Nous avons déjà rencontré ce type d'équations lorsque nous avons abordé le problème des cordes vibrantes : il s'agit de deux *équations d'onde*. L'unification supplémentaire découle du calcul de la vitesse à laquelle les ondes électromagnétiques se déplacent. Les équations nous indiquent qu'il s'agit de c, c'est-à-dire $1/\sqrt{\varepsilon_0 \mu_0}$. Dans le vide, cette vitesse est de 1080 millions de kilomètres par heure, c'est-à-dire 3×10^8 m/s. Cette vitesse correspond exactement à celle mesurée pour la lumière en 1849 par Fizeau. La coïncidence était pour ainsi dire trop grande et Maxwell comprit que la lumière n'était rien d'autre qu'une onde électromagnétique :

> [...] nous ne pouvons pas échapper à l'idée que *la lumière est une ondulation transverse du même milieu que celui qui est à l'origine des phénomènes électriques et magnétiques*[2].

L'éther luminifère et l'éther électromagnétique sont un seul et même milieu (immatériel), dont les vibrations correspondent à des variations du champ électrique et du champ magnétique. C'est la transmission de proche en proche de ces vibrations qui correspond à la propagation de la lumière, laquelle est donc transverse par rapport aux variations des champs magnétiques et électriques, qui sont elles-mêmes perpendiculaires l'une par rapport à l'autre :

---

1. Sachant que dans le vide $j = \rho = 0$ et d'autre part que $\vec{\nabla} \times (\vec{\nabla} \times \vec{A}) = \vec{\nabla}.(\vec{\nabla} \cdot \vec{A}) - \vec{\nabla}^2 \vec{A}$. L'opérateur $\vec{\nabla}^2$ est en fait le laplacien Δ et est égal au produit scalaire de $\vec{\nabla}$ avec lui-même.

2. J.Cl. MAXWELL, « À propos des lignes de force physiques », art. cit., proposition XVI, p. 98.

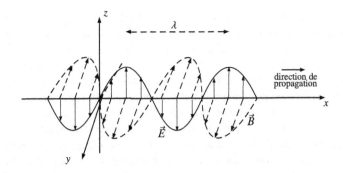

Pour être précis, la lumière visible est une onde électromagnétique particulière : une onde électromagnétique dont la longueur d'onde est comprise entre 380 nm et 780 nm. En dehors de ce domaine, les ondes électromagnétiques ne sont plus visibles [1].

D'un point de vue conceptuel, l'identification de la lumière à une onde électromagnétique n'aurait pas été possible sans l'introduction de la notion de champ. D'un point de vue expérimental, c'est Heinrich Hertz qui réussit, en 1888, à produire des ondes électromagnétiques [2] et à mesurer leur vitesse dans l'air, prouvant ainsi qu'elle était bien identique à celle de la lumière [3]. Il confirmait brillamment au moyen de cette découverte la théorie de Maxwell et força la communauté scientifique à accepter le concept d'onde électromagnétique. À l'acceptation théorique allait rapidement succéder l'application pratique. Ainsi, en 1896, Gugliemo Marconi et Alexander Popov réussirent, l'un indépendamment de l'autre, à effectuer les premières transmissions par ondes radioélectriques.

Une anecdote liée à la « preuve expérimentale » de Hertz vaut ici la peine d'être mentionnée. Aussi brillantes ses expériences furent-elles, elles aboutissaient à des mesures de la vitesse des ondes électromagnétiques différentes dans l'air et à travers un fil électrique, en contradiction avec les

1. Parmi les ondes électromagnétiques ayant une longueur d'onde inférieure à 380 nm, nous trouvons les rayons X, les rayons gamma et les rayons ultraviolets, tandis qu'au-delà de 780 nm nous trouvons l'infrarouge, les micro-ondes et les ondes radio.
2. Il produisit plus précisément des ondes radios, c'est-à-dire des ondes électromagnétiques dont la fréquence est inférieure à 300 GHz.
3. Une présentation accessible du dispositif expérimental mis au point par Hertz peut être trouvée au chapitre 2 de M. ATTEN et D. PESTRE, *Heinrich Hertz. L'administration de la preuve*, PUF, Paris, 2002.

équations de Maxwell. En fait, cette différence était due au fait que les ondes se réfléchissaient sur les murs du laboratoire où Hertz conduisit ses expériences, générant ainsi des interférences. Le dispositif expérimental utilisé permettait d'obtenir des mesures objectives, car celles-ci étaient répétables, mais il était en partie inadéquat. Hertz suspecta que la longueur des ondes produites devait être faible par rapport aux dimensions du laboratoire pour minimiser les effets d'interférence. Convaincu de la justesse de la théorie de Maxwell, Thomson modifia et améliora le dispositif expérimental mis au point par Hertz et réussit à mesurer une vitesse de propagation des ondes électromagnétiques identique dans l'air et à travers des fils [1]. Cet épisode de l'histoire de l'électromagnétisme montre que l'acceptation de certains résultats expérimentaux n'est pas neutre, mais dépend en partie de la théorie adoptée par les scientifiques auxquels ces résultats sont soumis. Lorsque des résultats expérimentaux contredisent les hypothèses d'une théorie, certains scientifiques rejettent ces hypothèses et modifient leur théorie ou en adoptent une autre, d'autres rejettent ces résultats purement et simplement (les tenants d'un paradigme sont toujours difficiles à convaincre) [2], d'autres encore, comme Thomson, modifient le dispositif expérimental en vue, espèrent-ils, d'obtenir des résultats plus conformes aux hypothèses de leur théorie.

LA *BILDTHEORIE* DE HERTZ : RELATIONS STRUCTURELLES ET ENTITÉS INOBSERVABLES

Lorsqu'il a élaboré sa théorie des phénomènes électromagnétiques, Maxwell s'est appuyé sur des mécanismes en l'existence desquels il ne croyait pas. S'est ainsi introduit en physique la possibilité d'une divergence entre représentation scientifique et réalité. Il ne devait plus nécessairement y avoir de ressemblance entre le modèle utilisé pour élaborer une théorie et les entités auxquelles celle-ci renvoyait. Dans l'Introduction à ses *Principes de la mécanique* (*Prinzipien der Mechanik*) de 1894, Hertz effectua un pas supplémentaire en abandonnant l'exigence de ressemblance au niveau des théories physiques elles-mêmes. Celles-ci ne sont plus destinées à capturer la nature de la réalité, mais seulement à en produire une « image » (*Bild*), un modèle qui n'entretient avec les entités physiques qu'un rapport *symbolique*.

1. *Cf.* M. ATTEN et D. PESTRE, *Heinrich Hertz, op. cit.*, p. 75-79.
2. Ce type de scientifique est évidemment le plus critiquable, car, du moins si le dispositif expérimental est objectif, il refuse le verdict de l'expérience. Il rejette d'une certaine manière que le résultat de l'expérience soit déterminé par le monde, plutôt que par sa théorie.

Avec cette conception, Hertz a conféré un « sens nouveau » [1] à la tâche du physicien, qui a eu une influence déterminante sur Boltzmann [2] et Einstein [3].

La « théorie picturale » (*Bildtheorie*) des théories scientifiques de Hertz affirme que nous n'avons aucun moyen de savoir si les représentations qui composent une théorie physique sont « en conformité avec les choses elles-mêmes ». Les images que le physicien se forme des objets réels ne doivent dès lors pas être comprises littéralement ; ce ne sont pas des copies mais uniquement des symboles (mathématiques) de ces objets. La conformité d'une théorie avec la réalité se situe plutôt au niveau de ses *conséquences* logiques : les conséquences nécessaires de cette image qu'est une théorie physique doivent être des images des conséquences nécessaires au niveau de la nature des objets dépeints par la théorie [4]. De ce point de vue, les principes d'une théorie physique n'ont pas à être vrais au sens où ils correspondraient à la réalité, mais seulement à être cohérents et à avoir des conséquences déductives en accord avec les images des phénomènes. La valeur d'une théorie scientifique se mesure alors à sa capacité à reproduire les « relations structurelles » que nous trouvons au sein de la réalité [5].

Tant que l'adéquation empirique est garantie, le physicien est en particulier libre, dans sa formulation d'une image de la réalité physique et des lois qui la gouvernent, de recourir à des entités *inobservables*. Dans les années 1890, Hendrik Antoon Lorentz recourut précisément à une entité de ce type pour expliquer la génération des ondes électromagnétiques : l'« électron ». Celui-ci est lié à la matière par une sorte de ressort, de sorte que lorsqu'il s'écarte de sa position d'équilibre, il se met à vibrer. Le mouvement

1. E. CASSIRER, *Le problème de la connaissance dans la philosophie et la science des temps modernes. IV. De la mort de Hegel aux temps présents*, trad. J. Carro et al., Cerf, Paris, 1995, p. 137.

2. *Cf.* S. PLAUD, « Éléments de proto-histoire », dans S. LAUGIER et S. PLAUD (éd.), *La philosophie analytique*, Ellipses, Paris, 2011, p. 27-30.

3. *Cf.* Th. RYCKMAN, *Einstein*, Routledge, Londres, 2017, p. 325-330.

4. H. HERTZ, *The Principles of Mechanics Presented in a New Form*, trad. D.E. Jones et J.T. Walley, MacMillan, New York, 1899, p. 1.

5. S. PLAUD, « Éléments de proto-histoire », art. cit., p. 22. À ce critère de « correction » (*Richtigkeit*) que doit satisfaire une image s'en ajoutent deux autres selon Hertz : d'une part, un critère d'« admissibilité » (*Zulässigkeit*) selon lequel cette image ne doit pas contenir de contradictions logiques et, d'autre part, un critère de « commodité » (*Zweckmässigkeit*) d'après lequel l'image doit refléter un maximum de relations essentielles de l'objet dépeint et être la plus simple, c'est-à-dire contenir le minimum de relations superflues (H. HERTZ, *The Principles of Mechanics Presented in a New Form*, op. cit., p. 2).

périodique de l'électron génère alors un rayonnement électromagnétique sous
la forme d'une onde. Ce n'est qu'avec l'invention par sir William Crookes des
premiers *tubes à rayons cathodiques* que l'existence des électrons put être
démontrée. Dans ces tubes, un gaz est enfermé dans une ampoule contenant
une cathode et une anode. Lorsqu'une décharge électrique est déclenchée, on
constate l'émission de rayons rectilignes et fluorescents. Ceux-ci étant émis
depuis la cathode, Crookes les qualifia de « rayons cathodiques ». Il comprit
rapidement que ces rayons étaient composés de particules matérielles. C'est
Perrin qui montra en 1895 que ces particules étaient chargées négativement
en plaçant les rayons cathodiques dans l'entrefer d'un aimant. Il constata en
effet que ces particules étaient déviées sous l'action du champ magnétique
de l'aimant. Plus tard, Joseph Thomson détermina le rapport de leur masse
sur leur charge [1] et Robert Millikan leur charge [2]. Ils ont par là contribué à
convaincre la communauté scientifique de la réalité des électrons.

Mais qu'est-ce en fait qu'une entité inobservable ? C'est, comme son nom
l'indique, une entité qu'on ne peut observer – sous-entendu : qu'on ne peut
percevoir de manière directe au moyen des cinq sens. Mais ne mesure-t-
on pas des courants électriques, c'est-à-dire des déplacements d'électrons ?
Certes, mais ce que l'on observe alors directement, ce ne sont pas les électrons
eux-mêmes, mais la coïncidence de la position d'une aiguille avec une des
marques de l'échelle numérique qui figure sur le cadran d'un ampèremètre [3].
La mesure d'une certaine grandeur (l'intensité du courant électrique), c'est-à-
dire son association à un nombre, n'est pas toujours l'observation de l'entité
correspondante (les électrons). La mesure peut toutefois indiquer la présence
de l'entité en question. Ce n'est pas parce que des entités sont inobservables
directement qu'elles sont forcément *indétectables*. Les scientifiques déve-
loppent des appareils souvent très sophistiqués pour détecter certaines des
entités postulées par leurs théories. Par exemple, la présence de certaines
particules inobservables à l'œil nu peut être détectée au moyen de petits
détecteurs, comme la *chambre à brouillard* [4]. Il s'agit d'une enceinte dans

1. Ce rapport vaut $1,76 \times 10^{11}$ C/kg. Le fait que la charge d'un électron soit grande par
rapport à sa masse implique que l'on peut facilement l'accélérer sur une distance très courte.
2. Sur ces expériences, on pourra se reporter aux explications détaillées de St. WEINBERG dans
Le monde des particules, op. cit., chap. 2.
3. *Cf.* H. WEYL, *Philosophie des mathématiques et des sciences de la nature*, trad. C. Lobo,
MētisPresses, Genève, 2017, p. 235-236.
4. Ce dispositif a été créé par Charles Th.R. Wilson en 1911.

laquelle est enfermée de la vapeur d'eau. Lorsqu'une particule électriquement chargée traverse cette enceinte, elle ionise le gaz et de la vapeur d'eau se condense autour des ions ainsi formés. Il en résulte une traînée de gouttelettes d'eau là où la particule est passée. On remarquera qu'ici, les particules ne sont pas observées au sens strict. Ce que l'on observe, c'est plutôt une traînée de vapeur. De la même manière, lorsque nous observons les traces d'un animal dans la forêt, ce que nous observons, ce n'est pas l'animal, mais bien les traces qu'il a laissées. De manière plus spectaculaire, le LHC a été construit au CERN dans le but de détecter le fameux boson de Brout-Englert-Higgs. Son observation est indirecte ; elle se fait pour ainsi dire en bout de chaîne, en regardant l'image ou le tableau de valeurs formé sur un ordinateur au terme d'un processus complexe dans lequel des instruments de détection fournissent certaines données qui sont ensuite traitées numériquement et interprétées moyennant de lourds calculs [1].

Avec la victoire de l'hypothèse atomiste, les entités inobservables se sont multipliées au cours du XXᵉ siècle – qu'il suffise de penser à la jungle des particules subatomiques qui peuplent aujourd'hui ce que l'on appelle le « modèle standard ». Leur augmentation et l'invention de nouveaux dispositifs permettant de les observer indirectement et de les manipuler ont contribué à faire accepter leur existence par la plupart des physiciens, contrairement à la réserve à laquelle nous enjoint la théorie picturale de Hertz [2]. Le débat entre position réaliste et position anti-réaliste eu égard aux entités inobservables est néanmoins resté vivace chez les philosophes des sciences [3].

1. Sur l'influence de l'informatisation dans le processus d'observation, *cf.* V. ISRAËL-JOST, *L'observation scientifique. Aspects philosophiques et pratiques*, Classiques Garnier, Paris, 2015, p. 12-14.

2. Elle ne renonce, à vrai dire, qu'à une certaine forme de réalisme : celui qui revient à accepter comme existantes toutes les entités auxquelles renvoient les termes théoriques présents dans nos théories physiques. Hertz adopte plutôt ce que l'on pourrait appeler une forme de « réalisme structurel », puisque ce qui importe pour lui dans une théorie scientifique, c'est qu'elle reproduise, ou du moins imite, l'« ordre structurel » que nous retrouvons au sein des phénomènes physiques (S. PLAUD, « Éléments de proto-histoire », art. cit., p. 21).

3. *Cf.* entre autres L. LAUDAN, « A Confutation of Convergent Realism », *Philosophy of Science*, 48 (1), 1981, p. 19-49 ; B. VAN FRAASSEN, *The Scientific Image, op. cit.* ; et I. HACKING, *Representing and Intervening, op. cit.*

CHAMPS ET PHILOSOPHIE MÉCANIQUE

Avec ses équations, Maxwell réussit à unifier l'électricité, le magnétisme et l'optique. Cette brillante synthèse semblait avoir rendu définitivement superflue la conception corpusculaire de la lumière de Newton. Tous les phénomènes lumineux pouvaient désormais être expliqués en termes de champ. Cette situation aboutit à une séparation entre deux domaines de la physique : celui de la matière – la mécanique du point matériel –, d'une part, et celui du rayonnement – la théorie du champ –, d'autre part. Tandis que le premier traitait du discontinu, le deuxième traitait du continu. Mais ces deux domaines, bien que distincts, ne sont pas pour autant dépourvus d'interactions. Lorsqu'une particule matérielle agit sur une autre, c'est précisément par l'intermédiaire d'un champ. Par exemple, si une charge électrique exerce une force sur une autre, c'est parce qu'un champ électromagnétique se propage de la première charge à la deuxième.

Cette reconnaissance des champs à côté des particules matérielles semble remettre en cause le programme mécaniste, dans la mesure où les champs sont aussi fondamentaux que les corpuscules et où les propriétés des champs ne sont pas les qualités premières généralement attribuées aux corpuscules. En effet, les champs sont étendus dans l'espace – ce ne sont donc pas des points –, ils n'ont pas de trajectoire – celle-ci ne peut donc être assimilée à une ligne – et ils ont de plus la capacité de se superposer – deux champs peuvent ainsi occuper une même portion de l'espace. L'horizon semblait bien sombre pour les tenants du réductionnisme. Il parut un temps s'éclaircir avec la théorie de l'éther de Lorentz. Celui-ci soutenait en effet que, si le milieu immatériel dans lequel se propage le champ électromagnétique, à savoir l'éther, et la matière sont séparés, ils sont toutefois liés grâce aux particules négativement chargées contenues au sein de la matière : les électrons. D'une part, conformément aux équations de Maxwell, leur accélération produit un champ électromagnétique. D'autre part, le champ électromagnétique agit en retour sur la matière en exerçant une force électromagnétique sur les particules chargées contenues en son sein. Cette force est dite « de Lorentz » et vaut :

$$\vec{f} = q\vec{E} + q\vec{v} \times \vec{B},$$

où q est la charge électrique de la particule sur laquelle s'exerce la force $\vec{f}$, $\vec{v}$ sa vitesse, $\vec{E}$ le champ électrique qui s'exerce sur cette particule et $\vec{B}$ le champ magnétique qui s'exerce sur elle.

La théorie lorentzienne de l'éther ouvrait-elle la voie à une réduction du niveau des champs électromagnétiques à celui des corpuscules ? Non : en réalité, c'est même tout le contraire qui fut proposé. Les liens entre la matière et l'éther immatériel n'étaient plus conçus comme étant de nature mécanique, mais bien électromagnétique. On envisagea même une explication de la gravitation et des lois du mouvement au moyen des lois de l'électromagnétisme. L'unification de la physique n'était donc pas de nature mécanique, mais électromagnétique. Il s'agissait d'offrir une nouvelle conception du monde à même de dépasser la conception classique et mécaniste. L'accomplissement du programme de cette « vision électromagnétique de la nature » [1], soutenue au début du XXᵉ siècle par Lorentz, Max Abraham, Wilhelm Wien et Paul Langevin, aurait signé la victoire du programme réductionniste. Un réductionnisme profondément remanié certes, puisque le champ y aurait occupé la position fondamentale autrefois occupée par la notion de corpuscule matériel, mais un réductionnisme tout de même.

L'histoire en décida toutefois autrement : toutes les tentatives visant à mettre l'existence de l'éther en évidence se soldèrent par un échec. Ce fut en particulier le cas de la célèbre expérience dite « de Michelson et Morley » relative à la variation de la mesure de la vitesse de la lumière par rapport à l'éther.

VITESSE DE LA LUMIÈRE ET ÉTHER

Nous avons vu dans le deuxième chapitre que le *principe de relativité galiléenne* affirme que les lois du mouvement, c'est-à-dire les lois de la mécanique classique, sont les mêmes dans tous les référentiels en translation rectiligne uniforme les uns par rapport aux autres. Plus précisément, ces lois gardent la *même forme* lorsque nous passons d'un référentiel inertiel à un autre. Encore faut-il, pour vérifier ce principe, disposer de *règles de transformation* permettant de passer des coordonnées spatiales et temporelles dans un référentiel inertiel aux coordonnées spatiales et temporelles correspondantes dans un autre référentiel en translation rectiligne uniforme par rapport au premier référentiel.

---

1. R. McCORMMACH, « H. A. Lorentz and the Electromagnetic View of Nature », *Isis*, 64 (4), 1970, p. 459-497.

Les transformations de Galilée

Soit un référentiel K fixe par rapport à la Terre. Supposons qu'une voiture accélère par rapport à ce référentiel. Il est tout à fait possible de concevoir un deuxième référentiel K' par rapport auquel la voiture est au repos. Il suffit que K' s'éloigne de K avec la même accélération que celle de la voiture. Nous pouvons même établir les règles de transformation qui permettent de passer de K à K'. Cependant, la description des événements ne sera nullement équivalente entre les deux référentiels du point de vue de la mécanique classique, parce que l'accélération de la voiture relativement à K fait naître certains effets – par exemple le conducteur se sent collé à son siège. Or si les forces responsables de ces effets peuvent être expliquées dans K par l'accélération de la voiture, elles ne le peuvent dans K', puisque de son point de vue la voiture n'accélère pas. Le passage de K à K' implique de modifier les lois du mouvement. Pour cette raison, toutes les règles transformation qui permettent de passer de l'un de ces deux référentiels à l'autre ne sont pas acceptables. Galilée a en réalité soutenu que les règles de transformation qui laissent invariante la forme des lois de la mécanique sont celles qui correspondent à des translations rectilignes uniformes entre les référentiels.

Considérons donc deux référentiels K et K' en translation rectiligne uniforme l'un par rapport à l'autre. À l'instant initial $t_0 = 0\,s$, K et K' se confondent. Ensuite, K' s'éloigne de K avec une vitesse $\vec{v}$ constante dans la direction x. Donc, après un temps t, K' se trouvera à une distance vt de K. Prenons un point P de masse m situé en t à la position (x, y, z) dans K et à la position (x', y', z') dans K'. En nous limitant à une représentation à deux dimensions, la situation est schématiquement la suivante :

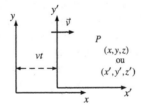

Les règles de transformation que nous recherchons doivent nous permettre de passer des coordonnées de P dans K à ses coordonnées dans K'. Elles nous sont données par les équations suivantes :

(1) $x' = x - vt$;
(2) $y' = y$;
(3) $z' = z$;

qui avec :

(4) $t' = t$,

constituent ce qu'on appelle les « transformations de Galilée »[1]. Comme on le voit, dans un monde régi par ces transformations, deux événements peuvent être simultanés même s'ils ne se déroulent pas au même endroit, ceci parce que l'espace et le temps y sont séparés.

Montrons qu'avec ces transformations, les lois du mouvement de Newton, et en particulier la deuxième, ont bien la même forme dans les deux référentiels. Du point de vue d'un observateur lié à K', la deuxième loi, restreinte à sa composante horizontale x' (la seule qui nous intéresse ici pour des raisons évidentes), nous est donnée par :

$$F_{x'} = m \frac{d^2 x'}{dt'^2},$$

où $d^2 x' / dt'^2$ est la dérivée seconde de la position de P selon x' par rapport au temps, c'est-à-dire l'accélération de P selon x'. La deuxième loi du mouvement aura la même forme dans K si elle est exprimée par :

$$F_x = m \frac{d^2 x}{dt^2}.$$

C'est bien ce que nous garantit la transformation de Galilée, puisque :

$$\frac{d^2 x'}{dt'^2} = \frac{d^2 (x - vt)}{dt'^2} = \frac{d^2 (x - vt)}{dt^2} = \frac{d^2 x}{dt^2} - v \frac{d^2 t}{dt^2} = \frac{d^2 x}{dt^2}.$$

Nous obtenons un résultat similaire de manière triviale pour les deux autres composantes. En général, nous avons donc :

$$m\vec{a} = m\vec{a}',$$

où $\vec{a}$ représente l'accélération du point P mesurée par rapport à K et $\vec{a}'$ son accélération mesurée par rapport à K'[2]. La mécanique classique semble donc

---

1. Il va sans dire que Galilée lui-même ne connaissait pas ces règles de transformation.
2. Évidemment, ces conclusions sont aussi valables lorsque les deux référentiels sont au repos l'un par rapport à l'autre, puisque dans ce cas $v = 0 \, \text{m/s}$.

bien respecter le principe de relativité galiléenne, puisque la forme de ses lois est invariante eu égard aux transformations de Galilée.

Une conséquence directe des transformations de Galilée est ce que l'on appelle le « principe d'addition des vitesses ». Selon ce principe, si un mobile se déplace avec une vitesse u' par rapport à K' dans la direction x', sa vitesse u par rapport à K dans la direction x nous est donnée par [1] :

$$u = u' + v.$$

En vertu de ce principe, nous pouvons par exemple établir que si nous sommes dans une voiture se déplaçant à une vitesse de 90 km/h et que parallèlement à notre voiture un train se déplace à 120 km/h, la vitesse du train par rapport à notre référentiel – celui attaché à notre voiture – sera de 30 km/h. L'addition des vitesses est un principe tout à fait intuitif du point de vue de la mécanique classique. On l'a d'ailleurs longtemps cru universel. Plusieurs découvertes ayant trait à la lumière ont cependant conduit à douter de son applicabilité dans le domaine de l'électromagnétisme.

Vitesse de la lumière et mouvement

En 1680, Jean Picard publia l'observation du mouvement apparent de l'étoile γ Draconis par rapport à la voûte céleste. James Bradley, pensant qu'il s'agissait d'un effet de parallaxe à même de prouver l'hypothèse du mouvement de la Terre, se pencha sur son étude. Cependant, ses mesures étaient incompatibles avec l'effet de parallaxe attendu. C'est en 1728, qu'il découvrit l'explication de cette « aberration » en supposant que la vitesse de la lumière est finie (comme l'avait montré Rømer) et se compose avec la vitesse de la Terre dans son mouvement annuel autour du Soleil. Entre le moment où la lumière est émise par une étoile et le moment où cette lumière est perçue sur Terre, cette dernière s'est déplacée avec une certaine vitesse, de sorte que l'étoile paraît légèrement décalée par rapport à sa position dans le référentiel du Soleil.

1. Le principe d'addition des vitesses découle directement des première et quatrième règles de transformation de Galilée :

$$u' = \frac{dx'}{dt'} = \frac{dx'}{dt}\frac{dt}{dt'} = \frac{d(x - vt)}{dt} = \frac{dx}{dt} - v = u - v.$$

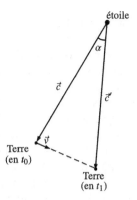

Imaginons que la pluie tombe à la verticale et qu'elle est recueillie dans des tubes. Si ces tubes sont au repos, ils devront aussi être disposés verticalement pour recueillir le maximum d'eau de pluie, mais s'ils sont emportés horizontalement, il faudra les pencher plus ou moins fortement pour qu'ils restent parallèles à la direction de la pluie [1]. De la même manière, le déplacement de la Terre implique une aberration de la lumière venant des étoiles, c'est-à-dire un angle (α sur le schéma ci-dessus) entre la direction apparente de cette lumière et sa direction réelle.

Au cours d'une année, c'est-à-dire le temps d'une révolution complète de la Terre autour du Soleil, l'angle d'aberration change et il en résulte un déplacement de la position apparente de l'étoile qui décrit une ellipse. Cette ellipse observée à partir de la Terre n'est en fait que l'image projetée sur la voûte céleste de l'ellipse que décrit la Terre elle-même autour du Soleil. Bien qu'il ne s'agissait pas de la confirmation attendue, cette explication du phénomène de l'aberration de la lumière apportait bien une nouvelle preuve éclatante de l'hypothèse copernicienne. Mais l'explication de Bradley avait aussi une autre conséquence, plus surprenante. On peut calculer que si la Terre se déplace à la vitesse v, l'aberration maximale (celle sous laquelle on voit l'amplitude de l'aberration) vaut v/c. Bradley constata que cette aberration maximale est constante. Or, à six mois d'intervalles, la vitesse de la lumière émise par une étoile aurait dû se composer, alternativement de manière additive et de manière soustractive avec celle de la Terre. La

---

1. A.-Cl. CLAIRAUT, « De l'aberration apparente des étoiles causée par le mouvement progressif de la lumière », *Histoire de l'Académie royale des sciences, Année 1737*, 1740, p. 207-208.

constance de l'aberration signifiait donc que la vitesse apparente de la lumière ne dépendait pas de la vitesse relative entre sa source et l'observateur. Une étoile peut bien s'éloigner ou se rapprocher de de la Terre, nous mesurons toujours la même valeur c de la vitesse de la lumière issue de cette étoile. Cette deuxième conséquence contredisait directement le principe d'addition des vitesses, d'autant que l'explication de Bradley était formulée dans le cadre de la conception corpusculaire de la lumière. Du point de vue de cette conception, la cinématique de la lumière aurait dû être la même que celle, newtonienne, des corps matériels. Les choses ne se présentaient pas plus simplement dans le cadre de la théorie ondulatoire de la lumière, qui avait remplacé la théorie de l'émission au XIXᵉ siècle. À la suite de Fresnel, elles furent, pour ainsi dire, simplement acceptées comme telles : si la vitesse de la lumière est indépendante de celle de sa source, cela implique que l'éther au travers duquel se propagent les vibrations lumineuses s'écoule librement à travers la matière [1]. En d'autres termes, l'éther n'est pas entraîné par le mouvement des astres. S'il l'était, l'explication de l'aberration deviendrait impossible. En effet, admettre que l'éther puisse être entraîné par le mouvement des astres implique en particulier qu'il peut l'être par le mouvement de la Terre, ce qui impliquerait à son tour que la vitesse de la lumière reste constante, en intensité et en direction, du point de vue de sa source et du point de vue de la Terre [2].

La situation allait devenir encore plus étrange avec l'expérience sur la vitesse de la lumière faite par Arago en 1810 et publiée seulement en 1853. Celui-ci doutait de la constance de la vitesse de la lumière et pensait que la lumière émise par des étoiles de grandeurs différentes devait avoir des vitesses différentes. Selon lui, l'observation de l'aberration ne pouvait résoudre cette question, car sa mesure était trop imprécise. Une différence de vitesse de ¹⁄₂₀ produirait au mieux une différence d'aberration d'une seconde d'arc [3], ce qui semblait effectivement très peu pour la précision des instruments de l'époque. Arago imagina donc une nouvelle expérience, devenue célèbre, lui permettant de constater la variation de la vitesse de la lumière issue d'astres se déplaçant à des vitesses différentes par rapport à la Terre. Lorsque la lumière passe à

1. A. Fresnel, « Lettre d'Augustin Fresnel à François Arago sur l'influence du mouvement terrestre dans quelques phénomènes d'optique », dans Œuvres complètes d'Augustin Fresnel, Imprimerie Impériale, Paris, 1868, tome 2, p. 628.

2. J. Eisenstaedt, Avant Einstein, op. cit., p. 216.

3. Une seconde d'arc correspond à un degré divisé par 3600.

travers un prisme en verre, elle est déviée. D'après la théorie de l'émission, à la cause de laquelle Arago était encore acquis à l'époque, l'angle de réfraction *r* qui en résulte dépend de la vitesse de la lumière incidente. Arago eut alors l'idée d'utiliser un prisme (achromatique) pour mesurer la variation de la vitesse de la lumière impliquée par le mouvement de la Terre par rapport à sa source céleste.

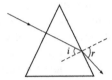

Arago mesura la variation de la réfraction de la lumière issue d'une étoile lorsqu'elle passe à un méridien à deux instants différents. À six heures du matin, la Terre s'approche de l'étoile, tandis qu'à six heures du soir, elle s'en éloigne. Par conséquent, la vitesse de la lumière émise par l'étoile devrait être augmentée d'un certain facteur le matin $(c + v)$ et diminuée d'un même facteur $(c - v)$ le soir, en sorte que ses rayons passant au travers du prisme devraient être moins déviés le matin que le soir [1]. Arago effectua ces mesures sur la lumière provenant de différentes étoiles et à chaque fois il ne mesura aucune déviation. Le résultat de son expérience était négatif ! Mais comment expliquer cette observation tout à fait inattendue, si ce n'est par le fait que la lumière est bien entraînée par le mouvement de la Terre ? Cela contredisait tout à fait l'explication donnée par Bradley de l'aberration de la lumière.

Arago confia son désarroi à son ami Fresnel, alors le plus grand spécialiste des questions d'optique, qui en donna en 1818 une justification pour le moins étonnante. Il déclara que si l'éther n'était pas entraîné par le mouvement de la Terre et les corps opaques (en accord avec le résultat de l'aberration de Bradley), il l'était en revanche « partiellement » lorsque la lumière passe à travers un milieu transparent tel que le verre [2]. Autrement dit, la vitesse de la lumière reste constante lorsqu'elle traverse la distance qui sépare sa source de la Terre, mais subit une modification lorsqu'elle passe à travers un prisme qui est en mouvement par rapport à cette source du fait du mouvement de la

1. Fr. Arago, « Mémoire sur la vitesse de la lumière, lu à la première Classe de l'Institut, le 10 décembre 1810 », *Comptes-rendus de l'Académie des sciences*, 36, 1853, p. 46.

2. A. Fresnel, « Lettre d'Augustin Fresnel à François Arago sur l'influence du mouvement terrestre dans quelques phénomènes d'optique », art. cit., p. 628-629.

Terre. L'entraînement partiel de l'éther dans un milieu tel que le verre serait dû à l'« excès » de densité de l'éther dans ce milieu par rapport au milieu qui l'environne[1], de sorte qu'une fraction du mouvement du milieu transparent enfermé dans ce prisme se transmettrait à l'éther. Fresnel était ainsi parvenu à rendre compatible à la fois l'explication de l'aberration et le résultat négatif de l'expérience d'Arago. Mais à quel prix ! L'hypothèse utilisée paraissait parfaitement *ad hoc*, pour ne pas dire contradictoire[2]. Pourtant, l'histoire sembla donner raison à Fresnel. Celui-ci avait en effet établi une formule permettant de calculer l'entraînement partiel de l'éther dû au passage de la lumière à travers un prisme en mouvement en fonction de l'indice de réfraction de ce prisme[3]. Cette formule fut vérifiée expérimentalement par Fizeau en 1851 en comparant la vitesse d'un rayon lumineux traversant de l'eau au repos et celle d'un autre rayon lumineux traversant de l'eau en mouvement.

L'expérience de Michelson et Morley

Aussi invraisemblable qu'ait pu paraître la conception que se faisait Fresnel de l'éther, la confirmation de la formule qu'il avait établie semblait l'imposer. Lorentz restait cependant sceptique, d'autant que la forme des équations de Maxwell ne se conservait pas lors du passage d'un référentiel inertiel à un autre au moyen des transformations de Galilée[4]. Il réussit à retrouver la formule de Fresnel en supposant que la variation de la vitesse de la lumière dans un milieu en mouvement était due à l'interaction des particules chargées contenues au sein de ce milieu avec l'onde électromagnétique qui le traverse. Dans cette théorie, l'éther n'étant pas affecté par le mouvement des corps opaques qui le traversent, il pouvait être conçu comme un milieu au

---

1. A. FRESNEL, « Lettre d'Augustin Fresnel à François Arago sur l'influence du mouvement terrestre dans quelques phénomènes d'optique », art. cit., p. 631.

2. *Cf.* B. HOFFMANN, *La relativité, histoire d'une grande idée*, Belin, Paris, 1999, p. 76-77.

3. Si c est la vitesse de la lumière dans le vide, sa vitesse dans un milieu d'indice de réfraction n au repos par rapport à l'éther vaut c/n. Lorsque le milieu se déplace avec une vitesse v par rapport à l'éther, la vitesse de la lumière par rapport à l'éther est donnée par la formule :

$$\frac{c}{n} + (1 - \frac{1}{n^2})v.$$

4. *Cf.* par exemple J. HLADIK et M. CHRYSOS, *Introduction à la relativité restreinte*, Dunod, Paris, 2001, p. 11-12.

repos absolu, et donc à même de fournir un support matériel à l'espace absolu newtonien [1]. La propagation de la lumière était assimilée à la transmission de vibrations de proche en proche [2] au sein de ce milieu, propagation dont la vitesse n'était pas affectée par le mouvement éventuel de la source lumineuse. Dès lors, la lumière n'avait plus à se plier au principe d'addition des vitesses. L'éther était immobile, c'était désormais chose entendue. Il n'était de plus pas entraîné par le mouvement de la Terre. Cela ne signifiait pas pour autant que la vitesse de cette dernière ne devait avoir aucune influence sur la vitesse de la lumière mesurée en laboratoire. C'est ce que l'on appella le phénomène du « vent d'éther ». Si la vitesse de la lumière par rapport à l'éther est égale à c et que nous nous déplaçons à une vitesse v dans le même sens que la lumière, celle-ci devrait nous apparaître avec une vitesse $c' = c - v$. Le vent d'éther n'est rien d'autre que cette différence de vitesse. On parle ici de vent, car il s'agit d'un phénomène analogue à ce pseudo-vent que nous ressentons lorsque, passant la tête par la fenêtre d'une voiture, nous nous déplaçons à grande vitesse un jour de beau temps : il n'y a pas réellement de vent, mais une impression que celui-ci nous souffle dessus, impression causée par le fait que la voiture se déplace. L'expérience mise au point en 1881 par Michelson, puis perfectionnée en 1887 avec Morley, avait pour but de mesurer ce phénomène dans le cas de l'éther. En d'autres termes, elle était censée permettre de déceler le mouvement de la Terre par rapport à un éther immobile, ce qui en retour aurait attesté l'existence de cet éther et de l'espace absolu qui lui était censément attaché.

La Terre a sur son orbite une vitesse d'environ 30 km/s et la vitesse de la lumière est de 300 000 km/s. Par conséquent, la variation du « premier ordre », c'est-à-dire en v/c, de la mesure de la vitesse de la lumière par rapport à l'éther qu'est susceptible d'induire le mouvement de la Terre est minuscule, et donc difficile à mesurer. Pour pallier ce problème, Michelson eut l'idée d'utiliser les propriétés ondulatoires de la lumière. Imaginons deux distances identiques du point de vue d'un référentiel attaché à la Terre et orientées selon des directions perpendiculaires. Si deux rayons lumineux non décalés se dirigent selon ces deux directions et que l'une d'elles est identique à la direction du vent d'éther, les temps mis par les deux rayons lumineux

1. J. EISENSTAEDT, *Avant Einstein, op. cit.*, p. 235.
2. Lorsque l'on affirme que l'éther est immobile, on veut dire qu'il ne se déplace pas transversalement par rapport à ces vibrations.

pour parcourir la même distance devraient être différents, de sorte que si l'on arrivait à faire se rencontrer ces deux rayons en un même point après leur parcours selon les deux directions perpendiculaires, ils devraient dessiner une *figure d'interférence*. Évidemment, si le vent d'éther n'a aucune influence sur les temps de parcours des deux rayons, il ne devrait pas y avoir de figure d'interférence [1]. Michelson construisit ainsi un appareil lui permettant de visualiser et de mesurer des interférences entre rayons lumineux. Grâce à cet *interféromètre*, il fut alors capable de comparer, en mesurant les écarts entre les franges d'interférence, les temps mis par la lumière pour parcourir deux distances identiques dans des directions différentes – les deux « bras » de l'interféromètre –, l'une dans le sens du mouvement de la Terre et l'autre perpendiculairement. La division en deux rayons lumineux issus d'une même source était réalisée grâce à une innovation technique : un « miroir semi-transparent ». Celui-ci laisse à la fois passer une partie de la lumière et en réfléchit une autre partie. L'avantage du dispositif expérimental mis au point par Michelson est sa précision. Il permet en effet de mesurer des effets dits du « second ordre », c'est-à-dire en $(v/c)^2$, et pas seulement du premier ordre (v/c), comme celui de l'entraînement partiel de l'éther. Voici le schéma de l'interféromètre de Michelson :

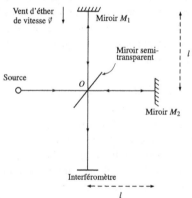

La lumière est émise par une source lumineuse et traverse un miroir semi-transparent en O qui divise le rayon en deux : le premier rayon obtenu se

---

1. Pour être exact, l'expérience de Michelson consiste à comparer le déplacement des franges d'interférence créées par les deux rayons suite à la rotation du dispositif expérimental par rapport à la direction du vent d'éther.

dirige vers le miroir M_1 et le second vers le miroir M_2. Les deux miroirs sont situés à la même distance l du miroir semi-transparent. Arrivé en M_1, le premier rayon est réfléchi en sens inverse vers un écran, après avoir traversé le miroir semi-transparent de part en part. Le deuxième rayon est réfléchi en sens inverse lorsqu'il arrive en M_2, puis lorsqu'il arrive sur le miroir semi-transparent il est réfléchi vers l'écran. Si nous considérons la situation indépendamment de l'hypothèse du vent d'éther, les deux ondes lumineuses doivent parcourir la même distance pour se retrouver sur un écran où elles vont se rencontrer sans décalage temporel et interférer de manière purement constructive. La prise en compte du vent d'éther implique en revanche que les deux rayons ne vont pas mettre exactement le même temps pour parcourir leur trajet respectif[1] et vont donc interférer positivement à certains endroits de l'écran et négativement à d'autres, de sorte qu'une figure d'interférence doit se dessiner. Or le résultat de cette expérience, effectuée plusieurs fois par Michelson et Morley, conduisit toujours au même résultat : aucune frange d'interférence n'apparaissait sur l'écran[2]. L'éther demeurait définitivement introuvable.

*

* *

À la fin du xixe siècle, sûrs des principes de leur discipline, certains physiciens pensaient que la physique était enfin assise sur des fondements inébranlables. Il ne leur restait plus qu'à lui laisser sereinement couler son cours et les derniers énigmes de la nature trouveraient aisément leur explication. Les équations de Maxwell, auxquelles il faut ajouter la loi de la force de Lorentz, les équations newtoniennes du mouvement, la loi de gravitation universelle et les principes de la thermodynamique semblaient leur procurer tout ce qui leur était nécessaire pour comprendre les phénomènes physiques. Par exemple, les équations de Maxwell leur disaient tout ce qu'ils avaient besoin de savoir sur les champs électrique et magnétique, la force de Lorentz leur disait comment ces champs génèrent une force qui agit sur une charge se déplaçant avec une certaine vitesse et les lois du mouvement leur

---

1. *Cf.* la démonstration reprise dans l'Annexe II. On peut ici penser à deux nageurs parcourant la même distance dans l'eau, mais l'un dans la direction du courant et l'autre perpendiculairement.

2. Eu égard à la précision que nous donnions dans la note 1 p. 392 : aucun déplacement des franges d'interférence ne fut observé entre les deux positions de l'interféromètre.

disaient comment cette force modifie le mouvement de la charge. Le résultat
« négatif » de l'expérience de Michelson et Morley est venu rapidement
troubler cette belle assurance.

Cependant, en 1892, George FitzGerald, un professeur de philosophie
naturelle et expérimentale au Trinity College de Dublin, découvrit que le
résultat de l'expérience de Michelson et Morley était compatible avec la
supposition que la longueur l raccourcit dans la direction du mouvement de
la Terre. Il suggéra en effet que les longueurs des bras de l'interféromètre
se contractent dans le sens de leur mouvement par rapport à l'éther d'un
facteur $\sqrt{1 - v^2/c^2}$, expliquant ainsi pourquoi il était impossible de détecter
les effets de la vitesse de la Terre par rapport à l'éther. À la même époque,
et semble-t-il indépendamment, Lorentz formula une hypothèse identique et
ajouta que le temps indiqué par une horloge en mouvement par rapport à
l'éther semblerait s'écouler plus lentement que celui indiqué par une horloge
considérée comme étant au repos. De ces hypothèses, il dériva de nouvelles
équations exprimant la mesure des longueurs et des durées dans un référentiel
en mouvement rectiligne uniforme par rapport à un autre référentiel au repos.
Ces équations sont aujourd'hui appelées « transformations de Lorentz ». Mais
qu'est-ce qui pouvait bien expliquer la contraction du bras de l'interféromètre
et la dilation du temps dans la direction parallèle à $\vec{v}$? En l'absence de réponse
à cette question, les hypothèses de FitzGerald et Lorentz paraissaient tout à
fait *ad hoc*. La solution vint d'un jeune physicien à l'esprit rebelle : Albert
Einstein. Il ne proposa rien de moins que d'abandonner l'hypothèse de l'éther
et de repenser complètement nos concepts d'espace et de temps. Moyennant
cette opération, autant l'universalité du principe de relativité que les équations
de Maxwell pouvaient être conservées. Toute la physique classique en fut
ébranlée et une nouvelle physique, la physique « moderne », émergea de ce
bouleversement [1].

---

1. Le problème du rayonnement du corps noir, comme nous le verrons dans le dernier
chapitre, est un autre de ces « détails » qui allaient aboutir à l'émergence de la physique moderne.

CHAPITRE VIII

LA RELATIVITÉ RESTREINTE

En 1905, Einstein, physicien allemand alors employé de l'Office des brevets de Berne, publie pas moins de quatre articles qui ont tous grandement contribué à l'émergence de la physique moderne. L'histoire des sciences offre peu d'exemples d'une telle série de chefs-d'œuvre et la publication d'un seul de ces articles aurait suffi à établir la renommée d'Einstein.

Le premier [1] porte sur l'*effet photoélectrique*, c'est-à-dire la production d'électricité suite à l'absorption de lumière. Einstein réussit à expliquer ce phénomène en développant l'idée de « quanta d'énergie », qui avait déjà été utilisée par Max Planck en 1900 pour résoudre le problème du *rayonnement du corps noir*. L'article sur l'effet photoélectrique est l'une des premières contributions à la *mécanique quantique* alors naissante et valut à Einstein le prix Nobel de physique en 1921.

Le deuxième article [2] concerne le mouvement brownien. Einstein donne une description quantitativement précise de ce phénomène. Les résultats qu'il obtient relèvent essentiellement de la *physique statistique* et viennent à l'appui de la théorie cinétique, et par là de l'hypothèse de l'atome. Cette hypothèse a été ensuite définitivement confirmée par les travaux de Perrin.

Le troisième article [3] contient une première tentative de démonstration de la célèbre équation $E = mc^2$ [4]. Autrement dit, l'énergie est égale à la masse

---

1. A. EINSTEIN, « Un point de vue heuristique concernant la production et la transformation de la lumière », trad. Fr. Balibar *et al.* dans *Œuvres choisies 1 : Quanta. Mécanique statistique et physique quantique*, Seuil, Paris, 1989, p. 39-53.

2. A. EINSTEIN, « Mouvement des particules en suspension dans un fluide au repos, comme conséquence de la théorie cinétique moléculaire de la chaleur », trad. Fr. Balibar *et al.* dans *Œuvres choisies 1, op. cit.*, p. 55-64.

3. A. EINSTEIN, « L'inertie d'un corps dépend-elle de son contenu en énergie », trad. Fr. Balibar *et al.* dans *Œuvres choisies 2. Relativités I. Relativités restreinte et générale*, Seuil, Paris, 1993, p. 60-63.

4. En fait, cette formule ne sera véritablement démontrée qu'en 1907 par Planck. *Cf.* M. PLANCK, « Zur Dynamik bewegter Systeme », *Annalen der Physik*, 26, 1908, p. 1-34. Einstein en

multipliée par la vitesse de la lumière au carré. Cette équation établit qu'une particule au repos possède une énergie, distincte de l'énergie cinétique et de l'énergie potentielle et que cette énergie dépend de sa masse. Elle implique en particulier qu'il y a une équivalence entre l'énergie, qui est par définition immatérielle, et la masse. Elle permet entre autres de calculer la quantité d'énergie pouvant être émise par une réaction nucléaire, et au vu de la très grande valeur de c, cette énergie peut être immense.

Le quatrième et dernier article publié durant l'*annus mirabilis* d'Einstein s'intitule « Sur l'électrodynamique des corps en mouvement »[1]. C'est lui qui introduit la « théorie de la relativité » dite « restreinte » (*spezielle*), par opposition à la théorie de la relativité « générale ». En nous proposant de repenser les notions, que l'on croyait bien connues, d'espace et de temps, cet article a profondément bouleversé notre compréhension de la physique, au détriment d'une certaine conception intuitive de la nature, désormais à jamais perdue.

ÉTHER ET LUMIÈRE EN 1905

Considérons la situation suivante. Nous sommes enfermés dans une pièce dans laquelle une source sonore est rigidement fixée. L'onde sonore produite par cette source se propage à travers l'air avec une certaine vitesse v. Pour un observateur au repos par rapport à cette pièce, la vitesse de propagation du son est la même dans toutes les directions. Que se passe-t-il si la pièce est animée d'un mouvement rectiligne uniforme par rapport à un référentiel considéré comme étant au repos ? L'air est entraîné par le mouvement de la pièce, de sorte que pour l'observateur qui s'y trouve le son continue de s'y propager avec la même vitesse dans toutes les directions. En revanche, pour un observateur situé à l'extérieur de la pièce et qui, attaché au référentiel au repos, voit la pièce s'éloigner avec une vitesse u, la vitesse du son ne sera pas la même dans toutes les directions : le son ira plus vite que v ou moins vite que v, selon qu'il s'éloigne ou se rapproche de l'observateur à l'extérieur de la pièce. La conclusion que nous pouvons tirer de tout cela est que la vitesse

---

donne une démonstration relativement simple dans A. EINSTEIN, « Une démonstration élémentaire de l'équivalence entre masse et énergie », trad. Fr. Balibar *et al.* dans *Œuvres choisies 2, op. cit.*, p. 69-71.

1. A. EINSTEIN, « Sur l'électrodynamique des corps en mouvement », trad. Fr. Balibar *et al.* dans *Œuvres choisies 2, op. cit.*, p. 31-58.

du son dépend de celle de sa source par rapport au référentiel dans lequel est mesuré cette vitesse : si la source est au repos par rapport à ce référentiel, un observateur qui lui est attaché mesurera la même vitesse dans toutes les directions, tandis qu'il mesurera des vitesses différentes si la source est en mouvement par rapport au référentiel dans lequel il effectue ces mesures.

La situation reste-t-elle la même si nous remplaçons la source sonore rigidement attachée à la pièce par une source lumineuse ? C'est bien le cas lorsque la pièce est au repos par rapport à l'observateur extérieur : la lumière se déplace dans toutes les directions avec la même vitesse c, que ce soit du point de vue de l'observateur dans la pièce ou du point de vue de celui qui est situé à l'extérieur de la pièce. Les choses deviennent cependant plus compliquées une fois que la pièce est en mouvement. Pouvons-nous dire que du point de vue de l'observateur dans la pièce en mouvement la vitesse de la lumière varie selon la direction considérée ? C'est ce qui se passerait si la lumière se déplaçait dans un éther immobile. Il y aurait alors un système de référence absolu, un référentiel distinct de tous les autres, à savoir celui qui est attaché à l'éther. Néanmoins, l'échec de la mise en évidence de cet éther dans l'expérience de Michelson et Morley nous pousse plutôt à penser qu'un tel milieu immatériel n'existe tout simplement pas. Plus encore, elle nous enjoint à affirmer que la vitesse de la lumière ne s'ajoute pas à celle de sa source. En effet, chaque fois que la lumière rencontre l'interféromètre, celui-ci la réémet et agit comme une nouvelle source, de sorte que son mouvement aurait dû influencer la vitesse de la lumière, mais ce que nous apprend l'expérience de Michelson et Morley, c'est que, peu importe le mouvement de l'interféromètre, la lumière se déplace toujours avec la même vitesse. Dès lors, cette vitesse est constante, qu'elle soit mesurée par rapport à un référentiel considéré comme au repos ou par rapport à un référentiel considéré comme en mouvement rectiligne uniforme par rapport à celui qui est au repos. Qu'est-ce que cela implique du point de vue de l'observateur à l'intérieur de la pièce en mouvement et du point de vue de celui qui est à l'extérieur de cette pièce ? Tout simplement qu'ils voient tous les deux la lumière se déplacer avec la même vitesse dans toutes les directions.

Le mouvement d'une source lumineuse n'a pas d'incidence sur la vitesse de la lumière. Ce fait remet totalement en cause le principe d'addition des vitesses, et donc les transformations de Galilée, dont il est une conséquence directe. Est-ce pour autant qu'il faudrait abandonner le principe de relativité galiléenne ? Einstein ne le pensait pas. Il était convaincu de sa validité et pensait même qu'il devait être étendu : le principe de relativité s'applique non seulement aux phénomènes mécaniques, comme l'avait soutenu Galilée, mais également aux phénomènes électromagnétiques.

Les transformations de Galilée ne découlent du principe de relativité que moyennant une certaine conception de l'espace et du temps. En 1905, Einstein se proposa alors, muni de ce principe et de celui de constance de la vitesse de la lumière, de repenser nos concepts d'espace et de temps pour aboutir à de nouvelles règles de transformation des coordonnées spatiales et temporelles entre deux référentiels inertiels. La théorie physique qui allait en résulter devait profondément bouleverser un certain nombre d'opinions physiques parmi les mieux ancrées.

LES DEUX PRINCIPES FONDAMENTAUX

Dans son article de 1905 sur l'électrodynamique des corps en mouvement, Einstein ne mentionne pas d'emblée les échecs des expériences visant à mettre en évidence le mouvement de la Terre par rapport au milieu dans lequel se propage la lumière – il ne cite même pas l'expérience de Michelson et Morley. La remise en cause einsteinienne de l'éther est en fait moins guidée par l'expérience que par une réflexion *a priori* sur la théorie électromagnétique. Celle-ci souffre d'une imperfection : elle ne satisfait pas le principe de relativité galiléenne. Comme nous l'avons vu, lorsqu'un aimant est déplacé relativement à un circuit fermé, il en résulte un courant électrique dans ledit circuit. Que ce soit l'aimant qui est considéré comme étant en mouvement par rapport au circuit ou l'inverse, cela ne devrait avoir aucune incidence : les deux phénomènes sont symétriques. Et en effet, dans les deux cas, le même courant électrique est créé. Pourtant, la théorie électromagnétique n'explique pas les deux situations de la même manière [1]. Ainsi, lorsque c'est l'aimant qui est considéré comme étant en mouvement (référentiel attaché au circuit), ce mouvement produit une variation temporelle du champ magnétique en un point qui, en vertu de la quatrième équation de Maxwell, produit un champ électrique qui, à son tour, déplace les charges électriques dans le circuit, générant ainsi un courant. En revanche, l'explication n'est pas tout à fait la même lorsque c'est le circuit qui est considéré comme étant en mouvement

---

1. *Cf.* A. EINSTEIN, « Sur l'électrodynamique des corps en mouvement », art. cit., p. 31.

par rapport à l'aimant (référentiel attaché à l'aimant). Dans ce cas, en vertu
de la loi de Lorentz :

$$\vec{f} = q\vec{v} \times \vec{B},$$

le champ magnétique $\vec{B}$ de l'aimant produit une force $\vec{f}$, purement magnétique, sur les particules de charge électrique q présentes dans le circuit et
mises en mouvement avec une vitesse $\vec{v}$ par le déplacement de celui-ci, force
qui produit alors un courant électrique dans le circuit. Dans cette deuxième
explication, il n'y a pas d'apparition de champ électrique. Autrement dit, dans
le premier cas, la force qui déplace les électrons est purement électrique, alors
qu'elle est purement magnétique dans le deuxième. Einstein était convaincu
que cette différence ne reflétait rien de réel, mais n'était qu'une question
de point de vue. Ainsi, l'existence du champ électrique qui apparaît dans la
première explication ne serait que relative (du point de vue d'un référentiel
attaché à l'aimant, le champ magnétique ne devrait pas varier ; il ne varie que
du point de vue d'un référentiel attaché au circuit), champ électrique et champ
magnétique n'étant en réalité qu'une seule et même entité envisagée de deux
points de vue différents. D'après Einstein, la théorie électromagnétique issue
des travaux de Maxwell était incapable de faire cette identification à cause
du privilège indu qu'elle accordait au référentiel absolu attaché à l'éther par
rapport aux référentiels en mouvement relatif les uns par rapport aux autres [1].
Or toutes les expériences visant à mettre en évidence l'existence de ce milieu
ayant échoué, il en conclut que le repos absolu devait être un concept vide
auquel « ne correspond[ait] aucune propriété des phénomènes » [2], et il décida
de tout simplement abandonner l'hypothèse de l'éther devenue « superflue ».

Cet abandon implique une transformation fondamentale du concept de
champ. Celui-ci, d'abord introduit par Faraday pour décrire la disposition
créée par les objets électromagnétiques dans l'espace qui les environne, puis
mathématisé par Maxwell comme une perturbation de l'éther, devient maintenant une entité dépourvue de forme définie et de support matériel. D'image
au statut métaphorique, il est ainsi passé à celui de concept théorique, pour
finalement devenir une entité physique non substantielle à part entière [3].

1. M. Paty, *Einstein*, Les belles lettres, Paris, 1997, p. 55.

2. A. Einstein, « Sur l'électrodynamique des corps en mouvement », art. cit., p. 31.

3. J.-M. Lévy-Leblond, « Le réel de/dans la physique. Modélisation, théorisation, formalisation, énonciation », dans *La vitesse de l'ombre. Aux limites de la science*, Seuil, Paris, 2020
(2006), p. 308.

L'abandon de l'éther électromagnétique signifie-t-il que la théorie maxwellienne est fausse et doit être, elle aussi, rejetée ? Au sens strict, c'est
effectivement ce qu'il faudrait conclure. La théorie des phénomènes électromagnétiques que l'on trouve dans les manuels ne contient plus de référence à
l'éther, mais elle contient néanmoins un « élément de continuité » [1] important
avec la théorie originelle de Maxwell : elle possède la même *structure
mathématique*. Certes, Maxwell s'est trompé sur la « nature » de la lumière,
mais il lui avait attribuée la bonne structure ; il avait trouvé un ensemble
d'équations régissant son comportement. C'est cet ensemble d'équations
qui lui a permis de faire des prédictions couronnées de succès et qui a été
préservé dans la théorie contemporaine des phénomènes électromagnétiques.
C'est également cet ensemble d'équations qui continue à être enseigné aux
étudiants en physique aujourd'hui. Maxwell s'est peut-être trompé sur la
nature réelle de la lumière, mais il a saisi quelque chose de vrai sur ses
propriétés structurelles. La lumière est bien une onde électromagnétique, et
donc la propagation d'une perturbation du champ électromagnétique, mais
une perturbation qui ne nécessite pas de support matériel pour se propager.

Ayant abandonné l'hypothèse de l'éther, mais pas les équations de
Maxwell, Einstein choisit de faire reposer la théorie de la relativité sur
deux « principes » indépendants de cette hypothèse. Le premier est, assez
naturellement, une extension du principe de relativité aux *phénomènes électromagnétiques* :

> Les lois selon lesquelles les états des systèmes physiques évoluent sont
> indépendantes du fait que ces évolutions soient rapportées à l'un ou l'autre
> de deux systèmes de coordonnées qui se trouvent être en mouvement de
> translation uniforme l'un relativement à l'autre [2].

Le principe de relativité galiléenne est limité aux *phénomènes mécaniques* :
l'expression des lois qui régissent le mouvement des corps est la même dans
tous les référentiels en translation rectiligne uniforme les uns par rapport aux
autres. Einstein soutient simplement que le principe de relativité vaut pour
toutes les lois physiques, en ce compris les lois qui régissent des phénomènes
non mécaniques, comme ceux qui relèvent de l'électromagnétisme, domaine
où le concept de champ joue un rôle central.

---

1. J. WORRALL, « Structural Realism : The Best of Both Worlds ? », dans D. PAPINEAU (éd.),
The Philosophy of Science, Oxford University Press, Oxford, 1996, p. 157.
2. A. EINSTEIN, « Sur l'électrodynamique des corps en mouvement », art. cit., p. 34.

Einstein n'était pas le premier à formuler ce principe de la sorte. Poincaré l'avait déjà fait en 1904 [1]. Lui aussi était pleinement conscient que la physique devait être établie sur des fondations nouvelles, et il avait à sa disposition tous les éléments [2] qui lui auraient permis d'énoncer la théorie de la relativité restreinte. Il ne le fit pourtant pas. Moins assuré qu'Einstein, il ne franchit jamais le pas qui aurait dû le mener à cette théorie. Bien que visionnaire, il préféra rester un conservateur, reculant devant une tâche qui aurait signifié l'écroulement de la physique classique telle qu'il l'avait connue jusqu'alors. Ce genre d'atermoiement devant le renouveau qu'implique l'acceptation de certains principes physiques n'est pas isolé dans l'histoire de la physique [3]. Galilée a reculé devant l'acceptation de l'orbite elliptique des planètes. Planck le fit, du moins initialement, devant la mécanique quantique et l'acceptation de la nature discontinue de la matière.

Le deuxième principe de la relativité restreinte découle de ce que nous avons dit précédemment concernant la nature de la lumière. Il s'agit du « principe de constance de la vitesse de la lumière » :

> Tout rayon lumineux se déplace dans le système « au repos » avec la vitesse bien déterminée [c], indépendamment du fait que ce rayon soit émis par un corps au repos ou en mouvement [4].

Ce principe affirme que, mesurée par rapport à un référentiel au repos, la vitesse de la lumière est indépendante du mouvement de sa source par rapport à ce référentiel. Pour reprendre l'exemple de la section précédente, la vitesse de la lumière est la même pour l'observateur situé dans la pièce en mouvement et pour celui situé à l'extérieur de celle-ci.

Les deux principes de la théorie de la relativité restreinte étant posés, il nous reste à voir comment il devient possible de repenser les concepts d'espace et de temps sur la base de ceux-ci.

---

1. Plus précisément, le principe de relativité est énoncé lors du Congrès des Arts et des Sciences qui se tint en septembre 1904 à Saint-Louis, aux États-Unis.

2. Outre l'extension du principe de relativité aux phénomènes électromagnétiques, Poincaré rejetait le caractère absolu de l'espace, du temps et de la simultanéité, éléments centraux s'il en est de la théorie d'Einstein.

3. G. HOLTON, *L'imagination scientifique*, Gallimard, Paris, 1981 (1973), p. 149.

4. A. EINSTEIN, « Sur l'électrodynamique des corps en mouvement », art. cit., p. 34.

CONSÉQUENCES DES DEUX PRINCIPES FONDAMENTAUX

Considérons d'abord différentes grandeurs physiques du point de vue de la mécanique classique. Nous verrons ensuite ce qu'il advient d'elles dans la physique relativiste. Soit deux référentiels K et K', le second s'éloignant du premier selon la direction x avec une vitesse v constante. Les deux référentiels coïncident à l'instant initial $t = t' = 0$ s et sont munis de deux horloges identiques synchronisées. Quelle est la *position* mesurée d'un point P dans ces deux référentiels ? À l'évidence, celle-ci n'est pas identique. Le point P a pour coordonnées (x, y, z) dans le référentiel K et (x', y', z') dans le référentiel K'. Comme nous l'avons vu précédemment, ces coordonnées ne sont pas strictement identiques. En particulier, dans la direction du mouvement, nous avons $x = x' + vt$, et non $x = x'$. La position est donc *relative* au système de référence choisi.

La vitesse est elle aussi relative au référentiel par rapport auquel elle est mesurée. Par exemple, si le point P se déplace selon la direction x avec une vitesse u par rapport à K', sa vitesse dans K sera égale à $v + u$.

Le temps est en revanche *absolu*, au sens où il s'écoule de la même manière dans K et dans K'. En d'autres mots : $t = t'$, peu importe le mouvement dont K' est animé par rapport à K. Qu'un événement soit vu du point de vue d'un référentiel K ou du point de vue d'un référentiel K' animé d'une vitesse v constante par rapport au premier référentiel, l'événement se produit au même instant, car c'est fondamentalement la même horloge qui mesure le temps en K et en K'. En conséquence, les durées entre deux événements sont également identiques dans les deux référentiels. En effet, si deux événements se produisent aux instants t_1 et t_2 mesurés dans K et qu'ils se produisent aux instants t'_1 et t'_2 mesurés dans K', la différence entre les instants séparant les deux événements sera la même, peu importe le référentiel choisi : $t_2 - t_1 = t'_2 - t'_1$.

Une autre grandeur qui reste invariante d'un référentiel à l'autre, c'est la *distance* entre deux points. Il en est de même pour le *changement de vitesse*.

À vrai dire, en physique classique, nous pouvons affirmer que les grandeurs qui demeurent invariantes par changement de référentiel sont les grandeurs qui, comme la durée, la distance, mais aussi la masse et l'énergie, sont scalaires. Elles sont indifférentes au choix d'un système de coordonnées. En ce sens, elles semblent mesurer les « propriétés intrinsèques » de la réalité [1]. En revanche, les grandeurs vectorielles, comme la position, la vitesse, la force, la quantité de mouvement, etc., ne sont pas invariantes par changement de référentiel. Elles dépendent du choix du système de référence opéré par le physicien. Néanmoins, la variation des grandeurs vectorielles d'un référentiel à un autre est réglée de manière stricte : les transformations de Galilée dictent comment leurs composantes varient lors du passage d'un référentiel à un autre. De telles grandeurs sont dites « covariantes ».

La relativité de la simultanéité

Envisageons maintenant ce qui arrive aux notions de simultanéité, de durée et de longueur une fois que nous acceptons les deux principes de relativité et de constance de la vitesse de la lumière. Leur acceptation nous oblige à repenser la manière dont ces grandeurs sont transformées lors du passage d'un système de référence à un autre. Einstein commence par envisager le concept de simultanéité, critiqué quelques années auparavant par Poincaré [2]. La simultanéité est la plus fondamentale des trois notions examinées, parce qu'elle intervient dans toutes nos considérations portant sur le temps. Comme le dit Einstein :

> Il nous faut garder à l'esprit que tous les jugements dans lesquels le temps joue un rôle sont toujours des jugements sur des *événements simultanés*. Lorsque, par exemple, je dis « Tel train arrive ici à 7 heures », cela signifie à peu près : « Le passage de la petite aiguille de ma montre sur le 7 et l'arrivée du train sont des événements simultanés » [3].

Du point de vue de l'expérience quotidienne, deux événements distants spatialement arrivent simultanément s'il sont *vus simultanément* [4]. Autrement dit, ils se déroulent au même instant si les rayons lumineux venant de chacun d'eux nous arrivent au même moment. Imaginons que nous essayions de déterminer précisément si deux événements se produisant en des lieux

---

1. G. COHEN-TANNOUDJI et M. SPIRO, *La matière-espace-temps*, Gallimard, Paris, 1990 (1986), p. 101.
2. *Cf.* l'article « La mesure du temps », qui était paru originellement en 1898 et que H. POINCARÉ révise légèrement dans *La science et l'hypothèse, op. cit.*, p. 41-54.
3. A. EINSTEIN, « Sur l'électrodynamique des corps en mouvement », art. cit., p. 32.
4. A. EINSTEIN, « La physique et la réalité », trad. M. Solovine, revue par D. Fargue et P. Fleury dans *Conceptions scientifiques, op. cit.*, p. 33.

distincts, par exemple la foudre qui tombe en un point A et en un point B, se produisent simultanément. Le procédé suivant fera l'affaire. Plaçons un observateur au point M, situé au milieu de la distance $|AB|$, et deux systèmes placés en A et en B qui envoient un signal lumineux vers M lorsqu'ils sont frappés par la foudre (il peut s'agir de simples miroirs orientés à 90° l'un par rapport à l'autre de manière à réfléchir la lumière de la foudre vers M). Si notre observateur reçoit les deux signaux lumineux au même instant, alors il peut dire que la foudre a frappé les deux points A et B au même moment. Les deux événements sont simultanés pour lui. Il va sans dire que dans la conception naïve de la simultanéité, le temps de propagation de la lumière est généralement négligé. La prise en compte du fait que la lumière met un certain temps pour aller d'un point A à un point B ne change toutefois pas grand chose à l'affaire : la simultanéité a ici une signification absolue.

Si la lumière joue un rôle fondamental dans notre conception de la simultanéité, et donc du temps, la prise en compte du fait qu'elle se déplace toujours à la même vitesse, peu importe le référentiel par rapport auquel elle est mesurée, devrait avoir un impact sur cette notion ; en particulier lorsque deux événements censés être simultanés sont rapportés à des référentiels en mouvement l'un par rapport à l'autre. Plaçons donc les dispositifs précédents situés aux points A et B sur un train en translation rectiligne uniforme et demandons-nous si la perception de la simultanéité des deux événements change pour un observateur situé dans ce train.

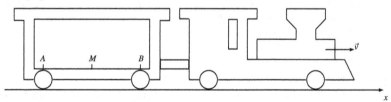

À l'évidence non : par rapport au référentiel de cet observateur, c'est-à-dire le référentiel lié au train, la vitesse qui est celle la lumière lorsqu'elle va de A en M est la même que celle qui est la sienne pour aller de B en M.

Considérons à présent un observateur situé à l'extérieur du train. Tant que le train est au repos, il percevra comme étant simultanés les mêmes événements que l'observateur situé dans le train. En revanche, une fois que le train est en mouvement, ce ne sera plus le cas. Du point de vue de l'observateur à l'extérieur du train, si le train se déplace dans le sens qui va de A vers B, la lumière émise au point A se rapprochera plus lentement du point M que ne le fait la lumière émise au point B. En effet, pour cet observateur, la lumière se déplacera avec la même vitesse dans les deux directions, selon le principe de constance de la vitesse de la lumière, mais le point M, emporté par le train, se rapprochera de la lumière émise en B, tandis qu'il s'éloignera de la lumière émise en A. En conclusion, un événement simultané pour l'observateur dans le train ne le sera plus pour un observateur hors du train. La constance de la vitesse de la lumière conduit à l'abandon du caractère absolu de la simultanéité de deux événements. Du point de vue de la théorie d'Einstein, la simultanéité est une notion *relative* par rapport au système de référence choisi [1]. Le concept d'action à distance reposant sur le caractère absolu de la simultanéité, il doit par conséquent disparaître de la physique [2].

Mais comment savons-nous que deux événements se déroulent simultanément par rapport à un même référentiel ? Ce problème peut sembler trivial, mais il est en fait loin de l'être. À la suite de Poincaré, Einstein considère que la simultanéité n'est qu'une *convention*. Elle n'est pas dictée par l'expérience, mais résulte d'une définition sur laquelle nous nous accordons en raison de sa commodité. Pour comprendre l'ingénieuse convention qu'a conçu Einstein pour déterminer si deux événements se produisent en même temps par rapport à un référentiel, imaginons un observateur situé en un point A d'un référentiel considéré comme au repos par rapport à lui. Cet observateur est muni d'une horloge. À un certain instant, il note le temps t_A indiqué par son horloge. Comment peut-il s'assurer qu'une horloge située en un point B à une distance d est synchronisée avec la sienne ? Il ne peut simplement aller en B et comparer le temps indiqué par son horloge avec celui de l'horloge située à cet endroit, car alors le référentiel attaché à l'horloge de cet observateur n'est plus au repos par rapport au référentiel attaché à l'horloge située en B. L'observateur situé en A doit pouvoir établir la simultanéité de son horloge avec celle située en B sans se déplacer. L'idée d'Einstein est d'utiliser la constance de la vitesse de la lumière. Imaginons qu'en t_A notre observateur envoie un signal lumineux vers B. Celui-ci mettra pour arriver en B un temps d/c, où c est la vitesse de la lumière. Il suffit donc que l'observateur en

---

1. A. EINSTEIN, « Sur l'électrodynamique des corps en mouvement », art. cit., p. 35.

2. A. EINSTEIN, « Les fondements de la physique théorique », trad. M. Solovine, revue par D. Fargue et P. Fleury dans *Conceptions scientifiques, op. cit.*, p. 83.

A connaisse le temps t_B qu'indique l'horloge située en B lorsque le signal lumineux arrive en A et qu'il vérifie qu'il est identique à $t_A + d/c$. Pour que l'observateur situé en A prenne connaissance de t_B, il faut lui envoyer cette information. Nous imaginons alors qu'un second observateur est situé en B et qu'il peut envoyer à la vitesse de la lumière à l'observateur située en A l'information de la valeur t_B indiquée par son horloge. Cette information arrivera donc en A à l'instant $t_A + 2d/c$, puisque la lumière aura fait un aller-retour le long de la distance d. L'observateur situé en A note la valeur t'_A indiquée par son horloge lorsqu'il reçoit l'information venue de B. Dans ce cas, nous avons :

$$\begin{cases} t'_A = t_A + \dfrac{2d}{c} \\ t_B = t_A + \dfrac{d}{c} \end{cases}$$

ce qui nous donne, après quelques manipulations mathématiques élémentaires, la condition de simultanéité entre les horloges situées en A et en B suivante [1] :

$$t_B - t_A = t'_A - t_B.$$

La relativité de la durée

Si des événements simultanés dans un système de référence peuvent ne pas l'être dans un autre, il convient, contrairement à ce qui se passait en mécanique classique, de distinguer le temps s'écoulant dans ces différents systèmes de référence. Il n'y a par conséquent pas de temps absolu et il faut séparer les horloges associées à des systèmes de référence en mouvement les uns par rapport aux autres. L'horloge associée à un système de référence donné doit être au repos par rapport à ce système de référence. Nous pouvons de la sorte, si nous le voulons, associer plusieurs horloges à un système de référence. Il faut simplement qu'elles soient synchronisées.

---

1. A. EINSTEIN, « Sur l'électrodynamique des corps en mouvement », art. cit., p. 33. Peter Galison a défendu l'idée que la théorie de la relativité n'était pas née que de considérations théoriques, mais qu'elle avait également sa source dans des préoccupations pratiques liées à la synchronisation des événements. *Cf.* P. GALISON, *L'empire du temps. Les horloges d'Einstein et les cartes de Poincaré*, trad. B. Arman, Gallimard, Paris, 2005.

Nous mesurons le temps en comptant les cycles d'une horloge. Ces cycles peuvent être définis de différentes manières, par exemple par les oscillations d'un pendule ou l'écoulement de grains de sable [1]. Ce que nous montrent les réflexions précédentes, c'est que le mouvement a une influence sur la mesure de l'écoulement du temps, et donc sur les cycles des horloges. La question cruciale à ce point est de comprendre comment le mouvement influence la mesure de l'écoulement du temps. Pour ce faire, embarquons dans notre train une horloge simple, baptisée « horloge lumineuse » [2]. Appelons-la H. Cette horloge est composée de deux miroirs fixés l'un en face de l'autre, respectivement sur le plancher et le toit du train. Une source lumineuse émet de la lumière d'un des miroirs vers l'autre. Lorsque la lumière a effectué un aller-retour entre les deux miroirs, un cycle temporel s'est écoulé. Par exemple, si les deux miroirs M_1 et M_2 sont fixés à une distance $l = 2{,}4$ m l'un de l'autre, un cycle correspond à $\Delta t = t_3 - t_1 = 1{,}6 \times 10^{-8}$ s [3] :

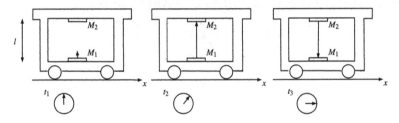

Équipons ensuite l'observateur extérieur au train d'une deuxième horloge lumineuse, que nous appelons H'. Examinons ce qui se passe de son point de vue lorsque le train se déplace à la vitesse v.

1. Une horloge n'est qu'un système matériel qui, dans les mêmes conditions, revient exactement dans le même état.
2. Le remplacement de l'horloge lumineuse par une horloge mécanique classique ne change rien à l'affaire, car il faut que nous puissions voir la position de l'aiguille de l'horloge, ce qui implique un déplacement de la lumière de cette horloge vers l'observateur.
3. Résultat qui est obtenu en calculant l'opération $2.2{,}4$ m$/3 \times 10^8$ m/s.

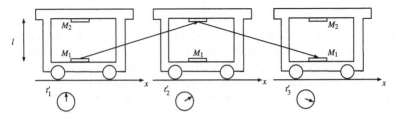

Du point de vue de cet observateur, la lumière émise par l'horloge H ne se déplace pas verticalement, mais de manière diagonale, sinon elle ne pourrait pas frapper le miroir M_2 après qu'un demi-cycle de l'horloge H' se soit écoulé. La vitesse de la lumière étant invariable, elle se déplace le long de cette diagonale avec une vitesse $c = 3 \times 10^8\,\text{m/s}$. Afin de voir comment s'écoule le temps de l'horloge H' par rapport à celui de l'horloge H, calculons la relation entre $\Delta t'$ et Δt. Nous pouvons schématiser la situation du train du point de vue de l'observateur extérieur de la manière suivante :

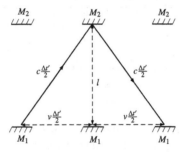

Du point de vue de l'observateur extérieur, la lumière émise par l'horloge lumineuse H a effectué un aller-retour après un temps $\Delta t' = t'_3 - t'_1$. Donc, de son point de vue, après une durée $\Delta t'/2$, la lumière de l'horloge est passée du miroir M_1 au miroir M_2. Puisque la lumière se déplace à la vitesse c, elle a parcouru durant ce temps une distance $c\Delta t'/2$. Le train se déplaçant à la vitesse v, il a quant à lui parcouru une distance $v\Delta t'/2$. La distance verticale entre les deux miroirs n'étant pas modifiée par le mouvement du train, elle vaut toujours l. En vertu du théorème de Pythagore, nous pouvons alors établir l'équation suivante entre la distance parcourue par la lumière, la distance parcourue par le train et la distance séparant les deux miroirs :

$$\frac{c^2 \Delta t'^2}{4} = \frac{v^2 \Delta t'^2}{4} + l^2.$$

Isolons la durée $\Delta t'$:

$$\frac{c^2 \Delta t'^2}{4} - \frac{v^2 \Delta t'^2}{4} = l^2$$

$$\Leftrightarrow \frac{\Delta t'^2}{4}(c^2 - v^2) = l^2$$

$$\Leftrightarrow \Delta t'^2 = \frac{4l^2}{c^2 - v^2}$$

$$\Leftrightarrow \Delta t' = \frac{2l}{\sqrt{c^2 - v^2}}$$

$$\Leftrightarrow \Delta t' = \frac{2l/c}{\sqrt{1 - (v/c)^2}}.$$

Or l'horloge lumineuse H effectue un aller-retour durant la durée $\Delta t = t_3 - t_1$, c'est-à-dire que durant ce laps de temps la lumière qui se déplace à la vitesse c parcourt une distance $2l$. Nous avons donc $\Delta t = 2l/c$, et nous pouvons écrire :

$$\Delta t' = \frac{\Delta t}{\sqrt{1 - (v/c)^2}}.$$

Comme on le voit, le temps ne s'écoule pas au même rythme pour les deux observateurs en mouvement relatif l'un par rapport à l'autre. En réalité, le facteur $\sqrt{1 - (v/c)^2}$ étant plus petit que 1, l'horloge H de l'observateur dans le train s'écoule plus lentement que l'horloge H' à l'extérieur du train. Pour prendre un exemple numérique, si nous supposons que le train se déplace à une vitesse v égale à $\frac{9}{10}$ de celle de la lumière, soit $1,8 \times 10^8$ m/s, on peut calculer que lorsqu'un cycle de l'horloge H s'est écoulé, soit $1,6 \times 10^{-8}$ s, il s'est écoulé 2×10^{-8} s du point de vue de l'horloge H'. Autrement dit, alors que du point de vue de l'observateur dans le train, un cycle de l'horloge lumineuse équivaut à 16 nanosecondes, un cycle de cette même horloge équivaut à 20 nanosecondes du point de vue de l'observateur extérieur. La durée est donc *relative*. Il y a *dilatation* du temps : l'horloge H qui s'écoule d'une certaine manière pour un observateur au repos par rapport à cette horloge s'écoule plus lentement du point de vue d'un observateur pour lequel cette même horloge est en mouvement. La théorie de la relativité restreinte, celle qui repose sur les deux principes exposés précédemment, établit donc que le temps n'est pas absolu ; il n'est plus ce fleuve newtonien unique s'écoulant de la même manière pour tous les observateurs.

Aussi étrange que cette constatation puisse paraître, elle a été confirmée depuis 1905 à de nombreuses reprises. Nous pouvons l'illustrer au moyen des muons solaires [1], des particules électriquement chargées et produites dans la haute atmosphère par les rayons cosmiques [2]. Ces particules ont une certaine durée de vie [3] au repos, c'est-à-dire du point de vue du référentiel qui leur est attaché. Du fait de cette durée de vie limitée, les muons devraient être incapables de traverser certaines distances dont la longueur maximale nous est donnée par leur vitesse multipliée par leur durée de vie. Pourtant, on peut mesurer des muons solaires qui ont traversé des distances supérieures à celle qui semble leur être imposée par leur durée de vie. La dilatation du temps fournit l'explication de ce phénomène : du point de vue d'un référentiel par rapport auquel les muons solaires sont en mouvement, leur vie s'écoule plus lentement que du point de vue du référentiel qui leur est attaché.

Avec la relativité restreinte, ce sont deux thèses concernant le temps qui sont remises en cause :

a) celle qui affirme que le présent est un instant commun à tous les observateurs ;

b) celle qui affirme que le temps s'écoule de la même manière pour tous les observateurs.

La remise en cause de la première est une conséquence de la relativité de la notion de simultanéité, tandis que la remise en cause de la seconde découle de la variabilité des durées entre des référentiels en mouvement les uns par rapport aux autres – elle sera confirmée par la relativité générale qui mettra en évidence la variation de l'écoulement des horloges du fait de la distribution de la masse et de l'énergie. Voyons à présent comment la relativité restreinte nous oblige à repenser le concept de longueur.

---

1. Nous pourrions également citer l'expérience de Joseph Hafele et Richard Keating de 1971 qui consistait à embarquer des horloges atomiques synchronisées sur deux avions se déplaçant l'un vers l'ouest et l'autre vers l'est pour ensuite comparer leur décalage temporel par rapport à une horloge atomique restée au sol.
2. Les rayons cosmiques sont des particules de haute énergie qui traversent l'espace et sont produites par les étoiles et les galaxies. Ils furent découverts par Victor Hess en 1912.
3. En réalité, il s'agit d'une notion statistique (la durée de demi-vie), mais nous simplifions ici l'explication. Une description plus correcte peut en être trouvée dans J.T. CUSHING, *Philosophical Concepts in Physics, op. cit.*, p. 235-236.

La relativité de la longueur

Considérons la situation suivante :

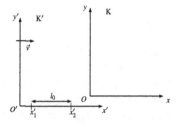

Un observateur au repos par rapport à un référentiel K′ mesure une barre posée le long de l'axe *x′*. Il obtient une certaine longueur l_0. Le référentiel K′ se rapproche d'un référentiel K avec une vitesse *v* dirigée selon la direction *x′*. Un observateur attaché au référentiel K et muni d'une horloge H tente de mesurer la longueur que fait la barre lorsqu'elle passe devant lui. Pour ce faire, il mesure la durée Δ*t* indiquée par H entre le passage des deux extrémités de la barre devant l'origine *O* de son référentiel. Le référentiel K′ se rapprochant de K à la vitesse *v*, il mesure donc une longueur $l = v\Delta t$. Du point de vue de l'observateur attaché au référentiel K′ et de son horloge H′, un temps Δ*t′* s'écoule entre le passage des deux extrémités de la barre devant *O*. Dès lors, cette barre mesure de son point de vue une longueur $l_0 = v\Delta t'$. Nous avons alors la relation suivante entre les deux longueurs de la même barre :

$$l = l_0 \frac{\Delta t}{\Delta t'},$$

et en vertu de ce que nous avons établi précédemment :

$$l = l_0 \sqrt{1 - (v/c)^2}.$$

Il y a donc *contraction* de la longueur : la longueur d'un objet mesurée par un observateur au repos par rapport à cet objet est plus grande que la longueur de ce même objet mesurée par un observateur en mouvement par rapport à cet objet. Cet effet de contraction des longueurs, tout comme celui de dilatation du temps, est d'autant plus marqué que la vitesse de déplacement *v* se rapproche de la vitesse de la lumière, c'est-à-dire que le rapport *v/c* est proche de 1. De telles vitesses v sont atteintes, par exemple, par les électrons en orbite autour d'un noyau ou par les particules dans certains grands accélérateurs.

Les transformations de Lorentz

La dilation du temps et la contraction des longueurs dérivent de la façon dont différents observateurs effectuent leurs mesures d'une même durée et d'une même longueur[1]. La relation entre des mesures effectuées par deux observateurs différents en translation rectiligne uniforme l'un par rapport à l'autre doit être exprimée par des règles de transformation, qui, comme nous l'avons vu, ne peuvent plus être celles de Galilée. On peut établir ces nouvelles règles au moyen de calculs similaires à ceux que nous venons d'effectuer. Par exemple, les règles qui permettent de passer d'un référentiel K à un référentiel K′ s'éloignant du premier à une vitesse v dirigée selon les axes x et x' communs aux deux référentiels, étant donné qu'à l'instant $t = t' = 0$ s les deux référentiels coïncident, sont données par les formules suivantes :

(1) $\quad x' = \dfrac{x - vt}{\sqrt{1 - v^2/c^2}}$

(2) $\quad y' = y$

(3) $\quad z' = z$

(4) $\quad t' = \dfrac{t - vx/c^2}{\sqrt{1 - v^2/c^2}}.$

Le grand mérite d'Einstein est d'avoir déduit ces règles, dites « de Lorentz »[2], des deux principes de la théorie de la relativité restreinte.

Contrairement aux transformations de Galilée, les transformations de Lorentz font apparaître la vitesse de la lumière c. Plus encore, la position x' dépend de x et de la variable temporelle t, d'une part, et le temps t' dépend de t et de la variable spatiale x, d'autre part. La relativité einsteinienne fait ainsi rentrer l'espace dans le temps. C'est ce phénomène qui explique la relativité

1. L. DE BROGLIE, *La physique nouvelle et les quantas, op. cit.*, p. 92.
2. Si ces règles ont d'abord été établies par Lorentz, leur forme finale est due à POINCARÉ dans ses « Notes "Sur la dynamique de l'électron" » (*Comptes rendus de l'Académie des Sciences de Paris*, 140, 1905, p. 1505).

de la simultanéité entre des événements en mouvement les uns par rapport aux autres, ainsi que la fin du caractère absolu du temps [1]. Il n'implique cependant pas une spatialisation du temps : celui-ci garde sa spécificité, dans la mesure où il est asymétrique, alors que l'espace est isotrope.

Tout comme la forme des lois de la mécanique était invariante par rapport aux transformations de Galilée, la forme des lois de l'électromagnétisme est invariante par rapport aux transformations de Lorentz. Elles ont la même forme pour tous les observateurs en translation rectiligne les uns par rapport aux autres et on ne peut utiliser un phénomène électromagnétique pour déceler le mouvement d'un observateur par rapport à l'éther. En particulier, il n'y a pas deux explications différentes à la création d'électricité dans un fil conducteur selon qu'un aimant est considéré comme en mouvement par rapport à ce fil ou que c'est le fil qui est considéré comme en mouvement par rapport à l'aimant. L'existence du champ électrique qui apparaît dans un cas et pas dans l'autre est relative au référentiel que l'on choisit (celui attaché au fil conducteur ou à l'aimant). La différence n'est que de perspective. Seuls les champs électrique et magnétique pris ensemble ont une existence « objective », indépendante de l'état de mouvement du système de référence [2].

Toutefois, la forme des lois du mouvement de la mécanique classique n'est pas invariante par rapport aux transformations de Lorentz. Pour que le principe de relativité soit respecté, il faut alors reformuler les lois du mouvement dans un cadre relativiste. La fausseté des lois de la mécanique classique était restée inaperçue jusqu'à Einstein, parce que ces lois sont en fait des *approximations* des lois relativistes du mouvement. Nous pouvons en effet obtenir les premières à partir des secondes, lorsque la vitesse v est très faible par rapport à la vitesse c de la lumière. Dans ce cas, les effets relativistes sont négligeables. D'ailleurs, lorsque le rapport v/c tend vers 0, nous pouvons retrouver les transformations de Galilée à partir de celles de Lorentz. Les effets relativistes ne deviennent importants que lorsque les objets se déplacent à des vitesses v proches de celle de la lumière.

1. Dès 1902, POINCARÉ avait affirmé le caractère non absolu du temps dans *La science et l'hypothèse, op. cit.*, p. 111.
2. Sur ceci, *cf.* R. FEYNMAN, *Le cours de physique, op. cit.*, p. 225-230.

La vitesse de la lumière comme vitesse limite

Une nouvelle règle de *composition des vitesses* (et non plus d'addition) suit des transformations de Lorentz. Lorsqu'un mobile se déplace à la vitesse u' dans un référentiel K', sa vitesse u dans un référentiel K se déplaçant à la vitesse v par rapport à K' est donnée par la formule suivante :

$$u = \frac{u' + v}{1 + \frac{u'v}{c^2}}$$

et non plus par $u = u' + v$. Comme on le constate facilement, cette nouvelle formule est symétrique par rapport à u' et v. Surtout, dans le cas où un objet se déplace par rapport à K' à la vitesse de la lumière, c'est-à-dire quand $u' = c$, nous pouvons facilement montrer que $u = c$. Autrement dit, la vitesse de la lumière se déplace à la même vitesse dans K et dans K', ce qui est en accord avec le principe de constance de la vitesse de la lumière posé par Einstein à la base de sa théorie de la relativité restreinte. Si la composition de toute vitesse avec la vitesse de la lumière redonne encore la vitesse de la lumière, cela signifie qu'il n'est pas possible d'aller plus vite que cette dernière. Aucun déplacement, aucun signal, aucun transfert d'énergie, aucune action ne peut aller plus vite que la lumière. L'importance de la vitesse c réside dès lors moins dans le fait qu'il s'agit de la vitesse *de la lumière* que dans son rôle structurel : elle indique la *limite physique absolue* au déplacement de toute chose. Elle joue « du point de vue physique le rôle des vitesses infiniment grandes »[1].

La formule relativiste de composition des vitesses permet de donner une interprétation purement cinématique, sans donc recourir à l'hypothèse de l'éther, des phénomènes de l'aberration de la lumière et de l'entraînement de la lumière dans les milieux optiques en mouvement, dont les formules, établies, d'une part, par Bradley et, d'autre part, par Fresnel, ne sont que des approximations[2].

1. A. EINSTEIN, « Sur l'électrodynamique des corps en mouvement », art. cit., p. 41.

2. Par exemple, en ce qui concerne la formule de Fresnel, si $u' = c/n$ est la vitesse de la lumière dans un milieu au repos d'indice de réfraction n et que v est la vitesse de ce milieu, alors la vitesse u de la lumière par rapport au milieu est donnée par la formule :

$$\frac{c/n + v}{1 + v/cn},$$

LE PARADOXE DES JUMEAUX

Les conséquences du remplacement des transformations de Galilée par celles de Lorentz sont pour le moins surprenantes. Ainsi, une sphère qui se déplace par rapport à un observateur considéré comme étant au repos devient un ellipsoïde de révolution (un ballon de rugby) dans la direction du mouvement et si des objets volumineux se déplacent à la vitesse de la lumière, ils s'aplatissent jusqu'à n'être plus que des surfaces [1]. Du côté du temps, les résultats sont tout aussi étranges. Par exemple, une horloge H synchrone par rapport à une horloge H′ se mettra à retarder par rapport à H′ si elle s'en éloigne pour ensuite la rejoindre en effectuant une trajectoire courbe [2].

Pour illustrer ce dernier point, Paul Langevin a imaginé l'expérience de pensée suivante, connue sous le nom de « paradoxe des jumeaux » [3]. Pierre et Paul sont deux jumeaux nés sur Terre. À un âge relativement jeune, Paul est envoyé dans l'espace au moyen d'un vaisseau spatial. Dans ce vaisseau, Paul fait un tour de la galaxie à très haute vitesse, disons $0,9c$. Lorsqu'il revient sur Terre, il est âgé d'une trentaine d'années, alors que son frère, resté sur place, a lui plus de 80 ans. Cette différence d'âge est due au fait que les horloges de Pierre et de Paul ne battent pas de la même manière : celle de Paul paraît battre plus lentement que celle de Pierre.

Cette situation est pour le moins étrange, mais en quoi s'agit-il d'un « paradoxe » ? À vrai dire, il n'y a de paradoxe que dans une mauvaise compréhension du problème. Le paradoxe en question surgit dès que nous poursuivons le raisonnement de la manière suivante : le mouvement n'est qu'une question de perspective ; or, du point de vue de Paul, c'est Pierre qui est en mouvement et c'est donc lui qui devrait vieillir plus lentement. On

qui, lorsque le rapport v/c est petit, peut être approchée par :

$$\frac{c}{n} + \left(1 - \frac{1}{n^2}\right)v,$$

c'est-à-dire la formule établie par Fresnel.

1. A. EINSTEIN, « Sur l'électrodynamique des corps en mouvement », art. cit., p. 41.
2. *Ibid.*, p. 42-43.
3. *Cf.* P. LANGEVIN, « L'évolution de l'espace et du temps », dans P. LANGEVIN, *Paul Langevin : le paradoxe des jumeaux*, Presses universitaires de Paris Ouest, Paris, 2016, p. 57-92. En fait, il n'y a ni « jumeau » ni « paradoxe » dans l'article de Langevin. Nous y trouvons plutôt un « voyage en boulet » qui contient l'essentiel du paradoxe des jumeaux. Les jumeaux auraient été introduits par Hermann Weyl en 1918.

en conclut alors que Pierre et Paul, par symétrie, ont le même âge lorsqu'ils se retrouvent. Cette conclusion erronée provient de la supposition que *tout* mouvement est relatif. Du point de vue de la théorie de la relativité restreinte, seul le mouvement rectiligne uniforme et l'état de repos sont relatifs au référentiel choisi. Les mouvements accélérés, décélérés et non rectilignes ne sont pas relatifs. Lorsque la fusée de Paul décolle de la Terre, elle subit une accélération et celle-ci est bien ressentie : Paul se retrouvera projeté à l'arrière de la fusée. Le même genre de phénomènes sera ressenti par Paul lorsqu'il fera demi-tour et lorsqu'il atterrira sur la Terre. Pierre en revanche ne ressentira rien lors de ces différents événements. Le fait que la fusée doive effectuer des accélérations, des décélérations et des trajectoires non rectilignes montre que les situations de Pierre et de Paul sont *asymétriques* – les référentiels attachés à Pierre et à Paul ne sont pas équivalents [1].

ÉNERGIE, MASSE ET QUANTITÉ DE MOUVEMENT RELATIVISTES

Du XVIIIᵉ au XIXᵉ siècles, plusieurs *lois de conservation* ont été établies. Une loi de ce type affirme qu'une certaine grandeur physique reste constante au cours du temps, c'est-à-dire conserve sous certaines conditions la même valeur durant l'évolution temporelle [2]. Il y a par exemple conservation de la charge électrique. Même lorsqu'une particule est transformée en plusieurs autres, la charge électrique totale du système physique reste constante. À titre d'illustration, on peut mentionner la désintégration β^- d'un neutron libre (de charge neutre) en un proton (de charge +1), un électron (de charge −1) et un antineutrino électronique (de charge neutre) :

$$n \rightarrow e^- + p^+ + \bar{\nu}_e.$$

Les trois lois de conservation les plus connues concernent l'énergie, la masse et la quantité de mouvement.

Un fait remarquable concernant ces lois de conservation qui vaut la peine d'être mentionné est que leur existence est étroitement liée à certaines

---

1. *Cf.* A. EINSTEIN, « Relativité, espace-temps, champ, éther », trad. E. Aurenche *et al.* dans *Œuvres choisies 5*, *op. cit.*, p. 63. Dans la suite de cet article, Einstein explique comment la théorie de la relativité générale permet de prendre en compte les phases accélérées et décélérées du mouvement de Paul.

2. B. VAN FRAASSEN, *Lois et symétrie*, trad. C. Chevalley, Vrin, Paris, 1994 (1989), p. 404.

symétries [1], comme l'a établi Emmy Noether en 1918 dans le théorème qui porte son nom [2]. Par exemple, la conservation de l'énergie est une conséquence du fait que la forme des lois physiques est invariante par translation temporelle dans un système isolé. La conservation de la quantité de mouvement découle quant à elle du fait que la forme des lois de la physique est invariante par translation spatiale. Il semble donc y avoir une connexion tout à fait surprenante entre les lois de conservation et la structure de l'espace-temps. La conservation de l'énergie est en effet liée à la constance des lois de la physique (au fait qu'elles valent toujours de la même manière), et donc à l'uniformité temporelle de l'espace-temps, tandis que la conservation de la quantité de mouvement est liée à l'universalité des lois de la physique (au fait qu'elles valent partout de la même manière), et donc à l'homogénéité spatiale de l'espace-temps [3]. Le théorème de Noether est passé assez inaperçu au moment de sa publication, mais il s'est révélé par la suite extrêmement fécond en théorie quantique des champs.

La théorie de la relativité restreinte a imposé une modification de la compréhension des concepts d'énergie, de masse et de quantité de mouvement, et, par là même, de leur conservation.

L'énergie relativiste

La théorie de la relativité nous ayant obligé à repenser le concept de vitesse, la formule de l'énergie d'une particule de « masse propre », ou « masse au repos », m_0 se déplaçant avec une vitesse v doit être modifiée en conséquence. La voici :

$$E = \frac{m_0 c^2}{\sqrt{1 - v^2/c^2}}.$$

En mécanique classique, il est toujours possible de passer d'une vitesse de $0,99c$ à la vitesse de la lumière c, parce que la quantité d'énergie à fournir est finie. L'inertie d'un corps, c'est-à-dire sa résistance à une modification de

---

1. J.-M. LÉVY-LEBLOND, *Aux contraires, op. cit.*, p. 156.
2. Sur ce théorème et sa portée, *cf.* A. BOUTOT, « Mathématiques et ontologie : les symétries en physique. Les implications épistémologiques du théorème de Noether et des théories de jauge », *Revue philosophique de la France et de l'étranger*, 180, 1990, p. 481-519.
3. A. BOUTOT, « Mathématiques et ontologie », art. cit., p. 493-494.

son état mouvement, peut être élevée, mais elle reste constante. Il en va tout autrement en théorie de la relativité restreinte. Plus la vitesse *v* d'un corps massif se rapproche de *c*, plus son inertie augmente et plus il faut fournir une énergie importante à ce corps pour augmenter sa vitesse. L'inertie et l'énergie à fournir augmentent même indéfiniment à l'approche de *c*. La formule de l'« énergie relativiste » ci-dessus nous indique en effet que l'énergie qu'il faudrait fournir à un objet pour qu'il puisse passer d'une vitesse de $0,99c$ (ou de toute autre vitesse inférieure à celle de la lumière) à *c* est infinie, ce qui est impossible [1]. L'identité $v = c$ est une *singularité* de l'équation de l'énergie relativiste ; elle marque la vitesse à laquelle cette formule cesse d'être valable pour un corps massif. Aucun corps de ce type ne se déplacera jamais à la vitesse *c*, laquelle est donc une limite supérieure.

Lorsque la vitesse *v* est nulle, la formule relativiste de l'énergie d'un objet animé d'une vitesse *v* nous donne l'*énergie au repos* [2] :

$$E_0 = m_0 c^2,$$

qui est la célèbre formule de l'énergie associée au nom d'Einstein. Celle-ci nous dit que, même au repos (par rapport au référentiel qui lui est attaché), un objet possède une énergie, une énergie qui est proportionnelle au produit de sa masse propre et du carré de la vitesse de la lumière. Elle établit une *équivalence* [3] entre masse et énergie via le facteur constant c^2. Par exemple, en vertu de la formule d'Einstein, un espace vide ne contenant pas de matière mais uniquement un champ électromagnétique, semble bien posséder une masse, une masse de nature purement cinétique, au sens où le champ peut donner naissance à des particules dont l'énergie cinétique totale est égale à l'énergie cédée par le champ. Avec l'équivalence de la masse et de l'énergie, la relativité restreinte parvient à unifier deux concepts de la physique classique.

L'équivalence entre l'énergie et la masse implique que l'on peut augmenter la masse d'un objet en lui fournissant de l'énergie. Mais alors pourquoi

1. A. EINSTEIN, *La Relativité. Théorie de la relativité restreinte et générale. Le relativité et le problème de l'espace*, trad. M. Solovine, Payot, Paris, 2001, p. 66.
2. L'énergie cinétique pourra alors être facilement définie comme la différence de l'énergie totale et de l'énergie au repos.
3. Pour donner une idée de l'équivalence entre masse et énergie, un rapide calcul nous indique qu'une masse de 1 kg vaut environs 10^{17} J, ce que l'on pourrait obtenir en brûlant plus de 3 millions de tonnes de charbon.

n'a-t-on jamais observé une telle augmentation de masse avant Einstein ? Ne suffirait-il pas de chauffer un objet pour voir sa masse augmenter ? Certes, mais ce qu'il faut remarquer, c'est qu'un accroissement de masse Δm est égal à un accroissement $\Delta E/c^2$. Le facteur c^2 au dénominateur de cette dernière fraction est énorme et indique qu'il faut une quantité d'énergie gigantesque pour pouvoir augmenter la masse de manière sensible. À l'inverse, une perte infime de masse donnera lieu à une énorme production d'énergie. Encore fallait-il être capable de libérer cette énergie contenue à l'intérieur des corps.

Masse relativiste

Dans la formule relativiste nous donnant l'énergie d'un objet se déplaçant avec une vitesse v, le facteur :

$$m = \frac{m_0}{\sqrt{1 - v^2/c^2}}$$

a les dimensions d'une masse. Il s'agit de ce que l'on appelle la « masse d'inertie relativiste ». Contrairement à la masse d'inertie classique, celle-ci varie avec la vitesse de déplacement v de l'objet [1] et peut donc changer de valeur selon le référentiel choisi. Cela implique que la masse n'est pas, contrairement à ce que pensait Newton, une quantité constante de matière, mais seulement une mesure de la résistance à l'accélération. Si la masse n'est plus constante, le principe de conservation de la masse n'a pas tout à fait disparu de la physique moderne. En vertu de l'équivalence entre masse et énergie, il a simplement été intégré au sein du principe de conservation de l'énergie.

Plus la vitesse d'un corps est grande, plus sa masse relativiste est importante. À mesure qu'un corps se rapproche de la vitesse de la lumière, une part de plus en plus grande de l'énergie dédiée à sa propulsion est convertie en masse, de sorte qu'il devient de plus en plus lourd. L'énergie à fournir pour son déplacement devient plus importante à mesure que sa vitesse se rapproche de celle de la lumière, en accord avec ce que nous avons affirmé dans la section précédente.

L'une des conséquences de la théorie de la relativité est qu'il peut y avoir des objets de masse nulle. Ceux-ci ne sont pas pour autant dépourvus

1. Dès 1900, les physiciens avaient constatés que des particules chargées pouvaient voir leur masse d'inertie varier avec leur vitesse.

d'énergie. Ils n'ont simplement pas d'énergie de repos. Leur énergie est donc purement cinétique et ils sont toujours en mouvement. S'ils pouvaient être immobilisés, leur masse étant nulle, leur inertie le serait également et ils pourraient être accélérés immédiatement jusqu'à la valeur limite c [1]. Ces objets ne peuvent en fait ni être accélérés ni être ralentis; ils se déplacent toujours à la vitesse c. Les particules qui se déplacent ainsi sont ce que l'on appelle des « photons », c'est-à-dire les particules qui composent la lumière. On a longtemps pensé que les neutrinos se déplaçaient également à la vitesse c, mais on a découvert récemment qu'ils possédaient une masse (très faible). Il se pourrait que nous découvrions un jour que les photons ont également une masse et ne se déplacent pas à la vitesse c. Celle-ci ne cesserait pas d'être une vitesse-limite, mais simplement d'être la vitesse des particules lumineuses.

La masse constante de Newton et la masse au repos de la théorie de la relativité possèdent une différence importante : si la première est *additive*, ce n'est pas le cas de la seconde. L'additivité de la masse signifie simplement que si nous formons un objet par la réunion de deux autres objets de masse m_1 et m_2, la masse résultante de cet objet est $m_1 + m_2$. En théorie de la relativité, la masse totale de l'objet obtenu par la réunion de deux autres objets peut être plus importante que la masse des deux objets réunis, dans la mesure où il faut y ajouter l'équivalent en termes de masse de l'énergie qu'il nous a fallu fournir pour réunir ces deux corps ensemble [2]. À l'inverse, lorsque nous brisons un objet en deux, la somme des masses des deux objets obtenus peut être inférieure à celle de l'objet d'origine, une partie de sa masse ayant été libérée sous forme d'énergie cinétique lors de la séparation. C'est ce type de phénomène qui est à l'origine de l'énergie libérée dans une centrale nucléaire. La fission des atomes y est induite par un projectile, généralement un neutron.

S'appuyant sur ces différences, Thomas Kuhn a pu affirmer que la masse en mécanique classique et la masse en théorie de la relativité étaient « incommensurables ». En d'autres mots, nous aurions affaire à deux notions sans aucune commune mesure l'une avec l'autre, ce qui rendrait toute comparaison neutre entre elles dépourvue de sens. La raison en est que le passage du paradigme newtonien au paradigme einsteinien modifierait la *référence* du terme 'masse', si bien qu'un partisan de la théorie de Newton

---

1. J.-M. LÉVY-LEBLOND, « La matière dans la physique moderne », dans Fr. BALIBAR, J.-M. LÉVY-LEBLOND et R. LEHOUCQ, *Qu'est-ce que la matière ?*, *op. cit.*, p. 98.

2. Sur la non-additivité de la masse en relativité restreinte, *cf.* M. LANGE, *An Introduction to the Philosophy of Physics*, *op. cit.*, p. 230-240.

et un partisan de la théorie d'Einstein ne parleraient plus de la même chose lorsqu'ils utilisent le mot 'masse' :

> [...] les réalités physiques auxquelles renvoient ces concepts d'Einstein [notamment celui de masse] ne sont absolument pas celles auxquelles renvoient les concepts newtoniens qui portent le même nom. (La masse newtonienne est conservée; celle d'Einstein est convertible en énergie. Ce n'est qu'à des vitesses relatives basses qu'elles peuvent toutes les deux se mesurer de la même manière, et même alors il est faux de les imaginer semblables) [1].

Kuhn précisera ensuite que si la référence du terme 'masse' change entre la mécanique classique et la théorie de la relativité, c'est parce que sa *signification* elle-même change [2], et si celle-ci change c'est, d'une part, parce que le terme est pris dans les deux cas dans des paradigmes différents [3] et, d'autre part, parce que la signification d'un terme en détermine la référence. L'idée sous-jacente est que la signification des termes scientifiques dépend du paradigme dans lequel ils s'inscrivent – Kuhn défend une forme de *holisme sémantique* –, de sorte qu'un même terme scientifique peut avoir des significations différentes, pour peu qu'il soit commun à différents paradigmes.

Considérons un cas peut-être plus parlant : celui du terme 'électron'. Comment savons-nous ce qu'il signifie ? Nous ne pouvons à l'évidence pas exhiber un exemplaire d'entité auquel renverrait ce terme, car les électrons sont des entités inobservables, du moins directement. Les manuels de physique introduisent le concept d'électron généralement en disant qu'il s'agit de particules élémentaires qui sont soumises aux interactions électromagnétique, gravitationnelle et nucléaire faible, possèdent un spin de $1/2$ et une charge élémentaire e. Le concept d'électron est donc introduit en spécifiant les relations qu'il entretient avec d'autres concepts. Ces relations sont capturées par les énoncés du *modèle standard*. Mais que se passerait-il si celui-ci s'avérait faux et que nous devions changer de théorie des particules élémentaires ? Il est fort probable que les relations entre les concepts de cette nouvelle théorie changeraient, de sorte la signification du terme 'électron' s'en trouverait

---

1. Th.S. Kuhn, *La structure des révolutions scientifiques*, op. cit., p. 146.
2. La position de Kuhn n'est pas isolée. Par exemple, Werner Heisenberg soutient, lui aussi, que les mots changent de signification en théorie de la relativité (*Physique et philosophie*, op. cit., p. 145).
3. Cf. Th.S. Kuhn, « Reflections on my Critics », dans I. Lakatos et A. Musgrave (éd.), *Criticism and the Growth of Knowledge*, Cambridge University Press, Cambridge, 1970, p. 266.

modifiée. Ce constat semble bien impliquer que changer de théorie revient à changer la signification des termes utilisés par les scientifiques travaillant au sein de ce paradigme.

Hilary Putnam a opposé une réponse *externaliste* au défi de l'incommensurabilité posé par Kuhn[1]. D'après celle-ci, bien que les théories changent, et donc les propriétés que nous associons aux termes qui en font partie, ces théories possèdent un domaine commun de phénomènes auxquels elles s'appliquent, un domaine qui, lui, est invariant. Putnam prend comme exemple la notion d'électricité. Il soutient qu'avant le xviiie siècle et l'avènement d'une conception scientifique des phénomènes électriques, nous étions tout à fait capables de faire référence à ce phénomène, et ce, même si les descriptions que nous lui associons alors étaient pour la plupart fausses. Par exemple, on pensait que l'électricité était un fluide, et non un déplacement de particules chargées. Ce n'est pas parce que les descriptions associées au terme 'électricité' ont changé que ce terme a cessé de désigner le même phénomène. Selon la « théorie causale de la référence », que Putnam partage avec Saul Kripke, un terme scientifique reçoit son extension lors d'un « événement baptismal introductif », puis cette extension est transmise à tous les utilisateurs ultérieurs du terme au moyen d'une « chaîne causale ». Dans ce processus, le transfert de l'extension peut s'effectuer sans pour autant en passer par certaines descriptions ou en utilisant des descriptions qui sont parfois fausses. Par exemple, la première fois que quelqu'un a observé le phénomène de l'électricité statique, il l'a baptisée 'électricité'. L'extension de ce terme s'est alors transmise d'utilisateur à utilisateur jusqu'à nous. Progressivement, les scientifiques en sont venus à attribuer des propriétés différentes à l'électricité. Par exemple, le fait que celle-ci pouvait donner lieu à un courant, et n'était donc pas forcément statique, ou qu'elle était un flux de particules chargées et non un fluide. Mais il s'agissait toujours d'électricité. Ainsi, ce n'est pas l'extension du terme 'électricité' qui a changé du fait que la compréhension scientifique de ce que ce terme signifie s'est modifiée, mais les croyances des utilisateurs de ce terme. Ce que les scientifiques *croyaient* être des propriétés de l'électricité s'est en fait révélé ne pas en être. L'électricité, elle, n'a jamais cessé d'être de l'électricité. De même, ce que

---

1. *Cf.* H. Putnam, « Explication et référence », trad. P. Jacob dans P. Jacob (éd.), *De Vienne à Cambridge. L'héritage du positivisme logique de 1950 à nos jours*, Gallimard, Paris, 1980, p. 307-330.

nous croyions être la masse s'est révélé être faux suite à la découverte de la relativité restreinte, mais la masse n'a pas pour autant cessé d'être la masse. Mais même si nous concédions à Kuhn que la signification de certains termes, et donc leur référence, change lors du passage d'une théorie à une autre qui la supplante, nous pourrions affirmer qu'il y a quelque chose qui se préserve, ou mieux qui est subsumé à titre d'approximation, lors de ce passage : la structure mathématique. Ce n'est pas la théorie de Newton dans son entièreté qui est une approximation de celle d'Einstein, mais les équations newtoniennes du mouvement qui sont une approximation des équations de la théorie einsteinienne lorsque les vitesses relatives sont très faibles par rapport à la vitesse de la lumière. Selon ce « réalisme structurel » [1], la théorie du Newton n'a pas donné, dans un domaine restreint, une description approximativement correcte de certaines grandeurs physiques, mais bien des relations mathématiques entre ces grandeurs.

Disons, pour finir sur ce point, que la variabilité de la masse, en relativité restreinte, n'est pas sans conséquences sur le concept de matière. Les physiciens considèrent généralement que la matière est ce qui occupe une certaine portion d'espace et qui possède une masse. Dès lors que la masse n'est plus constante, mais peut être convertie en énergie, il n'y a plus de raison d'exclure de son domaine ce qui est dépourvu de masse mais qui possède une énergie : la lumière. Plus encore, on ne peut plus maintenir que ce qui demeure constant dans la matière, ce sont les *particules élémentaires* dont elle se compose, à savoir, à l'heure actuelle, les leptons (les électrons, les neutrinos, etc.) et les quarks, lesquels composent les baryons (essentiellement les protons et les neutrons) [2]. En effet, ces particules peuvent s'annihiller. Par exemple, lorsqu'un électron rencontre un positron (son antiparticule), ces deux particules s'annihilent pour donner de la lumière. Le nombre total de particules composant la matière sera modifié au cours d'un tel processus, mais l'énergie totale (au sein d'un même référentiel), elle, demeurera constante.

1. *Cf.* J. WORRALL, « Structural Realism », art. cit. Worrall attribue la paternité de cette position à H. POINCARÉ (*La valeur de la science, op. cit.*, p. 170), mais nous pourrions également citer P. DUHEM (*La théorie physique, op. cit.*, p. 59-69).
2. Les baryons ayant une masse au repos beaucoup plus élevée que les leptons. La matière baryonique compose l'essentiel de la matière de l'univers.

Quantité de mouvement relativiste

En physique classique, la quantité de mouvement $\vec{p}$ est égale au produit de la masse m_0 par le vecteur vitesse $\vec{v}$. Tout comme l'énergie et la masse, cette grandeur doit être redéfinie en relativité restreinte. Il s'agit toujours du produit de la masse par la vitesse, sauf que la masse propre doit être remplacée par la masse relativiste :

$$\vec{p} = \frac{m_0 \vec{v}}{\sqrt{1 - (v/c)^2}}.$$

La théorie de la relativité restreinte est avant tout une *cinétique*, une théorie du mouvement. Mais elle peut aussi être vue comme une théorie de l'espace-temps qui a des conséquences sur la conception du mouvement des corps [1]. Elle a cependant des implications *dynamiques*. En mécanique classique, la loi fondamentale du mouvement peut être exprimée au moyen de la quantité de mouvement :

$$\vec{f} = \frac{d\vec{p}}{dt}.$$

C'est toujours le cas en relativité restreinte, si ce n'est qu'il faut utiliser la « quantité de mouvement relativiste » ci-dessus. Nous obtenons ainsi la version relativiste de la loi fondamentale du mouvement. C'est elle qui conserve la même forme lorsque l'on passe d'un référentiel inertiel à un autre au moyen des transformations de Lorentz. Lorsque la vitesse v est négligeable comparativement à celle de la lumière, la quantité de mouvement est égale au produit $m_0 \vec{v}$ et la loi fondamentale du mouvement retrouve sa forme classique, confirmant une fois de plus le caractère d'approximation de la mécanique classique par rapport à la théorie de la relativité restreinte.

La conservation de la quantité de mouvement relativiste, de même que celle de l'énergie, est relative à un référentiel. Autrement dit, l'énergie totale et la quantité de mouvement totale peuvent varier d'un référentiel inertiel à un autre [2]. On peut toutefois définir une grandeur qui est bien conservée lorsque l'on passe d'un référentiel inertiel à un autre : la norme du « quadrivecteur quantité de mouvement-énergie ». Ce dernier se note généralement $\vec{P}$ et est, comme son nom l'indique, un vecteur à quatre composantes, les trois

1. A. Barberousse, « Philosophie de la physique », art. cit., p. 359.
2. M. Lange, *An Introduction to the Philosophy of Physics*, op. cit., p. 223.

premières étant celles de la quantité de mouvement – p_x, p_y et p_z – et la quatrième étant l'énergie divisée par la vitesse de la lumière E/c. La *norme* d'une grandeur vectorielle (son module) est habituellement égale à la racine carrée de la somme des carrés des composantes du vecteur. Par exemple, la norme v du vecteur vitesse $\vec{v}$ – sa longueur si l'on veut – est égale à $\sqrt{v_x^2 + v_y^2 + v_z^2}$, et n'est rien d'autre que ce que l'on appelle habituellement la vitesse. De même, la norme p du vecteur $\vec{p}$ vaut $\sqrt{p_x^2 + p_y^2 + p_z^2}$. La norme P du quadrivecteur $\vec{P}$ est un peu différente : il s'agit de la racine carrée de la norme au carré de sa dernière composante moins la norme au carré de ses trois premières composantes. En d'autres termes :

$$P = \sqrt{\frac{E^2}{c^2} - p^2}.$$

Or, grâce aux différentes relations que nous avons établies précédemment, nous obtenons :

$$P = \sqrt{\frac{m_0^2 c^2}{1 - (v/c)^2} - \frac{m_0^2 v^2}{1 - (v/c)^2}}$$

$$= \sqrt{m_0^2 c^2 \frac{1 - (v/c)^2}{1 - (v/c)^2}}$$

$$= \sqrt{m_0^2 c^2}$$

$$= m_0 c.$$

Les grandeurs m_0 et c étant invariantes d'un référentiel à un autre, la norme P l'est également. Elle est donc bien conservée. Nous avons ainsi unifié les lois de conservation de la quantité de mouvement, de l'énergie, mais aussi de la masse (celle-ci étant désormais équivalente à l'énergie), en une seule loi de conservation, à savoir celle de la norme du quadrivecteur quantité de mouvement-énergie.

Par ailleurs, en reformulant quelque peu l'égalité $\sqrt{E^2/c^2 - p^2} = m_0 c$, nous obtenons une relation importante entre l'énergie et la quantité de mouvement :

$$E = \sqrt{m_0^2 c^4 + p^2 c^2},$$

où l'on voit qu'un objet de masse propre nulle, tel un photon, a une énergie proportionnelle à sa quantité de mouvement : $E = pc$.

LE CONTINUUM ESPACE-TEMPS RELATIVISTE

La physique rapporte le mouvement de tout objet à un référentiel. Sans référentiel, la question de savoir si un objet est en mouvement ou au repos est dépourvue de sens. Un référentiel se compose généralement de plusieurs dimensions. Nous pouvons voir une dimension d'un référentiel, comme une règle graduée qui n'a qu'une seule extrémité, laquelle coïncide avec l'origine de l'axe – appelons-le x – représentant cette dimension. Cette origine est généralement indiquée par le nombre 0. À chaque point de la règle correspond un point de l'axe et inversement. La règle en question est un continuum, puisque nous pouvons passer de n'importe lequel de ses points à un autre de manière continue [1]. Le continuum considéré ici est unidimensionnel, car tout point de l'espace défini par l'axe x peut être défini par un unique point de la règle graduée, lequel constitue sa *coordonnée*.

Il existe évidemment des continuums à plusieurs dimensions. Une surface rectangulaire, par exemple une table, est un continuum bidimensionnel. Tout point de l'espace correspondant à cette surface est déterminé par la donnée de deux coordonnées, chacune indiquant la distance par rapport à deux bords de la table perpendiculaires l'un à l'autre. Notre espace environnant peut quant à lui être conçu comme un continuum à trois dimensions.

Un point de ce type de continuum spatial représente un instantané du mouvement de ce point. Autrement dit, il indique sa position à un instant donné. Si nous voulons représenter sa position à un autre instant, il faut le représenter dans un autre continuum, lequel constituera un second instantané du mouvement du point. Le mouvement d'un corps se déployant dans le temps, il ne peut être représenté au moyen d'un continuum uniquement spatial. Nous pouvons cependant envisager des continuums mixtes, mélangeant des dimensions spatiales et temporelles. Prenons le cas d'une pierre qui est lâchée à 0 s du haut d'une tour de 80 m. La loi de sa chute nous est donnée par $z = 80 - gt^2/2$, où z est l'axe selon lequel s'effectue la chute de la pierre – nous considérons que lorsque $z = 0$ m, la pierre a atteint le sol. En prenant

---

1. A. EINSTEIN et L. INFELD, *L'Évolution des idées en physique, op. cit.*, p. 188. Nous reprenons pour l'essentiel la présentation de la notion de continuum que l'on peut trouver dans cet ouvrage.

$10\,\text{m/s}^2$ pour valeur approximative de g, nous obtenons : $z = 80 - 5t^2$. Dès lors, l'évolution de la position verticale de la pierre en fonction du temps nous est donnée pour quelques valeurs privilégiées par le tableau suivant :

t (en s)	z (en m)
0	80
1	75
2	60
3	35
4	0

Donc, après 4 s, la pierre aura atteint le sol. En réduisant la pierre à un point matériel, nous pouvons représenter son mouvement dans un graphe à deux dimensions, dont l'une représente le temps t et l'autre la position z :

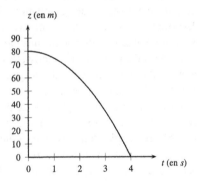

Au moyen de ce schéma espace-temps, nous avons représenté le mouvement de la pierre dans un espace unidimensionnel au moyen d'une courbe dans un continuum bidimensionnel. Cette courbe est ce que l'on appelle une « ligne d'univers ». À chaque point de cette ligne d'univers correspondent deux coordonnées, l'une spatiale, z, et l'autre temporelle, t. Chaque paire de coordonnées spatio-temporelles détermine ici ce que nous appellerons un « événement », c'est-à-dire un point de l'espace-temps, un lieu à un instant donné. Deux points de l'espace-temps situés sur la même droite horizontale désigneront deux événements se déroulant au même endroit, tandis que deux événements situés sur la même droite verticale désigneront deux événements simultanés.

Avec la représentation de la chute de la pierre dans le continuum
bidimensionnel espace-temps, c'est le mouvement lui-même dans sa totalité
qui est représenté, et non différentes étapes de ce mouvement. La théorie
de la relativité opte clairement pour une représentation du mouvement dans
un continuum espace-temps [1]. Mais cette représentation diffère largement
de celle utilisée en mécanique classique. Dans cette dernière, le continuum
quadridimensionnel espace-temps peut toujours être divisé en un continuum
unidimensionnel temporel et un continuum tridimensionnel spatial. Ainsi,
une coupe dans le continuum quadridimensionnel à un certain instant ne
contient que des événements simultanés. Ces événements sont de plus simultanés relativement à *tous* les référentiels inertiels. En relativité restreinte, la
simultanéité n'a pas de sens absolu, de sorte que des événements simultanés
relativement à un référentiel d'inertie ne le seront plus forcément relativement
à un autre. L'espace et le temps sont désormais imbriqués l'un dans l'autre. Ce
ne sont pas des « invariants relativistes », des grandeurs qui restent les mêmes
par transformation de Lorentz ; elles ne conservent pas la même valeur pour
tous les observateurs en mouvement uniforme les uns par rapport aux autres.
Ce qui demeure invariant dans l'espace-temps relativiste, c'est la *distance* qui
sépare deux événements. Celle-ci n'a cependant plus grand chose à voir avec
ce que nous appelons habituellement une distance.

Considérons un espace euclidien classique à deux dimensions. Dans un
tel espace, la distance Δs qui sépare deux points A et B peut être vue comme
l'hypoténuse d'un triangle rectangle dont les deux côtés perpendiculaires
sont les projections de Δs sur l'axe x et sur l'axe y. La valeur de Δs est
alors simplement calculée au moyen du théorème de Pythagore : $\Delta s = \sqrt{\Delta x^2 + \Delta y^2} = \sqrt{(x_1 - x_0)^2 + (y_1 - y_0)^2}$.

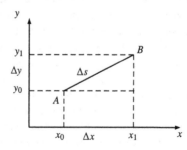

1. A. Einstein et L. Infeld, *L'Évolution des idées en physique, op. cit.*, p. 194.

On imagine aisément comment nous pourrions étendre cette procédure au calcul d'une distance dans un espace euclidien à quatre dimensions. Mais l'espace-temps de la relativité restreinte n'est pas euclidien. C'est un espace dit « de Minkowski », du nom du mathématicien qui l'a inventé. Dans cet espace, la *métrique* (la mesure des distances) n'est pas la même que dans un espace euclidien à quatre dimensions. Plus précisément, le carré de la distance n'y est pas égal à la somme des carrés des intervalles spatiaux, mais à la différence entre le carré de l'intervalle de temps multiplié par c^2 et les carrés des intervalles d'espace. Autrement dit, nous avons :

$$\Delta s^2 = c^2(t_2 - t_0)^2 - (x_1 - x_0)^2 - (y_1 - y_0)^2 - (z_1 - z_0)^2.$$

Cela est dû au fait que dans l'espace de Minkowski, la dimension temporelle peut être considérée comme un nombre imaginaire [1].

Dans un espace de Minkowski, la « distance d'univers » ou « intervalle d'espace-temps » Δs, comme on l'appelle habituellement, est identique pour tous les observateurs. En d'autres termes, elle est invariante par transformation de Lorentz.

Nous pouvons, à partir de la distance d'univers Δs, invariante entre deux événements, définir un intervalle de « temps propre » $\Delta \tau$:

$$\Delta \tau^2 = \frac{\Delta s^2}{c^2}.$$

Tout comme la distance d'univers, le temps propre est un invariant relativiste : sa valeur reste la même par transformation de Lorentz. Cela ne veut pas dire pour autant qu'il s'agit d'un temps absolu, valable dans tous l'univers. Il s'agit plutôt d'un temps défini localement : c'est le temps indiqué par la montre d'un observateur, c'est-à-dire dans le référentiel par rapport auquel il est immobile. Un intervalle de temps propre est donc un intervalle de temps entre deux événements ayant lieu au même endroit par rapport au référentiel commun à ces deux événements. Si un objet effectue une certaine trajectoire dans l'espace-temps relativiste, l'intervalle de temps qui sépare deux événements le long de cette trajectoire est mesuré par le temps propre associé à l'objet en question. Les différences d'intervalles de temps mesurées par les deux jumeaux de Langevin sont, par exemple, des différences d'intervalles de

---

1. Rappelons que le carré du nombre imaginaire i vaut -1.

temps propre. De même, la durée de vie d'un muon solaire correspond à son temps propre, puisqu'elle est mesurée dans le référentiel qui lui est associé, c'est-à-dire celui dans lequel il apparaît comme immobile.

En relativité restreinte, la position d'un système physique peut être *localisée* en un point ou du moins être restreinte à une région de l'espace-temps. À cet égard, c'est une théorie qui peut encore être considérée comme classique [1]. La position d'un système physique étant localisée, sa trajectoire dans l'espace-temps relativiste est une courbe, une courbe qui est à la fois spatiale et temporelle. La pente de cette trajectoire nous donne la vitesse du mobile. La distance d'une telle trajectoire, à savoir ce que nous avons appelé la distance d'univers, n'est pas une distance au sens habituel du terme, dans la mesure où elle peut être positive mais aussi négative ou nulle. La lumière a cette particularité que si nous calculons la longueur d'univers d'une de ses trajectoires, celle-ci sera toujours de longueur nulle. Autrement dit, $\Delta s^2 = 0$ entre deux événements qui peuvent être reliés par un rayon lumineux, peu importe le référentiel d'espace-temps choisi. Cela ne veut pas dire que la lumière se déplace de manière instantanée, mais plutôt que rien ne peut se déplacer plus rapidement qu'elle.

Un intervalle d'espace-temps entre deux événements pour lequel $\Delta s^2 = 0$ est un « intervalle du genre lumière ». On le distingue tout d'abord de l'« intervalle du genre temps », pour lequel $\Delta s^2 > 0$. Il existe alors un référentiel d'espace-temps pour lequel les deux événements ont lieu au même lieu spatial. Le temps qui sépare ces deux événements est égal à $\Delta s/c$. Ensuite, nous avons l'« intervalle du genre spatial » pour lequel $\Delta s^2 < 0$. Il existe alors un référentiel d'espace-temps pour lequel les deux événements ont lieu au même instant. Le carré de la distance spatiale qui sépare ces deux événements est alors égale à $-\Delta s^2$. Dans ce cas, puisque le carré de Δs est négatif, celui-ci est un nombre imaginaire.

La différence entre un espace euclidien à quatre dimensions et l'espace de Minkowski provient essentiellement de l'existence d'une vitesse limite. Tout événement n'est donc pas accessible à partir d'un autre. Seuls peuvent être atteints des événements qui ne nécessitent pas de se déplacer à une vitesse supérieure à celle de la lumière. L'ensemble des événements accessibles à partir d'un autre définissent le « cône de lumière » relatif à cet événement [2].

---

1. Nous verrons qu'en mécanique quantique les objets sont étendus dans tout l'espace.
2. L'équation de l'événement est donnée par $c^2 t^2 - x^2 - y^2 - z^2 = 0$, lorsque celui-ci est situé

Les événements qui se trouvent sur le bord du cône ne peuvent être atteints que par un rayon lumineux, parce qu'ils nécessitent de se déplacer à la vitesse de la lumière. La surface du cône délimite les événements qui exigent de se déplacer à une vitesse plus importante que celle de la lumière, et qui sont donc inaccessibles (les événements à l'extérieur du cône), des événéments qui peuvent être atteints en se déplaçant à une vitesse inférieure à celle de la lumière (les événements à l'intérieur du cône). L'espace-temps relativiste est donc un espace « tronqué » [1]. Ce cône étant défini dans un espace-temps à quatre dimensions, il est difficile de le représenter. Nous pouvons néanmoins en donner une image intuitive en nous limitant à une seule dimension spatiale et à la dimension temporelle :

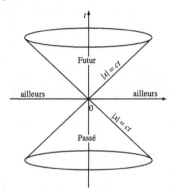

En physique classique, la force de gravitation est conçue comme une action à distance, un corps étant théoriquement soumis à chaque instant à l'action instantanée de tous les corps dispersés à travers l'espace. Une connaissance de la distribution de la matière à travers la totalité de l'espace est par conséquent nécessaire pour déterminer la trajectoire d'un corps. Nous pouvons nous contenter d'une connaissance un peu plus restreinte en relativité, puisque les seuls événements susceptibles de déterminer la trajectoire d'un autre à un certain instant sont ceux situés dans son cône de lumière. Autrement dit, un événement ne peut avoir d'influence physique, c'est-à-dire entretenir une relation de *causalité*, que sur les événements situés à l'intérieur de son cône de lumière futur. Symétriquement, seuls les

à l'origine des axes.
1. J. Eisenstaedt, *Einstein et la relativité générale*, CNRS éditions, Paris, 2013 (2002), p. 86.

événements qui se trouvent à l'intérieur du cône de lumière *passé* d'un événement donné peuvent exercer une action sur cet événement. Par exemple, seuls les événements situés aujourd'hui à moins de cent années-lumière d'un atome seront susceptibles d'influencer physiquement celui-ci dans cent ans [1]. Dans la conception classique de la causalité, la temporalité est bien thématisée, mais reste largement indécise dans la mesure où la cause et l'effet peuvent être conçus comme simultanés ou successifs selon les observateurs. Einstein résout ce problème en montrant non seulement qu'il y a bien un intervalle de temps non nul qui sépare une cause et la production de son effet, mais aussi que la valeur minimale de celui-ci est limitée de manière essentielle par la vitesse de la lumière. En fait, la causalité relativiste n'est plus strictement temporelle, mais bien spatio-temporelle [2].

Ajoutons que si la vitesse de la lumière était plus importante qu'elle ne l'est en réalité, les cônes de lumière s'élargiraient. À vrai dire, les bords du cône se rejoindraient si elle était infinie. Dans ce cas, tout événement serait accessible à tout autre, la transmission de l'action à distance de manière immédiate étant alors possible. Le temps retrouverait son caractère absolu.

LA RELATIVITÉ RESTREINTE ET L'UNIVERS-BLOC

Le *présentisme* soutient que seul existe réellement ce qui est présent. De ce point de vue, le futur n'existe pas encore et le passé n'existe plus. Mais qu'est-ce que « le présent », si ce n'est l'ensemble des événements simultanés ? En relativité restreinte, les événements simultanés le sont toujours relativement à un référentiel. En ce sens, le mot 'maintenant' est analogue au mot 'ici' : il renvoie à la position dans l'espace-temps du locuteur. Ce qui est présent pour nous pourra être passé ou futur pour un locuteur attaché à un référentiel en mouvement par rapport à notre référentiel, de la même manière que ce qui est ici pour un locuteur est là-bas pour un autre. Dès lors, ce *mode* du temps qu'est le présent, mais aussi le futur et le passé, perd toute objectivité. L'*écoulement* même du temps, c'est-à-dire le fait que le futur deviendra présent puis passé, s'évanouit [3].

---

1. J.-M. Lévy-Leblond, *Aux contraires, op. cit.*, p. 316.
2. M. Paty, « La notion de déterminisme en physique et ses limites », dans L. Viennot et Cl. Debru, *Enquête sur le concept de causalité*, PUF, Paris, p. 94.
3. L'abandon de l'écoulement du temps n'implique pas que le temps cesse d'être orienté. Simplement, ce qui donne son sens au temps ne peut être le passage du futur vers le présent

Pouvons-nous tolérer que ce qui existe ne soit pas une donnée objective de la réalité ? Difficilement. C'est la raison pour laquelle nous pouvons considérer que l'existence n'est pas, contrairement à ce que présuppose le présentisme, relative à un certain instant, à savoir le présent. Ce qui existe, existe *simpliciter*. Selon cette conception *éternaliste* du temps, les événements futurs et passés ont le même statut ontologique que ceux qui sont présents : ils existent tout autant et avec la même dignité.

L'adoption de la position éternaliste, à laquelle la relativité restreinte semble nous forcer, implique une conception de l'univers comme « univers bloc » (« *bloc universe* » en anglais) [1]. D'après celle-ci, l'univers est constitué par la totalité de l'espace-temps ; il est non seulement étalé dans l'espace, mais aussi dans le temps. Les objets qu'il contient sont alors eux-mêmes des entités quadridimensionnelles qui possèdent à fois des parties spatiales *et* des parties temporelles [2].

UNE THÉORIE À PRINCIPES

Einstein ne s'est pas contenté de développer des théories qui ont changé la face de la physique. Il a également produit des réflexions épistémologiques intéressantes sur sa propre pratique. Dans le cadre de ces réflexions, il en est venu à penser que l'on pouvait distinguer au moins deux types de théories physiques. Il y a, d'une part, ce que nous pourrions appeler les « théories réductionnistes » et, d'autre part, les « théories à principes » [3]. Les premières

puis le passé. Pour éviter toute confusion, il convient ici de distinguer l'*ordre* du temps de son *orientation*. Le temps est ordonné au sens où, comme l'espace, il possède une relation d'ordre $\leq$, c'est-à-dire une relation réflexive ($t \leq t$), antisymétrique (si $t_1 \leq t_2$ et $t_2 \leq t_1$, alors $t_1 = t_2$) et transitive (si $t_1 \leq t_2$ et $t_2 \leq t_3$, alors $t_1 \leq t_3$). C'est cette relation d'ordre qui permet d'attribuer à chaque événement une position sur la dimension temporelle. Mais, à la différence de l'espace, le temps est également orienté ; il a un sens : ce qui se produit avant quelque chose d'autre ne peut pas se produire après, du moins relativement à un même référentiel. Mais si l'orientation du temps est un fait et que celui-ci ne peut être justifié par l'écoulement du temps, il semble alors que seules deux possibilités s'offrent à nous : considérer l'orientation du temps soit comme une propriété intrinsèque du temps soit comme une conséquence de la causalité.

1. Pour une défense de l'univers-bloc, *cf.* B. LE BIHAN, *Qu'est-ce que le temps ?*, Vrin, Paris, 2019.

2. A. EINSTEIN, « La physique et la réalité », art. cit., p. 46. Sur le quadridimensionalisme, *cf.* Th. SIDER, *Four-Dimensionalism*, Oxford University Press, Oxford, 2001.

3. *Cf.* A. EINSTEIN, « Qu'est-ce que la théorie de la relativité ? », trad. M. Solovine, revue par D. Fargue et P. Fleury dans *Conceptions scientifiques*, *op. cit.*, p. 12.

partent d'une image de certains phénomènes fondamentaux et des lois qui
les régissent pour construire une image de phénomènes plus complexes et
en déduire leurs lois. L'exemple typique à cet égard est la théorie cinétique
des gaz qui part de l'image des gaz comme des composés de molécules en
mouvement soumises à des lois mécaniques pour en dériver les lois qui lient
ces grandeurs macroscopiques des gaz que sont la température, la pression,
etc. Les théories à principes ne partent, quant à elles, pas des constituants
hypothétiques de la nature, mais de *principes*, c'est-dire des « propriétés
générales des phénomènes naturels », et en déduisent les lois mathématiques
auxquelles les phénomènes doivent être soumis. Tandis que les théories
réductionnistes tentent de nous offrir une image claire et facilement applicable
à l'ensemble de la nature, les théories à principes essaient de faire reposer
l'édifice de la physique sur des fondements solides et parfaitement logiques [1].
La théorie de la relativité restreinte est à l'évidence une théorie à principes,
une théorie qui repose sur le principe de relativité restreinte et le principe de
constance de la vitesse de la lumière. La thermodynamique en est un autre
exemple. Elle repose sur les principes de conservation de l'énergie (premier
principe) et d'irréversibilité des phénomènes physiques liée à l'augmentation
de l'entropie (deuxième principe).

La question que l'on peut se poser est celle de savoir comment les
principes sont trouvés. Au début du xxᵉ siècle, la réponse d'un savant aussi
illustre que Poincaré à cette question était encore celle d'Aristote :

> La méthode des sciences physiques repose sur l'induction qui nous fait attendre
> la répétition d'un phénomène quand se reproduisent les circonstances où il avait
> une première fois pris naissance [2].

Einstein est en rupture avec cette vision des choses. Selon lui, les principes ne
sont pas obtenus par induction, car, pourrait-on dire, on ne les observe jamais
réellement. Ce sont plutôt des « créations libres de l'esprit humain » [3]. Elles
sont certes suggérées « par l'expérience elle-même » [4], mais aucunement
déterminées de manière nécessaire par elle. Parmi les principes obtenus de
la sorte, on pourra citer le principe de conservation de l'énergie, établi à
partir de la constatation de l'impossibilité du mouvement perpétuel, ou le

---

1. A. EINSTEIN, « Qu'est-ce que la théorie de la relativité ? », art. cit., p. 12-13.
2. H. POINCARÉ, *La science et l'hypothèse, op. cit.*, p. 26.
3. A. EINSTEIN et L. INFELD, *L'Évolution des idées en physique, op. cit.*, p. 34.
4. A. EINSTEIN, « La physique et la réalité », art. cit., p. 45.

principe d'inertie, établi à partir de la constatation de la perpétuation du mouvement d'un corps dans un véhicule qui décélère. Ces constatations empiriques ne sont que des tremplins vers les principes ; l'intuition sensible n'en constitue « ni la limite ni le véritable soubassement »[1], qui sont bien plutôt à rechercher dans l'acte de « construction » de l'esprit du physicien. L'expression « créations libres de l'esprit humain » utilisée par Einstein fait clairement référence à Richard Dedekind[2]. Pour ce dernier, le mathématicien crée les nombres et les principes qui les régissent sans que cette création soit déterminée de manière nécessaire par l'expérience. Lorsqu'il affirme, par exemple, que tout nombre naturel possède un successeur, il ne s'autorise pas de l'expérience, car dans celle-ci nous ne rencontrons jamais qu'un nombre fini de nombres.

Précisons la nature de ces *fictions* particulières que sont les principes créés par le physicien[3]. En tant que fondement hypothético-déductif d'une théorie physique, leur développement peut se faire de manière purement *a priori*, en en déduisant leurs conséquences logiques. Nous pouvons ici faire un parallèle intéressant avec la géométrie moderne telle qu'elle est conçue depuis Hilbert. Dans celle-ci, l'origine psychologique des concepts géométriques peut venir de l'intuition, mais ce qui compte, ce sont uniquement les relations mathématiques entre ces concepts. Nous pouvons bien avoir été informé du contenu de concepts tels que ceux de 'point', 'droite' et 'plan' de manière intuitive, mais le seul contenu que le géomètre attribue à ces concepts sont ceux déterminés par les axiomes qui les relient et le géomètre a toute liberté dans le choix de ces axiomes. La détermination de ce que sont des points, des droites et des plans importe alors tellement peu que nous pourrions, comme le dit Hilbert, substituer à ces noms ceux de verre de bière, de table et de chaises[4] ; seules comptent les relations qu'entretiennent les objets entre eux. Le géomètre peut ainsi, à partir des mêmes concepts, définir différents types de géométries – euclidienne ou non euclidienne par exemple. Pourvu qu'il

1. E. Cassirer, *Substance et fonction, op. cit.*, p. 126.
2. R. Dedekind, « Que sont et à quoi servent les nombres ? », dans *La création des nombres*, trad. H.B. Sinaceur, Vrin, Paris, 2008, p. 134. On pourrait également citer Duhem (*La théorie physique, op. cit.*, p. 286), qu'Einstein avait lu dans sa jeunesse.
3. Einstein parle lui-même du « caractère fictif des fondements » d'une théorie physique (A. Einstein, « Sur la méthodologie de la physique théorique », trad. E. Aurenche *et al.* dans *Œuvres choisies 5, op. cit.*, p. 104).
4. *Cf.* O. Blumenthal, « Lebensgeschichte », dans D. Hilbert, *Gesammelte Abhandlungen*, 2e éd., Springer, Berlin, 1970, vol. III, p. 403.

évite toute contradiction, la seule chose qui compte pour lui, c'est la structure relationnelle entre les concepts géométriques. Le système axiomatique qu'il pose est formel, « détachable du support matériel qui lui a donné naissance » [1]. Il possède sa « propre légalité interne ». Nous pouvons avoir un système dont l'un traiterait des droites et des points et l'autre des cercles et des sphères, mais qui posent des relations de dépendance formelles identiques entre ces concepts. Les deux systèmes obtenus seront alors « équivalents » du point de vue mathématique, ceci en dépit du contenu intuitif des sujets auxquels les propositions des deux systèmes renvoient [2].

Cette autonomie des systèmes mathématiques eu égard aux contenus intuitifs dans lesquels ils trouvent leur origine est également celle des systèmes physiques élaborés sur la base des principes dégagés par le physicien. Il y a cependant une différence importante entre théories purement mathématiques et théories physiques. Les théories physiques sont des fictions qui doivent être en accord, au moins minimal, avec ce que l'on sait déjà et, surtout, dont les conséquences doivent affronter le tribunal de l'expérience. Autrement dit, après avoir posé ses principes à titre d'hypothèses, le physicien doit en tirer des conséquences par une démarche déductive et comparer ces conséquences avec la réalité, éventuellement au moyen d'un dispositif expérimental. Il peut ainsi tester *a posteriori* les principes posés de manière libre et *a priori* comme lois fondamentales d'une théorie. Selon Einstein, c'est cet ensemble de principes et de conséquences que l'on appelle une « théorie physique » [3]. Nous pouvons synthétiser l'élaboration einsteinienne d'une théorie dans le schéma suivant [4] :

1. E. Cassirer, *Substance et fonction*, *op. cit.*, p. 115.
2. *Ibid.*
3. A. Einstein, « Induction et déduction en physique », trad. E. Aurenche *et al.* dans *Œuvres choisies 5*, *op. cit.*, p. 95.
4. A. Einstein, « Lettre à Maurice Solovine du 7 mai 1952 », trad. E. Aurenche *et al.* dans *Œuvres choisies 4. Correspondances françaises*, Seuil, Paris, 1989, p. 310. Sur les conceptions méthodologiques exprimées par Einstein dans cette lettre, on pourra se reporter aux analyses de Gerald Holton : *L'imagination scientifique*, *op. cit.*, p. 224-271.

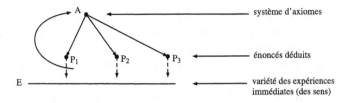

Du point de vue de ce schéma, il n'est pas forcément nécessaire de se demander si les principes posés par le physicien décrivent la réalité telle qu'elle se comporte effectivement [1]. L'important, c'est que les conséquences tirées de ces principes correspondent à ce que nous observons. Par exemple, et comme nous le verrons, la relativité générale postule que l'espace-temps est courbé, mais la justesse de cette théorie n'exige pas de savoir s'il l'est réellement. Ce qui compte, c'est que les conséquences de cette hypothèse soient observées. Cela implique en particulier que la lumière soit elle-même courbée sous l'effet de la déformation de l'espace-temps, et c'est précisément ce qui a été observé. La déviation de la lumière est bien réelle. Si nous ne l'avions pas constatée, cela aurait signifié que les principes de la théorie de la relativité générale étaient faux, ou du moins que cette théorie aurait dû être modifiée.

LA REMISE EN CAUSE DU PARADIGME MÉCANISTE

À la fin du XIXᵉ siècle coexistaient au moins deux programmes réductionnistes. La théorie de la relativité restreinte a imposé une remise en cause de l'un et de l'autre. Le premier, porté par la philosophie mécanique, reposait sur la croyance en la possibilité d'expliquer tout phénomène physique en termes de mouvement et de configuration de particules de matière. Nous avons vu que la mécanique newtonienne, en imposant l'action à distance, avait conduit à une conception renouvelée de cette conception mécaniste de la nature. Le fait que la vitesse de la lumière constitue une limite supérieure finie à toute action condamna l'idée même d'une action qui puisse se transmettre sur une certaine distance en un instant. Il semblait donc définitivement acquis qu'on ne pouvait édifier la totalité de la physique sur la base du seul concept de matière [2].

1. J. EISENSTAEDT, *Einstein et la relativité générale*, op. cit., p. 384.
2. A. EINSTEIN et L. INFELD, *L'Évolution des idées en physique*, op. cit., p. 229.

La théorie de l'éther électromagnétique de Lorentz représenta pendant un temps une alternative crédible à la philosophe mécanique. L'idée était que tous les phénomènes physiques pouvaient été réduits au champ électromagnétique et à ses lois. L'abandon de l'encombrante notion d'éther par Einstein a mis fin à ce deuxième programme réductionniste, du moins sous la forme conçue par Lorentz. Libéré du milieu dont il était censé être une perturbation, le champ électromagnétique n'avait pas pour autant disparu. Il avait bien plutôt acquis une autonomie nouvelle. Le champ était devenu une entité physique à part entière, une réalité ne renvoyant à rien d'autre [1]. Rien ne semblait donc s'opposer à lui faire jouer le rôle d'entité fondamentale destinée à réduire la notion de particule matérielle. Einstein lui-même caressa longtemps ce rêve [2], sans pourtant jamais parvenir à l'accomplir de manière satisfaisante. Il n'a en particulier jamais réussi à établir les liens logiques unissant le champ électromagnétique et le champ gravitationnel.

L'ambition unificatrice de la physique n'a donc pas disparu avec l'effondrement des différents programmes visant à réduire la diversité des phénomènes physiques à un seul type d'entités fondamentales et aux lois qui les régissent. Elle s'est poursuivie sous d'autres modalités. Les physiciens poursuivent toujours le rêve archimédien d'une formulation mathématique unitaire à même de rendre compte de la totalité des phénomènes physiques.

*
* *

À bien des égards, la théorie de la relativité restreinte peut être considérée comme l'aboutissement naturel de la physique classique. C'est d'ailleurs bien ainsi qu'Einstein lui-même la voyait :

> Si je considère l'objet propre de la théorie de la relativité, je tiens à faire ressortir que cette théorie n'est pas d'origine spéculative, mais que sa découverte est due complètement et uniquement au désir d'adapter aussi bien que possible la théorie physique aux faits observés. Il ne s'agit nullement d'un acte révolutionnaire, mais de l'évolution naturelle d'une ligne suivie depuis des siècles [3].

1. A. EINSTEIN, « L'éther et la théorie de la relativité », trad. E. Aurenche *et al.* dans *Œuvres choisies 5, op. cit.*, p. 85.
2. *Cf.* par exemple A. EINSTEIN, « La physique et la réalité », art. cit., p. 44-45.
3. A. EINSTEIN, « Au sujet de la théorie de la relativité », dans *Comment je vois le monde*, trad. Colonel Cros, Flammarion, Paris, 1934, p. 201-202.

La ligne dont parle ici Einstein est avant tout celle du principe de relativité. L'introduction de l'éther en était la négation dans le domaine de l'électro-magnétisme. Einstein n'a fait que maintenir la validité supposée universelle de ce principe en tenant compte de la constance de la vitesse de la lumière, dictée par de nombreux faits observationnels. Ce sont plutôt les conséquences de la théorie de la relativité qui étaient révolutionnaires [1]. Ce sont elles qui nous ont forcés à bouleverser notre compréhension de l'espace-temps et de la causalité. La théorie de la relativité restreinte a ainsi engendré des problèmes et la recherche de solutions à ceux-ci qui n'avaient plus rien de classiques.

Cette refonte des concepts fondamentaux de la physique ne s'est pas arrêtée avec la théorie de la relativité restreinte. Elle s'est poursuivie durant la première moitié du xxᵉ siècle, d'une part, avec Einstein lui-même et sa recherche d'une théorie de la relativité qui soit réellement *générale* et, d'autre part, avec la naissance de la mécanique quantique.

---

1. J. EISENSTAEDT, *Avant Einstein, op. cit.*, p. 295-296.

Chapitre ix

LA RELATIVITÉ GÉNÉRALE

Très rapidement, la théorie de la relativité restreinte apparut comme insuffisante aux yeux d'Einstein. Deux aspects en particulier le laissaient insatisfait. Tout d'abord, le principe de relativité affirmait que les lois de la physique conservent la même forme dans tous les référentiels en translation rectiligne uniforme les uns par rapport aux autres. Par là, un rôle privilégié était accordé aux référentiels inertiels comme cadre dans lequel s'inscrivent toutes les lois de la physique. Ne pouvant trouver de raison à ce privilège, Einstein jugea que le principe de relativité devait être étendu à tous les référentiels, qu'ils soient inertiels ou non. Ensuite, la théorie newtonienne de la gravitation avait été formulée dans l'espace-temps classique et supposait que l'interaction gravitationnelle agissait à distance de manière instantanée. Celle-ci offrait un exemple d'action où la cause et l'effet sont simultanés, là où la relativité restreinte imposait partout des « actions retardées » [1], c'est-à-dire des actions dans lesquelles l'effet est postérieur à sa cause. L'introduction de l'espace-temps relativiste et d'une vitesse limite absolue appelait dès lors une reformulation de la théorie de la gravitation pour s'harmoniser avec ce nouveau cadre. Cette théorie, tout en conservant les résultats de la théorie newtonienne et en étant plus générale que la théorie de la relativité restreinte, devait également permettre de rendre compte de phénomènes inexpliqués jusqu'alors et d'en prédire de nouveaux. Néanmoins, malgré tous ses efforts, Einstein n'arriva pas à reformuler la théorie de la gravitation dans le cadre de la théorie de la relativité restreinte. La réforme de la première appelait donc une réforme de la deuxième.

C'est de cette seconde réforme qu'émergea la *théorie de la relativité générale*, qui est une théorie de la gravitation. Contrairement à la théorie de la relativité restreinte qui était pour l'essentiel entièrement formulée dans l'article de 1905 sur l'électrodynamique des corps en mouvement, cette

---

1. M. Paty, « La notion de déterminisme en physique et ses limites », art. cit., p. 93.

nouvelle théorie connut une gestation longue et laborieuse. Einstein s'est engagé dès 1907 dans son élaboration et a rédigé plusieurs exposés partiels de sa théorie de la relativité générale, avant d'aboutir, en 1916 seulement, à l'article sur «Les fondements de la théorie de la relativité générale» [1], qui en constitue la formulation la plus systématique.

On l'aura compris, la principale réforme conceptuelle introduite par la théorie de la relativité générale concerne la gravitation. Là où Newton attribuait les effets gravitationnels à une force qui agit à distance entre deux corps massifs pour les attirer l'un vers l'autre, Einstein fait l'économie de la notion de force de gravitation et la remplace par un espace-temps courbe dont la géométrie résulte de la distribution des masses et de l'énergie au sein de l'univers. D'un point de vue philosophique, cette théorie constitue l'aboutissement des efforts d'Einstein pour repenser nos concepts d'espace et de temps. Elle montre que la géométrie de l'espace-temps et la gravité sont intimement liés.

La théorie de la relativité générale est une théorie fascinante à beaucoup d'égards, mais une théorie qui est aussi fort difficile à comprendre. Nous ne pourrons ici faire plus qu'exposer certaines des motivations ayant mené à son élaboration et discuter certains de ses aspects les plus philosophiquement et historiquement intéressants.

IDENTITÉ DE LA MASSE GRAVITATIONNELLE ET DE LA MASSE INERTIELLE

Au point où nous l'avions laissée, la notion de champ s'opposait à celle de corpuscule, principalement comme le continu s'oppose au discontinu. Les particules sont en effet localisées en des points de l'espace. En mécanique classique, elles sont d'ailleurs souvent réduites à des points matériels, ce qui constitue bien sûr une idéalisation (comment une portion d'espace sans volume pourrait-elle contenir une quantité de matière [2] ?). L'évolution temporelle des particules est décrite en termes de trajectoires dans l'espace. Ces particules peuvent, de plus, être comptées et ne peuvent occuper la même portion d'espace au même instant. Les champs, à l'opposé, occupent la totalité de l'espace, évoluent au cours du temps comme des ondes et ne

---

1. A. EINSTEIN, «Les fondements de la théorie de la relativité générale», trad. Fr. Balibar *et al.* dans *Œuvres choisies 2, op. cit.*, p. 179-227.
2. Fr. BALIBAR, «Champ», art. cit., p. 195.

peuvent être comptés, deux champs occupant une même portion de l'espace se superposant pour n'en former qu'un seul. Lorsque des particules se rencontrent en un point, elles rentrent en collision, alors que deux champs du même type qui se rencontrent interagissent et peuvent produire une figure d'interférence.

L'unification maxwellienne des phénomènes optiques et électromagnétiques sous l'égide de la notion de champ avait permis de dépasser le paradigme de l'action à distance entre particules. Une particule crée un champ autour d'elle et une autre particule subit l'influence de ce champ à l'endroit où elle se trouve. Comme nous l'avons vu, cette notion de champ peut facilement être appliquée à la gravitation. Les lignes du champ gravitationnel créé par une masse M sont dirigées radialement autour de cette masse. L'intensité de ce champ nous est donnée par :

$$G(r) = G\frac{M}{r^2},$$

puisque si un corps de masse m était introduit à une distance r du corps de masse M, ce dernier exercerait sur le premier une force attractive d'intensité égale à GmM/r^2.

Le champ gravitationnel possède une propriété tout à fait remarquable : les corps qui se déplacent sous son influence le font avec une accélération qui « ne dépend aucunement de la matière ou de l'état physique du corps »[1]. Par exemple, une plume et un boulet en plomb voient leur vitesse augmenter aussi vite l'une que l'autre lorsqu'ils sont soumis à un même champ de gravitation dans le vide.

Cet aspect de la gravitation est pour le moins surprenant. Nous pouvons tout à fait imaginer un monde dans lequel l'accélération gravitationnelle dépendrait de la masse du corps qui subit cette accélération, et ce, même dans le vide. Examinons pour quelle raison ce n'est pas le cas dans notre monde. D'après la deuxième loi de Newton, que nous écrivons, par souci de simplification, sous forme scalaire, nous avons :

$$f = m_i a,$$

où m_i est la *masse inertielle*, c'est-à-dire celle qui mesure la résistance du corps accéléré à un changement de son état de mouvement. Si l'accélération que subit le corps est due à la gravitation, nous avons :

1. A. EINSTEIN, *La Relativité, op. cit.*, p. 91.

$$f = m_g G(r),$$

où m_g est la *masse gravitationnelle*, aussi appelée *masse pesante*. De ces deux équations, il résulte :

$$m_i a = m_g G(r),$$

et donc :

$$a = \frac{m_g}{m_i} G(r).$$

Si m_g n'était pas identique à m_i, l'accélération subie par un corps en un point dépendrait de sa masse, si bien qu'un boulet en plomb et une plume, lâchés dans le vide du haut d'une tour au même instant, n'arriveraient plus simultanément au pied de la tour. Or toutes les expériences menées jusqu'à ce jour tendent à montrer que nous avons bien $m_g = m_i$ [1], de sorte que :

$$a = G(r).$$

L'accélération est bien la même pour tous les corps soumis à un champ de gravitation, lequel ne dépend pas de la masse du corps qui subit l'accélération, mais de la masse ou, mieux, de la distribution des masses des corps à l'origine du champ. Cette accélération est indépendante de la masse du corps accéléré, parce que la masse inertielle et la masse gravitationnelle sont identiques. C'est cette identité qui est pareillement responsable du fait que la période d'oscillation d'un pendule ne dépend pas de sa masse ou qu'une planète effectue autour du Soleil la même trajectoire qu'un caillou de quelques grammes (à vitesse et position initiales identiques) [2].

1. Considérons un pendule à la surface de la Terre. Il subit une force dirigée vers le centre de la Terre qui est proportionnelle à sa masse gravitationnelle : son poids. Il subit également une force centrifuge, due à la rotation de la Terre sur son axe, qui est proportionnelle à sa masse inertielle. Aux pôles, cette deuxième force est nulle, alors qu'elle est maximale mais dirigée dans la même direction que le poids à l'équateur. Donc, entre les pôles et l'équateur, les deux forces se combinent pour faire légèrement dévier le pendule par rapport à la verticale du lieu où il se trouve. L'angle de déviation dépend de la masse inertielle et de la masse gravitationnelle, de sorte que sa mesure peut être utilisée pour évaluer la différence entre ces deux masses. L'une des expériences les plus connues fondées sur ce principe est celle menée à plusieurs reprises entre la fin du XIXᵉ siècle et les années 1920 par le baron Roland von Eötvös au moyen d'une balance de torsion, analogue à celle qu'avait utilisée Cavendish pour mesurer la valeur de la constante de gravitation G.

2. J.-M. LÉVY-LEBLOND, *Aux contraires, op. cit.*, p. 142-143.

Pour encore souligner combien ce fait est étonnant, nous pouvons le contraster avec ce qui se passe en électromagnétisme. Là, un corps de masse inertielle m_i et de charge q soumis à un champ électrique E subira une accélération :

$$a_{el} = \frac{q}{m_i} E.$$

La masse inertielle m_i n'étant pas égale à la charge électrique q d'un corps, des corps de masses différentes – un proton, un électron, etc. – seront accélérés différemment dans un même champ électrique E et auront donc des trajectoires distinctes.

Pourquoi recourir à la notion de champ gravitationnel, en lieu et place de celle de force gravitationnelle ? Il importe de comprendre que l'intensité de la seconde (en un point donné) varie de corps à corps, puisqu'elle dépend de la masse de ces corps, alors que l'intensité du premier a l'avantage d'être la même pour tous les corps. Or le fait que le champ gravitationnel s'exerce de la même manière sur tous les corps autorise un traitement *purement géométrique* de celui-ci, un traitement dans lequel on ne s'intéresse qu'à sa distribution spatiale, indépendamment donc des corps auxquels il pourrait éventuellement être appliqué.

Si tous les corps subissent la même accélération en un point de l'espace, c'est parce qu'ils y sont tous soumis au même champ gravitationnel, et s'il y sont tous soumis au même champ gravitationnel, c'est parce que la masse inertielle et la masse gravitationnelle sont identiques. Ce que suggère alors l'identité entre ces deux masses, c'est qu'un champ gravitationnel est toujours *équivalent* à une accélération uniforme ; autrement dit, que la différence entre gravité et inertie n'est qu'une question de point de vue. Pour nous le faire comprendre, Einstein a développé une célèbre expérience de pensée. Mais avant d'expliquer celle-ci, nous voudrions en profiter pour faire un petit détour par la notion d'expérience de pensée elle-même.

Excursus sur les expériences de pensée

L'élaboration par Einstein de la théorie de la relativité générale repose en grande partie sur une expérience de pensée. De manière générale, celles-ci ont joué un rôle central dans l'avènement de la physique classique, puis moderne. Nous en avons rencontré essentiellement de deux sortes. Il y a, d'abord, les expériences de pensée qui ne peuvent être réalisées, parce que leurs conditions de réalisation ne se rencontrent jamais. C'est, par exemple, le cas de l'expérience de pensée de Gassendi qui consiste à concevoir un corps dans un espace entièrement vide. Nous avons, ensuite, les expériences de pensée qui n'ont pas encore été réalisées, parce que leur réalisation se heurte « à des difficultés matérielles énormes » [1]. Lorsque les moyens techniques permettent de mettre effectivement en œuvre les expériences de pensée appartenant à cette deuxième catégorie, celles-ci cessent d'être des expériences de pensée pour devenir des expériences tout court. Ce fut par exemple le cas de la chute de deux corps de masses différentes en l'absence de résistance de l'air ou de l'argument EPR, que nous examinerons dans le prochain chapitre.

Les expériences de pensée sont des arguments qui reposent habituellement sur un raisonnement *contrefactuel* et qui font appel à une situation concrète dont les détails ne sont pas pertinents vis-à-vis de la généralité de la conclusion que l'on veut établir [2]. Un raisonnement contrefactuel consiste à se demander ce qui se passerait si telles et telles conditions étaient remplies. Nous pouvons formuler cette sorte de raisonnement au moyen d'un *énoncé contrefactuel*. Par exemple, 'si un verre en cristal tombait sur une surface dure à un certain instant, alors il se casserait à cet instant' est un énoncé de ce type. Il doit être distingué de l'énoncé 'si un verre en cristal tombe sur une surface dure à un certain instant, alors il se casse à cet instant'. En d'autres mots, l'énoncé contrefactuel n'est pas de la forme 'si *p* est le cas, alors *q* est le cas', mais de la forme 'si *p* était le cas, alors *q* serait le cas'. Tandis que dans la première configuration nous avons affaire à un « conditionnel simple », dans la seconde, il s'agit d'un « conditionnel contrefactuel » [3].

---

1. P. LANGEVIN, « L'évolution de l'espace et du temps », art. cit., p. 89.
2. J. NORTON, « Thought Experiments in Einstein's Work », dans T. HOROWITZ et G.J. MASSEY (éd.), *Thought Experiments in Science and Philosophy*, Rowman and Littlefield, Savage MD, 1991, p. 129.
3. L'une des raisons pour lesquelles il convient de bien distinguer ces deux types de conditionnels a trait aux termes dispositionnels, comme 'soluble', 'fragile', 'inflammable' etc. Pour qu'un objet actualise une certaine propriété dispositionnelle, il faut que certaines conditions soient remplies. Par exemple, la fragilité du verre est une propriété dispositionnelle au sens où, dans des conditions normales, le verre *se casserait s'il tombait* d'une certaine hauteur sur une surface dure. Nous pourrions alors tenter de définir explicitement le prédicat '(est) fragile' de la manière suivante : 'un objet *x* est fragile si et seulement si il satisfait la condition selon laquelle s'il tombe d'une certaine hauteur sur une surface dure à l'instant *t*, alors il se casse à cet instant'. Cette définition est inadéquate, car il suffit qu'un objet ne tombe jamais d'une certaine hauteur sur une surface dure pour qu'il soit considéré comme fragile, le conditionnel de droite étant, dans ce cas, trivialement vrai. Rappelons qu'un énoncé conditionnel de la forme 'si *p* est le cas,

Les conditions posées dans l'antécédent d'un énoncé contrefactuel ne doivent pas nécessairement être remplies pour que l'énoncé soit vrai, et c'est là tout l'intérêt des raisonnements contrefactuels. En fait, dans la plupart des expériences de pensée que nous avons rencontrées jusqu'ici, ces conditions ne pouvaient tout simplement pas être remplies. Prenons par exemple l'expérience de pensée des jumeaux de Langevin. Nous pouvons l'exprimer sous forme contrefactuelle de la manière suivante : si Paul était envoyé dans l'espace à une vitesse proche de celle de la lumière, il serait moins âgé à son retour que son frère resté sur Terre. Les conditions énoncées dans l'antécédent du conditionnel contrefactuel sont *de fait* irréalisables. Peut-être un jour arriverons-nous à construire un vaisseau spatial capable de se déplacer à une vitesse proche de celle de la lumière, mais dans l'état des connaissances techniques actuelles, une telle construction relève plus du fantasme que de la réalisation à portée de main.

Soulignons encore que les énoncés contrefactuels figurent au cœur même des principes de la physique. Le principe d'inertie est ainsi clairement contrefactuel. Ne nous dit-il pas que si aucune force ne s'exerçait sur un objet, alors celui-ci continuerait à se déplacer à vitesse constante en ligne droite ou demeurerait au repos ? Ici, les conditions énoncées dans l'antécédent ne peuvent en aucun cas être remplies, car un corps sur lequel ne s'exerce aucune force est une impossibilité physique dans notre monde. Lorsque les principes physiques sont contrefactuels, ils sont le plus souvent dégagés sur la base d'expériences de pensée. Ce fut par exemple le cas du principe d'inertie que Gassendi établit en se demandant ce qui arriverait à un corps massif dans un univers entièrement vide.

La nouvelle expérience de pensée par laquelle Einstein introduisit la théorie de la relativité générale repose sur l'intuition que si nous étions en chute libre, nous ne ressentirions pas notre poids. Cette idée, qu'Einstein qualifiait de « plus heureuse de sa vie », revient à établir une équivalence, jusque-là insoupçonnée, entre inertie et gravitation.

alors *q* est le cas' est vrai lorsque son antécédent '*p*' est faux, et ce, peu importe la valeur de vérité du conséquent '*q*'. Un conditionnel contrefactuel de la forme 'si *p* était le cas, alors *q* serait le cas' ne pose pas ce genre de problème. Les énoncés contrefactuels ont commencé à recevoir un traitement philosophique satisfaisant en termes de *mondes possibles* au tournant des années 1960 et 1970 dans les travaux de Stalnaker et Lewis. *Cf.* R.C. STALNAKER, « A Theory of Conditionnals », dans N. RESCHER (éd.), *Studies in Logical Theory*, Blackwell, Oxford, 1968, p. 98-112 ; et D.K. LEWIS, *Counterfactuals*, éd. révisée, Blackwell, Oxford, 1986 (1973).

L'ASCENSEUR D'EINSTEIN

Pour comprendre le principe sur lequel repose la théorie de la relativité générale, Einstein a élaboré en 1913 une expérience de pensée dite de « l'ascenseur en chute libre »[1]. Celle-ci n'est pas sans rappeler l'expérience de pensée de Galilée dans laquelle un objet est lâché du haut d'un mât. Mais là où l'auteur du *Dialogue sur les deux grands systèmes du monde* se demandait ce que constate un observateur qui est considéré comme au repos alors que l'objet chute, Einstein se demande lui ce que constate un observateur qui chute de concert avec l'objet.

Soit donc un ascenseur situé tout en haut d'une tour très élevée. Cet ascenseur est retenu par un cable qui soudainement se rompt. Un observateur situé à l'intérieur de l'ascenseur laisse alors échapper une balle de sa main. Un autre observateur situé à l'extérieur de l'ascenseur regarde ce qui se passe à l'intérieur de celui-ci au travers d'une fenêtre. Que voit cet observateur extérieur? Tout simplement la balle qui tombe avec une certaine accélération. Il voit également l'ascenseur qui tombe avec la même accélération, celle-ci étant indépendante de la masse de l'ascenseur. Qu'en est-il alors du point de vue de l'observateur situé à l'intérieur de l'ascenseur? Bien qu'elle en ait été désolidarisée, la balle ne quittera pas la main de l'observateur, elle restera à la même distance du plancher de l'ascenseur, comme en suspension. Pour cet observateur, la gravitation ne semblera avoir aucun effet. Tout se passera comme si il n'y avait pas de force de gravitation par rapport au référentiel attaché à l'ascenseur. En négligeant toute autre force que la force gravitationnelle exercée par la Terre, nous pouvons dire que l'ascenseur constitue un référentiel inertiel pour l'observateur et tous les objets qui sont situés à l'intérieur de celui-ci. Tous les objets à l'intérieur de l'ascenseur sont au repos par rapport au référentiel qui lui est attaché, à moins que l'observateur ne leur imprime une certaine force (horizontale ou verticale). Les objets auxquels cette force aura été imprimée se déplaceront alors à vitesse constante en ligne droite jusqu'à ce qu'ils rencontrent l'une des parois de l'ascenseur. Les lois de la mécanique seront ainsi valables dans le système de référence attaché à l'ascenseur. Elles seront aussi valables dans tout autre ascenseur en translation rectiligne uniforme par rapport au premier.

---

1. Einstein expose cette expérience de pensée notamment dans A. EINSTEIN et L. INFELD, *L'Évolution des idées en physique, op. cit.*, p. 202-210; et dans A. EINSTEIN, *La Relativité, op. cit.*, p. 93-95.

Dans cette expérience de pensée, le point de vue de l'observateur à l'intérieur de l'ascenseur et celui de l'observateur à l'extérieur de l'ascenseur ne sont pas identiques. En effet, tandis que les mouvements sont uniformes pour le premier, ils sont accélérés pour le second. La raison en est que l'observateur à l'extérieur de l'ascenseur attribue ces mouvements à la gravitation. Par conséquent, alors que pour l'observateur à l'intérieur de l'ascenseur il n'y a pas de champ gravitationnel et que l'ascenseur est au repos, pour celui qui se trouve à l'extérieur de l'ascenseur il y a bien un champ gravitationnel et l'ascenseur est accéléré.

Intervient alors une deuxième phase de l'expérience de pensée d'Einstein. Cette fois, l'ascenseur est plongé dans un espace libre de tout champ de gravitation et cet ascenseur, au lieu d'être en chute libre, est tiré au moyen d'une corde vers le haut avec une force constante. Dès lors, en vertu de la deuxième loi de Newton, il subit une accélération constante vers le haut. Si l'intensité de l'accélération est identique à celle produite par la force de gravitation, l'homme situé à l'intérieur de l'ascenseur s'y sentira comme s'il était dans une pièce à la surface de la Terre. L'accélération de l'ascenseur lui sera transmise via le plancher sous la forme d'une contre-pression. Il devra tendre ses muscles pour rester debout et s'il saute en l'air, le plancher le rattrapera, de sorte qu'il aura l'impression de retomber. Que se passe-t-il s'il lâche une balle ? Celle-ci se déplacera à vitesse constante dans la direction du mouvement de l'ascenseur (souvenons-nous qu'aucune force ne s'exerce sur cette balle), mais l'accélération « vers le haut » de ce dernier ne sera plus transmise à la balle. Elle se rapprochera donc du plancher avec un mouvement relatif accéléré. Soulignons que cette accélération relative de la balle sera en fait la même pour tous les corps lâchés par l'observateur à l'intérieur de l'ascenseur, peu importe leur masse, puisque l'accélération de l'ascenseur sera la même par rapport à tous les objets à l'intérieur de celui-ci.

L'observateur extérieur constatera également que la balle lâchée par l'observateur à l'intérieur de l'ascenseur se rapproche du plancher, mais il n'attribuera pas cette fois-ci le mouvement accéléré de la balle à la présence d'un champ gravitationnel, mais à l'inertie de la balle. Plus précisément, alors que du point de vue de l'observateur à l'intérieur de l'ascenseur, ce dernier est animé d'un mouvement inertiel (l'observateur verra l'ascenseur comme un référentiel inertiel) et tout ce qui est à l'intérieur comme étant soumis à un champ gravitationnel, du point de vue de l'observateur extérieur, c'est l'ascenseur qui subit une accélération et tout ce qui est à l'intérieur qui est animé d'un mouvement inertiel. La conclusion que nous pouvons tirer de cette différence est que la distinction entre accélération gravitationnelle et inertie n'est qu'une affaire de point de vue. Pour le dire autrement, ce « principe d'équivalence »[1] affirme que le fait qu'un objet soit considéré comme soumis à la gravitation ou comme animé d'un mouvement inertiel n'est qu'une question de choix de référentiel : dans le premier cas le mouvement de l'objet aura été rapporté à un référentiel inertiel et dans le deuxième il aura été rapporté à un référentiel uniformément accéléré.

Si la cabine ne possède pas de fenêtre sur l'extérieur, l'observateur qui est situé à l'intérieur ne peut déterminer s'il est au repos et soumis à un champ gravitationnel ou si sa cabine est accélérée vers le haut et qu'il n'y a pas de champ gravitationnel. La situation est une fois de plus analogue à une autre décrite par Galilée : l'observateur dans la cabine d'un bateau sans vue sur l'extérieur ne peut déterminer s'il est au repos à quai ou en mouvement rectiligne uniforme sur la mer. Il en est de même dans la cabine d'ascenseur d'Einstein : qu'elle soit uniformément accélérée en l'absence de champ gravitationnel ou qu'elle ne soit pas accélérée, mais soumise à un champ gravitationnel, dans les deux cas les lois de la physique seront les mêmes à l'intérieur de la cabine.

À ce stade, il convient de souligner que l'équivalence entre le comportement d'un système dans un référentiel uniformément accéléré et le même système soumis à un champ gravitationnel n'est que *locale*. Contrairement à ce que suppose l'idéalisation classique, les objets physiques ne sont pas ponctuels et le champ gravitationnel qu'ils créent n'est pas uniforme. Dès lors, l'équivalence entre référentiel uniformément accéléré et champ gravitationnel ne vaut que dans une petite région d'espace-temps autour de ces objets, où l'on peut faire abstraction de l'hétérogénéité du champ gravitationnel et l'assimiler à un champ gravitationnel uniforme. En dehors de cette région, l'observateur peut tout à fait détecter la présence d'un véritable champ gravitationnel, notamment grâce aux effets des « forces de marée », dues à la non-uniformité du champ gravitationnel[2].

1. Einstein utilise en 1911, semble-t-il pour la première fois, l'expression « hypothèse d'équivalence » dans A. EINSTEIN, « De l'influence de la pesanteur sur la propagation de la lumière », trad. Fr. Balibar *et al.* dans *Œuvres choisies 2*, *op. cit.*, p. 136. Il avait néanmoins discuté le contenu du principe d'équivalence dès 1907.

2. Th. RYCKMAN, *Einstein*, *op. cit.*, p. 211.

Prenons deux balles situées à une certaine distance de la Terre et éloignées l'une de l'autre sur la même ligne horizontale. Si le champ gravitationnel de la Terre était parfaitement uniforme, ces deux balles chuteraient parallèlement l'une par rapport à l'autre sans jamais se rapprocher. Or, ce champ n'est pas uniforme, de sorte qu'elles vont se rapprocher à mesure qu'elles chuteront vers le centre de la Terre.

LA DÉVIATION DE LA LUMIÈRE

Le principe d'équivalence a plusieurs conséquences importantes. Premièrement, si ce principe est correct, donc si un observateur dans un ascenseur ne peut effectuer d'expérience lui permettant de déterminer localement si l'ascenseur dans lequel il se trouve est au repos et plongé dans un champ gravitationnel uniforme ou si cet ascenseur est accéléré de manière uniforme avec une accélération g, alors la masse inertielle m_i et la masse gravitationnelle m_g de tous les corps doivent être égales. Autrement, tous les corps seraient accélérés avec des accélérations $(m_g/m_i)g$ différentes dans le premier cas et avec la même accélération g dans le deuxième cas. L'identité de la masse inertielle et de la masse gravitationnelle n'est qu'une conséquence du principe d'équivalence.

Une deuxième conséquence importante, et probablement plus surprenante, du principe d'équivalence est la déviation de la lumière par la gravitation. Considérons à nouveau notre ascenseur uniformément accéléré [1]. Supposons qu'un rayon lumineux le traverse horizontalement en venant de l'extérieur (il passe au travers de deux fenêtres). Que voient les deux observateurs ? Pour l'observateur à l'extérieur de l'ascenseur, la lumière se déplacera en ligne droite. Entre le moment où la lumière entre dans l'ascenseur par un de ses côtés et celui où elle en sort par un autre, l'ascenseur aura été accéléré et se sera donc déplacé verticalement. L'ascenseur se déplaçant vers le haut, il aura parcouru une certaine distance durant le trajet de la lumière, de sorte que celle-ci sortira de la cabine d'ascenseur plus bas que le niveau auquel elle y est rentrée. Par rapport au référentiel de l'ascenseur, la lumière se propagera selon une courbe, et non selon une ligne droite :

1. *Cf.* A. EINSTEIN et L. INFELD, *L'Évolution des idées en physique*, *op. cit.*, p. 207-210.

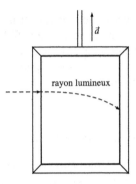

La déviation de la trajectoire de la lumière sur ce schéma est évidemment exagérée. Dans les faits, la différence de niveau entre l'entrée et la sortie de l'ascenseur sera très faible.

Qu'en est-il à présent pour l'observateur dans l'ascenseur lorsque ce dernier est soumis à un champ gravitationnel ? En accord avec le principe d'équivalence, il doit observer la même chose que lorsque l'ascenseur est uniformément accéléré. La lumière doit donc être déviée au moment où elle passe à travers un champ gravitationnel. De manière générale, la déviation de la lumière sera d'autant plus forte que l'intensité du champ de gravitation auquel elle est soumise est importante.

Cette affirmation est pour le moins étonnante. La lumière étant dépourvue de poids, comment sa trajectoire pourrait-elle être influencée par un champ gravitationnel ? Elle devrait théoriquement se déplacer en ligne droite. Pourtant, du point de vue de l'observateur à l'intérieur de l'ascenseur, la lumière se déplace bien de manière courbe. D'où vient cette disparité ? En réalité, l'affirmation selon laquelle la lumière devrait se déplacer en ligne droite, puisqu'elle n'a pas de poids est, en tant que telle, incorrecte. La lumière transporte de l'énergie et nous savons, grâce à la théorie de la relativité restreinte, que celle-ci est équivalente à une certaine quantité de masse inertielle. Or toute masse inertielle étant identique à une masse gravitationnelle, la trajectoire de la lumière doit s'incurver sous l'influence du champ gravitationnel, tout comme celle d'un projectile massif lancé horizontalement.

RELATIVITÉ GÉNÉRALE ET GÉOMÉTRIE DE L'ESPACE-TEMPS

La courbure de l'espace-temps

Nous venons de le voir, le champ gravitationnel affecte le comportement local de la lumière : il courbe sa trajectoire. Fermat nous a aussi enseigné que la lumière, lorsqu'elle traverse un même milieu, emprunte toujours le chemin qui minimise (ou maximise) la distance parcourue entre deux points. Les courbes de distance extrémale entre deux points sont ce que l'on appelle des « géodésiques ». Un espace dans lequel les géodésiques ne sont pas des droites, mais des lignes courbes, est forcément lui-même incurvé. Si l'on admet que la lumière ne fait que se déplacer selon les géodésiques de l'espace-temps et qu'elle peut suivre des trajectoires courbes sous l'influence d'un champ gravitationnel, il semble qu'il faille en conclure que ce champ modifie la géométrie de l'espace-temps.

Que la matière déforme la structure de l'espace-temps, Einstein en veut pour preuve l'expérience de pensée suivante qui s'appuie sur certains résultats de la théorie de la relativité restreinte [1]. Soit un disque de rayon R au repos. Un observateur extérieur au disque et muni d'une règle lui permettant de mesurer les longueurs devra conclure que la circonférence du disque [2] est égale à $2\pi R$. De son point de vue, la géométrie de l'espace-temps est euclidienne. Considérons à nouveau notre disque et imaginons cette fois qu'il soit en rotation, et donc accéléré, par rapport à l'observateur extérieur. Sur le disque en rotation se trouve par ailleurs un second observateur qui, au moyen de la même règle, tente de mesurer le rayon et la circonférence du disque, afin de les comparer. Pour mesurer le rayon, notre deuxième observateur va tout d'abord rapporter sa règle un certain nombre de fois du centre du disque à sa périphérie. La vitesse linéaire du disque étant perpendiculaire au déplacement de l'observateur, la rotation du disque n'aura aucun impact sur la mesure du rayon, qui vaudra R. Que se passe-t-il maintenant si l'observateur veut mesurer la circonférence du disque en rotation ? Il rapportera sa règle le long de cette longueur. L'observateur se déplaçant pour effectuer la mesure dans la même direction que la vitesse du disque, le mouvement de rotation aura cette fois une influence sur la mesure : la longueur de la règle utilisée ne sera

1. *Cf.* A. EINSTEIN et L. INFELD, *L'Évolution des idées en physique, op. cit.*, p. 214-216.
2. Si la règle est droite, on considérera qu'elle est suffisamment petite pour que la courbure de la circonférence soit négligeable.

pas la même pour l'observateur sur le disque et pour l'observateur extérieur. Le périmètre mesuré par le second sera plus grand que celui mesuré par le premier [1]. Pour l'observateur sur le disque, le rapport de la circonférence du disque en rotation sur son rayon n'est plus égal à 2π. La géométrie de l'espace-temps a pour lui cessé d'être euclidienne.

La structure de l'espace-temps est par conséquent modifiée pour un observateur attaché à un système de référence en rotation. Or une distribution de matière engendrant un champ gravitationnel et tout champ gravitationnel étant équivalent à une accélération, il faut admettre que la structure géométrique de l'espace-temps peut être modifiée par la distribution de matière en son sein. La lumière se déplace donc selon les géodésiques d'un espace-temps dont la structure est déterminée par la distribution de la matière au sein de ce même espace-temps. Mais pourquoi limiter cette idée à la lumière et ne pas l'étendre à la matière dans son ensemble ? Autrement dit, Einstein avance l'idée que les corps massifs se déplacent également selon les géodésiques de l'espace-temps. Cette idée nous permet de nous débarrasser de la notion de force de gravitation. Il suffit pour ce faire d'étendre en quelque sorte le principe d'inertie en considérant que le déplacement des particules n'est pas contraint par les forces gravitationnelles qui s'exercent sur elles, mais est *libre*, les particules épousant simplement la *courbure* [2] (le relief si l'on préfère) de l'espace-temps créée par la distribution de matière en son sein. En d'autres termes, la courbure de l'espace-temps qui résulte d'un champ gravitationnel dit à la matière comment se déplacer, tout comme une rigole creusée dans la terre détermine le mouvement de la bille qui s'y déplace.

En résumé, d'un côté, Einstein *géométrise* la gravitation, c'est-à-dire la voit comme une propriété de l'espace-temps, puisque c'est la structure même de ce dernier, sa forme si l'on veut, qui « affecte » le mouvement des corps matériels. D'un autre côté, Einstein fait de l'espace-temps une entité physique, puisque sa structure est « affectée » par la distribution des corps matériels. Pour reprendre la formule de Wheeler :

> L'espace-temps dit à la matière comment se déplacer ; la matière dit à l'espace-temps comment se courber [3].

---

1. Cette différence ne devient évidemment non négligeable que si le disque tourne à très grande vitesse et que son rayon R est important.
2. La courbure d'une courbe mesure son éloignement par rapport à une droite. Par exemple, la courbure d'une sphère de rayon R vaut $1/R^2$.
3. J.A. WHEELER et K. FORD, *Geons, Black Holes and Quantum Foam. A Life in Physics*, W.W.

En réalité, on peut se demander ce qui distingue encore l'espace-temps du champ gravitationnel, d'autant qu'il n'y a plus d'éther qui puisse servir de support physique à ce champ. Rien, semble-il, de sorte qu'il ne nous reste plus qu'à les identifier. Le champ est la géométrie intrinsèque de l'espace-temps [1]. À la différence de Newton, Einstein ne considère donc plus l'espace(-temps) comme une scène sur laquelle se dérouleraient les phénomènes physiques, mais comme un acteur qui prend part à leur dynamique.

Pour comprendre un peu mieux comment la distribution de matière (et d'énergie, puisqu'il y a équivalence entre les deux notions) peut déterminer la courbure de l'espace-temps et l'espace-temps déterminer le mouvement des corps matériels, nous allons considérer une analogie bidimensionnelle. Imaginons un corps A de masse m_A animé d'une certaine vitesse $\vec{v}$ et qui se déplace dans un espace dépourvu de tout autre corps. En vertu du principe d'inertie, ce corps se déplacera en ligne droite à la vitesse $\vec{v}$. Que se passe-t-il si un autre corps B, de masse m_B beaucoup plus grande que m_A, apparaît à proximité de la trajectoire de A? La loi de gravitation universelle nous dit que B va exercer sur A une force d'attraction qui va modifier $\vec{v}$ et donc faire dévier A de sa trajectoire. Vues du dessus, les deux situations pourraient être schématisées comme suit [2] :

Considérons maintenant la même situation du point de vue d'un corps se déplaçant selon les géodésiques de l'espace-temps. Dans le premier cas, on peut dire que le corps A se déplace en ligne droite, parce que l'espace-temps est *plat* et que les géodésiques d'un tel espace-temps sont des droites. Une fois que le corps B apparaît, sa masse déforme la structure de l'espace-temps, un peu comme une feuille de caoutchouc tendue serait déformée par une masse posée sur elle. Cette déformation de l'espace-temps par une masse permet

Norton & Company, New York, 1998, p. 235.
   1. L. Sklar, *Space, Time, and Spacetime, op. cit.*, p. 74.
   2. Nous adaptons ces schémas, ainsi que les deux suivants, de J.T. Cushing, *Philosophical Concepts in Physics, op. cit.*, p. 255.

alors d'expliquer le mouvement du corps *A* : celui-ci ne fait que suivre une géodésique, qui à proximité du corps *B* est une ligne courbe, et non une droite.

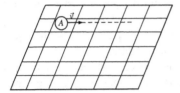 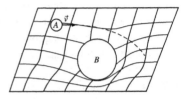

Alors que la première interprétation représente le point de vue de la mécanique classique, la seconde représente celui de la théorie de la relativité générale. Dans celle-ci, plutôt que de suivre les trajectoires déterminées par les forces auxquelles il est soumis, un corps est libre et suit les chemins extrémaux de l'espace-temps.

Géométrie et expérience

La distribution de matière et d'énergie au sein de l'espace-temps étant hétérogène, le champ gravitationnel n'est pas uniforme. L'espace-temps ne peut être parfaitement plat, c'est-à-dire euclidien ; il doit posséder, au moins localement, une certaine courbure. Au XIXᵉ siècle, Lobatchevski et Bolyai découvrirent que de nouvelles géométries, dites « non euclidiennes », pouvaient être définies en remplaçant l'axiome euclidien des parallèles par un axiome affirmant que par un point extérieur à une droite donnée peuvent passer au moins deux droites distinctes qui ne croisent pas la droite donnée. Riemann a inventé une géométrie de ce type en remplaçant l'axiome d'Euclide par un axiome affirmant que par un point extérieur à une droite donnée on ne peut faire passer aucune droite parallèle à la première. Il s'agit d'une *géométrie sphérique*, car le modèle en est donné par la surface d'une sphère. Dans un espace régi par une telle géométrie, la portion d'un grand cercle (méridien) qui relie deux points constitue le plus court chemin entre ces points, c'est-à-dire une géodésique. Tandis qu'un espace sphérique a une courbure constante positive, un « espace lobatchevskien » a une courbure constante négative et un espace euclidien une courbure nulle. C'est la raison pour laquelle dans un espace euclidien, la somme des angles d'un triangle est égale à 180°. Mais qu'en est-il dans un espace sphérique ? Si nous dessinons trois points *A*, *B* et

C sur une sphère, ceux-ci dessinent un triangle dont les trois côtés sont les géodésiques entre ces trois points. Ce triangle, on s'en convaincra facilement, a pour particularité que la somme de ses angles est supérieure à 180°.

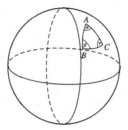

Dans la géométrie non euclidienne de Lobatchevski, dont le modèle est la surface d'une « selle de cheval », la somme des angles d'un triangle sera en revanche inférieure à 180°.

De telles géométries ne correspondent évidemment pas à notre expérience habituelle de l'espace, qui est plutôt euclidienne. La théorie de la relativité générale, en affirmant que les propriétés de l'espace-temps, et en particulier sa courbure, sont déterminées par la distribution de matière et d'énergie, remet en doute une telle évidence. L'espace-temps est « riemannien »[1] plutôt qu'euclidien, au sens où la courbure au voisinage d'un de ses points est conditionnée par la matière présente à l'extérieur de ce voisinage. Elle peut varier selon la région considérée. L'espace-temps n'est donc, d'un point de vue physique, ni homogène ni isotrope[2], contrairement à ce que croyait Newton.

On a vu là l'un des cas les plus exemplaires où un progrès scientifique serait venu réfuter une doctrine philosophique, à savoir celle de Kant. Ce dernier aurait imprudemment été jusqu'à affirmer que la géométrie euclidienne est la seule qui convienne *a priori* à la physique. L'évolution de la physique, en affirmant que la « géométrie physique »[3] n'est pas euclidienne, nous obligerait dès lors à rejeter la philosophie kantienne, ou du moins à

---

1. Il ne faut pas confondre la géométrie riemannienne avec la géométrie sphérique sur laquelle Riemann avait travaillé et dont nous avons parlé précédemment. Alors que dans la première la courbure d'un espace peut varier, dans la seconde elle est positive et constante.

2. A. EINSTEIN, « L'éther et la théorie de la relativité », art. cit., p. 86.

3. Einstein a posé une distinction, devenue classique, entre géométrie physique ou appliquée (« géométrie pratique ») et géométrie mathématique ou pure (« géométrie purement axiomatique »). La deuxième est une création logico-formelle obtenue au moyen d'axiomes et de

la modifier. C'est en tout cas ce que soutenaient les néopositivistes comme Reichenbach[1]. Les néokantiens affirmaient quant à eux que la pensée de l'illustre Kant n'était aucunement remise en cause par la théorie de la relativité générale, pour peu du moins que cette pensée soit interprétée (ou réinterprétée) correctement[2]. Nous ne trancherons pas ce débat ici. La question de savoir si le système kantien a bien été réfuté par la théorie de la relativité générale est notoirement délicate, ne serait-ce que parce que la philosophie kantienne est elle-même subtile et complexe. De manière générale, il convient d'être prudent lorsqu'on affirme qu'une théorie philosophique a été purement et simplement réfutée par une avancée scientifique, sous peine de s'exposer à des mésinterprétations.

Les équations d'Einstein

Mais revenons à Einstein. La manière dont la distribution de matière et d'énergie détermine la courbure de l'espace-temps en chacun de ses points – ce que l'on pourrait appeler sa structure ou sa géométrie – est spécifiée par les équations de la théorie de la relativité générale. Ces « équations d'Einstein » ont la forme suivante :

$$R_{ij} - \frac{1}{2}g_{ij}R = 8\pi GT_{ij}.$$

Elles jouent un rôle similaire pour le champ de gravitation à celui que jouaient les équations de Maxwell pour les champs électrique et magnétique. Les quantités R_{ij} sont les composantes du « tenseur de Ricci »[3]. Elles représentent

definitions qui n'ont aucune prétention d'intuitivité. La géométrie physique est celle que l'on obtient lorsque l'on fait correspondre les objets de la réalité sensible aux énoncés et termes purement formels de la géométrie physique. *Cf.* A. EINSTEIN, « La géométrie et l'expérience », trad. E. Aurenche *et al.* dans *Œuvres choisies 5, op. cit.*, p. 71-72.
    1. *Cf.* H. REICHENBACH, *The Theory of Relativity and A Priori Knowledge*, trad. M. Reichenbach, University of California Press, Berkeley et Los Angeles, 1965.
    2. *Cf.* E. CASSIRER, *La théorie de la relativité d'Einstein. Éléments pour une théorie de la connaissance*, trad. J. Seidengart, Cerf, Paris, 2000. La défense qu'opère Cassirer va au-delà de la philosophie de Kant au sens étroit du terme et en abandonne les aspects les plus liés aux sciences de son époque, en particulier la mécanique newtonienne. Ce qui intéresse le néokantien, c'est avant tout de mettre en évidence ce qui demeure pertinent dans le kantisme pour penser la physique moderne.
    3. Un tenseur est une entité mathématique qui peut être vue comme la généralisation d'un vecteur (un vecteur est un tenseur de rang 1).

les différentes composantes de la courbure de l'espace-temps en chaque point et dans toutes les directions. Quant à elles, les quantités T_{ij} sont les composantes du « tenseur énergie-quantité de mouvement », qui nous donne la distribution d'énergie et de quantité de mouvement dans l'espace-temps. Les quantités g_{ij} sont les composantes du tenseur métrique [1]. C'est lui qui décrit les propriétés du champ gravitationnel. Finalement, R est la courbure scalaire et G est la constante gravitationnelle. Les indices i et j sont les indices d'espace-temps. Ils prennent quatre valeurs, trois d'espace et une de temps, de sorte qu'il y a dix équations d'Einstein différentes [2].

Il n'est pas nécessaire pour notre propos de comprendre comment ces équations fonctionnent dans le détail. Il suffira de dire que le membre de gauche a trait à la géométrie de l'espace-temps, tandis que le membre de droite contient l'information sur la distribution de la masse et de l'énergie au sein de cet espace-temps. Lues de droite à gauche, les équations d'Einstein nous disent que la distribution de matière et d'énergie détermine la structure de l'espace-temps, tandis que lues de gauche à droite, elles nous disent

1. Illustrons cette notion en la simplifiant quelque peu. Notons ds un élément de longueur dans un espace donné. Par exemple, dans un espace euclidien à deux dimensions (x,y), son carré, ds^2, est donné par : $dx^2 + dy^2$. De manière générale, on exprime le carré d'un élément de longueur au moyen d'un tenseur métrique (g_{ij}) de la manière suivante : $ds^2 = \sum_{ij} g_{ij} dx_i dx_j$. Dans le cas de l'espace euclidien à deux dimensions, $(x,y) = (x_1, x_2)$ et le tenseur d'« ordre 2 » (g_{ij}) est donné par :

$$\begin{pmatrix} 1 & 0 \\ 0 & 1 \end{pmatrix}$$

avec $g_{11} = 1$, $g_{12} = 0$, $g_{21} = 0$ et $g_{22} = 1$. Nous avons bien :

$$ds^2 = g_{11} dx_1 dx_1 + g_{12} dx_1 dx_2 + g_{21} dx_2 dx_1 + g_{22} dx_2 dx_2$$
$$= dx^2 + dy^2.$$

Si nous considérons maintenant le cas de l'espace de Minkowski, nous avons $(ct,x,y,z) = (x_1, x_2, x_3, x_4)$ et le tenseur d'ordre 2 est donné par :

$$\begin{pmatrix} -1 & 0 & 0 & 0 \\ 0 & 1 & 0 & 0 \\ 0 & 0 & 1 & 0 \\ 0 & 0 & 0 & 0 \end{pmatrix}$$

puisque $ds^2 = -c^2 dt^2 + dx^2 + dy^2 + dz^2$, comme nous l'avons vu précédemment.

2. Il y a $4^2 = 16$ combinaisons possibles des indices i et j, mais celles-ci se réduisent ici à 10, étant donné que les tenseurs contenus dans les équations d'Einstein sont symétriques (cela signifie que nous avons par exemple pour le tenseur métrique : $g_{ij} = g_{ji}$).

que la structure de l'espace-temps dicte à tout corps la trajectoire qu'il doit suivre pour aller d'un point à un autre, à savoir la géodésique de l'espace-temps qui relie ces deux points. Résoudre les équations d'Einstein revient alors à trouver l'espace-temps riemannien qui en est la solution pour une distribution de masse et d'énergie donnée. Dans un univers dans lequel il n'y a pas de masse et d'énergie, l'espace-temps qui est solution des équations d'Einstein est plat. Autrement dit, il s'agit de l'espace-temps minkowskien de la relativité restreinte dans lequel le mouvement libre d'un point matériel est un mouvement rectiligne uniforme.

LE PRINCIPE DE RELATIVITÉ GÉNÉRALE

Le principe de relativité nous dit que toutes les lois physiques ont la même forme dans tous les référentiels en translation rectiligne uniforme les uns par rapport aux autres. Mais par rapport à quel référentiel ces lois ont-elles la forme qui est la leur ? Par rapport à quel système de coordonnées sont-elles valables ? La réponse que donnait la mécanique classique à cette question, et qui est encore celle de la théorie de la relativité restreinte, consiste à dire que ce référentiel est galiléen ou inertiel, c'est-à-dire un référentiel dans lequel le principe d'inertie est valable. Or tout référentiel en translation rectiligne uniforme par rapport à un référentiel d'inertie est lui-même un référentiel d'inertie.

La théorie de la relativité restreinte n'était donc pas « générale » (*allgemein*), au sens où elle reposait sur l'hypothèse d'une classe de systèmes de référence privilégiés : les référentiels d'inertie. Le principe de relativité ne faisait qu'affirmer que dans cette classe de référentiels privilégiés, les lois de la physique sont les mêmes. Mais pourquoi la nature privilégierait-elle un type de référentiel au détriment des autres ? À cette question philosophique, la mécanique classique répondait que tous les référentiels inertiels tirent leur statut privilégié de l'un d'entre eux : celui attaché à l'espace absolu. Newton tentait de justifier l'existence de ce dernier au moyen de l'expérience de pensée des deux seaux d'eau. On se souvient que dans celle-ci, nous avons un seau dont la surface est plane et un autre dans lequel les particules d'eau sont en rotation à la même vitesse que le seau, mais dont la surface de l'eau est incurvée. Le mouvement relatif de l'eau par rapport au seau étant le même dans les deux cas, Newton expliquait la différence de forme de l'eau en disant que le premier seau était au repos par rapport à l'espace absolu, tandis que le second était en mouvement par rapport à ce même espace. Einstein, suivant en cela les remarques de Mach, ne pouvait accepter une telle explication, car elle attribuait la différence de forme de l'eau à une cause qui n'était en aucun cas un « fait expérimental observable » [1]. L'espace absolu n'est qu'une « cause fictive », une cause artificielle, une entité dont l'existence est posée par le physicien et qui agit sans qu'elle ne puisse elle-même subir l'action d'une autre entité.

L'abandon de l'hypothèse de l'éther ayant déjà supprimé tout support matériel à l'espace absolu [2], que reste-il encore à faire valoir en faveur de son existence? Rien, aux yeux d'Einstein. Dès lors, selon une attitude qui nous est familière, il suggère de nous débarrasser également de cette entité encombrante. Cet abandon de l'hypothèse de l'espace absolu entraîne plusieurs conséquences importantes. En particulier, à partir du moment où il n'y a plus d'espace absolu, tous les mouvements deviennent relatifs. L'expérience de pensée de l'ascenseur d'Einstein nous avait déjà fait comprendre qu'un référentiel uniformément accéléré est localement relatif, puisque, dans le voisinage immédiat d'un corps, il peut être remplacé par un référentiel inertiel dans lequel ce corps est soumis à un champ gravitationnel uniforme. Einstein ne fait ensuite qu'étendre la relativité à *n'importe quel* système de référence en mouvement. Du même coup, ce sont les référentiels d'inertie qui perdent leur statut privilégié. Ils ne constituent plus le cadre de référence dans lequel toutes les lois de la physique doivent s'inscrire. Par conséquent, ces lois peuvent être aussi bien valables dans un référentiel d'inertie que dans un référentiel accéléré :

> Tous les corps de référence, quel que soit leur état de mouvement, sont équivalents pour la description de la nature (formulation des lois générales de la nature) [3].

1. A. EINSTEIN, « Les fondements de la théorie de la relativité générale », art. cit., p. 181.

2. Toutefois, en 1920, Einstein affirmera que l'abandon de l'éther n'est en aucun cas une exigence de la théorie de la relativité restreinte (A. EINSTEIN, « L'éther et la théorie de la relativité », art. cit., p. 84). Il est possible de réintroduire un éther dans la théorie de la relativité générale, mais un éther qui n'a plus grand chose à voir avec celui de Newton ou de Lorentz, puisqu'il est dépourvu de toute propriété mécanique ou cinématique. Ce n'est plus un absolu, mais une entité dont les propriétés locales sont variables et déterminées par la matière environnante.

3. A. EINSTEIN, *La Relativité, op. cit.*, p. 85. Einstein remplacera cette formulation par une autre plus abstraite, que nous négligeons ici par soucis de simplicité

D'après ce « principe de relativité générale » (parfois « principe de covariance
générale »), que nous choisissions de décrire les phénomènes de la nature
dans un référentiel inertiel ou dans un référentiel accéléré ne change rien :
les lois qui régissent ces phénomènes conserveront leur forme par passage de
l'un à l'autre. Les lois de la nature ne doivent plus seulement être invariantes
par transformation de Galilée ou par transformation de Lorentz, mais pour
n'importe quelle transformation[1]. Elles doivent donc être « valables par
rapport à des systèmes de référence animés d'un mouvement quelconque »[2].

Cela implique en particulier que les équations de la relativité générale
doivent pouvoir être écrites par rapport à n'importe quel référentiel et
conserver la même forme. C'est précisément ce que réussit à accomplir
Einstein avec les équations qui portent son nom et que nous avons vues
précédemment. Montrer que tel est bien le cas exigerait l'exposé détaillé de
notions mathématiques complexes, notamment celles de tenseur et de variété
riemannienne, ce que nous ne pouvons malheureusement faire ici. À notre
niveau, il importe avant tout de comprendre qu'avec le principe de covariance générale, les coordonnées d'espace-temps perdent toute « signification
physique immédiate »[3]. Ce ne sont plus que des « étiquettes » d'un espace
quadridimensionnel qui permettent d'effectuer un calcul différentiel sur une
« représentation mathématique de l'espace-temps »[4]. Les seules quantités
spatio-temporelles qui apparaissent dans les équations d'Einstein sont le
tenseur métrique g_{ij} et les grandeurs qui en sont dérivées, lesquelles n'ont,
en l'absence de champ gravitationnel, qu'une signification mathématique et
non physique. Il n'y a plus de distinction de principe entre la structure de
l'espace-temps et son « contenu »[5].

Résumons le chemin parcouru jusqu'ici. C'est en cherchant à comprendre
l'identité entre la masse inertielle et la masse pesante qu'Einstein a été mis sur
la voie du principe d'équivalence. Celui-ci lui a ensuite permis de reformuler
la théorie de la gravitation. L'action gravitationnelle n'est que l'effet de la
déformation de l'espace-temps dû à la distribution des masses et de l'énergie.

---

1. C'est là que se révèle tout l'utilité du recours aux tenseurs dans le formalisme de la
relativité générale : ceux-ci restent invariants par rapport à toute transformation du système de
coordonnées.
2. A. EINSTEIN, « Les fondements de la théorie de la relativité générale », art. cit., p. 182.
3. *Ibid.*, p. 183.
4. Th. RYCKMAN, *Einstein, op. cit.*, p. 225.
5. *Ibid.*

La confirmation expérimentale de la relativité générale

La théorie de la relativité générale constitua un tournant majeur dans l'histoire de la physique, modifiant en profondeur notre manière de concevoir l'espace et la gravitation. Elle ne fut d'ailleurs pas acceptée sans réticences. Sa reconnaissance résulta en grande partie de plusieurs vérifications expérimentales remarquables, que nous allons maintenant évoquer.

La déviation de la position apparente des étoiles

Selon Lakatos, pour faire preuve de son caractère progressif, une nouvelle théorie ne doit pas seulement rendre compte de faits connus, mais également en prévoir de nouveaux. C'est ce que fit de manière éclatante la relativité générale. Comme nous l'avons vu, l'une des conséquences de cette théorie est que les rayons lumineux qui se déplacent de manière transversale par rapport à la direction d'un champ de gravitation doivent être courbés, comme ils le sont lorsqu'ils passent au travers d'un ascenseur qui est uniformément accéléré. À l'époque d'Einstein, ce type de déviation très faible n'était mesurable que lorsqu'un rayon lumineux provenant d'une étoile arrivait jusqu'à la Terre en passant tout près de la surface du Soleil. En 1911, Einstein prédit que cette déviation due au champ gravitationnel du Soleil devait être de 0,83″ (0,83 secondes d'arc)[1]. La lumière devant passer près du Soleil, son observation depuis la Terre est impossible lorsque le Soleil brille, puisque sa lumière l'emporte sur celle, beaucoup plus faible, des autres étoiles. Elle ne peut non plus être observée pendant la nuit, car, à ce moment-là, le Soleil n'est plus dans notre axe de vision. La seule solution consistait à attendre une éclipse totale. En 1914, un astronome allemand, Erwin Freundlich, avait prévu de partir en Crimée pour vérifier la conséquence de la théorie d'Einstein. Heureusement pour cette dernière, il en fut empêché par la Première Guerre mondiale. Freundlich fut en effet fait prisonnier sur le front de l'Est. Heureusement, disions-nous, car la prédiction d'Einstein était erronée : la valeur réelle de la déviation était en fait de 1,74″, et non de 0,83″. Cette valeur correcte ne fut découverte que plus tard, lorsque l'élaboration de la théorie de la relativité générale fut réellement achevée.

---

1. Dès le début du xixᵉ siècle, Johann Georg von Soldner avait fait une prédiction très similaire en se basant sur la théorie corpusculaire de la lumière de Newton. *Cf.* J. Eisenstaedt, *Avant Einstein, op. cit.*, p. 139-144.

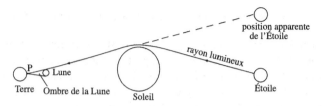

C'est finalement en 1919 qu'un astronome anglais, Sir Arthur Eddington, vérifia la deuxième prédiction d'Einstein – celle de 1,74″ – lors d'une éclipse de Soleil sur l'île de Principe au large des côtes africaines et une autre, parallèle, à Sobral au Brésil.

Popper a vu dans la prédiction d'Einstein un exemple typique de tentative de *falsification* d'une théorie, et par conséquent la preuve éclatante du caractère scientifique de la théorie de la relativité. Rappelons que pour le philosophe des sciences viennois, ce qui caractérise en propre une théorie scientifique, par opposition à une théorie qui n'est que pseudo-scientifique, c'est sa capacité à tirer de ses hypothèses des prédictions qui, si elles n'étaient pas vérifiées expérimentalement, réfuteraient la théorie. Or c'est précisément ce qu'a fait Einstein avec la prédiction de la déviation des rayons lumineux lors de leur passage près du Soleil. Même si cette prédiction avait été réfutée par l'expérience – ce qui se serait passé si la première prédiction d'Einstein avait été soumise au tribunal de l'expérience –, la théorie de la relativité générale n'en aurait pas moins été scientifique, l'important étant ici la *possibilité* d'être réfutée. Dans la perspective qui est celle de Popper, une théorie réfutée est une théorie fausse. C'est une théorie qui doit être écartée, mais qui n'en reste pas moins scientifique. En revanche, une théorie qui échappe à toute possibilité de réfutation est une théorie non scientifique.

L'idée que le but du véritable scientifique est de chercher à tirer de ses hypothèses des prédictions qui, si elles n'étaient pas vérifiées, réfuteraient ces hypothèses est tout fait discutable. Ce genre de situation ne se produit que rarement. Popper généralise à l'excès l'exemple de la prédiction d'Einstein. Certaines expériences sont effectivement conçues pour mettre à l'épreuves des théories, mais d'autres le sont à d'autres fins. Les dispositifs imaginés par Cavendish et Fizeau, par exemple n'avaient par pour but de tester des hypothèses, mais d'obtenir des valeurs précises de certaines constantes, à savoir la G et c. Nous n'en regardons pas moins leur entreprise comme scientifique.

L'avance du périhélie de Mercure

Une autre vérification expérimentale importante de la théorie de la relativité générale concerne le problème de l'avance du *périhélie de Mercure*. Les savants qui travaillaient dans le cadre de la mécanique newtonienne étaient confrontés à un problème : en 1859, Le Verrier avait constaté que Mercure ne décrivait pas une trajectoire elliptique simple autour du Soleil, mais se déplaçait plutôt sur une ellipse en rotation lente. Le périhélie, c'est-à-dire le point le plus proche du Soleil sur la trajectoire elliptique d'une planète, avançait donc légèrement après chaque révolution.

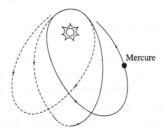

Même une fois les différentes perturbations possibles par rapport à la trajectoire elliptique prises en compte, il restait encore un écart de 43″ par siècle entre les prédictions de la théorie newtonienne et les positions observées : l'ellipse tournait plus vite que ce que prédisait la mécanique classique. Les équations d'Einstein prédirent l'écart de 43″ de manière exacte, ce qui constitua une autre confirmation éclatante de la théorie de la relativité générale.

La prédiction de la déviation de la lumière par un champ gravitationnel et celle de l'avance du périhélie de Mercure, auxquelles il faudrait ajouter celle du déplacement vers le rouge des raies du spectre lumineux lorsque la lumière provient d'une étoile ayant une masse importante, ont constitué pendant longtemps les seules vérifications expérimentales de la relativité restreinte. Si la théorie de la relativité générale en était restée à ce genre de prédictions, elle n'aurait été qu'une simple curiosité aux yeux de la plupart des physiciens [1]. Mais elle a heureusement connu d'autres confirmations expérimentales,

---

1. Elle ne fut d'ailleurs pendant longtemps enseignée que dans les départements de mathématiques.

en particulier en cosmologie. Récemment – en 2016 précisément –, on a ainsi pu confirmer l'existence d'*ondes gravitationnelles*. Einstein prédit dès 1916 que l'accélération des corps possédant une masse devait produire des ondes se déplaçant à la vitesse de la lumière dans le vide, de manière analogue aux ondes électromagnétiques produites par l'accélération des corps possédant une charge électrique. Dès lors, la confirmation expérimentale de l'existence des ondes gravitationnelles n'est pas sans rappeler celle des ondes électromagnétiques par Hertz.

*

* *

En 1917, Einstein fit paraître ses « Considérations cosmologiques sur la théorie de la relativité générale » (*Kosmologische Betrachtungen zur allgemeinen Relativitätstheorie*). Celles-ci marquèrent le début de la *cosmologie scientifique moderne*[1], où par « cosmologie » il faut entendre l'étude de la structure et de l'évolution de l'univers dans sa globalité[2]. Einstein était persuadé que l'univers n'évoluait pas avec le temps, ce que semblait, par ailleurs, confirmer les données observationnelles dont il disposait à l'époque. Or il avait remarqué que ses équations ne lui permettaient pas d'obtenir un *modèle statique* de l'univers avec une quantité finie de matière. Pire encore, l'univers menaçait de s'effondrer sous l'effet de la gravitation. C'est pour corriger ce défaut apparent de sa théorie qu'il introduisit une constante supplémentaire dans ses équations : la « constante cosmologique » Λ[3] :

$$R_{ij} - \frac{1}{2}g_{ij}R + g_{ij}\Lambda = 8\pi GT_{ij}.$$

Une force répulsive venait ainsi compenser l'attraction gravitationnelle et garantir le caractère statique de l'univers. Le modèle de l'univers qui en

1. Sur la cosmologie scientifique qui s'est développée à partir de 1917, c'est-à-dire la date de publication du premier modèle cosmologique fondé sur la relativité générale, *cf.* M. LACHIÈZE-REY, « Cosmologie scientifique », *Revue de métaphysique et de morale*, 43, 2004, p. 399-411 ; ainsi que J.-P. LUMINET, *L'invention du Big Bang*, Seuil, Paris, 2014 (2004).

2. Elle se demande en particulier s'il est fini ou infini et s'il a un début et une fin. Elle a ceci de particulier que l'expérimentation y est, pour ainsi dire, impossible, puisqu'on ne peut y reproduire des manipulations et mettre la nature en scène, la préparer dans des conditions définies. La cosmologie est une science essentiellement observationnelle.

3. *Cf.* les équations (52) et (53) dans A. EINSTEIN, « Les fondements de la théorie de la relativité générale », art. cit., p. 213-241.

résulta était à géométrie sphérique (de courbure positive et constante), fini mais illimité. Einstein regretta rapidement cette introduction *ad hoc* de la constante cosmologique.

Au début des années 1920, Alexandre Friedmann démontra que les équations de la relativité générale n'étaient pas limitées à la description des modèles statiques. Elles admettaient également des solutions décrivant un univers dont la courbure est constante (identique en tout point), mais qui dépend du temps [1]. La constante cosmologique ne suffisait donc pas à produire les effets qu'en attendait Einstein [2], qui aurait fini par considérer son introduction comme « la plus grande bêtise » de sa vie [3]. Afin de dériver ses solutions des équations de la relativité générale, Friedmann admit ce qu'on appelle le « principe cosmologique » : l'espace est, d'une part, isotrope (il est identique dans toutes les directions) et, d'autre part, homogène (il n'y a pas de point privilégié de l'espace). Selon que la courbure de l'univers était négative, nulle ou positive, il obtenait alors trois modèles différents de l'univers : hyperbolique, plat ou sphérique.

En 1927, l'abbé Georges Lemaître retrouva certains des résultats de Friedmann [4], indépendamment de ce dernier. Il pensait que si la courbure de l'univers augmente indéfiniment, alors celui-ci doit être en expansion. La plausibilité de ce modèle fut confirmée un peu plus tard lorsque Edwin

---

1. A. FRIEDMANN, « Sur la courbure de l'espace », trad. J.-P. Luminet et A. Grib dans A. FRIEDMANN et G. LEMAÎTRE, *Essais de cosmologie*, Seuil, Paris, 1997, p. 267-277 ; et A. FRIEDMANN, « Sur la possibilité d'un univers à courbure négative constante », trad. J.-P. Luminet et A. Grib dans A. FRIEDMANN et G. LEMAÎTRE, *Essais de cosmologie, op. cit.*, p. 278-285. Les travaux de ce dernier, réalisés en Russie communiste, s'ils étaient connus d'Einstein, mirent du temps à être largement diffusés.

2. Eddington montra en 1930 que le modèle statique d'Einstein devenait instable aussitôt que l'on acceptait que le rayon de courbure de l'univers sphérique peut varier avec le temps (J. MERLEAU-PONTY, *Cosmologie du XXe siècle*, Gallimard, Paris, 1965, p. 74). Autrement dit, toute fluctuation locale de la densité de matière suffit à faire basculer cet univers statique vers l'expansion ou la contraction.

3. G. GAMOW, *My World Line. An Informal Autobiography*, Viking Press, New York, 1970, p. 44. La constante cosmologique connaît, depuis les années 1990, un regain d'intérêt dans les recherches en astrophysique. Certaines observations concernant l'accélération de l'expansion de l'univers étant inexplicables au moyen de la seule énergie visible de l'univers, les physiciens ont été conduit à introduire l'« énergie noire » dans leurs modèles. Celle-ci jouerait le rôle d'une gravité répulsive et représenterait 68 % de la densité d'énergie de l'univers. La constante cosmologique se comporte exactement comme cette hypothétique matière.

4. *Cf.* G. LEMAÎTRE, « Un univers homogène de masse constante et de rayon croissant », dans A. FRIEDMANN et G. LEMAÎTRE, *Essais de cosmologie, op. cit.*, p. 286-297.

Hubble constata que les galaxies qui peuplent l'univers s'éloignent les unes des autres, leur vitesse étant même proportionnelle à leur éloignement[1]. C'est ce que l'on appelle la « loi de Hubble-Lemaître », dans laquelle le taux d'expansion cosmique est mesuré par la « constante de Hubble », notée H_0, qui relie la vitesse des galaxies à leur éloignement.

Mais si l'univers était en expansion, cela voulait également dire, pensait Lemaître, que celui-ci devait avoir eu un volume plus restreint dans le passé. L'hypothèse du *Big Bang* était née[2] : l'univers était à l'origine dans un état très dense et chaud et il s'est ensuite dilué et refroidi lors de son expansion. Avec cette « origine singulière de l'Univers »[3], c'est l'espace qui a commencé, et avec lui le temps même[4]. L'hypothèse du Big Bang s'imposa tardivement, une surestimation de la constante de Hubble ayant notamment débouché sur une durée de l'expansion cosmique inférieure à l'âge estimé de la Terre[5]. L'accumulation de nouvelles observations, entre autres celle de l'*abondance d'éléments légers* dans l'univers et celle du *fond diffus cosmologique*, explicables uniquement dans le cadre de l'hypothèse du Big Bang, aboutirent finalement à partir de 1965 à l'acceptation par la communauté scientifique de l'hypothèse de Lemaître[6]. Quant à la valeur de la constante de Hubble, elle fut progressivement affinée et donne aujourd'hui un âge de l'univers d'environ 14 milliards d'années, bien supérieur à l'âge de la Terre.

---

1. Cette constatation repose notamment sur l'observation du « décalage vers le rouge » des spectres lumineux des nébuleuses extragalactiques.
2. Le terme « Big Bang » a été forgé par Fred Hoyle, qui l'avait au départ inventé afin de ridiculiser l'hypothèse de Lemaître.
3. J. MERLEAU-PONTY, *Cosmologie du XX*^{e} *siècle, op. cit.*, p. 371.
4. G. LEMAÎTRE, « L'expansion de l'espace », dans A. FRIEDMANN et G. LEMAÎTRE, *Essais de cosmologie, op. cit.*, p. 237.
5. L'âge de l'univers est théoriquement donné par la valeur de l'inverse de la constante de Hubble : $1/H_0$.
6. En 1965, les radioastronomes Arno A. Penzias et Robert W. Wilson découvrirent une source d'énergie radioélectrique uniformément distribuée dans l'espace. Celle-ci produisait un bruit de 3 K dans les signaux obtenus au moyen des radiotélescopes qu'ils ne parvenaient pas à éliminer. Ils purent l'expliquer lorsqu'ils découvrirent que des chercheurs à Princeton avaient émis l'hypothèse que le Big Bang aurait dû produire une température résiduelle dans l'univers détectable au moyen d'ondes radioélectriques.

Chapitre x

LA MÉCANIQUE QUANTIQUE

Si la théorie de la relativité nous a obligés à revoir nos concepts d'espace et de temps, elle conservait encore plus ou moins intacte l'idée classique de causalité. À cet égard, l'introduction de la mécanique quantique fut un tournant bien plus radical. Celle-ci constitue, avec la relativité, le second « pilier » de la physique moderne qui succède à la physique classique. Elle a d'abord consisté à montrer que certaines grandeurs physiques, qui étaient classiquement considérées comme *continues*, étaient en fait composées de « quanta élémentaires »[1], qu'elles ne pouvaient varier que selon des paliers ou des degrés indivisibles, et étaient donc *discontinues*, en particulier au niveau microscopique[2]. Puis, dans un second temps, elle a également affirmé que certaines grandeurs, qui étaient classiquement considérées comme corpusculaires, présentaient un aspect ondulatoire, pour aboutir en fin de compte à l'affirmation de la nature duale, à la fois corpusculaire et ondulatoire, de l'ensemble de ces phénomènes.

La mécanique quantique a introduit un certain nombre de modifications dans la manière dont nous comprenions jusque-là certains concepts physiques dans le cadre de la mécanique classique. Ce changement conceptuel est, pour l'essentiel, une conséquence du formalisme mathématique sous-jacent à la théorie quantique. Nous ne pourrons donc pas totalement faire l'impasse sur ce formalisme, particulièrement abstrait. Néanmoins, avant d'en arriver là, nous allons tenter d'expliquer les innovations conceptuelles les plus importantes introduites par la mécanique quantique en laissant de côté les subtilités mathématiques de cette théorie.

Du fait de la rupture que son formalisme mathématique introduit dans la compréhension des concepts physiques, l'*interprétation* de la mécanique

---

1. A. Einstein et L. Infeld, *L'Évolution des idées en physique, op. cit.*, p. 235.
2. *Cf.* N. Bohr, *La théorie atomique et la description des phénomènes. Quatre articles précédés d'une introduction*, trad. A. Legros et L. Rosenfeld, Gauthier-Villars, Paris, 1993, p. 50.

quantique ne fait pas consensus, et ce, malgré les impressionnantes vérifications de ses prédictions empiriques. Dès les années 1920 s'opposaient les
formulations de la mécanique quantique en termes d'ondes de Schrödinger
et en termes de matrices de Heisenberg, Born et Jordan, l'une mettant
l'accent sur les aspects continus des phénomènes quantiques et l'autre sur
leurs aspects discontinus. Néanmoins, les deux points de vue se sont révélés
équivalents et une interprétation orthodoxe, dite « de Copenhague », ne
tarda pas à s'imposer chez les physiciens. Toutefois, insatisfait de certaines
caractéristiques probabilistes de la théorie quantique, David Bohm suggéra
dans les années 1950 de compléter la mécanique quantique au moyen de
variables supplémentaires, proposant une interprétation déterministe de cette
théorie. Quelques années plus tard, Hugh Everett proposa pour sa part une
interprétation de la mécanique quantique en termes de mondes multiples. Et
ce ne sont là que quelques exemples de la prolifération interprétative de cette
théorie physique.

L'ANCIENNE THÉORIE DES QUANTA

La mécanique quantique est née au début du XXᵉ siècle de l'incapacité de
la physique classique à expliquer plusieurs phénomènes de premier plan. Le
plus connu d'entre eux est celui dit du *rayonnement du corps noir*, que Max
Planck résolut aux alentours de 1900 [1].

La lumière interagit avec la matière : la première peut être émise ou
absorbée par la seconde. Par exemple, une barre de métal chauffée émet
un rayonnement lumineux, dit « thermique », dont la fréquence varie en
fonction de la température à laquelle est porté le métal. L'idée révolutionnaire
de Planck est que l'échange d'énergie entre la matière et le rayonnement
émis ou absorbé n'est pas continu, mais quantifié : il ne peut prendre
que des valeurs multiples d'une certaine quantité appelée « quantum ». Ce
quantum d'échange d'énergie est lui-même proportionnel à la fréquence v du
rayonnement :

1. La résolution du problème du rayonnement du corps noir trouve elle-même son origine
dans les travaux de Planck sur les processus irréversibles et donc dans la thermodynamique. Sur
ce point, *cf.* B. POURPRIX, *La fécondité des erreurs, op. cit.*, p. 174-184. On pourra aussi consulter
Th. RYCKMAN, *Einstein, op. cit.*, chap. 2 ; et Th. KUHN, *The Black-Body Theory and the Quantum
Discontinuity 1894-1912*, University of Chicago Press, Chicago et Londres, 1987 (1978).

$$E = h\nu,$$

où la constante de proportionnalité h est une constante universelle appelée
« constante de Planck », mais aussi « quantum d'action », parce qu'elle a les
dimensions d'une action, c'est-à-dire d'une énergie multipliée par un temps.
Elle vaut $6{,}626 \times 10^{-34}$ J s.

Ce qui est remarquable avec cette constante, c'est qu'elle s'est retrouvée
à quelques années d'intervalle au centre de l'explication de plusieurs phénomènes qui n'avaient, en apparence, rien en commun. Outre dans celle du
rayonnement du corps noir déjà mentionnée, elle est aussi apparue, en 1905,
dans l'explication de l'*effet photoélectrique* par Einstein et, en 1913, dans
celle de la *structure de l'atome* par Niels Bohr. Les explications de ces trois
phénomènes ont chacune contribué de manière fondamentale à l'émergence
de la mécanique quantique. Commençons par expliquer l'effet photoélectrique et ses conséquences, pour ensuite aborder le modèle atomique de
Bohr [1].

L'effet photoélectrique

Lorsqu'une plaque de métal est soumise à des radiations électromagnétiques lumineuses, elle peut, dans certaines circonstances, émettre des électrons. Les physiciens avaient constaté qu'en-dessous d'une certaine fréquence
de l'onde lumineuse incidente, aucun électron n'était émis par la plaque
métallique, aussi intense que fut l'énergie de l'onde lumineuse incidente.
Pour extraire un électron de la matière, il fallait donc fournir un certain
travail d'extraction (caractéristique du métal considéré) qui était fonction de
la fréquence de la radiation incidente, mais qui ne dépendait pas de l'intensité
de cette radiation. La seule chose influencée par cette dernière était le nombre
des électrons émis. L'énergie cinétique des électrons émis, en revanche, était
proportionnelle à la fréquence de la lumière incidente.

La théorie électromagnétique classique de la lumière avait bien du mal à
expliquer ce phénomène. En effet, selon elle, l'énergie d'une onde lumineuse
est répartie de manière uniforme sur celle-ci, de sorte que lorsqu'un électron

---

1. Pour des explications plus approfondies sur le rayonnement du corps noir, le lecteur
intéressé pourra se reporter, entre autres, à L. De Broglie, *La physique nouvelle et les quantas*,
op. cit., p. 108-115 ; et J.T. Cushing, *Philosophical Concepts in Physics, op. cit.*, p. 273-278.

de la plaque métallique est frappé par cette onde, il est censé recevoir de l'énergie de manière continue, une énergie dont la quantité reçue par seconde est, de plus, proportionnelle à l'intensité de l'onde incidente. De la sorte, si les électrons nécessitaient qu'un certain seuil d'énergie soit franchi pour être extraits de la plaque métallique, il aurait dû suffire d'attendre assez longtemps pour que l'énergie reçue de la lumière s'accumule et atteigne le seuil en question.

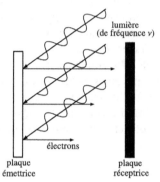

C'est Einstein qui a résolu ce problème dans l'un de ses quatre célèbres articles parus en 1905 [1]. Il reprend tout d'abord l'idée de Planck selon laquelle l'échange d'énergie lors de son absorption par la plaque de métal est quantifié selon des multiples de la longueur d'onde de la radiation incidente multipliée par la constante h. Mais il va un peu plus loin en affirmant que l'énergie de la radiation elle-même se manifeste sous forme de quantités discrètes $h\nu$ [2], ce qui va à l'encontre de la théorie électromagnétique classique pour laquelle l'énergie d'une onde lumineuse varie de manière continue. Plus tard, Einstein considérera que si l'énergie du rayonnement électromagnétique est quantifiée, c'est parce que le rayonnement est lui-même quantifié. Autrement dit, il est formé de *quanta* dont l'énergie est obtenue en multipliant la fréquence du rayonnement par la constante de Planck. Ces quanta ou grains de lumière sont aujourd'hui appelés des *photons*. Une fois admise l'hypothèse du caractère quantifié de l'onde lumineuse incidente, l'effet photoélectrique s'explique aisément : lorsqu'un électron de la plaque de métal est frappé par un photon,

1. *Cf.* A. EINSTEIN, « Un point de vue heuristique concernant la production et la transformation de la lumière », art. cit., p. 39-53.
2. *Ibid.*, p. 40 et 50.

il peut absorber l'énergie hv de ce quantum lumineux, et ainsi s'échapper du métal, uniquement si l'énergie du grain est supérieure au travail d'extraction W nécessaire à l'électron pour sortir de la matière. Une fois expulsé, l'électron aura une énergie cinétique $E = hv - W$ qui est proportionnelle à la fréquence v de la lumière incidente. Un électron arraché par une lumière violette aura, par exemple, une énergie cinétique plus importante qu'un électron arraché par une lumière rouge. Ajoutons pour finir que plus l'onde lumineuse incidente sera intense, et donc plus elle contiendra de photons, plus le nombre d'électrons extraits de la plaque de métal sera important.

La dualité onde-corpuscule

Au xixe siècle, l'étude des phénomènes d'interférence liés à la lumière avait assis de manière définitive la nature ondulatoire de cette dernière. Cette victoire de l'image ondulatoire semblait en retour avoir sonné le glas de la compréhension de la lumière en termes de corpuscules héritée de Newton. Pourtant, en 1905, avec les quanta de lumière, c'est précisément cette hypothèse de la nature corpusculaire de la lumière qu'Einstein ressortait des caisses poussiéreuses de l'histoire de la physique.

La nature duale de la lumière

L'audacieux retour d'Einstein à l'hypothèse de la nature corpusculaire de la lumière trouva une confirmation supplémentaire en 1923 avec l'explication de l'« effet Compton ». De quoi s'agit-il ? Lorsqu'une radiation vient frapper la matière, celle-ci est *diffusée*, c'est-à-dire qu'elle change de direction.

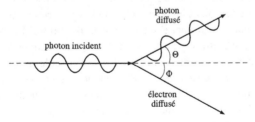

On constate empiriquement que l'angle de diffusion est directement lié à la fréquence de la radiation incidente. De plus, lors de ce changement de direction, la radiation perd de l'énergie. Pour expliquer ce phénomène, Arthur

Compton eu l'idée de l'assimiler au choc d'un photon avec un électron contenu dans la matière. En comparaison du photon, l'électron, du fait de sa masse importante, peut être considéré comme au repos, de sorte que lors du choc, c'est le photon qui perd de l'énergie au profit de l'électron. L'énergie d'un quantum lumineux étant proportionnelle à sa fréquence, il y a diminution de la fréquence de la radiation après le choc. De plus, le photon étant une particule, on peut lui attribuer une quantité de mouvement. Si le photon a une quantité de mouvement, sa rencontre avec un électron doit obligatoirement satisfaire la *loi de conservation de la quantité de mouvement*. Celle-ci affirme que la somme de la quantité de mouvement du photon et de la quantité de mouvement de l'électron doit être la même avant et après le choc. En associant cette affirmation à une autre loi de conservation – celle de l'énergie –, Compton fut capable de retrouver exactement la variation de la fréquence de la radiation en fonction de l'angle de diffusion. Il avait ainsi confirmé l'hypothèse einsteinienne du comportement corpusculaire de la lumière, puisque, pour expliquer son comportement dans la diffusion de la lumière par la matière, il avait dû attribuer à la lumière une grandeur typique des corpuscules, à savoir la quantité de mouvement, et traiter le phénomène de diffusion comme une collision entre deux particules. Ce retour de la conception corpusculaire de la lumière créa une tension nouvelle avec sa nature ondulatoire, pourtant bien établie depuis les travaux de Young, Fresnel et Maxwell.

L'explication, par Einstein, de l'effet photoélectrique peut sembler, au premier abord, pour le moins insatisfaisante. Ne caractérise-t-elle pas en effet l'énergie des photons au moyen de la fréquence, c'est-à-dire d'une notion typiquement ondulatoire? D'un point de vue classique, les notions d'onde et de corpuscule semblent inconciliables. Leurs propriétés sont si différentes qu'il paraît exclu d'expliquer l'une au moyen de l'autre. Un corpuscule est, par exemple, impénétrable, au sens où il ne peut occuper la même région de l'espace au même moment qu'un autre corpuscule, alors que les ondes peuvent au contraire se *superposer*. Plus encore, un corpuscule est « un petit objet bien localisé qui décrit dans l'espace au cours du temps une trajectoire sensiblement linéaire sur laquelle il occupe à chaque instant une position bien définie et est animé d'une vitesse bien déterminée » [1]. Si un corpuscule est « une unité physique indécomposable » et bien délimitée, qui peut être

---

1. L. De Broglie, *Ondes, corpuscules, mécanique ondulatoire, op. cit.*, p. 73.

comptée, une onde, en revanche, n'est pas localisable, puisqu'elle occupe tout l'espace (ou au moins une partie étendue de celui-ci). Dès lors, la direction de propagation d'une onde peut difficilement être assimilée à une trajectoire. Cette propagation ne correspond d'ailleurs pas à un déplacement de matière. À la discontinuité des particules s'oppose la continuité des ondes.

Du fait de l'incompatibilité entre propriétés ondulatoires et corpusculaires, la théorie einsteinienne des quanta de lumière semblait incapable de rendre compte de phénomènes typiquement ondulatoires comme la diffraction ou l'interférence. Mais la théorie ondulatoire, qui avait été maintes fois confirmée expérimentalement et qui avait culminé au xixᵉ siècle dans la théorie de Maxwell et ses développements, ne pouvait être abandonnée purement et simplement. Bohr, en collaboration avec Henryk Kramers et John Slater, avait bien tenté, en 1924, d'élaborer une théorie qui rende compte des interactions entre la matière et le rayonnement tout en ne faisant pas usage de la théorie des quanta lumineux – la fameuse « théorie BKS » –, mais sa réfutation expérimentale quelques mois plus tard [1] ne fit que mettre en pleine lumière l'impasse dans laquelle se trouvait la physique [2]. La solution vint de Bohr lui-même. Plutôt que d'opérer un choix entre conception corpusculaire et conception ondulatoire, il proposa d'affirmer franchement la nature à la fois ondulatoire et corpusculaire de la lumière. La description complète des propriétés des radiations électromagnétiques nécessite de faire intervenir, selon la propriété considérée, l'image corpusculaire ou l'image ondulatoire, mais l'une ne peut être privilégiée systématiquement au détriment de l'autre. Par exemple, la diffraction de la lumière ne peut être expliquée qu'en ayant recours à l'image ondulatoire, alors que l'effet photoélectrique ne peut être expliqué qu'en faisant intervenir l'image corpusculaire. L'explication complète de la lumière nécessite de recourir tour à tour à ces deux images. C'est ce que l'on appelle le « principe de complémentarité », introduit par Bohr lors d'une célèbre conférence faite à Côme en 1927 [3]. Mais que l'on ne

---

1. L'une des conséquences de la théorie BKS était que l'énergie n'est que statistiquement conservée dans les interactions entre la matière et le rayonnement. Cette hypothèse a été réfutée en 1925 par Bothe et Geiger.

2. Le travail de Bohr, Kramers et Slaters sera néanmoins une impulsion décisive pour le développement de la mécanique matricielle, qui est l'une des deux formulations originelles de la mécanique quantique, comme nous le verrons plus loin.

3. N. BOHR, *La théorie atomique et la description des phénomènes*, op. cit., p. 49-85. Sur la signification et l'histoire du principe de complémentarité, on pourra consulter G. HOLTON, *L'imagination scientifique, op. cit.*, p. 74-129.

se méprenne pas : si la lumière manifeste autant un aspect corpusculaire qu'un aspect ondulatoire, elle ne manifeste jamais ces deux aspects simultanément, et ceci parce qu'elle n'est, à strictement parler, *ni un corpuscule, ni une onde*. Les aspects corpusculaire et ondulatoire sont « complémentaires, mais mutuellement exclusifs »[1]. Avec la lumière se manifeste une nouvelle région ontologique, étrangère à la physique classique.

La lumière exhibe donc un caractère *dual*; elle peut être considérée comme une onde ou comme un corpuscule selon le point de vue sous lequel elle est observée[2]. Cette dualité se retrouve dans la « relation de Planck » ($E = h\nu$) où sont réunies une grandeur caractéristique des grains de lumières – l'énergie E qu'ils transportent – et une grandeur caractéristique des ondes lumineuses – leur fréquence ν. Au couple énergie-fréquence, on peut également substituer celui de la quantité de mouvement et de la longueur d'onde. Pour trouver la relation entre ces deux grandeurs, partons de l'énergie E d'un photon telle qu'elle est donnée par l'expression relativiste :

$$E = \sqrt{m_0^2 c^4 + p^2 c^2}.$$

Un photon étant une particule de masse propre nulle, nous avons : $m_0 = 0\,\mathrm{kg}$, et donc $E = pc$. Étant donné que si une onde lumineuse est de fréquence ν et de longueur d'onde λ, nous avons $\lambda\nu = c$, la relation de Planck nous permet d'établir :

$$\lambda = \frac{h}{p},$$

qui est ce que l'on appelle la « relation de De Broglie ». Celle-ci établit un autre pont entre l'aspect ondulatoire de la lumière – via la longueur d'onde λ – et son aspect corpusculaire – via la quantité de mouvement p.

Les ondes de matière

Une fois que l'on a ajouté à la conception ondulatoire de la lumière l'idée de grain lumineux, ne faudrait-il pas, par symétrie, ajouter à la conception granulaire de la matière des aspects ondulatoires? Autrement dit, après avoir attribué un double aspect corpusculaire et ondulatoire à ces particules

---

1. N. Bohr, *La théorie atomique et la description des phénomènes, op. cit.*, p. 51-52.
2. Il faudrait, plus proprement, parler de complémentarité, plutôt que de dualité, des aspects corpusculaires et ondulatoires la lumière.

immatérielles que sont les photons, pourquoi ne pas le faire également pour les « particules matérielles », comme, par exemple, les électrons ? L'idée, formulée par Louis de Broglie en 1924 [1], est belle, mais alors que l'amalgame entre conception ondulatoire et corpusculaire s'est imposé dans le cas de la lumière suite à plusieurs découvertes expérimentales, nous n'avons pas encore rencontré d'expérience mettant en évidence des propriétés ondulatoires dans le cas de la matière corpusculaire. Ici, l'idée a précédé la découverte expérimentale.

Si la matière possède un aspect ondulatoire au niveau microscopique, c'est-à-dire si nous pouvons associer aux particules matérielles des « ondes de matière », alors ces dernières doivent posséder une fréquence et une longueur d'onde. Selon de Broglie, la longueur d'onde d'une onde de matière est donnée par la même relation $\lambda = h/p$ que nous avons établie pour les photons. Une fois en possession du concept de longueur d'onde associée aux particules matérielles, on peut tenter de mettre en évidence pour celles-ci l'existence d'un phénomène typiquement ondulatoire – celui de diffraction. La valeur restreinte de la quantité de mouvement p dont sont animés les corps macroscopiques et la petitesse de la valeur de h impliquent que λ soit infime. C'est ce qui explique que nous n'observons jamais de manière perceptible à notre échelle un phénomène ondulatoire tel que la diffraction dans le cas de la matière [2]. En revanche, à l'échelle microscopique d'un électron, λ devient plus raisonnable et un phénomène de diffraction le mettant en jeu devient décelable si l'on considère des obstacles ayant une taille de l'ordre des atomes, c'est-à-dire 10^{-10} m. Cette confirmation expérimentale fut moins provoquée que le fruit du hasard. En 1927, deux chercheurs américains, Clinton Davisson et Lester Germer constatèrent l'apparition de figures d'interférence sur une plaque photographique suite à la réflexion d'un rayon d'électrons sur un cristal de nickel ; une preuve concluante était ainsi apportée en faveur de l'existence des ondes de matière [3].

La dualité onde-corpuscule est présente autant dans les particules matérielles, comme les électrons et les protons, que dans les ondes immatérielles,

1. L. DE BROGLIE, « Recherches sur la théorie des quanta », *Annales de physique*, 10 (3), 1925, p. 22-128.
2. Rappelons que pour qu'il y ait diffraction, il faut que l'ouverture ou l'obstacle rencontré par l'onde soit de l'ordre de grandeur de la longueur d'onde.
3. Aujourd'hui, on a pu mettre en évidence leur existence dans le cas d'atomes, et même de molécules.

comme la lumière visible et les rayons X. Par conséquent, les neutrinos, les quarks, les rayons ultraviolets, les ondes sonores, etc., peuvent bien avoir des propriétés spécifiques différentes, ils appartiennent tous au même genre. Nous rencontrons ici une *unification*, d'une part, des notions de matière et de rayonnement électromagnétique, réunies sous une même description quantique, et, d'autre part, des notions d'onde et de corpuscule, réunies sous le concept de « particules quantiques ». Si on parle encore ici de *particules*, c'est parce que celles-ci sont dénombrables (nous pouvons les compter). Mais il faut bien avouer qu'en dehors de cette caractéristique, elles n'ont plus grand-chose à voir avec ce que la physique classique appelle de ce nom [1]. Dès lors, plutôt que de particules, il conviendrait peut-être de parler de « quantons » [2].

Le modèle de Bohr

Comment pouvons-nous connaître la structure d'un atome ? Sa petitesse (de l'ordre de l'ångström, c'est-à-dire 10^{-10} m) en interdit toute observation directe. Comme le souligne De Broglie, « [l]a structure de l'atome ne peut nous être révélée que par des phénomènes observables à notre échelle qui sont des conséquences de cette échelle » [3]. Les raies de lumière émises par les atomes constituent l'un de ces phénomènes dont l'observation nous offre une manière indirecte d'accéder à leur structure, ces raies étant caractéristiques des atomes qui les émettent.

Dans une série d'expériences célèbres réalisées à partir 1666, Newton a montré que la lumière pouvait être décomposée en une multiplicité de rayons lumineux différant les uns des autres par l'angle selon lequel ils sont réfractés à travers un milieu [4]. L'auteur des *Principia* pratiqua un trou à travers les volets de sa fenêtre pour obtenir un fin rayon lumineux et fit ensuite passer celui-ci à travers un prisme en verre. Les rayons qui émergèrent de ce prisme étaient de différentes couleurs et réfractés selon des angles différents. Newton obtint ainsi le *spectre* continu de la lumière visible.

1. Pour une comparaison systématique, *cf.* J.-M. Lévy-Leblond, « La matière dans la physique moderne », art. cit.

2. M. Bunge, *Philosophie de la physique*, Seuil, Paris, 1975, p. 86.

3. L. De Broglie, *La physique nouvelle et les quantas, op. cit.*, p. 129.

4. *Cf.* M. Blay, *Lumières sur les couleurs. Le regard du physicien*, Ellipses, Paris, 2001, p. 22-30.

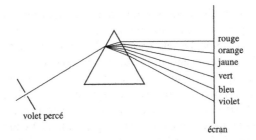

En faisant ensuite traverser les rayons de couleur au travers d'un deuxième prisme, il montra que ceux-ci conservent leur couleur et leur degré de réfrangibilité. Il prouva ainsi que les couleurs ne sont pas créées par la surface réfractante, comme le pensait Descartes, mais sont contenues dans la lumière [1].

Prenons maintenant un gaz, par exemple d'hydrogène. Lorsque celui-ci est parcouru par un arc électrique, il s'illumine. Si on analyse ensuite cette lumière au moyen d'un prisme, nous n'obtenons pas un spectre lumineux continu, mais une série de raies lumineuses discrètes séparées les unes des autres et correspondant à différentes longueurs d'onde précises de la lumière. Ce sont ces raies émises par les atomes d'hydrogène qui en sont caractéristiques. Elles offrent la particularité d'être réparties de manière régulière. Par exemple, toujours dans le cas de l'hydrogène, Johannes Rydberg a pu montrer en 1888 que la répartition des longueurs d'onde des raies répondait à la formule :

$$\frac{1}{\lambda} = R_H \left(\frac{1}{n^2} - \frac{1}{m^2} \right),$$

où R_H vaut $10\,973\,731\,\text{m}^{-1}$ et est la « constante de Rydberg » pour l'hydrogène, tandis que n et m sont des nombres naturels différents de zéro tels que $n < m$. Par exemple, pour $n = 2$ et $m = 3, 4, 5$ et 6, nous obtenons les quatre longueurs d'onde de la lumière visible :

$$656,21\,\text{nm} \qquad 486,074\,\text{nm} \qquad 434,01\,\text{nm} \qquad 410,12\,\text{nm},$$

qui correspondent à la « série » des quatre raies de l'atome d'hydrogène dites « de Balmer » [2].

---

1. Dans le cadre de sa théorie corpusculaire, Newton supposait que les différentes couleurs comprises dans la lumière blanche correspondaient à des particules de vitesses différentes.
2. Le spectre de l'atome d'hydrogène contient d'autres séries de raies en dehors du visible. Il

De manière générale, nous pouvons trouver pour chaque atome une suite de nombres, appelés « termes spectraux », tels que l'inverse de la longueur d'onde de n'importe quelle raie spectrale de cet atome peut être exprimée comme une différence de deux de ces termes spectraux [1]. La question qui se pose est celle de savoir comment expliquer ces longueurs d'onde. Pourquoi voyons-nous apparaître précisément ces raies et pas d'autres ? Pour répondre à cette question, il faut disposer d'un modèle satisfaisant de l'atome et, en particulier, du plus simple d'entre eux : l'atome d'hydrogène. En 1911, Ernst Rutherford découvre que la masse des atomes est concentrée dans un noyau. Il développe alors un modèle, dit « planétaire », dans lequel les atomes sont constitués d'un noyau central chargé positivement autour duquel gravitent des électrons maintenus sur des orbites circulaires par la force coulombienne. La taille de ces orbites dépend de l'énergie de l'électron. Néanmoins, en accord avec la théorie de l'électron élaborée par Lorentz, les électrons, du fait de leur mouvement autour du noyau, devraient émettre un rayonnement, et ainsi perdre de l'énergie, ce qui au final devrait aboutir à les faire s'écraser sur le noyau.

Nous ne pouvons résoudre ce problème de la *stabilité de l'atome* en supposant que les électrons sont immobiles, car si tel était le cas ils s'écraseraient également sur le noyau positivement chargé, en vertu de la force électrostatique que celui-ci exerce sur ceux-là. L'électron doit être animé d'un mouvement accéléré autour du noyau afin que son inertie compense la force coulombienne exercée par le noyau. En 1913, Bohr comprend que le problème vient ici de l'« inadéquation » de la théorie électromagnétique classique pour décrire le comportement des systèmes physiques à l'échelle atomique [2]. Il se restreint à l'atome d'hydrogène qu'il conçoit, à l'instar de Rutherford, comme étant constitué d'un noyau autour duquel orbite un électron en mouvement circulaire uniforme. Mais il adopte délibérément trois hypothèses supplémentaires qui sont en rupture avec la théorie électromagnétique classique [3].

existe ainsi la série de Lyman ($n = 1$) dans le domaine ultraviolet et les séries de Paschen ($n = 3$), de Brackett ($n = 4$) et de Pfund ($n = 5$) dans le domaine de l'infrarouge.

1. L. DE BROGLIE, *La physique nouvelle et les quantas, op. cit.*, p. 131. Dans le cas de l'atome d'hydrogène, les deux termes spectraux sont bien sûr R_H/n^2 et R_H/m^2.

2. N. BOHR, « On the Constitution of Atoms and Molecules », *Philosophical Magazine*, 26 (1), 1913, p. 2.

3. Bohr adopte également une hypothèse sur la quantification du moment angulaire.

La première affirme que l'électron ne rayonne pas lorsqu'il est sur son orbite. La fréquence de la lumière émise par l'atome d'hydrogène ne peut donc pas être la fréquence de révolution de l'électron sur son orbite circulaire. Cette fréquence est directement liée a l'énergie cinétique de l'électron. Classiquement, Bohr établit qu'un électron de charge e, de masse m et d'énergie E a une fréquence de rotation sur son orbite donnée par la formule [1] :

$$\nu = \frac{\sqrt{2}(-E)^{3/2}}{\pi \sqrt{m} k_c e^2}.$$

Bohr utilise alors l'hypothèse de la quantification de l'énergie rayonnée, introduite par Einstein, qu'il divise par deux :

$$E = nh\frac{\nu}{2},$$

où n est un nombre naturel différent de zéro. La fréquence $\nu/2$ n'est pas celle, classique, de révolution de l'électron, qui est le double de cette fréquence. Bohr considère toutefois que l'énergie E est la même dans les deux dernières équations ci-dessus. Moyennant quelques calculs, il isole celle-ci et obtient :

$$E = -\frac{2\pi^2 m k_c^2 e^4}{h^2 n^2},$$

ce que l'on peut résumer par :

$$E = -\frac{hK}{n^2},$$

1. Un électron situé sur une orbite circulaire est soumis à une force centripète mv^2/r. Celle-ci est égale à la force de Coulomb $k_c e^2/r^2$. Par conséquent, l'énergie cinétique de l'électron est $k_c e^2/2r$. Puisque l'énergie potentielle de l'électron vaut $-k_c e^2/r$, l'énergie totale E de l'électron vaut $-k_c e^2/2r$. La fréquence ν d'un mouvement circulaire uniforme de rayon r étant donnée par $\nu/2\pi r$ et puisque, en vertu de ce que nous avons dit précédemment, $v = \sqrt{-2E/m}$ et $r = -k_c e^2/2E$, nous avons :

$$\nu = \frac{v}{2\pi r}$$

$$= \sqrt{\frac{-2E}{m}} \frac{-2E}{2\pi k_c e^2}$$

$$= \frac{\sqrt{2}(-E)^{3/2}}{\pi \sqrt{m} k_c e^2}.$$

avec $K = 2\pi^2 m k_c^2 e^4/h^3$, une constante qui caractérise l'atome d'hydrogène. L'énergie E dépendant uniquement de n, nous pouvons la réécrire E_n, de sorte que $E_n = E_1/n^2$, avec $E_1 = -Kh$ et $n = 1, 2, 3, ...$

La deuxième hypothèse de Bohr est que les différentes énergies E_n sont les énergies de l'électron sur différentes orbites. Leur quantification, via le « nombre quantique » n, implique que l'électron ne peut pas se situer sur n'importe quelle orbite. Il ne peut être que sur des orbites qui sont des divisions par n^2 de l'énergie fondamentale E_1, ce qui est en contradiction avec la supposition de continuité de l'énergie de la physique classique. Les états de l'atome d'hydrogène qui correspondent à ces niveaux d'énergie sont ce que Bohr appelle des « états stationnaires » [1].

Les états de l'atome d'hydrogène caractérisés par les énergies E_n sont stationnaires, parce que, dans ces états, l'atome ne rayonne pas d'énergie. La lumière émise par un atome d'hydrogène ne correspond donc pas à E_n. La troisième hypothèse de Bohr [2] est que l'énergie du rayonnement lumineux émis par un atome d'hydrogène correspond au passage d'un état stationnaire d'énergie E_n à un autre d'énergie E_m. En fournissant une énergie suffisante à un électron, par exemple sous forme de chaleur ou sous forme de lumière, nous pouvons le faire passer d'un état stationnaire d'énergie E_m à un état stationnaire d'énergie E_n plus importante $(m > n)$. L'électron est alors dans ce que nous appelons aujourd'hui un « état excité ». Après un certain temps, il va se désexciter et retomber dans l'état stationnaire d'énergie E_m. Ce faisant, il va libérer une énergie égale à $E_m - E_n$ sous forme de lumière :

$$E_{\text{ray}} = E_m - E_n;$$
$$= hK\left(\frac{1}{n^2} - \frac{1}{m^2}\right);$$
$$= E_1\left(\frac{1}{m^2} - \frac{1}{n^2}\right).$$

Cette énergie libérée est un multiple du quantum d'énergie E_1 [3].

1. N. Bohr, « On the Constitution of Atoms and Molecules », art. cit., p. 5.
2. *Ibid.*, p. 13.
3. La relation que nous venons d'exposer permet de comprendre pour quelle raison Bohr a divisé la fréquence par deux dans l'expression de l'énergie de l'électron. Lorsqu'un électron passe d'une orbite très éloignée, c'est-à-dire une orbite caractérisée par un nombre quantique

Étant donné la relation de Planck, $E = h\nu$, et le fait que pour un rayonnement électromagnétique nous avons $\nu = c/\lambda$, nous obtenons la formule :

$$\frac{1}{\lambda} = \frac{K}{c}\left(\frac{1}{n^2} - \frac{1}{m^2}\right),$$

qui n'est autre que la formule de Rydberg de l'atome d'hydrogène, du moins si nous identifions R_H à K/c En calculant la valeur de K/c, nous obtenons bien la valeur de la constante de Rydberg déterminée empiriquement. Bohr retrouve ainsi la formule de Rydberg à partir de son modèle de l'atome d'hydrogène [1] et peut affirmer que les longueurs d'onde des raies lumineuses émises par l'atome d'hydrogène ne sont rien d'autre que les longueurs d'onde de la lumière émise par cet atome lorsque son électron passe d'un état stationnaire à un autre. Ce résultat est stupéfiant.

Le modèle de l'atome développé par Bohr repose essentiellement sur l'idée que, dans un atome, les électrons ne peuvent se trouver que dans certains états d'énergie stationnaires quantifiés [2]. C'est une hypothèse proprement révolutionnaire, pour ne pas dire hérétique, du point de vue de la physique classique. Après avoir appliqué son modèle à l'hydrogène, Bohr l'a ensuite étendu à l'hélium ionisé (He^+). Il lui a également permis de retrouver la valeur de la constante de Rydberg pour cet élément, déterminée auparavant expérimentalement. En remplaçant les orbites circulaires des électrons par des orbites elliptiques – ce qui conduit à l'introduction de deux nombres quantiques m et l supplémentaires, en plus de n [3]–, Arnold Sommerfeld a ensuite perfectionné la théorie atomique de Bohr. Celle-ci a alors constitué ce

---

n très grand, à l'orbite directement inférieure $(n - 1)$, l'énergie rayonnée est, en bonne approximation, égale à $-2hK/n^3$ et la fréquence correspondante à $2K/n^3$. Cette fréquence n'est autre que la fréquence de révolution de l'électron sur son orbite donnée par la théorie électromagnétique classique (*cf*. N. Bohr, « On the Constitution of Atoms and Molecules », art. cit., p. 13). Le facteur deux se justifie alors par la volonté de retrouver, asymptotiquement, c'est-à-dire pour un nombre quantique très grand, les résultats de la physique classique. C'est une application de ce que Bohr appellera plus tard le « principe de correspondance ». *Cf*. N. Bohr, *La théorie atomique et la description des phénomènes, op. cit.*, p. 33-37.

1. *Cf*. N. Bohr, « On the Constitution of Atoms and Molecules », art. cit., p. 8.
2. L. De Broglie, *La physique nouvelle et les quantas, op. cit.*, p. 144.
3. n est ce que l'on appelle le « nombre quantique principal ». l est le « nombre quantique azimutal », qui permet de tenir compte de l'excentricité de l'ellipse, et m est le « nombre quantique magnétique », qui permet de tenir compte de l'orientation de l'ellipse dans l'espace.

que Lakatos appelle un « programme de recherche scientifique »[1] et permis, pendant près de dix ans, des avancées considérables dans la compréhension de la structure des atomes et des lois qui y règnent (interprétation de la loi de Moseley, expérience de Franck et Hertz, effet Stark, effet Zeeman[2]). Le programme de recherche bohrien, qui constitue, avec les travaux de Planck et d'Einstein, ce que l'on appelle généralement l'« ancienne théorie des quanta », n'était pourtant pas exempt de défauts. En particulier, il n'arrivait pas à expliquer l'intensité et l'état de polarisation du rayonnement émis par un atome lors d'une transition d'un état stationnaire à un autre. Le modèle atomique de Bohr était en fait semi-classique, reposant sur l'alliance étrange de certaines conceptions classiques et quantiques. L'image des électrons comme des points matériels décrivant autour du noyau des trajectoires elliptiques sous l'influence de la force coulombienne était, par exemple, tout à fait conforme à la physique classique, alors que la quantification des états stationnaires lui était totalement étrangère. Ce mélange de considérations classiques et quantiques était la faiblesse du modèle de Bohr et conduisit au remplacement de l'ancienne théorie des quanta par la « mécanique quantique ».

LA NAISSANCE DE LA MÉCANIQUE QUANTIQUE

Ondes et quantification

La quantification des états stationnaires était postulée par Bohr, mais elle n'était pas expliquée. L'introduction des nombres quantiques, en particulier, paraissait parfaitement *ad hoc*. C'est De Broglie qui en suggéra le premier l'explication. Selon lui, de la même manière que la corde d'une guitare produit des sons appelés « ondes stationnaires », les états stationnaires de l'électron en orbite autour d'un proton dans l'atome d'hydrogène résultent d'ondes électroniques. Prenons une corde de guitare de longueur *l*. Si nous pinçons cette corde, une onde va se déplacer le long de la corde, onde dont la propagation est régie par une équation d'onde. Les conditions aux limites d'une telle corde son évidentes : les extrémités de la cordes étant

---

1. I. Lakatos, « La falsification et la méthodologie des programmes de recherche scientifiques », art. cit., p. 75-94.
2. *Cf.* B. Pourprix, *D'où vient la physique quantique ?*, Vuibert, Paris, 2008, p. 160-174.

fixées, elle ne peuvent subir de mouvement transversal. Nous avons donc $y(x,t)|_{x=0} = y(x,t)|_{x=l} = 0$ pour n'importe quel instant t. Avec cette contrainte, la corde va vibrer en effectuant un mouvement de bas en haut sous la forme d'un moitié d'onde complète. Autrement dit, pour une longueur d'onde λ, nous avons $l = \lambda/2$:

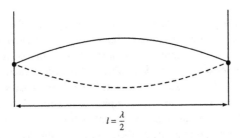

$$l = \frac{\lambda}{2}$$

On voit ainsi apparaître ce qu'on appelle un « ventre ». Nous pouvons interpréter ce phénomène de la manière suivante. Après s'être propagée dans un sens le long de la corde, l'onde est réfléchie à une des extrémités fixes et repart dans l'autre sens. Nous avons alors deux ondes de sens opposés qui se propagent le long de la corde et qui interfèrent de manière à faire apparaître une « onde stationnaire », c'est-à-dire une onde dont certains points sont fixes dans le temps.

Une vibration à un seul ventre n'est pas le seul mode de vibration de la corde. Celle-ci peut aussi, par exemple, vibrer à deux fois la moitié de la longueur d'onde : $l = 2\lambda/2$.

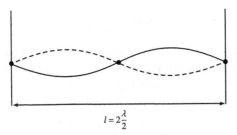

$$l = 2\frac{\lambda}{2}$$

Nous obtenons ainsi deux ventres. Nous pouvons faire apparaître ce deuxième mode de vibration de la corde par exemple en appuyant légèrement sur le milieu de la corde. D'autres modes de vibration peuvent être obtenus de la

sorte. Les conditions aux limites de la corde imposant des modes de vibration
pour lesquels nous avons des multiples de la moitié de la longueur d'onde
qui sont égaux à la longueur de la corde, nous obtenons une quantification
des modes de vibration de la corde : $l = n\lambda/2$, avec $n = 1, 2, 3$, etc. Nous ne
pouvons, par exemple, obtenir des modes de vibration de 3,6 fois la longueur
d'onde. Qu'en est-il à présent dans l'atome d'hydrogène ? De Broglie propose
d'associer à l'électron en orbite circulaire autour du noyau une onde. Pour
que cette onde circulaire soit stationnaire, il faut que sa longueur d'onde
corresponde à la circonférence de l'orbite. Plus précisément, les conditions
aux limites imposent à l'onde que son amplitude et sa phase soient les mêmes
lorsque l'électron effectue un tour complet de l'orbite. Dans ces conditions,
la circonférende de l'orbite sera un multiple entier de la longueur d'onde de
l'électron. Le nombre quantique de Bohr peut alors être vu comme le nombre
de longueurs d'onde de l'électron sur l'orbite qui est la sienne [1].

L'équation de Schrödinger

Si à toute particule matérielle est associée une onde de matière, sa
propagation doit répondre à une *équation d'onde*. S'appuyant sur les travaux
de De Broglie, Schrödinger réussit à l'établir en 1926 [2]. Pour ce faire, il
s'appuya sur l'analogie établie au XIXᵉ siècle par Hamilton et Jacobi entre
l'optique ondulatoire et la mécanique classique. Il obtint ainsi ce que l'on
appelle aujourd'hui l'« équation de Schrödinger » [3] :

$$H\psi = i\frac{h}{2\pi}\frac{\partial\psi}{\partial t},$$

où H est l'opérateur hamiltonien. C'est sa forme qui détermine le problème
physique auquel on a affaire. Par exemple, pour une particule libre de masse
m, c'est-à-dire une particule sur laquelle ne s'exerce aucune force, et se

1. Cela permet de retrouver la quantification du moment cinétique orbital postulée par Bohr.
2. *Cf.* E. SCHRÖDINGER, « Quantification et valeurs propres », trad. A. Proca dans Br. ESCOUBÈS
et J. LEITE LOPES (éd.), *Sources et évolution de la physique quantique. Textes fondateurs*, EDP
sciences, Les Ulis, 2005, p. 99-111.
3. Sur la dérivation de cette équation, *cf.* B. D'ESPAGNAT, *Le réel voilé. Analyse des concepts
quantiques*, Fayard, Paris, 1994, p. 45-48.

déplaçant dans la direction x, le hamiltonien vaut :

$$-\frac{\hbar^2}{2m}\frac{\partial^2}{\partial x^2},$$

avec $\hbar = h/2\pi$. Par conséquent, l'équation de Schrödinger devient pour une telle particule :

$$-\frac{\hbar^2}{2m}\frac{\partial^2\psi}{\partial x^2} = i\hbar\frac{\partial\psi}{\partial t}.$$

Si, à présent, la même particule est soumise à une force qui dérive d'un potentiel $V(x)$ – par exemple celui créé par une autre particule – il faut modifier le hamiltonien, et donc l'équation de Schrödinger, en conséquence :

$$-\frac{\hbar^2}{2m}\frac{\partial^2\psi}{\partial x^2} + V(x)\psi = i\hbar\frac{\partial\psi}{\partial t}.$$

D'un point de vue quantique, l'opérateur $-i\hbar\,\partial/\partial x$ représente la quantité de mouvement p_x dans la direction x et l'opérateur $i\hbar\,\partial/\partial t$ représente l'énergie E, de sorte que la dernière équation peut être réécrite :

$$\left(\frac{p_x^2}{2m} + V(x)\right)\psi = E\psi.$$

Comme on le voit, le hamiltonien représente l'énergie totale du système quantique. Quant à $\psi(x,t)$, c'est ce que l'on appelle la « fonction d'onde ». Elle représente l'état du système quantique étudié.

L'équation de Schrödinger est une équation aux dérivées partielles qui nous donne l'évolution de l'état du système quantique décrit par ψ. Il s'agit de l'équation fondamentale de la mécanique quantique. Les concepts importants y sont ceux d'énergie et de quantité de mouvement – le concept de force s'est, pour ainsi dire, évanoui. À ce titre, elle se rapproche plus des équations de Lagrange et de Hamilton de la mécanique classique que des équations de Newton.

L'équation de Schrödinger étant une équation différentielle, sa résolution implique la donnée de conditions aux limites, c'est-à-dire de contraintes sur les valeurs que peuvent prendre ses solutions. Ces conditions aux limites sont celles imposées par le potentiel V sur la fonction d'onde [1]. Par exemple, dans

1. Ce potentiel constitue l'analogue, au niveau quantique, des points fixes de notre corde vibrante.

le cas de l'électron en orbite dans l'atome d'hydrogène, le potentiel est celui
créé par le proton : $-k_c e/r$. Lorsque l'électron est soumi à un tel potentiel
et les conditions aux limites imposées en accord avec les suggestions de De
Broglie, les mystérieux nombres quantiques de Bohr émergent de la solution
de l'équation de Schrödinger aussi naturellement que « le *nombre entier des
nœuds* d'une corde vibrante » [1].

Ce succès a beaucoup fait pour l'adoption de l'équation de Schrödinger,
mais il ne faisait que déplacer le problème de l'explication des phénomènes
quantiques. Quelle signification faut-il en effet donner à la mystérieuse
fonction d'onde ψ sur laquelle agissent les opérateurs quantité de mouvement
et énergie ? Représente-t-elle réellement une onde ? Une onde classique est
caractérisée par une ou plusieurs grandeurs physiques : celles-ci peuvent être
scalaires, comme la hauteur et la vitesse d'une vague, mais elles peuvent aussi
être vectorielles, comme le champ électrique et le champ magnétique dans
une onde électromagnétique. En mécanique quantique, la fonction d'onde
ψ n'est pas une grandeur scalaire, mais un vecteur. De plus, l'équation de
Schrödinger est complexe. Elle fait en effet intervenir le nombre imaginaire i,
tel que $i^2 = -1$ [2]. La fonction d'onde est par conséquent elle-même complexe.
De ce point de vue, les ondes dont le comportement est régi par l'équation de
Schrödinger ne sont certainement pas des ondes au sens ordinaire du mot,
lesquelles sont décrites par des fonctions réelles. On ne peut en particulier
interpréter la valeur de ψ en un point à un certain instant comme une
description de l'amplitude d'une onde en ce point et à cet instant. Plus encore,
la fonction d'onde d'un système contenant N particules ne dépend pas de
trois coordonnées, mais bien de $3N$ coordonnées. C'est une fonction dans
un espace de configuration. L'interprétation de la fonction d'onde est une
question complexe que nous devrons éclaircir.

Avec l'équation qui porte son nom, Schrödinger parachève l'élaboration
de la « mécanique ondulatoire » initiée par De Broglie. Celle-ci ne fut
cependant pas la seule formalisation de la mécanique quantique naissante.
Influencé par Bohr, Heisenberg élabora à la même époque une théorique
quantique, développée ensuite sous forme matricielle par Born et Jordan,

1. E. SCHRÖDINGER, « Quantification et valeurs propres », art. cit., p. 99.
2. Pour une introduction élémentaire aux nombres imaginaires, on pourra consulter l'ouvrage, toujours utile, de Jean DIEUDONNÉ : *Pour l'honneur de l'esprit humain. Les mathématiques
aujourd'hui*, Hachette, Paris, 1987, p. 115-119.

en se limitant exclusivement aux « grandeurs observables »[1]. Dans cette
« mécanique matricielle », toute grandeur physique est représentée par une
matrice, c'est-à-dire un tableau de nombres[2]. Mais si, dans leurs recherches,
Schrödinger et De Broglie s'appuyaient sur l'« image spatio-temporelle »[3]
des ondes pour comprendre les phénomènes quantiques, Heisenberg s'inter-
disait de recourir à une quelconque analogie physique. Étant instrumentaliste,
son ambition se réduisait à l'élaboration d'un outil mathématique capable
de prédire les phénomènes observés sans faire la moindre hypothèse sur la
nature de la réalité sous-jacente à ces faits. L'équivalence mathématique des
deux formalismes concurrents a été démontrée par Schrödinger en 1926.
Ils constituent la base de ce que l'on appelle aujourd'hui la « mécanique
quantique », qui a succédé à l'« ancienne théorie des quanta », élaborée
entre 1900 et 1925 sur la base des recherches de Planck, Einstein et Bohr.
Tandis que cette dernière théorie était *semi-classique*, dans la mesure où elle
mélangeait des considérations quantiques et des considérations classiques,
la mécanique quantique proprement dite est une théorie de part en part
quantique et, en ce sens, non classique. Nous verrons un peu plus loin ce
que cela signifie exactement.

L'EXPÉRIENCE DES DEUX FENTES : PROBABILITÉ, SUPERPOSITION ET MESURE

Une théorie physique décrit l'« état » d'un système physique. En physique
classique, cet état est constitué par les valeurs d'un ensemble de grandeurs.

1. W. Heisenberg, « Réinterprétation en théorie quantique de relations cinématiques et
mécaniques », trad. Br. Escoubès dans Br. Escoubès et J. Leite Lopes (éd.), *Sources et évolution
de la physique quantique*, *op. cit.*, 2005, p. 112-125.
2. Par exemple, une matrice 3×3 contient 3 lignes et 3 colonnes, et donc un total de
9 nombres. Si nous voulons représenter sous forme matricielle le système de trois équations
suivant :

$$\begin{cases} a_{11}x + a_{12}y + a_{13}z = b_1 \\ a_{21}x + a_{22}y + a_{23}z = b_2 \\ a_{31}x + a_{32}y + a_{33}z = b_3 \end{cases}$$

cela nous donnera :

$$A\vec{r} = \vec{b},$$

avec la matrice A qui vaut $\begin{pmatrix} a_{11} & a_{12} & a_{13} \\ a_{21} & a_{22} & a_{23} \\ a_{31} & a_{32} & a_{33} \end{pmatrix}$ et les vecteurs $\vec{r}$ et $\vec{b}$ qui valent $\begin{pmatrix} x \\ y \\ z \end{pmatrix}$ et $\begin{pmatrix} b_1 \\ b_2 \\ b_3 \end{pmatrix}$.

3. G. Lochak, *La géométrisation de la physique*, *op. cit.*, p. 129.

Prenons par exemple une boule de billard[1]. Si la seule chose qui nous intéresse est la manière dont celle-ci glisse sur le billard, la boule pourra être assimilée à un point matériel doté d'une certaine masse et les grandeurs physiques retenues comme faisant partie de l'état du système physique pourront être sa position et sa vitesse à chaque instant. Une boule de billard se déplaçant, dans le cas normal, uniquement dans un plan, cette position et cette vitesse pourront être représentées par des vecteurs à deux dimensions. Décrire l'état de cette boule de billard à un certain instant, c'est alors donner la valeur à cet instant des vecteurs position et vitesse qui lui sont attachés.

Une théorie physique formule également les lois qui régissent l'évolution des valeurs des grandeurs physiques qui caractérisent un certain système physique. En mécanique classique, par exemple, l'évolution des valeurs de la position et de la vitesse des particules du système est régie par les trois lois de Newton. Pour prendre un autre exemple, une onde électromagnétique pourra être caractérisée par ces grandeurs physiques que sont le champ électrique et le champ magnétique, grandeurs dont l'évolution des valeurs est régie par les équations de Maxwell.

En mécanique quantique, l'évolution de l'état d'un système physique peut être donnée par la fonction d'onde $\psi(x,y,z,t)$, qui dépend de la position (x,y,z) et du temps t. Son évolution est déterminée par l'équation de Schrödinger. La fonction d'onde n'est pas une grandeur physique au sens habituel du terme. À vrai dire, la question même de savoir comment l'interpréter n'est pas simple. Plutôt que de tenter d'en déterminer la signification, les physiciens expliquent généralement une grandeur qui en est dérivée, à savoir le carré de son module : $|\psi|^2$[2]. Celui-ci ne nous donne pas la position du système physique à un certain instant, mais plutôt la *probabilité* que le système physique se trouve à tel ou tel endroit à cet instant. Pour comprendre la signification exacte de cette affirmation, nous allons réexaminer une expérience que nous avons déjà étudiée par le passé : l'*expérience des deux fentes de Young*, mais en l'envisageant cette fois-ci dans un cadre quantique[3].

1. *Cf.* H.P. ZWIRN, *Les limites de la connaissance, op. cit.*, p. 110.
2. Rappelons que le module $|z|$ d'un nombre complexe $z = a + ib$ n'est autre que la norme du vecteur (a,b), c'est-à-dire $\sqrt{a^2 + b^2}$. Ajoutons que si $\bar{z} = a - ib$ est le nombre complexe conjugué de z, alors $|z|^2 = z\bar{z}$.
3. Une présentation plus détaillée et particulièrement claire de cette expérience peut être trouvée dans R. FEYNMAN, *La nature de la physique*, trad. H. Isaac, J.-M. Lévy-Leblond et Fr. Balibar, Seuil, Paris, 1980, p. 150-176.

Son examen nous permettra également d'introduire plusieurs particularités quantiques.

L'interprétation probabiliste de Born

Considérons tout d'abord une source constituée par une mitraillette tirant un très grand nombre de balles dans à peu près toutes les directions à partir d'une position fixe. En face d'elle se trouve un mur avec deux fentes et derrière ce mur un écran où viennent s'encastrer les balles qui ont traversé les deux fentes. Les balles ne traversent pas uniquement les deux fentes en ligne droite : certaines balles ricochent sur les côtés de ces fentes et sont déviées de leur trajectoire initiale. Dans une première étape, seule la première fente est ouverte, tandis que l'autre est fermée. Si nous comptons alors les impacts de balles sur l'écran, leur distribution devrait nous donner une courbe en cloche analogue à la courbe N_1 représentée sur le schéma ci-dessous.

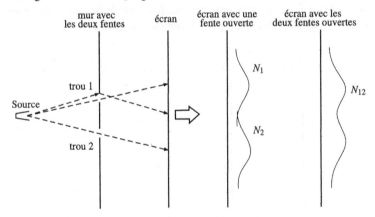

Il y a évidemment plus d'impacts de balles sur l'endroit du mur qui correspond à l'axe qui va de la source au mur en passant par le centre de la fente 1. Ces impacts diminuent à mesure que l'on s'éloigne de cet axe.

On répète ensuite la même expérience, mais en oblitérant cette fois la première fente et en laissant la seconde ouverte. La distribution des impacts de balles sur l'écran est alors donnée par la courbe N_2. Lorsque les deux fentes sont ouvertes simultanément, la distribution sur l'écran des impacts de balles qui ont traversé les deux fentes est donnée par la courbe N_{12} , laquelle est simplement la somme de N_1 et N_2. À quoi correspondent les distributions N_1, N_2 et N_{12} si nous les divisons par le nombre total N de balles tirées durant l'expérience ? Ce sont tout simplement des *distributions de probabilités* : elles nous indiquent en chaque point de l'écran quelle est la probabilité d'y observer un impact de balle futur. Par exemple, lorsqu'une seule fente est ouverte, la probabilité la plus importante d'observer un impact de balle se trouve sur le lieu de l'écran qui fait directement face à la fente et cette probabilité décroît à mesure qu'on s'éloigne de ce lieu.

Que se passe-t-il si nous remplaçons la mitraillette par une source lumineuse ? Nous retrouvons l'expérience des fentes de Young. Ce que nous observons alors sur l'écran, c'est une distribution d'intensité lumineuse, que nous noterons I. Les distributions d'intensité I_1 et I_2 obtenues en oblitérant tour à tour l'une des deux fentes sont tout à fait similaires aux distributions N_1 et N_2 obtenues dans la première expérience. En revanche, la distribution I_{12} qui résulte de l'ouverture simultanée des deux fentes est différente. Elle n'est pas égale à $I_1 + I_2$, mais dessine, comme nous le savons, une *figure d'interférence* : une alternance de bandes claires et sombres.

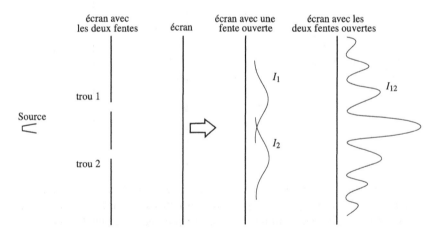

Ces bandes sont en apparence continues, en accord avec le caractère non localisé en un point des ondes. Mais la lumière n'est-elle pas à la fois de nature ondulatoire et de nature corpusculaire ? La présence des photons qui la composent ne devrait-elle pas se manifester d'une manière ou d'une autre ?

En effet ! Pour mettre cet aspect corpusculaire de la lumière en évidence, diminuons son intensité afin d'envoyer les photons les uns après les autres. Nous constatons alors que les bandes lumineuses qui apparaissent sur l'écran sont en fait composées d'une multitude d'impacts localisés résultant de la rencontre d'un photon avec l'écran. Le caractère corpusculaire de la lumière est bien confirmé.

Plus le nombre de photons qui viennent frapper un point de l'écran est important, plus l'intensité de la bande lumineuse en ce point est importante. Il y a donc une correspondance entre l'intensité lumineuse en un point et le nombre d'impacts de photons en ce point. En divisant adéquatement les distributions I_1, I_2 et I_{12}, elles peuvent donc être vues comme des distributions de probabilités d'observation d'un photon sur l'écran.

Nous tenons là notre interprétation du carré du module de la fonction d'onde. Dans une onde classique, le carré de l'amplitude en un point nous donne précisément l'intensité de l'onde en ce point. Or la fonction d'onde ψ, sans pouvoir être interprétée comme l'amplitude d'une onde au sens propre, joue néanmoins un rôle mathématique analogue à cette amplitude. Il semble dès lors naturel d'identifier le carré de son module à une « distribution de probabilités ». Par exemple, si une particule est décrite par une fonction d'onde $\psi(x,y,z,t)$, le carré de son module $|\psi(x,y,z,t)|^2$ nous donne la probabilité d'observer cette particule au point (x,y,z) à l'instant t. Selon cette interprétation, proposée par Max Born en 1926 [1], ce que nous mesurons, c'est l'accord *statistique* de la réalité avec la distribution de probabilités $|\psi|^2$. La fonction ψ, elle, ne représente rien de réel, mais est un outil mathématique qui permet de calculer $|\psi|^2$.

La conséquence principale de cette interprétation est que la fonction d'onde nous permet d'effectuer des prédictions, mais des prédictions qui ont la particularité d'être *probabilistes*. Elle ne nous permet jamais de savoir où se trouvera précisément une particule à un certain instant, mais seulement la chance qu'elle aura de s'y trouver. Toutefois, nous ne sommes pas encore au bout de nos surprises. Les caractéristiques les plus étranges de la mécanique quantique sont encore à venir.

---

1. M. BORN, « Sur la mécanique quantique des collisions », trad. G. Frick dans Br. ESCOUBÈS et J. LEITE LOPES (éd.), *Sources et évolution de la physique quantique, op. ci*, note, p. 131.

La superposition d'états

Continuons à décrire notre expérience des fentes de Young. Afin de mettre en évidence le caractère corpusculaire de la lumière, nous avions diminué l'intensité de la source lumineuse envoyant ainsi les photons les uns après les autres. En émettant les photons de la sorte, on s'attendrait à ce qu'ils passent un par un au travers des fentes. Mais, dans ce cas, la figure d'interférence devrait disparaître, puisqu'un photon passant par une fente ne peut plus interagir avec un photon passant par l'autre fente. En d'autres termes, l'intensité I_{12} observée sur l'écran devrait être identique à la somme de I_1 et I_2, de manière similaire à ce qui se produisait dans la première expérience avec les balles de mitraillette. Pourtant, même en faisant ainsi passer les photons un par un à travers les deux fentes, l'alternance de bandes claires et sombres sur l'écran ne disparaît pas. Seule l'intensité des bandes claires diminue, puisque le nombre de photons qui viennent frapper l'écran par seconde est plus faible. Cette constatation est pour le moins étrange, car pour qu'il y ait figure d'interférence, il faut bien qu'un photon interfère avec quelque chose. Mais, si les photons passent un par un dans les fentes, avec quel photon autre que lui-même un photon donné peut-il interférer ? C'est ce que, semble-t-il, nous sommes obligés d'admettre : lorsque les deux fentes sont ouvertes, un photon passe par les deux fentes et interfère avec lui-même. Fait d'autant plus étrange qu'un seul photon qui vient frapper l'écran où se dessine la figure d'interférence, et non deux. Mais il convient d'être prudent, car, en mécanique quantique, la notion de trajet n'a plus vraiment de sens. Le photon ne se divise pas pour passer par les deux fentes en même temps !

Une propriété d'un système physique peut prendre plusieurs valeurs. Toutefois, en physique classique, le système physique en question n'aura, à un instant, donné qu'une seule de ces valeurs. Par exemple, une balle de mitraillette peut passer par les deux fentes se trouvant dans le mur qui lui fait face, mais au-delà de ce mur la balle sera passée par l'une des deux fentes, et pas par l'autre. Il en va tout autrement en mécanique quantique. Un système physique peut en effet s'y trouver dans un état de *superposition* d'autres états correspondants à différentes valeurs d'une même propriété, tout comme des ondes d'amplitudes et de longueurs d'onde différentes peuvent se superposer pour n'en former qu'une seule. Dans notre expérience, les deux états superposés sont, d'une part, celui, représenté par la fonction d'onde

$\psi_1(x,y,z,t)$, dans lequel le photon passe à travers la première fente et, d'autre part, celui, représenté par la fonction d'onde $\psi_2(x,y,z,t)$, dans lequel le photon passe à travers la deuxième fente. Le photon est alors dans l'état superposé $\psi_{12}(x,y,z,t) = \psi_1(x,y,z,t) + \psi_2(x,y,z,t)$. Le carré d'une somme n'étant pas la somme des carrés, la distribution de probabilités $|\psi_{12}(x,y,z,t)|^2$ n'est pas simplement la somme des distributions de probabilités $|\psi_1(x,y,z,t)|^2$ et $|\psi_2(x,y,z,t)|^2$; il s'y ajoute un terme intermédiaire qui correspond à l'apparition des franges d'interférence.

La perturbation de la mesure

Pour mettre en évidence une dernière caractéristique surprenante du comportement des particules quantiques, remplaçons les photons par des électrons. Tout comme les photons, les électrons se caractérisent à la fois par un comportement corpusculaire et un comportement ondulatoire. Ainsi, en les faisant passer à travers de deux fentes de tailles appropriées, nous observons le même résultat que celui obtenu pour les photons, à savoir l'apparition d'une figure d'interférence. Tout comme les photons, les électrons, lorsqu'ils sont envoyés l'un après l'autre, semblent passer par les deux trous à la fois. Tentons toutefois de mesurer par quelle fente passe un électron donné. Pour ce faire, nous plaçons une source lumineuse juste après le mur percé de deux trous. Lorsqu'un électron passe par une fente, il rencontre immédiatement un photon issu de cette source, photon qui est alors diffusé. Si la lumière est suffisamment forte, il est possible de « voir » au moyen des photons diffusés par où est passé l'électron. Nous arrivons au moyen de ce dispositif à déterminer par où est passé l'électron, et ce que nous observons alors, c'est qu'il n'est passé que par un seul trou. Le résultat surprenant est qu'une fois cette observation effectuée – une fois la position de l'électron *mesurée* –, la figure d'interférence qui apparaissait auparavant sur l'écran a désormais disparu. Par conséquent, en mesurant cette position, nous avons forcé l'électron à se comporter comme les balles de la mitraillette, c'est-à-dire de manière classique et non plus quantique. La mesure, en interagissant avec l'électron, a *perturbé* son comportement. C'est là une autre particularité des phénomènes quantiques.

Alors qu'en physique classique la perturbation d'un phénomène causée par son observation est négligeable ou peut, en théorie, être rendue négligeable, en mécanique quantique la mesure a une influence non éliminable sur le comportement de ce qui est mesuré et constitue une limitation inhérente à l'acte de mesure. Cela a pour conséquence, comme le souligne Bohr, qu'en mécanique quantique

> [...] on ne peut [...] attribuer ni aux phénomènes ni à l'instrument d'observation une réalité physique autonome au sens ordinaire du mot [1].

Si toute observation d'un phénomène implique que nous interagissions avec lui, en mécanique quantique la perturbation introduite dans le phénomène par cette interaction fait que nous ne pouvons plus le considérer comme une réalité indépendante de l'instrument de mesure utilisé pour l'observer, et donc pas non plus de l'observateur qui effectue l'observation.

MÉCANIQUE QUANTIQUE ET DÉTERMINISME

Le concept traditionnel de causalité ne s'applique normalement qu'à un système autonome, un système soustrait à l'influence des phénomènes qui lui sont extérieurs. Dès lors, le fait qu'on ne puisse observer un système quantique sans le perturber de manière importante semble impliquer une remise en question de ce concept [2], ainsi que de celui de déterminisme, qui lui est généralement associé. C'est la question que nous allons maintenant examiner.

Déterminisme et mesure

Nous avons vu que les équations de la physique classique sont *déterministes*. Leurs propriétés mathématiques impliquent en effet qu'il est possible de prédire de manière unique l'état futur d'un système physique à un certain instant pour peu du moins que l'on connaisse son état à un instant antérieur [3]. L'état futur d'un système physique se caractérise par plusieurs grandeurs. La prédiction revient à déterminer la valeur (lui attribuer un nombre) qu'est

---

1. N. BOHR, *La théorie atomique et la description des phénomènes, op. cit.*, p. 51.
2. C'est du moins la suggestion de Paul DIRAC : *The Principles of Quantum Mechanics*, 4e éd., The Clarendon Press, Oxford, 1967, § 1, p. 4.
3. En mécanique classique, il s'agissait en particulier de connaître simultanément les valeurs de position et de vitesse auxquelles s'identifie l'état du système physique.

censée prendre l'une de ces grandeurs lorsque le système évolue à partir d'un certain état initial. La prédiction est correcte si la valeur calculée coïncide, avec une marge d'erreur acceptable, avec la valeur mesurée de la grandeur physique en question. Une mesure au sens classique n'est donc rien d'autre qu'« une opération au terme de laquelle est assigné à une grandeur physique un nombre, résultat de la mesure, muni d'une marge d'imprécision en général caractéristique de l'instrument utilisé pour effectuer la mesure » [1]. Par exemple, l'opération de mesure de la longueur d'un certain objet consistera à placer en regard de celui-ci un mètre et à observer à quelles graduations correspondent ses extrémités pour en déduire la valeur de la longueur de l'objet. Le résultat obtenu est alors affecté d'une indétermination de l'ordre de la moitié de la distance entre deux graduations successives du mètre.

L'équation de Schrödinger est une équation différentielle. En vertu du théorème de Cauchy-Lipschitz, elle est donc, elle aussi, tout à fait déterministe, au sens où une fois que l'on connaît la valeur de la fonction d'onde ψ à un certain instant initial t_0, on peut déterminer, de manière unique, sa valeur à tout instant t ultérieur. Mais là où en mécanique classique, la grandeur (par exemple la position ou la vitesse d'un corps) dont on prédisait le comportement en résolvant une équation était également la grandeur qui était mesurée, ce n'est plus le cas en mécanique quantique : la fonction d'onde ne correspond à rien que l'on puisse directement mesurer. Nous pouvons mesurer, par exemple, l'énergie ou la position d'une particule, mais la fonction d'onde ne nous donne pas les valeurs que ces grandeurs sont censées prendre. Tout ce qu'elle nous fournit, via le carré de son module, ce sont les probabilités que ces grandeurs prennent telles ou telles valeurs au moment où on les mesurera. Tandis que les lois de la mécanique classique régissaient l'évolution au cours du temps d'une certaine grandeur physique, par exemple la position, la mécanique quantique régit l'évolution au cours du temps de la fonction d'onde.

Considérons le cas où celle-ci représente une superposition de plusieurs états quantiques. L'équation de Schrödinger ne prédit pas lequel de ces états sera réalisé, mais bien plutôt la probabilité qu'ont chacun d'entre eux de se réaliser. Par exemple, dans l'expérience des fentes de Young, la mécanique quantique prédit, en chaque point du mur, la probabilité qu'un électron dans

1. Fr. BALIBAR, « Observable », dans D. LECOURT (éd.), *Dictionnaire d'histoire et philosophie des sciences, op. cit.*, p. 828.

une superposition de deux états, l'un où il passe par la fente 1 et l'autre où il passe par la fente 2, frappe ce point. Quant à la mesure, elle détermine quelle est la valeur qui s'est réalisée parmi toutes celles prédites comme pouvant se réaliser. Lorsque nous regardons l'impact laissé par l'électron, nous mesurons sa position et cette mesure détermine en quel point l'électron a frappé le mur, quelle est la valeur de la grandeur 'position de l'électron sur le mur' qui s'est réalisée parmi toutes celles possibles. La mesure nous apporte donc une information nouvelle par rapport aux différentes probabilités prédites de trouver l'électron à tel ou tel endroit. En mécanique classique, la mesure n'apporte en revanche rien de nouveau – elle ne fait que confirmer la valeur prédite –, puisque c'est la valeur elle-même que prend une certaine grandeur qui fait l'objet d'une prédiction, et non sa probabilité d'obtention.

La mécanique quantique impose donc bien une modification du concept classique de causalité. Ce dernier affirme qu'à une cause correspond un seul effet, de sorte que le résultat d'une mesure peut être prédit avec certitude. En mécanique quantique, en revanche, si un système physique évolue toujours de manière déterminée, le résultat d'une mesure n'est plus décrit que de manière probabiliste. C'est là une conséquence directe de la possibilité de superposition des états quantiques. Elle ne résulte pas de notre ignorance, mais est intrinsèquement liée à la mécanique quantique. Par leur nature même, les états quantiques impliquent une disparition de la « correspondance directe » entre ces états et les valeurs des propriétés des systèmes qui se trouvent dans ces états [1].

À côté de cette première remise en cause de la causalité classique dans le cadre quantique, il faut en mentionner une deuxième qui provient de l'opération de mesure elle-même, laquelle en perturbant le système quantique introduit une certaine forme d'indétermination. L'observation d'une grandeur physique implique en effet un changement discontinu dans notre connaissance d'un système quantique. La fonction d'onde *saute* brutalement au moment de la mesure de la représentation d'un ensemble d'états possibles à celui qui s'est, de fait, réalisé ; il y a une transition de plusieurs valeurs probables à une valeur déterminée. Par conséquent, la réalité semble se modifier selon que nous l'observions ou non [2]. Cela signifie que, contrairement à ce qui se passait en physique classique, nous ne pourrions plus, en mécanique

---

1. H.P. Zwirn, *Les limites de la connaissance*, *op. cit.*, p. 189.
2. W. Heisenberg, *Physique et philosophie*, *op. cit.*, p. 51.

quantique, décrire le monde sans y faire intervenir ceux qui l'observent, c'est-à-dire nous-mêmes [1]. C'est nous qui serions responsables du fait que les systèmes quantiques ont des valeurs définies.

Il existe un troisième aspect de la remise en cause du concept classique de causalité dans la mécanique quantique. Il est en effet impossible de connaître à la fois la position et la quantité de mouvement d'un système quantique. Or, si nous ne pouvons connaître avec une précision suffisante les conditions initiales d'un système mécanique, son état futur devient indéterminable, même si son évolution est régie de manière déterministe. À nouveau, il ne s'agit pas là d'une indétermination due à notre ignorance, mais d'une limitation intrinsèque aux phénomènes quantiques. Celle-ci est régie par les célèbres « relations d'indétermination » (*Unbestimmtheitsrelationen*) formulées par Heisenberg [2].

Les relations d'indétermination de Heisenberg

On s'en souvient, en mécanique classique, la possibilité de prédire avec précision la valeur d'une grandeur physique était conditionnée par la précision avec laquelle on en connaissait la valeur à un instant initial. Or cette valeur n'était jamais connue avec une parfaite précision; il existait toujours une certaine marge d'indétermination sur la valeur de sa mesure. Néanmoins, cette limitation était essentiellement liée à nos instruments de mesure et était toujours susceptible d'être réduite par le perfectionnement de ces instruments ou d'être soustraite par calcul. Au niveau macroscopique auquel opère la physique classique, on peut donc toujours diminuer les perturbations créées par l'opération de mesure de manière à les rendre négligeables. Au niveau microscopique où règne la mécanique quantique, en revanche, la situation est tout à fait différente, car l'opération de mesure perturbe le système observé

1. Certains, comme von Neumann et Wigner, pensaient que toute observation impliquait l'intervention d'un élément en apparence non physique, à savoir la conscience de l'observateur. Ce serait elle qui serait responsable du saut d'un ensemble d'états superposés à un état mesuré. Si tel était le cas, il en résulterait un dualisme ontologique entre les objets soumis à la mécanique quantique et ceux qui ne le sont pas, à savoir les consciences. La question qui se pose alors est, bien évidemment, celle de savoir comment expliquer la manière dont la conscience agit sur la matière (H.P. ZWIRN, *Les limites de la connaissance, op. cit.*, p. 215).

2. On trouve souvent dans la littérature les expressions de « principe d'incertitude » et de « relation d'incertitude ». Si Heisenberg avait bien au départ utilisé le terme allemand d'« *Unsicherheit* », il l'avait finalement abandonné du fait de sa connotation trop subjective.

de manière « incontrôlable » [1]. Il y a une limite imposée à la diminution des perturbations qui fait que celles-ci ne sont jamais totalement négligeables. Cette limite est déterminée par les relations d'indétermination.

Ces relations nous disent qu'en mécanique quantique il est impossible de connaître simultanément et avec une parfaite précision la valeur de ces grandeurs dont la connaissance était nécessaire en mécanique classique pour déterminer l'état initial d'un système physique, et à partir de là son évolution. Plus précisément, les relations de Heisenberg nous disent que l'indétermination simultanée sur la mesure de la position (Δx) et sur la mesure de la quantité de mouvement (Δp_x) ne peut être inférieure à une grandeur de l'ordre de la constante de Planck h :

$$\Delta x \Delta p_x \geq \frac{h}{4\pi}.$$

Plus l'indétermination Δx sera petite, plus grande sera l'indétermination Δp_x, et inversement.

Il est important de comprendre que l'indétermination dont il est ici question n'a rien à voir avec une quelconque *méconnaissance* de ce que seraient les « vraies » valeurs de la position et de la quantité de mouvement [2]. En physique classique, une grandeur possède une valeur déterminée. Ce sont ces valeurs des différentes grandeurs d'un système physique qui permettent de caractériser sont état. Par exemple, en mécanique classique, l'état d'un corps sera caractérisé par les valeurs de sa position et de sa vitesse, valeurs qui sont uniques. En mécanique quantique, il en va tout autrement, dans la mesure où les grandeurs physiques n'y ont pas une valeur déterminée, mais tout un ensemble de valeurs, c'est-à-dire ce que l'on appelle un « spectre » [3]. Les valeurs numériques d'une grandeur physique quantique sont étendues et il n'y a donc pas de valeur précise que nous n'arriverions pas à déterminer du fait de notre méconnaissance. L'opération de mesure peut venir réduire cette indétermination sur une grandeur physique, diminuer l'extension du spectre des valeurs numériques. Ce que nous disent les inégalités de Heisenberg, c'est que les extensions de certaines grandeurs physiques sont *corrélées* et qu'elles ne peuvent être conjointement diminuées en-dessous d'un certain seuil. Si nous essayons de réduire au moyen d'une mesure l'indétermination

1. N. Bohr, *La théorie atomique et la description des phénomènes*, *op. cit.*, p. 63.
2. J.-M. Lévy-Leblond, *Aux contraires*, *op. cit.*, p. 192.
3. *Ibid.*, p. 191.

sur la position d'une particule quantique, cela se fera toujours aux dépens de l'indétermination sur sa quantité de mouvement. Plus étroite sera la détermination de la position de la particule, plus dispersé sera le spectre de sa quantité de mouvement.

Afin de rendre un peu plus intuitives les relations d'indétermination, nous allons recourir à une expérience de pensée : celle dite du « microscope de Heisenberg » [1]. Considérons un électron dont nous tentons d'observer la position au moyen d'un microscope. Pour voir un objet, il faut l'illuminer. Or la puissance d'un microscope est limitée par la longueur d'onde de la lumière utilisée pour éclairer l'objet observé : on ne peut déterminer des détails dont l'ordre de grandeur est inférieur à celui de la longueur d'onde de la lumière utilisée. Les électrons étant très petits, il nous faudra donc une lumière avec une très faible longueur d'onde pour les observer.

Einstein a établi que la lumière est composée de photons. En vertu de la relation de Planck $(E = h/\lambda)$, l'énergie de ces derniers est d'autant plus importante que leur longueur d'onde est petite. Il s'ensuit que les photons utilisés pour observer un électron au moyen de notre microscope seront très énergétiques. Pour voir l'électron, celui-ci doit être heurté par des photons. Le choc étant important, l'électron sera dévié de sa trajectoire après ces chocs. À notre échelle, le bombardement d'un objet par des photons provoque des chocs trop faibles pour qu'ils aient la moindre conséquence observable, mais il en va tout autrement à l'échelle (microscopique) d'un électron : les photons utilisés sont très énergétiques et les chocs que subit l'électron sont loin d'être négligeables. La vitesse même d'un électron est grandement modifiée par l'impact avec un photon. La quantité de mouvement étant le produit de la vitesse par la masse, elle connaît également des variations importantes dues à l'observation de la position de l'électron au moyen des photons. Plus nous voudrons déterminer précisément la position de l'électron, plus les photons utilisés devront avoir une énergie importante et plus la quantité de mouvement de l'électron sera perturbée par l'opération de mesure.

Mais n'avons-nous pas la possibilité de déterminer la variation de la quantité de mouvement d'un électron afin, en quelque sorte, de la soustraire ?

---

1. *Cf.* W. HEISENBERG, « The Physical Content of Quantum Kinematics and Mechanics », trad. J.A. Wheeler et W.H. Zurek dans J.A. WHEELER et W.H. ZUREK (éd.), *Quantum Theory and Measurement*, Princeton University Press, Princeton, 1983, p. 64 *sq.* ; ainsi que W. HEISENBERG, *Les principes physiques de la théorie des quanta*, trad. B. Champion et E. Hochard, Gauthier-Villars, Paris, 1972, p. 15-18.

Nous ne pouvons le faire directement, car, pour cela, nous devrions être capables de mesurer la position de l'électron entre deux instants, afin d'en déduire la vitesse; or toute opération de mesure de la position perturbe la vitesse de l'objet observé. Il semble plus prometteur de déduire la quantité de mouvement de l'électron en mesurant celle de du photon après le choc, comme nous le ferions avec deux boules de billard. La détermination de la quantité de mouvement du photon nécessite de connaître son intensité, mais également sa direction. Il se trouve, comme le fait remarquer Heisenberg, que celle-ci est indéterminée d'une valeur qui est de l'ordre de l'ouverture de la lentille du microscope. On rétorquera qu'il suffit de diminuer cette ouverture pour augmenter la précision sur la mesure de la quantité de mouvement du photon. Certes, mais alors c'est la précision sur la position du photon, en particulier lors de sa collision avec l'électron, qui diminue. Peu importe la manière dont on s'y prend, ce que l'on gagne en précision sur la position du photon, on le perd en précision sur sa quantité de mouvement, et inversement. Cela se répercute de manière médiate sur les mesures de la position et de la quantité de mouvement de l'électron qui a subi le choc avec le photon. On peut montrer que le produit de ces deux indéterminations est de l'ordre de la constante de Planck, ce qui semble confirmer les relations d'indétermination de Heisenberg.

Cette expérience de pensée ne saurait constituer une véritable justification des relations d'indétermination de Heisenberg, car elle importe une vision classique du processus de mesure dans le monde quantique. La seule justification acceptable de ces relations est celle qui part du formalisme quantique lui-même. Elles trouvent, en fait, leur origine dans la *non-commutativité* de l'opérateur cinétique de position et de l'opérateur dynamique de quantité de mouvement, ou des matrices qui leur correspondent dans le formalisme de Heisenberg. Prenons un dé à six faces numérotées différemment et considérons l'un des axes qui traverse en leur centre deux de ses faces parallèles [1]. Que le dé subisse d'abord une rotation de 45° puis une rotation de 90° autour de cet axe ou bien qu'il subisse d'abord une rotation de 90° puis une rotation de 45°, dans les deux cas le résultat sera le même : le dé aura subi une rotation de 135° autour de cet axe. On dit que les deux opérations de rotation (celle de 45° et celle de 90°) sont commutatives. Il y

---

1. Nous reprenons cet exemple à G. LOCHAK, *La géométrisation de la physique, op. cit.*, p. 136.

a d'autres opérations commutatives, comme, par exemple, deux translations de notre dé. Mais il y a également des opérations non commutatives. Si le dé subit d'abord une rotation de 45° autour d'un axe puis une rotation autour d'un axe perpendiculaire au premier, le résultat ne sera pas le même si nous effectuons d'abord la rotation de 90° puis celle de 45°. De la même manière, les opérateurs de position et de quantité de mouvement dans la même direction ne commutent pas.

C'est dans le défaut de commutation de ces deux opérateurs que s'introduit la constante de Planck h [1]. Sa très petite valeur par rapport aux unités habituelles au niveau macroscopique explique que les indéterminations sur les mesures de position et de quantité de mouvement soient inobservables à cette échelle, et donc que le déterminisme semble être rigoureusement valable [2]. Les valeurs des grandeurs mécaniques sont si élevées à notre échelle que l'effet quantique en devient tout à fait négligeable.

IMAGES CLASSIQUES ET MÉCANIQUE QUANTIQUE

L'échec de la théorie BKS en 1924 a mis en évidence, aux yeux de nombreux physiciens de l'époque, la nécessité d'abandonner les images intuitives issues de la physique classique dans la description spatio-temporelle des phénomènes quantiques. Les relations d'indétermination sont une conséquence de la mécanique matricielle élaborée par Heisenberg en prenant acte de cette nécessité. Elles montrent avec acuité que parler de la position ponctuelle ou de la trajectoire d'un objet quantique n'est plus réellement légitime, dans la mesure où celui-ci se comporte à la fois comme une particule et comme une onde. Si nous avons tellement de mal à comprendre le comportement des objets quantiques, c'est parce que nous continuons à importer des modes de description issus de la mécanique classique pour saisir leur comportement [3]. Or ces modes de description semblent précisément caduques lorsqu'il s'agit

1. G. LOCHAK, *La géométrisation de la physique, op. cit.*, p. 137. La différence du produit des opérateurs de position et de quantité de mouvement, d'une part, et des opérateurs de quantité de mouvement et de position, d'autre part, vaut $ih/2\pi$. Soulignons, en passant, que les relations d'indétermination ne s'appliquent pas qu'aux seules position et quantité de mouvement, mais également à d'autres couples d'opérateurs non commutatifs, comme, par exemple, ceux associés au temps et à l'énergie.

2. L. DE BROGLIE, *La physique nouvelle et les quantas, op. cit.*, p. 221.

3. A. DAHAN DALMEDICO, « Le déterminisme de Pierre-Simon Laplace et le déterminisme aujourd'hui », dans A. DAHAN DALMEDICO *et al.* (éd.), *Chaos et déterminisme, op. cit.*, p. 398.

de décrire les objets quantiques. Bohr dit ainsi que « [c]e qui caractérise la théorie quantique, c'est qu'elle apporte une limitation essentielle aux concepts de la physique classique dans leur application aux phénomènes atomiques » [1]. Avec la mécanique quantique, les images familières issues de la physique classique cessent d'être opérantes. Comme le dit en substance Paul Langevin :

> Nous constatons, en fait, l'insuffisance, dans le microscopique, des notions et des idées qui avaient réussi dans le macroscopique, qui avaient été créées à son usage et à son contact prolongé pendant tant de générations [2].

Il n'est désormais plus possible d'effectuer d'inférence des états macroscopiques vers les états microscopiques, contrairement à ce que soutenait le *principe de continuité* de Leibniz [3]. La mécanique quantique introduit ainsi une rupture dans notre manière même de voir la nature : si elle continue à obéir à des lois, celles-ci cessent de s'appliquer de manière *uniforme* au domaine entier de la nature.

Certaines images classiques en particulier apparaissent comme étant définitivement exclues par la mécanique quantique : celles issues de la philosophie mécanique. En effet, si les particules quantiques ne peuvent plus être décrites de manière exacte comme des particules possédant une position et une quantité de mouvement précises, il ne semble plus y avoir de sens à vouloir décrire l'ensemble des phénomènes physiques en termes de configuration et de mouvement de la matière. Ces derniers cessent d'être des qualités premières auxquelles les qualités secondes pourraient être réduites. La compréhension intuitive que nous fournissait le modèle mécanique doit être remplacée par une compréhension abstraite d'ordre mathématique, seule désormais à même de nous fournir des modèles nous permettant d'interpréter la théorie. De ce point de vue, si les traditions archimédienne et mécaniste avaient traversé l'histoire de la physique moderne de manière parallèle jusqu'au début du XXe siècle, l'avènement de la mécanique quantique paraît avoir proclamé la victoire de la première sur la seconde.

---

1. N. BOHR, *La théorie atomique et la description des phénomènes, op. cit.*, p. 50.
2. P. LANGEVIN, *La notion de corpuscules et d'atomes*, Hermann, Paris, 1934, p. 35.
3. E. CASSIRER, *Determinism and Indeterminism in Modern Physics. Historical and Systematic Studies of the Problem of Causality*, trad. O.Th. Benfey, Yale University Press, New Haven, 1956, p. 164-165.

L'idée que la mécanique quantique nous imposerait d'abandonner notre conception classique de certains concepts physiques, comme ceux de position, de quantité de mouvement ou de déterminisme, a été défendue en particulier par les partisans (Bohr, Heisenberg, Jordan, Pauli, Born) de l'« interprétation de Copenhague » de la mécanique quantique [1]. Cette interprétation repose sur une position *instrumentaliste* d'après laquelle nous devrions renoncer à essayer de nous « former une quelconque image de la réalité sous-jacente à la mécanique quantique » [2] et nous contenter d'établir des relations mathématiques entre des quantités observables [3]. Nous retrouvons généralement associée à cette interprétation une conception *objectiviste* ou *ontologique* des probabilités présente dans le formalisme quantique : les probabilités de mesure de telle ou telle valeur d'une grandeur quantique ne reflètent pas notre ignorance, mais une indétermination inhérente à la matière.

L'interprétation de Copenhague a longtemps été la norme chez les physiciens, et elle l'est encore largement aujourd'hui, car c'est l'interprétation minimale requise par les succès prédictifs impressionnants engrangés par la mécanique quantique. Toutefois, à côté de cette interprétation « orthodoxe », il en existe également d'autres. La principale soutient qu'il est possible de maintenir les anciennes conceptions de la causalité, du déterminisme et même la conception classique de la trajectoire, en découvrant une caractéristique des objets quantiques qui nous aurait échappée jusqu'ici et qui, une fois rétablie, nous permettrait de comprendre que les bizarreries de la mécanique quantique n'étaient qu'un effet de notre méconnaissance. Les probabilités de la mécanique quantique pourraient alors être interprétées de manière *subjectiviste* ou *épistémique*, dans la mesure où elles exprimeraient l'incomplétude de notre connaissance. Cette manière de voir les choses est au centre de l'interprétation de la mécanique quantique en termes de « variables cachées ». Pour comprendre un peu précisément la différence entre cette interprétation et celle de Copenhague, il nous faut à présent rentrer plus en profondeur dans le formalisme quantique et ses subtilités.

1. Sur celle-ci, *cf.* W. HEISENBERG, *Physique et philosophie, op. cit.*, chap. 2.
2. A. FINE, « L'attitude ontologique naturelle », trad. A. Barton dans S. LAUGIER et P. WAGNER (éd.), *Philosophie des sciences – II, op. cit.*, p. 350.
3. *Cf.* par exemple W. HEISENBERG, « Réinterprétation en théorie quantique de relations cinématiques et mécaniques », art. cit., p. 112-113, où Heisenberg soutient qu'il est plus raisonnable d'établir une mécanique quantique dans laquelle n'apparaîtraient que des relations entre grandeurs observables.

Quelques éléments de formalisme quantique

Nous l'avons souligné à plusieurs reprises, depuis le xviie siècle, les mathématiques ont joué un rôle constitutif dans l'évolution de la physique, dans la mesure où les hypothèses et les concepts physiques y sont devenus « inséparables de leur forme mathématique »[1]. L'avènement de la mécanique quantique n'a pas remis cet état de fait en cause. Il l'a même plutôt accentué, puisque le rôle autrefois dévolu aux « moyens ordinaires d'intuition »[2] semble aujourd'hui totalement absorbé par les mathématiques. En d'autres mots, la mécanique quantique a substitué à l'intuition des images physiques macroscopiques une compréhension mathématique abstraite, cette dernière devenant le principal guide épistémologique du physicien.

Cette attitude est particulièrement claire chez John von Neumann. En 1932, celui-ci a proposé une formulation *axiomatique* de la mécanique quantique[3]. Il réussit ainsi à fournir un fondement mathématique solide à la théorie quantique tout en synthétisant l'essentiel de l'interprétation de Copenhague, en particulier son point de vue instrumentaliste et l'idée qu'il ne saurait y avoir de mesure quantique objective, parce que l'influence de l'observateur ne peut être éliminée de l'opération de mesure.

L'axiomatisation de la mécanique quantique proposée par von Neumann s'inscrit dans un cadre formel particulier. Jusqu'à présent, nous avons représenté l'état quantique d'un système physique au moyen d'une fonction d'onde ; par exemple : $\psi(\vec{r},t)$. Comme l'indique cette dernière notation, dans une fonction d'onde, l'état du système est une fonction de la position et du temps. Cependant, l'état d'un système quantique n'est pas toujours une fonction de la position et le temps (ce n'est, par exemple, pas le cas du spin, dont nous aurons l'occasion de reparler plus loin). La fonction d'onde n'est qu'un des états possibles d'un système physique. Il y a tout un *espace* d'états, appelé « espace de Hilbert »[4]. Cet espace n'est pas le continuum espace-temps à quatre dimensions de la relativité, mais un espace abstrait dont les

---

1. G. Bachelard, *L'activité rationaliste de la physique contemporaine*, PUF, Paris, 1951, p. 29.
2. N. Bohr, *La théorie atomique et la description des phénomènes, op. cit.*, p. 47.
3. J. von Neumann, *Fondements mathématiques de la mécanique quantique*, trad. A. Proca, Jacques Gabay, Paris, 1988.
4. Un espace de Hilbert est un espace de vecteurs, qui peut être de dimension quelconque et dont les composantes peuvent être des nombres complexes. Dans cet espace, on peut définir un produit scalaire entre deux vecteurs.

dimensions augmentent avec le nombre de particules du système quantique considéré. Ses éléments sont des « vecteurs d'état ». Chacun d'entre eux représente l'état d'un système quantique. D'après une notation due à Dirac, on note un vecteur d'état au moyen des deux symboles | et ⟩ entre lesquels on inscrit un symbole permettant d'identifier l'état, par exemple $|\psi\rangle$ [1]. Les vecteurs d'état d'un espace des états sont des grandeurs complexes. Nous pouvons ainsi avoir à côté de $|\psi\rangle$ son conjugué complexe : $\langle\psi|$. La grandeur $\langle\phi|\psi\rangle$ est alors le *produit scalaire* des vecteurs d'état $|\phi\rangle$ et $|\psi\rangle$.

Comme leur nom l'indique, les vecteurs d'état sont des vecteurs. À ce titre, deux vecteurs d'état s'additionnent pour former un autre vecteur d'état [2].

Nous avons vu précédemment que l'état quantique d'un photon après son passage au travers d'un écran percé de deux fentes pouvait être vu comme la superposition de deux autres états : l'un dans lequel il passe par le première fente et l'autre dans lequel il passe par la deuxième fente. Cette possibilité de superposition des états quantiques n'est pas limitée aux photons, mais est générale. La mécanique quantique répond par conséquent à un « principe de superposition » qui peut s'énoncer de la manière suivante :

> N'importe quel état peut être considéré comme le résultat d'un type de *superposition* de deux ou plusieurs nouveaux états [3].

N'importe quel état quantique $|\psi\rangle$ peut donc être vu comme une somme finie, ou même infinie, de certains états plus fondamentaux. Appelons-les $|\psi_i\rangle$.

Les états $|\psi_i\rangle$ sont généralement choisis de manière à ce que leur norme (amplitude) soit égale à 1. L'état $|\psi\rangle$ peut alors être exprimé comme une somme des états fondamentaux $|\psi_i\rangle$, affectés de certains coefficients (complexes) c_i, qui représentent la longueur des projections du vecteur $|\psi\rangle$

---

1. Dans la notation de Dirac, l'équation de Schrödinger déterminant l'évolution d'un système quantique décrit par le vecteur d'état $|\psi\rangle$ sera simplement :

$$H|\psi\rangle = i\frac{h}{2\pi}\frac{\partial|\psi\rangle}{\partial t}.$$

2. Techniquement, du fait de la linéarité de l'équation de Schrödinger, si $|\psi_1\rangle$ et $|\psi_2\rangle$ sont deux solutions de cette équation pour un système physique, alors la superposition $|\psi_{12}\rangle = |\psi_1\rangle + |\psi_2\rangle$ en est également une solution pour ce système physique.

3. P. DIRAC, *The Principles of Quantum Mechanics*, op. cit., § 4, p. 12.

sur les vecteurs $|\psi_i\rangle$. Autrement dit, nous avons :

$$|\psi\rangle = \sum_{i=1}^{N} c_i |\psi_i\rangle,$$

l'ensemble des vecteurs $|\psi_i\rangle$ étant alors ce qu'on appelle une « base », c'est-à-dire que tout vecteur de l'espace des états peut être exprimé par une combinaison linéaire des vecteurs qui composent cette base [1]. Pour comprendre un peu mieux ce que signifie ce type de décomposition, supposons qu'un certain état $|\psi\rangle$ puisse être exprimé dans la base $(|\psi_1\rangle, |\psi_2\rangle)$. Nous avons donc : $|\psi\rangle = c_1 |\psi_1\rangle + c_2 |\psi_2\rangle$ et nous pouvons représenter la situation de la manière suivante :

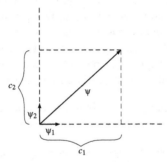

Ajoutons que les vecteurs $|\psi_i\rangle$ sont généralement choisis afin qu'ils soient orthogonaux (perpendiculaires) les uns par rapport aux autres, de sorte que leur produit scalaire [2] est nul. En résumé, si nous notons $\langle\psi_i|\psi_j\rangle$ le produit scalaire de $|\psi_i\rangle$ et $|\psi_j\rangle$, nous avons $\langle\psi_i|\psi_j\rangle = 0$ lorsque $i \neq j$ et $\langle\psi_i|\psi_j\rangle = 1$ lorsque $i = j$. Dans ces conditions, le produit scalaire $\langle\psi_i|\psi\rangle$ n'est autre que la longueur de la projection de $|\psi_i\rangle$ sur $|\psi\rangle$ et vaut c_i.

En dehors de sa formulation dans le cadre des espaces de Hilbert, l'autre grand apport de von Neumann à la mécanique quantique est sa contribution

1. Prenons un exemple bien connu de base dans un espace vectoriel. Soit un espace bidimensionnel. Si un vecteur $\vec{v}$ de cet espace a une longueur 4 et fait un angle de 30° avec l'axe des abscisses, cela signifie qu'il peut être exprimé dans la base $(\vec{x}, \vec{y})$ de la manière suivante : $\vec{v} = 4\cos 30\vec{x} + 4\sin 30\vec{y}$. Le vecteur $\vec{v}$ est alors défini par le couple de valeurs $(2\sqrt{3}, 2)$, qui constituent ce que l'on appelle ses « composantes ».

2. Le produit scalaire de deux vecteurs n'est pas un autre vecteur, mais un nombre. Celui-ci est égal au produit de l'amplitude des deux vecteurs par le cosinus de l'angle θ entre eux. Ainsi, lorsque les deux vecteurs sont perpendiculaires l'un à l'autre, $\theta = 90°$, et donc $\cos(\theta) = 0$.

à la *théorie de la mesure*. Comme nous l'avons déjà mentionné, ce qui est nouveau avec la mécanique quantique, c'est que les valeurs des grandeurs physiques, telle l'énergie, la vitesse ou la position, y sont liées de manière essentielle à la mesure de ces grandeurs. En physique classique, le résultat de la mesure permet de confirmer ou d'infirmer la valeur de la grandeur physique prédite par la théorie. La mécanique quantique vient quelque peu modifier cette vision des choses. Le résultat d'une prédiction quantique n'est en effet plus une valeur unique d'une grandeur physique que nous pourrions comparer avec celle obtenue au moyen de la mesure de cette grandeur, mais une *probabilité de mesure*. La théorie prédit donc que plusieurs valeurs d'une grandeur physique sont possibles, ces valeurs étant affectées d'une certaine probabilité d'obtention. Supposons qu'une certaine grandeur physique $\mathcal{A}$ puisse prendre plusieurs valeurs $\lambda_1, \lambda_2, \lambda_3, ..., \lambda_n$. Parmi toutes ces valeurs, la mesure ne vient pas révéler celle qu'avait la grandeur $\mathcal{A}$ avant d'être mesurée ; elle vient plutôt sélectionner l'une de ces valeurs. Nous pouvons, par exemple, obtenir la valeur λ_2. Mais, lors d'une autre mesure de la grandeur $\mathcal{A}$ d'un autre système physique, il se peut que nous mesurions la valeur λ_6. Après un grand nombre de mesures de la valeur $\mathcal{A}$, le nombre de fois que nous aurons obtenu chacune des valeurs $\lambda_1, \lambda_2, \lambda_3, ..., \lambda_n$, divisé par le nombre total de mesures, correspondra aux probabilités prédites par la théorie pour ces valeurs.

Une fois que nous avons mesuré une certaine valeur, disons λ_i, de la grandeur $\mathcal{A}$, toute autre mesure sur cette grandeur redonnera la même valeur λ_i. L'opération de mesure a en quelque sorte *projeté* l'état du système sur un état particulier, caractéristique de $\mathcal{A}$. D'un point de vue mathématique, on associe alors à toute grandeur physique un opérateur mathématique appelé « observable », représenté par une matrice. Alors qu'un vecteur d'état représente mathématiquement l'état dans lequel se trouve un système physique, une observable représente mathématiquement l'action de la mesure de la valeur d'une grandeur physique de ce système. L'application d'une observable à un vecteur d'état revient à multiplier ce dernier par la matrice représentant l'observable en question. Or la multiplication d'un vecteur par une matrice redonnant un autre vecteur[1], l'application d'une observable A à

---

1. Si $A = \begin{pmatrix} a_{11} & a_{12} \\ a_{21} & a_{22} \end{pmatrix}$ et $|\psi\rangle = \begin{pmatrix} \psi_1 \\ \psi_2 \end{pmatrix}$, alors $A|\psi\rangle = \begin{pmatrix} a_{11}\psi_1 + a_{12}\psi_2 \\ a_{21}\psi_1 + a_{22}\psi_2 \end{pmatrix}$.

un vecteur d'état $|\psi\rangle$ transforme celui-ci en un autre vecteur d'état $|\psi'\rangle$:

$$A\,|\psi\rangle = |\psi'\rangle,$$

les vecteurs d'état $|\psi\rangle$ et $|\psi'\rangle$ représentant deux états différents du même système physique. L'opérateur A pourrait, par exemple, consister à multiplier par 2 la longueur de $|\psi\rangle$, de sorte que $|\psi'\rangle$ aurait même direction et même sens que $|\psi\rangle$, mais serait deux fois plus long. Ou, pour prendre un autre exemple, A pourrait consister à faire effectuer à $|\psi\rangle$ une rotation de 180°. Ainsi, $|\psi'\rangle$ aurait même direction et même amplitude que $|\psi\rangle$, mais un sens opposé. Ces deux exemples sont un peu particuliers dans la mesure où le résultat de l'application de l'observable A à $|\psi\rangle$ redonne $|\psi\rangle$ simplement multiplié par un nombre. Dans le premier cas, il s'agit du nombre 2 et dans le deuxième, de -1. De manière générale, lorsqu'un opérateur A appliqué à un vecteur $|\psi\rangle$ a pour résultat ce même vecteur multiplié par un nombre, disons λ :

$$A\,|\psi\rangle = \lambda\,|\psi\rangle,$$

ce vecteur est appelé « vecteur propre » ou « état propre » de A, tandis que λ en est la « valeur propre » correspondante. Pour prendre un exemple plus complexe que ceux mentionnés précédemment, les e^{ipt} sont les états propres de l'opérateur $-i\,d/dt$ correspondant aux valeurs propres p, puisque $-i\,de^{ipt}\big/dt = -i^2 p e^{ipt} = p e^{ipt}$.

Il y a généralement plusieurs valeurs propres λ_i pour un opérateur A. À chacune de ces valeurs correspond au moins un vecteur propre $|\psi_i\rangle$:

$$A\,|\psi_i\rangle = \lambda_i\,|\psi_i\rangle.$$

Les valeurs propres de A sont alors les valeurs possibles d'une mesure de la grandeur physique $\mathcal{A}$, représentée par l'observable A. Les vecteurs propres d'une observable ont la propriété d'être orthogonaux. On peut donc choisir un ensemble de vecteurs propres d'une observable A de manière à ce qu'ils soient orthonormés et forment une base.

Choisissons maintenant d'exprimer le vecteur $|\psi\rangle$, représentant l'état d'un certain système, dans la base des vecteurs propres $|\psi_i\rangle$ d'une observable A. Nous avons par conséquent : $|\psi\rangle = \sum_i c_i |\psi_i\rangle$. À quoi correspondent les carrés des modules $|\langle\psi_i|\psi\rangle|^2 = |c_i|^2$? Il s'agit tout simplement de la probabilité d'obtenir la valeur λ_i de l'observable A, associée à la grandeur $\mathcal{A}$, une fois la mesure effectuée dans le système décrit par $|\psi\rangle$. Puisqu'en mesurant la grandeur représentée par A, nous devons nécessairement obtenir une des valeurs λ_i, nous avons $\sum_i |c_i|^2 = 1$.

Qu'en est-il à présent de la probabilité que le système quantique se trouve à une certaine position ? Nous avons vu que Born soutenait qu'elle était donnée par le carré du module de la fonction d'onde : $|\psi(\vec{r},t)|^2$, où $\vec{r}$ est un vecteur indiquant une certaine position. Si on peut mesurer la position d'un système quantique, alors il y a un opérateur position et à cet opérateur correspond une certaine base d'états. Pour la position $\vec{r}$, le vecteur d'état $|\vec{r}\rangle$ est l'un des éléments de cette base. Il s'ensuit que $|\langle\vec{r}|\psi\rangle|^2$ est la probabilité de trouver le système décrit par $|\psi\rangle$ à la position $\vec{r}$. Autrement dit, la fonction d'onde $\psi(\vec{r},t)$ n'est rien d'autre que $\langle\vec{r}|\psi\rangle$, c'est-à-dire la représentation de l'état quantique $|\psi\rangle$ dans la base des positions.

Le physicien qui travaille en mécanique quantique cherche à déterminer quelles sont les probabilités $|\langle\psi_i|\psi\rangle|^2$ d'obtenir les valeurs λ_i d'une observable A. C'est un calcul qui peut être difficile et dans lequel nous ne rentrerons pas.

LA RÉDUCTION DU PAQUET D'ONDE ET LE PROBLÈME DE LA MESURE

En mécanique classique, l'opération de mesure ne fait que constater la valeur de la grandeur mesurée, valeur que la grandeur possédait de manière déterminée avant l'opération de mesure, et ce, au détriment des autres valeurs qu'elle aurait pu avoir. En mécanique quantique, la situation est bien différente. Avant la mesure d'une grandeur physique représentée par une observable A, le système physique n'est pas dans un état propre, c'est-à-dire un état déterminé correspondant à une valeur précise de A. Il est plutôt dans une superposition d'états $|\psi_i\rangle$, à savoir ceux correspondant à toutes les valeurs λ_i possibles de l'observable A. Lorsque nous effectuons une mesure sur la grandeur physique représentée par A, nous obtenons une valeur λ_i déterminée. Le système physique dont l'état était jusque-là représenté par le vecteur d'état superposé $|\psi\rangle$ est alors projeté sur le vecteur propre $|\psi_i\rangle$ associé à la valeur λ_i. C'est ce qu'on appelle la « réduction du paquet d'onde » [1]. Pour comprendre dans quelle mesure celle-ci est tout à fait surprenante et a donné lieu à l'un

---

1. Un paquet d'onde est une superposition d'ondes localisées dans une région restreinte. En anglais, on parle plutôt d'« effondrement de la fonction d'onde » (*collapse of the wave function*), ce qui peut paraître moins mystérieux.

des problèmes les plus difficiles à résoudre de la mécanique quantique, nous allons introduire une nouvelle grandeur physique : le « spin ».

Deux principes d'évolution des systèmes quantiques

Le spin est une propriété quantique des particules, comme la masse ou la charge électrique, mais qui n'a pas d'équivalent en physique classique. Il s'agit d'une notion analogue au *moment angulaire* qui caractérise la rotation d'un objet macroscopique [1]. Le spin est néanmoins une notion typiquement quantique : il est quantifié et ne peut donc prendre que certaines valeurs caractéristiques des particules considérées [2]. Il a été postulé pour la première fois dans le cas de l'électron par Uhlenbeck et Goudsmit en 1925.

Considérons une particule, par exemple un électron, qui ne peut prendre que deux valeurs de spin : + (spin plus) et – (spin moins). L'état $|\psi_+\rangle$ correspond à cette particule ayant la valeur de spin + et l'état $|\psi_-\rangle$ à cette particule ayant la valeur de spin –. D'après ce que nous avons dit précédemment, l'électron est, avant qu'on en ait mesuré le spin, dans l'état représenté par :

$$|\psi\rangle = c_+|\psi_+\rangle + c_-|\psi_-\rangle.$$

Il n'est ni dans l'état $|\psi_+\rangle$ ni dans l'état $|\psi_-\rangle$, mais dans une superposition de ces deux états, chacun correspondant à une des deux valeurs que peut prendre le spin. Si l'obtention de ces deux valeurs est équiprobable, nous avons par ailleurs :

$$|c_+|^2 = |c_-|^2 = \frac{1}{2}.$$

Autrement dit, il y a une chance sur deux de mesurer chacune des deux valeurs de spin de notre particule.

Que se passe-t-il une fois que l'on a opéré une mesure de spin ? Si nous nous en tenons à l'équation de Schrödinger : rien ! Celle-ci régit l'évolution de l'état du système, mais ne nous dit rien sur l'opération de mesure. De son point de vue, au moment de la mesure, l'état du système continue à être représenté par le vecteur d'état $|\psi\rangle$. Pourtant, quelque chose se passe. Une

---

1. Le moment angulaire d'un point matériel M en mouvement par rapport à un point O est le produit vectoriel du vecteur position $\overrightarrow{OM}$ par la quantité de mouvement $\vec{p}$ du point M.

2. Ces valeurs sont entières (0, 1, –1, 2, –2, ...) pour ce qu'on appelle les « bosons » et demi-entières ($^1/_2$, $^{-1}/_2$, $^3/_2$, $^{-3}/_2$, ...) pour ce qu'on appelle les « fermions ».

valeur particulière du spin, + ou −, est bien mesurée. Par conséquent, au moment de la mesure, l'équation de Schrödinger doit cesser d'être valable. Il faut la remplacer par une autre règle d'évolution. Dans le cas de notre électron, cette règle, appelée « postulat de projection », est la suivante :

$$\begin{cases} |\psi\rangle \to |\psi_+\rangle & \text{avec une probabilité } \dfrac{1}{2} \\[2ex] |\psi\rangle \to |\psi_-\rangle & \text{avec une probabilité } \dfrac{1}{2} \end{cases}$$

où → signifie que lors de la mesure, on passe de l'état représenté par le vecteur à gauche de la flèche à celui représenté à droite de la flèche. La nouvelle règle d'évolution nous dit donc qu'après la mesure, le système demeure dans l'état correspondant à la valeur de la grandeur physique mesurée. Par exemple, si l'on a mesuré la valeur + du spin, l'électron conserve cette valeur de spin après la mesure. Il n'est donc plus dans un état superposé composé des deux valeurs de spin possibles. Tout se passe comme si la mesure même avait *créé* la valeur que l'on observe dans l'appareil de mesure.

L'une des conséquences de la réduction du paquet d'onde exprimée par cette nouvelle règle est que l'équation de Schrödinger ne décrit l'évolution d'un système quantique qu'*en l'absence de toute mesure*. Autrement dit, tant qu'une mesure sur une des grandeurs du système physique n'a pas été effectuée, son état continue à évoluer en accord avec l'équation de Schrödinger. En revanche, une fois qu'une valeur d'une grandeur physique a été mesurée, l'état du système est projeté, par réduction du paquet d'onde, sur l'état correspondant à la valeur mesurée. À partir de ce moment, le système physique reste dans cet état et son évolution n'est plus régie par l'équation de Schrödinger.

Il est tout à fait surprenant que l'évolution d'un système physique soit régie par deux règles selon que l'on se trouve avant une mesure ou non. Cela l'est d'autant plus que ces deux règles sont de nature très différente : alors que l'équation de Schrödinger est déterministe, la règle associée à la réduction du paquet d'onde qui a lieu lors d'une mesure est indéterministe. En effet, avant la mesure, le système n'était ni dans l'état représenté par $|\psi_+\rangle$, ni dans celui représenté par $|\psi_-\rangle$, mais dans l'état superposé $|\psi\rangle$. Tout au plus savions-nous que l'un et l'autre des états $|\psi_+\rangle$ et $|\psi_-\rangle$ avaient la même chance sur deux de se produire. La deuxième règle d'évolution nous dit qu'une fois la mesure effectuée, le système, qui était jusque-là dans l'état représenté par $|\psi\rangle$, va sauter soit dans l'état représenté par $|\psi_+\rangle$ avec une probabilité $1/2$, soit dans celui représenté par $|\psi_-\rangle$ avec une probabilité $1/2$, mais sans nous dire lequel.

Les états enchevêtrés

Peut-être le problème vient-il de ce que nous avons considéré séparément le système sur lequel s'opère la mesure et l'instrument de mesure. Ce dernier est certes de taille macroscopique, mais il est aussi composé d'un nombre très important de particules microscopiques et peut donc en droit être considéré comme un système quantique représenté par un vecteur d'état. Attribuons donc un tel vecteur – appelons-le $|\phi\rangle$ – à l'instrument qui nous permet de mesurer le spin de l'électron.

L'électron et l'appareil de mesure forment alors un seul grand système. Mais dans quel état est-il ? La mécanique quantique nous dit que cet état est représenté par :

$$|\psi\rangle \otimes |\phi\rangle,$$

où $\otimes$ est ce que l'on appelle l'opérateur de « produit tensoriel ». Il ne nous importe pas ici de connaître le détail de cette opération mathématique compliquée ; il nous suffit de retenir que celle-ci ne correspond pas à une multiplication habituelle [1]. Pour plus de simplicité, nous noterons désormais l'état du système *électron + appareil de mesure* de la manière suivante :

$$|\psi, \phi\rangle.$$

1. Soit deux espaces de Hilbert H_1 et H_2 de dimension n et m, respectivement. Les bases de chacun de ces espaces sont données par l'ensemble de vecteurs orthonormés $\{|i_1\rangle\}$ avec $i = 1, 2, ..., n$ pour H_1 et l'ensemble $\{|j_2\rangle\}$ avec $j = 1, 2, ..., m$ pour H_2. Le produit tensoriel $H = H_1 \otimes H_2$ des espaces H_1 et H_2 est lui-même un espace de Hilbert de dimension $n.m$ ayant pour base l'ensemble de couples de vecteurs $\{|i_1\rangle, |j_2\rangle\}$. Considérons à présent deux vecteurs $|\phi\rangle$ et $|\psi\rangle$, l'un appartenant à H_1 et l'autre à H_2. Nous pouvons les exprimer dans les bases correspondant aux espaces auxquels ils appartiennent de la façon suivante :

$$|\phi\rangle = \sum_{i=1}^{n} a_i |i_1\rangle \quad \text{et} \quad |\psi\rangle = \sum_{j=1}^{m} b_j |j_2\rangle.$$

Le produit vectoriel de $|\phi\rangle$ et $|\psi\rangle$ est le vecteur :

$$|\phi\rangle \otimes |\psi\rangle = \sum_{i,j} a_i b_j |i_1\rangle \otimes |j_2\rangle,$$

appartenant à l'espace H. Les états de H qui peuvent être représentés par de tels produits vectoriels sont dits *séparables* ou *factorisables*.

Étant donné que $|\psi\rangle = c_+|\psi_+\rangle + c_-|\psi_-\rangle$, que vaut plus précisément l'état représenté par $|\psi, \phi\rangle$? Avant toute interaction, si $|\phi_0\rangle$ représente l'état de l'appareil de mesure à ce moment-là, le système total est dans l'état $(c_+|\psi_+\rangle + c_-|\psi_-\rangle) \otimes |\phi_0\rangle$. Les choses deviennent plus intéressantes lorsque l'électron interagit avec l'appareil de mesure. Si nous notons $|\phi_+\rangle$ l'état de l'appareil lorsqu'il mesure une valeur de spin $+$ et $|\phi_-\rangle$ son état lorsqu'il mesure une valeur de spin $-$, alors le système *électron + appareil de mesure* est représenté par l'état suivant lorsque les deux sous-systèmes interagissent :

$$|\psi, \phi\rangle = c_+|\psi_+, \phi_+\rangle + c_-|\psi_-, \phi_-\rangle.$$

Il s'agit de la représentation d'un état « enchevêtré » ou « intriqué » (*entanglement* en anglais et *Verschränkung* en allemand), c'est-à-dire d'un état superposé indivisible, un état dont le vecteur le représentant ne peut être factorisé en un produit de deux vecteurs dont l'un représente le sous-système de l'électron et l'autre le sous-système de l'appareil de mesure [1]. Lorsque le système *électron + appareil de mesure* est dans un tel état, il est impossible d'attribuer un état distinct à l'électron et à l'appareil de mesure, et ce, peu importe la distance qui les sépare. L'existence de tels états intriqués semble remettre en question le postulat classique, d'origine cartésienne, selon lequel tout système physique complexe peut toujours être analysé en parties plus élémentaires.

Le problème est, d'une part, que nous n'observons jamais un système macroscopique dans un tel état enchevêtré et, d'autre part, que l'équation de Schrödinger ne dit pas qu'il ne peut pas être observé. Cette équation ne permet pas de passer d'un état superposé à un état réduit. Pour expliquer ce qui se passe lors de la mesure, il faut à nouveau faire appel au postulat de projection énoncé plus haut dans le cas du système composé uniquement de l'électron :

1. De manière générale, tout vecteur $|\phi\rangle$ d'un espace de Hilbert H résultant du produit tensoriel des deux espaces H_1 et H_2 peut être écrit de la manière suivante :

$$|\phi\rangle = \sum_{i,j} c_{ij} |i_1, j_2\rangle,$$

où $\{|i_1\rangle\}$ et $\{|j_2\rangle\}$ sont respectivement des bases de H_1 et H_2 (*cf.* la note précédente). L'état représenté par $|\phi\rangle$ est dit enchevêtré lorsqu'il ne peut être exprimé sous une forme factorisée du type $|\phi\rangle = |\phi, \psi\rangle$, c'est-à-dire où $c_{ij} = a_i b_j$.

$$\begin{cases} |\psi, \phi\rangle \rightarrow |\psi_+, \phi_+\rangle & \text{avec une probabilité } \dfrac{1}{2} \\[2ex] |\psi, \phi\rangle \rightarrow |\psi_-, \phi_-\rangle & \text{avec une probabilité } \dfrac{1}{2} \end{cases}$$

L'opération de mesure a supprimé l'intrication. En effet, d'après la règle que nous venons d'énoncer, la mesure aboutit à un état dont le vecteur peut être factorisé en un produit tensoriel de deux vecteurs, l'un correspondant à l'état de l'électron et l'autre à l'état de l'appareil de mesure.

La réintroduction d'une règle spécifique pour expliquer ce qui se passe lors de la mesure implique que le fait de considérer l'appareil de mesure lui-même comme un système quantique n'a fait que reporter le problème. Cette difficulté à expliquer ce qui se passe lors de la mesure d'une grandeur d'un système quantique est ce qu'on appelle le « problème de la mesure ». Il a été formulé de manière précise en 1932 par von Neumann dans ses *Fondements mathématiques de la mécanique quantique* [1].

Comme on le voit, ce problème provient d'une constatation empirique jointe à deux hypothèses dont l'une est le fait que, si un système, dont l'évolution est régie par l'équation de Schrödinger, est en *interaction* avec un autre système, alors l'évolution du système composé par la superposition des deux premiers est elle aussi régie par l'équation de Schrödinger et l'autre est le fait que l'on peut associer un vecteur d'état à tout système physique, que celui-ci soit microscopique ou macroscopique.

Le chat de Schrödinger

Pour illustrer le problème de la mesure de manière moins abstraite, Schrödinger a proposé une célèbre expérience de pensée [2]. Celle-ci consiste à prendre un chat et à l'enfermer dans une boîte opaque en compagnie d'une fiole de poison. Le poison est libéré au moyen d'un dispositif faisant intervenir un atome radioactif. Lorsque l'atome en question se désintègre, le poison est libéré et le chat meurt. Le problème est que la désintégration radioactive d'un atome est un processus quantique soumis à une loi de probabilité. Nous considérons ici que la probabilité que le poison soit libéré

---

1. J. von Neumann, *Fondements mathématiques de la mécanique quantique, op. cit.*, chap. VI.

2. *Cf.* E. Schrödinger, « La situation actuelle en mécanique quantique », trad. F. de Jouvenel *et al.* dans *Physique quantique et représentation du monde*, Seuil, Paris, 1992, p. 106.

au bout d'une heure est de 50 %. Si $|\psi\rangle$ est la fonction d'onde attachée au chat et $|\phi\rangle$ celle associée à l'atome, le système composé du chat et de l'atome nous est donné par :

$$|\phi,\psi\rangle,$$

que nous pouvons développer de la manière suivante :

$$c_{des}|\phi_{mort},\psi_{des}\rangle + c_{non-des}|\phi_{vivant},\psi_{non-des}\rangle,$$

avant que la boîte n'ait été ouverte et que l'état du chat n'ait été constaté. $|\phi_{mort}\rangle$ correspond à l'état du chat mort et $|\phi_{vivant}\rangle$ à son état vivant, tandis que $|\psi_{des}\rangle$ correspond à l'état désintégré de l'atome et $|\psi_{non-des}\rangle$ à son état non désintégré. Nous avons par ailleurs $|c_{des}|^2 = |c_{non-des}|^2 = \frac{1}{2}$ au bout d'une heure, puisque le poison a une chance sur deux d'être libéré à ce moment-là.

Ce que nous dit la dernière équation, c'est qu'avant l'ouverture de la boîte, le système composé du chat et du poison est dans un état où le chat est à la fois mort et vivant. Le pauvre animal n'est pas dans un état *ou* l'autre, sans que nous sachions lequel exactement : ce n'est qu'une fois que la mesure sur son état de vie ou de mort a été effectuée en ouvrant la boîte que le système saute vers l'un des deux états $|\phi_{mort},\psi_{des}\rangle$ ou $|\phi_{vivant},\psi_{non-des}\rangle$.

Le problème de la mesure affecte toutes les mesures sur des systèmes quantiques, et pas seulement celles de valeur de spin ou de vie d'un chat. Ce problème fait intrinsèquement partie de l'interprétation de Copenhague, qui y voit moins un problème qu'une donnée du monde quantique qu'il faut accepter comme telle. Si cette manière de voir les choses est satisfaisante d'un point de vue instrumental, où seules les prédictions comptent, elle l'est en revanche beaucoup moins d'un point de vue métaphysique. C'est la raison pour laquelle d'autres interprétations concurrentes de la mécanique quantique ont été développées. Les deux plus importantes sont celle en termes de variables cachées et celle en termes de mondes multiples [1].

COMPLÉTUDE ET LOCALITÉ DE LA MÉCANIQUE QUANTIQUE

L'interprétation de la mécanique quantique que nous avons présentée jusqu'à présent est, pour l'essentiel, celle dite de Copenhague. Elle a été

1. Sur ces deux interprétations, nous renvoyons à J. BAGGOTT, *Beyond Measure. Modern Physics, Philosophy and the Meaning of Quantum Mechanics*, Oxford University Press, Oxford, 2004, p. 207-222 et 264-285

développée principalement par Bohr et Heisenberg, et revient, pour ainsi dire, à prendre les aspects les plus étranges de la mécanique quantique pour argent comptant. Elle considère que si ceux-ci nous semblent si dérangeants, c'est parce que nous les interprétons à l'aune des concepts classiques. Il n'y a pas lieu de se demander ce qui se passe avant une mesure – seule importe la connaissance des résultats de la mesure. D'après ce point de vue, nous devrions nous satisfaire du fait que les prédictions de la mécanique quantique sont en excellent accord avec les résultats de nos mesures. Ces prédictions étant probabilistes, cela voudrait dire que la nature est intrinsèquement indéterminée. La réduction du paquet d'onde est aléatoire, un point c'est tout.

Einstein n'a jamais été capable d'accepter cet aspect de la position instrumentaliste de l'interprétation de Copenhague. Il pensait qu'une théorie physique digne de ce nom doit porter sur une réalité indépendante de tout observateur. Il considérait en particulier le fait que les systèmes physiques n'aient pas certaines de leurs propriétés en dehors d'une mesure comme inacceptable. Le problème n'était, dès lors, pas que la mécanique quantique était erronée, mais bien plutôt qu'elle était « incomplète » :

> La physique quantique est certainement imposante. Une voix intérieure me dit cependant qu'il ne s'agit pas encore du fin du fin. Cette théorie dit beaucoup de choses, mais elle ne nous rapproche pas vraiment des secrets du 'vieux'. Personnellement, en tout cas, je suis convaincu qu'*Il* ne joue pas aux dés [1].

Les prédictions expérimentales que l'on peut effectuer au moyen de la mécanique quantique sont tout à fait correctes, leur précision est même démoniaque, mais cette théorie n'a pas précisé tous les paramètres qui déterminent le mouvement des particules atomiques, de sorte que celui-ci n'est décrit qu'en termes probabilistes. Si les valeurs de ces paramètres indéterminés, de ces « variables cachées » (cachées du point de vue de la mécanique quantique) comme on les appelle, étaient connues, le mouvement des particules au niveau atomique serait parfaitement déterminé.

1. A. EINSTEIN, « Letter to Born from December 4th 1926 », dans A. EINSTEIN et H. BORN, *The Born-Einstein Letters*, trad. I. Born, Macmillan, Londres et Basingstoke, 1971, p. 91.

L'argument EPR et la question du réalisme

En 1935, Einstein publia avec Boris Podolsky et Nathan Rosen un article majeur [1] dans lequel est exposé l'argument dit « EPR », d'après les initiales des trois auteurs de l'article. Le but de celui-ci est de montrer que la mécanique quantique est « incomplète », parce que dans cette théorie il n'y a pas d'élément correspondant à chaque « constituant de la réalité » [2]. Par exemple, une théorie censée décrire ma table à quatre pieds, mais qui la décrit comme n'en ayant que trois, est incomplète en ce sens.

Le réalisme scientifique

Affirmer qu'il y a des constituants de la réalité auxquels les éléments d'une théorie donnée peuvent correspondre ou ne pas correspondre revient implicitement à adhérer à une hypothèse *réaliste*. Le terme « réalisme » est évidemment ambigu. Einstein est souvent vu comme un représentant du *réalisme scientifique*, c'est-à-dire de l'idée selon laquelle les meilleures théories qui composent actuellement les sciences arrivées à maturité nous offrent des descriptions vraies, ou du moins approximativement vraies, de certains aspects observables et inobservables d'une réalité qui est indépendante des individus qui se la représentent. Nous pouvons à vrai dire distinguer trois sous-thèses dans celle du réalisme scientifique [3] :

1) le *réalisme métaphysique* : la réalité existe et possède une structure indépendante des théories et des observateurs qui l'appréhendent ;

2) le *réalisme sémantique* : les théories scientifiques sont vraies ou fausses et celles qui sont vraies contiennent, du fait qu'elles sont vraies, des termes théoriques qui font référence à des entités réelles ; en particulier, les entités inobservables postulées par les théories scientifiques vraies font partie de l'« ameublement du monde » ;

3) le *réalisme épistémique* : nous pouvons légitimement inférer du grand pouvoir prédictif de certaines théories scientifiques que celles-ci sont

1. A. EINSTEIN, B. PODOLSKY et N. ROSEN, « Peut-on considérer que la mécanique quantique donne de la réalité physique une description complète ? », trad. Fr. Balibar *et al.* dans A. EINSTEIN, *Œuvres choisies 1, op. cit.* p. 224-230.
2. *Ibid.*, p. 225.
3. St. PSILLOS, *Scientific Realism. How Science Tracks Truth*, Routledge, Londres, 2005 (1999), p. xvii.

approximativement vraies et que les entités auxquelles elles font référence, ou du moins des entités très similaires, existent. En d'autres termes, nous avons, via le pouvoir prédictif des théories, un *accès cognitif* à leur vérité et à la réalité, nous pouvons savoir quelles sont les théories qui sont vraies et ce qui existe réellement.

La troisième thèse implique la deuxième et la deuxième implique la première, mais l'inverse n'est pas vrai [1].

L'« idéalisme métaphysique » s'oppose à la première sous-thèse : il nie que la réalité existe indépendamment des individus. L'instrumentalisme est la négation de la deuxième sous-thèse : il nie que nos théories scientifiques soient vraies ou fausse et est dès lors agnostique quant à la réalité des entités décrites par celles-ci. L'instrumentalisme affirme que nos théories devraient être considérées uniquement comme des outils (des instruments) nous permettant de faire des prédictions. L'« anti-réalisme » en science, compris au sens étroit, est la négation de la troisième sous-thèse. Il n'affirme pas tant qu'il n'y a pas de réalité existant indépendamment de nos théories et des observateurs, ni qu'il n'existe pas de théories vraies décrivant cette réalité, mais plutôt que nous n'avons aucune certitude quant à la vérité de nos théories scientifiques, et par conséquent que nous ne pouvons nous prononcer sur le fait que nos meilleures théories nous renseignent sur la réalité ou non.

Le maître-argument en faveur du réalisme scientifique est appelé « l'argument de l'absence de miracle » (*the no miracle argument*) [2]. C'est un argument de type *inférence à la meilleure explication*, qui a été formulé par Putnam en 1975. Selon lui, seul le réalisme scientifique « ne rend pas le succès de la science miraculeux » [3]. De manière plus détaillée, l'argument de l'absence de miracle part du fait que nous avons à notre disposition certaines théories scientifiques extrêmement fructueuses, des théories qui ont été capables de produire des prédictions justes, nombreuses et parfois même imprévues. Partant de ce constant, Putnam affirme que le succès prédictif de ces théories serait tout à fait miraculeux, si, d'une part, elles n'étaient pas au

1. M. Esfeld, *Philosophie des sciences. Une introduction*, 3ᵉ éd., Presses polytechniques et universitaires romandes, Lausanne, 2017 (2006), p. 9.

2. *Cf.* également R. Boyd, « What Realism Implies and What It Does Not », *Dialectica*, 43 (1-2), 1989, p. 7-11.

3. H. Putnam, « Qu'est-ce que la vérité mathématique ? », trad. S. Gandon dans S. Gandon et I. Smadja (éd.), *Philosophie des mathématiques. Ontologie, vérité, fondements*, Vrin, Paris, 2013, p. 123.

moins approximativement vraies et si, d'autre part, ce qu'elles nous disent de la structure fondamentale de la réalité n'était pas, pour l'essentiel, correct. Autrement dit, la vérité approximative des théories scientifiques et le fait que leurs termes possèdent des référents est la meilleure explication de leur succès. Dès lors, nous devrions rester optimistes quant au futur de la science : il est fort possible que nos meilleures théories actuelles se révéleront fausses un jour, mais leur succès prédictif est un indice fort de ce qu'elles sont sur la bonne voie [1].

Les anti-réalistes opposent généralement à l'argument de l'absence de miracle un argument formulé par Larry Laudan en 1981 [2]. Cet argument contre le réalisme scientifique consiste, en quelque sorte, à renverser la conclusion de l'argument de Putnam. Il repose sur ce que l'on a appelé une « méta-induction pessimiste ». Il revient à étendre à nos théories scientifiques actuelles des conclusions qui s'imposent concernant des théories scientifiques rejetées dans le passé, les premières n'étant pas fondamentalement différentes des secondes. Laudan constate que lorsqu'une théorie a succédé à une autre au cours de l'histoire des sciences, c'est parce que la précédente a été jugée fausse, en totalité ou en partie. L'histoire des sciences serait donc celle d'une succession de théories fausses. Par induction, Laudan en tire la conclusion que la science continuera à être une succession de théories fausses. Pourquoi en effet nos théories actuelles connaîtraient-elles un destin plus favorable que nos théories passées ? Il n'y a aucune raison de croire qu'un jour nous aboutirons à des théories vraies qui ne seront jamais dépassées. Ce constat *faillibiliste* avait déjà été formulé par Poincaré :

> Les gens sont frappés de voir combien les théories scientifiques sont éphémères. Après quelques années de prospérité, ils les voient successivement abandonnées ; ils voient les ruines s'accumuler sur les ruines ; ils prévoient que les théories aujourd'hui à la mode devront succomber à leur tour à bref délai et ils en concluent qu'elles sont absolument vaines. C'est ce qu'ils appellent la *faillite de la science* [3].

Partant de constat et de celui que les théories du passé ont souvent été très fructueuses, Laudan en tire deux conclusions : l'une portant sur la prétention des théories fructueuses à nous renseigner sur les constituants inobservables

1. M. ESFELD, *op. cit.*, p. 8.
2. *Cf.* L. LAUDAN, « A Confutation of Convergent Realism », art. cit., p. 26 *sq.*
3. H. POINCARÉ, *La science et l'hypothèse, op. cit.*, p. 173.

de la réalité, l'autre portant sur la relation entre le succès prédictif des théories scientifiques et leur proximité par rapport à la vérité.

D'une part, plusieurs théories du passé ont produit de nombreuses prédictions couronnées de succès et faisaient souvent référence, de manière centrale, à des entités aujourd'hui disqualifiées, comme les sphères célestes cristallines, le phlogistique, le calorique ou l'éther [1]. La théorie électromagnétique de Maxwell, par exemple, supposait que les ondes électromagnétiques se propagent au travers d'un éther électromagnétique, à l'instar du son qui se propage au travers de l'air. Pourtant, devant les échecs répétés visant à mettre son existence en évidence, l'éther a été abandonné au début du xxe siècle, notamment suite aux travaux d'Einstein. Cela n'a pas empêché la théorie de Maxwell de faire de nombreuses et fructueuses prédictions, comme, par exemple, celle du fait que la lumière devait être une onde électromagnétique. Des multiples exemples de ce type, Laudan conclut que le succès prédictif de nos meilleurs théories contemporaines devrait nous pousser à penser que les termes que contiennent ces théories et qui renvoient à des entités inobservables sont des termes vides qui ne renvoient à rien du tout et qu'ils seront un jour reconnus comme tels.

D'autre part, le fait que ces théories aient été particulièrement fructueuses ne les a pas empêchées d'être reconnues comme fausses. Par exemple, l'astronomie ptoléméenne a pendant longtemps été très utile aux navigateurs, mais nous savons aujourd'hui qu'elle avait tort de supposer que le Soleil tourne autour de la Terre. Dès lors, pense Laudan, l'histoire des sciences nous enseigne qu'il faudrait inférer que le succès empirique de nos théories actuelles n'est pas l'indice qu'elles sont vraies, mais bien plutôt qu'elles sont fausses. Sur ce deuxième point, nous pourrions rétorquer à Laudan qu'une théorie qui se révèle fausse peut néanmoins être plus proche de la vérité que celles qui l'ont précédée. C'est en tout cas la conclusion optimiste de Popper. À cela l'anti-réaliste répond, premièrement, que la notion de proximité par rapport à la vérité – ce que Popper appelait la « vérisimilitude » [2] – pose problème en elle-même [3]. Deuxièmement, la première conclusion tirée par Laudan montre que le succès empirique des théories du passé s'est souvent

---

1. L. LAUDAN, « A Confutation of Convergent Realism », art. cit., p. 33.

2. K.R. POPPER, *Conjectures et réfutations*, *op. cit.*, p. 337-351.

3. *Cf.* P. TICHÝ, « On Popper's Definition of Verisimilitude », *British Journal for the Philosophy of Sciences*, 25, 1974, p. 155-160; et D. MILLER, « Popper's Qualitative Theory of Verisimilitude », 25, 1974, p. 178-188.

accompagné, par la suite, de l'abandon des entités inobservables qu'elles postulaient. Or comment une théorie pourrait-elle être plus proche de la vérité qu'une autre si elle fait référence à des entités non existantes ? Une théorie dont les termes sont vides ne peut être approximativement vraie :

> S'il n'y avait rien qui ressemblasse à des gènes, alors une théorie génétique, peu importe le degré auquel elle serait confirmée, ne serait pas approximativement vraie. S'il n'y avait pas d'entités semblables aux atomes, aucune théorie atomique ne pourrait être approximativement vraie ; s'il n'y avait pas de particules subatomiques, alors aucune théorie quantique de la chimie ne pourrait être approximativement vraie. En somme, une condition nécessaire, en particulier pour le réaliste scientifique, pour qu'une théorie soit proche de la vérité est que ses termes explicatifs centraux fassent authentiquement référence [1].

Par conséquent, contrairement à ce que pensent les réalistes, le succès empirique d'une théorie ne serait même pas un indice probant de ce qu'elle serait approximativement vraie.

L'argument EPR

Revenons à Einstein. Celui-ci adhérait clairement à la thèse du réalisme métaphysique, dans la mesure où il croyait en l'existence d'une réalité qui existe indépendamment des théories scientifiques. La question de savoir s'il adhérait également au réalisme sémantique et au réalisme épistémique est plus épineuse, car sa philosophie contient des éléments empiristes et constructivistes [2].

L'argument EPR, qu'il élabore avec Podolsky et Rosen, est moins un argument contre l'instrumentalisme ou l'anti-réalisme en science qu'un argument contre la conséquence probabiliste que l'on tire généralement de l'interprétation instrumentaliste de Copenhague. Einstein affirme que le fait que la mécanique quantique ne nous donne de la réalité qu'une représentation probabiliste est l'indice qu'il existe des éléments de la réalité auxquels nous n'avons pas directement accès et dont cette théorie ne rend pas compte. Mais dès lors que nous n'avons pas d'accès direct à ces éléments de la réalité, comment pouvons-nous déterminer que ceux-ci existent bel et bien ? Einstein, Podolsky et Rosen proposent le « critère de réalité » suivant :

---

1. L. LAUDAN, « A Confutation of Convergent Realism », art. cit., p. 33.
2. Nous n'aborderons pas cette question ici et renvoyons à ce sujet à Th. RYCKMAN, *Einstein*, *op. cit.*, chapitre 8.

[...] si, sans perturber le système en aucune façon, nous pouvons prédire avec certitude (c'est-à-dire avec une probabilité égale à 1) la valeur d'une grandeur physique, alors il existe un élément de la réalité physique correspondant à cette grandeur [1].

En d'autres termes, le fait que l'on puisse prédire [2] avec une probabilité égale à l'unité la valeur d'une grandeur physique est donc une condition suffisante pour qu'un élément de la réalité corresponde à cette grandeur. Ce critère étant posé, l'argument EPR consiste à montrer qu'il existe une grandeur dont on peut prédire la valeur avec une parfaite certitude et pour laquelle il n'y a pas de correspondant dans la mécanique quantique, ce qui prouve alors que la mécanique quantique est incomplète.

Nous allons présenter ici une version de l'argument EPR quelque peu différente de celle qui se trouve dans l'article de 1935 [3]. Considérons un système physique composé de deux particules identiques et dont le spin total est nul [4]. Cela signifie que le spin de chacune des deux particules qui composent le système en question est de valeur opposée ; appelons-les + et −. Supposons ensuite que notre système physique, situé en A, se désintègre et que les deux particules qui le composaient s'éloignent l'une de l'autre dans des sens opposés. Nous plaçons alors deux détecteurs en B et C sur la trajectoire des deux particules. Chacun d'entre eux nous permet de mesurer le spin d'une des deux particules. Nous noterons 1 la particule qui arrive en B et 2 celle qui arrive en C. Disons, pour finir la description de ce dispositif expérimental, que le détecteur en C est situé à une distance plus importante de A que le détecteur situé en B, de sorte que la particule 1 arrivera en B un peu avant que la particule 2 n'arrive en C.

1. A. EINSTEIN, B. PODOLSKY et N. ROSEN, « Peut-on considérer que la mécanique quantique donne de la réalité physique une description complète ? », art. cit., p. 225.
2. Comme le souligne D'ESPAGNAT (*Le réel voilé*, *op. cit.*, p. 153), la prédiction dont il est question dans l'argument EPR est une prédiction qui nécessite, pour pouvoir être formulée, d'autres données fournies par une mesure. Nous verrons en effet dans l'explication plus bas que pour prédire avec certitude le spin d'une particule sans la mesurer, il faut d'abord avoir obtenu au moyen d'une mesure le spin de l'autre particule.
3. Nous reprenons ici pour l'essentiel la formulation de l'argument EPR due à David BOHM : *Quantum Theory*, Dover, Mineola, 1989 (1951), p. 614 *sq.*
4. Là où la formulation de l'argument de Bohm repose sur la considération du spin, celle d'Einstein, Podolsky et Rosen repose sur la considération de la position et de la quantité de mouvement.

L'argument consiste alors à montrer que la mesure en C sera nécessairement *corrélée* à celle en B.

Pour comprendre ce qu'est une corrélation, imaginons[1] des étudiants devant passer des examens à l'université. Les résultats qu'ils obtiennent à leurs examens peuvent être soit positifs (ils ont réussi) soit négatifs (ils ont échoué). Le nombre d'étudiants passant ces examens devenant très important au fil des ans, le nombre de jumeaux les passant devient lui-même non négligeable. Supposons qu'à chaque fois qu'un jumeau réussit un examen, l'autre le réussit également et lorsque l'un échoue à un examen, l'autre échoue également. On parle alors d'une *corrélation positive* entre les résultats qu'ils ont obtenus. À l'inverse, si chaque fois qu'un jumeau réussit un examen, l'autre le rate, on parle de *corrélation négative*. Si nous supposons que les étudiants passent leurs examens dans des pièces séparées et n'ont aucun moyen de communiquer les uns avec les autres, nous aurons tendance à dire que les résultats des jumeaux aux examens étaient déterminés à l'avance : ils ont réussi et échoué aux mêmes examens, parce qu'ils possédaient les mêmes aptitudes à réussir et à échouer dans certaines matières.

Revenons maintenant au domaine quantique. Supposons que la particule 1 arrive en B à un certain instant t. Nous mesurons alors la valeur de son spin. Du point de vue de l'interprétation orthodoxe, la particule 1 n'avait pas de valeur déterminée de spin avant que celui-ci ne soit mesuré par le détecteur situé en B. Avant l'instant t, la particule 1 avait une probabilité de $^1/_2$ d'avoir un spin $+$ et une probabilité de $^1/_2$ d'avoir un spin $-$. Il devrait en être semblablement pour la particule 2 jusqu'à ce que sa valeur de spin soit elle-même mesurée, disons à l'instant t', lorsque cette particule arrive jusqu'au détecteur situé en C. La configuration du dispositif expérimental est telle que $t' > t$. Entre t et t', la valeur du spin de la particule 2 devrait être indéterminée. Cependant, du fait que la somme des spins des deux particules est nulle avant qu'elles s'éloignent l'une de l'autre, on sait, à partir de t, avec une certitude égale à 1 que l'on mesurera en C une valeur de spin de la particule 2 opposée à celle mesurée en B pour la particule 1. La mesure directe du spin de la particule 1 nous fournit une *mesure indirecte* du spin de

1. Nous reprenons cet exemple à D'ESPAGNAT : *À la recherche du réel. Le regard d'un physicien*, Dunod, Paris, 2015, p. 36-37.

la particule 2. La projection due à la mesure en *B* a ainsi agi sur la *totalité* du système, et pas seulement sur le sous-système composé de la particule qui arrive en *B*. D'après le critère donné ci-dessus, le fait que nous puissions déterminer avec certitude la valeur du spin de la particule qui arrive en *C* signifie qu'à ce spin doit correspondre un élément de réalité. L'instant t' étant postérieur à t, cet élément de réalité existe avant t'. Mais, s'il existe avant t', on ne voit pas pourquoi il n'existerait pas déjà avant t ; bien plus, pour quelle raison n'existerait-il pas depuis la désintégration de la source de particules située en *A* ? La mécanique quantique semble incomplète.

On pourrait rétorquer à cela qu'elle n'est pas incomplète, parce qu'avant t, la valeur du spin de la particule 2 n'était pas déterminée. Elle l'est après t, parce que la mesure du spin de la particule 1 influence la particule 2 en déterminant son spin. En réalité, Einstein, Podolsky et Rosen avaient prévu ce type de critique et c'est pourquoi leur critère de réalité exige, pour pouvoir être appliqué, que la prédiction en *C* puisse être faite « sans perturber le système en aucune façon ». L'influence qu'exercerait éventuellement la mesure en *B* sur la valeur de spin de la particule 2 doit se propager de *B* jusqu'à l'endroit où se trouve la particule 2 avant que cette dernière n'arrive en *C*, pour que la mesure effectuée sur la particule 2 soit influencée par la mesure effectuée sur la particule 1. Par conséquent, même à supposer que la mesure de la valeur de spin de la particule 1 exerce une influence sur la valeur de spin de la particule 2, il suffit de placer le détecteur situé en *C* à une distance suffisamment importante du détecteur situé en *B* pour que cette influence ne puisse atteindre la particule 2 avant que sa mesure de valeur de spin n'ait été effectuée. Admettons qu'une telle influence ne puisse se propager à une vitesse supérieure à celle de la lumière, en accord avec l'un des deux principes de la théorie de la relativité restreinte. Dès lors, pour se prémunir de toute influence de la mesure de la valeur de spin de la particule 1 en *B* sur la particule 2 avant sa propre mesure de valeur de spin, il suffit de placer les deux détecteurs à une distance telle qu'il faut à la lumière une durée plus grande que $t' - t$ pour la parcourir. Autrement dit, si la mesure du spin de la particule 1 en *B* devait exercer une influence sur la valeur du spin de la particule 2 avant qu'elle ne soit mesurée en *C*, cette influence devrait se transmettre à une vitesse plus grande que celle de la lumière. Nous pouvons tout à fait nous mettre dans de telles conditions. La mécanique quantique prédira tout de même que la mesure de la valeur de spin de la particule

2 sera systématiquement corrélée de manière négative à celle de la mesure de la valeur de spin de la particule 1, de sorte que cette théorie paraît bien incomplète.

Il y a une manière d'échapper à la conclusion de l'argument EPR. Celle-ci consiste à accepter l'existence d'une influence physique se propageant de manière instantanée, ou du moins à une vitesse plus grande que celle de la lumière. En effet, si notre influence sur la mesure de la valeur de spin de la particule 1 est de ce type, alors elle peut bien s'exercer sur la valeur de spin de la particule 2 avant que celle-ci soit mesurée en C. Une théorie dans laquelle on admet l'existence d'une influence de cette sorte est dite « non locale ». Une telle influence est en contradiction avec la théorie de la relativité restreinte, puisqu'elle se déplace plus rapidement que c.

Les théories à variables cachées

Pour Einstein, Podolsky et Rosen, la localité est une propriété inaltérable de tout système physique, et donc en particulier d'un système quantique. Ils pensent, dès lors, que leur argument a réussi à montrer que la mécanique quantique est incomplète. La mécanique quantique n'est pas suffisante pour avoir une description de l'état d'un système quantique ; il faut la compléter d'une certaine façon. Pour ce faire, l'idée consiste à ajouter de nouvelles variables, appelées « variables cachées », à la description de l'état physique donnée par la formulation orthodoxe de la mécanique quantique. Les valeurs de ces variables cachées doivent permettre de donner une détermination causale exacte du comportement spatio-temporel des systèmes physiques. Autrement dit, s'il y a une corrélation parfaite entre les résultats obtenus sur les mesures des valeurs de spin des deux particules, ce n'est pas parce que celles-ci communiquent ensemble – ce serait là une violation de la relativité restreinte –, mais parce qu'elles sont prédéterminées à se comporter de la sorte, comportement corrélé dont rend compte une théorie quantique à laquelle on a ajouté des variables cachées, mais pas la théorie quantique seule.

Un tel ajout de variables cachées a été proposé par De Broglie dès 1927. Plus précisément, De Broglie ajoute au vecteur d'état, dont l'évolution est régie par l'équation de Schrödinger, des variables représentant une onde, dite « pilote », qui *guide* les positions des particules du système, variables qui sont régies par une équation distincte de celle de Schrödinger. La dualité onde-particule est ainsi scindée en deux : on a d'un côté des particules et

de l'autre une onde qui guide leurs trajectoires et est censée expliquer les
phénomènes d'interférence. Considérons à nouveau l'expérience des deux
fentes de Young. Chaque particule émise par la source ne passe plus que par
une seule fente à la fois. L'onde pilote, en revanche, passe par les deux fentes
et interfère avec elle-même. Les particules étant guidées par cette onde pilote,
elles viendront frapper l'écran, en quelque sorte malgré elles, de manière à
former la figure d'interférence créée par l'onde pilote.

La proposition de De Broglie, présentée au 5ᵉ congrès Solvay de 1927, ne
fut pas prise très au sérieux. Son auteur finit même par l'abandonner et par se
convertir à l'interprétation de Copenhague. Les théories ne mourant, semble-
t-il, jamais définitivement, elle sera réanimée par Bohm en 1952[1]. Comme
De Broglie, il suppose que les particules suivent une trajectoire précise et sont
guidées par la fonction d'onde, qui est maintenant vue comme la représentation mathématique d'un champ réel. Il ajoute à l'énergie potentielle classique,
présente dans les équations du mouvement, un « potentiel quantique »[2], qui
dépend de la forme de l'amplitude de la fonction d'onde. C'est lui qui est seul
responsable des effets quantiques. Autrement dit, en supprimant ce potentiel,
les équations de Bohm se ramènent aux équations classiques de Hamilton-
Jacobi.

L'avantage de la théorie des variables cachées est que les particules
possèdent des propriétés même en dehors de toute opération de mesure. Plus
encore, un phénomène quantique n'y est plus aléatoire en soi : son caractère
probabiliste y est uniquement dû au fait que nous ne connaissons pas les valeurs des variables cachées qui lui sont associées. Le problème, en revanche,
est que la théorie de Bohm aboutit à des équations compliquées qui n'ont
jusqu'à présent pas permis de formuler de prédictions expérimentalement
vérifiables allant au-delà de celles issues de la formulation orthodoxe de
la mécanique quantique[3]. Tout en étant incompatibles – l'une attribue une
trajectoire déterminée à une particule, l'autre pas –, la mécanique quantique
classique et la théorie de Bohm ne peuvent être départagées par l'expérience,

1. D. Bohm, « A Suggested Interpretation of Quantum Theory in Terms of "Hidden"
Variables. I », *Physical Review*, 85 (2), 1952, p. 166-179. La théorie de Bohm est bien exposée
dans D.Z. Albert, *Quantum Mechanics and Experience*, Harvard University Press, Cambridge
(Mass.), 1992, chap. 7.
2. D. Bohm, « A Suggested Interpretation of Quantum Theory in Terms of "Hidden"
Variables. I », art. cit., p. 170.
3. B. D'Espagnat, *À la recherche du réel, op. cit.*, p. 22-23.

car elles entraînent exactement les mêmes prédictions. Ce sont deux exemples de ce que Quine appelle des théories « sous-déterminées » par l'expérience ou « théories empiriquement équivalentes »[1]. Du fait de sa complexité et de ce qu'elle ne peut être départagée expérimentalement de la mécanique quantique classique, la théorie de Bohm est restée une théorie marginale, rarement exposée dans les manuels (mais souvent discutée par les philosophes). Mais quelle alternative avons-nous ? L'argument EPR ne nous force-t-il pas à rejeter l'interprétation de Copenhague et à remplacer la mécanique quantique classique par la théorie de l'onde-pilote de Bohm ? À ce stade, il faut avouer que rien ne nous y oblige, parce que l'argument EPR ne nous force pas à adopter ses conclusions pour des raisons expérimentales. Le problème est essentiellement de nature « philosophique »[2]. Il revient à faire un choix entre une théorie quantique *locale* complétée par des variables cachées et une théorie quantique *non locale* sans variables cachées. Tandis que la première est stérile du point de vue expérimental, la deuxième contrevient à un des principes fondamentaux de la théorie de la relativité restreinte. De fait, le problème posé par l'argument EPR n'eut, pendant longtemps, que peu de retentissement et la majorité des physiciens s'en est tenue à l'interprétation de Copenhague, laissant de côté la question de la non-localité. L'argument EPR n'a connu un regain d'intérêt que dans les années 1960, lorsque John Stewart Bell s'en empara et trouva le moyen de trancher expérimentalement le débat.

Les inégalités de Bell

En 1964, Bell raisonna sur une nouvelle expérience de pensée, afin de montrer que la mécanique classique orthodoxe et les théories à variables cachées locales sont incompatibles[3]. Par rapport à celles qui l'ont précédée, cette expérience de pensée avait ceci de différent qu'elle aboutissait à une relation – l'« inégalité de Bell » – qui pouvait faire l'objet d'une vérification

1. W.v.O. QUINE, « On Empirically Equivalent Systems of the World », *Erkenntnis*, 9 (3), 1975, p. 319.

2. J. VUILLEMIN, « Physique quantique et philosophie », dans St. DELIGEORGES (éd.), *Le monde quantique*, Seuil, Paris, 1984, p. 206.

3. *Cf.* J.St. BELL, « On the Einstein-Podolsky-Rosen Paradox », dans J.St. BELL, *Speakable and Unspeakable in Quantum Mechanics*, Cambridge University Press, Cambridge, 1989 (1987), p. 14-21. Pour une présentation pédagogique du résultat de Bell, *cf.* B. D'ESPAGNAT, *À la recherche du réel op. cit.*, chap. 4.

expérimentale. Il devenait ainsi possible de départager *expérimentalement*, et non plus seulement au moyen d'arguments *a priori*, le point de vue d'Einstein et celui de l'interprétation de Copenhague. Comme le dit Lurçat, une expérience de pensée était devenue, dans une large mesure, une expérience tout court [1].

Dans la description précédente de l'argument EPR, nous avons omis de préciser que le spin est une grandeur vectorielle. Ce que l'on mesure lorsqu'une particule arrive dans un détecteur, c'est l'une de ses trois composantes. Appelons x, y et z les axes correspondants aux trois composantes du spin, composantes que nous noterons elles-mêmes σ_x, σ_y et σ_z. Chacune de ces composantes ne peut prendre qu'une valeur parmi deux valeurs opposées. Nous noterons σ_i^+ et σ_i^- ces deux valeurs selon l'axe i considéré. Si l'une des deux particules issue de la désintégration d'un système physique a une composante de spin σ_i^+, l'autre particule doit avoir la composante de spin σ_i^-, et inversement.

Il se trouve qu'on ne peut mesurer simultanément les trois composantes du spin d'une particule. Dans notre description de l'argument EPR, nous présupposions en quelque sorte que les deux détecteurs mesuraient chacun une même composante de spin. Autrement dit, si le détecteur en B mesurait la composant σ_x de la particule 1, le détecteur en C mesurait la même composante de la particule 2.

Bell introduit une différence par rapport à l'argument EPR. Ce dernier posait une seule et même question aux deux particules. Bell, quant à lui, nous propose de voir ce qui arrive si nous leur posons des questions différentes. Ces questions portent sur les différentes composantes de spin que l'on peut mesurer. L'idée est alors que la statistique des mesures observées doit répondre à une certaine inégalité. Celle-ci est une conséquence des hypothèses de localité et des variables cachées. La mécanique quantique orthodoxe prédit que cette inégalité doit être violée.

Remplaçons donc nos détecteurs par d'autres pouvant être réglés de manière à mesurer chacune des trois composantes de spin. En d'autres termes, dans un premier réglage, un détecteur pourra mesurer σ_x, dans un deuxième σ_y et dans un troisième σ_z. Nous mesurons alors successivement un grand nombre de composantes de spin de couples de particules différentes émises à partir d'une même source située en un point A. L'idée est, d'une part,

---

1. Fr. Lurçat, *Niels Bohr et la physique quantique*, *op. cit.*, p. 205.

de modifier aléatoirement les réglages des deux détecteurs entre chaque mesure et, d'autre part, que les deux détecteurs soient réglés afin de toujours mesurer des composantes de spin différentes. Si nous mesurons pour un atome une composante de spin σ_x^+ et pour l'autre une composante σ_z^-, nous noterons le résultat $\sigma_x^+\sigma_z^-$. Le nombre de fois où un tel résultat est observé est noté $n\left[\sigma_x^+\sigma_z^-\right]$. Les inégalités de Bell établissent une relation entre ces différentes quantités. Celle-ci exprime une limite sur les degrés de corrélation observables lorsque l'on mesure les différentes composantes de spin des deux particules.

Établissons d'abord des inégalités pour une seule particule. Supposons, contrairement à ce que nous avons dit précédemment, que nous puissions mesurer simultanément plusieurs composantes de son spin. Soit $N\left(\sigma_x^+\sigma_y^-\right)$ le nombre de fois où on a mesuré des composantes de spin σ_x^+ et σ_y^- de cette particule. Si la troisième composante n'a pas été mesurée, elle doit toutefois avoir, selon la vision classique, une valeur déterminée : soit σ_z^+, soit σ_z^-. En toute logique, nous devrions avoir : $N\left(\sigma_x^+\sigma_y^-\right) = N\left(\sigma_x^+\sigma_y^-\sigma_z^+\right) + N\left(\sigma_x^+\sigma_y^-\sigma_z^-\right)$; toute particule qui est membre de l'ensemble caractérisé par $\sigma_x^+\sigma_y^-$ doit être membre de l'ensemble caractérisé par $\sigma_x^+\sigma_y^-\sigma_z^+$ ou membre de l'ensemble caractérisé par $\sigma_x^+\sigma_y^-\sigma_z^-$.

Si nous avons $N\left(\sigma_x^+\sigma_z^-\right) = N\left(\sigma_x^+\sigma_y^+\sigma_z^-\right) + N\left(\sigma_x^+\sigma_y^-\sigma_z^-\right)$, nous comprenons aisément que $N\left(\sigma_x^+\sigma_z^-\right) \geq N\left(\sigma_x^+\sigma_y^-\sigma_z^-\right)$. De manière similaire, on peut établir que $N\left(\sigma_y^-\sigma_z^+\right) \geq N\left(\sigma_x^+\sigma_y^-\sigma_z^-\right)$. Or du fait que :

$$N\left(\sigma_x^+\sigma_y^-\right) = N\left(\sigma_x^+\sigma_y^-\sigma_z^+\right) + N\left(\sigma_x^+\sigma_y^-\sigma_z^-\right),$$

il s'ensuit que :

$$N\left(\sigma_x^+\sigma_y^-\right) \leq N\left(\sigma_y^-\sigma_z^+\right) + N\left(\sigma_x^+\sigma_z^-\right).$$

Néanmoins, cette inégalité ne peut être vérifiée expérimentalement, puisqu'on ne peut mesurer simultanément deux composantes différentes de spin d'une même particule.

Envisageons à présent la deuxième étape du raisonnement de Bell. Si nous ne pouvons mesurer simultanément deux composantes de spin à la fois, nous pouvons en revanche mesurer des composantes de spin différentes sur des couples de particules corrélées. Du fait de cette corrélation, la mesure d'une composante de spin d'une des deux particules nous renseigne immédiatement sur la composante correspondante de spin de l'autre particule. Par exemple, si nous mesurons pour une particule une composante de spin σ_x^+ et simultanément pour l'autre particule une composante de spin σ_y^-, nous savons du fait de la corrélation négative que la première particule a également une composante de spin σ_y^+. Du fait que, dans la deuxième étape du raisonnement de Bell, nous envisageons une population de *couples* d'individus, ce qui nous intéresse, ce ne sont plus des nombres du type $N(\sigma_x^+\sigma_y^-)$, mais les nombres $n\left[\sigma_x^+\sigma_y^-\right]$ de couples de particules dont l'une a une composante de spin σ_x^+ et l'autre une composante de spin σ_y^-. Or nous pouvons établir que $n\left[\sigma_x^+\sigma_y^-\right]$ est proportionnel à $N(\sigma_x^+\sigma_y^-)$. Autrement dit, le nombre de couples de particules dont l'une a une composante de spin σ_x^+ et l'autre une composante de spin σ_y^- est proportionnel au nombre de particules individuelles qui ont des composantes de spin $\sigma_x^+\sigma_y^-$. De même, $n\left[\sigma_y^-\sigma_z^+\right] \propto N(\sigma_y^-\sigma_z^+)$ et $n\left[\sigma_x^+\sigma_z^-\right] \propto N(\sigma_x^+\sigma_z^-)$. De là découle l'*inégalité de Bell* proprement dite :

$$n\left[\sigma_x^+\sigma_y^-\right] \leq n\left[\sigma_y^-\sigma_z^+\right] + n\left[\sigma_x^+\sigma_z^-\right].$$

Cette inégalité n'est violée que si l'on constate un nombre anormalement élevé de couples de particules dont l'une a une composante de spin σ_x^+ et l'autre une composante de spin σ_y^-. D'un point de vue classique, une telle fluctuation devrait pouvoir être éliminée en augmentant le nombre de couples de particules observées. La mécanique quantique, quant à elle, prédit que l'inégalité de Bell reste violée, même lorsque l'on observe un plus grand nombre de couples de particules : il y a statistiquement plus de couples de particules $\sigma_x^+\sigma_y^-$ qu'il n'y a au total de couples de particules $\sigma_y^-\sigma_z^+$ et $\sigma_x^+\sigma_z^-$. Les prédictions de la mécanique quantique entrent donc en conflit avec celles des théories réalistes locales.

Encore fallait-il observer expérimentalement la violation des inégalités de Bell prédite par la mécanique quantique. Plusieurs expériences ont été réalisées en ce sens dès la fin des années 1960, mais les plus concluantes d'entre elles ont été menées par Alain Aspect et une équipe de chercheurs entre 1980 et 1982 à Orsay [1].

1. Pour plus de détails sur les expériences menées par Aspect, on pourra consulter : A. Aspect, St. Deligeorges et A. Castiel, « Au crible de l'expérience. *Une interview d'Alain Aspect* », dans St. Deligeorges (éd.), *Le monde quantique, op. cit.*, p. 129-139.

Les inégalités de Bell ne sont pas propres à la mécanique quantique. Elles ne s'y appliquent que moyennant deux hypothèses, qui sont en réalité celles sur lesquelles reposait déjà l'argument EPR :

a) L'hypothèse du *réalisme métaphysique* : il y a une réalité qui existe indépendamment de nos théories. Cette hypothèse était implicite dans le critère de réalité qui avait permis à Einstein, Podolsky et Rosen d'affirmer qu'il doit exister des variables cachées. Or c'est parce qu'il existe des variables cachées ajoutées à la formulation orthodoxe de la mécanique quantique que le comportement des spins de deux particules corrélées est déterminé avant toute mesure et que leur statistique doit répondre à l'inégalité de Bell.

b) L'hypothèse de *localité* : il n'y a pas d'influence qui se transmette de manière instantanée sur une certaine distance.

Nous pourrions ajouter une troisième hypothèse selon laquelle les prédictions de la mécanique quantique sont correctes, mais celles-ci ayant été parfaitement vérifiées à de nombreuses reprises, cette hypothèse semble difficilement contestable. Qu'en est-il alors des deux autres hypothèses? Celle du réalisme est rarement remise en cause, si bien que les physiciens penchent généralement en faveur du rejet de l'hypothèse de localité [1]. Ils admettent donc que l'influence d'une particule sur une autre se propage de manière instantanée. La violation de l'inégalité de Bell nous force plus particulièrement à rejeter toute théorie quantique à variables cachées locale. Il semble donc toujours possible de concevoir une théorie quantique à variables cachées non locale.

Il y a essentiellement deux manières de comprendre l'abandon de l'hypothèse de localité, selon que l'on se place du point de vue de la mécanique quantique orthodoxe ou d'une théorie quantique à variables cachées non locales [2]. Tout d'abord, en mécanique quantique orthodoxe, Bohr souligne que deux objets ayant interagi dans le passé – comme c'est le cas de nos deux particules avant qu'elles ne se dirigent dans des directions opposées suite à la désintégration du système physique dont elles faisaient partie – ne peuvent pas être considérés comme deux objets *séparés* ayant des propriétés

1. A. CASTIEL, « La vertu d'une inégalité », dans St. DELIGEORGES (éd.), *Le monde quantique*, *op. cit.*, p. 126.

2. H.P. ZWIRN, *Les limites de la connaissance*, *op. cit.*, p. 202-203.

distinctes, mais doivent être vus comme un tout indissociable [1]. En d'autres mots, les systèmes constitués de deux particules ayant interagi par le passé et qui sont maintenant séparées l'une de l'autre par une grande distance sont représentés par un vecteur d'état unique. L'état du système représenté par ce vecteur est un état intriqué, dont on peut montrer qu'il a la forme :

$$\frac{1}{\sqrt{2}}\left(|B_{+z}, C_{-z}\rangle - |B_{-z}, C_{+z}\rangle\right),$$

où $|B_{+z}\rangle$, par exemple, représente l'état de la particule arrivée en B qui correspond à une valeur + de son spin suivant l'axe $0z$. Les propriétés de cet état intriqué ne peuvent être réduites aux propriétés intrinsèques des sous-systèmes qui le composent. Il manifeste pour cette raison une certaine forme de « holisme ontologique ».

Du point de vue orthodoxe, nous pouvons dire, avec Schrödinger, que l'intrication constitue « *le* trait caractéristique de la mécanique quantique, celui qui impose son écart complet par rapport à ligne de pensée classique » [2]. Cette intrication ne disparaît que lors de la mesure. Ce n'est donc qu'une fois qu'une mesure a été effectuée sur le système total que, par réduction du paquet d'onde, les deux sous-systèmes peuvent avoir une existence indépendante et être considérés comme séparés. Sous cette forme, la non-localité de la mécanique quantique est appelée *non-séparabilité*.

Ensuite, du point de vue d'une théorie à variables cachées non locale – ce qu'est la théorie de Bohm –, deux particules peuvent bien être considérées comme deux systèmes séparés ayant chacun leurs propriétés. Seulement, ces propriétés ne sont pas indépendantes les unes des autres – elles peuvent s'influencer mutuellement. La non-localité revient alors simplement à dire que cette influence peut s'exercer à distance et de manière instantanée. Les deux particules, peu importe la distance qui les sépare, semblent rester « en communication » l'une avec l'autre, contrairement à ce qu'affirme la relativité restreinte.

1. Fr. LALOË, « La mécanique quantique. Une grande dame qui n'a pas changé ses principes depuis un demi-siècle », dans St. DELIGEORGES (éd.), *Le monde quantique, op. cit.*, p. 155.
2. E. SCHRÖDINGER, « Discussion of Probability Relations between Separated Systems », *Proceedings of the Cambridge Philosophical Society*, 31 (4), 1935, p. 555.

L'INTERPRÉTATION EN TERMES DE MONDES MULTIPLES

L'interprétation de Copenhague postule que si nous ne percevons jamais les objets quantiques dans des états superposés à notre échelle, c'est parce qu'il y a réduction des états superposés à un seul état chaque fois que l'on essaie de les observer. Ce processus n'est pas déterministe ; l'évolution imposée par l'équation de Schrödinger cesse au moment de la mesure pour laisser place au postulat de projection. De ce point de vue, la règle de réduction du paquet d'onde s'impose, en quelque sorte, de manière extérieure à la mécanique quantique, en précisant quand l'équation de Schrödinger cesse d'être valable, à savoir lors de la mesure. C'est une règle parfaitement *ad hoc* : elle suspend le jeu quantique, mais permet d'harmoniser les conséquences de la mécanique quantique avec notre expérience quotidienne. Hugh Everett III trouvait cette interprétation difficile à avaler. En 1957, il a ainsi proposé une interprétation alternative de la mécanique quantique dans laquelle seule l'équation de Schrödinger régit la dynamique des objets quantiques et où il n'y a donc aucune réduction du paquet d'onde[1]. Cette interprétation est déterministe, puisque l'équation de Schrödinger est déterministe et que l'élément non déterministe vient de la règle de projection.

Si nous nous débarrassons de cette règle, alors, après la mesure, nous devons continuer à avoir un état superposé. Considérons à nouveau le chat de Schrödinger. Une fois l'opération de mesure effectuée, le système composé de l'observateur qui a effectué la mesure, du chat et du poison est le suivant :

$$c_{des}|\chi_{mesmort}, \phi_{mort}, \psi_{des}\rangle + c_{non-des}|\chi_{mesvivant}\phi_{vivant}, \psi_{non-des}\rangle$$

où $|\chi_{mesmort}\rangle$ est l'état dans lequel l'observateur constate que le chat est mort et $|\chi_{mesvivant}\rangle$ est l'état dans lequel l'observateur constate que le chat est vivant. Autrement dit, après la mesure, nous avons un état superposé composé, d'une part, d'un état dans lequel le poison a été libéré et où l'observateur constate que le chat est mort et, d'autre part, d'un état dans lequel le poison n'a pas été libéré et où l'observateur constate que le chat est vivant. Dans cet état, le chat est à la fois mort et vivant et l'observateur dans un état où il constate que le chat est mort et où il constate qu'il est vivant.

---

1. *Cf.* H. EVERETT, « "Relative State" Formulation of Quantum Mechanics », dans B. DeWITT et N. GRAHAM (éd.), *The Many-Worlds Interpretation of Quantum Mechanics*, Princeton University Press, Princeton, 1973, p. 141-149.

Or il faut bien avouer que nous n'avons jamais observé de chat mort-vivant dans notre monde. Everett affirme alors que le vecteur d'état résultant, après la mesure, de la superposition de plusieurs autres vecteurs d'état – chacun correspondant à un état du système composé de l'observateur et du système quantique – ne décrit pas un seul état quantique dans un étrange état de superposition, mais bien plusieurs états existant simultanément. Le vecteur d'état superposé n'est qu'une « représentation » de ces différents états existant, eux, réellement.

Que se passe-t-il alors lors de la mesure ? Selon Everett :

> [...] avec chaque observation (ou interaction) réussie, l'état de l'observateur « se ramifie » [*branches*] en un nombre d'états différents. Chaque branche représente un résultat différent de la mesure et l'état propre *correspondant* de l'état [composite]. Toutes les branches existent simultanément après une quelconque suite d'observations [1].

Cette interprétation qu'Everett, appelait « théorie des états relatifs », est aujourd'hui plus connue sous le nom de « théorie des mondes multiples », parce que l'on a pris l'habitude de la formuler, à la suite de DeWitt[2], en termes de « mondes ». Dans cette formulation, l'interprétation d'Everett revient à dire que lors de la mesure le monde se scinde en autant de mondes qu'il y a de résultats de mesure possibles. Dans chacun de ces mondes, l'observateur existe dans un état différent. Le même observateur existe donc dans des états différents dans différents mondes. L'ensemble des mondes est généralement appelé l'« univers » ou « multivers ». C'est lui qui se ramifie en une multiplicité de mondes différents à chaque opération de mesure. Par exemple, il y aura un monde $|\omega_{vivant}\rangle$ dans lequel le chat est vivant et un monde $|\omega_{mort}\rangle$ dans lequel le chat est mort, de sorte que le système composé du chat, du poison, de l'observateur et du reste de l'univers après la mesure sera représenté par le vecteur d'état

$$c_{des}|\chi_{mesmort}, \phi_{mort}, \psi_{des}, \omega_{mort}\rangle + c_{non-des}|\chi_{mesvivant}\phi_{vivant}, \psi_{non-des}, \omega_{vivant}\rangle$$

Selon l'interprétation en termes de mondes multiples, après l'ouverture de la boîte, il n'y a pas un monde dans lequel le chat est à la fois mort et vivant,

---

1. H. EVERETT, « "Relative State" Formulation of Quantum Mechanics », art. cit., p. 146.
2. B. DeWitt, « Quantum Mechanics and Reality », dans B. DeWitt et N. Graham (éd.), *The Many-Worlds Interpretation of Quantum Mechanics*, op. cit., p. 155-165.

mais le monde dans lequel se trouvait le chat enfermé dans une boîte se scinde en deux au moment de l'ouverture de celle-ci : il y a désormais un monde dans lequel le chat est mort, parce que le poison y a été libéré, et un autre dans lequel il est vivant, parce que le poison n'y a pas été libéré. Il y a donc deux mondes, l'un aussi réel que l'autre. Mais alors pourquoi avons-nous l'impression de ne vivre que dans un seul monde ? Simplement parce que lorsque l'observateur vérifie l'état du chat, son propre état se dissocie en deux, chacun se superposant à l'un des états du chat. Il y a désormais deux observateurs, chacun vivant dans un monde séparé. L'observateur qui constate en ouvrant la boîte que le chat est vivant aura l'impression de vivre dans un monde unique, tout comme celui qui constate que le chat est mort.

L'interprétation en termes de mondes multiples a l'avantage de ne pas ajouter une règle externe à la mécanique quantique [1]. Néanmoins, plusieurs critiques ont été adressées à l'interprétation d'Everett. La plus évidente est qu'une telle interprétation ne peut être soumise à un test expérimental : tout observateur vivant dans un monde est coupé de ses doubles dans les autres mondes qui ont obtenus des résultats différents [2]. Tout comme l'interprétation de De Broglie et Bohm, elle est empiriquement équivalente à l'interprétation de Copenhague [3].

Ensuite, la théorie des mondes multiples a évidemment un *coût ontologique* important, puisqu'elle multiplie les mondes de manière astronomique [4] : il en existerait, depuis le Big Bang, au moins 10^{100}. Certains de ces mondes sont très proches du nôtre, tandis que d'autres en sont radicalement différents. Si l'on n'admet, en accord avec le principe du rasoir d'Ockham, qu'il ne faut pas multiplier des entités au-delà de ce qui est nécessaire, on peut sérieusement se poser la question de savoir si l'interprétation en termes

---

1. B. DeWitt, « Quantum Mechanics and Reality », art. cit., p. 160.
2. Ce qui distingue deux mondes, c'est le fait qu'il est extrêmement improbable qu'ils puissent à nouveau interagir. Pour quelle raison ? C'est ici qu'intervient la *théorie de la décohérence*, développée au cours des années 1990. Celle-ci part de l'idée qu'aucun système physique n'est totalement isolé de son environnement. Tout système physique réel interagit avec son environnement et la moindre perturbation est susceptible d'interrompre l'interférence entre deux états quantiques. Par exemple, la simple rencontre de notre félin avec une molécule d'air peut venir perturber son vecteur d'état et mettre un terme à l'interaction entre les deux états du chat. Cette théorie nous dit que lors d'une perturbation les deux états du chat cessent d'interférer l'un avec l'autre, mais elle ne nous dit pas lequel des deux nous observerons dans notre monde.
3. B. DeWitt, « Quantum Mechanics and Reality », art. cit., p. 164-165.
4. *Ibid.*, p. 161.

de mondes multiples est tout simplement acceptable. Face à cette critique, on pourra faire valoir que ce que cette interprétation perd ontologiquement, elle le gagne au niveau des lois : bien que coûteuse ontologiquement, elle est plus économique du point de vue des lois que les autres interprétations, puisqu'elle nous permet de nous dispenser du postulat de réduction du paquet d'ondes.

La critique la plus importante est plus technique et connue sous le nom de « problème de la base préférée ». Celle-ci revient à souligner qu'un état superposé peut bien décrire une multiplicité de mondes, les axiomes de la mécanique quantique ne nous en disent rien. Pour que l'interprétation d'Everett ait un peu plus de sens, il conviendrait donc de modifier le formalisme de la mécanique quantique pour y intégrer les mondes multiples. L'une des stratégies pour réaliser ce programme consiste à associer à chaque monde un élément particulier de la « base des mondes » $|\psi_i(t)\rangle$. Le vecteur $|\psi(t)\rangle$ représente alors l'état de l'univers et la proportion de mondes dans l'état $|\psi_i(t)\rangle$ à l'instant t est donnée [1] par $|\langle\psi(t)|\psi_i(t)\rangle|^2$.

Un dernier problème est celui du sens qu'il convient de donner aux probabilités dans l'interprétation en termes de mondes multiples. C'est un problème compliqué que nous n'aborderons pas ici.

PHYSIQUE CLASSIQUE ET MÉCANIQUE QUANTIQUE

La *physique classique* est la physique qui s'est développée entre la fin du XVIe siècle et la fin du XIXe siècle. Comprenant d'abord essentiellement la mécanique classique, elle s'est ensuite adjointe la thermodynamique et la théorie électromagnétique. À ses débuts, cette physique s'est en grande partie constituée contre la physique héritée d'Aristote. La méthode mathématico-expérimentale, dont elle s'est progressivement dotée, a pu faire croire un temps à l'inexpugnabilité de ses résultats. Plusieurs brèches se sont pourtant progressivement dessinées dans la forteresse classique. C'est dans ces brèches que se sont engouffrées la théorie de la relativité et la mécanique quantique. En nous obligeant à remplacer, ou du moins à revoir en profondeur, les concepts dont nous avons hérité de la physique classique, ces théories ont débouché sur une nouvelle physique : la *physique moderne*.

---

1. D. WALLACE, 2013, « The Everett Interpretation », dans R. BATTERMAN (éd.), 2013, *The Oxford Handbook of Philosophy of Physics*, Oxford University Press, Oxford, p. 467.

Selon Dirac [1], ce qui distinguerait la physique moderne de la physique classique serait le fait que dans la première, les perturbations introduites par l'observation ne seraient plus négligeables. Ce critère de démarcation aboutit à faire de la théorie de la relativité une théorie classique. Cette thèse, bien que très répandue, est discutable, dans la mesure où la relativité nous a conduit à réviser complètement notre conception classique de l'espace et du temps. Néanmoins, elle peut aussi être vue comme l'aboutissement de la physique classique, parce qu'elle a résolu plusieurs problèmes soulevés par la physique classique et parce qu'elle a fait de la gravitation un champ, poussant ainsi à son terme un processus, entamé au XIXᵉ siècle, visant à remplacer toutes les formes d'action à distance par des champs. La mécanique quantique constitue, elle, une rupture plus franche par rapport à la physique classique. Elle représente, à cet égard, l'exemple paradigmatique de la physique moderne.

L'émergence de cette dernière n'a pas laissé que des ruines derrière elle, en ce sens qu'elle n'a pas rendu complètement caduques les résultats engrangés durant la période classique. La rupture que la physique moderne a introduite par rapport à la vision du monde issue de la physique classique est de ce point de vue fondamentalement différente de la rupture introduite par cette dernière par rapport à la physique aristotélicienne. La description du mouvement donnée par Galilée et celle donnée par Aristote ne peuvent coexister ensemble, elles sont incompatibles, de sorte que la vérité de l'une implique la fausseté de l'autre. En revanche, la physique quantique ne dit pas que la physique issue des travaux des physiciens de l'époque moderne est périmée et bonne à jeter, mais plutôt que *sa portée est limitée*. Elle nous fournit des résultats tout à fait satisfaisants pour la plupart des phénomènes macroscopiques, par exemple lorsque nous devons calculer le trajet d'un boulet de canon ou d'une comète, mais dans le domaine microscopique, celui d'un électron ou d'un atome, elle ne nous est d'aucune utilité. C'est dans ce domaine qu'intervient la physique quantique, laquelle n'élimine pas la physique classique.

La situation est analogue à celle que nous avons rencontrée dans la théorie de la relativité restreinte : la mécanique classique peut être vue comme une « approximation » de la théorie de la relativité restreinte, dans la mesure où les équations de la première peuvent être déduites des équations de la

1. P. DIRAC, *The Principles of Quantum Mechanics, op. cit.*, p. 3-4.

seconde lorsque le rapport v/c tend vers 0. De ce point de vue, le quantum d'action h joue en mécanique quantique un rôle analogue à celui joué par c en relativité restreinte : lorsque le rapport de l'action [1] sur h tend vers 0, nous pouvons retrouver les équations de la mécanique classique à partir de celles de la mécanique quantique [2]. Plus précisément, lorsque le rapport de l'action sur h tend vers 0, l'équation de Schrödinger qui détermine la propagation de la fonction d'onde peut être remplacée par l'équation de Hamilton-Jacobi [3], rapprochement d'autant plus intéressant que cette équation est la seule équation mécanique à décrire le mouvement d'une particule en termes de propagation d'un front d'onde.

Kuhn soutenait que l'évolution de la science est constituée d'une série de paradigmes, séparés les uns des autres par des « révolutions scientifiques ». Cette dernière expression est censée souligner l'idée selon laquelle les paradigmes sont incommensurables, parce que les concepts qu'ils contiennent subiraient un changement radical lors du passage d'un paradigme à un autre. L'exemple privilégié par Kuhn était à cet égard celui de la mécanique classique et de la relativité restreinte, mais la situation pourrait sans heurt être transposée à la mécanique classique et à la mécanique quantique. Pourtant, le rapport d'approximation que nous venons d'établir entre la mécanique quantique et ces théories physiques classiques semble bien remettre en cause l'idée de Kuhn. Comment en effet la mécanique classique pourrait-elle être une approximation de la mécanique quantique, si l'une et l'autre n'avait absolument rien en commun [4] ? En physique, il semble ainsi que si les paradigmes classiques ont opéré une véritable rupture par rapport à ceux hérités de l'Antiquité et du Moyen Âge, le passage des paradigmes classiques aux paradigmes modernes s'est plutôt effectué au moyen d'*unifications* successives, les premiers apparaissant comme des limitations des seconds.

1. Rappelons que l'action est une grandeur physique qui a les dimensions d'une énergie multipliée par un temps.
2. Il faut avouer que la manière dont cette affirmation, souvent répétée, peut effectivement être mise en œuvre n'est pas tout à fait claire, contrairement à celle qui concerne la relativité restreinte.
3. *Cf.*, par exemple, D. Bohm, « A Suggested Interpretation of Quantum Theory in Terms of "Hidden" Variables. I », art. cit., p. 169-170.
4. En ce qui concerne, en particulier, le rapport de la mécanique classique à la relativité restreinte, Kuhn répond que les lois auxquelles on aboutit lorsque le rapport v/c tend vers 0 ne sont plus les lois de Newton, mais ces lois réinterprétées au sein du paradigme relativiste (*cf.* Th.S. Kuhn, *La structure des révolutions scientifiques, op. cit.*, p. 145-146).

Disons pour conclure que la révolution introduite par la physique moderne fut avant tout *conceptuelle*. Elle nous a obligé à revoir nos concepts d'espace, de temps, de causalité, de position, et tant d'autres encore. Mais d'un point de vue *méthodologique*, c'est plutôt la continuité qui a prévalu. La physique moderne n'a pas cessé d'être intrinsèquement mathématique. Bien au contraire. On pourrait même dire qu'elle a accentué cette caractéristique. Elle n'a pas non plus cessé d'être expérimentale. L'expérience d'Aspect en est une illustration parmi d'autres. De même, le recours aux expériences de pensée a continué d'y jouer un rôle prépondérant dans la discussion et l'établissement des principes.

*

* *

La théorie de la relativité et la mécanique quantique constituent les deux piliers de la physique moderne. Elles ont initialement été élaborées de manière relativement indépendante l'une de l'autre. Par exemple, Schrödinger avait délibérément mis toute considération relativiste de côté pour élaborer sa célèbre équation. Les deux théories physiques ne sont pas pour autant longtemps restées étrangères l'une à l'autre. Dirac, en particulier, produisit en 1928 une *théorie relativiste de l'électron*, qui incorporait les principes de la relativité restreinte dans un modèle quantique [1]. Elle permit la découverte théorique de l'antiparticule de l'électron : le positron [2]. Son existence fut ensuite confirmée expérimentalement par Carl David Anderson [3].

En ce qui concerne l'unification de la mécanique quantique et de la théorie de la relativité générale, les choses furent en revanche beaucoup plus difficiles et le sont restées. On reconnaît de nos jours quatre interactions fondamentales : gravitationnelle, électromagnétique, nucléaire forte et

1. *Cf.* P. DIRAC, « L'équation relativiste de l'électron », trad. B. Escoubès dans Br. ESCOUBÈS et J. LEITE LOPES (éd.), *Sources et évolution de la physique quantique, op. cit.*, p. 194-208.

2. Les antiparticules qui composent l'antimatière ont la même masse et le même spin que les particules ordinaires, mais une charge opposée. Par exemple, le positron est une antiparticule qui a la même masse et le même spin que l'électron, mais une charge élémentaire positive. La fonction d'onde décrivant le comportement du positron est l'une des solutions possibles, avec celle décrivant le comportement de l'électron, de l'équation de Dirac.

3. En observant des photographies de chambres à bulle traversées par des rayons cosmiques et soumises à un champ magnétique, Anderson observa de nombreux électrons, mais également des particules de même masse qui laissaient une trace se recourbant en un sens contraire aux électrons ; des électrons de masse opposée.

nucléaire faible. Nous avons amplement eu l'occasion de discuter des deux premières. L'interaction nucléaire forte est celle qui est responsable de la cohésion des noyaux atomiques. Quant à l'interaction nucléaire faible, c'est elle qui est responsable de la radioactivité β, dans laquelle un neutron se désintègre pour produire un électron et un antineutrino. Les interactions électromagnétique, nucléaire forte et nucléaire faible relèvent de la *théorie quantique des champs* [1], c'est-à-dire, comme son nom l'indique, d'une théorie quantique. On a pu montrer que ces interactions, bien que très différentes, pouvaient être vues comme une seule et même interaction lorsque l'énergie est suffisamment importante [2]. La théorie quantique des champs, en intégrant certains résultats relativistes en mécanique quantique, laisse ainsi entrevoir une synthèse possible des particules et des champs au sein des champs quantiques, éléments supposés fondamentaux de la réalité. Cependant, la gravitation a toujours résisté à la quantification. Il faut dire qu'elle déploie ses effets essentiellement là où la masse est très importante ; autrement dit là où les effets quantiques ne jouent généralement aucun rôle. Or il existe des lieux où un traitement quantique et relativiste général conjoint semble nécessaire, parce que les dimensions y sont à la fois très petites et la masse très concentrée : les trous noirs et le Big Bang. L'obtention d'une théorie unique capable d'expliquer à la fois les phénomènes quantiques et gravitationnels n'est donc pas accessoire si nous voulons pouvoir expliquer certains des phénomènes physiques les plus impressionnants que l'humanité ait rencontrés jusqu'à présent. La recherche d'une telle théorie constitue le Graal de physique contemporaine, un aboutissement dont l'obtention remettra certainement une fois de plus notre compréhension de la nature en jeu.

---

1. La théorie quantique des champs essaie de décrire les interactions entre particules (électrons, protons, photons, etc.) dans le domaine relativiste. Elle est née dans la deuxième moitié des années 1920. Sur celle-ci, nous renvoyons à P. TELLER, *An Interpretative Introduction to Quantum Field Theory*, Princeton University Press, Princeton, 1995.
2. Pour une discussion de l'unification de l'interaction électromagnétique et nucléaire faible, *cf.* M. MORRISON, *Unifying Scientific Theories, op. cit.*, chap. 4.

LE PENDULE SIMPLE ET L'ESPACE DES PHASES

Soit un pendule de longueur l et de masse m, supposé sans frottement :

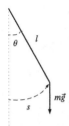

s est la longueur d'arc de cercle parcourue par le pendule lorsqu'il est éloigné d'un angle θ par rapport à sa position initiale. Nous choisissons θ comme coordonnée généralisée de position : $q = \theta$. Le système a un seul degré de liberté.

L'équation différentielle du mouvement du pendule est donnée par :

$$mg\sin\theta = -ml\ddot{\theta}.$$

Pour de petits angles θ, on a $\sin\theta \approx \theta$, de sorte que l'équation du mouvement peut se réduire à :

$$\ddot{\theta} + \frac{g}{l}\theta = 0.$$

La solution de cette équation nous est donnée par :

$$\theta(t) = \theta_0 \cos\left(\sqrt{\frac{g}{l}}t\right),$$

pour $\theta(t_0) = \theta_0$ et $\dot{\theta}(t_0) = \dot{\theta}_0 = 0\,\mathrm{s}^{-1}$.

Considérons donc un pendule lâché d'un angle initial θ_0 faible et avec une vitesse initiale $\dot{\theta}_0$ nulle (et donc également une quantité de mouvement nulle).

Le pendule commence par descendre (θ diminue), puis atteint la position verticale ($\theta = 0°$) et enfin remonte de l'autre côté jusqu'à atteindre avec une vitesse nulle la position opposée à celle dont il est parti ($-\theta_0$). Entre ses deux positions extrêmes, la vitesse du pendule augmente, atteint un maximum lorsque le pendule est à la verticale, puis diminue. Une fois le pendule en $-\theta_0$, il repart en sens inverse vers la position θ_0 et sa vitesse varie de manière inverse à la manière dont elle avait varié à l'aller. Le mouvement du pendule est donc périodique et la trajectoire dans l'espace des phases est une ellipse [1].

Autrement dit, nous avons dans l'espace des phases la figure suivante :

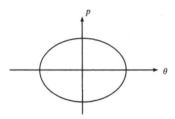

Si nous lâchons le pendule avec un angle initial inférieur à θ_0, sa trajectoire dans l'espace des phases dessinera une ellipse intérieure à la précédente et si l'angle initial est supérieur à θ_0, il s'agira d'une ellipse qui l'englobe.

Lorsque l'angle θ_0 d'où est lâché le pendule devient trop important, l'approximation des petits angles n'est plus valable et on se retrouve avec l'équation différentielle d'origine. Le problème est que celle-ci est difficile à résoudre. L'idée est alors d'utiliser la conservation de l'énergie pour calculer les trajectoires dans l'espace des phases sans en passer par l'intégration. En effet, l'énergie est une quantité qui est conservée au cours du mouvement. Par conséquent, chaque trajectoire dans l'espace des phases correspond à une valeur déterminée de l'énergie qui reste constante au cours de cette trajectoire.

L'énergie cinétique du pendule est donnée par :

$$T = \frac{1}{2}m\dot{s}^2.$$

1. Puisque l'équation du pendule pour de petits angles est donnée par : $\theta(t) = \theta_0 \cos\left(\sqrt{g/l}\,t\right)$, nous avons pour la vitesse angulaire : $\dot{\theta} = -\theta_0 \sqrt{g/l}\sin\left(\sqrt{g/l}\,t\right)$. Ces deux équations dessinent bien une ellipse dans le plan $(\theta, \dot{\theta})$.

Or, puisque $s = l\theta$, nous avons :

$$T = \frac{1}{2}ml^2\dot{\theta}^2.$$

Une force de gravitation mg agit verticalement sur le pendule. Sa projection sur la tangente à l'arc de cercle s vaut : $-mg\sin\theta$. La force de gravitation étant conservative, elle dérive d'un potentiel V, qui nous est donné par :

$$V = -mgl\cos\theta.$$

Le lagrangien L étant égal à $T - V$, nous pouvons l'écrire :

$$L = \frac{1}{2}ml^2\dot{\theta}^2 + mgl\cos\theta.$$

La quantité de mouvement p conjuguée à q vaut alors :

$$p = \frac{\partial L}{\partial \dot{q}}$$

$$= ml^2\dot{\theta}.$$

Le hamiltonien H est donné par $T + V$, c'est-à-dire $p\dot{\theta} - L$:

$$H = \frac{1}{2}ml^2\dot{\theta}^2 - mgl\cos\theta$$

$$= \frac{p^2}{2ml^2} - mgl\cos\theta.$$

Notons au passage que les équations de Hamilton nous sont données par :

$$\frac{\partial H}{\partial p} = \frac{p}{ml^2}$$

$$\frac{\partial H}{\partial q} = -mgl\sin\theta.$$

Le hamiltonien ne dépendant pas du temps, l'énergie E reste constante au cours d'un mouvement (conservation de l'énergie).

Les différentes trajectoires dans l'espace des phases (θ, p) correspondent aux différentes équations :

$$\frac{1}{2}ml^2\dot{\theta}^2 - mgl\cos\theta = E,$$

obtenues pour différentes valeurs de E. Ce qui peut aussi s'écrire :

$$\frac{p^2}{2ml^2} - mgl\cos\theta = E.$$

L'ensemble des trajectoires du pendule dans l'espace des phases que l'on peut déduire de cette équation nous est alors donné par le graphique suivant :

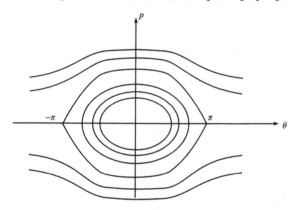

C'est ce qu'on appelle un « portrait de phase ».

Les lignes ondulées au-dessus et en-dessous des courbes fermées représentent les mouvements du pendule dans lesquels celui-ci est animé d'une vitesse initiale non nulle suffisante pour qu'il se mette à tourner autour de son axe. La courbe qui passe par les angles π et $-\pi$ correspond à la situation où le pendule est lâché à la verticale avec une vitesse non nulle et est donc capable de faire un tour complet autour de son axe.

L'étude des trajectoires dans l'espace des phases nous permet ainsi d'obtenir des informations sur le comportement du pendule sans avoir à résoudre complètement l'équation de son mouvement.

L'EXPÉRIENCE DE MICHELSON ET MORLEY

Nous allons ici calculer la différence de temps de parcours de la lumière entre son trajet dans le sens du vent d'éther et perpendiculairement au vent d'éther. Pour rappel, voici le schéma de l'expérience.

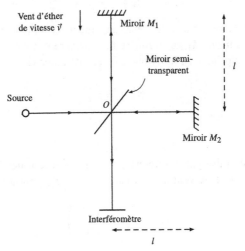

Le temps mis par la lumière pour aller de la source au miroir semi-transparent, d'une part, et celui mis pas la lumière pour aller du miroir semi-transparent à l'interféromètre, d'autre part, étant la même dans le trajet parallèle et dans le trajet perpendiculaire à la direction du vent d'éther, nous ne devons pas les prendre en compte (seules les différences de temps entrent en compte dans la création d'une figure d'interférence). Commençons par calculer le temps $t_{/\!/}$ correspondant au trajet de la lumière dans la direction parallèle au vent d'éther. Il s'agit du temps mis par la lumière pour aller du miroir semi-transparent vers le miroir M_1, puis pour retourner de ce miroir au miroir semi-transparent. Soit t_1 le temps mis par la lumière pour aller du miroir semi-transparent au miroir M_1. Quelle est la distance qu'elle parcourt durant ce temps ? Il s'agit à l'évidence de ct_1. Nous pouvons aussi exprimer cette distance en fonction de la distance l qui sépare le miroir semi-transparent du miroir M_1. Durant la première phase de son mouvement parallèle, la lumière va dans le sens opposé au vent d'éther. Elle parcourt donc une distance $l - vt_1$, vt_1 étant la distance qu'aurait parcourue la Terre durant le temps t_1. Nous avons donc :

$$ct_1 = l - vt_1,$$

c'est-à-dire :

$$t_1 = \frac{l}{c + v}.$$

Durant la deuxième phase de son mouvement, la lumière met un temps t_1' pour aller du miroir M_1 au miroir semi-transparent. Elle parcourt donc une distance ct_1'. Exprimée en fonction de l, cette distance vaut $l + vt_1'$. Nous avons donc :

$$ct_1' = l + vt_1',$$

c'est-à-dire :

$$t_1 = \frac{l}{c - v}.$$

La durée totale mise par la lumière pour parcourir le trajet dont la direction est parallèle à celle du vent d'éther vaut $t_{/\!/} = t_1 + t_1'$, c'est-à-dire :

$$t_{/\!/} = \frac{2l}{c}\left(\frac{1}{1 - (v/c)^2}\right).$$

Calculons à présent le temps $t_\perp$ mis par la lumière pour effectuer le trajet dont la direction est perpendiculaire à celle du vent d'éther. Il s'agit de l'aller-retour effectué par la lumière entre le miroir semi-transparent et le miroir M_2. La situation géométrique est cette fois un peu plus complexe dans la mesure où le miroir M_2 se déplace perpendiculairement à la lumière durant sa propagation. Si nous notons t_2 le temps mis par la lumière pour aller du miroir semi-transparent au miroir M_2 et t_2' le temps mis par la lumière pour aller du miroir M_2 au miroir semi-transparent, la situation peut être représentée de la manière suivante :

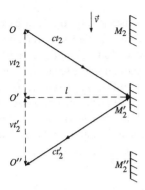

Comme nous le voyons, dans la première partie du mouvement nous avons, en vertu du théorème de Pythagore :

$$c^2 t_2^2 = l^2 + v^2 t_2^2,$$

et donc :

$$t_2 = \frac{l}{c \sqrt{1 - (v/c)^2}}.$$

À l'évidence $t_2 = t_2'$. Dès lors, le temps total $t_\perp$ mis par la lumière pour effectuer le trajet perpendiculaire à la direction du vent d'éther vaut :

$$t_\perp = \frac{2l}{c \sqrt{1 - (v/c)^2}}.$$

Nous pouvons ainsi calculer la différence de temps mis par lumière pour effectuer ses deux trajets dans l'interféromètre :

$$t_\parallel - t_\perp = \frac{2l}{c} \left(\frac{1}{1 - (v/c)^2} - \frac{1}{\sqrt{1 - (v/c)^2}} \right).$$

Si cette différence de temps est non nulle, des franges d'interférence devraient apparaître sur l'écran de l'interféromètre. Comme nous l'avons expliqué, ce ne fut pas le cas, ce qui impliquait que la vitesse v devait être nulle, et donc qu'il n'y avait pas de vent d'éther.

Dans cette explication, nous nous sommes placés du point de vue d'un référentiel attaché à l'éther. Dans ce cas de figure, la lumière se déplace à la vitesse c et ce sont les distances qu'elle doit parcourir qui sont modifiées par le mouvement de la Terre à la vitesse v. Il était néanmoins possible de se positionner du point de vue d'un référentiel attaché à la Terre. Dans ce cas, les distances parcourues par la lumière seraient restées les mêmes et la vitesse de la lumière aurait été modifiée. Par exemple, dans la direction parallèle à $\vec{v}$, un observateur attaché à l'interféromètre aurait vu la lumière se déplacer avec une vitesse $c - v$ à l'aller et une vitesse $c + v$ au retour, tandis que dans la direction perpendiculaire à $\vec{v}$ il aurait vu la lumière se déplacer à la vitesse $\sqrt{c^2 - v^2}$, que ce soit à l'aller ou au retour.

BIBLIOGRAPHIE

ALBERT D.Z., *Quantum Mechanics and Experience*, Harvard University Press, Cambridge (Mass.), 1992.

ALEXANDER A., « Images de mathématiques », trad. A. Raj dans PESTRE D. (éd.), *Histoire des sciences et des savoirs*, Seuil, Paris, 2015, tome 2, p. 203-221.

AMPÈRE A.-M., *Exposé des nouvelles découvertes sur l'électricité et le magnétisme*, Méquignon-Marvis, Paris, 1822.

– *Essai sur la philosophie des sciences*, Bachelier, Paris, 1834.

ARAGO Fr., « Mémoire sur la vitesse de la lumière, lu à la première Classe de l'Institut, le 10 décembre 1810 », *Comptes-rendus de l'Académie des sciences*, 36, 1853, p. 38-49.

ARCHIMÈDE, *De l'équilibre des figures planes*, trad. Ch. Mugler dans *Tome II : Des spirales. De l'équilibre des figures planes. L'arénaire. Le quadrature de la parabole*, Les belles lettres, Paris, 1971, p. 80-125.

– *Arénaire*, trad. Ch. Mugler dans ARCHIMÈDE, *Tome II, op. cit.*, p. 134-157.

ARISTOTE, *Métaphysique*, 2 vol., trad. J. Tricot, Vrin, Paris, 1991.

– *De l'âme*, trad. R. Bodéüs, Flammarion, Paris, 1993.

– *Organon IV : Seconds analytiques*, trad. J. Tricot, Vrin, Paris, 1995.

– *Organon I : Catégories*, trad. J. Tricot, Vrin, Paris, 1997.

– *Organon V : Topiques*, trad. J. Tricot, Vrin, Paris, 2004.

– *Traité du ciel*, trad. P. Pellegrin, Flammarion, Paris, 2004.

– *Physique*, trad. A. Stevens, Vrin, Paris, 2012.

ASPECT A., DELIGEORGES St. et CASTIEL A., « Au crible de l'expérience. Une interview d'Alain Aspect », dans DELIGEORGES St. (éd.), *Le monde quantique*, Seuil, Paris, 1984, p. 129-139.

ATKINS P.W., *Chaleur et désordre. Le deuxième principe de la thermodynamique*, trad. F. Gallet, Belin, Paris, 1987.

ATTEN M. et PESTRE D., *Heinrich Hertz. L'administration de la preuve*, PUF, Paris, 2002.

BACHELARD G., *L'activité rationaliste de la physique contemporaine*, PUF, Paris, 1951.

BACHELARD S., *La conscience de rationalité. Études phénoménologiques sur la physique mathématique*, Presses Universitaires de France, Paris, 1958.

BACON Fr., *Novum organum*, trad. M. Malherbe et J.-M. Pousseur, 2ᵉ éd., PUF, Paris, 2001 (1986).

BAGGOTT J., *Beyond Measure. Modern Physics, Philosophy and the Meaning of Quantum Mechanics*, Oxford University Press, Oxford, 2004.

BALIBAR Fr., *Einstein 1905. De l'éther aux quanta*, PUF, Paris, 1992.

– « Champ », dans LECOURT D. (éd.), *Dictionnaire d'histoire et philosophie des sciences*, 4ᵉ éd., PUF, Paris, 2006 (1999), p. 192-196.

– « Observable », dans LECOURT D. (éd.), *Dictionnaire d'histoire et philosophie des sciences*, 4ᵉ éd., PUF, Paris, 2006 (1999), p. 827-830.

– *Galilée, Newton lus par Einstein. Espace et relativité*, PUF, Paris, 2007 (1984).

– « Substance et matière », dans BALIBAR Fr., LÉVY-LEBLOND J.-M. et LEHOUCQ R., *Qu'est-ce que la matière ?*, Le pommier, Paris, 2014, p. 13-61.

– « L'observation, de la physique classique à la physique quantique », dans CHEMLA K., COUDREAU Th. et LEO G. (éd.), *Observation. Pratique et enjeux*, Omniscience, Paris, 2015, p. 173-192.

— et TONCELLI R., *Einstein, Newton, Poincaré. Une histoire de principes*, Belin, Paris, 2008.

BARBEROUSSE A. (éd.), *L'expérience*, Flammarion, Paris, 1997.

– *La physique face à la probabilité*, Vrin, Paris, 2000.

– *La mécanique statistique. De Clausius à Gibbs*, Belin, Paris, 2002.

– « Philosophie de la physique », dans BARBEROUSSE A., BONNAY D. et COZIC M. (éd.), *Précis de philosophie des sciences*, Vuibert, Paris, 2011, p. 350-377.

BARBEROUSSE A. et LUDWIG P., « Les modèles comme fictions », *Philosophie*, 68, 2000, p. 16-43.

BARTHÉLÉMY G., *Newton mécanicien du cosmos*, Vrin, Paris, 1992.

BELAVAL Y., *Leibniz critique de Descartes*, Gallimard, Paris, 1960.

BELHOSTE Br., *Histoire de la science moderne. De la Renaissance aux Lumières*, Armand Colin, Paris, 2016.

BELL J.St., « On the Einstein-Podolsky-Rosen Paradox », dans BELL J.St., *Speakable and Unspeakable in Quantum Mechanics*, Cambridge University Press, Cambridge, 1989 (1987), p. 14-21.

BENSAUDE-VINCENT B. et STENGERS I., *Histoire de la chimie*, La découverte, Paris, 2001 (1992).

BERKELEY G., *Du mouvement*, trad. D. Berlioz-Letellier et M. Beyssade dans *Œuvres*, PUF, Paris, 1987, vol. II, p. 155-181.

BERNARD Cl., *Introduction à l'étude de la médecine expérimentale*, Flammarion, Paris, 2008.

BERNOULLI D., *Hydrodynamica, sive de Viribus et motibus fluidorum commentarii*, Sumptibus J.R. Dulsecker, Strasbourg, 1738.

BIAGIOLI M., « Galilée bricoleur », trad. A. Filliat, *Actes de la recherche en sciences sociales*, 94, 1992, p. 85-105.

BLACK J., *Lectures on the Elements of Chemistry Delivered in the University of Edimburgh*, 2 vol., éd. J. Robinson, Mathew Carey, Philadelphie, 1803.

BLAY M., *Les raisons de l'infini. Du monde clos à l'univers mathématique*, Gallimard, Paris, 1993.

– *Lumières sur les couleurs. Le regard du physicien*, Ellipses, Paris, 2001.

– *La science du mouvement. De Galilée à Lagrange*, Belin, Paris, 2002.

BLOCH O.R., *La philosophie de Gassendi. Nominalisme, matérialisme et métaphysique*, Nijhoff, La Haye, 1971.

BLUMENTHAL O., « Lebensgeschichte », dans HILBERT D., *Gesammelte Abhandlungen*, 2ᵉ éd., Springer, Berlin, 1970, vol. III, p. 388-429.

BOHM D., « A Suggested Interpretation of Quantum Theory in Terms of "Hidden" Variables. I », *Physical Review*, 85 (2), 1952, p. 166-179.

– *Quantum Theory*, Dover, Mineola, 1989 (1951).

BOHR N., « On the Constitution of Atoms and Molecules », *Philosophical Magazine*, 26 (1), 1913, p. 1-24.

– *La théorie atomique et la description des phénomènes. Quatre articles précédés d'une introduction*, trad. A. Legros et L. Rosenfeld, Gauthier-Villars, Paris, 1993.

BORN M., « Sur la mécanique quantique des collisions », trad. G. Frick dans ESCOUBÈS Br. et LEITE LOPES J. (éd.), *Sources et évolution de la physique quantique. Textes fondateurs*, EDP sciences, Les Ulis, 2005, p. 129-132.

BOSCOVICH R.J., *A Theory of Natural Philosophy*, Open Court, Chicago et Londres, 1922.

BOUTOT A., « Mathématiques et ontologie : les symétries en physique. Les implications épistémologiques du théorème de Noether et des théories de jauge », *Revue philosophique de la France et de l'étranger*, 180, 1990, p. 481-519.

– *L'invention des formes*, Odile Jacob, Paris, 1993.

Boyd R., « What Realism Implies and What It Does Not », *Dialectica*, 43 (1-2), 1989, p. 5-29.

Boyle R., « The Excellency and Grounds of the Corpuscular or Mechanical Philosophy », dans *The Works*, éd. Th. Birch, Olms, Hildesheim, 1966, vol. IV, p. 67-78.

– *A Free Inquiry into the Vulgarly Received Notion of Nature Made in an Essay Addressed to a Friend*, dans *The Works*, *op. cit.*, vol. V, p. 158-254.

Brenner A., *Duhem. Science, réalité et apparence*, Vrin, Paris, 1990.

Bruno G., *Le banquet des cendres*, trad. Y. Hersant, L'éclat, Paris, 2006.

Bunge M., *Philosophie de la physique*, Seuil, Paris, 1975.

Bureau international des poids et mesures, *Le système international d'unités (SI)*, 9ᵉ éd., 2019.

Carnot S., « Réflexions sur la puissance motrice du feu et sur les machines propres à développer cette puissance », *Annales scientifiques de l'E.N.S.*, 2ᵉ série, 1872, tome 1, pp. 393-457.

Carroll J.W., *Laws of Nature*, Cambridge University Press, Cambridge, 1994.

Cartwright N., « Les lois de la physique énoncent-elles des faits ? », trad. D. Bonnay dans Laugier S. et Wagner P. (éd.), *Philosophie des sciences – II. Naturalismes et réalismes*, Vrin, Paris, 2004, p. 203-237.

Cassidy D., Holton G. et Rutherford J., *Understanding Physics. Student Guide*, Springer, New York, 2002.

Cassirer E., *Determinism and Indeterminism in Modern Physics. Historical and Systematic Studies of the Problem of Causality*, trad. O.Th. Benfey, Yale University Press, New Haven, 1956.

– *Substance et fonction. Éléments pour une théorie du concept*, trad. P. Caussat, Les éditions de Minuit, Paris, 1977.

– *Individu et cosmos dans la philosophie de la renaissance*, trad. P. Quillet, Les éditions de Minuit, Paris, 1983.

– *Le problème de la connaissance dans la philosophie et la science des temps modernes. IV. De la mort de Hegel aux temps présents*, trad. J. Carro *et al.*, Cerf, Paris, 1995.

– *La théorie de la relativité d'Einstein. Éléments pour une théorie de la connaissance*, trad. J. Seidengart, Cerf, Paris, 2000.

– *Le problème de la connaissance dans la philosophie et la science des temps modernes. I. De Nicolas de Cues à Bayle*, trad. R. Fréreux, Cerf, Paris, 2004.

CASTIEL A., « La vertu d'une inégalité », dans DELIGEORGES St. (éd.), *Le monde quantique*, Seuil, Paris, 1984, p. 121-127.

CAUCHY A.L., *Résumé des leçons données à l'École royale polytechnique sur le calcul infinitésimal*, Imprimerie royale, Paris, 1823.

CHABERT J.-L. et DAHAN DALMEDICO A., « Les idées nouvelles de Poincaré », dans DAHAN DALMEDICO A. *et al.* (éd.), *Chaos et déterminisme*, Seuil, Paris, 1992, p. 274-305.

CHAPPERT A., *L'édification au XIXᵉ siècle d'une science du phénomène lumineux*, Vrin, Paris, 2004.

CLAIRAUT A.-Cl., « De l'aberration apparente des étoiles causée par le mouvement progressif de la lumière », *Histoire de l'Académie royale des sciences, Année 1737*, 1740, p. 204-227.

– « Sur les explications cartésienne et newtonienne de la réfraction de la lumière », *Histoire de l'Académie royale des sciences, Année 1739*, 1741, p. 259-275.

CLARKE S., « Mi-avril 1716. Troisième réponse », dans ROBINET A. (éd.), *Correspondance Leibniz-Clarke, présentée d'après les manuscrits originaux des bibliothèques de Hanovre et de Londres*, PUF, Paris, 1957, p. 68-72.

CLAUSIUS R., *Théorie mécanique de la chaleur*, 2 tomes, trad. F. Folie, E. Lacroix, Paris, 1868-1869.

CLAVELIN M., *La philosophie naturelle de Galilée*, Albin Michel, Paris, 1996 (1968).

– *Galilée copernicien. Le premier combat (1610-1616)*, Albin Michel, Paris, 2004.

– *Galilée, cosmologie et science du mouvement. Suivi de Regards sur l'empirisme au XXᵉ siècle*, CNRS éditions, Paris, 2016.

COHEN I.B., *Les Origines de la physique moderne. De Copernic à Newton*, trad. J. Métadier, Payot, Paris, 1960.

– *The Newtonian Revolution*, Cambridge University Press, Cambridge, 1980.

COHEN-TANNOUDJI G., *Les constantes universelles*, Hachette, Paris, 1998.

— et SPIRO M., *La matière-espace-temps*, Gallimard, Paris, 1990 (1986).

COMTE A., *Cours de philosophie positive*, Bachelier, Paris, 1830, tome 1.

– *Discours sur l'esprit positif*, Vrin, Paris, 1995.

COOPERSMITH J., *The Lazy Universe. An Introduction to the Principle of Least Action*, Oxford University Press, Oxford, 2017.

COPERNIC N., *Des révolutions des orbes célestes (Livre I)*, trad. A. Koyré et J.-J. Szczeciniarz dans HAWKING St. (éd.), *Sur les épaules des géants*, Dunod, Paris, 2014, p. 11-72.

CORIOLIS G.-G. de, *Du calcul de l'effet des machines*, Carilian-Goeury, Paris, 1829.

CORREIA F. et SCHNIEDER B. (éd.), *Metaphysical Grounding. Understanding the Structure of Reality*, Cambridge University Press, Cambridge, 2012.

CROWE M.J., *A History of Vector Analysis. The Evolution of the Idea of a Vectorial System*, Dover, New York, 1994.

CRUBELLIER M. et PELLEGRIN P., *Aristote. Le philosophe et les savoirs*, Seuil, Paris, 2002.

CUSHING J.T., *Philosophical Concepts in Physics*, Cambridge University Press, Cambridge, 2003 (1998).

DAHAN DALMEDICO A., « Le déterminisme de Pierre-Simon Laplace et le déterminisme aujourd'hui », dans DAHAN DALMEDICO A. *et al.* (éd.), *Chaos et déterminisme*, Seuil, Paris, 1992, p. 371-406.

D'ALEMBERT J.L.R., *Traité de l'équilibre et du mouvement des fluides*, David, Paris, 1744.

– « Expérimental », dans DIDEROT D. et D'ALEMBERT J.L.R. (éd.), *Encyclopédie ou dictionnaire raisonné des arts et des sciences*, Samuel Fauche, Neuchâtel, 1785, tome 6, p. 298-301.

– « Infiniment petit », dans DIDEROT D. et D'ALEMBERT J.L.R. (éd.), *Encyclopédie, op. cit.*, tome 8, p. 703-704.

– « Méchanique », dans DIDEROT D. et D'ALEMBERT J.L.R. (éd.), *Encyclopédie, op. cit.*, tome 10, p. 224-226.

– *Traité de dynamique*, Jacques Gabay, Paris, 1990.

DEAR P., *Discipline and Experience : The Mathematical Way in the Scientific Revolution*, University of Chicago Press, Chicago, 1995.

– « The Meaning of Experience ». dans PARK K. et DASTON L. (éd.), *The Cambridge History of Science. Volume 3 : Early Modern Science*, Cambridge University Press, Cambridge, 2006, p. 106-131.

– « Cultures expérimentales », trad. A. Muller dans PESTRE D. (éd.), 2015, *Histoire des sciences et des savoirs*, Seuil, Paris, 2015, tome 1, p. 67-85.

DE BROGLIE L., « Recherches sur la théorie des quanta », *Annales de physique*, 10 (3), 1925, p. 22-128.

– *La physique nouvelle et les quantas*, Flammarion, Paris, 1937.

– *Ondes, corpuscules, mécanique ondulatoire*, Albin Michel, Paris, 1945.

DEBUS A.G., *Man and Nature in the Renaissance*, Cambridge University Press, Cambridge, 1978.

DE BUZON V. et CARRAUD V., *Descartes et les « Principia » II. Corps et mouvement*, PUF, Paris, 1994.

DEDEKIND R., « Que sont et à quoi servent les nombres ? », dans *La création des nombres*, trad. H.B. Sinaceur, Vrin, Paris, 2008, p. 133-151.

DE GANDT Fr., « Mathématiques et réalité physique au xviie siècle (de la vitesse de Galilée aux fluxions de Newton) », dans APÉRY R. *et al.*, *Penser les mathématiques*, Seuil, Paris, 1982, p. 167-194.

DELCOMMINETTE S., *Aristote et la nécessité*, Vrin, Paris, 2018.

DESCARTES R., « Lettre à Huygens du 18 ou 19 février 1643 », dans *Œuvres*, éd. Ch. Adam et P. Tannery, Vrin, Paris, 1996, vol. III, p. 617-630.

– *La dioptrique*, dans *Œuvres*, *op. cit.*, vol. VI, p. 79-228.

– *La géométrie*, dans *Œuvres*, *op. cit.*, vol. VI, p. 367-485.

– *Principia Philosophiæ*, dans *Œuvres*, *op. cit.*, vol. VIII.

– *Principes de la philosophie*, trad. Cl. Picot dans *Œuvres*, *op. cit.*, vol. IX.

– *Le Monde ou Le traité de la lumière*, dans *Œuvres*, *op. cit.*, vol. XI, p. 1-215.

D'ESPAGNAT B., *Le réel voilé. Analyse des concepts quantiques*, Fayard, Paris, 1994.

– *À la recherche du réel. Le regard d'un physicien*, Dunod, Paris, 2015.

DEWITT B., « Quantum Mechanics and Reality », dans DEWITT B. et GRAHAM N. (éd.), *The Many-Worlds Interpretation of Quantum Mechanics*, Princeton University Press, Princeton, 1973, p. 155-165.

DIEUDONNÉ J., *Pour l'honneur de l'esprit humain. Les mathématiques aujourd'hui*, Hachette, Paris, 1987.

DIJKSTERHUIS E.J., « The Origins of Classical Mechanics from Aristotle to Newton », dans CLAGET M. (éd.), *Critical Problems in the History of Sciences*, The University of Wisconsin Press, Madison, 1959, p. 163-184.

DIRAC P., *The Principles of Quantum Mechanics*, 4e éd., The Clarendon Press, Oxford, 1967.

– « L'équation relativiste de l'électron », trad. Br. Escoubès dans ESCOUBÈS Br. et LEITE LOPES J. (éd.), *Sources et évolution de la physique quantique. Textes fondateurs*, EDP sciences, Les Ulis, 2005 p. 194-208.

DRAKE St., *Galileo at Work. His Scientific Biography*, Dover, Mineola, 2003.

DRAPEAU CONTIM F., *Qu'est-ce que l'identité ?*, Vrin, Paris, 2010.

DUFLO C., *La finalité dans la nature*, PUF, Paris, 1996.

DUHEM P., *Le mixte et la combinaison chimique. Essai sur l'évolution d'une idée*, C. Naud, Paris, 1902.
- *Les origines de la statique*, 2 tomes, Hermann, Paris, 1905.
- *Études sur Léonard de Vinci. Les précurseurs parisiens de Galilée*, série 3, Éditions des archives contemporaines, Paris, 1984.
- *L'évolution de la mécanique*, Vrin, Paris, 1992.
- *L'aube du savoir. Épitomé du* Système du monde, éd. A. Brenner, Hermann, Paris, 1997.
- *Sauver les apparences. Essai sur la notion de théorie physique de Platon à Galilée*, Vrin, Paris, 2003.
- *La théorie physique, son objet, sa structure*, Vrin, Paris, 2007.
EDDINGTON A.S., *The Nature of the Physical World*, Cambridge University Press et MacMillan, Cambridge et New York, 1929.
EINSTEIN A., « Au sujet de la théorie de la relativité », dans *Comment je vois le monde*, trad. Colonel Cros, Flammarion, Paris, 1934, p. 201-206.
- « Un point de vue heuristique concernant la production et la transformation de la lumière », trad. Fr. Balibar *et al.* dans *Œuvres choisies 1 : Quanta. Mécanique statistique et physique quantique*, Seuil, Paris, 1989, p. 39-53.
- « Mouvement des particules en suspension dans un fluide au repos, comme conséquence de la théorie cinétique moléculaire de la chaleur », trad. Fr. Balibar *et al.* dans *Œuvres choisies 1*, *op. cit.*, p. 55-64.
- « Lettre à Maurice Solovine du 7 mai 1952 », trad. E. Aurenche *et al.* dans *Œuvres choisies 4. Correspondances françaises*, Seuil, Paris, 1989, p. 310-311.
- « Relativité, espace-temps, champ, éther », trad. E. Aurenche *et al.* dans *Œuvres choisies 5. Science, éthique, philosophie*, Seuil, Paris, 1991, p. 61-69.
- « La géométrie et l'expérience », trad. E. Aurenche *et al.* dans *Œuvres choisies 5*, *op. cit.*, p. 70-81.
- « L'éther et la théorie de la relativité », trad. E. Aurenche *et al.* dans *Œuvres choisies 5*, *op. cit.*, p. 81-88.
- « Induction et déduction en physique », trad. E. Aurenche *et al.* dans *Œuvres choisies 5*, *op. cit.*, p. 94-96.
- « Sur la méthodologie de la physique théorique », trad. E. Aurenche *et al.* dans *Œuvres choisies 5*, *op. cit.*, p. 102-107.

- « Sur l'électrodynamique des corps en mouvement », trad. Fr. Balibar *et al.* dans *Œuvres choisies 2. Relativités I. Relativités restreinte et générale*, Seuil, Paris, 1993, p. 30-58.
- « L'inertie d'un corps dépend-elle de son contenu en énergie », trad. Fr. Balibar *et al.* dans *Œuvres choisies 2, op. cit.*, p. 60-63.
- « De l'influence de la pesanteur sur la propagation de la lumière », trad. Fr. Balibar *et al.* dans *Œuvres choisies 2, op. cit.*, p. 134-142.
- « Les fondements de la théorie de la relativité générale », trad. Fr. Balibar *et al.* dans *Œuvres choisies 2, op. cit.*, p. 179-227.
- « Une démonstration élémentaire de l'équivalence entre masse et énergie », trad. Fr. Balibar *et al.* dans *Œuvres choisies 2, op. cit.*, p. 69-71.
- *La Relativité. Théorie de la relativité restreinte et générale. Le relativité et le problème de l'espace*, trad. M. Solovine, Payot, Paris, 2001.
- « Qu'est-ce que la théorie de la relativité ? », trad. M. Solovine, revue par D. Fargue et P. Fleury dans *Conceptions scientifiques*, Flammarion, Paris, 2016, p. 11-18.
- « La physique et la réalité », trad. M. Solovine, revue par D. Fargue et P. Fleury dans *Conceptions scientifiques, op. cit.*, p. 19-71.
- « Les fondements de la physique théorique », trad. M. Solovine, revue par D. Fargue et P. Fleury dans *Conceptions scientifiques, op. cit.*, p. 73-91.
- « Sur la théorie de la gravitation généralisée », trad. M. Solovine, revue par D. Fargue et P. Fleury dans *Conceptions scientifiques, op. cit.*, p. 119-142.
- et BORN H., *The Born-Einstein Letters*, trad. I. Born, Macmillan, Londres et Basingstoke, 1971.
- et INFELD L., *L'Évolution des idées en physique. Des premiers concepts aux théories de la relativité et des quanta*, trad. M. Solovine, Flammarion, Paris, 1983.
- , PODOLSKY B. et ROSEN N., « Peut-on considérer que la mécanique quantique donne de la réalité physique une description complète ? », trad. Fr. Balibar *et al.* dans EINSTEIN A., *Œuvres choisies 1 : Quanta. Mécanique statistique et physique quantique*, Seuil, Paris, 1989, p. 224-230.

EISENSTAEDT J., *Avant Einstein. Relativité, lumière, gravitation*, Seuil, Paris, 2005.
- *Einstein et la relativité générale*, CNRS éditions, Paris, 2013 (2002).
EKELAND I., *Le calcul, l'imprévu. Les figures du temps de Kepler à Thom*, Seuil, Paris, 1984.

– *Le meilleur des mondes possibles. Mathématiques et destinée*, Seuil, Paris, 2000.

ESFELD M., *Philosophie des sciences. Une introduction*, 3ᵉ éd., Presses polytechniques et universitaires romandes, Lausanne, 2017 (2006).

EULER L., « Découverte d'un nouveau principe de la mécanique », *Mémoires de l'académie des sciences de Berlin*, 6, 1752, p. 185-217.

– *Lettres à une princesse d'Allemagne sur divers sujets de physique et de philosophie*, Steidel et co, Miétau et Leipzig, 1770, tome 1.

EVERETT H., « "Relative State" Formulation of Quantum Mechanics », dans DEWITT B. et GRAHAM N. (éd.), *The Many-Worlds Interpretation of Quantum Mechanics*, Princeton University Press, Princeton, 1973, p. 141-149.

FARADAY M., « On Some Points of Magnetic Philosophy », dans *Experimental Researches in Electricity*, Richard Taylor and William Francis, Londres, 1855, vol. III, p. 528-565.

FERMAT P., « Lettre à Marin Cureau de la Chambre d'août 1657 », dans *Œuvres*, éd. P. Tannery et Ch. Henry, Gauthier-Villars, Paris, 1894, tome 2, p. 354-359.

FEYERABEND P., *Contre la méthode. Esquisse d'une théorie anarchiste de la connaissance*, trad. B. Jurdant et A. Schlumberger, Seuil, Paris, 1975.

FEYNMAN R., *La nature de la physique*, trad. H. Isaac, J.-M. Lévy-Leblond et Fr. Balibar, Seuil, Paris, 1980.

– *Le cours de physique de Feynman. Électromagnétisme 1*, trad. A. Crémieu et M.-L. Duboin, Dunod, Paris, 1999.

FINE A., « L'attitude ontologique naturelle », trad. A. Barton dans LAUGIER S. et WAGNER P. (éd.), *Philosophie des sciences – II. Naturalismes et réalismes*, Vrin, Paris, 2004, p. 331-372.

FIRODE A., *La dynamique de d'Alembert*, Bellarmin et Vrin, Montréal et Paris, 2001.

FRAASSEN B. van, *The Scientific Image*, Clarendon Press, Oxford, 1980.

– *Lois et symétrie*, trad. C. Chevalley, Vrin, Paris, 1994 (1989).

FRESNEL A., « Mémoire sur la diffraction de la lumière », *Mémoires de l'Académie royale des sciences de l'Institut de France*, 5 (années 1821 et 1822), 1826, p. 339–475.

– « Lettre d'Augustin Fresnel à François Arago sur l'influence du mouvement terrestre dans quelques phénomènes d'optique », dans *Œuvres complètes d'Augustin Fresnel*, Imprimerie Impériale, Paris, 1868, tome 2, p. 627-636.

FRIEDMANN A., « Sur la courbure de l'espace », trad. J.-P. Luminet et A. Grib dans FRIEDMANN A. et LEMAÎTRE G., *Essais de cosmologie*, Seuil, Paris, 1997, p. 267-277.

– « Sur la possibilité d'un univers à courbure négative constante », trad. J.-P. Luminet et A. Grib dans FRIEDMANN A. et LEMAÎTRE G., *Essais de cosmologie, op. cit.*, p. 278-285.

GALILÉE, *L'Essayeur*, trad. Chr. Chauviré, Annales littéraires de l'université de Besançon, Besançon, 1989.

– *Le messager des étoiles*, trad. F. Hallyn, Seuil, Paris, 1992.

– *Dialogue sur les deux grands systèmes du monde*, trad. R. Fréreux et Fr. de Gandt, Seuil, Paris, 1992.

– *Discours concernant deux sciences nouvelles*, trad. M. Clavelin, PUF, Paris, 1995.

– « Lettre à Monseigneur Piero Dini (23 mars 1615) », trad. M. Clavelin dans CLAVELIN M., *Galilée copernicien. Le premier combat (1610-1616)*, Albin Michel, Paris, 2004, p. 369-380.

GALISON P., *L'empire du temps. Les horloges d'Einstein et les cartes de Poincaré*, trad. B. Arman, Gallimard, Paris, 2005.

GAMOW G., *My World Line. An Informal Autobiography*, Viking Press, New York, 1970.

GARBER D., *Descartes' Metaphysical Physics*, The University of Chicago Press, Chicago et Londres, 1992.

GRANT E., *Physical Science in the Middle Ages*, Cambridge University Press, Cambridge, 1981 (1971).

GREEN G., *An Essay on the Application of Mathematical Analysis to the Theories of Electricity and Magnetism*, T. Wheelhouse, Nottingham, 1828.

GUNZIG E. et DINER S. (éd.), *Le vide. Univers du tout et du rien*, Éditions complexes, Bruxelles, 1997.

HACKING I., « Styles pour historiens et philosophes », trad. V. Guillin dans BRAUNSTEIN J.-Fr. (éd.), *L'histoire des sciences. Méthodes, styles et controverses*, Vrin, Paris, 2008, p. 287-320.

– *Representing and Intervening. Introductory Topics in the Philosophy of Natural Science*, Cambridge University Press, Cambridge, 2010 (1983).

HAMILTON W.R., « On a General Method of Expressing the Paths of Light, and of the Planets, by the Coefficient of a Characteristic Function », *Dublin University Review and Quarterly Magazine*, 1, 1833, p. 3-34.

– *Mathematical Papers*, Cambridge University Press, Cambridge, 1940, vol. II.

HANKINS Th.L., *Sir William Rowan Hamilton*, The John Hopkins University Press, Baltimore et Londres, 1980.

HANSON R., *Patterns of Discoveries. An Inquiry into the Conceptual Foundations of Science*, Cambridge University Press, Cambridge, 1958.

HARMAN P.M., *Energy, Force, and Matter. The Conceptual Development of Nineteenth-Century Physics*, Cambridge University Press, Cambridge, 1982.

HEILBRON J.L., *Electricity in the 17th and 18th Centuries. A Study of Early Modern Physics*, University of California Press, Berkeley, 1979.

HEISENBERG W., *Physique et philosophie*, trad. J. Hadamard, Albin Michel, Paris, 1961.

– *Les principes physiques de la théorie des quanta*, trad. B. Champion et E. Hochard, Gauthier-Villars, Paris, 1972.

– « The Physical Content of Quantum Kinematics and Mechanics », trad. J.A. Wheeler et W.H. Zurek dans WHEELER J.A. et ZUREK W.H. (éd.), *Quantum Theory and Measurement*, Princeton University Press, Princeton, 1983, p. 62-84.

– « Réinterprétation en mécanique quantique de relations cinématiques et mécaniques », trad. Br. Escoubès dans ESCOUBÈS Br. et LEITE LOPES J. (éd.), *Sources et évolution de la physique quantique. Textes fondateurs*, EDP sciences, Les Ulis, 2005, p. 112-125.

HELMHOLTZ H., *Mémoire sur la conservation des forces. Précédé d'un exposé élémentaire de la transformation des forces naturelles*, trad. L. Pérard, Masson, Paris, 1859.

HEMPEL C.G. et OPPENHEIM P., « Studies in the Logic of Explanation », *Philosophy of Science*, 48 (2), 1948, p. 135-175.

HERTZ H., *The Principles of Mechanics Presented in a New Form*, trad. D.E. Jones et J.T. Walley, MacMillan, Londres, 1899.

HLADIK J. et CHRYSOS M., *Introduction à la relativité restreinte*, Dunod, Paris, 2001.

HOFFMANN B., *La relativité, histoire d'une grande idée*, Belin, Paris, 1999.

— et PATY M., *L'étrange histoire des quanta*, Seuil, Paris, 1981.

HOLTON G., *L'imagination scientifique*, Gallimard, Paris, 1981 (1973).

HOOKE R., *An Attempt to Prove the Motion of the Earth from Observation*, John Martyn, Londres, 1674.

HUME D., *Traité de la nature humaine. Livre I : l'entendement*, trad. M. Malherbe, Vrin, Paris, 2022.

HUSSERL E., *La crise des sciences européennes et la phénoménologie transcendantale*, trad. G. Granel, Gallimard, Paris, 1976 (1954).

HUYGENS Chr., *Œuvres complètes*, 22 vol., éd. de la Société hollandaise des sciences, Nijhoff, La Haye, 1888-1950.

– *Traité sur le mouvement des corps par percussion*, dans *Œuvres complètes*, *op. cit.*, 1929, vol. XVI, p. 1-168.

– *Traité de la lumière*, Dunod, Paris, 2015.

ISRAEL G., « L'histoire du principe du déterminisme et ses rencontres avec les mathématiques », dans DAHAN DALMEDICO A. *et al.* (éd.), *Chaos et déterminisme*, Seuil, Paris, 1992, p. 250-273.

– *La mathématisation du réel*, Seuil, Paris, 1996.

ISRAËL-JOST V., *L'observation scientifique. Aspects philosophiques et pratiques*, Classiques Garnier, Paris, 2015.

JAMMER M., *The Concept of Mass. In Classical and Modern Physics*, Harper and Row, New York, 1964 (1961).

JANIAK A., *Newton*, Blackwell, Oxford, 2015.

JOULE J.Pr., « On the Mechanical Equivalent of Heath », *Philosophical Transactions of the Royal Society of London*, 140, 1850, p. 61-82.

KANT I., *Principes métaphysiques de la science de la nature*, trad. A. Pelletier, Vrin, Paris, 2017.

KEPLER J., *Les fondements de l'optique moderne : Paralipomènes à Vitellion (1604)*, trad. C. Chevalley, Vrin, Paris, 1980.

– *Le secret du monde*, trad. A. Segonds, Les belles lettres, Paris, 1984.

KISTLER M., *L'esprit matériel. Réduction et émergence*, Ithaque, Paris, 2016.

KLINE M., *Mathématiques : la fin de la certitude*, trad. J.-P. Chrétien-Goni et Chr. Lazzeri, Seuil, Paris, 1989.

KOBAYASHI M., *La philosophie naturelle de Descartes*, Vrin, Paris, 1993.

KOYRÉ A., *Études galiléennes*, Hermann, Paris, 1966.

– *Études newtoniennes*, Gallimard, Paris, 1968.

– *Du monde clos à l'univers infini*, trad. R. Tarr, Gallimard, Paris, 1973.

– « Jean-Baptiste Benedetti critique d'Aristote », dans *Études d'histoire de la pensée scientifique*, Paris, Gallimard, 1973 (1966), p. 140-165.

– « Gassendi et la science de son temps », dans *Études d'histoire de la pensée scientifique, op. cit.*, p. 320-333.

– « Pascal savant », dans *Études d'histoire de la pensée scientifique, op. cit.*, p. 362-389.

– *La révolution astronomique. Copernic-Kepler-Borelli*, Hermann, Paris, 1974 (1961).

KUHN Th., « Reflections on my Critics », dans LAKATOS I. et MUSGRAVE A. (éd.), *Criticism and the Growth of Knowledge*, Cambridge University Press, Cambridge, 1970, p. 231-278.

– *La révolution copernicienne*, trad. A. Hayli, Le livre de poche, Paris, 1973.

– *The Black-Body Theory and the Quantum Discontinuity 1894-1912*, University of Chicago Press, Chicago et Londres, 1987 (1978).

– « Un exemple de découverte simultanée : la conservation de l'énergie », trad. M. Biezunski *et al.* dans *La tension essentielle. Tradition et changement dans les sciences*, Gallimard, Paris, 1990, p. 111-156.

– « La fonction de la mesure dans les sciences physiques modernes », trad. M. Biezunski *et al.* dans *La tension essentielle, op. cit.*, p. 247-303.

– *La structure des révolutions scientifiques*, trad. L. Meyer d'après l'éd. de 1970, Flammarion, Paris, 2008.

LACHIÈZE-REY M., « Cosmologie scientifique », *Revue de métaphysique et de morale*, 43, 2004, p. 399-411.

LAGRANGE J.-L., « Application de la méthode exposée dans le mémoire précédent à la solution de différents problèmes de dynamique », dans *Œuvres complètes*, éd. J.-A. Serret, Gauthier-Villars, Paris, 1867, tome 1, p. 365-468.

– « Remarques générales sur le mouvement de plusieurs corps qui s'attirent mutuellement en raison inverse des carrés des distances », dans *Œuvres complètes, op. cit.*, 1869, tome 4, p. 401-418.

– *Mécanique analytique*, 3e éd., Mallet-Bachelier, Paris, 1853.

LAKATOS I., « La falsification et la méthodologie des programmes de recherche scientifiques », trad. sous la dir de L. Giard dans *Histoire et méthodologie des sciences. Programmes de recherche et reconstruction rationnelle*, PUF, Paris, 1994, p. 1-146.

– « L'histoire des sciences et ses reconstructions rationnelles », trad. L. Giard (dir.) dans *Histoire et méthodologie des sciences, op. cit.*, p. 185-241.

LALOË Fr., « La mécanique quantique. Une grande dame qui n'a pas changé ses principes depuis un demi-siècle », dans DELIGEORGES St. (éd.), *Le monde quantique*, Seuil, Paris, 1984, p. 147-158.

LANCZOS C., *The Variational Principles of Mechanics*, 4ᵉ éd., Dover, New York, 2017.

LANGE M., *An Introduction to the Philosophy of Physics. Locality, Fields, Energy, and Mass*, Blackwell, Oxford, 2002.

LANGEVIN P., *La notion de corpuscules et d'atomes*, Hermann, Paris, 1934.

– « L'évolution de l'espace et du temps », dans LANGEVIN P., *Paul Langevin : le paradoxe des jumeaux*, Presses universitaires de Paris Ouest, Paris, 2016, p. 57-92.

LANGTON R. et LEWIS D.K., « Comment définir "intrinsèque" », *Revue de métaphysique et de morale*, 36, 2002, p. 511-527.

LAPLACE P.-S., *Exposition du système du monde*, 6ᵉ éd., dans *Œuvres complètes*, Gauthier-Villars, Paris, 1884, vol. VI.

– « Mémoire sur les mouvements de la lumière dans les milieux diaphanes », dans *Œuvres complètes*, Gauthier-Villars, Paris, 1908, vol. XII, p. 267-298.

– *Essais philosophique sur les probabilités*, Christian Bourgeois, Paris, 1986.

LASKAR J., « La stabilité du système solaire », dans DAHAN DALMEDICO A. et al., *Chaos et déterminisme*, Seuil, Paris, 1992, p. 170-211.

LAUDAN L., « A Confutation of Convergent Realism », *Philosophy of Science*, 48 (1), 1981, p. 19-49.

LAVOISIER A., *Traité élémentaire de chimie. Présenté dans un ordre nouveau et d'après les découvertes modernes*, Cuchet, Paris, 1789.

— et LAPLACE P.S., « Mémoire sur la chaleur », *Mémoires de l'Académie des sciences*, 1780, p. 355-408.

LE BIHAN B., *Qu'est-ce que le temps ?*, Vrin, Paris, 2019.

LECOURT D. (éd.), *Dictionnaire d'histoire et philosophie des sciences*, 4ᵉ éd., PUF, Paris, 2006 (1999).

LEIBNIZ G.W., « Début Novembre 1715. Premier écrit », dans ROBINET A. (éd.), *Correspondance Leibniz-Clarke, présentée d'après les manuscrits originaux des bibliothèques de Hanovre et de Londres*, PUF, Paris, 1957, p. 23.

– « 25 février 1716. Troisième écrit », dans ROBINET A. (éd.), *Correspondance Leibniz-Clarke, op. cit.*, p. 52-57.

– « 2 juin 1716. Quatrième écrit », dans ROBINET A. (éd.), *Correspondance Leibniz-Clarke, op. cit.*, p. 82-99.

– « Mi-août 1716. Cinquième écrit », dans ROBINET A. (éd.), *Correspondance Leibniz-Clarke*, *op. cit.*, p. 122-182.

– *Essais de théodicée*, Flammarion, Paris, 1969.

– « Essay de dynamique sur les loix du mouvement », dans *Mathematische Schriften*, éd. C.I. Gerhardt, Olms, Hildesheim, 1971, vol. VI, p. 215-231.

– « Brève démonstration d'une erreur mémorable de Descartes et d'autres (savants) », trad. L. Prenant dans *Œuvres*, Aubier-Montaigne, Paris, 1972, vol. I, p. 159-161.

– *La naissance du calcul différentiel. 26 articles des* Acta eruditorum, trad. M. Parmentier, Vrin, Paris, 1995.

– *Discours de métaphysique*, dans *Discours de métaphysique et autres textes*, Flammarion, Paris, 2001.

– « Remarques sur la partie générale des principes de Descartes », trad. P. Schreker, dans *Opuscules philosophiques choisis*, Vrin, Paris, 2001, p. 30-159.

LEMAÎTRE G., « L'expansion de l'espace », dans FRIEDMANN A. et LEMAÎTRE G., *Essais de cosmologie*, Seuil, Paris, 1997, p. 217-238.

– « Un univers homogène de masse constante et de rayon croissant, rendant compte de la vitesse radiale des nébuleuses extragalactiques », dans FRIEDMANN A. et LEMAÎTRE G., *Essais de cosmologie*, *op. cit.*, p. 286-297.

LENOBLE R., *Mersenne ou la naissance du mécanisme*, Vrin, Paris, 1943.

LÉVY-LEBLOND J.-M., « Physique et mathématiques », dans APÉRY R. *et al.*, *Penser les mathématiques*, Seuil, Paris, 1982, p. 195-210.

– *Aux contraires. L'exercice de la pensée et la pratique scientifique*, Gallimard, Paris, 1996.

– « La matière dans la physique moderne », dans BALIBAR Fr., LÉVY-LEBLOND J.-M. et LEHOUCQ R., *Qu'est-ce que la matière ?*, Le Pommier, Paris, 2014, p. 65-121.

– « Le réel de/dans la physique. Modélisation, théorisation, formalisation, énonciation », dans *La vitesse de l'ombre. Aux limites de la science*, Seuil, Paris, 2020 (2006), p. 305-331.

LEWIS D.K., *Counterfactuals*, éd. révisée, Blackwell, Oxford, 1986.

LLOYD G.E.R., *Une histoire de la science grecque*, trad. J. Brunschwig, Seuil, Paris, 1990.

LOCHAK G., *La géométrisation de la physique*, Flammarion, Paris, 2013 (1994).

LOCQUENEUX R., *Histoire de la thermodynamique classique. De Sadi Carnot à Gibbs*, Belin, Paris, 2009.

LORENZ E.N., « Deterministic Nonperiodic Flow », *Journal of the Atmospheric Sciences*, 20, 1963, p. 130-141.

LUMINET J.-P., *L'invention du Big Bang*, Seuil, Paris, 2014 (2004).

LURÇAT Fr., *Niels Bohr et la physique quantique*, Seuil, Paris, 2001.

MACH E., *La Mécanique. Exposé critique et historique de son développement*, trad. É. Bertrand, Hermann, Paris, 1904.

MAITTE B., *La lumière*, Seuil, Paris, 1981.

MALEBRANCHE N., *De la recherche de la vérité*, 6ᵉ éd., dans *Œuvres*, Gallimard, Paris, 1979, vol. I.

MALHERBE M., *Qu'est-ce que la causalité ?*, Vrin, Paris, 1994.

MAUPERTUIS P.-L. M., *Accord des différentes lois de la nature qui avoient jusqu'ici paru incompatibles*, dans *Œuvres*, Jean-Marie Bruyset, Lyon, 1758, vol. IV, p. 1-28.

– *Essais de cosmologie*, dans *Œuvres*, *op. cit.*, vol. I, p. 1-78.

MAURY J.-P., *Carnot et la machine à vapeur*, PUF, Paris, 1986.

MAXWELL J.Cl., *Traité d'électricité et de magnétisme*, 2 vol., trad. G. Séligmann-Lui, Gauthier-Villars, Paris, 1885-1887.

– *La chaleur*, trad. G. Mouret, B. Tignol, Paris, 1891.

– « A Dynamical Theory of the Electromagnetic Field », dans *Scientific Papers*, éd. W.D. Niven, Dover, New York, 1965, vol. 1, p. 526-597.

– « Molécules », trad. A. Barberousse dans BARBEROUSSE A., *La mécanique statistique. De Clausius à Gibbs*, Belin, Paris, 2002, p. 115-133.

– « À propos des lignes de force de Faraday », trad. D. Lederer dans DARRIGOL O., *Les équations de Maxwell de MacCullagh à Lorentz*, Belin, Paris, 2005, p. 29-48.

– « À propos des lignes de force physiques », trad. D. Lederer dans DARRIGOL O., *Les équations de Maxwell de MacCullagh à Lorentz*, *op. cit.*, p. 55-98.

– « Does the Progress of Physical Science Tend to Give any Advantage to the Opinion of Necessity (or Determinism) over that of Contingency of Events and the Freedom of the Will ? », dans CAMPBELL L. et GARNETT W., *The Life of James Clerk Maxwell*, Cambridge University Press, Cambridge, 2010, p. 434-444.

MAZAURIC S., *Gassendi, Pascal et la querelle du vide*, PUF, Paris, 1998.

McCORMMACH R., « H. A. Lorentz and the Electromagnetic View of Nature », *Isis*, 64 (4), 1970, p. 459-497.

MERLEAU-PONTY J., *Cosmologie du XXe siècle*, Gallimard, Paris, 1965.

– *Leçons sur la genèse des théories physiques. Galilée, Ampère, Einstein*, Vrin, Paris, 1974.

MEYERSON É., *Identité et réalité*, Félix Alcan, Paris, 1908.

MILLER D., « Popper's Qualitative Theory of Verisimilitude », 25, 1974, p. 178-188.

MORRISON M., *Unifying Scientific Theories. Physical Concepts and Mathematical Structures*, Cambridge University Press, Cambridge, 2000.

NAGEL E., *The Structure of Science. Problems in the Logic of Scientific Explanation*, Harcourt, Brace & World, New York, 1961.

NAVIER H., « Sur les principes du calcul et de l'établissement des machines et sur les moteurs », dans BÉLIDOR B.F. de, *Architecture hydraulique*, 2e éd., Firmin Didot, Paris, 1819, p. 376-395.

NERSESSIAN N.J., *Faraday to Einstein : Constructing Meaning in Scientific Theories*, Kluwer, Dordrecht, 1984.

NEWTON I., *Optique*, trad. J.-P. Marat, Christian Bourgeois, Paris, 1989.

– *De la gravitation*, trad. M.-Fr. Biarnais dans *De la gravitation* suivi de *Du mouvement des corps*, Gallimard, Paris, 1995, p. 111-152.

– *Du mouvement des corps*, trad. Fr. de Gandt dans *De la gravitation* suivi de *Du mouvement des corps*, *op. cit.*, 1995, p. 153-199.

– *Principes mathématiques de la philosophie naturelle (Livres I à III)*, trad. Marquise du Châtelet dans HAWKING St. (éd.), *Sur les épaules des géants*, Dunod, Paris, 2014, p. 400-810.

NEWTON-SMITH W.H., « The Undetermination of Theory by Data », *Proceedings of the Aristotelian Society. Supplementary Volumes*, 52, 1978, p. 71-91 et 93-107.

NORTON J., « Thought Experiments in Einstein's Work », dans HOROWITZ T. et MASSEY G.J. (éd.), 1991, *Thought Experiments in Science and Philosophy*, Rowman and Littlefield, Savage MD, 1991, p. 129-148.

OSTWALD W., « La déroute de l'atomisme contemporain », dans LECOURT D., *Une crise et son enjeu (essais sur la position de Lénine en philosophie)*, Maspero, Paris, 1973, p. 115-124.

– *L'Énergie*, trad. E. Philippi, Félix Alcan, Paris, 1910.

PANOFSKY E., *La Renaissance et ses avant-courriers dans l'art d'Occident*, trad. L. Meyer, Flammarion, Paris, 1976.

– *Galilée critique d'art*, trad. N. Heinich, Les impressions nouvelles, Paris, 2016.

PANZA M., *Newton*, Les belles lettres, Paris, 2003.

PASCAL Bl., *Expériences nouvelles touchant le vide*, dans *Œuvres complètes*, éd. M. Le Guern, Gallimard, Paris, 1998, vol. I, p. 355-372.

– « Lettre à Le Pailleur, dans *Œuvres complètes*, *op. cit.*, vol. I, p. 396-412.

– *Récit de la grande expérience de l'équilibre des liqueurs*, dans *Œuvres complètes*, *op. cit.*, vol. I, p. 426-437.

– *Traités de l'équilibre des liqueurs et de la pesanteur de la masse de l'air*, dans *Œuvres complètes*, *op. cit.*, vol. I, p. 459-531.

PATY M., *Einstein*, Les belles lettres, Paris, 1997.

– *D'Alembert ou la raison physico-mathématique au siècle des Lumières*, Les belles lettres, Paris, 1998.

– « La notion de déterminisme en physique et ses limites », dans DEBRU Cl. et VIENNOT L. (éd.), *Enquête sur le concept de causalité*, PUF, Paris, 2003, p. 85-114.

PÉRIER Fl., « Copie de la lettre de M. Périer à M. Pascal le jeune, du 22 septembre 1648 », dans PASCAL Bl., *Œuvres complètes*, éd. M. Le Guern, Gallimard, Paris, 1998, vol. I, p. 430-435.

PERRIN J. *Les atomes*, Flammarion, Paris, 2014.

PESTRE D., *Histoire des sciences et des savoirs*, 3 vol., Seuil, Paris, 2015.

PICHÉ D., *La condamnation parisienne de 1277*, Vrin, Paris, 1999.

PLAUD S., « Éléments de proto-histoire », dans LAUGIER S. et PLAUD S. (éd.), *La philosophie analytique*, Ellipses, Paris, 2011, p. 19-53.

PLANCK M., « Zur Dynamik bewegter Systeme », *Annalen der Physik*, 26, 1908, p. 1-34.

– *Autobiographie scientifique et derniers écrits*, trad. A. George, Albin Michel, Paris, 1960.

– *Initiation à la physique*, trad. J. du Plessis de Grenédan, Flammarion, Paris, 1993.

PLATON, *Timée*, trad. E. Chambry dans *Sophiste – Politique – Philèbe – Timée – Critias*, Flammarion, Paris, 1969, p. 399-469.

POINAT S., *Mécanique quantique. Du formalisme mathématique au concept philosophique*, Hermann, Paris, 2014.

POINCARÉ H., « Notes "Sur la dynamique de l'électron" », *Comptes rendus de l'Académie des Sciences de Paris*, 140, 1905, p. 1504-1508.

– *Science et méthode*, Flammarion, Paris, 1947.

– « La mesure du temps », dans *La science et l'hypothèse*, Flammarion, Paris, 1968 (1902), p. 41-54.

– *La science et l'hypothèse*, Flammarion, Paris, 1968 (1902).

– « La crise actuelle de la physique mathématique », dans *La Valeur de la science*, Flammarion, Paris, 1970 (1905), p. 129-140.

– *La Valeur de la science*, Flammarion, Paris, 1970 (1905).

Poisson D., « Mémoire sur la distribution de l'électricité à la surface des corps conducteurs », *Mémoires de la classe des sciences mathématiques et physiques*, 12 (1811), 1812, p. 1-92.

Popper K.R., *La logique de la découverte scientifique*, trad. N. Thyssen-Rutten et Ph. Devaux, Payot, Paris, 1973.

– *Conjectures et réfutations. La croissance du savoir scientifique*, trad. M. Irène et M.B. de Launay, Payot, Paris, 1985.

– *Le réalisme et la science. Post-scriptum à* La logique de la découverte scientifique, trad. A. Boyer et D. Andler, Hermann, Paris, 1990.

Pourprix B., *D'où vient la physique quantique ?*, Vuibert, Paris, 2008.

– *La fécondité des erreurs. Histoire des idées dynamiques en physique au XIXe siècle*, Presses Universitaires du Septentrion, Villeneuve d'Ascq, 2010 (2003).

— et Lubet J., *L'aube de la physique de l'énergie. Helmholtz, rénovateur de la dynamique*, Vuibert, Paris, 2004.

Prigogine I. et Stengers I., *La nouvelle alliance*, Gallimard, Paris, 1979.

Psillos St., *Scientific Realism. How Science Tracks Truth*, Routledge, Londres, 2005 (1999).

Putnam H., « Explication et référence », trad. P. Jacob dans Jacob P. (éd.), *De Vienne à Cambridge. L'héritage du positivisme logique de 1950 à nos jours*, Gallimard, Paris, 1980, p. 307-330.

– « Qu'est-ce que la vérité mathématique ? », trad. S. Gandon dans Gandon S. et Smadja I. (éd.), *Philosophie des mathématiques. Ontologie, vérité, fondements*, Vrin, Paris, 2013, p. 117-127.

Quine W.V.O., « On the Reasons for Indeterminacy of Translation », *Journal of Philosophy*, 67 (6), 1970, p. 178-183.

– « On Empirically Equivalent Systems of the World », *Erkenntnis*, 9 (3), 1975, p. 313-328.

Radau R., *Le magnétisme*, 2e éd., Hachette, Paris, 1881.

Radelet de Grave P. et Speiser D., « Le *De Magnete* de Pierre de Maricourt. Traduction et commentaire », *Revue d'histoire des sciences*, 1975, p. 193-234.

RANKINE W.J.M., « Outlines of the Science of Energetics », *Proceedings of the Philosophical Society of Glasgow*, 3, 1855, p. 381-399.

– *Manuel de la machine à vapeur et des autres moteurs*, trad. G. Richard, Dunod, Paris, 1878.

REICHENBACH H., *Elements of Symbolic Logic*, Macmillan Co., New York, 1948 (1947).

– *The Theory of Relativity and A Priori Knowledge*, trad. M. Reichenbach, University of California Press, Berkeley et Los Angeles, 1965.

REY A., *La théorie de la physique chez les physiciens contemporains*, Félix Alcan, Paris, 1923.

RONCHI V., *Histoire de la lumière*, trad. J. Taton, Sevpen, Paris, 1956.

ROSSI P., *La naissance de la science moderne en Europe*, Seuil, Paris, 1999.

RYCKMAN Th., *Einstein*, Routledge, Londres, 2017.

SANDORI P., *Petite logique des forces. Constructions et machines*, trad. A. Laverne, Seuil, Paris, 1983.

SARTENAER O., *Qu'est-ce que l'émergence ?*, Vrin, Paris, 2018.

SCHRÖDINGER E., « Discussion of Probability Relations between Separated Systems », *Proceedings of the Cambridge Philosophical Society*, 31 (4), 1935, p. 555-563.

– *Qu'est-ce que la vie ? De la physique à la biologie*, trad. L. Keffler, Seuil, Paris, 1986.

– « La situation actuelle en mécanique quantique », trad. F. de Jouvenel *et al.* dans *Physique quantique et représentation du monde*, Seuil, Paris, 1992, p. 91-140.

– « Quantification et valeurs propres », trad. A. Proca dans ESCOUBÈS Br. et LEITE LOPES J. (éd.), *Sources et évolution de la physique quantique. Textes fondateurs*, EDP sciences, Les Ulis, 2005, p. 99-111.

SCHWARTZ Cl., *Leibniz. La raison de l'être*, Belin, Paris, 2017.

SETTLE Th.B., « An Experiment in the History of Science », *Science*, 133, 1961, p. 19-23.

SHAPIN St., *La révolution scientifique*, trad. Cl. Larsonneur, Flammarion, Paris, 1998.

SHAPIN St. et SCHAFFER S., *Leviathan et la pompe à air. Hobbes et Boyle entre science et politique*, trad. Th. Péilat et S. Barjansky, La découverte, Paris, 1993.

SIDER Th., *Four-Dimensionalism*, Oxford University Press, Oxford, 2001.

Sklar L., *Space, Time, and Spacetime*, University of California Press, Berkeley, 1977 (1974).

Stalnaker R.C., « A Theory of Conditionnals », dans Rescher N. (éd.), *Studies in Logical Theory*, Blackwell, Oxford, 1968, p. 98-112.

Stengers I., *L'invention des sciences modernes*, Flammarion, Paris, 1995 (1993).

Stevin S., *L'art pondéraire ou de la statique*, dans *Les œuvres mathématiques de Simon Stevin de Bruges*, A. Girard (éd.), Bonaventure & Abraham Elsevier, Leyde, 1634, vol. IV.

Teller P., *An Interpretative Introduction to Quantum Field Theory*, Princeton University Press, Princeton, 1995.

Thagard P.R., « The Best Explanation : Criteria for Theory Choice », *Journal of Philosophy*, 75, 1978, p. 76-92.

Thomson W., « On a Universal Tendency in Nature to the Dissipation of Mechanical Energy », *Philosophical Magazine*, 1852, p. 304-306.

– « On the Age of the Sun's Heat », dans *Popular Lectures and Addresses*, MacMillan and Co, New York, 1889, vol. I, p. 349-368.

Thuillier P., « Galilée a-t-il expérimenté ? », dans *D'Archimède à Einstein. Les faces cachées de l'invention scientifique*, Le livre de poche, Paris, 1988, p. 215-250.

Tichý P., « On Popper's Definition of Verisimilitude », *British Journal for the Philosophy of Sciences*, 25, 1974, p. 155-160.

Torretti R., *The Philosophy of Physics*, Cambridge University Press, Cambridge, 1999.

Torricelli E., « Lettres sur le vide », trad. P. Souffrin dans de Gandt Fr. (éd.), *L'œuvre de Torricelli : science galiléenne et nouvelle géométrie*, Les belles lettres, Paris, 1987, p. 225-230.

Turnbull H.W. (éd.), *The Correspondence of Isaac Newton*, 4 vol., Cambridge University Press, Cambridge, 1959-1967.

Uffink J., « Bluff your Way in the Second Law of Thermodynamics », *Studies in History and Philosophy of Modern Physics*, 32 (3), 2001, p. 305-394.

Ullmo J., « Le principe de Carnot et la philosophie », dans Collectif, *Sadi Carnot et l'essor de la thermodynamique*, CNRS éditions, Paris, 1976, p. 399-408.

Vatin Fr., *Le travail. Économie et physique. 1780-1830*, PUF, Paris, 1993.

Verdet C., *La physique du potentiel. Étude d'une lignée de Lagrange à Duhem*, CNRS éditions, Paris, 2018.

– *Méditations sur la physique*, CNRS éditions, Paris, 2018.

Vilain Chr., *La mécanique de Christian Huygens. La relativité du mouvement au XVIIe siècle*, Albert Blanchard, Paris, 1996.

– « Impetus », dans Lecourt D. (éd.), *Dictionnaire d'histoire et philosophie des sciences*, 4e éd., PUF, Paris, 2006 (1999), p. 591-594.

– *Naissance de la physique moderne. Méthode et philosophie mécanique au XVIIIe siècle*, Ellipses, Paris, 2009.

von Neumann J., *Fondements mathématiques de la mécanique quantique*, trad. A. Proca, Jacques Gabay, Paris, 1988.

Vorms M., *Qu'est-ce qu'une théorie scientifique ?*, Vuibert, Paris, 2011.

Vuillemin J., « Physique quantique et philosophie », dans Deligeorges St. (éd.), *Le monde quantique*, Seuil, Paris, 1984, p. 201-224.

Whewell W., *The Philosophy of the Inductive Sciences, Founded upon their History*, 2 vol., Cambridge University Press, Cambridge, 2014.

Weinberg St., *Le monde des particules. De l'électron aux quarks*, trad. F. Bouchet, Belin, Paris, 1983.

Westfall R.S., *Newton (1642-1727)*, trad. A.-M. Lescourret, Flammarion, Paris, 1994 (1980).

– *The Construction of Modern Science. Mechanisms and Mechanics*, Cambridge University Press, Cambridge, 1998 (1971).

Weyl H., *Philosophie des mathématiques et des sciences de la nature*, trad. C. Lobo, MētisPresses, Genève, 2017.

Wheeler J.A. et Ford K., *Geons, Black Holes and Quantum Foam. A Life in Physics*, W.W. Norton & Company, New York, 1998.

Wigner E., « L'irraisonnable efficacité des mathématiques dans les sciences de la nature », trad. Fr. Balibar, *Rue Descartes*, 74, 2012, p. 99-116.

Worrall J., « Structural Realism : The Best of Both Worlds ? », dans Papineau D. (éd.), *The Philosophy of Science*, Oxford University Press, Oxford, 1996, p. 139-165.

Yakira E., *La causalité de Galilée à Kant*, PUF, Paris, 1994.

Young Th., *A Course of Lecture on Natural Philosophy and the Mechanical Arts*, 2 vol., éd. P. Kelland, Taylor and Walton, Londres, 1845.

Zwirn H.P., *Les limites de la connaissance*, Odile Jacob, Paris, 2000.

INDEX

TABLE DES MATIÈRES

Cet ouvrage a été achevé d'imprimer en août 2022
dans les ateliers de Normandie Roto Impression s.a.s.
61250 Lonrai
N° d'imprimeur : 2203288
Dépôt légal : août 2022